Python
数据分析与办公自动化

李增刚　王增　董辉立　编著

内容简介

本书内容分为三个部分：第一部分详细介绍Python的语法；第二部分详细介绍Python数据处理和数据分析方面的内容，包括NumPy数组处理、Matplotlib数据可视化、Pandas数据处理、SciPy高级数据处理（如傅里叶变换、聚类算法、插值计算、数字信号处理、多项式和曲线拟合等）；第三部分介绍办公自动化方面的内容，涉及Excel文档的读写、Word文档的读写、PowerPoint文档的读写和PDF文档的读写。

本书内容讲解详细，给出了每个命令的语法格式，对语法中的参数进行了详细解释，在每个知识点中配以实例程序供读者参考。本书适合所有喜欢用Python编程的人员、数据处理人员、办公室工作人员和各类科技工作者等。

图书在版编目（CIP）数据

Python数据分析与办公自动化 / 李增刚，王增，董辉立编著. -- 北京 : 化学工业出版社，2024. 11. ISBN 978-7-122-46266-4

Ⅰ. TP312.8

中国国家版本馆CIP数据核字第20249W98X8号

责任编辑：曾　越　　　　　　　文字编辑：郑云海
责任校对：边　涛　　　　　　　装帧设计：王晓宇

出版发行：化学工业出版社
　　　　　（北京市东城区青年湖南街13号　邮政编码100011）
印　　装：河北鑫兆源印刷有限公司
787mm×1092mm　1/16　印张31　字数857千字
2024年11月北京第1版第1次印刷

购书咨询：010-64518888　　　　　售后服务：010-64518899
网　　址：http://www.cip.com.cn
凡购买本书，如有缺损质量问题，本社销售中心负责调换。

定　　价：109.80元　　　　　　　　　版权所有　违者必究

前言 PREFACE

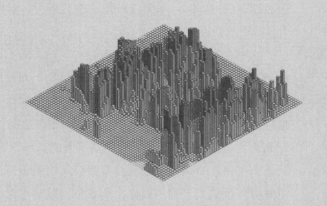

随着大数据时代的到来，我们在工作和生活中会接触各种各样的数据。小到每个人，大到整个国家，都会产生大量的数据，这些数据中蕴含着大量的信息，通过对数据的分析处理，可以得到有价值的信息。例如在商业领域，数据分析可以使零售商实时掌握市场动态并迅速做出应对，可为商家制定更加精准有效的营销策略，可以帮助企业为消费者提供更加及时和个性化的服务；在医疗领域，数据分析可提高诊断准确性和药物有效性；在国家层面，数据分析可以促进经济发展、维护社会稳定，通过对大量人群的监测、跟踪，分析挖掘出规律性的信息，可以方便社会管理者及时发现问题并找到对策。

Python是一种简单易学的编程语言，适合进行数据分析，并专门提供了数据分析和处理的工具包。数据的来源各种各样，这些数据保存在不同的介质中，例如把数据保存到常用的Excel文档、Word文档、PowerPoint文档和PDF文档中时，需要从这些文档中提取数据，并把数据分析的结果写入这类文档中，以报告的形式呈现给决策者，这一过程称为办公自动化。因此本书既介绍数据分析的内容，也介绍办公自动化的内容。

本书的内容可以分为三部分。第一部分是Python基础内容，非常详细地介绍了Python的基本语法。第二部分是Python数据处理和分析的内容，详细介绍了Python进行数据分析的3个主要库NumPy、Matplotlib和Pandas。其中NumPy是对N维数组处理的工具包，它是数据分析的基础；Matplotlib用于数据可视化，可将数据绘制成各种类型的图表；Pandas可对一维数据和二维数据进行处理分析，它是Python数据分析最强大的工具。此外，本书还介绍了SciPy对数据进行处理的其他方法，例如数据插值计算、聚类算法、数据积分和微分、傅里叶变换、数字信号处理、曲线拟合与正交距离回归等，关于SciPy更多的科学计算方法可参考笔者所著的《Python编程基础与科学计算》。第三部分是办公自动化的内容，详细介绍了Python对Excel文档、Word

文档、PowerPoint文档和PDF文档的读写方法。为了更方便地进行数据处理，可以编辑一个可视化界面，通过界面上的操作来实现数据的分析和报告的生成，有关可视化界面的编程，可参考笔者所著的《Python基础与PyQt可视化编程详解》和《Qt for Python Pyside6 GUI界面开发详解与实例》。

本书在写作时，使用的是Python 3.11.3版本，数据分析包和办公自动化包也都是当前最新的版本，但Python语言及数据分析包仍在不断发展中，读者在使用本书的时候，Python语言和科学计算包很可能发展到更高的版本，由于软件一般都有向下兼容的特点，因此不会影响本书所述内容的正常使用。本书在讲解内容时，在每个知识点上配有应用实例，这些应用实例可以起到画龙点睛的作用，请读者扫描下面的二维码下载本书实例的源程序。

本书由北京诺思多维科技有限公司组织编写，李增刚、王增、董辉立编著。由于受作者水平与时间的限制，书中疏漏在所难免，敬请广大读者批评指正。在使用本书的过程中，如有问题可通过邮箱 forengineer@126.com 与笔者联系。

扫描二维码，下载本书应用实例的源代码。

编著者

扫码下载
实例源代码

目 录 Contents

第 1 章 Python 编程基础

1.1 Python 编程环境 … 001
- 1.1.1 Python 语言简介 … 001
- 1.1.2 Python 编程环境的建立 … 002
- 1.1.3 Python 自带集成开发环境 … 004
- 1.1.4 PyCharm 集成开发环境 … 005

1.2 变量与赋值语句 … 006
- 1.2.1 变量和赋值的意义 … 006
- 1.2.2 变量的定义 … 008
- 1.2.3 赋值语句 … 009

1.3 Python 中的数据类型 … 010
- 1.3.1 数据类型 … 010
- 1.3.2 数据类型的转换 … 012
- 1.3.3 字符串中的转义符 … 015

1.4 表达式 … 016
- 1.4.1 数值表达式 … 016
- 1.4.2 逻辑表达式 … 018
- 1.4.3 运算符的优先级 … 019

1.5 Python 编程的注意事项 … 020
- 1.5.1 空行与注释 … 020
- 1.5.2 缩进 … 021
- 1.5.3 续行 … 021

1.6 Python 中常用的一些函数 … 021
- 1.6.1 输入函数和输出函数 … 021
- 1.6.2 range() 函数 … 023
- 1.6.3 随机函数 … 023

1.7 分支结构 … 024
- 1.7.1 if 分支结构 … 024
- 1.7.2 if 分支语句的嵌套 … 027
- 1.7.3 match 分支结构 … 028

1.8 循环结构 … 030
- 1.8.1 for 循环结构 … 030
- 1.8.2 while 循环结构 … 031
- 1.8.3 循环体的嵌套 … 032
- 1.8.4 continue 和 break 语句 … 033

第 2 章 Python 的数据结构

2.1 列表 … 035
- 2.1.1 创建列表 … 035
- 2.1.2 列表元素的索引和输出 … 038
- 2.1.3 列表的编辑 … 039

2.2 元组 … 042
- 2.2.1 创建元组 … 042
- 2.2.2 元组元素的索引和输出 … 043

2.3 字典 … 044
- 2.3.1 创建字典 … 045
- 2.3.2 字典的编辑 … 047

2.4 字符串 … 049
- 2.4.1 字符串的索引和输出 … 049
- 2.4.2 字符串的处理 … 050
- 2.4.3 格式化字符串 … 057

第 3 章 自定义函数、类和模块

3.1 自定义函数 … 062
- 3.1.1 自定义函数的格式 … 063
- 3.1.2 函数参数 … 065
- 3.1.3 函数的返回值 … 069

3.1.4	函数的局部变量	069
3.1.5	匿名函数 lambda	070
3.1.6	函数的递归调用	071

3.2 类和对象 071

3.2.1	类和对象介绍	071
3.2.2	类的定义和实例	073
3.2.3	实例属性和类属性	074
3.2.4	类中的函数	076
3.2.5	属性和方法的私密性	078
3.2.6	类的继承	080
3.2.7	类的其他操作	083

3.3 模块和包 086

3.3.1	模块的使用	086
3.3.2	模块空间与主程序	089
3.3.3	包的使用	090
3.3.4	枚举模块 enum	091
3.3.5	系统模块 sys	092
3.3.6	日期时间模块 datetime	094

第 4 章 异常处理和文件操作

4.1 异常信息和异常处理 099

4.1.1	异常信息	099
4.1.2	被动异常的处理	101
4.1.3	异常的嵌套	104

4.2 文件的读写 105

4.2.1	文件的打开与关闭	105
4.2.2	读取数据	107
4.2.3	写入数据	109

4.3 文件和路径操作 112

4.4 py 文件的编译 116

第 5 章 NumPy 数组运算

5.1 创建数组 117

5.1.1	数组的基本概念	117
5.1.2	NumPy 的数据类型	118
5.1.3	创建数组的方法	122
5.1.4	数组的属性	130
5.1.5	NumPy 中的常量	130
5.1.6	数组的切片	132
5.1.7	数组的保存与读取	134

5.2 数组操作 137

5.2.1	基本运算	138
5.2.2	调整数组的形状	141
5.2.3	数组的重新组合	143
5.2.4	数组的分解	145
5.2.5	数组的重复复制	146
5.2.6	类型转换	146
5.2.7	数组排序	147
5.2.8	数组查询	149
5.2.9	数据统计	151
5.2.10	数据的添加和删除	155
5.2.11	数组元素的随机打乱	156
5.2.12	数组元素的颠倒	157

5.3 随机数组 157

5.3.1	随机生成器	158
5.3.2	随机函数	159

5.4 通用函数 161

5.4.1	数组基本运算函数	161
5.4.2	数组逻辑运算函数	164
5.4.3	数组三角函数	164

5.5 线性代数运算 165

5.5.1	矩阵对角线	165
5.5.2	数组乘积	166
5.5.3	数组的行列式	168
5.5.4	数组的秩和逆矩阵	169

5.5.5 特征值和特征向量	170	
5.5.6 SVD 分解	171	
5.5.7 Cholesky 分解	172	
5.5.8 QR 分解	173	
5.5.9 范数和条件数	174	
5.5.10 线性方程组的解	176	

第 6 章 Matplotlib 数据可视化

6.1 二维绘图 177
- 6.1.1 折线图 177
- 6.1.2 对数折线图 180
- 6.1.3 堆叠图 181
- 6.1.4 时间折线图 182
- 6.1.5 带误差的折线图 183
- 6.1.6 填充图 184
- 6.1.7 阶梯图 185
- 6.1.8 极坐标图 185
- 6.1.9 火柴棍图 186
- 6.1.10 散点图 187
- 6.1.11 柱状图 189
- 6.1.12 饼图 191
- 6.1.13 直方图 192
- 6.1.14 六边形图 194
- 6.1.15 箱线图 195
- 6.1.16 小提琴图 197
- 6.1.17 等值线图 198
- 6.1.18 四边形网格颜色图 200
- 6.1.19 三角形图 201
- 6.1.20 箭头矢量图 205
- 6.1.21 流线图 207
- 6.1.22 矩阵图 208
- 6.1.23 稀疏矩阵图 209
- 6.1.24 风羽图 210
- 6.1.25 事件图 211
- 6.1.26 自相关函数图 212
- 6.1.27 互相关函数图 213
- 6.1.28 幅值谱图和相位谱图 214
- 6.1.29 时频图 215
- 6.1.30 功率谱密度图 216
- 6.1.31 绘制图像 218

6.2 图像、子图和图例 219
- 6.2.1 图像对象 220
- 6.2.2 子图对象 223
- 6.2.3 图例对象 231

6.3 图像的辅助功能 232
- 6.3.1 添加注释 232
- 6.3.2 添加颜色条 234
- 6.3.3 添加文字 235
- 6.3.4 添加箭头 236
- 6.3.5 添加网格线 236
- 6.3.6 添加水平、竖直和倾斜线 238
- 6.3.7 添加表格 240

6.4 三维绘图 241
- 6.4.1 三维子图对象 241
- 6.4.2 三维折线图 242
- 6.4.3 三维散点图 242
- 6.4.4 三维柱状图 243
- 6.4.5 三维曲面图 244
- 6.4.6 三维等值线图 245
- 6.4.7 三维三角形网格图 246
- 6.4.8 三维箭头矢量图 248

第 7 章 Pandas 数据处理

7.1 Pandas 的数据结构 252
- 7.1.1 Series 的创建方法 253
- 7.1.2 Series 的属性 256
- 7.1.3 Series 数据的获取和编辑 257
- 7.1.4 DataFrame 的创建方法 260
- 7.1.5 DataFrame 的属性 264

7.1.6	DataFrame 数据的获取和编辑	265
7.1.7	标签	267

7.2 数据运算 272
- 7.2.1 基本运算 272
- 7.2.2 统计函数 276
- 7.2.3 方程应用 278

7.3 标签操作 282
- 7.3.1 标签添加前后缀 282
- 7.3.2 替换和重置标签 282
- 7.3.3 标签重命名 284
- 7.3.4 重建标签 285

7.4 数据操作 286
- 7.4.1 获取数据 286
- 7.4.2 迭代输出 288
- 7.4.3 添加列和行 288
- 7.4.4 数据排序 290
- 7.4.5 标签对齐 292
- 7.4.6 数据比较 294
- 7.4.7 数据连接 295
- 7.4.8 数据合并 297
- 7.4.9 重复行的处理 299
- 7.4.10 缺失数据的处理 300
- 7.4.11 替换数据 306
- 7.4.12 形状调整 307
- 7.4.13 分组统计 313
- 7.4.14 标签重采样 315
- 7.4.15 数据移动 317

7.5 数据读写 318
- 7.5.1 pickle 文件的读写 319
- 7.5.2 Excel 文件读写 320
- 7.5.3 csv 文件的读写 322

7.6 数据可视化 324
- 7.6.1 用 plot() 方法绘图 324
- 7.6.2 用 plot 的子方法绘图 326
- 7.6.3 特殊绘图 327

第 8 章 SciPy 数据计算方法

8.1 物理常数和单位换算 332
- 8.1.1 数学和物理常量 333
- 8.1.2 单位换算系数 333

8.2 插值计算 337
- 8.2.1 一维样条插值 338
- 8.2.2 一维多项式插值 339
- 8.2.3 二维样条插值 340
- 8.2.4 根据 FFT 插值 341

8.3 聚类算法 342
- 8.3.1 k- 平均聚类法 342
- 8.3.2 矢量量化 344
- 8.3.3 层次聚类法 345

8.4 数值积分和微分 348
- 8.4.1 一重定积分 348
- 8.4.2 二重定积分 353
- 8.4.3 三重定积分 354
- 8.4.4 n 重定积分 355
- 8.4.5 给定离散数据的积分 355
- 8.4.6 数值微分 357

8.5 傅里叶变换 357
- 8.5.1 傅里叶变换公式 358
- 8.5.2 离散傅里叶变换 359
- 8.5.3 傅里叶变换的辅助工具 361
- 8.5.4 离散余弦和正弦变换 362
- 8.5.5 窗函数 364
- 8.5.6 短时傅里叶变换 370
- 8.5.7 小波分析 371

8.6 数字信号处理 373
- 8.6.1 信号的卷积和相关计算 373
- 8.6.2 二维图像的卷积计算 375
- 8.6.3 FIR 与 IIR 滤波器 376

8.6.4	FIR 与 IIR 滤波器的设计	381
8.6.5	滤波器的频率响应	385
8.6.6	其他滤波器	386

8.7　多项式运算　389
- 8.7.1　多项式的定义及属性　389
- 8.7.2　多项式的四则运算　391
- 8.7.3　多项式的微分和积分　391
- 8.7.4　多项式拟合　392

8.8　曲线拟合与正交距离回归　393
- 8.8.1　曲线拟合　393
- 8.8.2　正交距离回归流程　395
- 8.8.3　简易模型　399

第 9 章　读写 Excel 文档

9.1　Excel 工作簿和工作表格　401
- 9.1.1　openpyxl 的基本结构　401
- 9.1.2　工作簿 Workbook　403
- 9.1.3　工作表格 Worksheet　406

9.2　绘制数据图表　415

第 10 章　读写 Word 文档

10.1　文档 Document　430
- 10.1.1　新建和打开文档　431
- 10.1.2　Document 的方法和属性　431

10.2　段落 Paragraph　434
- 10.2.1　Paragraph 的方法和属性　434
- 10.2.2　段落格式 Paragraph-Fromat　434
- 10.2.3　字体 Font　437

10.3　文本块 Run　439

10.4　表格 Table 和单元格 _Cell　441

10.5　节 Section　444

10.6　页脚 _Footer 和页眉 _Header　446

第 11 章　读写 PowerPoint 文档

11.1　母版 SlideMaster 和版式 SlideLayout　448
- 11.1.1　演示 Presentation　449
- 11.1.2　母版 SlideMaster 和版式 SlideLayout 的属性　451
- 11.1.3　母版和版式中的占位符 Placeholder　451
- 11.1.4　母版和版式中的形状 Shape　453
- 11.1.5　母版和版式的背景和文本框的颜色填充　456

11.2　幻灯片 Slide 及其形状 Shape　457
- 11.2.1　幻灯片 Slide　457
- 11.2.2　幻灯片中的文本操作　459
- 11.2.3　幻灯片中添加形状 Shape　463

第 12 章 读写 PDF 文档

12.1 PDF文档和页面 PageObject 478
    12.1.1 读取 PDF 文档 PdfReader 478
    12.1.2 页面 PageObject 479
    12.1.3 坐标变换 481
    12.1.4 添加水印 482

12.2 写 PDF 文档 PdfWriter 483
    12.2.1 合并 PDF 文档 484
    12.2.2 拆分 PDF 文档 485
    12.2.3 加密 PDF 文档 485

第1章

Python 编程基础

> Python 是一种跨平台的计算机程序设计语言，也是一种高层次的结合了解释性、编译性、互动性和面向对象的脚本语言。它最初被设计用于编写自动化脚本，随着版本的不断更新和语言新功能的添加，其越来越多地被用于开发独立的、大型的项目。设计者针对 Python 已经开发出广泛的第三方程序包和库可供用户使用，可以让用户用尽可能少的代码实现各种算法。

1.1 Python 编程环境

1.1.1 Python 语言简介

Python 是一种跨平台高级语言，可以用于 Windows、Linux 和 Mac 平台上。Python 语言非常简洁明了，即便是非软件专业的初学者也很容易上手。和其他编程语言相比，实现同一个功能，Python 语言的代码是最短的。Python 相对于其他编程语言来说，有以下几个优点。

① Python 是开源的，也是免费的。开源，也即开放源代码，意思是所有用户都可以看到源代码。Python 的开源体现在程序员使用 Python 编写的代码是开源的，Python 解释器和模块是开源的。开源并不等于免费，开源软件和免费软件是两个概念，只不过大多数的开源软件也是免费软件，Python 就是这样一种语言，它既开源又免费。用户使用 Python 进行开发或者发布自己的程序，不需要支付任何费用，也不用担心版权问题，即使作为商业用途，Python 也是免费的。

② 语法简单。和传统的 C/C++、Java、C# 等语言相比，Python 对代码格式的要求没有那么严格，这种宽松使得用户在编写代码时比较轻松，不用在细枝末节上花费太多精力。

③ Python 是高级语言。这里所说的高级，是指 Python 封装较深，屏蔽了很多底层细节，比如 Python 会自动管理内存（需要时自动分配，不需要时自动释放）。

④ Python是解释型语言，能跨平台。解释型语言一般都是跨平台的（可移植性好），Python也不例外。

⑤ Python是面向对象的编程语言。面向对象是现代编程语言一般都具备的特性，否则在开发中大型程序时会捉襟见肘。Python支持面向对象，但它不强制使用面向对象。

⑥ 模块众多。Python的模块众多，基本实现了所有的常见的功能，从简单的字符串处理到复杂的3D图形绘制，借助Python模块都可以轻松完成。Python社区发展良好，除了Python官方提供的核心模块，很多第三方机构也会参与进来开发模块。即使是一些小众的功能，Python往往也有对应的开源模块，甚至有可能不止一个模块。

⑦ 可扩展性强。Python的可扩展性体现在它的模块上，Python具有脚本语言中最丰富和强大的类库，这些类库覆盖了文件I/O、数值计算、GUI、网络编程、数据库访问、文本操作等绝大部分应用场景。这些类库的底层代码不一定都是Python编写的，还有很多C/C++的身影。当需要一段关键代码运行速度更快时，可以使用C/C++语言实现，然后在Python中调用它们。Python依靠其良好的扩展性，在一定程度上弥补了运行速度慢的缺点。

1.1.2 Python编程环境的建立

编写Python程序，可以在Python自带的交互式界面开发环境中进行。自带的开发环境的提示功能和操作功能并不强大，可以在第三方提供的专业开发环境中编写Python程序，例如PyCharm，然后调用Python的解释器运行程序。本书介绍的内容，既可以在Python自带开发环境中进行，也可以在第三方开发环境中进行，由读者的爱好自行决定。

（1）安装Python

Python是开源免费软件，用户可以到Python的官网上直接下载Python安装程序。Python的官方网站下载界面如图1-1所示，可以直接下载不同平台上不同版本的安装程序。Python的安装程序不大，最新版只有25M。单击Downloads，可以找到不同系统下的各个版本的Python安装程序。下载Python安装程序时，根据自己的计算机是32位还是64位选择相应的下载包。例如单击Windows installer(64-bit)可以下载64位的可执行安装程序；单击Windows embeddable package(64-bit)表示zip格式的绿色免安装版本，可以直接嵌入（集成）其他的应用程序中；web-based installer表示通过网络安装，也就是说下载的是一个空壳，安装过程中还需要联网下载真正的Python安装包。Python安装程序也可以在国内的一些下载网站上找到，在搜索引擎中输入"Python下载"，就可以找到下载链接。

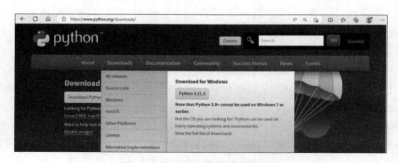

图1-1　Python官方下载页面

以管理员身份运行Python的安装程序python-3.11.3-amd64.exe。在第1步中，如图1-2所示，选中"Add Python.exe to PATH"，单击"Customize Installation"项；在第2步中，勾选所有项，

其中pip项专门用于下载第三方Python包。单击"Next"按钮进入第3步，勾选"Install Python 3.11 for all users"项，如图1-3所示，并设置安装路径，不建议安装到系统盘中，单击"Install"按钮开始安装。安装路径会自动保存到Windows的环境变量PATH中。Python可以多个版本共存在一台机器上。安装完成后，在Python的安装目录Scripts下出现pip.exe、pip3.exe、pip3.11.exe文件，用于下载其他安装包。

图1-2　Python安装第1步

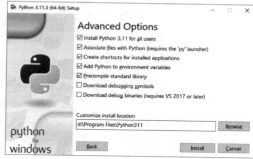

图1-3　Python安装第3步

安装完成后，需要测试一下Python是否能正常运行。从Windows的已安装程序中找到Python自己的开发环境IDLE，如图1-4所示，在">>>"提示下输入"1+2"或者"print('hello')"并按Enter键，如果能在屏幕上打印"3"或者"hello"，说明Python运行正常。

图1-4　测试Python

（2）安装数据分析和办公自动化包

安装完Python后，接下来需要安装与数据分析和办公自动化有关的包。本书中用到包有NumPy、Matplotlib、Pandas、SciPy、openpyxl、python-docx、python-pptx和pyinstaller，每个包可以单独安装，也可以一次安装多个，下面是Windows系统中安装NumPy的步骤。以管理员身份运行Windows的cmd命令窗口，输入"pip install numpy"后按Enter键就可以安装NumPy包，如图1-5所示，也可以用"pip install numpy matplotlib scipy openpyxl python-docx python-pptx pyinstaller"一次安装多个包。如果要卸载NumPy包，可以用"pip uninstall numpy"卸载。

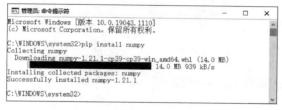

图1-5　安装数据分析包NumPy

如果直接从国外的网站上下载包比较慢，可以使用镜像网站下载，例如清华大学的镜像网站，格式如下：

```
pip install numpy  -i  https://pypi.tuna.tsinghua.edu.cn/simple
```

如果计算机无法连网，可以先到pypi.org上下载包的源文件，解压缩后会得到setup.py文件，然后运行"pip install path"，其中path是setup.py文件所在的路径，用这种离线安装方法时如果需要依赖其他包，请先安装这些包。

（3）安装PyCharm

如果只是编写简单的程序，在Python自带的开发环境中写代码是可以的，但对于专业的程序员来说，其编写的程序比较复杂，在Python自带的开发环境中编写代码就有些捉襟见肘了，尤其是编写面向对象的程序，无论是代码提示功能还是出错信息的提示功能远没有专业开发环境的功能强大。PyCharm是一个专门为Python打造的集成开发环境（IDE），带有一整套可以帮助用户在使用Python语言开发时提高其效率的工具，比如调试、语法高亮、项目管理、代码跳转、智能提示、自动完成、单元测试、版本控制等。PyCharm可以直接调用Python的解释器运行Python程序，极大提高Python的开发效率。

PyCharm由Jetbrains公司开发，可以在其官网下载PyCharm，如图1-6所示。PyCharm有两个版本，分别是Professional（专业版）和Community（社区版）。专业版是收费的，社区版是完全免费的，单击Community下的"Download"按钮可以下载社区版PyCharm。

图1-6　下载PyCharm页面

以管理员身份运行下载的安装程序pycharm-community-2023.1.3.exe（读者下载的版本可能与此不同），在第1个安装对话框中单击"Next"按钮，在第2个安装对话框中设置安装路径，如图1-7所示。单击"Next"按钮，在第3个安装对话框中勾选".py"项，如图1-8所示，将py文件与PyCharm关联，如果读者的计算机是64位系统，则勾选"64-bit launcher"，单击"Next"按钮，在第4个安装对话框中，单击"Install"按钮开始安装，最后单击"Finish"按钮完成安装。

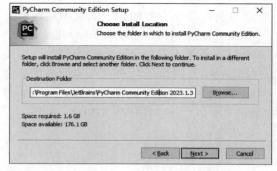 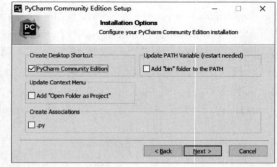

图1-7　PyCharm的第2个安装对话框　　　　图1-8　PyCharm的第3个安装对话框

1.1.3　Python自带集成开发环境

在安装Python的同时也会安装一个集成开发环境IDLE，它是一个Python Shell（可以在打开的 IDLE 窗口的标题栏上看到），在"＞＞＞"提示下逐行输入 Python 程序，每输入一行后按 Enter 键，Python 就执行这一行的内容。前面我们已经应用 IDLE 输出了简单的语句，但在实际开发中，需要编写多行代码时，会在写完代码后一起执行所有的代码，以提高编程效率。为此可以单独创建一个文件保存这些代码，待全部编写完成后一起执行。

在 IDLE 主窗口的菜单栏上选择"File"→"New File"命令，将打开 Python 的文件窗口，如图 1-9 所示，在该窗口中直接编写 Python 代码。在输入一行代码后再按下 Enter 键，将自动换到下一行，等待继续输入，单击菜单"File"→"Save"后，再单击菜单"Run"→"Run Module"或按 F5 键就可以执行，结果将在 Shell 中显示。文件窗口的"Edit"和"Format"菜单是常用的菜单，"Edit"用于编辑查找，"Format"菜单用于格式程序，例如使用"Format"→"Indent Region"可以使选中的代码右缩进。单击菜单"Options"→"Configure IDLE"可以对 Python 进行设置，例如更改编程代码的字体样式、字体大小、字体颜色、标准缩进长度、快捷键等。

在文件窗口中输入下面一段代码，按 F5 键运行程序，在 Shell 窗口中可以输出一首诗，如图 1-9 所示。

```python
print('*' * 50)   #Demo 1_1.py
print(' ' * 10 + '春晓')
print(' ' * 15 + '----孟浩然')
print('春眠不觉晓，处处闻啼鸟。')
print('夜来风雨声，花落知多少。')
print('*' * 50)
```

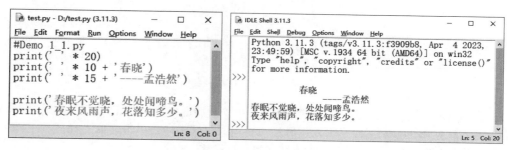

图 1-9　Python 文件窗口和 Shell 窗口

1.1.4　PyCharm 集成开发环境

要使 PyCharm 成为 Python 的集成开发环境，需要将 Python 设置成 PyCharm 的解释器。启动 PyCharm，在欢迎对话框中，如图 1-10 所示，选择"New Project"项，弹出 New Porject 设置对话框，在 Location 中输入项目文件的保存路径，该路径需要是空路径，选中"New environment using"，并选择"Virtualenv"，从 Base interpreter 中选择 Python 的解释器 python.exe，勾选"Inherit global site-packages"和"Make available to all projects"，将已经安装的包集成到当前项目中，并将该配置应用于所有的项目，最后单击"Create"按钮，进入 PyCharm 开发环境。

PyCharm 正常启动后，读者也可以按照下面步骤添加新的 Python 解释器。单击菜单"File"→"Settings"打开设置对话框，单击左侧项目下的解释器"Python Interpreter"，然后单击右边"Python Interpreter"后面的 ✿ 按钮，选择"Add…"，弹出添加 Python 解释器的对话框，如图 1-11 所示，左侧选择"Virtualenv Environment"，在右侧输入一个空白路径和选择 Python 的

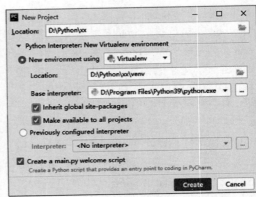

图1-10 配置Python解释器

解释器的位置,单击"OK"按钮,回到设置对话框,右边将显示已经安装的第三方程序包,最后单击"OK"按钮关闭所有对话框。

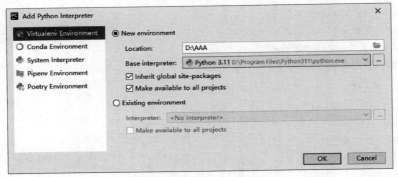

图1-11 选择Python解释器对话框

进入PyCharm后,单击"File"→"New"菜单,然后选择"Python File",输入文件名并按下Enter键后建立Python新文件。输入代码后,要运行程序,需要单击菜单"Run"→"Run…"命令后选择对应的文件,即可调用Python解释器运行程序。

1.2 变量与赋值语句

相对于其他高级语言,Python的编程语法要简单一些,编程也更灵活一些。要学好Python编程,必须打好坚实的基础。本节及后续小节讲解Python编程的一些基础知识,主要介绍变量、赋值、数据类型、数据类型的转换、转义符、数值表达式、逻辑表达式、if分支语句、循环语句以及一些常用函数。

1.2.1 变量和赋值的意义

编程软件中的变量(Variable)和赋值操作是代码中用得最多的符号和操作,变量可以理解成存储数据的一个符号。Python中可以让同一个变量在不同时刻代表不同类型的数据,但不能同时代表多个数据。

在 Python 的 Shell 中输入如下代码。第1和第2行中，用变量a和变量b分别存储数字2和5，变量c存储1+3计算后的值，即4，通过第4行的print()函数输出a、b和c的值，从第5行中print函数的返回值，可以看出a、b和c的值分别是2、5和4。代码中的"="表示赋值，将"="右边的值或者表达式的值赋给"="左边的变量。初学编程的人员可以简单地把"="理解成"="左边的变量等于"="右边的值或表达式的值。

```
1    >>> a = 2
2    >>> b = 5
3    >>> c = 1+3
4    >>> print(a,b,c)
5    2 5 4
```

其实对于赋值运算"="，计算机内部有更深入的操作，对于第1句a = 2和第2句b=5，计算机处理这两句赋值运算时先在内存中开辟两个空间，分别记录数值2和5，然后把记录数值2和记录数值5所在的内存空间的起始地址分别赋予变量a和b；对于第3句c=1+3，是先在内存中开辟两个空间，分别记录数值1和3，然后把1和3读入CPU中，进行1+3运算，得到结果4，然后再在内存中开辟一个新的空间，把4输出到这个新空间中，最后把4所在的内存空间的起始地址赋给变量c，第4行的print(a,b,c)函数是根据a、b、c所记录的内存地址，从内存中读取对应地址的值并输出。

对于内存中存储的数据的起始地址可以通过id()函数获取。在Shell中继续输入如下代码，可以看出数值2和变量a的内存地址是相同的，数值5和变量b的内存地址是相同的，数值4和变量c的内存地址也是相同的。

```
6    >>> id(2),id(a)
7    (140715084994240, 140715084994240)
8    >>> id(5),id(b)
9    (140715084994336, 140715084994336)
10   >>> id(4),id(c)
11   (140715084994304, 140715084994304)
```

在Shell中继续输入如下代码。其中第12行代码为a = a+6，在前面的第1行中已经将2赋予了变量a，计算a = a+6是先计算"="右边的a+6，得到8，然后将8重新赋值给a，a的值变成了8，通过第13行和第14行可以看出a的值是8，已经不是2了。第12行a = a+6的计算过程是，先在内存中开辟一个空间存储6，然后把变量a指向的内存空间的值（这个值是2）和内存空间中的6读入CPU中，进行2+6的计算，得到结果8，然后再在内存空间中开辟一个空间，把结果8存储到这个新空间中，通过赋值操作"="，将结果8的存储地址赋给变量a，变量a已经不指向2的存储地址，所以a的值最后是8，通过第15行和第16行的代码可以看出，8和a的地址是相同的。第17行代码a = a+b+c，先计算赋值操作"="右边的表达式a+b+c的值，由于a指向8，b指向5，c指向4，CPU从内存中读取8、5和4，完成8+5+4的计算，将结果17保存在内存中。通过赋值操作，将a重新指向结果17的内存地址，通过第20行代码和第21行的返回值可以看出，变量a和数值17的地址是相同的。

```
12   >>> a = a+6
13   >>> print(a)
14   8
```

```
15  >>> id(8),id(a)
16  (140715084994432, 140715084994432)
17  >>> a = a+b+c
18  >>> print(a)
19  17
20  >>> id(17),id(a)
21  (140715084994720, 140715084994720)
```

1.2.2 变量的定义

Python 中的变量在使用时，不需要提前声明，定义变量名称时需要注意以下几方面的事项。

① Python 区分变量名称的大小写，例如 A 和 a 是两个不同的变量。

② 在使用变量前，不需要提前声明，但是在调用一个变量时，变量必须要有明确的值，否则会出错，例如 b=a+1 或 a=a+1，若 a 没有提前赋值，则无法计算 b=a+1 和 a=a+1，可以先给一个变量赋予初始值，如 a=0。

③ 同一个变量可以指向不同数据类型的值，例如变量 a 可以指向整数、浮点数、字符串、序列和类的实例，例如 a=10、a='hello'。变量的类型是其所指向的数据的类型。

④ 变量名通常由字符 a～z、A～Z，数字 0～9 构成，中间可以有下画线，首位不能是数字。例如 myClass_1 = 1，myClass_2 = 2 是可以的，而 1_myClass 和 2_myClass 是非法的。xyz#ab!c 是非法的，因为变量名称中不允许出现符号 "#" 和 "!"。当变量名由两个或多个单词组成时，还可以利用驼峰命名法来命名，即第一个单词以小写字母开始，后续单词的首字母大写，例如 firstName、lastName；也可以每一个单词的首字母都采用大写字母，例如 FirstName、LastName、CamelCase；还可以用下画线隔开，例如 first_Name、last_Name。变量名中注意小写字母 "l" 和 "o" 不要与数字 1 和 0 混淆。定义变量名称时，最好根据变量指向的数据的意义，给变量定义一个有意义并容易记忆的名称。可以用中文定义变量名称，但不建议使用中文作变量。

⑤ 变量名称可以以一个或多个下画线开始或结尾，例如 _myClass、__myClass_，以下画线开始的变量在类的定义中有特殊的含义。

⑥ 变量名称不能取 Python 中的保留的关键字，关键字如表 1-1 所示。由于 Python 区分大小写，故可以使用 FALSE 作变量名，而不能用 False 作变量名。

⑦ 变量名也不能取 Python 中内置的函数名，否则内置函数会被覆盖。Python 中的内置函数如表 1-2 所示。

⑧ 变量名中不能有空格，否则系统会将其当成两个变量。

⑨ 对于不再使用的变量，可以用 "del 变量名" 删除。

表1-1　Python 中的保留关键字

False	None	True	and	as
assert	break	class	continue	def
del	elif	else	except	finally
for	from	global	if	import
in	is	lambda	nonlocal	not
or	pass	raise	return	try
while	with	yield	async	await
match	case			

表1-2　Python中的内置函数

abs()	delattr()	hash()	memoryview()	set()
all()	dict()	help()	min()	setattr()
any()	dir()	hex()	next()	slice()
ascii()	divmod()	id()	object()	sorted()
bin()	enumerate()	input()	oct()	staticmethod()
bool()	eval()	int()	open()	str()
breakpoint()	exec()	isinstance()	ord()	sum()
bytearray()	filter()	issubclass()	pow()	super()
bytes()	float()	iter()	print()	tuple()
callable()	format()	len()	property()	type()
chr()	frozenset()	list()	range()	vars()
classmethod()	getattr()	locals()	repr()	zip()
compile()	globals()	map()	reversed()	__import__()
complex()	hasattr()	max()	round()	

1.2.3　赋值语句

Python中可以给一个变量赋值，也可以同时给多个变量赋值，赋值语句的格式如下。

```
格式1：   变量名 = 表达式
格式2：   变量名1，变量名2，…，变量名n = 表达式1，表达式2，…，表达式n
格式3：   变量名1 = 变量名2 = … = 变量名n = 表达式
```

对于格式2，变量名直接用逗号","隔开，表达式也要用逗号","隔开，并且变量的数量和表达式的数量相同。Python支持左边只有一个变量、右边有多个表达式的赋值语句，这时变量的类型是元组（tuple）。多赋值语句是将表达式i的值赋给变量名i，其计算过程是先把所有的表达式计算完成后，再依次将表达式的值分别赋值给对应的变量。

格式3是所有的变量等于最右边的表达式的值。例如下面的代码，变量c最后的值是8，而不是13。

```
22    >>> a,b,c = 1,2,3
23    >>> print(a,b,c)
24    1 2 3
25    >>> a,b,c,d =2,a+4,a+b+5, 'hello'
26    >>> print(a,b,c,d)
27    2 5 8 hello
28    >>> h_1 = h_2 = h_3 = 100
29    >>> print(h_1,h_2,h_3)
30    100 100 100
```

Python中支持将运算符与赋值符结合起来进行更复杂的赋值运算，如表1-3所示，其中"a"必须是变量，"b"可以是一个具体的数值、变量，也可以是一个表达式。不建议采用这种将运算和赋值结合起来的形式，因为这样会使程序可读性变差，也容易出错。需要注意的是等号右边的变量必须指向一个数据，否则会出错。

表1-3 运算赋值

数值运算符	运算赋值符	说明	使用形式	等价形式
+	+=	加	a+=b	a=a+b
−	−=	减	a−=b	a=a−b
*	*=	乘	a*=b	a=a*b
/	/=	除	a/=b	a=a/b
//	//=	取整数	a//=b	a=a//b
%	%=	取余数	a%=b	a=a%b
**	**=	幂运算	a**=b	a=a**b

1.3 Python中的数据类型

相比较其他高级编程语言，Python中的数据类型比较简单，可以分为数值型数据和非数值型数据两类。数值型数据包括整数(Integer)、浮点数（Float）、布尔类型（Bool）和复数（Complex），非数值型数据包括字符串(String)、列表(List)、元组(Tuple)、字典(Dictionary)和集合(Set)，查询一个数据的类型可以使用type()函数。

1.3.1 数据类型

（1）整数

Python中的整数是指没有小数的数值，分为正整数、负整数和0三种，例如5和999是正整数、−123和−99是负整数。Python中整数没有长整数和短整数之分，Python会在内部自动转换。Python中的整数根据进制不同分为十进制整数、十六进制整数、八进制整数和二进制整数。

① 十进制是我们日常生活中用的进制，由数字0～9共10个数字组成，十进制满10进1。

② 十六进制由数字0～9和字母A～F组成，A代表十进制中的10，F代表十进制中的15。十六进制满16进1，例如十六进制数AF8对应十进制中的2808。Python中的十六进制数字以"0x"或"0X"开始。

```
>>> hex1,hex2 = 0xB, -0XAF8
>>> print(hex1,hex2)
11 -2808
```

③ 八进制由数字0～7构成。八进制满8进1，例如八进制数11对应十进制中的9。Python中的八进制数字以"0o"或"0O"开始。

```
>>> oct1,oct2 =0o11, -0O234
>>> print(oct1,oct2)
9 -156
```

④ 二进制由数字0和1构成。二进制满2进1，例如二进制数101对应十进制中的5。Python中的二进制数字以"0b"或"0B"开始。

```
>>> bin1,bin2 = 0b101,-0B1011
>>> print(bin1,bin2)
5 -11
```

（2）浮点数

Python中的浮点数就是带小数的数值。浮点数只有十进制数，浮点数可以用科学记数法来表示。

```
>>> f1,f2,f3 = 0.3*2.5, 2.3E3, 1.2e2
>>> print(f1,f2,f3)
0.75 2300.0 120.0
```

（3）复数

复数由实数和虚数两部分构成，用小写字母"j"或者大写字母"J"表示单位虚数，例如2.1+3.4j。另外，复数也可以用complex(real,imag)函数生成，例如complex(2.1,3.4)。复数一般用于频率域内的数据，例如频率域的声压、加速度等。

```
>>> comp1,comp2 =2.1+3.4j, complex(2.1,3.4)
>>> print(comp1,comp2)
(2.1+3.4j) (2.1+3.4j)
```

（4）布尔型数据

布尔型数据只有True和False两个值，分别表示真和假，也可以表示数字，用True表示1，False表示0，例如1+True的值是2，1+False的值是1。布尔数据主要用在if判断分支和while循环中。

（5）字符串

字符串是常用的数据，字符串是用一对单引号（' '）或一对双引号（" "）或一对三单引号（''' '''）或一对三双引号（""" """）括起来的文字、字符、数字或者任意符号，例如'A'、"两个小矮人"、'hello!'、"How are you？"、'''少壮不努力，老大徒伤悲'''、"""一叶知秋"""。单引号和双引号只能用于一行，而三个单引号和三个双引号可以用到多行上。

```
>>> str1,str2,str3,str4 = 'A', "1两个小矮人", 'hello!', ""How are you? "
>>> str5,str6 = '''少壮不努力，老大徒伤悲''', """一叶知秋"""
>>> print(str1,str2,str3,str4,str5,str6)
A 1两个小矮人 hello! How are you?  少壮不努力，老大徒伤悲 一叶知秋
```

对于字符串中如何表示单引号和双引号的问题，可以采用如下办法。如果字符串中有单引号，而没有双引号，可以使用一对双引号或一对三引号将字符串括起来；如果字符串中有双引号，而没有单引号，可以使用一对单引号或者一对三引号把字符串括起来；如果字符串中同时有单引号和双引号，可以用一对三引号把字符串括起来。另外在字符串中也可以使用转义符"\'"、"\'"表示单引号，"\""表示双引号，如下所示。

```
>>> str1 = "It's my apple."
>>> str2 = '''字符"F"代表错误。'''
>>> print(str1,str2)
```

```
    It's my apple. 字符"F"代表错误。
    >>> str3 = 'It\'s my apple.'
    >>> str4 = "字符\"F\"代表错误。"
    >>> print(str3,str4)
    It's my apple. 字符"F"代表错误。
```

1.3.2 数据类型的转换

各种数据类型在满足一定要求情况下，是可以相互转换的。

（1）整数与浮点数之间的转换

函数int()可以把浮点数转换成整数，float()函数可以把整数转换成浮点数，type()函数可以获取数据的类型。

```
    >>> int1,int2 = 123,-45
    >>> float1,float2 = 47.67, -34.31
    >>> x1,x2 = float(int1),float(int2)
    >>> y1,y2 = int(float1),int(float2)
    >>> print(x1,x2,y1,y2)
    123.0 -45.0 47 -34
    >>> print(type(x1),type(x2),type(y1),type(y2))
    <class 'float'> <class 'float'> <class 'int'> <class 'int'>
```

（2）字符串型数据与整数和浮点数之间的转换

如果字符串中只包含数值和小数点，那么这种字符串可以转换成对应的数值。同样整数或浮点数也可以转换成字符串，前者使用的仍是int()函数和float()函数，后者使用的是str()函数。

```
    >>> str1,str2 = '34','-231.35'
    >>> int1,float1 = int(str1),float(str2)
    >>> print(int1,float1)
    34 -231.35
    >>> int2,float2 = 123,-56.789
    >>> str3,str4 = str(int2),str(float2)
    >>> print(str3,str4)
    123 -56.789
    >>> print(type(int1),type(float1),type(str3),type(str4))
    <class 'int'> <class 'float'> <class 'str'> <class 'str'>
```

（3）十进制整数转换成其他进制字符串

通过函数hex()、oct()和bin()可以将一个整数分别转换成十六进制字符串、八进制字符串和二进制字符串。

```
    >>> int1,int2 = 56,-134
    >>> str_hex1,str_hex2 = hex(int1),hex(int2)
    >>> print(str_hex1,str_hex2)
    0x38 -0x86
```

```
>>> str_oct1,str_oct2 = oct(int1),oct(int2)
>>> print(str_oct1,str_oct2)
0o70 -0o206
>>> str_bin1,str_bin2 = bin(int1),bin(int2)
>>> print(str_bin1,str_bin2)
0b111000 -0b10000110
>>> type(str_hex1),type(str_oct1),type(str_bin1)
(<class 'str'>, <class 'str'>, <class 'str'>)
```

eval()函数可以将其他进制字符串转换成整数。

```
>>> integer1,integer2,integer3 = eval(str_hex1),eval(str_oct1),eval(str_bin1)
>>> print(integer1,integer2,integer3)
56 56 56
>>> type(integer1),type(integer2),type(integer3)
(<class 'int'>, <class 'int'>, <class 'int'>)
```

eval()函数还可以把一个字符串型表达式的值输出。

```
>>> string1 = '2+4*3'
>>> string2 = '0b111000*2-3*4'
>>> number1,number2 = eval(string1),eval(string2)
>>> print(number1,number2)
14 100
```

（4）布尔型数据与整数和浮点数的转换

任何非零整数和浮点数通过函数bool()都可以转换成True，将零转换成False，通过int()函数可以将布尔型数据True和False转换成整数1和0，通过float()函数将布尔型数据True和False转换成浮点数1.0和0.0。

```
>>> x1,x2 = -3, 3.4
>>> x1,x2,x3 = -3, 3.4,0.0
>>> bool_1,bool_2,bool_3 = bool(x1),bool(x2),bool(x3)
>>> print(bool_1,bool_2,bool_3)
True True False
>>> y1,y2,y3 = int(bool_1),float(bool_2),float(bool_3)
>>> print(y1,y2,y3)
1 1.0 0.0
```

（5）布尔型数据与字符串的转换

通过bool()函数可以将字符串型数据'True'和'False'转换成布尔型数据True和False，通过str()函数可以将布尔型数据True和False转换成字符串型数据'True'和'False'。

```
>>> b1,b2 = True,False
>>> str1,str2 = str(b1),str(b2)
>>> print(str1,str2)
True False
```

```
>>> type(str1),type(str2)
(<class 'str'>, <class 'str'>)
>>> bool_1,bool_2 = bool(str1),bool(str2)
>>> print(bool_1,bool_2)
True True
>>> type(bool_1),type(bool_2)
(<class 'bool'>, <class 'bool'>)
```

（6）十进制整数与ASCII字符之间的转换

对于字符的输入，也可以通过字符对应的ASCII码的数值输入字符，这需要知道ASCII码与数值之间的对应关系。表1-4所示为不可显示符号的ASCII码对照表，表1-5所示为可显示字符的ASCII码对照表，总共128个。

表1-4 不可显示符号的ASCII码对照表

十进制	缩写	名称/意义	十进制	缩写	名称/意义	十进制	缩写	名称/意义
0	NUL	空字符	11	VT	垂直定位符号	22	SYN	同步用暂停
1	SOH	标题开始	12	FF	换页键	23	ETB	区块传输结束
2	STX	本文开始	13	CR	归位键	24	CAN	取消
3	ETX	本文结束	14	SO	取消变换（Shift out）	25	EM	连接介质中断
4	EOT	传输结束	15	SI	启用变换（Shift in）	26	SUB	替换
5	ENQ	请求	16	DLE	跳出数据通信	27	ESC	跳出
6	ACK	确认回应	17	DC1	设备控制一	28	FS	文件分割符
7	BEL	响铃	18	DC2	设备控制二	29	GS	组群分隔符
8	BS	退格	19	DC3	设备控制三	30	RS	记录分隔符
9	HT	水平定位符	20	DC4	设备控制四	31	US	单元分隔符
10	LF	换行键	21	NAK	确认失败回应	127	DEL	删除

表1-5 可显示字符的ASCII码对照表

十进制	字符	十进制	字符	十进制	字符	十进制	字符	十进制	字符	十进制	字符
32	空格	48	0	64	@	80	P	96	`	112	p
33	!	49	1	65	A	81	Q	97	a	113	q
34	"	50	2	66	B	82	R	98	b	114	r
35	#	51	3	67	C	83	S	99	c	115	s
36	$	52	4	68	D	84	T	100	d	116	t
37	%	53	5	69	E	85	U	101	e	117	u
38	&	54	6	70	F	86	V	102	f	118	v
39	'	55	7	71	G	87	W	103	g	119	w
40	(	56	8	72	H	88	X	104	h	120	x
41	)	57	9	73	I	89	Y	105	i	121	y
42	*	58	:	74	J	90	Z	106	j	122	z
43	+	59	;	75	K	91	[	107	k	123	{
44	,	60	<	76	L	92	\	108	l	124	|
45	-	61	=	77	M	93	]	109	m	125	}
46	.	62	>	78	N	94	^	110	n	126	~
47	/	63	?	79	O	95	_	111	o		

通过chr()函数可以将ASCII码数值转换成字符；ord()函数是chr()函数的反函数，通过ord()函数可以将字符转换成对应的数值，例如chr(97)表示'a'，chr(65)表示'A'，ord('W')表示87。要输出'I love you'字符串，可以使用下面的代码。

```
>>> s=chr(73)+chr(32)+chr(108)+chr(111)+chr(118)+chr(101)+chr(32)+chr(121)+chr(111)+chr(117)
>>> print(s)
I love you
```

使用下面的代码可以输出全部大写和小写字母。

```
for i in range(65,91):
    print(chr(i))
for i in range(97,123):
    print(chr(i))
```

1.3.3 字符串中的转义符

在字符串中，有些符号和操作无法表示，这时可以使用转义字符"\"来表示。常用转义字符如表1-6所示。当一行很长时，可以将其写到多行上，在行尾加"\"，表示续行，两个"\\"表示一个"\"，"\n"表示回车换行。在字符串前面加"r"或"R"，则忽略字符串内部的转义符。例如下面的代码。

表1-6 转义字符

转义字符	说明	转义字符	说明
\(在行尾时)	续行符	\t	横向制表符
\\	反斜杠符号\	\r	回车
\'	单引号'	\f	换页
\"	双引号"	\b	退格
\n	换行	\v	纵向制表符
\0yy	八进制数yy代表的ASCII字符，例如\012代表换行	\xyy	十六进制数yy代表的ASCII字符，例如\x0a代表换行

```
>>> print('Let\'s go!')
Let's go!
>>> print('\\\\')
\\
>>> s1="\t春晓\n春眠不觉晓，处处闻啼鸟。\x0a夜来风雨声，花落知多少。"
>>> print(s1)
        春晓
春眠不觉晓，处处闻啼鸟。
夜来风雨声，花落知多少。
>>> print(r'Let\'s go!')
Let\'s go!
>>> s2=r"\t春晓\n春眠不觉晓，处处闻啼鸟。\x0a夜来风雨声，花落知多少。"
>>> print(s2)
\t春晓\n春眠不觉晓，处处闻啼鸟。\x0a夜来风雨声，花落知多少。
```

1.4 表达式

表达式通过运算符将各种数据组合在一起，执行复杂的运算功能。表达式主要有数值表达式、字符串表达式和逻辑表达式三类。字符串可以看成是一个序列，我们将在2.4节中介绍字符串的内容。

1.4.1 数值表达式

数值表达式是指通过数值运算符，将数值型常数、数值型变量（整数、浮点数、布尔型、复数）和能返回数值的函数组合在一起，并能得到确定的数值数据的式子，例如"5+6*3-5/6+8*math.sin(120)"。

（1）数值运算符

Python中的数值运算符如表1-7所示，通过数值运算符将数值型数据连接到一起，形成数值表达式。

表1-7 数值运算符

数值运算符	说明	实例	实例的返回值
+	加	3.45+32	35.45
−	减	23.46−33.1−5.6	−15.24
*	乘	1.2*4.67*56	313.824
/	除	23.5/34/5.1	0.135524798
//	取整数	36.5//(−34)	−2.0
%	取余数	34.6%(−23)	−11.39999999
**	幂运算	2.5**3.1	17.12434728
−x	x的相反数	−(1+2)	−3

对于取整运算，例如5/2的值是正数2.5，取整运算5//2的值是2，这个容易理解，而对于5/(−2)的值是负数−2.5，取整运算5//(−2)的值是−3，而不是−2，就比较费解。取整运算x//y可以这样理解，先计算x/y的值，这个值处于两个整数之间，x//y就是取这两个整数中较小的那个。而求余运算x%y的值是x−x//y*y，如5%(−2)的值是5−(−3)*(−2)=−1。整数和浮点数进行计算时，Python会先把整数转换成浮点数，然后再进行浮点数之间的计算。

（2）Python的内置数学函数

数值表达式中，经常会使用数学函数，Python内置的函数有一部分是数学函数，内置的数学函数如表1-8所示。

表1-8 Python内置的数学函数

函数格式	函数功能	实例	返回值
abs(x)	返回x的绝对值	abs(−2.3)	2.3
divmod(x,y)	返回值是(x//y,x%y)	divmod(−10,3)	(−4, 2)
eval(string)	返回字符串型数值表达式的值	eval('23.5 + 35.2')	58.7
sum(sequence[,start])	sequence是列表、元组或集合，返回值是start和序列各元素的和	sum([1, 2.3,−5.6])	−2.3
		sum([1, 2.3,−5.6],2)	−0.3

续表

函数格式	函数功能	实例	返回值
round(x[,n])	返回x的保留n位小数的四舍五入值，n可选	round(−3.5) round(3.5634,2)	−4 3.56
pow(x,y[,z])	当输入2个参数时，返回x**y；当输入3个参数时，返回x**y%z	pow(2,5) pow(2,5,3)	32 2
min(x1,x2[,⋯,xn]) min(sequence)	返回x1,x2,⋯,xn中最小值，或返回序列sequence的最小元素值	min(1,−0.2,4,8.9,−3.4) min([3,2,2,−8.9,−4.5])	−3.4 −8.9
max(x1,x2[,⋯,xn]) max(sequence)	返回x1,x2,⋯,xn中最大值，或返回序列sequence的最大元素值	max(1,−0.2,4,8.9,−3.4) max([3,2,2,−8.9,−4.5])	8.9 3
c.conjugate() c.real c.imag	分别返回复数c的共轭复数、实数和虚数	c=1+2j c.conjugate() c.real c.imag	1−2j 1.0 2.0

（3）math模块

Python的内置模块math中包含各种数学函数，math模块的常用函数如表1-9所示。使用math模块中的函数之前，需要使用"import math"语句把math模块导入当前环境中。在使用math模块中的函数时，需要用"math.函数名()"的形式来调用函数；也可以使用"from math import *"，把math中所有的函数导入进来，这时直接使用"函数名()"即可，不需要在函数名前加入"math."。

表1-9 math模块中的常用函数

函数	说明	函数	说明
e	自然常数e	hypot(x,y)	返回以x和y为直角边的斜边长
pi	圆周率π	copysign(x,y)	若y<0，返回−1乘以x的绝对值；否则返回x的绝对值
degrees(x)	弧度转度	frexp(x)	返回浮点数m和整数i，满足x=m*2**i
radians(x)	度转弧度	ldexp(m,i)	返回m乘以2的i次方
exp(x)	返回e的x次幂	sin(x)	返回x（弧度）的三角正弦值
expm1(x)	返回e的x次幂减1	asin(x)	返回x的反三角正弦值
log(x[,base])	返回x的以base为底的对数，base默认为e	cos(x)	返回x（弧度）的三角余弦值
log10(x)	返回x的以10为底的对数	acos(x)	返回x的反三角余弦值
log1p(x)	返回1+x的自然对数（以e为底）	tan(x)	返回x（弧度）的三角正切值
pow(x,y)	返回x的y次幂	atan(x)	返回x的反三角正切值
sqrt(x)	返回x的平方根	atan2(x,y)	返回x/y的反三角正切值
ceil(x)	返回不小于x的整数	sinh(x)	返回x的双曲正弦函数值
floor(x)	返回不大于x的整数	asinh(x)	返回x的反双曲正弦函数值
trunc(x)	返回x的整数部分	cosh(x)	返回x的双曲余弦函数值
modf(x)	返回x的小数和整数组成的元组	acosh(x)	返回x的反双曲余弦函数值
fabs(x)	返回x的绝对值	tanh(x)	返回x的双曲正切函数值
fmod(x,y)	返回x%y（取余）	atanh(x)	返回x的反双曲正切函数值
fsum([x,y,⋯])	返回列表的和	erf(x)	返回x的误差函数值
factorial(x)	返回x的阶乘，x是正整数	erfc(x)	返回x的余误差函数值
isinf(x)	若x为无穷大，返回True；否则返回False	gamma(x)	返回x的伽马函数值
isnan(x)	若x不是数字，返回True；否则返回False	lgamma(x)	返回x的伽马函数的自然对数

1.4.2 逻辑表达式

逻辑表达式的值是布尔型数据 True（真）和 False（假）。逻辑表达式最常用于 if 判断语句和 while 循环语句中。逻辑表达式由比较判断运算和逻辑运算两部分组成。

（1）比较判断运算

比较判断运算是判断两个事物或者两个表达式是否满足比较运算符确定的关系。例如（1+2）>（3+5），其中（1+2）和（3+5）是两个数值表达式，">"是比较判断运算符，当">"左边的表达式的值大于右边的表达式的值时，返回结果是 True；当">"左边的表达式的值小于或等于右边的表达式的值时，返回结果是 False。显然（1+2）>（3+5）的返回值是 False。Python 中的比较判断运算符及运算关系如表 1-10 所示。比较判断运算是双目运算，要求比较判断运算符左右都要有表达式。

表 1-10 比较判断运算符

运算符	语法格式	说明	实例	返回值
> （大于）	表达式 1 > 表达式 2	当表达式 1 的值大于表达式 2 的值时，返回 True，否则返回 False	100>4 'a' > 'b'	True False
< （小于）	表达式 1 < 表达式 2	当表达式 1 的值小于表达式 2 的值时，返回 True，否则返回 False	34+2<3 77<100	False True
== （等于）	表达式 1 == 表达式 2	当表达式 1 的值等于表达式 2 的值时，返回 True，否则返回 False	2+4==6 5==1+2	True False
>= （大于等于）	表达式 1 >= 表达式 2	当表达式 1 的值大于或等于表达式 2 的值时，返回 True，否则返回 False	23>=22 2>=5	True False
<= （小于等于）	表达式 1 <= 表达式 2	当表达式 1 的值小于或等于表达式 2 的值时，返回 True，否则返回 False	55<=55 34<=22	True False
!= （不等）	表达式 1 != 表达式 2	当表达式 1 的值不等于表达式 2 的值时，返回 True，否则返回 False	3!=4 'ab' != 'ab'	True False

当表达式的值都是数值时容易判断真假，当表达式的值是字符串时比较困难。字符串的比较是根据字符的 ASCII 码进行的，ASCII 对照表如表 1-5 所示。字符串包含多个字符时比较复杂，字符串的比较原则如下：

① 如果字符串 1 的第 n 位的 ASCII 码值等于字符串 2 的第 n 位的 ASCII 码值，则继续比较下一位。

② 如果字符串 1 的第 n 位的 ASCII 码值大于字符串 2 的第 n 位的 ASCII 码值，则逻辑表达式"字符串 1 > 字符串 2"的值为 True。

③ 如果字符串 1 的第 n 位的 ASCII 码值小于字符串 2 的第 n 位的 ASCII 码值，则逻辑表达式"字符串 1 < 字符串 2"的值为 True。

④ 如果每一位的 ASCII 码值都相等，而且长度相同，则逻辑表达式"字符串 1 == 字符串 2"的值为 True。

⑤ 如果字符串 1 是字符串 2 的前 m 位，例如'abcd'与'abcdef'比较，则逻辑表达式"字符串 1 < 字符串 2"的值为 True。

例如下面的字符串逻辑比较运算。

```
>>> str1 = 'myComputer'
>>> str2 = 'myBook'
>>> str3 = "myComputer's Book"
>>> str1>str2
```

```
True
>>> str1 < str3
True
```

（2）逻辑运算

逻辑运算是对布尔型值（True或False）的表达式进行进一步计算。例如 "2>3 and 'ab'=='ac'"，其中and是逻辑运算符，2>3和'ab'=='ac'都是逻辑表达式，表达式 "2>3 and 'ab'=='ac'" 相当于表达式 "False and True"，表达式 "2>3 and 'ab'=='ac'" 的值是False。

逻辑运算符有and、or和not共3个。and需要连接左右两个逻辑表达式，当这两个表达式的值都是True时，and连接的逻辑表达式返回True，只要有一个表达式的值为False则返回False；or也需要连接左右两个逻辑表达式，只要有一个表达式的值是True，则or连接的逻辑表达式返回True，两个表达式的值都是False时返回False；not是单目运算，表示取反运算，只连接一个逻辑表达式，not连接的逻辑表达式是True时返回值是False，是False时返回True。逻辑运算连接的关系如表1-11所示。

表1-11 逻辑运算连接的关系

运算符	格式	计算原则	可能出现的情况	返回值
and （逻辑与）	表达式1 and 表达式2	两个表达式的值都是True时，返回True，否则返回False	True and True True and False False and True False and False	True False False False
or （逻辑或）	表达式1 or 表达式2	两个表达式的值有一个是True时，返回True，否则返回False	True or True True or False False or True False or False	True True True False
not （逻辑反）	not 表达式	表达式的值是True时，返回False，表达式的值是False时，返回True	not True not False	False True

1.4.3 运算符的优先级

在一个表达式中有多个运算符时，Python计算时并不是按照从左到右的顺序依次计算的，而是按照运算符的优先级进行有选择的计算。例如数值表达式 "100-3*2**3-5*3"，幂运算 "**" 的优先级大于乘运算 "*"，先进行幂计算2**3得到8，乘运算 "*" 大于减运算 "-"，再进行3*8计算得到24，5*3计算得到15，最后计算100-24-15，表达式最后的值是61；对于逻辑运算 "1+2>3+5"，">" 的优先级低于 "+"，先计算1+2和3+5，再计算3>8，最后得到False。

Python中运算符的优先级如表1-12所示，优先级数值越大，优先级就越高，在表达式中就越优先计算。如果需要优先级低的运算先行计算，可以使用括号 "()"，把优先级低的运算放到括号中，括号中的内容先行计算，例如（1+2）*3得到9。

表1-12 运算符的优先级

优先级	运算符	说明	优先级	运算符	说明
1	lambda	lambda表达式	3	and	逻辑与
2	or	逻辑或	4	not	逻辑反

续表

优先级	运算符	说明	优先级	运算符	说明
5	in, not in	成员测试	12	x.attribute	获取属性
6	is, is not	同一性测试	13	x[index]	索引
7	<、<=、>、>=、!=、==	比较	14	x[index1:index2]	切片
8	+、-	加法与减法	15	f(arguments,…)	函数调用
9	*、/、%、//	乘法、除法、求余、取整	16	(experession,…)	元组
10	+x、-x	正号、负号	17	[expression,…]	列表
11	**	幂运算	18	{key:datum,…}	字典

1.5 Python编程的注意事项

1.5.1 空行与注释

为了增加程序的可读性和美观性，可在不同功能的代码之间增加一个或两个空行，Python解释器会忽略空行。在两个自定义函数(def)之间、在import语句与主代码之间都可以增加空行。

为了增加程序的可读性，或者让其他编程人员容易理解程序，在程序中往往需要增加注释，一个优秀的程序员，为代码添加注释是必要的工作内容。Python的注释可以是单行注释，也可以是多行注释，Python解释器会忽略注释内容。Python注释除了可以起到说明文档的作用外，还可以进行代码的调试，将一部分代码注释掉，对剩余的代码进行排查，从而找出问题所在，进行代码的完善。

单行注释可以单独占用一行，也可以是在一行代码的右边加注释，以"#"作为注释的开始标识，"#"后面的内容都将作为注释内容。多行注释是用3个单引号（''' '''）或3个双引号（""" """），把注释的内容放到引号中间即可。在进行自定义函数（def）和类（class）定义时，在第2行添加注释，如下例所示，可以作为help（函数名）函数的返回值，或者用"函数名.__doc__"的方法获取注释信息，再用print()函数输出信息。例如下面的代码有单行注释、多行注释和空行。

```
def printArray(input1,input2):      #Demo1_2.py
    """
    这是一个将两个数值从小到大顺序打印的函数。
    需要输入两个数值，不论输入顺序如何，都将先输出小值，再输出大值。
    """
    if input1 >input2:         #如果先输入的是大值
        temp = input1          #将大的值放到临时变量temp中
        input1 = input2        #将小值放到第1个变量中
        input2 = temp          #将大值放到第2个变量中
    #用print函数输出从小到大的值
    print('从小到大的顺序为: ', input1, '<', input2)
help(printArray)      #输出函数的注释信息
printArray(200,100)   #调用函数
print(printArray.__doc__)    #用__doc__方法输出注释信息
```

在Python的早期版本中进行Python开发时，需进行编码声明。如果代码中有中文，则需要采用UTF-8编码，须在代码第一行用"# -*- coding: UTF-8 -*-"声明。从Python3开始，Python默认使用UTF-8编码，所以Python3.x的程序文件中不需要特殊声明UTF-8编码。

1.5.2 缩进

Python中定义分支（if和match）、循环（for和while）、自定义函数（def）和类（class）代码块时，需要将关键字所在的后续行缩进，以缩进来表示关键字所属的代码块，这和其他一些高级编程语言不同。通常缩进4个字符，同一级别的缩进量必须相同，否则会出现代码逻辑错误。如果存在缩进嵌套的情况，需要再次进行缩进。缩进通常是在有冒号（"："）语句的后面，例如下面的代码。

```python
def permutation(array):    # 以":"结尾的后续语句要缩进
    # Compute the list of all permutation of an array.
    if len(array) <= 1:    # 以":"结尾的后续语句需要缩进
        return []
    r = []
    for i in range(len(array)):    # 以":"结尾的后续语句需要缩进
        s = array[:i] + array[i+1:]
        p = perm(s)
        for x in p:    # 以":"结尾的后续语句需要缩进
            r.append(array[i:i+1] + x)
    return r
```

1.5.3 续行

写代码时，建议一行的代码不超过80个字符。如果一行的代码很长，可以把代码写到2行上，此时需要在前一行的末尾加入"\"表示续行；另外还可以不用"\"，而用括号"()"将断开成两行的语句连接起来，例如下面的代码前两行末尾的"\"表示续行。

```python
message = "写代码时，建议一行的代码不超过80个字符，如果一行的代码很长，\
可以把代码写到2行上，需要在前一行的末尾加入"\"表示续行；\
另外还可以不用"\"，而用括号"()"将断开成两行的语句连接起来。"
print(message)
```

1.6 Python中常用的一些函数

1.6.1 输入函数和输出函数

（1）input()函数

在非可视化编程情况下，程序执行到某个位置需要输入一个数据（数值、字符串等），然后根据输入的数据情况，程序作出不同的判断。Python的内置函数input()可以在运行程序中输入数据，input()函数的格式是input([promp])，其中promp是提示符，是可选的参数。input()函数的返回值的类型是字符串。

当需要输入数值或数值型表达式时，可以通过int()、float()或eval()函数进行转换，如下面根据输入年龄判断年龄段的程序。

```
name = input('请输入姓名：')    #Demo1_3.py
age = input('请输入年龄：')
age = int(age)
if age < 18:
    print(name+'先生\\女士:\n', '您的年龄是：', age, '，您属于少年。')
elif age>=18 and age<30:
    print(name+'先生\\女士:\n', '您的年龄是：', age, '，您属于青年。')
elif age>=30 and age<60:
    print(name+'先生\\女士:\n', '您的年龄是：', age, '，您属于中年。')
else:
    print(name+'先生\\女士:\n', '您的年龄是：', age, '，您属于老年。')
'''
运行结果如下：
请输入姓名：李某人
请输入年龄：34
李某人先生\女士：
    您的年龄是： 34 ，您属于中年。
'''
```

（2）print()函数

print()函数用于输出，可以同时输出多个不同的数据，各数据之间用逗号","隔开，print()函数的格式如下。

```
print(value1,value2,…, sep=' ', end='\n', file=sys.stdout, flush=False)
```

其中，value1,value2,…是要输出的数据，各数据之间用逗号","隔开，数据类型可以是Python支持的所有数据类型，例如数值、字符串、逻辑型数据、列表和元组等；sep是输出多个数据时各数据之间的间隔符号，默认是一个空格；end是输出完内容后附加的输出符，默认是'\n'，表示回车换行；file设置可以把数据输出到一个文件中，默认是系统的标准输出设备；flush设置输出是否被缓存，通常取决于file，如果flush关键字参数为True时，数据流会被强制缓存。

下面的代码用for循环在一行上输出A～Z，在另一行上输出a～z，并分别用空格和">"分隔各个字符。

```
for i in range(65,91):    #Demo1_4.py
    print(chr(i), end = ' ')
print(end='\n')
for i in range(97,123):
    print(chr(i), end = '>')
#运行结果如下：
#A B C D E F G H I J K L M N O P Q R S T U V W X Y Z
#a>b>c>d>e>f>g>h>i>j>k>l>m>n>o>p>q>r>s>t>u>v>w>x>y>z>
```

print()函数还可以把数据写到文件中。下面的代码在硬盘上新建了一个文件"春晓.txt",并往文件中写入字符串。

```
string = "\t春晓\n春眠不觉晓,处处闻啼鸟。\n夜来风雨声,花落知多少。" #Demo1_5.py
fp = open('d:/春晓.txt', 'w+')
print(string, file=fp)
fp.close()
```

1.6.2 range()函数

range()函数是经常使用的函数,常用于for循环生成一个序列(Sequence或Iterable)。range()函数生成一序列数值,其格式如下。

```
range([start,] end [,skip])
```

其中,start是序列数值的开始值,默认从0开始,例如range(10)等价于range(0,10);end是序列数值的结束值,但不包括end,例如list(range(0,5))是列表[0, 1, 2, 3, 4],列表中不包含5;skip是每次跳跃的间距,默认为1,例如list(range(1,10,2))返回值是[1, 3, 5, 7, 9];start、end和skip只能取整数。在使用range()函数时,需要注意skip值要使用合理,例如list(range(1,-10,2))将不会输出任何数列,list(range(1,-10,-2))会输出[1, -1, -3, -5, -7, -9]。

1.6.3 随机函数

随机函数在Python编程中也会经常用到,Python的随机函数是伪随机函数。Python随机函数在random模块中,使用前需要使用"import random"语句导入random模块中的函数。常用的随机函数如表1-13所示。

表1-13 常用随机函数

随机函数	函数说明
random()	生成一个0到1的随机浮点数n,$0 \leq n < 1.0$
uniform(a, b)	生成一个指定范围内的随机浮点数n,a和b一个是上限,一个是下限。如果a < b,则生成的随机数n:$a \leq n \leq b$。如果a >b,则$b \leq n \leq a$
randint(a, b)	生成一个指定范围内的整数。其中参数a是下限,参数b是上限,生成的随机数n:$a \leq n \leq b$
randrange(stop) randrange(start, stop[, step])	从指定范围内、按指定基数递增的集合中获取一个随机数。例如randrange(10, 100, 2)结果相当于从[10, 12, 14, 16,…,96, 98]序列中获取一个随机数。randrange(10, 100, 2)在结果上与choice(range(10, 100, 2))等效,即随机选取10到100间的偶数
choice(sequence)	从序列中获取一个随机元素,序列sequence可以是列表、元组和字符串
shuffle(sequence)	将序列的所有元素随机排序
sample(sequence, k)	从指定序列中随机获取指定长度的片段
betavariate(alpha, beta)	Beta 分布,参数的条件是alpha > 0和beta > 0,返回值的范围介于0和1之间
expovariate(lambd)	指数分布,lambd 是 1.0 除以预期平均值,它是非零值(该参数本应命名为"lambda",但这是 Python 中的保留字)。如果 lambd 为正,则返回值的范围是0到正无穷大;如果 lambd 为负,则返回值范围为从负无穷大到0
gammavariate(alpha, beta)	伽马分布,参数的条件是alpha>0和beta>0
gauss(mu, sigma)	正态分布(高斯分布),mu是平均值,sigma是标准差

随机函数	函数说明
lognormvariate(mu, sigma)	对数正态分布，如果采用这个分布的自然对数，将得到一个正态分布。平均值为 mu，标准差为 sigma，mu 可以是任何值，sigma 必须大于零
normalvariate(mu, sigma)	正态分布，mu 是平均值，sigma 是标准差
vonmisesvariate(mu, kappa)	von Mises 分布，mu 是平均角度，以弧度表示，介于 0 和 2*pi 之间；kappa 是浓度参数，必须大于或等于零。如果 kappa 等于零，则该分布在 0 到 2*pi 的范围内减小到均匀的随机角度
paretovariate(alpha)	帕累托分布，alpha 是形状参数
weibullvariate(alpha, beta)	威布尔分布，alpha 是比例参数，beta 是形状参数

一些随机函数的应用计算如下所示。

```
>>> import random
>>> random.seed(1234)
>>> random.random()
0.9664535356921388
>>> random.uniform(10,20.5)
14.627692291341203
>>> random.randint(10,100)
20
>>> random.randrange(10, 100, 2)
40
>>> str1 = '爱我中华'
>>> random.choice(str1)
'爱'
>>> seq = [1,2,3,4,5,6,7,8,9,10]
>>> random.shuffle(seq)
>>> seq
[4, 3, 7, 5, 8, 1, 9, 6, 10, 2]
>>> random.sample(seq,4)
[2, 6, 7, 4]
```

1.7 分支结构

程序结构分为顺序结构、分支结构和循环结构三种。顺序结构是从开始到结束按顺序依次执行每行代码，分支结构和循环结构是任何高级编程语言都有的基本结构。分支结构根据输入条件，做出判断并确定程序执行的方向，有选择地执行其中的部分代码；循环结构是根据指定的循环次数或满足一定的条件下，反复执行相同的一部分代码。分支和循环结构需要逻辑表达式。分支和循环是编程的精髓，通过逻辑表达式体现编程人员的智慧和赋予计算机的"智慧"。

Python 中的分支结构分为以 if 关键词和 match 关键词开始的分支结构两类。match 分支结构相当于其他编程语言中的 switch 分支结构。

1.7.1 if 分支结构

if 分支结构分为 3 种类型。要实现更多的逻辑判断，可以使用 if 分支结构的嵌套。

（1）最简单的if分支结构

if分支结构是最简单的分支结构，其格式如下：

```
前语句块
if 逻辑表达式：
    分支语句块    #需要缩进
后续语句块
```

其中，if是关键字，if行末尾的冒号"："是固定格式符，表明后续的语句块是分支语句块，分支语句块由一行或多行代码组成；分支语句块需要缩进，只有缩进的语句块才能是分支语句块，不缩进的语句块说明分支语句块的结束。if语句中的逻辑表达式见1.4.2节介绍的内容，由逻辑判断符（>、>=、<、<=、==、!=、is、is not）、逻辑运算符（and、or、not）构成的表达式，其返回值是True或False。当分支语句块只有一行时，分支语句可以放到冒号"："后面，其格式为：

```
前语句块
if 逻辑表达式：分支语句
后续语句块
```

if分支结构执行的顺序是，当执行完前语句块后进入到if语句，解释器先判断if后面的逻辑表达式，如果逻辑表达式的返回值是True，则执行分支语句块；如果逻辑表达式的返回值是False，则直接跳过分支语句块，执行后续语句块。if分支结构的执行流程如图1-12所示。

if分支语句的实例如下所示。

```python
score = input("请输入成绩：")    #Demo1_6.py
score = int(score)    #字符串转换成整数
if score >= 90:
    print("成绩优秀")
if score >= 80 and score < 90:
    print("成绩良")
if score >= 70 and score < 80:
    print("成绩中")
if score >= 60 and score < 70:
    print("成绩及格")
if score < 60:
    print("成绩不及格")
```

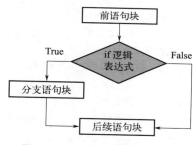

图1-12　if分支结构的流程图

（2）if…else分支结构

if…else分支结构要比if分支结构稍微复杂，其格式如下：

```
前语句块
if 逻辑表达式：
    分支语句块1    #需要缩进
else：
    分支语句块2    #需要缩进
后续语句块
```

其中，if是关键字，if和else行末尾的冒号"："是固定格式符，表明后续的语句块是分支语句块。

分支语句块由一行或多行代码组成。分支语句块需要缩进。如果在分支语句中暂时不想执行动作，可以只写一句 pass。

if…else 分支结构执行的顺序是，当执行完前语句块后进入 if 语句，解释器先判断 if 后面的逻辑表达式，如果逻辑表达式的返回值是 True，则执行分支语句块 1，执行分支语句块 1 后，跳过分支语句块 2，直接执行后续语句块；如果逻辑表达式的返回值是 False，则直接跳过分支语句块 1，执行分支语句块 2，之后执行后续语句块。if…else 分支结构的执行流程如图 1-13 所示。

下面是一个简单的例子，根据输入成绩判断，大于等于 60 分的成绩及格，小于 60 分的成绩不及格。

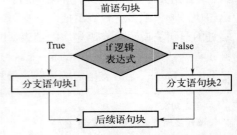

```
score = input("请输入成绩: ")   #Demo1_7.py
score = int(score)   #字符串转换成整数
if score >= 60:
    print("成绩及格")
else:
    print("成绩不及格")
```

图 1-13　if…else 分支结构的流程图

（3）if…elif…else 分支结构

if…elif…else 分支结构可以进行多次判断，其格式如下：

```
前语句块
if 逻辑表达式1:
    分支语句块1        #需要缩进
elif 逻辑表达式2:
    分支语句块2        #需要缩进
elif 逻辑表达式3:
    分支语句块3        #需要缩进
...
elif 逻辑表达式n:
    分支语句块n        #需要缩进
[else:
    补充分支语句块]    #需要缩进
后续语句块
```

其中，if 是关键字，if、elif 和 else 行末尾的冒号"："是固定格式符，表明后续的语句块是分支语句块。根据具体情况可以设置多个 elif。elif 是 else if 的缩写。分支语句块需要缩进。如果在分支语句中暂时不想执行动作，可以只写一句 pass。else 语句块是可选的。

if…elif…else 分支结构执行的顺序是，当执行完前语句块后进入到 if 语句，依次判断各逻辑表达式的值，如果遇到第 1 个逻辑表达式的值为 True 时，则执行对应的分支语句块，执行完这个分支语句块后，跳过其他分支语句块，执行后续语句块；如果所有的逻辑表达式的返回值都是 False，则执行 else 的补充分支语句块，然后执行后续语句块。if…elif…else 分支结构的执行流程如图 1-14 所示。

if…elif…else 分支结构实例如下，根据输入的成绩分成不同的等级。

```
score = input("请输入成绩: ")   #Demo1_8.py
score = int(score)   #字符串转换成整数
```

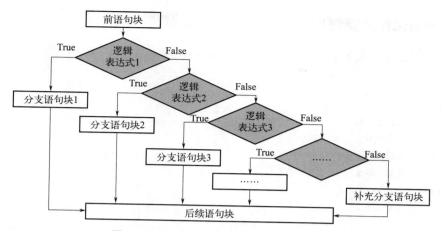

图1-14 if…elif…else分支结构的流程图

```
if score >= 90:
    print("成绩优秀")
elif score >= 80 and score < 90:
    print("成绩良")
elif score >= 70 and score < 80:
    print("成绩中")
elif score >= 60 and score < 70:
    print("成绩及格")
else:
    print("成绩不及格")
```

1.7.2 if分支语句的嵌套

在以上3种分支结构的任意分支语句块中可以含有新的分支语句，在新的分支语句中可以再包含分支语句，这样就形成了多级分支嵌套，形成复杂的逻辑判断分支。多级分支嵌套的每一级都要进行缩进。例如下面的例子，先将考试成绩用if…else分支结构分为及格和不及格两类，然后用if…elif…else分支结构将合格的成绩再进行细分。

```
score = input("请输入成绩: ")   #Demo1_9.py
score = int(score)    #字符串转换成整数
if score >= 60:
    if score >= 90:
        print("成绩优秀")
    elif score >= 80 and score < 90:
        print("成绩良")
    elif score >= 70 and score < 80:
        print("成绩中")
    elif score >= 60 and score < 70:
        print("成绩及格")
else:
    print("成绩不及格")
```

1.7.3 match分支结构

除if分支结构外，Python3.10中新添加了match…case…case_分支结构，其格式如下所示：

```
前语句块
match 表达式：
    case value_1:
        分支语句块1        #需要缩进
    case value_2:
        分支语句块2        #需要缩进
    case value_3:
        分支语句块3        #需要缩进
    …
    case value_n:
        分支语句块n        #需要缩进
    [case _:
        补充语句块]        #需要缩进
后续语句块
```

其中，match和case是关键字，match和case行末尾的冒号"："是固定格式符，表明后续的语句块是分支语句块。根据具体情况，可以设置多个case。分支语句块需要缩进。

match…case…case_分支结构执行的顺序是，当执行完前语句块后进入到match语句，先计算出match后的表达式，match后的表达式可以是一个常数、一个变量、一个类的实例或复杂的表达式，然后依次与case后的值value进行匹配检验，当发现表达式的值与某个case后的值value匹配时，会执行该case下的分支语句块，执行完分支语句块后直接跳到后续语句块，即便后续的case的值也可能匹配match表达式的值，也不会再进行匹配检验。可使用"|"（或）符号组合多个case条件，满足其中一项时就匹配。如果所有的case的值不匹配match表达式的值，则会执行case_下的补充语句块。这里所说的匹配是指两个不同的事物包含的内容完全相同，而不是两个不同的事物相等。match…case…case_分支结构的执行流程如图1-15所示。

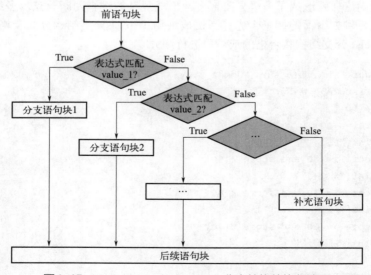

图1-15　match…case…case_分支结构的执行流程

下面的代码是字面值的匹配计算。

```
x = 100    #Demo1_10.py
y = 200
z = 300
match x+y:
    case 0:
        print(0)
    case 200:
        print(200)
    case 300:
        print('x+y=',z)
    case True:
        print(True)
    case _:
        print(2222)
```

下面的代码是对类的实例进行匹配的实例。

```
class Point(object):    #类 Demo1_11.py
    def __init__(self,x,y):
        self.x = x
        self.y = y
point = Point(1,1)    #类的实例
match point:
    case Point(x=0,y =0):
        print(0, 0)
    case Point(x=1,y =0):
        print(1, 0)
    case Point(x=0, y=1):
        print(0, 1)
    case Point(x=1, y=1):
        print(1, 1)
```

在case的value值后面可以添加if判断语句，当if判断语句的值是True时才进行匹配检验，例如下面的代码。

```
x = 100    #Demo1_12.py
y = 200
z = 300
match x+y:
    case 0:
        print(0)
    case 200:
        print(200)
    case 300 if x > y:
        print('x+y=',z)
    case True:
        print(True)
    case _:
        print(2222)
```

1.8 循环结构

循环结构是解释器反复执行的一部分代码，可实现代码的迭代运算。Python中使用for循环和while循环结构。for循环结构的循环次数是固定的，while循环结构的循环次数需要根据逻辑表达式的值来确定。

1.8.1 for循环结构

for循环是计次循环，通常用于遍历序列或枚举。for循环结构的格式如下：

```
前语句块
for 循环变量 in sequence:
    循环语句块        #需要缩进
后续语句块
```

其中，"for"是for循环的关键字；循环变量是一般意义的变量，循环变量名的取名方式和一般变量的取名方式相同；sequence是一组排列的数据序列，数据可以是数值数据、字符串、列表、元组、可迭代序列等，例如数值序列range(2,12,2)、字符串'I love you'、列表[1,2,3,4,7,8,10,'hello']、元组（2,3,'aa','bb'）；in和冒号":"是格式符，in的作用是让循环变量依次取sequence中的数据，for循环结构的循环次数是sequence中数据的个数，冒号":"说明后续的语句是循环语句。循环语句需要缩进。循环语句由一行或多行代码构成，循环语句必须有相同的缩进量。for循环的sequence数据常由函数range()产生，关于range()函数的说明参见1.6.2节的内容。for循环先读取sequence中的第1个数据，并把第1个数据赋值给循环变量，然后执行循环语句块；循环语句块执行完成后，再读取sequence中的第2个数据，并把第2个数据赋值给循环变量，再执行循环语句块；循环语句块执行完成后，再读取sequence中的第3个数据进行循环；直至sequence中的所有数据读取完成，结束循环后执行后续语句。

for循环中可以增加else补充语句块，其结构如下。当循环变量在sequence中读取完数据、不再执行循环语句块后，再执行一遍补充语句块。通常else语句与continue或break语句一起使用。

```
前语句块
for 循环变量 in sequence:
    循环语句块        #需要缩进
else:
    补充语句块        #需要缩进
后续语句块
```

下面实例为用户输入两个整数，计算两个整数之间所有整数的和，并输出循环变量的值。

```python
start = input("请输入起始整数: ")    #Demo1_13.py
end = input("请输入终点整数: ")
start = int(start)    #字符串转换成整数
end = int(end)
if start > end :    #如果start值大于end，需要把start和end值互换
    temp = start
    start = end
```

```
        end =temp
    sum = 0
    for i in range(start,end+1):    #range函数不输出end+1,i是循环变量
        sum = sum+i    #每次循环sum增加i
        print('i=', i)    #输出循环变量的值
    print('sum=',sum)    #不属于循环体
```

下面例子为用户输入一段文字，输出该段文字中每个文字和对应的ASCII码值。

```
string = input('请输入文字: ')    #Demo1_14.py
if string != '':    # string不是空字符串的情况
    for i in string:    # i依次读取string中的字符
        if i !=' ':    # i不是空格的情况下
            j = ord(i)
            print(i, '=' , j , sep='',end = ',')
'''
运行结果如下:
请输入文字: 欢迎使用本书! Welcome to the book!
欢=27426,迎=36814,使=20351,用=29992,本=26412,书=20070,!=65281,W=87,e=101,l=108, c=
99,o=111,m=109,e=101,t=116,o=111,t=116,h=104,e=101,b=98,o=111,o=111,k=107,!=33,
'''
```

需要注意的是，即使在循环结构中改变了循环变量的值，由于每次循环时循环变量都会读取sequence中的值，循环变量的值都是sequence中的值。例如下面计算从1到10的和的例子中，在循环结构中虽然改变了循环变量的值i=1000，并不影响计算结果sum=55；如果将sum=sum+i和i=1000对调，结果sum=10000。

```
sum = 0    #Demo1_15.py
for i in range(1,11):
    sum = sum+i
    i = 1000    #改变循环变量的值
print('sum=', sum)
```

1.8.2 while循环结构

while循环需要根据逻辑表达式的值来确定是否进行循环，循环次数由逻辑表达式和循环结构体决定。while循环结构的格式如下:

```
前语句块
while 逻辑表达式:
    循环语句块    #需要缩进
后续语句块
```

其中，"while"是while循环的关键字，当逻辑表达式的值为True时，执行循环语句块；执行完循环语句块后再次判断逻辑表达式的值，如果逻辑表达式的值仍为True，将再次执行循环语句，直到逻辑表达式的值为False，跳出while循环，执行后续语句。冒号":"是格式符，说明后续的语句是循环语句。循环语句需要缩进，循环语句由一行或多行代码构成，循环语

句必须有相同的缩进量。

while 循环中可以增加 else 语句块，其语法格式如下。当 while 的逻辑表达式为 False 时，执行一次 else 后的补充语句块，再执行后续语句块。通常 else 语句与 continue 或 break 语句一起使用。

```
前语句块
while 逻辑表达式:
    循环语句块      #需要缩进
else:
    补充语句块      #需要缩进
后续语句块
```

下面语句用 while 循环实现从 1 到 10000 的求和计算，是在循环语句块中改变变量 i 的值，用 while 的逻辑表达式判断是否满足循环条件。

```
sum = 0   #Demo1_16.py
i = 0
while i < 10000:
    i = i + 1
    sum = sum + i
print('sum=', sum)
```

如果逻辑表达式的返回值一直是 True，则 while 循环会一直进行下去，形成死循环，程序中应避免出现这种情况，例如下面的代码。

```
while True:
    print('I love you for ever!')
```

```
while 1 < 2:
    print('I love you for ever!')
```

1.8.3　循环体的嵌套

for 和 while 循环体的循环语句块中可以有新循环体，新循环体中还可以再有循环体，循环体中也可以有分支机构，分支机构中也有循环体，这样就形成了多级循环嵌套和分支嵌套，形成复杂的关系，从而体现程序的"智能"。

下面的代码用一个嵌套 for 循环输出九九乘法表。

```
for i in range(1, 10):   #Demo1_17.py
    for j in range(1, i+1):
        m = i*j
        print(j, 'x', i,'=', m, sep='', end='  ')
    print()
```

下面的代码为用户输入一个整数，输出 1 到这个整数之间的偶数和奇数。

```
n = input('请输入大于1的整数：')   #Demo1_18.py
n = int(n)      #将输入的数字由字符串转换成整数
if n >= 2:
```

```
    for num in range(1, n+1):
        if num % 2 == 0:      # %是求余运算
            print("找到偶数: ", num)
        else:
            print("找到奇数: ", num)
```

1.8.4 continue和break语句

for循环在循环变量没读完sequence中的数据、while循环结构的逻辑表达式是True时，会一直进行下去，直到满足终止循环的情况出现。如果用户想在没有出现终止循环的情况下，想提前结束本次循环或者完全终止循环，可以在循环体中使用continue语句或break语句。continue或break语句通常放到if分支语句中，用if的逻辑表达式判断出现某种情况时结束本次循环或终止循环。

（1）结束本次循环语句continue

continue语句可以提前停止正在进行的某次循环，进入下次循环，在for循环和while循环中，continue语句出现的位置一般如下所示：

```
前语句块                              前语句块
for 循环变量 in sequence:              while 逻辑表达式:
    循环语句块1                            循环语句块1
    if 逻辑表达式:                         if 逻辑表达式:
        continue                              continue
    循环语句块2                            循环语句块2
后续语句块                              后续语句块
```

continue语句通常放到if的分支语句中。含有continue的if分支结构将for循环或者while循环的循环语句分为两部分——循环语句块1和循环语句块2（也可能没有分割）。在某次循环中，执行完循环语句块1后，进行if的逻辑表达式计算，如果if逻辑表达式的返回值为True，则执行continue语句；此时不再执行循环语句块2，而是跳转到for循环或while循环的开始位置，对于for循环读取sequence序列的下一个数据进行下一次循环，对于while循环，则计算while循环的逻辑表达式，准备进入下一次循环。例如下面的代码不输出"i=3"，因为当i的值是3时，将不执行"print('i=', i)"。

```
print('前语句')    #Demo1_19.py          print('前语句')    #Demo1_20.py
for i in range(0,5):                     i = 0
    i = i+1                              while i < 5:
    if i == 3:                               i = i+1
        continue                             if i == 3:
    print('i=',i)                                continue
print('后续语句')                            print('i=', i)
                                         print('后续语句')
```

下面的代码为由用户输入一个整数，输出1到这个整数的偶数和奇数。

```
n = input('请输入大于1的整数: ')    #Demo1_21.py
n = int(n)
```

```
if n >= 2 :
    for num in range(1, n+1):
        if num % 2 == 0:
            print("找到偶数: ", num)
            continue
        print("找到奇数: ", num)
```

（2）终止循环语句 break

　　break 语句可以终止正在进行的循环，跳过剩余的循环次数，直接执行循环体后的后续语句块。break 语句通常也放到 if 的分支语句中。在 for 循环和 while 循环中，break 语句出现的一般位置如下所示：

```
前语句块                          前语句块
for 循环变量 in sequence:         while 逻辑表达式:
    循环语句块1                       循环语句块1
    if 逻辑表达式:                    if 逻辑表达式:
        break                           break
    循环语句块2                       循环语句块2
后续语句块                        后续语句块
```

　　当 if 的逻辑表达式返回值是 True 时，执行 break 语句，跳出整个循环，执行后续语句块。利用 break 语句可以防止 while 循环处于死循环中，例如下面的代码。

```
print('前语句')   #Demo1_22.py
for i in range(0,5):
    i = I + 1
    if i == 3:
        break
    print(' i=',i)
print('后续语句')
```

```
print('前语句')   #Demo1_23.py
i = 0
while True:
    i = i + 1
    if i == 3:
        break
    print(' i =', i)
print('后续语句')
```

　　对于有循环嵌套的情况，continue 和 break 语句只终止与 continue 和 break 语句最近的循环，例如下面的找出质数的代码。

```
for n in range(2, 10):   #Demo1_24.py
    for x in range(2, n):
        if n % x == 0:
            print(n, ' = ', x, '*', n//x)
            break
    else:
        print(n, '是质数')
```

第2章

Python 的数据结构

数据结构（Data Structure）是一组按顺序（Sequence）排列的数据，用于存储数据。数据结构的单个数据称为元素或单元，数据可以是整数、浮点数、布尔型数据和字符串，也可以是数据结构的具体形式（列表、元组、字典和集合）。数据结构在内存中的存储是相互关联的，通过元素的索引值或关键字可以访问数据结构在存储空间中的值。数据结构存储数据的能力比整数、浮点数和字符串的存储能力强。Python 中的数据结构分为列表（list）、元组（tuple）、字典（dict）和集合（set）四类。

2.1 列表

列表中的元素可以是各种类型的数据，列表属于可变数据结构，可以修改列表的元素，可以往列表中添加元素、删除元素、对元素进行排序。

2.1.1 创建列表

列表用一对"[ ]"来表示，如['a', 'b', 1, 2]，列表中的各元素用逗号隔开。列表元素的数据类型是混合型数据，例如整数、浮点数、列表、字符串、元组、字典、集合、类的实例等，这样可以形成多层深度嵌套，可以用变量指向列表，用type()函数查看变量的类型。

（1）空列表

可以用一对"[ ]"或者用list()函数创建空列表，如下所示为创建空列表list1和list2的代码。

```
>>> list1 = [ ]
>>> list2 = list()
>>> type(list1), type(list2)
(<class 'list'>, <class 'list'>)
>>> print(list1,list2)
[ ] [ ]
```

（2）有初始值的列表

将数据直接写到"[ ]"中，各数据用逗号隔开，如下所示。list3用常数和变量定义，list4中有整数、浮点数、字符串和布尔型数据，list5中有字符串、列表和元组，list6是利用range()函数和list()函数创建的列表。

```
>>> a = 100
>>> list3 = [12, a]    #用变量创建列表
>>> list4 = [12,45.3,'hello',True,chr(97)]    #列表中含有各种类型的数据
>>> list5 = ['string',[23,4.5],[230],(23,45,'Good')]    #列表中含有子列表和元组
>>> print(list3,list4,list5)
[12, 100] [12, 45.3, 'hello', True, 'a'] ['string', [23, 4.5], [230], (23, 45, 'Good')]
>>> list6 = list(range(1,9))    # 用range()函数创建列表
>>> print(list6)
[1, 2, 3, 4, 5, 6, 7, 8]
>>>list7 = [list3 , list4, list5, list6]    #用列表创建组合列表，每个列表都是新列表的元素
```

列表创建后，可以用del指令将其删除，如下所示。

```
>>> list3 = [12, '谢谢']
>>> del list3
>>> print(list3)
Traceback (most recent call last):
  File "<pyshell#3>", line 1, in <module>
    print(list3)
NameError: name 'list3' is not defined. Did you mean: 'list'?
```

（3）从已有列表或元组中创建新列表

可以利用已有列表相加、相乘和切片的方式得到新的列表。列表切片的方式是list[start: end: skip]，其中list表示列表名称，start表示列表的起始索引（包括该位置），如不指定，默认为0、end是终点索引（不包括该位置），如不指定则默认为列表的长度，skip表示步长，默认为1，可省略。有关列表元素的索引内容参考下节的内容。列表相加、相乘和切片方式生成新列表的例子如下所示。

```
>>> listOld1 = ['Mon', 'Tues', 'Wen', 'Thus', 'Fri', 'Sat', 'Sun']
>>> listOld2 = list(range(1,8))
>>> listNew1 = listOld1+listOld2    #用列表加的方式创建新列表
```

```
>>> print(listNew1)
['Mon', 'Tues', 'Wen', 'Thus', 'Fri', 'Sat', 'Sun', 1, 2, 3, 4, 5, 6, 7]
>>> n = 2
>>> listNew2 = listOld1*n    #用相乘的方式创建新列表
>>> print(listNew2)
['Mon', 'Tues', 'Wen', 'Thus', 'Fri', 'Sat', 'Sun', 'Mon', 'Tues', 'Wen', 'Thus', 'Fri', 'Sat', 'Sun']
>>> listNew3 = listOld1*n+listOld2*n    #同时用乘和加的方式创建新列表
>>> print(listNew3)
['Mon', 'Tues', 'Wen', 'Thus', 'Fri', 'Sat', 'Sun', 'Mon', 'Tues', 'Wen', 'Thus', 'Fri', 'Sat', 'Sun', 1, 2, 3, 4, 5, 6, 7, 1, 2, 3, 4, 5, 6, 7]
>>> listNew4 = listNew3[1:20:3]    #用切片方式创建新列表
>>> print(listNew4)
['Tues', 'Fri', 'Mon', 'Thus', 'Sun', 3, 6]
>>> listNew5 = listNew3[: :2]    #用切片方式创建新列表
>>> print(listNew5)
['Mon', 'Wen', 'Fri', 'Sun', 'Tues', 'Thus', 'Sat', 1, 3, 5, 7, 2, 4, 6]
>>> tuplex=(1,2,3,4,5,6)    #元组
>>> listx=list(tuplex)        #利用元组创建列表
>>> listx
[1, 2, 3, 4, 5, 6]
```

（4）用列表推导式创建列表

列表推导式的格式如下，其中newlist是新生成的列表，sequence是一个序列，例如列表、元组、集合、字典或range()函数。

```
newlist = [ 表达式 for 变量 in sequence ]
newlist = [ 表达式 for 变量 in sequence if 逻辑表达式 ]
```

或者

```
newlist = list ( 表达式 for 变量 in sequence )
newlist = list ( 表达式 for 变量 in sequence if 逻辑表达式 )
```

```
>>> numList = [ i**2 for i in range(1,10) ]
>>> print(numList)
[1, 4, 9, 16, 25, 36, 49, 64, 81]
>>> price = [12.2,32,44,17,9.9,3.4,24.3,33.5,40]
>>> newPrice = [ i*0.8 for i in price ]
>>> print(newPrice)
[9.76, 25.6, 35.2, 13.6, 7.92, 2.72, 19.44, 26.8, 32.0]
>>> newPrice =[ i*0.8 for i in price if i>=30 ]
>>> print(newPrice)
[25.6, 35.2, 26.8, 32.0]
```

2.1.2 列表元素的索引和输出

（1）元素的索引

对列表中的每个元素根据其在列表里的位置，赋予一个索引值，通过索引值可以获取元素的数据。Python建立列表元素的索引值有两种方法，一种是从左到右的方法，另一种是从右到左，列表元素索引的定义方式如图2-1所示。

① 从左到右的方法。列表元素的索引值从0开始逐渐增大，最左边元素的索引值是0，然后依次增加1，右边最后一个元素的索引值最大，其索引值为len(list)-1，其中len()函数返回列表中元素的个数。

② 从右到左的方法。列表元素的索引值从-1开始逐渐减小，最右边元素的索引值是-1，然后依次增加-1，左边最后一个元素的索引值最小，其索引值为-len(list)。

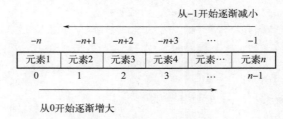

图2-1 列表元素索引的定义方式

（2）输出列表的单个元素

列表中元素数据通过 list[索引] 获取，如果列表的元素又是列表，则通过list[索引][索引]获取，例如下面的代码。

```
>>> list4 = [12, 45.3, 'hello',True, chr(97)]
>>> list5 = ['string', [23,4.5], [230], (23, 45, 'Good')]
>>> print(list4[0], list4[-1])              #获取列表中的第1个和最后1个元素
12 a
>>>n = len(list4)    #用len()函数获取列表长度
>>> print(list4[-n], list4[n-1])    # 用-n和n-1获取索引
12 a
>>> print(list5[1][0], list5[1][1], list5[-1][-1])   #获取两级列表中的元素
23 4.5 Good
```

（3）列表的遍历

用下面两种for循环的方法可以输出列表中所有的元素，显然第一种方法更简洁。

```
list4 = [12, 'hello',True] #Demo2_1.py
for item in list4:    # item是变量
    print(item)
```

```
list4 = [12, 'hello',True]  #Demo2_2.py
n = len(list4)    #获取列表的元素数量
for i in range(n):   # i是变量
    item = list4[i]
    print(item)
```

使用for循环和enumerate()函数，可以同时输出列表的索引和元素数据。

```
list4 = [12,45.3,'hello',True,chr(97)]     #Demo2_3.py
for index, item in enumerate(list4):    # index是列表中的索引，item是元素的数据
    print(index, item)
```

2.1.3 列表的编辑

列表是可变数据结构，可以更改元素的值，可以往列表中添加元素、删除元素、修改元素，以及进行排序等，这些方法都是列表类自身的方法，其使用形式是 list.method(x)，其中 list 是列表或指向列表的变量，method 是方法，x 是数据或参数。列表提供的方法如表 2-1 所示。

表2-1 列表编辑方法

列表编辑方法	返回值的类型	说明
append(Any)	None	在列表的末尾追加元素，元素的类型任意
clear()	None	清除列表中所有的元素
copy()	List	复制列表并返回复制后的列表
count(value)	int	统计列表中出现某值的个数
extend(iterable)	None	在列表的末尾追加其他可迭代序列，如列表、元组、数组等
index(value,start=0, stop=9223372036854775807)	None	在指定范围内查找与给定值相匹配的第1个元素的索引，如果找不到将抛出异常
insert(index,Any)	None	在指定位置插入新元素，新元素的类型任意
pop(index=-1)	Any	根据索引产生元素，默认删除最后一个元素，并返回被删除的元素
remove(value)	None	移除与给定值相匹配的第1个元素，如果找不到将抛出异常
reverse()	Noe	对列表中的元素进行顺序颠倒
sort(key=None,reverse=False)	None	对列表中的元素进行排序，reverse 取 False 时按升序排序，取 True 时按降序排序，key 取一个函数名，将列表中元素代入函数中，根据函数的返回值进行排序

（1）向列表中添加元素

通过索引找到列表中的元素后，可以直接对列表元素的值进行更改。可以使用列表的 append(Any) 方法在列表的末尾增加元素，用 extend(iterable) 方法将一个列表、元组的元素追加到列表的末尾，用 insert(index,Any) 方法在列表的 index 位置插入元素。

```
>>> week = ['Mon', 'Mon']
>>> week[1] = 'Tue'        #更改列表元素的值
>>> print(week)
['Mon', 'Tue']
>>> week.append('Wen')     #用append()方法在末尾增加元素
>>> print(week)
['Mon', 'Tue', 'Wen']
>>> weekend =['Sat','Sun']
>>> week.extend(weekend)   #用extend()方法在末尾增加列表中的元素
>>> print(week)
['Mon', 'Tue', 'Wen', 'Sat', 'Sun']
```

```
>>> week.insert(3,'Thu')      #用insert()方法插入元素
>>> print(week)
['Mon', 'Tue', 'Wen', 'Thu', 'Sat', 'Sun']
>>> week2 = list()
>>> week2.extend(week)
>>> weeks =[week,week2]       # 创建weeks列表
>>> print(weeks)
[['Mon', 'Tue', 'Wen', 'Thu', 'Sat', 'Sun'], ['Mon', 'Tue', 'Wen', 'Thu', 'Sat', 'Sun']]
>>> weeks[0].insert(4,'Fri')    #用insert()方法在子列表中插入元素
>>> weeks[1].insert(4,'Fri')    #用insert()方法在子列表中插入元素
>>> print(weeks)
[['Mon', 'Tue', 'Wen', 'Thu', 'Fri', 'Sat', 'Sun'], ['Mon', 'Tue', 'Wen', 'Thu', 'Fri', 'Sat', 'Sun']]
```

下面的代码用append()方法生成新的列表。

```
price = [12.2,32,44,17,9.9,3.4,24.3,33.5,40]   #Demo2_4.py
newPrice = list()
for i in price:
    if i >= 30:
        i = i*0.8
        newPrice.append(i)
print('New Price =', newPrice)
```

（2）从序列中删除元素

可以使用列表的remove(value)方法从列表中移除第1个值是value的元素，如果列表中不存在值为value的元素，则会抛出ValueError异常。在使用该方法之前可以用if和is in逻辑判断语句判断value是否在列表中。用pop()方法可以移除列表的最后一个元素，并返回这个元素；用pop(index)方法可以移除索引值为index的元素，并返回这个元素。用clear()方法可以移除列表的所有元素。

```
>>> week = ['星期日','星期一','星期二','星期三','星期四','星期五','星期六']
>>> day = '星期二'
>>> if day in week:
        week.remove(day)
>>> print(week)
['星期日', '星期一', '星期三', '星期四', '星期五', '星期六']
>>> delDay = week.pop()
>>> print(week, delDay)
['星期日', '星期一', '星期三', '星期四', '星期五'] 星期六
>>>delDay = week.pop(2)
>>> print(week, delDay)
['星期日', '星期一', '星期四', '星期五'] 星期三
>>> week.clear()
>>> print(week)
[ ]
```

（3）列表的查询

用count(value)方法可以查询列表中出现value的次数，用index(value)方法可以输出第1次等于value的元素的索引，用index(value,[start],[end])方法可以输出从索引值start开始到索引值为end之间第1次等于value的元素的索引。Python的内置函数len(iterable)可以输出一个迭代序列，例如列表的长度。

```
>>> week = ['星期日','星期一','星期二','星期三','星期四','星期五','星期六']
>>> day = '星期二'
>>> week.append(day)
>>> week.count('星期二')
2
>>> firstIndex = week.index(day)
>>> print(firstIndex)
2
>>> secondIndex = week.index(day,firstIndex+1,)
>>> print(secondIndex)
7
```

Python的内置函数sum()、max()和min()可以输出列表中元素的和、最大值和最小值。

```
>>> score = [78,98,77,68,87,94,87,75,69,95]
>>> maxScore = max(score)
>>> minScore = min(score)
>>> totalScore = sum(score)
>>> averageScore = totalScore/len(score)
>>> print('max score=',maxScore,'min score=',minScore,'total score=',totalScore,'average score=',averageScore)
max score= 98 min score= 68 total score= 828 average score= 82.8
```

（4）列表的排序和反转

用列表的sort(reverse=False)和sort(reverse=True)方法可以对列表的数据按照升序和降序重新排列，用列表的reverse()方法可以反转列表中元素的顺序。

```
>>> aa = list(range(6))*2
>>> print(aa)
[0, 1, 2, 3, 4, 5, 0, 1, 2, 3, 4, 5]
>>> aa.sort(reverse=True)
>>> print(aa)
[5, 5, 4, 4, 3, 3, 2, 2, 1, 1, 0, 0]
>>> aa.reverse()
>>> print(aa)
[0, 0, 1, 1, 2, 2, 3, 3, 4, 4, 5, 5]
```

采用Python的内置函数sorted(sequence,reverse=True/False)和reversed(sequence)也可对列表进行排序和反转，这两个函数返回新列表，原列表不变。

```
>>> aa = list(range(6))*2
>>> bb = sorted(aa,reverse = True)
```

```
>>> cc = sorted(aa,reverse = False)
>>> print(aa,bb,cc)
[0, 1, 2, 3, 4, 5, 0, 1, 2, 3, 4, 5] [5, 5, 4, 4, 3, 3, 2, 2, 1, 1, 0, 0] [0, 0, 1, 1, 2, 2, 3, 3, 4, 4, 5, 5]
>>> dd =reversed(aa)
>>> dd = list(dd)
>>> print(aa,dd)
[0, 1, 2, 3, 4, 5, 0, 1, 2, 3, 4, 5] [5, 4, 3, 2, 1, 0, 5, 4, 3, 2, 1, 0]
```

（5）列表的复制

要产生一个与已有列表完全相同的列表，不要使用list2 = list1，因为在改变列表list1中的数据时list2中的数据也会跟着改变，而应使用列表的复制方法copy()。

```
>>> week1 = ['星期一','星期二','星期三','星期四','星期五']
>>> week2 = week1
>>> print(week1,week2)
['星期一', '星期二', '星期三', '星期四', '星期五'] ['星期一', '星期二', '星期三', '星期四', '星期五']
>>> week1.append('星期六')   # 改变week1中的数据
>>> print(week1,week2)
['星期一', '星期二', '星期三', '星期四', '星期五', '星期六'] ['星期一', '星期二', '星期三', '星期四', '星期五', '星期六']   # week2中的数据也跟着改变
>>> week3 = week1.copy()  # 用copy方法创建week3
>>> week1.append('星期日')  # 改变week1中的数据
>>> print(week1,week3)
['星期一', '星期二', '星期三', '星期四', '星期五', '星期六', '星期日'] ['星期一', '星期二', '星期三', '星期四', '星期五', '星期六']   # week3中的数据没有改变
```

2.2 元组

元组（tuple）是另外一种数据结构，也由一组按照特定顺序排列的数据构成，即元素的类型。与列表相比，元组是不可变数据结构，元组创建后元组中的元素是不可改变的，不能删除元组中的数据，也不能往元组中增加数据。

2.2.1 创建元组

元组用一对"()"表示，如('a','b', 1, 2)，元组中的各元素用逗号隔开。元组数据可以是混合型数据，如列表、元组、字典等，这样可以形成多层嵌套形式。可以用变量指向元组，用type()函数查看变量的类型。

（1）空元组

可以用一对"()"或者用tuple()函数创建空元组，如下所示为创建空元组tuple1和tuple2。

```
>>> tuple1 = ()
>>> tuple2 = tuple()
```

```
>>> type(tuple1),type(tuple2)
(<class 'tuple'>, <class 'tuple'>)
>>> print(tuple1,tuple2)
() ()
```

（2）有初始值的元组

将数据直接写到"()"中，各数据用逗号","隔开，如果只有1个数据，则需要用"(数据,)"形式，在数据后面加一个逗号。如下所示是创建元组的各种方法。

```
>>> a = 100
>>> tuple3 = (21.2, a)      #用变量创建元组
>>> tuple4 = (12,45.3,'hello',True,chr(97))   #元组中含有各种类型的数据
>>> tuple5 = ('string',[23,4.5],[230],(23,45,'Good'))   #元组中含有列表和元组
>>> print(tuple3,tuple4,tuple5)
(21.2, 100) (12, 45.3, 'hello', True, 'a') ('string', [23, 4.5], [230], (23, 45, 'Good'))
>>> tuple6 = tuple(range(1,9))      #用range()函数创建元组
>>> print(tuple6)
(1, 2, 3, 4, 5, 6, 7, 8)
>>>tuple7 = (tuple 3 , tuple 4, tuple 5)   #用元组创建组合元组，子元组是元组的元素
>>> listx=(1,2,3,4,5,6)    #列表
>>> tuplex = tuple(listx)   #用列表创建元组
>>> tuplex
(1, 2, 3, 4, 5, 6)
```

（3）用元组推导式创建元组

元组推导式的格式如下，其中newtuple是新生成的元组，sequence是一个序列，例如列表、元组、集合、字典或range()函数。

```
newtuple = tuple( 表达式 for 变量 in sequence )
newtuple = tuple( 表达式 for 变量 in sequence if 逻辑表达式 )
```

```
>>> numtuple =tuple(i**2 for i in range(1,10) )
>>> print(numtuple)
[1, 4, 9, 16, 25, 36, 49, 64, 81]
>>> price = (12.2,32,44,17,9.9,3.4,24.3,33.5,40)
>>> newPrice =tuple ( i*0.8 for i in price )
>>> print(newPrice)
 (9.76, 25.6, 35.2, 13.6, 7.92, 2.72, 19.44, 26.8, 32.0)
>>> newPrice =tuple( i*0.8 for i in price if i>=30 )
>>> print(newPrice)
(25.6, 35.2, 26.8, 32.0)
```

2.2.2 元组元素的索引和输出

元组元素的索引规则和列表元素的索引规则完全一样，元组索引值也有两种建立方法：从

左到右的方法和从右到左的方法。从左到右的方法也是从0开始逐渐增大，最左边的元素的索引值是0，然后依次增加1，右边最后一个元素的索引值最大，其索引值为len(tuple)-1；从右到左的方法也是索引值从-1开始逐渐减小，最右边的元素的索引值是-1，然后依次增加-1，左边最后一个元素的索引值最小，其索引值为-len(tuple)。

元组是不可变序列，不能通过索引修改元素的值，也不能用索引增加、删除元素，但可以利用索引值输出元组中的数据。

```
>>> tuple4 = (12, 45.3, 'hello',True, chr(97))
>>> tuple5 = ('string', [23,4.5], [230], (23, 45, 'Good'))
>>> print(tuple4[0], tuple4[-1])            #获取元组中的第1个和最后1个元素
12 a
>>>n = len(tuple4)    #用len()函数获取元组长度
>>> print(tuple4[-n], tuple4[n-1])   # 用-n和n-1获取索引
12 a
>>> print(tuple5[1][0], tuple5[1][1], tuple5[-1][-1])   #获取两级列表中的元素
23 4.5 Good
```

用下面两种for循环的方法可以输出元组中所有的元素。

```
tuple4=[12, 'hello',True] #Demo2_5.py          tuple4=[12, 'hello',True]  #Demo2_6.py
for item in tuple4:   # item是变量             n = len(tuple4)    # 获取元组的元素数量
    print(item)                                for i in range(n):   # i是变量
                                                   item = tuple4[i]
                                                   print(item)
```

使用for循环和enumerate()函数，可以同时输出元组的索引和数据。

```
tuple4 = (12,45.3,'hello',True,chr(97))   #Demo2_7.py
for index, item in enumerate(tuple4):   # index是元组中的索引，item是元素的数据
    print(index, item)
```

用元组的count(value)方法可以查询元组中出现value的次数，用index(value)方法可以输出第1次等于value的元素的索引，用index(value,[start],[end])方法可以输出从索引值start开始到索引值为end之间第1次等于value的元素的索引。如果元组的元素是列表，可以修改列表中的值。

```
>>> week = (['星期一', '星期二', '星期四', '星期四', '星期五'], '星期六', '星期日')
>>> week[0][2] = '星期三'
>>> week
(['星期一', '星期二', '星期三', '星期四', '星期五'], '星期六', '星期日')
```

2.3 字典

字典（dict）是Python中另外一种重要的数据结构，它是以"键:值"对的形式保存数据，键必须是唯一的，通过键可以找到对应的值，而列表和元组是通过索引找到值。计算机保存字典的"键:值"对形式是无序的，保存速度要比列表快。

2.3.1 创建字典

字典用一对"{ }"来表示,以"键:值"的形式保存数据,如 {'name' : '王夏尔', 'age' : 32, '职业' : '工人'},键(key)与值(value)通过冒号":"隔开,多个"键:值"对之间用逗号","隔开,通过键可以找到对应的值,键相当于列表和元组中的索引值。字典中的键必须是唯一的,而且是不可变的,不能用可变的数据来作键;可以用元组来作键,而不能用列表来作键。值的数据类型不受限制,可以为整数、浮点数、字符串、布尔型数据、列表、元组和字典等,这样就可以形成深层嵌套。

(1)空字典

空字典用"{ }"或者dict()函数来创建,如下面的代码。

```
>>> dict1 = { }
>>> dict2 = dict()
>>> type(dict1),type(dict2)
(<class 'dict'>, <class 'dict'>)
>>> print(dict1,dict2)
{} {}
```

(2)有初始值的字典

创建字典时,将"键:值"对直接放到"{ }"中,各个"键:值"对之间用逗号隔开。另外可以用dict(key1=value1,key2=value2,…,keyn=valuen)来创建字典,还可以用字典推导式建立字典,推导式格式如下,其中newdict是新生成的字典,sequence是一个序列,例如列表、元组、集合、字符串或range()函数。

```
newdict = { 表达式1:表达式2  for 变量 in sequence }
newdict = { 表达式1:表达式2  for 变量 in sequence if 逻辑表达式 }
```

```
>>> phoneBook1={"Bob":101024331,'Robot':102291302,'Rose':102332538}    #{}创建字典
>>> phoneBook2 = dict(Bob=101024331,Robot=102291302,Rose=102332538)   #dict()创建字典
>>> print(phoneBook1,phoneBook2)
{'Bob': 101024331, 'Robot': 102291302, 'Rose': 102332538} {'Bob': 101024331,
'Robot': 102291302, 'Rose': 102332538}
>>> Bob = {"phone":101024331,"address":"育知路12号"}
>>> Robot = {"phone":102291302,"address":"育知路22号"}
>>> Rose ={"phone":102332538,"address":"育知路35号"}
>>> people1 = { "Bod":Bob,"Robot":Robot,"Rose":Rose}     # 字典嵌套
>>> people2 = dict(Bob=Bob,Robot=Robot,Rose=Rose)       # 字典嵌套
>>> print(people1)
{'Bod': {'phone': 101024331, 'address': '育知路12号'}, 'Robot': {'phone': 10229130
2, 'address': '育知路22号'}, 'Rose': {'phone': 102332538, 'address': '育知路35号'}}
>>> print(people2)
{'Bob': {'phone': 101024331, 'address': '育知路12号'}, 'Robot': {'phone': 10229130
2, 'address': '育知路22号'}, 'Rose': {'phone': 102332538, 'address': '育知路35号'}}
>>> import random
```

```
>>> randdict={i:random.random() for i in range(1,5)}    #用推导式创建字典
>>> randdict
{1: 0.7015424521167332, 2: 0.004298384718838255, 3: 0.18782021346422617, 4: 0.957
930923765711}
>>> xxx={ i : 1+i for i in range(20) if i%2 ==0 }    #用推导式创建字典
>>> print(xxx)
{0: 1, 2: 3, 4: 5, 6: 7, 8: 9, 10: 11, 12: 13, 14: 15, 16: 17, 18: 19}
```

（3）通过序列创建字典

通过字典的属性 fromkeys(sequence) 可以由 sequence 的值创建字典，字典的键是 sequence 的值，键的值为 None，fromkeys(sequence,value) 方法可以为所有键设置初始值 value。还可以通过 zip() 函数创建字典，其格式为 dict(zip(sequence1,sequece2))，其中 sequence1 和 sequence2 都是序列，例如列表、元组、字符串、字典和 range() 函数，zip() 函数将两个序列的索引值相同数值进行匹配，一个作为键，另一个作为值，如果两个序列的长度不同，则以最短的为准。

```
>>> persons1 = ["Bod","Robot","Rose"]    #列表
>>> persons2 = ("Bod","Robot","Rose")    #元组
>>> people1 = dict()    #空字典
>>> people2 = dict()    #空字典
>>> item = ['phone','address']
>>> value = [101024331,"育知路12号"]
>>> Bod = dict()
>>> Bod = Bod.fromkeys(item,value)
>>> people1 = people1.fromkeys(persons1)    #用列表创建字典
>>> people2 = people2.fromkeys(persons2,Bod)    #用元组创建字典
>>> print(people1)
{'Bod': None, 'Robot': None, 'Rose': None}
>>> print(people2)
{'Bod': {'phone': [101024331, '育知路12号'], 'address': [101024331, '育知路12号']}
, 'Robot': {'phone': [101024331, '育知路12号'], 'address': [101024331, '育知路12号'
]}, 'Rose': {'phone': [101024331, '育知路12号'], 'address': [101024331, '育知路12
号']}}
>>> numDict = dict()    #空字典
>>> numDict = numDict.fromkeys(range(1,11))    #用range()函数创建字典
>>> print(numDict)
{1: None, 2: None, 3: None, 4: None, 5: None, 6: None, 7: None, 8: None, 9: None
, 10: None}
>>> information = [('name','Robot'),('age',33)]
>>> Robot = dict(information)    #用列表创建字典
>>> print(Robot)
{'name': 'Robot', 'age': 33}
>>> name = ["Bod",'Robot','Rose']
>>> phone = (101024331,102291302,102332538)
>>> person = dict(zip(name,phone))    #用zip()函数创建字典
>>> print(person)
{'Bod': 101024331, 'Robot': 102291302, 'Rose': 102332538}
```

2.3.2 字典的编辑

用字典提供的方法可以编辑字典,可以添加和删除"键:值"对,可以迭代输出键和值,字典提供的方法如表2-2所示。

表2-2 字典的方法

字典的方法	返回值的类型	说明
copy()	dict	复制字典
update(other)	None	将其他字典other的键和值并入字典中
get(key,default=None)	Any	获取关键字key对应的值,如果字典中没有关键字key,返回default的值
setdefault(key, default=None)	Any	如果字典中没有key,插入关键字key,并设置值为default并返回default的值。如果字典中有关键字key,返回关键字的值
pop(key[,default])	Any	从字典中删除key,并返回对应的值。如果字典中没有key,则返回default,其他情况将抛出异常
popitem()	tuple	从字典中删除最后加入字典的键和值,并返回元组(key,value)
clear()	None	清空字典中的内容
keys()	dict_keys	获取字典的关键字,可以迭代输出关键字
values()	dict_values	获取字典的值,可以迭代输出值
items()	dict_items	获取字典的"键:值"对,可以迭代输出"键:值"对

(1)添加字典元素

通过dict[key] = value的形式可以往字典中添加元素,利用字典的clear()方法可以清空字典中的数据。

```
name = ["Bod",'Robot','Rose']    #Demo2_8.py
phone = [101024331,102291302,102332538]
address = ["育知路12号","育知路22号","育知路35号"]
people = dict()
n = len(name)
for i in range(n):
people_temp = dict()
    people_temp['phone']=phone[i]         #往字典中添加phone
    people_temp['address']=address[i]     #往字典中添加address
people[name[i]] = people_temp             #往字典中添加name,值是字典
#people_temp.clear()    #字典的clear()方法可以清空字典
print(people)
```

用字典的update(other)方法可以把其他字典的"键:值"对更新到另外一个字典中,如果键已经存在,则会用新值替换旧值。用copy()方法可以复制出一个新字典。

```
>>> peop1 = {'Bod': {'phone': 102332538, 'address': '育知路35号'}, 'Robot':
{'phone': 102332538, 'address': '育知路35号'}}
>>> peop2 = {'Rose': {'phone': 102332538, 'address': '育知路35号'}}
>>> peop1.update(peop2)           #将peop2中的数据复制到peop1中
```

```
>>> print(peop1)
{'Bod': {'phone': 102332538, 'address': '育知路35号'}, 'Robot': {'phone':
 102332538, 'address': '育知路35号'}, 'Rose': {'phone': 102332538, 'address':
 '育知路35号'}}
>>> peop3 = peop1.copy()
>>> print(peop3)
{'Bod': {'phone': 102332538, 'address': '育知路35号'}, 'Robot': {'phone':
 102332538, 'address': '育知路35号'}, 'Rose': {'phone': 102332538, 'address':
 '育知路35号'}}
```

在Python3.9中，可以用"|"符号把两个字典合并成一个新字典，如果有重名的关键字，合并后的字典是第2个字典的"键:值"对，用"|="符号把第2个字典的值更新到第1个字典中。

```
>>> a={"k1":1,"k2":2,"k3":3,"k4":4}
>>> b={"k3":30,"k4":40,"k5":50,"k6":60}
>>> c= a|b    #合并操作
>>> print(a)  #a的值没有变化
{'k1': 1, 'k2': 2, 'k3': 3, 'k4': 4}
>>> print(c)  #c的值
{'k1': 1, 'k2': 2, 'k3': 30, 'k4': 40, 'k5': 50, 'k6': 60}
>>> a|=b      #更新操作
>>> print(a)  #更新后a的值
{'k1': 1, 'k2': 2, 'k3': 30, 'k4': 40, 'k5': 50, 'k6': 60}
>>> print(b)  #b的值没有变化
{'k3': 30, 'k4': 40, 'k5': 50, 'k6': 60}
```

（2）获取字典的值

字典中值的读取和修改是通过"dict[key]"来获取的，例如下面的代码。如果是两级字典嵌套，则需要用"dict[key] [key]"来获取，字典的值也可以用字典的方法get(key, default=None)来获取，如果key不在字典中则返回default值。字典的setdefault(key, default=None)方法可以输出或添加元素，如果key不存在，则添加key和default值；如果key已经存在，则返回key的值。

```
>>> people = {'Bod': {'phone': 101024331, 'address': '育知路12号'}, 'Robot':
{'phone': 102291302, 'address': '育知路22号'}, 'Rose': {'phone': 102332538,
'address': '幸运大街35号'}}
>>> Robot = people['Robot']          #获取值
>>> Robot_phone = people['Robot']['phone']    #获取值
>>> print(Robot,Robot_phone)
{'phone': 102291302, 'address': '育知路22号'} 102291302
>>> people['Robot']['phone'] = 202291208      #通过键修改值
>>> Bod = people.get('Bod',"无此人")    #获取值
>>> print(Bod)
{'phone': 101024331, 'address': '育知路12号'}
>>> Rose = people.setdefault('Rose',Robot)    #获取值
>>> print(Rose)
{'phone': 102332538, 'address': '幸运大街35号'}
```

（3）遍历字典

字典的items()方法返回可遍历的(键,值)数据，keys()方法返回可遍历的键，values()方法返回可遍历的值。如下可以分别输出字典的键、值，例如下的代码。

```
people = {'Bod': {'phone': 2102332532, 'address': '育知路22号'}, 'Robot':
 {'phone': 5102332534, 'address': '育知路3号'}}     #Demo2_9.py
for k in people.keys():              #遍历键
    print('key=',k)
for v in people.values():            #遍历值
    print('value=',v)
for k,v in people.items():           #遍历键和值
    print('key=',k,'value=',v)
```

（4）删除字典元素

popitem()方法删除并返回字典中的最后加入到字典的键和值，删除的键和值是按后进先出的原则顺序删除，如果字典为空，则会抛出KeyErro异常。pop(key[,default])方法删除字典给定的键key和所对应的值，并返回该值，key必须给出，如果key不存在则返回default值，如果key不存在且没有设置default，则会抛出KeyError异常。下面的代码先判断要被删除的内容是否是字典的关键字，如果是则删除关键字和值，最后再删除字典的最后一个值。

```
people = {'Bod': {'phone': 2102332532, 'address': '育知路22号'}, 'Robot':
 {'phone': 5102332534, 'address': '育知路3号'}}     #Demo2_10.py
name = 'Robot'
if name in people.keys():
    delValue=people.pop(name)
    print(delValue)
print(people)
people.popitem()
print(people)
```

另外，还可以用del dict[key]方法删除键为key的元素，可以用del dict方法删除字典，用dict.clear()方法清除字典中的所有元素。

2.4 字符串

字符串也是一种数据结构，更确切地说是一种序列（sequence）。像列表、元组一样，可以通过索引获取字符串中某个位置的字符，或通过切片获取一段字符串。除此之外，Python还对字符串定义了一些方法，以方便对字符串的操作。

2.4.1 字符串的索引和输出

字符串可以看作多个单字符按照顺序写成的元组，其内容不能改变。字符串的索引和列表及元组的索引是一样的，索引值也有两种建立方法：从左到右的方法和从右到左的方法。从左

到右的方法也是从0开始逐渐增大,最左边的字符的索引值是0,然后依次增加1,右边最后一个字符的索引值最大,其索引值为len(string)-1;从右到左的方法也是索引值从-1开始逐渐减小,最右边的字符的索引值是-1,然后依次增加-1,左边最后一个元素的索引值最小,其索引值为-len(string)。

通过索引值可以取出字符串中的字符,可以将其单个输出,格式为string[index],其中index是索引值。也可以用切片的形式输出一部分字符,如string[start:end:step],其中start是起始索引,默认为0;end是终止索引(不包括end),默认为字符长度;step是步长,默认为1。例如string[10:30:2](从10到29,步长是2)、string[:30](从0到29)。

```
>>> string = "北京诺思多维科技有限公司,从事软件开发、CAE仿真计算、二次开发。"
>>> for i in string:              #通过序列输出所有字符
        print(i,end=" ")          #字符用空格隔开
北 京 诺 思 多 维 科 技 有 限 公 司 , 从 事 软 件 开 发 、 C A E 仿 真 计 算 、 二 次 开 发 。
>>> n=len(string)                 #字符串长度
>>> for i in range(n):            #通过索引输出所有字符
        char = string[i]          #通过索引输出字符
        print(char,end=" ")       #字符用空格隔开
>>> string[:12]                   #切片
'北京诺思多维科技有限公司'
>>> string[13:19]                 #切片
'从事软件开发'
>>> string[::2]
'北诺多科有公,事件发CE真算二开。'
>>> string[20:]
'CAE仿真计算、二次开发。'
```

2.4.2 字符串的处理

字符串属于不可变序列,不能直接改变原字符串的内容,除非将原字符串处理成新的字符串。通过字符串提供的一些方法,可以对字符串进行处理操作。字符串提供的常用方法如表2-3所示。

表2-3 字符串的常用方法

字符串的方法	返回值的类型	说明
capitalize()	str	将首字母大写,其他字母小写,返回变换后的字符串,原字符串不变
casefold()	str	全部转换为小写字母,返回变换后的字符串,原字符串不变
lower()	str	将可区分大小写的字符全部转换成小写字母
upper()	str	将可区分大小写的字符全部转换成大写字母
title()	str	将字符串中每个单词的首字母大写,其他字母小写
swapcase()	str	将大写字母变成小写字母,小写字母变成大小字母
center(width,fillchar='')	str	将原字符串扩充到width指定的长度,且原字符串在新字符串的中间,其余用fillchar指定的字符填充,如果width的取值小于原字符串的长度,直接返回原字符串

续表

字符串的方法	返回值的类型	说明
ljust(width,fillchar='')	str	将原字符串扩充到width指定的长度，且原字符串在新字符串的左边，其余用fillchar指定的字符填充
rjust(width,fillchar='')	str	将原字符串扩充到width指定的长度，且原字符串在新字符串的右边，其余用fillchar指定的字符填充
zfill(width)	str	将字符串扩充到width指定的长度，左侧用0填充
count(sub[,start[,end]])	int	返回子字符串sub在原字符串中出现的次数，start和end是原字符串中的起始和终止位置
encode(encoding='utf-8', errors='strict')	bytes	按照指定的编码方式转成字节，可以用字节序的decode(encoding='utf-8', errors='strict')方法将字节序转换成字符串。encoding指定编码方式，例如'utf-8'、'utf-16'、'GBK'等；errors设置出错时的处理方式，取'strict'时会抛出UnicodeEncodeError错误，还可取'ignore'、'replace'、'xmlcharrefreplace'
startswith(prefix[,start [,end]])	bool	获取字符串是否以前缀prefix开始，prefix也可取元素是字符串的元组，start和end是原字符串的起始位置和终止位置
endswith(suffix[,start [,end]])	bool	获取字符串是否以后缀suffix结束，suffix也可取元素是字符串的元组，start和end是原字符串的起始位置和终止位置
removeprefix(prefix)	str	返回移除前缀的字符串，如果原字符串不是以prefix为开始，则返回原字符串
removesuffix(suffix)	str	返回移除后缀的字符串，如果原字符串不是以suffix为结尾，则返回原字符串
replace(old,new, count=-1)	str	用新字符串new替换原字符串中子字符串old，count指定最大的替换次数，count取-1表示不受限制，返回替换后的字符串，原字符串不变
translate(table)	str	根据table指定的映射关系替换原字符串中字符，返回新字符串，原字符串不变。table可取用str.maketrans(x[,y[,z]])方法指定的转换规则的表格，执行时会先忽略字符串z，再做x和y的转换
expandtabs(tabsize=8)	str	用空格代替字符串中的制表位'\t'，tabsize是空格的个数
find(sub[,start[,end]])	int	找到子字符串sub在原字符串中最小索引值，如果找不到则返回-1
rfind(sub[,start[,end]])	int	找到子字符串sub在原字符串中最大索引值，如果找不到则返回-1
index(sub[,start[,end]])	int	找到子字符串sub在原字符串中最小索引值，如果找不到则抛出ValueError异常
rindex(sub[,start[,end]])	int	找到子字符串sub在原字符串中最大索引值，如果找不到则抛出ValueError异常
join(iterable)	str	用原字符串连接iterable中的字符串，返回连接后的字符串，iterable可取元素是字符串的列表、元组
strip(chars=None)	str	去除原字符串中左右两侧chars指定的字符，chars取None时表示去除首尾的换行符'\n'、回车符'\r'、制表位'\t'和空格等空白符
lstrip(chars=None)	str	去除原字符串中左两侧chars指定的字符
rstrip(chars=None)	str	去除原字符串中右两侧chars指定的字符
partition(sep)	tuple	在原字符串中查找sep，如果找到sep，用sep分隔符原字符串，返回一个含3个字符串的元组，第1个字符串是sep前的字符串，第2个是sep，第3个是sep后的字符串，如果找不到sep，第1个是原字符串，第2个和第3个为空字符串
rpartition(sep)	tuple	从右侧查找sep并分割原字符串

续表

字符串的方法	返回值的类型	说明
split(sep=None, maxsplit=-1)	list	用sep分割原字符串，返回分割后的列表，sep取None时表示用空白字符（空格、换行符'\n'、制表位'\t'等）进行分割；maxsplit表示分割最大次数，此时，取-1时将不受限制
rsplit(sep=None, maxsplit=-1)	list	从右侧分割原字符串
splitlines(keepends=False)	list	用换行符'\n'分割原字符串
isalnum()	bool	如果原字符串由字母（含汉字）或数字构成，则返回True，否则返回False
isalpha()	bool	如果原字符串全部由字母构成则返回True，否则返回False
isascii()	bool	如果原字符串中只包含ASCII字符则返回True，否则返回False
isdecimal()	bool	如果原字符串中只包含十进制数字则返回True，否则返回False
isdigit()	bool	如果原字符串中只包含数字则返回True，否则返回False；Unicode数字、byte数字（单字节）、全角数字（双字节）、罗马数字的返回值都是True
isidentifier()	bool	如果字符串是Python的有效标识符则返回True，否则返回False；如果字符串仅包含数字（0-9）、字母（a-z，A-Z，汉字）或下画线（_），则该字符串被视为有效标识符。有效标识符不能以数字开头或包含任何空格
islower()	bool	如果原字符串全部由小写字母构成则返回True，否则返回False
isnumeric()	bool	如果原字符串中只包含数字字符则返回True，否则返回False
isprintable()	bool	如果原字符串中所有的字符都是可打印字符则返回True，否则返回False；可打印字符包括字母、数字、空格和特殊符号，转义字符'\n'不是可打印字符
isspace()	bool	如果原字符串中只包含空格则返回True，否则返回False
istitle()	bool	如果原字符串中每个单词的首字母是大写、其他字母是小写，则返回True，否则返回False
isupper()	bool	如果原字符串全部由大写字母构成则返回True，否则返回False

（1）字符串的连接

将两个或多个字符串连接成一个字符串，可以使用"+"符号。如果需要把数值也连接到字符串中，可以先把数字用str()函数转换成字符串，再进行字符串的连接。字符串乘以整数*n*，将把字符串重复*n*次。

```
>>> string1 = "Hello,"
>>> string2 = "Nice to meet you!"
>>> string = string1+string2
>>> print(string)
Hello,Nice to meet you!
>>> age = 33
>>> string = "姓名: " + "李某人" + " 年龄: " + str(age) + " 性别: "+ "男"
>>> print(string)
姓名: 李某人 年龄: 33 性别: 男
>>> string = "Nice to meet you!"
```

```
>>> string = "*"*5 + string*3 + "*"*5
>>> print(string)
*****Nice to meet you!Nice to meet you!Nice to meet you!*****
```

采用join()方法，可以把存储到列表、元组中的字符串连接到一起，其格式为"分隔符".join(sequence)，其中sequence是列表或元组。

```
>>> string1 = ["北京诺思多维科技有限公司","从事软件开发","CAE仿真计算","二次开发"]
>>> string2 = ("北京诺思多维科技有限公司","从事软件开发","CAE仿真计算","二次开发")
>>> split1 = "/"
>>> split2 = "|"
>>> str1 = split1.join(string1)
>>> str2 = split2.join(string2)
>>> print(str1)
北京诺思多维科技有限公司/从事软件开发/CAE仿真计算/二次开发
>>> print(str2)
北京诺思多维科技有限公司|从事软件开发|CAE仿真计算|二次开发
```

（2）字符串的分割

字符串的分割用split()方法、rsplit()方法、splitlines()方法、partition()方法和rpartition()方法，它们的功能和格式介绍如下：

- split() 格式为split(sep=None, maxsplit=-1)，其中sep表示分割符号，默认为None，表示用所有空白字符（空格、换行符'\n'、制表位'\t'等）进行分割；maxsplit表示最大的分割次数，默认为-1，表示无限制次数。split()方法的返回值是由分割后的字符串构成的列表。
- rsplit()方法从右边开始进行分割。
- splitlines()方法将字符串用换行符'\n'分割成列表。
- partition() 的格式为partition(sep)，在原字符串中查找sep。如果找到sep，则把sep前的字符串、sep字符串和sep后的字符串放到一个元组中，并返回这个元组；如果找不到sep，则返回的元组的第1个元素是原字符串，第2个和第3个元素是空字符串；如果原字符串中有多个sep，则以第1个先找到的字符进行分割。rpartition()方法是从右边开始找sub。

```
>>> string = "北京诺思多维科技有限公司/从事软件开发/CAE仿真计算/二次开发"
>>> splitStr = string.split("/")
>>> print(splitStr)
['北京诺思多维科技有限公司', '从事软件开发', 'CAE仿真计算', '二次开发']
>>> for i in splitStr:    #输出分割后的结果
        print(i)
北京诺思多维科技有限公司
从事软件开发
CAE仿真计算
二次开发
>>> rsplitStr = string.rsplit("/",2)
>>> print(rsplitStr)
['北京诺思多维科技有限公司/从事软件开发', 'CAE仿真计算', '二次开发']
>>> string = '北京诺思多维科技有限公司\n从事软件开发\nCAE仿真计算\n二次开发'
```

```
>>> string = string.splitlines()
>>> print(string)
['北京诺思多维科技有限公司', '从事软件开发', 'CAE仿真计算', '二次开发']
>>> text = "I love my mother and my father."
>>> partL = text.partition('my')     #从左到右查找分割
>>> partR = text.rpartition('my')    #从右到左查找分割
>>> print(partL,partR)
('I love ', 'my', ' mother and my father.') ('I love my mother and ', 'my', ' fat
her.')
```

（3）字符串的查询与检测

字符串的查询方法有find()、rfind()、index()、rindex()、count()、startswith()和endswith()，它们的功能和格式如下：

· find()方法的格式为find(sub[, start[, end]])，其中sub为要被检索的字符串；start和end为起始索引和终止索引，是可选的。find()方法返回首次出现sub的索引值，如果没有检索到，返回-1。

· rfind()方法是从字符串的右侧开始查找，或者从左侧查找最后一次出现匹配字符的索引。

· index()方法的格式与find()方法完全相同，当在原字符串中找不到要被查询的字符串时，会抛出异常，通过异常try…except可以进一步处理。

· rindex()方法也是从字符串的右侧开始查找，或者从左侧查找最后一次出现匹配字符的索引。

· count()方法的格式为count(sub[, start[, end]])，返回字符串sub在原字符中出现的次数。

· startswith()的格式是startswith(prefix[, start[, end]])，如果原字符串以prefix开始，返回True，否则返回False。

· endswith()的格式是endswith(suffix[, start[, end]])，如果原字符串以suffix结束，返回True，否则返回False。

```
>>> string = "北京诺思多维科技有限公司,从事软件开发、CAE仿真计算、CAE二次开发"
>>> string.find("CAE")
20
>>> string.rfind("CAE")
28
>>> string.index("诺思多维")
2
>>> string.count("CAE")
2
>>> string.startswith("北京")
True
```

（4）字符串大小写转换

字符串大小写转换方法有swapcase()、lower()、upper()、casefold()、capitalize()和title()。

· swapcase()方法是将大写字符转成小写字符，小写字符转成大写字符。

· lower()和casefold()方法是把字符串全部转成小写。

· upper()方法是将字符串全部转成大写。

· capitalize()方法是将首字符转成大写，其他转成小写。

- title()方法是将字符串中的英文单词的首字母转成大写，其他转成小写。

```
>>> text = "I Love My Mother and My Father."
>>> textSwap = text.swapcase()
>>> print(textSwap)
i lOVE mY mOTHER AND mY fATHER.
>>> textLower = text.lower()
>>> print(textLower)
i love my mother and my father.
>>> textUpper = text.upper()
>>> print(textUpper)
I LOVE MY MOTHER AND MY FATHER.
>>> textCap = textLower.capitalize()
>>> print(textCap)
I love my mother and my father.
>>> textCase = textUpper.casefold()
>>> print(textCase)
i love my mother and my father.
```

（5）去除字符串首尾的特殊字符

去除字符串首尾特殊字符的方法有strip()、lstrip()和rstrip()。

- strip()方法的格式为strip(chars=None)，其作用是去除字符串首尾chars字符，如"$#"，表示去除首尾的$或#符。chars的默认值是None，表示去除首尾的换行符'\n'、回车符'\r'、制表位'\t'和空格等空白符。
- lstrip()方法的格式是lstrip(chars=None)，表示去除字符串左侧的字符。
- rstrip()方法的格式是rstrip(chars=None)，表示去除字符串右侧的字符。

```
>>> company = "@北京诺思多维科技有限公司！"
>>> x = company.strip("@! ")
>>> y = company.lstrip("@! ")
>>> z = company.rstrip("@! ")
>>> print(x,y,z)
北京诺思多维科技有限公司 北京诺思多维科技有限公司！ @北京诺思多维科技有限公司
```

（6）调整字符串的位置

可以在字符串左右两侧补充其他字符得到新的字符串，并可以调整原字符串的位置，可以使用的方法是center()、ljust()、rjust()和zfill()。

- center()方法的格式为center(width, fillchar=' ')，其中width是新字符串的长度，当新字符串的长度大于原字符串的长度时，原字符串的左右两侧填充fillchar。fillchar的默认值是空格。
- ljust()方法的格式为ljust(width, fillchar=' ')，其中width是新字符串的长度。当新字符串的长度大于原字符串的长度时，原字符串的右侧填充fillchar。fillchar的默认值是空格。
- rjust()方法的格式为rjust(width, fillchar=' ')，其中width是新字符串的长度。当新字符串的长度大于原字符串的长度时，原字符串的左侧填充fillchar。fillchar的默认值是空格。
- zfill()方法的格式为zfill(width)，其中width是新字符串的长度。当width的值大于原字符串的长度时，在原字符串的左侧补充0。

```
>>> company = "北京诺思多维科技有限公司"
>>> center = company.center(20,"*")
>>> ljust = company.ljust(20,"#")
>>> rjust =company.rjust(20,"@")
>>> zfill = company.zfill(20)
>>> print(center,ljust,rjust,zfill,sep = "\n")
****北京诺思多维科技有限公司****
北京诺思多维科技有限公司########
@@@@@@@@北京诺思多维科技有限公司
00000000北京诺思多维科技有限公司
```

（7）字符串的替换

字符串中某些字符可以被新的字符替换，可以使用的方法是replace()、maketrans()、translate()和expandtabs()。

·replace()方法的格式是replace(old, new, count=-1)，用新字符串new替换旧字符串old，其中count表示替换次数，默认为-1，表示不受限制。

·maketrans()方法用于产生一对映射表格（table），用于translate()方法，其格式为maketrans(string1,string2)或者maketrans(dict)。如果是两个参数，则要求两个参数的长度必须一致。如果是1个参数，必须是最典型的Unicode映射关系。所谓映射关系就是一个字符代表另外一个字符，例如"abc"和"123"的映射关系是a->1（a代表1）、b->2（b代表2）、c->3（c代表3）。

·translate()的格式是translate(table)，用一个table表示的映射关系替换字符串中的字符。

·expandtabs()的格式是expandtabs(tabsize=8)，用于设置字符串中用空格代替制表转义符'\t'的长度，默认为8。

```
>>> infor = "姓名: 李某人\t年龄: 39\t性别: 男"
>>> inforReplace = infor.replace(": ","->")    #用->替换:
>>> print(inforReplace)
姓名->李某人    年龄->39       性别->男
>>> inforTab1 = infor.expandtabs(10)
>>> print(inforTab1)
姓名: 李某人    年龄: 39      性别: 男
>>> inforTab2 = infor.expandtabs(20)
>>> print(inforTab2)
姓名: 李某人              年龄: 39            性别: 男
>>> string = "If tabsize is not given, a tab size of 8 characters is assumed."
>>> table = string.maketrans("abcdef","123456")    #映射表格
>>> print(table)
{97: 49, 98: 50, 99: 51, 100: 52, 101: 53, 102: 54}
>>> stringTrans = string.translate(table)
>>> print(stringTrans)
I6 t12siz5 is not giv5n, 1 t12 siz5 o6 8 3h1r13t5rs is 1ssum54.
```

（8）移除前缀或后缀

在Python 3.9中对字符串新添加了移除前缀和后缀的方法removeprefix(prefix)和removesuffix(suffix)，返回被移除后的字符串，原字符串不变。

```
>>> a="I love you."
>>> b=a.removesuffix(" you.")
>>> print(a)
I love you.
>>> print(b)
I love
>>> c=a.removeprefix("I ")
>>> print(c)
love you.
```

2.4.3 格式化字符串

字符串中除了用"\"表示的转义符外，还可以进行其他一些格式化。所谓格式化就是在字符串中预留一段位置（或者称为占位符），等以后需要的时候再用其他数据进行替换和填补，相当于把其他数据放到预留的位置，并作为字符串的一部分。Python中对字符串的格式化有两种方法：一种是字符串的format()方法；另一种是用通配符"%"格式化。

（1）format()方法格式化

字符串的format()方法用于格式化字符串，其格式为format(*args, **kwargs)。其中*args表示接受任意多个参数，args参数放到一个元组中；**kwargs表示接受任意多个参数，kwargs放到一个字典中。关于任意多个参数的解释详见第3.1节自定义函数的内容。使用format()方法需要先定义模板，在模板中添加一对或多对"{ }"，表示模板中的占位，然后用format()中的参数代替模板中的"{ }"。例如下面的代码，在template中有3对"{ }"，分别用format(str1,str2,str3)中的str1、str2、str3依次代替template中的3对"{ }"，这种方式是自动替换。

```
>>> template= "我爱你{}，我爱你{}，我爱你{}"
>>> str1 = "中国"
>>> str2 = "人民"
>>> str3 = "伟大的党"
>>> string1 = template.format(str1,str2,str3)
>>> print(string1)
我爱你中国，我爱你人民，我爱你伟大的党
```

format(str1,str2,str3)中的参数str1、str2、str3放到一个元组中，str1、str2、str3在元组中的索引（index）分别为0、1、2，在模板template的"{ }"中可以放置参数的索引，这样参数与"{ }"不必按顺序对应，这种方式是指定替换，例如下面的代码。

```
>>> template = "我爱你{1}，我爱你{2}，我爱你{0}"    #{}中放置参数的索引号
>>> str1 = "中国"
>>> str2 = "人民"
>>> str3 = "伟大的党"
>>> string2 = template.format(str1,str2,str3)
>>> print(string2)
我爱你人民，我爱你伟大的党，我爱你中国
```

还可以使用参数名称来进行指定替换，例如下面的代码。

```
>>> template = "我爱你{name1}, 我爱你{name2}, 我爱你{name3}"    #{}中放置变量名
>>> str1 = "中国"
>>> str2 = "人民"
>>> str3 = "伟大的党"
>>> string3 = template.format(name3=str1,name2=str2,name1=str3)   #用函数变量名
>>> print(string3)
我爱你伟大的党, 我爱你人民, 我爱你中国
```

需要注意的是,自动替换和指定替换不能混合在一起使用,例如模板"我爱你{},我爱你{1},我爱你{0}"是有问题的。

在模板中的占位符"{}"中,特别是对数值型数据,可以设置更多的格式符号,基本格式如下,其中[ ]中内容表示可选项,冒号":"表示后面的内容是格式化符号。

{[index][:[[fill]align][sign][#][0][width][option][.precision][type]]}

中文释义为:

{[索引] [:[[填充]对齐方式][正负号][#][0][宽度][选项][.精度][格式类型]]}

各项的意义如下:

· index是参数列表中参数的索引值,从0开始。如果省略index,则按照参数列表的先后顺序和"{ }"的先后顺序依次替换。

· 冒号":"表示后面的内容是格式化符号。

· fill用于指定空白处填充的字符,只能是一个字符,默认为空格,如果选择fill,同时也必须选择align。

· align用于指定对齐方式,可以取<、>、=和^,<表示左对齐,>表示右对齐,=只对数字有效,表示右对齐,^表示居中。align需要与width配合使用。

· sign用于指定是否显示正负号,可以取"+""-"和空格。sign取"+"表示正数前显示"+",负数前显示"-";sign取"-"表示正数显示不变,负数显示"-";sign取空格表示正数前显示空格,负数前显示"-"。

· #表示在二进制、八进制和十六进制数前面分别加0b、0o和0x。

· 0表示右对齐,正数前无符号,负数前显示负号,用0填充空白处。需与width一起使用。

· width表示数据的宽度。

· option可以选择逗号","和下画线"_",逗号表示对数字以千为单位进行分隔,下画线表示对浮点数和d类型的整数以千为单位进行分隔。对于b、o、x和X类型,每四位插入一个下画线,其他类型都会报错。

· .precision表示小数点后的位数。

· type用于指定格式类型,其取值和意义如表2-4所示。

表2-4 格式符

格式符	格式符的意义	格式符	格式符的意义
d	十进制整数	o	十进制整数转为八进制
F或f	以浮点数显示,默认6位小数	X或x	十进制整数转为十六进制
s	字符串	%	以百分比显示,默认6位小数
c	将十进制整数转为Unicode字符	E或e	以科学记数法显示
b	十进制整数转为二进制	G或g	自动选择在e和f或E和F中切换

以下是各种格式的实例。

```
>>> x = -349.83569
>>> y = 58742345
>>> strFormat = "X的值是{0:10.2f}，Y的值是{1:0=8d}".format(x,y)
>>> print(strFormat)
X的值是    -349.84，Y的值是58742345
>>> strFormat = "X的值是{0:10.2f}，Y的值是{1:0=15d}".format(x,y)
>>> print(strFormat)
X的值是    -349.84，Y的值是000000058742345
>>> strFormat = "X的值是{0:￥>10.3f}，Y的值是{1:0>15e}".format(x,y)
>>> print(strFormat)
X的值是￥￥-349.836，Y的值是0005.874234e+07
>>> strFormat = "X的值是{0:￥>-9.4f}，Y的值是{1:^15d}".format(-x,-y)
>>> print(strFormat)
X的值是￥349.8357，Y的值是   -58742345
>>> strFormat = "X的值是{0:0>-12.4f}，Y的值是{1:<15E}".format(x,-y)
>>> print(strFormat)
X的值是000-349.8357，Y的值是-5.874234E+07
>>> strFormat = "X的值是{0:0>-12.4%}，Y的值是{1:*^#15X}".format(x,y)
>>> print(strFormat)
X的值是-34983.5690%，Y的值是***0X3805649***
>>> strFormat = "X的值是{0:0>-12.4%}，Y的值是{1:*^15,}".format(x,y)
>>> print(strFormat)
X的值是-34983.5690%，Y的值是**58,742,345***
>>> strFormat = "X的值是{0:0<-12.4f}，Y的值是{1:<#15o}".format(x,-y)
>>> print(strFormat)
X的值是-349.8357000，Y的值是-0o340053111
>>> strFormat = "X的值是{0:0>-12.0f}，Y的值是{1:<15g}".format(x,-y)
>>> print(strFormat)
X的值是00000000-350，Y的值是-5.87423e+07
```

Python 的字符串方法中，还有个 format_map() 方法，这个方法只用于将字典加入字符串的格式化中，而 format() 适合所有的情况。format_map() 的参数不须传入"关键字=真实值"，而是直接传入字典键，通过键传入值。下面是用 format() 和 format_map() 处理字典值的情况。

```
>>> score={'name':'李明','数学':98,"物理":95,"语文":89}
format1 = "{sc[name]}的语文成绩是{sc[语文]}数学成绩是{sc[数学]}物理成绩是{sc[物理]}".format(sc = score)         #format()方法
>>> print(format1)
李明的语文成绩是89数学成绩是98物理成绩是95
>>> format2 = "{name}的语文成绩是{语文}数学成绩是{数学}物理成绩是{物理}".format_map(score)         #format_map()方法
>>> print(format2)
李明的语文成绩是89数学成绩是98物理成绩是95
```

（2）通配符"%"格式化

以通配符"%"格式化是指在模板中以"%"为标识的一段占位，而不是用"{ }"表示占位，%后面符号是格式符，例如下面的代码。

```
>>> score = "%s的语文成绩%d，数学成绩%d，物理成绩%d"%("李明",89,95,98)
>>> print(score)
李明的语文成绩89，数学成绩95，物理成绩98
#直接写到print()中更简洁
>>> print("%s的语文成绩%d，数学成绩%d，物理成绩%d"%("李明",89,95,98))
李明的语文成绩89，数学成绩95，物理成绩98
```

也可以用下面的代码。

```
>>> template = "%s的语文成绩%d，数学成绩%d，物理成绩%d"
>>> name = ("李明",89,95,98)
>>> score = template%name
>>> print(score)
李明的语文成绩89，数学成绩95，物理成绩98
```

通配符 "%" 格式化的格式为：

```
%[-][+][0][width][.precision]type
```

各项的意义如下：
- -表示左对齐，正数前无符号，负数前显示负号。
- +表示右对齐，正数前显示正号，负数前显示负号。
- 0表示右对齐，正数前无符号，负数前显示负号，用0填充空白处。需与width一起使用。
- width表示字符占的宽度。
- .precision表示小数点的位数。
- type是格式类型，其值如表2-5所示。

表2-5 格式符

格式符	格式符的意义	格式符	格式符的意义
d	十进制整数	o	十进制整数转为八进制
F或f	以浮点数显示	x	十进制整数转为十六进制
s	字符串	r	字符串，用repr()显示
c	单个字符	E或e	以科学记数法显示

对于模板后的输出项，其前面也需要加 "%"。如果有多个输出内容，需要把输出内容放到元组中，例如下面的代码。

```
>>> print("%-4s的语文成绩%8.2f，数学成绩%d，物理成绩%d"%("李明",89.5,95,98))
李明  的语文成绩    89.50，数学成绩95，物理成绩98
>>> print("%+4s的语文成绩%8.2f，数学成绩%05d，物理成绩%5d"%("李明",89.5,95,98))
 李明的语文成绩    89.50，数学成绩00095，物理成绩   98
>>> print("%+4s的语文成绩%8.2f，数学成绩%+05d，物理成绩%-5E"%("李明",89.5,95,98))
 李明的语文成绩    89.50，数学成绩+0095，物理成绩9.800000E+01
>>> print("%+4r的语文成绩%8.2f，数学成绩%x，物理成绩%-5o"%("李明",89.5,95,98))
'李明'的语文成绩    89.50，数学成绩5f，物理成绩142
```

（3）关键字f格式化

用关键字f进行格式化字符串是Python3.6中引入的功能，它与format()格式化字符串基本类似，其目的是使格式化字符串的操作更加简便。关键字f格式化是在一个字符串前面添加f（或F），然后在字符串中添加占位符{}，用{}中的内容替换{}，占位符{}的格式是{content:format}，其中content是变量、函数或表达式，用于替换占位符{}，":format"是可选的格式符，可参考format()格式符。需要注意的是content中不可直接含有转义符"\"。下面的代码是关键字f格式化的应用。

```
>>> str1 = "中国"
>>> str2 = "人民"
>>> str3 = "伟大的党"
>>> print( f"我爱你{str1}，我爱你{str2}，我爱你{str3}")    # {}中直接填入变量
我爱你中国，我爱你人民，我爱你伟大的党
>>>score={'name':'李明','数学':98,"物理":95,"语文":88}
>>>print(f"{score['name']}的语文成绩是{score['语文']:^4d},数学成绩是{score['数学']:^4d},
物理成绩是{score['物理']:^4d}")        #{}中添加格式符
李明的语文成绩是 88 ,数学成绩是 98 ,物理成绩是 95
>>>print(f"{score['name']}的平均成绩是{(score['语文']+score['数学']+score['物理'])/3:^6.1f}")
李明的平均成绩是 93.7
```

第 3 章

自定义函数、类和模块

前面介绍的程序结构有顺序结构、分支结构和循环结构三种，对于程序中经常用到的部分，或者实现一定功能的代码，每次用时就重新编写一段代码，然后把这段代码放到以上3种结构中，这样势必造成程序冗长难读，编程效率也不高。对于一个复杂的程序，可以将功能相同或者重复执行的部分单独写成一段代码，并给这段代码起个名称，需要时，通过代码的名称就可以调用相应的代码，并实现代码的功能，实现模块化编程，像这种单独实现一定功能的代码，编程语言中称为函数。函数的使用可以极大提高编程效率、提高程序的可读性，而且函数可以共享，编程人员可以直接把其他人员已经编好的函数应用到自己的程序中。如果把一些服务于特定目的的多个函数和变量集中写到一起，来完成更复杂功能的定义和使用，这时就形成了类。类是面向对象编程的基础，例如一辆汽车、一张桌子、一个手机、一个按钮都是实实在在的物体，对这些物体的描述和功能的定义都是通过类来实现的。定义好的函数和类可以存到一个文件中，在使用时可以调入进来，作为一个单独的模块使用。本章将详细介绍自定义函数和类的定义和使用方法。

3.1 自定义函数

Python 中的函数分为内置函数、模块中的函数和自定义函数三类。内置函数如 sum()、len()、list()、id()、type()、chr() 等；模块函数如 math 模块中的函数 sin()、cos() 等，random 模块中的函数 random()、randint() 等，内置函数和模块中的函数是已经编写好的函数，可以直接使用。这些函数不能满足所有的人的需求，这时用户就需要根据自己的需要和目的编写属于自己的函数，即自定义函数。自定义函数需要输入参数和函数的返回值。

3.1.1 自定义函数的格式

自定义函数用关键字 def(define) 来定义，其格式如下所示，其中 [ ] 内的内容是可选项。

```
def functionName ([parameter1,parameter2, … ,parameterN]):
    ["""函数说明"""]
    函数语句        #需要缩进
    [return value1[,value2, … ,valueN]]
```

各项的说明如下。

• def 是自定义函数的关键字，是不可缺少的。

• functionName 是自定义的函数名，由编程人员来确定。函数名的取名规则可以参考变量的取名规则，通过函数名来调用函数，调用形式为 functionName(参数的真实值)。functionName 后的括号"()"是必需的，即便是没有函数参数，也必须写入。

• parameter 是函数参数，可以没有，也可以有任意多个，各个参数之间用逗号隔开。定义函数时的参数是形式参数，并不是调用函数时的真实参数，调用函数时，真实参数值传递给形式参数。在定义形参时，可以指定形参的数据类型，方法是在形参后面加":类型"，如果形参可能取多个不同的类型，可以用 Union[类型 1, 类型 2,…] 指定多个类型，例如 def sum(a:Union[int,float],b: Union[int,float]) 指定形参 a 和 b 的取值是 int 或 float。

• 冒号":"是必需的格式，说明后续的语句是函数语句。函数语句要进行缩进，当遇到不再缩进的语句时，函数语句结束。

• 函数说明放到三个双引号（""" """）或三个单引号（''' '''）中。函数说明可以是多行，用来说明函数的功能、格式、参数类型、返回值的个数和类型等信息，帮助其他人了解该函数的使用方法。函数说明可以通过 help(functionName) 函数显示出来，或者用 functionName.__doc__ 显示。

• 函数语句是编程人员要写的函数体，用于实现函数的功能。如果暂时不想写语句，可以用 pass 语句代替。函数语句相对于关键字的位置要进行缩进。

• return 语句定义函数的返回值，返回值可以有 1 个或多个，也可以没有。如果有多个返回值，则返回值之间用逗号隔开。return 语句可以放到函数语句的任意位置，当遇到 return 语句时，返回函数的返回值，如果 return 语句后面还有其他语句，会忽略其他语句，这时通常把 return 语句放到 if 的分支结构中。return 语句是可选的，如果函数中没有 return 语句，则函数没有返回值，通常只产生一定的动作（功能）。

• 返回值类型提示：在自定义函数的第 1 行，在":"前面可以添加类型提示功能，类型提示用"-> 类型"定义，例如"def total(n) ->int:"提示返回整数。

下面是一个计算从 0 到正整数 N 求和的自定义函数，函数参数是 N，返回 0+1+2+3+…+N 的值。在 Python 的 IDLE 的文件窗口中输入下面的代码，通过 xx = total(x) 调用函数 total()，并把函数返回值放入变量 xx 中。

```
def total(n) -> int:      #定义total()函数，提示返回整数    #Demo3_1.py
    """输入大于0的整数N，返回0+1+2+3+…+N的值"""
    if n>0:
        y =0
```

```
        for i in range(1,n+1):
            y = y+i
        return y
x = input("请输入一个大于1的整数: ")
x = int(x)      #将字符串转换成整数
xx = total(x)   #调用自定义函数total()
print("从0到{}的和是: {}".format(x,xx))
```

运行上面的代码，在shell中输入10000，得到如下内容，输入help(total)，得到函数的说明。

```
请输入一个大于1的整数: 10000
从0到10000的和是: 50005000
>>> help(total)    #获取函数的帮助
Help on function total in module __main__:
total(n)
        输入大于0的整数n，返回0+1+2+3+…+N的值
>>> z = total(5000)    #调用total()函数进行其他的计算
>>> print(z)
12502500
>>> z = total(3000)    #调用total()函数进行其他的计算
>>> print(z)
4501500
```

下面的函数计算从0到n的和，n可以为负数。return语句放到if分支中，根据if的逻辑表达式的值决定输出哪个值。只要执行到return语句，自定义函数就会执行完毕，return后的语句不会再执行，例如在输入整数的情况下，函数体内的print('hello')语句永远不会被执行。

```
def total(n):       #定义total()函数      #Demo3_2.py
    """计算从0到n的和"""
    if n>0:
        y = 0
        for i in range(1,n+1):
            y = y+i
        return y
    elif n<0:
        y = 0
        for i in range(-1,n-1,-1):
            y = y+i
        return y
    else:
        return 0
    print('hello')
x = input("请输入一个整数: ")
x = int(x)      #将字符串转换成整数
xx = total(x)   #调用自定义函数total()
print("从0到{}的和是: {}".format(x,xx))
```

3.1.2 函数参数

函数参数分为实参和形参,实参是调用函数时的实际参数,形参是定义函数的形式参数,例如在上面例子中定义函数total(n)时的参数n是形参,而调用函数xx = total(x)时的参数x是实参。形参可以理解成定义函数时参数暂时的占位,在调用函数时,把实参的真实值放到形参的位置。在定义函数和调用函数时,需要注意以下几点。

(1)不可变数据和可变数据的传递

当实参数据传递给形参数据时,是把数据在内存中的地址传递给形参。当实参是不可变数据时,例如常数、字符串、元组等,在实参数据传递给形参后,如果在函数体内改变了形参数据,Python会在内存中新产生一个数据区用于存储新数据,并把形参指向该地址,而实参仍指向原来的数据,所有形参的数据不会改变实参的数据。而对于可变的数据,如列表、字典等,形参和实参都指向原数据,当改变形参数据时,会改变原数据地址内的数据,从而实参数据也跟着改变了。

下面的代码是改变形参数据的实例。分别给形参传递一个整数、字符串和列表,在函数体内改变形参的值,对比调用函数前后实参值改变情况和形参值及地址的改变情况。

```python
def double(x):          #Demo3_3.py
    print("形参修改前的值{}和地址{}".format(x,id(x)))
    if type(x) != type([1,2]):
        x = x*2         #改变形参的值
    elif type(x) == type([1,2]):
        n = len(x)
        for i in range(n):
            x[i] = x[i]*2   #改变形参的值
    print("形参修改后的值{}和地址{}".format(x,id(x)))
n = 100
print("函数调用前的实参值{}和地址{}".format(n,id(n)))
double(n)               #调用函数,值传递
print("函数调用后的实参值{}和地址{}".format(n,id(n)))
print("*"*50)
string = "Hello.Nice to meet you!"
print("函数调用前的实参值{}和地址{}".format(string,id(string)))
double(string)          #调用函数,值传递
print("函数调用后的实参值{}和地址{}".format(string,id(string)))
print("*"*50)
listNum = [1,2,3]
print("函数调用前的实参值{}和地址{}".format(listNum,id(listNum)))
double(listNum)         #调用函数,地址传递
print("函数调用后的实参值{}和地址{}".format(listNum,id(listNum)))
```

运行上面代码,可以得到如下输出。可以看出当调用double()函数传递一个整数和字符串时,实参在调用函数前和调用函数后值和地址都没有发生变化,而形参在函数体内改变值后,值和地址都发生变化。传递一个列表时,实参在调用函数前和调用函数后地址没有变化,值发生变化;形参在函数体内改变值后值发生变化,而地址没有发生变化。

```
函数调用前的实参值100和地址140723307668224
形参修改前的值100和地址140723307668224
形参修改后的值200和地址140723307671424
函数调用后的实参值100和地址140723307668224
*******************************************
函数调用前的实参值Hello,Nice to meet you!和地址1559414196624
形参修改前的值Hello,Nice to meet you!和地址1559414196624
形参修改后的值Hello,Nice to meet you!和地址1559414123280
函数调用后的实参值Hello,Nice to meet you!和地址1559414196624
*******************************************
函数调用前的实参值[1, 2, 3]和地址1559414088640
形参修改前的值[1, 2, 3]和地址1559414088640
形参修改后的值[2, 4, 6]和地址1559414088640
函数调用后的实参值[2, 4, 6]和地址1559414088640
```

解决这个问题的办法是在函数体内新建一个列表,然后把形参的数据用extend()方法移到新列表中,对新列表的数据进行改变。

```python
def double(x):      #Demo3_4.py
    print("形参修改前的值{}和地址{}".format(x,id(x)))
    if type(x) != type([1,2]):
        x = x*2         #改变形参的值
    elif type(x) == type([1,2]):
        y= list()       #新列表
        y.extend(x)     #形参的值移到新列表中
        n = len(y)
        for i in range(n):
            y[i] = y[i]*2   #改变新列表的值
        print("临时列表的值{}和地址{}".format(y,id(y)))
    print("形参修改后的值{}和地址{}".format(x,id(x)))
listNum = [1,2,3]
print("函数调用前的实参值{}和地址{}".format(listNum,id(listNum)))
double(listNum)     #调用函数,地址传递
print("函数调用后的实参值{}和地址{}".format(listNum,id(listNum)))
```

运行后得到下面的结果,实参值没有发生变化。如果在自定义函数中只是提供数据用于其他运算,不改变形参的值,就无须这么做。

```
函数调用前的实参值[1, 2, 3]和地址1266266525568
形参修改前的值[1, 2, 3]和地址1266266525568
临时列表的值[2, 4, 6]和地址1266278728960
形参修改后的值[1, 2, 3]和地址1266266525568
函数调用后的实参值[1, 2, 3]和地址1266266525568
```

(2)关键字参数

定义函数时,每个形参在函数体中的作用是不一样的。在调用函数将实参传递给形参时,实参的个数和位置与形参的个数和位置要一致,否则会出现异常或计算结果不合理的情况。如

果在调用函数时，实参的顺序与形参的顺序不一样，就会产生函数体内部计算异常。例如本该传递一个整数的形参，由于实参顺序错误，给这个形参传递了一个字符串，那么本该用整数参与的计算却用字符串参与计算，势必会产生问题。为解决这个问题，在调用函数时使用关键字参数。关键字参数是指在调用函数时，用形参的名字作为关键字确定传递给形参的值，不需要与函数定义时形参的位置和顺序一致，只要把形参名字写正确，这样还提高了程序的可读性。例如某个函数定义时函数名和形参为area(side1,side2,height)，在调用函数时，可以用area(height=value1,side1=value2,side3=value2)，实参的顺序与定义函数时的形参顺序可以不一样。例如下面计算梯形面积的例子，需要输入上下两个底的长度和梯形的高，函数返回梯形面积。

```
def trapezoid (side1,side2,height):    #Demo3_5.py
    """形参顺序是side1,side2,height"""
    area=(side1+side2)*height/2
    return area
s1 = input("输入梯形上底长度: ")
s2 = input("输入梯形下底长度: ")
h  = input("输入梯形高度: ")
s1 = float(s1)      #将字符串转换成浮点数
s2 = float(s2)      #将字符串转换成浮点数
h  = float(h)       #将字符串转换成浮点数
ss = trapezoid (height = h,side1 = s1,side2 =s2) #用形参名字作关键字，顺序可以打乱
print("梯形的面积是: ",ss)
```

（3）形参的默认值

在定义函数时，可以给形参设置默认值，在调用函数时可以不给形参传递值，而是使用默认值。例如Python的内置函数print()的原型是print(value,…, sep=' ', end='\n', file=sys.stdout, flush=False)，形式参数sep、end、file和flush都是有默认值的，在使用print()函数时，一般不用设置这些参数的值，直接使用默认值。在定义函数时，有默认值的参数需要放到没有默认值的参数的后面。下面的代码是计算函数$z = k\sqrt{x^2+y^2} - c$的值，其中k和c是常量，默认值$k=1.0$，$c=0.0$。

```
import math    #Demo3_6.py
def z(x,y,k=1.0,c=0.0):    #k的默认值是1.0, c的默认值是0.0
    return k*math.sqrt(x**2+y**2)-c
xuan_1 = z(3,4)            #k和c使用默认值
xuan_2 = z(3,4,c=1)        #k使用默认值
xuan_3 = z(3,4,2)          #c使用默认值
xuan_4 = z(y=6,x=5,k=0.5)  #c使用默认值
print(xuan_1,xuan_2,xuan_3,xuan_4)
```

（4）数量可变的参数

有些时候，调用函数时需要输入的函数参数不确定，由实际情况决定，这在类的函数中经常用到。参数数量可变的函数定义分为两类，一种是在定义函数时用*parameter1来定义可变数量的参数，另一种是用**parameter2定义可变数量的关键字参数。当用*parameter1定义形参时，可以接受任意多个实参，此时形参parameter1是一个元组，实参成为parameter1的元素，用len(parameter1)可以获取传递过来的实参的数量，通过元组的索引形式parameter1[index]在函数体内读取实参传过来的值。当用**parameter2定义可变数量的关键字参数时，形参parameter2

是字典，调用函数时实参形式应该为name1=value1，name2=value2，…，nameN=valueN，此时实参值的关键字namei将作为字典parameter2的键，valuei将作为对应的值，在函数体内通过字典的方法parameter2.keys()获取字典的键，通过键parameter2[key]可以获取键对应的值，通过parameter2.items()获取字典键和值。

下面是一个求和函数，用*parameter形式定义形参，调用函数时可以输入任意多个实参。

```
def total(*para):      #para是元组      #Demo3_7.py
    n = len(para)
    s = 0
    for i in range(n):
        s = s+para[i]
    return s
x = total(10,4,-2,3)        #调用函数，可以输入任意多个实参
print(x)
x = total(-4,6,9,10,-3,8,11,15)   #调用函数，可以输入任意多个实参
print(x)
```

在类的函数定义中，经常使用**parameter的形式定义输入参数，例如下面的描述人特征的例子。

```
def person(name="New Person",**feature):   #feature是字典 Demo3_8.py
    person_name = name    #定义姓名
    height = None         #定义身高
    weight = None         #定义体重
    sex    = None         #定义性别
    age    = None         #定义年龄
    job    = None         #定义职业
    if "height" in feature: height = feature["height"]   #获取身高
    if "weight" in feature: weight = feature["weight"]   #获取体重
    if "sex"   in feature: sex    = feature["sex"]       #获取性别
    if "age"   in feature: age    = feature["age"]       #获取年龄
    if "job"   in feature: job    = feature["job"]       #获取职业
    print("{}的身高{},体重{},性别{},年龄{},工作{}".format(name,height,weight,sex,age,job))
person("Robot",height=177, sex =True,weight = 78)
person("Robot",height=177, sex =True,weight = 78,job = "writer")
#运行结果如下：
#Robot的身高177,体重78,性别True,年龄38,工作None
#Robot的身高177,体重78,性别True,年龄38,工作writer
```

下面的例子既有*定义的参数，也有**定义的参数。

```
def person(name,*primary,**feature):   #Demo3_9.py
    person_name = name
    height = None
    weight = None
    sex    = None
    age    = None
    job    = None
```

```
    if len(primary) == 1:
        height = primary[0]
    if len(primary) == 2:
        height = primary[0]
        weight = primary[1]
    if "sex"    in feature: sex  = feature["sex"]
    if "age"    in feature: age  = feature["age"]
    if "job"    in feature: job  = feature["job"]
    print("{}的身高{},体重{},性别{},年龄{},工作{}".format(name,height,weight,sex,age,job))
person("Robot",177, sex =True,weight = 78)
person("Robot",177,38, sex =True,weight = 78,job = "writer")
#运行结果如下:
#Robot的身高177,体重None,性别True,年龄None,工作None
#Robot的身高177,体重38,性别True,年龄None,工作writer
```

3.1.3 函数的返回值

函数的返回值可以没有，也可以有1个或多个，当有多个返回值时，可以用1个变量获取返回值，也可以用多个变量获取返回值，但是变量的个数与返回值的个数相等。1个变量获取返回值时，变量的类型是元组，用元组存储函数返回的多个值。例如下面计算圆的面积和周长的函数，并返回面积和周长。

```
def circle(radius):     #Demo3_10.py
    pi = 3.1415926
    area = pi*radius**2
    perimeter = 2*pi*radius
    return area,perimeter
x = circle(10)     # x是元组
print(x[0],x[1],type(x))
x1,x2 = circle(10)    # x1和x2是浮点数
print(x1,x2,type(x1),type(x2))
#运行结果如下:
#314.15926 62.831852 <class 'tuple'>
#314.15926 62.831852 <class 'float'> <class 'float'>
```

3.1.4 函数的局部变量

函数体中除了形参外，还要有一些变量。在调用函数时，在内存中单独开辟一个空间，用于存储与函数有关的变量和数据，当函数运行结束后，与该函数相关的变量和数据都会被删除，函数体的变量和数据都作用在局部空间中，与主程序内的变量和数据是相互独立的，因此函数内的变量和数据都是局部变量，即便函数内的变量与主程序内的变量相同，也不会影响全局变量。

下面的代码在主程序中创建了全局变量mess，然后调用函数var()，之后在函数中定义与全局变量mess同名的局部变量mess，并在函数中输出局部变量mess的值和id值，最后在主程序中输出全局变量mess的值和id值。从运行后的结果可以看出，虽然在函数中改变了mess中的值，

但并没有影响到主程序中mess的值，而且函数中的mess的id值和主程序中的mess的id值不同。

```
def var():       #Demo3_11.py
    mess = "我是局部变量"
    print(mess,id(mess))
# 下面是主程序
mess = "我是全局变量"
var()
print(mess,id(mess))
#运行结果如下：
#我是局部变量 2183036115072
#我是全局变量 2183036113392
```

如果想要在函数中使用全局变量，需要在函数中使用global关键字，以说明函数中的变量是全局变量。例如在var()函数中，添加global mess，该mess将会是全局变量。从下面的代码的运行结果可以看出，在函数中改变了mess的值，全局变量mess的值也改变了，而且id值也相同。不建议在函数中直接使用全局变量，因为函数多次调用后，会使全局变量的值难以确定。

```
def var():       #Demo3_12.py
    global mess
    mess = "我是局部变量"
    print(1,mess,id(mess))
# 下面是主程序
mess = "我是全局变量"
var()
print(2,mess,id(mess))
#运行结果如下：
#1 我是局部变量 1255960068480
#2 我是局部变量 1255960068480
```

3.1.5 匿名函数lambda

匿名函数是没有名字的函数，用lambda关键字创建，只能返回一个值，需要用一个变量指向匿名函数。匿名函数的格式为：

```
Variable = lambda [parameter1[,parameter2, ⋯ ,parameterN]]:expression
```

其中，lambda是关键字；parameter是参数，用于表达式expression中；冒号"："是必需的分隔符；expression通常是含有参数的表达式，表达式expression也只能有一句，匿名函数的返回值是表达式expression的值，表达式expression中不能使用if分支和for循环。变量Variable指向匿名函数，并且通过Variable调用函数，调用格式是Variable([parameter1[,parameter2,⋯,parameterN]])，如果变量Variable不用于其他目的，则可以简单地理解成变量Variable就是匿名函数的名字。下面的代码用匿名函数定义函数$z=\sqrt{x^2-y^2}$，并调用该函数进行计算。

```
import math      #Demo3_13.py
z = lambda x,y: math.sqrt(x**2-y**2)
print(z(5,4))
```

```
print(z(5,3))
print(z(10,5))
#运行结果如下:
#3.0
#4.0
#8.660254037844387
```

3.1.6 函数的递归调用

在一个函数体中可以调用其他已经定义好的函数,也可以调用函数体自身,形成递归调用。递归调用必须有一个明确的结束条件,每次进入更深一层递归时,计算量相比上次递归都应有所减少。例如下面计算1!+2!+3!+4!+5!+…+n!的例子,先用递归运算计算n!,再用循环计算得到总和。

```
def N_her(n):      #Demo3_14.py
    '''计算n阶阶乘 n!'''
    if n==1:
        return 1        # 明确的结束条件
    n = n*N_her(n-1)    # 递归调用,计算n! = n*(n-1)!
    return n
def total(n):
    total=0
    for i in range(1,n+1):
        total = total+N_her(i)   #在函数中调用其他函数
    return total
n = input("请输入正整数n:")
n = int(n)        #字符串转换成整数
print("1! +2! +3! +…+n!=",total(n))
#运行结果如下:
#请输入正整数n:10
#1! +2! +3! +…+n!= 4037913
```

3.2 类和对象

类(Class)是面向对象程序设计(object-oriented programming,OOP)实现信息封装的基础。类是对现实生活中一些具有共同特征的事物进行抽象得到的描述这些事物的模板,类中包含描述对象特征的变量(属性)和实现一定功能的函数(方法),用类来创建的实物称为类的实例(instance)或对象(object)。

3.2.1 类和对象介绍

(1)类和对象的概念

上节介绍了自定义函数,自定义函数建立好后,可以多次调用,输入不同的参数会得到不同结果。建立自定义函数先创建一个函数（def关键字定义），这个函数也可以理解成有一定功能的模板，一次定义后可以无限次调用。我们研究真实物体或抽象物体时，也可以把具有相同特征和属性的物体定义成一个模板，例如大街上行驶的各式各样的汽车有不同的颜色、尺寸、功率、速度、品牌，虽然不同汽车的具体特征值不同，但是所有汽车都有这些特征。我们可以先把描述所有汽车的特征总结出来，如所有的汽车都有颜色、尺寸、功率、速度、品牌，还有一些功能，如按下开启键可以启动发动机，踩加速踏板可以加速，踩制动踏板可以降速，把汽车所具有的特征和功能进行总结并定义成一个汽车模板，然后再调用这个模板定义具体的汽车，同时给具体的汽车传递真实的特征值或属性值，如颜色、尺寸、功率、速度和品牌等，这样就形成了一辆真实的有特征、有功能的汽车。汽车模板可以一次定义多次使用，用汽车模板创建各式各样的汽车，避免了重复定义汽车特性和功能，减少了编写汽车代码的工作量，也增强了程序的可读性。再比如对于人的描述，人有姓名、年龄、性别、身高、体重等特征，还具有走、写字、动脑筋等功能，把人的这些特征和功能定义成一个模板，再用这个模板定义一个具体的人，如男人、女人、老人、小孩等。类也可以理解成盖房子的图纸（模板），按照图纸可以建造很多房子。

上面提到的建立汽车模板和人的模板的过程反映到程序编码上就是创建汽车的类和人的类，再用汽车的类或人的类来创建各式各样的汽车或人，就是类的实例化或者创建类的对象，用图纸建造房子也是类的实例化。类就是有一些共有特征和功能的事物的模板，对象就是用模板来创建的各种具体的实物。下面的代码是汽车类car的定义，用变量记录各种特征或属性，用函数定义各种功能，同时用car类创建了两辆汽车jietuCar和xingyueCar，并给这两辆汽车传递了具体的属性值，例如jietuCar汽车的颜色是黑色，xingyueCar汽车的颜色是红色，同时这两辆汽车有start()、break()和accelerate()功能，或者称为方法。可以用汽车类car创建更多的汽车。面向对象最重要的概念就是类（Class）和实例（Instance），必须牢记，类是由同类事物抽象出来的模板，而实例是根据类创建出来的一个个具体的"对象"，每个对象都拥有同类型的属性和方法，但各自具体的内容是不同的。

```python
class car:        #Demo3_15.py
    """汽车模板"""
    def __init__(self,name,color,length,width,height,power):
        self.name    = name      #用变量定义品牌属性
        self.color   = color     #用变量定义颜色属性
        self.length  = length    #用变量定义长度属性
        self.width   = width     #用变量定义宽带属性
        self.height  = height    #用变量定义高度属性
        self.power   = power     #用变量定义功率属性
    def start(self):             # 定义汽车的启动功能
        pass     # 需进一步编程
    def accelerate(self):  # 定义汽车的加速功能
        pass     # 需进一步编程
    def brake(self):             # 定义汽车的制动功能
        pass     # 需进一步编程
jietuCar    = car("chery","black",2800,1800,1600,5000)   # 定义第一辆汽车并赋予属性
xingyueCar  = car("geely","red",2900,1750,1610,5200)     # 定义第二辆汽车并赋予属性
```

（2）类的特点

首先，类具有封装性或者密封性。在类中需要定义一些函数，这些函数是对象的功能或方法，

可以通过对象和函数名来执行函数实现一定的功能，例如汽车类实例jietuCar，通过jietuCar.start()可以执行start()功能，但是如何实现start()功能，对外是不可见的，只能通过start()调用该功能，而不能修改实现该功能的代码，从而保护代码的密封性。例如按一下鼠标和键盘上的键就可以使计算机完成一些动作，对于如何实现这些动作，使用者无须知道详情，这也是一种封装性。

其次，类具有继承性。在一个类（父类）中定义好的属性和方法（功能）通过继承，可以直接移植到另外一个新类（子类）中，同时新类中还可以添加新的属性和新的方法，用新类实例化产生一个对象时，该对象同时具有两个类所有的属性和方法。例如下面的代码，创建了类truck，并继承car的属性和方法，在truck中新添加了load属性和drag()方法，用truck类创建了oumanTruck对象，oumanTruck对象有car和truck的所有属性和方法，print()输出从car继承来的name、color和新建的load属性。

```
from Demo3_15 import car        #Demo3_16.py
class truck(car):               #新建类（模板），并继承car类的属性和方法
    def __init__(self,name,color,length,width,height,power,load):
        super().__init__(name,color,length,width,height,power)
        self.load = load        #新建属性
    def drag(self):             #新建方法
        pass
oumanTruck = truck("foton","yellow",5800,2200,2400,15000,80)  #新类的对象
print(oumanTruck.name,oumanTruck.color,oumanTruck.load) #输出从car继承的和新建的属性
#运行结果是 foton yellow 80
```

最后，类还有多态性。子类可以从多个父类进行继承，子类除了继承父类的属性和方法外，还可以覆盖或改写父类的方法，以体现子类与父类的变异性。同一方法在不同的类中可以有不同的解释，产生不同的执行结果，称为多态性。

3.2.2 类的定义和实例

在定义类时，可以从一个父类中继承产生新类，也可以没有继承，创建一个全新的类。类的定义方法如下：

```
class className [( fatherClass1[,fatherClass2,…,fatherClassN])]:
    ["""类说明"""]
    [类语句块]
    [def __init__(self[,parameter1,parameter2, … ,parameterN]):]
        [初始化语句块]
    [def functionName(self[,par1,par2, … ,parN]):
        [函数语句块]
    [def…]
    […]
```

类定义中各项的含义如下。
- class是关键字，说明开始定义类。
- className是类的类名，起名规则可以参考变量的起名规则。
- 括号"( )"是可选的，如果没有父类，可以不写括号。
- fatherClass是继承的父类，可以有0个、1个或多个父类，多个父类之间用逗号隔开。如

果是全新的类，一般没有父类，也可以用类object作为父类，object类中定义了一些常用的方法。

· 冒号":"是必需的符号，说明后续内容是类的具体定义，后续内容需要缩进。

· """类说明"""用于说明类的用途等信息，可以通过help(className)函数或"实例名.__doc__"打印说明信息。

· 类语句块用于定义类的属性，是可选的。

· def __init__(self[,parameter1,parameter2,…,parameter])是类实例化新对象时新对象的初始化方法，是可选的。当用类新创建一个对象时，会自动执行__init__()函数下的初始语句块（"__"是两个下画线）。

· self表示类的实例本身。在类中定义属于实例的属性和方法时，都需要加self，类中的函数定义时，第1个参数一般都是self，在向函数中传递实参数据时，不需要给self传递数据。

· def functionName(self[,para1,para2,…,paraN])，类中可以定义多个函数（方法），实现类的不同功能。

定义完类后，可以用类来创建实例。用类创建实例的格式如下所示：

```
instanceName = className([parameter1,parameter2,…,parameterN])
```

其中，instanceName是实例名称，取名规则可参考变量的取名规则；parameter1, parameter2,…, parameterN是实参，给类中的初始化函数__init__()传递数据，用于初始化实例的一些属性，可以用关键字形式传递数据。下面是用前面的汽车类定义汽车实例的例子。

```
jietuCar = car("cherya","black",2800,1800,1600,5000)
xingyueCar = car("geelyb","red",2900,1750,1610,5200)
oumanTruck = truck("fotonc","yellow",5800,2200,2400,15000,80)
```

3.2.3 实例属性和类属性

Python的类由变量和函数构成，类的变量就是类实例化对象后对象的属性，类的函数就是类实例化后对象的方法。类中的变量分为实例属性和类属性，类属性是定义在类的函数之外的变量，而实例属性是定义在类的实例函数之内的变量。实例属性的定义需要在变量名前加入前缀"self."，例如self.age定义了一个实例属性age。在类外部，用类创建实例后，可以通过"实例名.变量名"的形式访问实例属性，用"实例名.函数名()"的形式调用实例和方法；在类内部，在实例函数中，可以通过"self.变量名"和"self.函数名()"的形式访问实例属性和实例函数。对"self"的理解是，用类实例化对象后，"self"就是对象本身，就好比函数的形参在定义时的一个占位，等调用函数时，用实参代替形参，self也是类定义时实例对象的一个占位，用类实例化对象后，再用实例对象代替self，因此带有self的变量和函数都是实例的变量（属性）和实例的函数（方法）。

下面我们先分析一下实例属性。下面的程序先定义了一个类person，它有两个类属性nation和party，另外在初始化函数__init__()中定义了两个实例属性name和age，还有一个计数的属性i。类中还有个方法output()，用于输出实例属性name和age。接下来用类创建了两个实例student和teacher，并对实例进行了初始化，赋予了初始值。用类实例化时，会自动执行__init__()方法，student的初始化为，name = "李明"，age = 15；teacher的初始化为，name = "王芳"，age = 33。接下来第1次调用student和teacher的方法output()，输出实例的属性name和age，可以看出两个实例的属性name和age是不相同的，然后修改student的属性name = "李学生"，age =

18，第 2 次调用 student 和 teacher 的方法 output()。从输出结果可以看出，teacher 的属性并没有变化，student 的属性发生变化，修改 student 的属性并不影响 teacher 的属性，这说明实例属性对实例是私有的，不同实例之间的属性是相互独立的，修改一个实例的属性并不影响其他实例的属性值。另外通过类可以看出，实例属性在一个函数中定义后，可以直接在另外一个函数中调用，这个和一般函数的变量是有很大区别的。一般函数的变量是局部变量，不能直接用到其他函数中。需要注意的是，在类的函数中，如果使用了不带"self."的变量，它将成为函数的局部变量。

```python
class person(object):        #Demo3_17.py
    nation = "汉族"          #类属性
    party = "群众"           #类属性
    def __init__(self, p_name, p_age):
        self.name = p_name   #实例属性
        self.age = p_age     #实例属性
        self.i = 0
    def output(self):
        self.i = self.i+1
        print("第{}次输出: {} {}".format(self.i,self.name,self.age)) #输出属性name和age
student = person(p_name = "李明", p_age = 15)   #用类person创建实例student
teacher = person(p_name = "王芳",p_age = 33)    #用类person创建实例teacher
student.output() #第1次调用实例student的属性output()，输出实例属性name和age
teacher.output() #第1次调用实例teacher的属性output()，输出实例属性name和age
student.name = "李学生"      #修改student的实例属性name
student.age = 18             #修改student的实例属性age
student.output() #第2次调用实例student的属性output()，输出实例属性name和age
teacher.output() #第2次调用实例teacher的属性output()，输出实例属性name和age
#运行结果如下：
#第1次输出: 李明 15
#第1次输出: 王芳 33
#第2次输出: 李学生 18
#第2次输出: 王芳 33
```

下面分析类属性的作用。在类外部类属性可以用"类名.类变量名"的形式引用。将上面的程序稍做变化，如下面的代码所示，用类 person 实例化 student 和 teacher 后，输出用实例指向的类属性 nation 和 party。从第 1 次输出结果可以看出，用实例 student 和 teacher 指向的实例属性是相同的，然后修改类属性的值，第 2 次输出的两个实例指向的类属性值也跟着改变了。可以看出，用"类名.类变量名"形式改变类属性的值，将影响所有实例的类属性值，类属性相当于全局属性，类属性影响所有实例的属性，而实例属性只属于单个实例。类属性可以通过"类名.类变量名"形式应用于类的函数体中，这样类属性相当于作用于所有实例的全局变量，而实例属性是只作用于单个实例的局部变量。用类属性可以控制所有的实例，不过建议少用类属性，以便满足封装性的要求。如果需要在类外修改类属性，必须通过类名去引用，然后进行修改。如果通过实例对象去引用类属性，会产生一个与类属性同名的实例属性，这种方式修改的是实例属性副本，不会影响到类属性，并且之后如果通过实例对象去引用该名称的类属性，实例属性会强制屏蔽类属性，即引用的是实例属性，除非删除了该实例属性。类属性也可以用"self.类变量名"的形式在实例函数中引用，这样会产生一个同名的类属性副本。

```python
class person(object):          #Demo3_18.py
    nation = "汉族"    #类属性
    party = "群众"     #类属性
    def __init__(self,p_name,p_age):
        self.name = p_name      #实例属性
        self.age = p_age        #实例属性
        self.i = 0
    def output(self):
        self.i = self.i+1
        print("第{}次输出: {} {}".format(self.i,self.name,self.age))  #输出实例属性name和age
    def xx(self):
        self.i = self.i+1
        person.nation = "维吾尔族"
        print("第{}次输出: {} {}".format(self.i,self.nation,person.nation))  #输出实例类变量和类变量
student = person(p_name = "李明", p_age = 15)   #用类person创建实例strudent
teacher = person(p_name = "王芳", p_age = 33)   #用类person创建实例teacher
print("student第1次输出",student.nation,student.party)   #第1次输出类属性
print("teacher第1次输出",teacher.nation,teacher.party)   #第1次输出类属性

person.nation = "满族"    #修改类属性
person.party = "团员"     #修改类属性
print("student第2次输出",student.nation,student.party)   #第2次输出类属性
print("teacher第2次输出",teacher.nation,teacher.party)   #第2次输出类属性
student.nation = "苗族"
student.party = "党员"
print("student第3次输出",student.nation,student.party)   #第3次输出类属性
print("teacher第3次输出",teacher.nation,teacher.party)   #第3次输出类属性
print("person输出",person.nation,person.party)  #输出类属性（改变实例的类属性后）
teacher.xx()
student.xx()
#运行结果如下：
#student第1次输出 汉族 群众
#teacher第1次输出 汉族 群众
#student第2次输出 满族 团员
#teacher第2次输出 满族 团员
#student第3次输出 苗族 党员
#teacher第3次输出 满族 团员
#person输出 满族 团员
#第1次输出: 维吾尔族 维吾尔族
#第1次输出: 苗族 维吾尔族
```

3.2.4 类中的函数

类中的函数有实例函数、类函数和静态函数，实例函数的第1个形参必须是self，类函数的第1个形参必须是cls，静态函数不需要self和cls。

（1）实例函数

用类创建实例后，类中的函数变成实例的方法。类中的函数和一般的函数定义方式相同，实例函数的第1个形参一定是self，也可以给其他形参设定初始值，形参也可以是数量可变的参数。函数的返回值可以没有，可以有1个或多个。第1个形参是self的函数称为实例函数或实例方法。在实例函数内部可以用"self.函数名()"的形式调用其他实例函数，在类外部，用类进行实例化后，用"实例名.函数名()"的形式调用实例函数，不需要给self传递实参，不需要在"()"中输入self，实参也可以是关键字参数。

（2）初始化函数

初始化函数是一个特殊的实例函数。在创建类时，通常要定义一个初始化函数 __init__()，在init名字的前后分别加两个单下画线，这个函数在类进行实例化时会被自动执行。通常这个函数用于类创建实例时，对实例进行初始化设置，用这个函数传递初始化数据。用类创建实例时输入的参数将传递给__init__()函数。

```
class hello(object):      #Demo3_19.py
    def __init__(self,string= "Hello"):   #第1个形参是self，形参string的默认值是Hello
        self.greeting = string
        self.output()    # 调用output()函数
    def output(self):    # 定义output()函数，需要self形参
        print(self.greeting)
hi = hello("Nice to meet you!")
#运行结果是 Nice to meet you!
```

（3）静态函数

在类中定义函数语句（def）的前面加入一行声明 @staticmethod，随后定义的函数将成为静态函数，静态函数的形参中不需要传入self，而且在静态函数的函数体中也不能直接使用带有self前缀的数据，但可以通过"类名.类变量"的形式使用类变量。静态函数的实参中可以将带self前缀的数据传递给静态函数体。在类内部可以通过"类名.函数名()"的形式调用静态函数，在类外面可以用"类名.函数名()"或者"实例名.函数名()"的形式调用静态函数。静态函数相当于类外部的一个普通函数，只不过是把普通函数定义到类中，例如下面的静态函数。静态函数的返回值的类型任意，可以是静态函数所在类的实例对象。

```
import math       #Demo3_20.py
class h:
    factor = 2.0   #类变量
    def __init__(self,x,y):
        self.x = x
        self.y = y
        self.xuan = h.rms(self.x,self.y) #通过 类名.函数名() 引用静态函数
    @staticmethod
    def rms(a,b):
        return math.sqrt((a**2+b**2)/2)*h.factor  #通过 类名.函数名() 引用类变量
a = h(3,4)
print(a.xuan)
print(a.rms(3,4))    #通过 实例名.函数名() 引用静态函数
print(h.rms(3,4))    #通过 类名.函数名() 引用静态函数
```

(4) 类函数

在类中定义函数语句（def）的前面加入一行声明"@classmethod"，随后定义的函数将成为类函数。类函数的第1个形参必须是cls（class的缩写），在类函数的函数体中通过"cls.变量名"的形式直接使用类变量，通过"cls.函数名()"形式直接调用其他类函数，通过"cls.函数名()"直接使用实例函数，在实例函数内通过"类名.函数名()"的形式调用类函数，在类外通过"类名.函数名()"或"实例名.函数名()"的形式调用类函数。将上面静态函数的代码修改一下得到如下类函数的例子。

```
import math        #Demo3_21.py
class h:
    factor =2.0   #类变量
    def __init__(self,x,y):
        self.x = x
        self.y = y
        self.xuan = h.rms(self.x,self.y) #通过 类名.函数名() 引用类函数
    @classmethod
    def rms(cls,x,y):      #第1个形参必须是cls
        return math.sqrt((x**2+y**2)/2)*cls.factor #通过 cls.类变量 引用类变量
a = h(3,4)
print(a.xuan)
print(a.rms(3,4))   #通过 实例名.函数名() 引起类函数
print(h.rms(3,4))   #通过 类名.函数名() 引用类函数
```

(5) 方法的属性化

类定义中，在一个实例函数前面加入修饰符"@property"可以将实例函数变成实例属性，在调用实例函数时，不需要再加入括号，例如下面的代码中获取姓名和分数的代码。

```
class student(object):      #Demo3_22.py
    def __init__(self,name,score):
        self.name = name
        self.score = score
    @property
    def getName(self):
        return self.name
    @property
    def getScore(self):
        return self.score
student1 = student("李某人",89)
sName = student1.getName
sScore = student1.getScore
print(sName,sScore)
```

3.2.5 属性和方法的私密性

前面介绍的在类内定义的变量（实例变量、类变量）和函数（实例函数和类函数）对外都是可见的，而且也能被子类继承，这样使得数据的私密性不严，也不符合类的封装性要求。

Python可以根据需求把类内部的变量和函数进行密闭分级。Python类的数据密闭性分为以下3级。

① 对外完全公开的数据（public）。前面实例中使用的变量（属性）和函数（方法）对外都是公开的，既可以在类内部又可以在类外部引用，也可以被子类继承，成为子类的变量和函数，如果把类存储到一个文件中，作为一个模块来使用，当在其他程序中用import语句导入类时，类内的变量和函数都可以导入进来。

② 受保护的数据（protected）。当类内的变量名或函数名前加1个下画线"_"时，例如self._age，这时类的变量或函数是受保护的，受保护的变量和函数可以在类内被使用，也可以在类外通过"实例名.变量名"或"实例名.函数名()"的形式使用或调用，还可以被子类继承，但是不能将import语句导入其他程序中。

③ 私有的数据（private）。当类内的变量名或函数名前加两个下画线"__"时，例如self.__age，这时类的变量或函数是类私有的数据，只能在类内使用，不能在类外使用，不能用"实例名.变量名"或"实例名.函数名()"的形式使用或调用，也不能被子类继承，更不能将import语句导入其他程序中。

Python中有特殊意义的数据：Python中有些名称前后都加了两个下画线，例如__init__，这些前后都加了两个下画线的数据在Python中有特殊的作用。

私有变量对外是不可见的，但可以在类内定义私有变量的输入函数和输出函数，通过函数使其对外可见，例如下面的程序：

```
class student(object):        #Demo3_23.py
    def __init__(self,name=None,score=None):
        self.__name = name        # 私有属性
        self.__score = score      # 私有属性
    def _setName(self,name):      # 受保护的方法
        self.__name = name
    def _getName(self):           # 受保护的方法
        return self.__name
    def _setScore(self,score):    # 受保护的方法
        self.__score = score
    def _getScore(self):          # 受保护的方法
        return self.__score
liming  = student()
liming._setName("李明")
liming._setScore(98)
print("{}的成绩是{}".format(liming._getName(),liming._getScore()))
#运行结果如下：
#李明的成绩是98
```

前面已经讲过，用@property修饰的函数可以当作属性使用，@property经常应用到不需要输入参数的函数中，例如上面的输出函数。另外对于用@property修饰的函数，可以设置另一个与之相对应的同名输入函数，需要用@xx.setter进行修饰，其中xx是用@property修饰过的函数名。另外，还可以用@xx.deleter修饰一个用于删除变量的函数，例如下面的程序。

```
class student(object):        #Demo3_24.py
    def __init__(self,name=None,score=None):
        self.__name = name         # 私有属性
        self.__score = score       # 私有属性
```

```python
        @property
        def name(self):
            return self.__name
        @name.setter
        def name(self,name):
            self.__name = name
        @property
        def score(self):
            return self.__score
        @score.setter
        def score(self,score):
            self.__score = score
        @score.deleter
        def score(self):
            del self.__score
liming = student()
liming.name = "李明"         #调用输入函数
liming.score = 98            #调用输入函数
print("{}的成绩是{}".format(liming.name,liming.score))    #调用输出函数
del liming.score             #删除私有属性
```

3.2.6 类的继承

类是一个模板，在创建新类时，可以在其他已有模板上添加新的内容，也可以改写已有模板上的变量和函数，形成新的模板，这就是类的继承。继承是面向对象编程的重要特征之一。

（1）继承与父类的初始化

通过继承可以实现代码的重用，理顺类之间的关系。被继承的类是父类，新建的类是子类。新建一个类时，例如 class childClass (fatherClass1,fatherClass2,…)，其中 fatherClass1 等是父类。一个类可以继承多个父类，父类之间用逗号隔开，子类继承父类除私有数据之外的所有数据。

用子类实例化一个对象时，会立刻自动执行子类的__init__()函数，但不会执行父类的__init__()函数。可以在子类的__init__()函数体中加入super().__init__()语句，这样就会同时执行父类的初始化函数。例如下面的程序，先创建了person类，person类中有name属性和setName()方法，接下来创建了student类，student类是从person类继承而来的，因此student类中有name属性和setName()方法，在student类中又添加了number属性和score属性，以及setNumber()方法和setScore()方法，然后用student类实例化liming，并调用3个方法为属性赋值。

```python
class person:        #Demo3_25.py
    def __init__(self,name=None):
        self.name = name
    def setName(self,name):
        self.name = name
class student(person):
    def __init__(self,number = None,score = None):
        super().__init__()        #调用父类的初始化函数
```

```
        self.number = number
        self.score = score
    def setNumber(self,number):
        self.number = number
    def setScore(self,score):
        self.score = score
liming = student()            #student的实例中有父类和子类的属性和方法
liming.setName("李明")         #调用父类的setName()方法
liming.setNumber(20201)       #调用子类的setNumber()方法
liming.setScore(98)           #调用子类的setScore()方法
print("姓名: {} 学号: {} 成绩: {}".format(liming.name,liming.number,liming.score))
#运行结果如下:
#姓名: 李明 学号: 20201 成绩: 98
```

（2）方法重写

子类继承父类时，如果父类的某些函数或变量已经不适合子类的要求，这时可以在子类中修改父类的函数或者删除父类的变量。修改父类的函数只需在子类中重新写一个与父类同名的函数即可。在用类实例化对象后，对象调用与父类同名的方法时，调用的是子类的函数，而不是父类的函数。例如下面的程序，person中有实例变量name和address，还有一个设置姓名的函数setName()，子类student继承person，在student的初始化函数中用del self.address 删除从父类继承的address变量，重写了父类的setName()函数。

```
class person:       #Demo3_26.py
    def __init__(self,name=None,address=None):
        self.name = name
        self.address = address   #需要删除的属性
    def setName(self,name):      #需要重写的方法
        self.name = name
class student(person):
    def __init__(self,number = None,score = None):
        super().__init__()
        self.number = number
        self.score = score
        del self.address         #删除父类的属性
    def setNumber(self):
        self.number = input("请输入学号: ")
    def setScore(self):
        self.score = input("请输入成绩: ")
    def setName(self):           #重写父类的函数
        self.name = input("请输出学生姓名: ")
liming = student()
liming.setName()    #调用子类的setName()方法
liming.setNumber()
liming.setScore()
print("姓名: {} 学号: {} 成绩: {}".format(liming.name,liming.number,liming.score))
```

```
#运行结果如下：
#请输出学生姓名：李明
#请输入学号：20201
#请输入成绩：96
#姓名：李明 学号：20201 成绩：96
```

（3）基类object

新建立一个类时，如果没有类可以继承，可以选择object作为父类。object类是Python的默认类，提供了很多内置方法，Python中列表、字符串和字典等对象都继承了object类的方法。继承了object的类属于新式类，没有继承object的类属于经典类。在Python3.x中默认所有的自定义类都会继承object类，Python3.x的所有类都是object的子类，在Python2中不继承object的类是经典类。object类的内置函数如表3-1所示。

表3-1 object类的内置函数

函数	功能说明	函数	功能说明
__class__	返回实例的类	__le__	当两个实例进行<=比较时，触发该方法
__delattr__	删除属性时触发该方法	__lt__	当两个实例进行<比较时，触发该方法
__dir__	列出实例的所有方法和属性	__ne__	当两个实例进行!=比较时，触发该方法
__doc__	显示类的注释信息	__new__	创建实例前，触发该方法
__eq__	当两个实例进行==比较时，触发该方法	__repr__	输出某个实例化对象时，触发该方法，返回对象的规范字符串表示形式
__format__	当执行字符串的format()方法时触发该方法	__setattr__	给一个属性赋值时，触发该方法
__ge__	当两个实例进行>=比较时，触发该方法	__sizeof__	返回分配给实例的空间大小
__getattr__	当读取一个属性的值时，触发该方法	__str__	用print()函数输出一个对象时，触发该方法，打印的是该方法的返回值
__getattribute__	当读取属性值时触发该方法	__dict__	以字典形式返回属性和属性的值
__gt__	当两个实例进行>比较时，触发该方法	__del__	当对象被删除时，触发该方法
__hash__	当一个实例进入一个需要唯一性检验的物体内时，如集合、字典的键，就会触发该方法	__module__	返回对象所处的模块
__init__	创建完实例后，触发该方法	__bool__	当使用bool(object)函数时，触发该方法，当没有定义__bool__时，触发__len__方法
__init_subclass__	当一个类发现被子类继承时，触发该方法，用于初始化子类	__len__	当使用len(object)函数时，触发该方法

object类提供的函数都是比较深层次的操作，当探测到某种动作发生或处于某种状态时，会自动运行相应的函数，这些函数可以在自定义类中重新定义。例如下面的代码中__getattr__()、__setattr__()、__delattr__()和__str__()，当给属性赋值，或者给一个不存在的属性赋值时，会自动触发__setattr__()函数，当读取一个属性的值，或者读取一个不存在的属性值时，会自动触发__getattr__()函数，当删除一个属性时，会自动触发__delattr__()函数；当打印一个实例时，会自动触发__str__()函数。

```
class girl(object):    #Demo3_27.py
    def setname(self,name):
```

```
            self.name = name
        def setage(self,age):
            self.age = age
        def __getattr__(self,item):     #重写方法,当读取数据时触发
            print("getattr",item)
        def __setattr__(self,key,item):    #重写方法,当设置数据时触发
            print('setattr',key ,item)
        def __delattr__(self,item):     #重写方法,当删除属性时触发
            print('delattr',item)
        def __str__(self):       #重写方法,当用print()输出时触发
            return "这是关于一个女孩的类。"
xiaofang = girl()
xiaofang.setname("小芳")   #设置属性,触发__setattr__
xiaofang.setage(22)    #设置属性,触发__setattr__
name = xiaofang.name    #获取属性,触发__getattr__
age = xiaofang.age    #获取属性,触发__getattr__
del xiaofang.age    #删除属性,触发__delattr__
print(xiaofang)    #打印属性,触发__str__
xiaofang.favorate = 'white'   #给不存在的属性设置值,触发__setattr__
bd = xiaofang.birthday    #读取不存在的属性,触发__getattr__
#运行结果如下:
#setattr name 小芳
#setattr age 22
#getattr name
#getattr age
#delattr age
#这是关于一个女孩的类。
#setattr favorate white
#getattr birthday
```

3.2.7 类的其他操作

类的实例也可以看作一种数据类型,类的实例也可以作为列表、元组、集合的元素,还可以是字典的值,甚至作为函数的返回值。也可以在类中引用其他类的实例。

(1)对象作为列表、元组、字典和集合的元素

下面的程序先创建一个student类,然后把学生信息赋予学生对象temp,并把对象temp加入列表和字典中,最后创建有学生对象的元组和集合。

```
class student(object):      #Demo3_28.py
    def __init__(self,name = None,number = None,score = None):
        self.name = name
        self.number = number
        self.score = score
    def setName(self,name):
        self.name = name
    def setNumber(self,number):
```

```
        self.number = number
    def setScore(self,score):
        self.score = score
#学号是关键字，姓名和成绩是值
s_score = {20203:("李明",84),20202:("高新",79),20201:("赵东",92),20204:("李丽",69)}
num = list()    #学号列表
num.extend(s_score.keys())
num.sort()    #按学号顺序从小到大排序
s_list = list()    #空对象列表
s_dict = dict()    #空对象字典
for i in num:
    temp = student()
    temp.setName(s_score[i][0])
    temp.setNumber(i)
    temp.setScore(s_score[i][1])
    s_list.append(temp)    #将对象添加到列表中
    s_dict[i]= temp    # 将对象添加到字典中
template = "姓名: {} 学号: {} 成绩: {}"
for s in s_list:
    print(template.format(s.name,s.number,s.score))
s_tuple = tuple(s_list)    #由对象构成的元组
s_set = set(s_list)    #由对象构成的集合
#运行结果如下:
#姓名: 赵东 学号: 20201 成绩: 92
#姓名: 高新 学号: 20202 成绩: 79
#姓名: 李明 学号: 20203 成绩: 84
#姓名: 李丽 学号: 20204 成绩: 69
```

（2）对象作为属性值和函数返回值

下面的程序先创建person类，然后用person作为父类创建student和teacher类，在teacher类中创建student的对象，并把student对象加入person的私有列表self.__myStudent中，通过teacher类的查询函数，返回学生对象。

```
class person(object):    #Demo3_29.py
    def __init__(self,name=None):
        self.__name = name
    def setName(self,name):
        self.__name =name
    def getName(self):
        return self.__name
class student(person):
    def __init__(self,name=None,number=None,score=None):
        super().__init__(name)
        self.__number = number
        self.__score = score
    def setNumber(self,number):
```

```python
            self.__number = number
        def setScore(self,score):
            self.__score = score
        def getNumber(self):
            return self.__number
        def getScore(self):
            return self.__score
class teacher(person):
    def __init__(self,name =None):
        super().__init__(name)
        self.__myStudent = list()   # 用于存放学生对象的列表
    #设置学生信息，形参student_information是字典，用于传递学生信息，关键字是学号
    def setMyStudent(self,student_information):
        num = list()   #临时列表，用于存放学生的学号
        num.extend(student_information.keys())   #从字典中获取学生的学号
        num.sort()   # 对学号排序
        for i in num:
            temp = student()   # 创建学生的对象，临时变量
            temp.setNumber(i)   # 设置学生对象的学号
            temp.setName(student_information[i][0])  # 设置学生对象的姓名
            temp.setScore(student_information[i][1])   # 设置学生对象的成绩
            self.__myStudent.append(temp)   # 将学生对象添加到学生列表中
    #根据学号，查询和读取学生信息，形参number是学号
    def getMyStudent(self,number):
        if len(self.__myStudent)==0:   # 在查询前确认已经读取了学生信息
            print("请先输入学生信息。")
            return None
        for i in self.__myStudent:
            if number == i.getNumber():   #如果查询到学号，输出学生信息并返回学生对象
                template = "查询到的学生信息:\n姓名: {} 学号: {} 成绩: {}"
                print(template.format(i.getName(),i.getNumber(),i.getScore()))
                return i   # 函数返回值是学生对象
        print("！！！查无此学生！！！")   # 如果查询不到学生，返回提示信息
#以字典形式存储学生信息，键是学号
s_score = {20203:("李明",84),20202:("高新",79),20201:("赵东",92),20204:("李丽",69)}

wang = teacher("王老师")   #王老师对象
wang.getMyStudent(20203)   #在未输入学生信息前进行查询，返回提示信息
print("*"*50)
wang.setMyStudent(s_score)   #输入学生信息
wang.getMyStudent(20202)   #根据学号查询学生信息
print("*"*50)
s = wang.getMyStudent(20204) #根据学号查询学生信息，并返回学生对象
print("{}的学生信息\t姓名: {} 学号: {} 成绩: {}".format(wang.getName(),s.getName(),s.getNumber(),s.getScore()))
print("*"*50)
```

```
wang.getMyStudent(20208)  #查询不存在的学号，返回提示信息
#运行结果如下：
#请先输入学生信息。
#*******************************************
#查询到的学生信息：
#姓名: 高新 学号: 20202 成绩: 79
#*******************************************
#查询到的学生信息：
#姓名: 李丽 学号: 20204 成绩: 69
#王老师的学生信息        姓名: 李丽 学号: 20204 成绩: 69
#*******************************************
#！！！查无此学生！！！
```

3.3 模块和包

Python支持模块（module）和包（package）操作，可将程序分成很多部分，每个部分分别保存到不同py文件和不同的文件夹中，这样每个文件就是一个模块，文件夹成为一个包。采用模块和包编程方式，可以把一个大型项目分解成许多小模块，每个人完成一个模块，这样可以极大地提高效率，也便于维护代码。除了自己创建模块和包外，Python还自带了一些模块，另外用pip或pip3安装的第三方模块或包安装到Python安装路径Lib\site-packages下，读者也可以把自己编写好的模块和包放到该目录下，方便用import语句导入。

3.3.1 模块的使用

前面讲的编程都是在一个文件中进行的，不论是在Python的IDLE环境，还是在第三方软件，如PyCharm中进行，写完程序后存盘后得到一个扩展名为py的文件，想再次运行程序需重新打开。对于大型程序，只在一个文件中编程会使得程序代码特别多，不便于维护。为了解决这个问题，可以把一些功能相似的代码，如一些变量、函数、类分别存储到不同的py文件中，需要使用的时候，通过import语句把py文件中的函数、类导入即可。每个py文件都可以成为一个模块，例如前面用的math模块、random模块，每个模块提供了很多函数，使用前需要用import语句导入模块。

（1）模块导入方式

下面以上节用到的程序为例，说明模块的使用过程。Python导入模块使用"import 模块名"语句。新建一个文件，在文件中输入以下内容，文件中含有两个函数total()和average()，还有1个类st，将文件保存到student.py文件中。

```
# student.py    #Demo3_30.py
def total(*arg):
    SUM = 0
    for i in arg:
        SUM = SUM+i
    return SUM
```

```
def average(*arg):
    n=len(arg)
    return total(*arg)/n
class st(object):
    def __init__(self,name=None,number=None,score=None):
        self.name=name
        self.number=number
        self.score=score
```

再新建另外一个文件，输入如下内容，并保存到run.py文件中。

```
# run.py    #Demo3_31.py
import student
s1 = student.st(name="李明",number=20201,score=89)  #调用student中的类st
s2 = student.st(name="高新",number=20202,score=93)  #调用student中的类st
s3 = student.st(name="李丽",number=20203,score=91)  #调用student中的类st

tot = student.total(s1.score,s2.score,s3.score)  #调用student中的函数total()
avg = student.average(s1.score,s2.score,s3.score)  #调用student中的函数average()
print("三个学生的总成绩{}，平均成绩{}".format(tot,avg))
#运行结果如下：
#三个学生的总成绩273，平均成绩91.0
```

导入模块语句import的格式如下所示：

```
import moduleName
```

或

```
import moduleName as alias
```

其中，alias是别名，当模块名很长时，使用别名可以缩短模块名，如import student as st。引用模块中变量、函数或类，需要在变量名、函数名或类名前加"moduleName."或"alias."，如student.toal(79,85)或st.total(78,79)。

另外一种导入方式的格式如下：

```
from moduleName import member1,member2, …
```

或

```
from moduleName import *
```

其中，member1等表示被导入的变量名、函数名或类名，导入多个数据时，用逗号隔开；*表示导入模块中所有的变量、函数和类，在使用变量、函数和类时，可直接使用这些数据的名字，无须在变量名、函数名或类名前加"moduleName."。例如下面的代码中st、total和average可以直接使用，无须加模块名。

```
# run.py    #Demo3_32.py
from student import st,total,average
```

```
s1 = st(name="李明",number=20201,score=89)    #直接使用类st
s2 = st(name="高新",number=20202,score=93)    #直接使用类st
s3 = st(name="李丽",number=20203,score=91)    #直接使用类st
tot = total(s1.score,s2.score,s3.score)       #直接调用函数total()
avg = average(s1.score,s2.score,s3.score)     #直接调用函数average()
print("三个学生的总成绩{}，平均成绩{}".format(tot,avg))
```

（2）设置模块搜索路径

在用import语句导入模块时，Python首先会在当前目录下查找该模块；如果找不到，则会在环境变量PYTHONPATH指定的目录中查找；如果还找不到，会在Python的安装目录下查找。以上目录通过sys模块的sys.path变量可以显示出来，如下所示。

```
import sys
print(sys.path)
#运行结果如下：
#['D:\\Python', 'D:\\Program Files\\Python39\\Lib\\idlelib',
#'D:\\Program Files\\Python39\\python39.zip', 'D:\\Program Files\\Python39\\
DLLs',
#'D:\\Program Files\\Python39\\lib', 'D:\\Program Files\\Python39',
#'D:\\Program Files\\Python39\\lib\\site-packages']
```

如果读者想自己指定Python的搜索路径，可以通过以下3种方式进行设置。第1种是修改系统环境变量PATHONPATH的值，在Windows中打开环境变量设置对话框，如图3-1所示，如果还没有PYTHONPATH变量，可以单击"新建"按钮，输入变量名PYTHONPATH和对应的路径；如果已经存在了，找到PYTHONPATH，然后单击"编辑"按钮，可以设置多个路径，路径之间用分号";"隔开。设置好环境变量后，需要重新打开Python，设置才起作用。

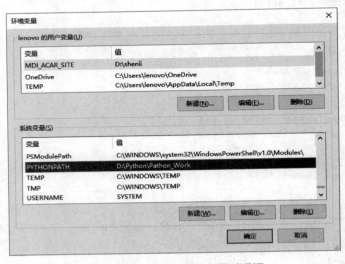

图3-1 系统环境变量设置对话框

第2种方式是添加.pth文件。在Python的安装目录下有个Lib\site-packages目录，在该目录下创建一个扩展名为.pth的文件，在该文件中加入自己的路径即可。

第3种方式是往sys.path中临时添加，使用sys.path.append(path)语句，如下所示。

```
>>> import sys
>>> sys.path.append("D:\\python_book")
>>> print(sys.path)
['D:\\Program Files\\Python311\\python311.zip', 'D:\\Program Files\\Python311\\
DLLs', 'D:\\Program Files\\Python311\\Lib', 'D:\\Program Files\\Python311', 'D:\\
Program Files\\Python311\\Lib\\site-packages', 'D:\\python_book']
```

3.3.2 模块空间与主程序

当使用import或from…import语句导入模块时，Python会开辟一个新的空间，在这个新空间中读取模块中的程序并运行程序，这个空间叫模块空间。如果遇到可执行的语句，Python会执行这些语句并返回结果，如果模块中只有函数和类，没有可以直接执行的语句，就不会有返回结果。但是另一方面，为了测试模块中各函数或类的定义是否准确，需要在模块中加入一些可以执行的程序，如果该模块导入另外一个程序中，将直接运行可执行的语句。例如下面的程序有一个定义和调用函数的语句module_test()，还有一个输出语句print("模块测试")，如果执行这个程序，会打印"我在主程序中运行"和"模块测试"，如果把这个程序存盘为sub_module.py文件，并导入其他模块中，会有什么结果呢？

```
# sub_module.py    #Demo3_33.py
def module_test():
    if __name__ == "__main__":    # 变量__name__记录程序运行时的模块名
        print("我在主程序中运行")
    else:
        print("我在{}模块中运行".format(__name__))
module_test()
print("模块测试")
#运行结果如下:
#我在主程序中运行
#模块测试
```

新建立另外一个文件my_run.py，输入"from sub_module import module_test"语句，从sub_module.py中导入module_test()函数，如果运行my_run.py，可以看到Python输出了"我在sub_module模块中运行"和"模块测试"信息，这是我们不希望得到的结果。其实我们只想导入一个函数，并不想执行模块中其他语句。

```
from sub_module import module_test
#运行结果如下:
#我在sub_module模块中运行
#模块测试
```

为了防止出现上面的情况，可以根据程序运行的空间名字决定是否执行模块中的可执行语句。Python中有个变量__name__，它记录程序执行的空间名称，对于Python直接运行的程序，__name__的值是"__main__"，表示主程序，而从主程序导入模块时，新建立的空间是模块空间，模块空间的名字和模块名字相同，这从上面的返回值中可以看出。现把sub_module.py程序修改如下，运行这个程序，并不影响程序的正确结果，如果回到my_run.py并运行my_run.py，也不会有任何输出。

```python
# sub_module.py    #Demo3_34.py
def module_test():
    if __name__ == "__main__":  # 变量__name__记录程序运行时的模块名
        print("我在主程序中运行")
    else:
        print("我在{}模块中运行".format(__name__))
if __name__ == "__main__":  #如果被当作模块调用，下面的语句不会执行
    module_test()
    print("模块测试")
```

现把my_run.py修改如下，可以看出即便用了"from sub_module import module_test"语句，而不是"import sub_module"语句，函数module_test()的运行空间还是模块空间。通常在主程序中会加入"if __name__ == "__main__":"语句，表示整个程序的入口。需要注意的是，如果两个模块空间中有两个数据的名字相同，用import moduleName形式导入模块，并不影响程序的正确运行，因为引用模块中的数据需要加入"moduleName."前缀；而如果用from moduleName import member形式直接导入数据，后读入的数据会覆盖先导入的数据。

```python
# my_run.py    #Demo3_35.py
from sub_module import module_test
if __name__ == "__main__":
    print("*"*30)
    module_test()
    print("*"*30)
    print("现在的模块是:",__name__)
#运行结果如下:
#******************************
#我在sub_module模块中运行
#******************************
#现在的模块是: __main__
```

3.3.3 包的使用

（1）建立包

当程序比较复杂，模块较多时，可以根据模块功能，将模块放到不同目录下，这样就形成了包，并且在每个目录下放置一个__init__.py文件，__init__.py文件在模块导入时初始化文件，例如图3-2的Model包，在Model目录下有__init__.py文件，还有两个文件夹，每个文件夹下也有__init__.py文件，每个文件夹下还有其他py文件，这样就形成了一个完整的包。__init__.py文件中可以写代码，也可以不写。例如在Model下的__init__.py文件写入__all__=("solver.py", "BC", "Element")，则使用"from Model import *"才可以把solver模块导入。

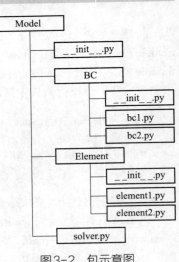

图3-2 包示意图

（2）使用包

假如在上面模块的element1.py中有个变量var = 10和函数average(*arg)，要使用这个变量和函数，可以采用下面3种方式。

第1种方式是"import 完整包名.模块名"，在调用模块中的变量和函数时，需要用"完整包名.模块名.变量"或"完整包名.模块名.函数()"的形式，例如下面的代码。

```
import Model.Element.element1
print(Model.Element.element1.var)
x = Model.Element.element1.average(10,20,30)
```

第2种方式是使用"from 完整包名 import 模块名"，这时在程序中要使用模块中的变量、函数和类，可以用"模块名.变量"或"模块名.函数()"的形式，例如下面的代码。

```
from Model.Element import element1
print(element1.var)
x = element1.average(10,20,30)
```

第3种方式是使用"from 完整包名.模块名 import 变量,函数,类"，还可以用"from 完整包名.模块名 import *"形式导入所有的变量、函数和类，这时在程序中要使用模块中的变量、函数和类，可以直接使用变量名、函数名和类名，例如下面的代码。

```
from Model.Element.element1 import var,average
print(var)
x = average(10,20,30)
```

3.3.4 枚举模块enum

枚举类型是一种基本数据类型。枚举类型可以看作一种标签或一系列常量的集合，通常用于表示某些特定的有限集合，当一个量有几种可能的取值时，可以把这个量定义成枚举类型，例如星期、月份、状态、颜色等。Python 的基本数据类型里没有枚举类型，Python枚举类型作为一个模块enum存在，使用它前需要先导入enum中的类Enum、IntEnum和unique，然后继承并自定义需要的枚举类，其中Enum 枚举类型可以定义任何类型的枚举数据，IntEnum 限定枚举成员必须为整数类型，而unique枚举类型可以作为修饰器限定枚举成员的值不能重复。枚举类型不允许存在相同的标签，但是允许不同标签的枚举值相同。不同的枚举类型，即使枚举名和枚举值都一样，比较结果也是False。枚举类型的值不能被外界更改。如果一个变量可能取几个可能的枚举值，可以用"|"符号将几个枚举类型的标签连接起来。

在定义枚举类型前，需要先导入枚举类，其格式如下：

```
from enum import Enum, IntEnum, unique
```

例如下面是定义一周的日期枚举类型。

```
from enum import IntEnum,unique    #Demo3_36.py
@unique
class weekday(IntEnum):
    Sunday = 0
```

```
        Monday = 1
        Tuesday = 2
        Wednsday = 3
        Thursday = 4
        Friday = 5
        Saturday = 6
print(weekday.Monday.name)    #获取名称属性
print(weekday.Monday.value)   #获取值属性
print(weekday["Monday"])  #通过成员名称获取成员
print("第5天是",weekday(5))  #通过成员值获取成员
for i in weekday:    #遍历
    print(i)
for key,value in weekday.__members__.items():
    print(key,value)
for key in weekday.__members__.keys():
    print(key)
for value in weekday.__members__.values():
print(value)
weekend= weekday.Saturday | weekday.Sunday
```

3.3.5 系统模块sys

sys模块是Python系统特定的模块,而不是操作系统。通过sys模块可以访问Python解释器的一些属性和方法,通过属性或方法获取或设置Python解释器的状态,使用sys模块前需要用import sys语句把sys模块导入进来。sys的属性和方法介绍如下。

(1) argv属性

argv属性记录当前运行py文件时对应的py文件名和命令行参数。argv属性是一个字符串列表,第1个元素argv[0]是Python解释器执行py文件的文件名,其他元素依次记录命令行参数,在不同环境下调用Python解释器运行py文件,argv的值也有所不同。对于一个复杂的程序,在执行主程序时,往往需要输入一些参数值,这时argv记录这些参数值,通过argv传递给主程序参数,以决定主程序的运行方向和程序的参数,例如程序的界面风格。

在Python的IDLE文件环境中,输入下面的代码,并把代码保存到d盘根目录下的test.py文件中,运行代码后会得到argv的值为 ['D:/test.py']。

```
import sys    #Demo3_37.py
print(sys.argv)
n = len(sys.argv)
if n > 1:
    for i in range(1,n):
        print("你输入的第{}个参数是{}".format(i,sys.argv[i]))
#运行结果如下是 ['D:/test.py']
```

启动Windows的cmd窗口,输入命令 python d:\test.py p1=10 p2=20 p3=50,将会得到如图3-3所示的结果。

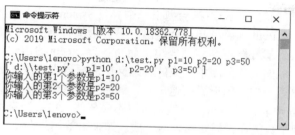

图3-3　cmd窗口运行Python程序

（2）path属性

path是一个字符串列表，记录Python解释器查找的路径。当用import语句导入一个模块或包时，会在path指定的路径中搜索模块或包，如果要添加新的搜索路径，可以使用sys.path.append()方法。path的值有些是来自环境变量PYTHONPATH的值，有些是默认的值。

（3）modules属性和builtin_module_names属性

modules属性返回已经加载的模块名，builtin_module_names属性返回Python内置的模块名。用modules的返回值是一个字典，通过keys()方法可以获取关键字的值，用values()方法可以返回关键字的值。

（4）platform属性和version属性

platform属性返回操作系统标识符，例如Win32。version属性返回当前Python的版本号，如3.8.2。

（5）stdin、stdout和stderr属性

stdin和stdout是Python的标准输入和输出。stdin是指除脚本之外的所有解释器输入，包括input()函数；stdout是指标准输出设备，通常指电脑屏幕，也可以修改成其他设备，例如一个文件；stderr是标准错误信息，解释器自己的提示和其他几乎所有的错误消息都会转到stderr。使用stdin或stdout的read()、readline()或readlines()方法可以从文件中读取数据，用write()或writelines()方法可以往文件中写数据。

下面的程序将d盘根目录下的sys_infor.txt文件作为标准的输出设备，print()函数和help()函数的输出信息都保存到文件中，而不会在电脑屏幕中显示出来。

```
import sys
sys.stdout = open("d:\\sys_infor.txt",'w')
print("这是对sys模块的介绍。")
help(sys)
sys.stdout.close()
```

（6）executable和exec_prefix属性

executable返回Python的执行文件python.exe所在的路径和文件名，例如"D:\Program Files\Python39\python.exe"；exec_prefix只给出路径名，例如"D:\Program Files\Python39"。

（7）exit([n])方法

当Python的解释器执行到sys.exit()语句时，若给exit()方法传递一个值为0的数据时，解释器会认为程序是正常退出，如果传递非0（1～127）的数据，解释器认为程序运行异常，同

样需要退出。无论是哪种状态，exit()都会抛出一个异常SystemExit，如果这个异常没有被捕获（try…except语句），那么Python解释器将会退出，不会再执行sys.exit()之后的语句；如果有捕获此异常的代码，Python解释器不会马上退出，而是执行except的语句，捕获这个异常可以做一些额外的清理工作，例如清除程序中生成的临时文件后再退出程序。可视化编程时，exit()方法通常用于主程序的最后一句，图形界面退出时，返回一个数值给exit()，可以用异常处理语句（try…except语句）来处理非正常退出，当然也可以不做任何工作，结束程序的运行。

下面的程序计算两个数的商，需要输入两个数，如果第2个数是0，则程序直接退出。

```python
import sys     #Demo3_38.py
x = input("请输入第1个数: ")
y = input("请输入第2个数: ")
x = float(x)
y = float(y)
if y == 0:
    print("你输入的第2个数是0，程序发生致命错误而退出！")
    sys.exit(1)
print("这两个数的商是: ", x/y)
#运行结果如下：
#请输入第1个整数: 3
#请输入第2个整数: 0
#你输入的第2个数是0，程序发生致命错误而退出！
```

3.3.6　日期时间模块datetime

在进行数据分析和处理时，经常需要对日期和时间数据进行操作。Python自带的标准模块datetime用于定义日期和时间数据，datetime模块提供date、time、datetime、timedelta、tzinfo、timezone类。其中date用于定义日期；time用于定义时间；datetime是date和time的组合体，用于定义日期和时间；timedelta用于定义时间差或一段时间；tzinfo用于定义时区（time zone），创建子类时须重写name()、utcoffset()、dst()这三个方法；tzinfo用得少，通常用tzinfo的子类timezone代替tzinfo。

（1）日期date

用date创建日期对象的格式如下所示，其中year、month和day均取整数，可以创建的最大日期是date(9999, 12, 31)，最小日期是date(1, 1, 1)。

```
date(year, month, day)
```

除了用date类创建日期外，还可以用date的类属性创建日期对象。date的类属性有fromisocalendar(year, week, weekday)、fromisoformat(str)、fromordinal(days)、fromtimestamp(timestamp)、today()，其中fromordinal(days)是从公元0年1月1日开始计时的天数中创建日期，fromtimestamp(timestamp)是从时间戳创建日期，时间戳是从1970年1月1日00:00:00开始按秒计时的日期。下面的代码用不同的方法创建日期。

```python
from datetime import date    #Demo3_39.py
print(date(2024,12,15))      #用类直接创建日期
```

```
print(date.fromordinal(365*2024+1))    #用公历天数偏差创建日期
print(date.fromisocalendar(2024,2,3))  #从年、周、周天（2024年第2周第3天）创建日期
print(date.fromisoformat('2024-02-13'))  #从ISO标准文本中创建日期
print(date.fromtimestamp(2215678901.23))  #用时间戳创建日期
print(date.today())  #获取当前的日期
```

date的常用方法和属性如表3-2所示，其中用strftime(format)方法可以按照指定的格式输出日期字符串，format格式字符的取值如表3-3所示。

表3-2 date的常用方法和属性

date的方法和属性	返回值的类型	说明
ctime()	str	获取ctime格式的字符串
isocalendar()	IsoCalendarDate	获取按照year、week、weekday定义的标准日历
isoformat()	str	获取标准格式（YYYY-MM-DD）的字符串
isoweekday()	int	获取一周中的第几天（1表示周一）
replace(year,month,day)	date	返回新给的日期，原日期不变
strftime(format)	str	按照指定的格式输出字符串，例如"%m/%d/%Y"
toordinal()	int	获取从公元元年计时的天数
weekday()	int	获取一周中的第几天（0表示周一）
year、month、day	int	获取年、月、日

表3-3 日期和时间的格式字符

格式符	说明	格式符	说明
%y	两位数的年份表示（00～99）	%B	本地完整的月份名称
%Y	四位数的年份表示（000～9999）	%c	本地相应的日期表示和时间表示
%m	月份（01～12）	%j	年内的一天（001～366）
%d	月内中的一天（0～31）	%p	用A.M.或P.M.表示上午或下午
%H	24时制小时数（0～23）	%U	一年中的星期数（00～53），星期日为一周的第1天
%I	12时制小时数（01～12）	%w	星期（0～6），星期日为一周的第1天
%M	分钟数（00～59）	%W	一年中的星期数（00～53），星期一为一周的第1天
%S	秒数（00～59）	%x	本地相应的日期表示
%a	本地简化星期名称	%X	本地相应的时间表示
%A	本地完整星期名称	%Z	当前时区的名称
%b	本地简化的月份名称	%%	符号%

下面的代码采用不同的格式输出日期。

```
from datetime import date    #Demo3_40.py
d = date(2025,11,18)    #用类直接创建日期
print(d.ctime())
print(d.isoformat())
print(d.strftime('%m/%d/%Y'))
print(d.strftime('%y//%m//%d-%A'))
#运行结果如下：
#Tue Nov 18 00:00:00 2025
```

```
#2025-11-18
#11/18/2025
#25//11//18-Tuesday
```

（2）时间time

时间time表示不超过24小时的时间，用time创建时间的格式如下，除tzinfo外其他都取整数，tzinfo是抽象类，需用其子类timezone定义时区，时区是相对于UTC（coordinated universal time，协调世界时，世界标准时间）的时间，北京时间是UTC+08:00。time创建的最大时间是time(23, 59, 59, 999999)，最小时间是time(0, 0)。

```
time([hour[, minute[, second[, microsecond[, tzinfo]]]]])
```

另外，还可以用类方法fromisoformat(str)用ISO 8601标准格式的字符串创建时间。

```
from datetime import time,timezone,timedelta    #Demo3_41.py
t = time(18); print(t)   #用小时定义时间
t = time(18,17); print(t)    #用小时、分钟定义时间
t = time(18,17,39); print(t)   #用小时、分钟、秒定义时间
t = time(18,17,39,210); print(t)   #用小时、分钟、秒、微秒定义时间
t = time(8,11,59,1100,tzinfo=timezone(timedelta(hours=8))); print(t) #含时区的时间
t = time.fromisoformat("08:11:59.001100"); print(t)   #从文本中创建时间
t = time.fromisoformat("08:11:59.001100+08:00"); print(t)   #从文本中创建时间
#运行结果如下：
#18:00:00
#18:17:00
#18:17:39
#18:17:39.000210
#08:11:59.001100+08:00
#08:11:59.001100
#08:11:59.001100+08:00
```

time的常用方法和属性如表3-4所示，其中用strftime(format)方法可以按照指定的格式字符输出时间，format的格式字符如表3-3所示。

表3-4　time的常用方法和属性

time的方法和属性	返回值的类型	说明
isoformat()	str	输出ISO 8601标准格式
replace(hour,minute,second, microsecond,tzinfo)	time	返回用新数据创建的time，原time不变
strftime(format)	str	按照格式format输出时间
tzname()	str、None	获取时区信息
utcoffset()	timedelta	获取与UTC的时间偏差
hour、minute、second、microsecond	int	分别获取小数、分钟、秒、微秒
tzinfo	timezone	获取时区信息

下面的代码采用不同的格式输出日期。

```
from datetime import time, timezone, timedelta    #Demo3_42.py
t = time(18,11,59,1100,tzinfo=timezone(timedelta(hours=8))) #含时区的时间
print(t.isoformat())
print(t.utcoffset())
print(t.strftime("%I:%M:%S %p"))
print(t.strftime("当前时间: %X（%Z）"))
#运行结果如下:
#18:11:59.001100+08:00
#8:00:00
#06:11:59 PM
#当前时间: 18:11:59（UTC+08:00）
```

（3）日期时间 datetime

datetime 是 date 和 time 的组合体，包含日期和时间。用 datetime 创建日期时间的方法如下所示。datetime 表示的最大日期时间是 datetime(9999, 12, 31, 23, 59, 59, 999999)，最小日期时间是 datetime(1, 1, 1, 0, 0)。

> datetime(year, month, day[, hour[, minute[, second[, microsecond[,tzinfo]]]]])

另外，也可以用类方法 combine(date, time[, tz])、fromisoformat(str)、fromtimestamp(timestamp[, tz])、now(tz=None)、strptime(str, format)、utcfromtimestamp(timestamp) 和 utcnow() 方法创建日期时间。datetime 的常用方法和属性如表 3-5 所示。

表 3-5 datetime 的常用方法和属性

datetime 的方法和属性	返回值的类型	说明
astimezone(tz)	datetime	变更时区，原日期时间不变
ctime()	str	输出 ctime 格式的字符串
date()	date	获取 date
time()	time	获取 time（不含时区）
timetz()	time	获取 time（含时区）
isoformat(sep='T', timespec='auto')	str	按照 ISO 8601 标准格式 "YYYY-MM-DDT[HH[:MM[:SS[.mmm[uuu]]]][+HH:MM]" 格式输出字符串，sep 设置日期和时间之间的分隔符，timespec 设置时间输出到的位置，可取 'auto' 'hours' 'minutes' 'seconds' 'milliseconds' 'microseconds'
strftime(format)	str	按照格式输出字符串
toordinal()	int	获取从公元元年计时的天数
weekday()	int	获取一周中的第几天（0 表示周一）
replace(year, month, day, hour, minute, second, microsecond, tzinfo)	datetime	返回新数据构成的日期时间，原日期时间不变
timestamp()	float	获取时间戳
utcoffset()	timedelta	获取与 UTC 时间的偏置
year、month、day、hour、second、microsecond	int	分别获取年、月、日、时、分、秒和微秒
tzinfo	timezone	获取时区

下面的代码生成日期时间，并输出日期时间。

```
from datetime import datetime,timezone,timedelta    #Demo3_43.py
dt = datetime(2023,7,5,9,1,5,35,timezone(timedelta(hours=8)));print(dt)
dt = datetime.fromisoformat('2024-11-12 19:21:05.035+08:00');print(dt)
dt = datetime.now();print(dt)
print(dt.ctime())
print(dt.strftime("当前的时间是 %Y年%m月%d日 %H时%M%S分 星期%w"))
#运行结果如下：
#2023-07-05 09:01:05.000035+08:00
#2024-11-12 19:21:05.035000+08:00
#2023-05-12 18:17:13.024801
#Fri May 12 18:17:13 2023
#当前的时间是 2023年05月12日 18时1713分 星期5
```

（4）时间差timedelta

时间差timedelta表示两个时间的间隔，用timedelta创建时间差的方法如下所示，最大时间差是 timedelta(days=999999999, hours=23, minutes=59, seconds=59, microseconds=999999)，最小时间差是timedelta(days=-999999999)。

```
timedelta(days=0, seconds=0, microseconds=0, milliseconds=0, minutes=0, hours=0, weeks=0)
```

timedelta支持与date、datetime之间的四则运算以及取整、求余等代数运算，例如下面的代码。

```
from datetime import datetime,timezone,timedelta    #Demo3_44.py
dt1 = datetime(2023,7,5,9,1,5,35,timezone(timedelta(hours=8)))
dt2 = datetime(2024,1,6,9,11,5,35,timezone(timedelta(hours=8)))
td1 = timedelta(days=-2,seconds=29)
td2 = dt2 - dt1
print(dt1-td1)
print(dt2+td2)
print(str(td1))
print(abs(td1 + 2*td2))
print(dt1 + 5.1*td2)
print(dt2-dt1)
print(td2/td1,td2//td1,td2%td1)
```

第 4 章

异常处理和文件操作

编写好的程序在第一次运行时一般都会出现问题,出现问题是正常的。出现问题的原因很多,大致可以分为两类。一类是程序语法上的错误,这类问题很容易发现,运行一遍程序就会提示出错原因,在 PyCharm 中编程时随时都有语法错误警示;另外一类是程序逻辑上的错误,不是编程语言规则上的错误,而是程序内部逻辑上有问题,或者程序员没有预料的事情发生了,这是一种隐式错误,这种错误需要对程序多次调试才能发现。如果程序员能预料在某种情况下某段程序会出现异常,那么可以在程序中提前进行异常的捕获和处理。

4.1 异常信息和异常处理

程序在执行过程中如果出现异常(exception),且在编程中没有提前设置拦截异常和处理异常的语句,程序就会终止运行。在程序编写阶段,预测可能发生异常的情况,并想办法处理,这也是编程的一部分。Python 处理异常的方法有两种:一种是被动发现异常(try);另一种是由编程人员预测到出现异常的情况并主动抛出异常(raise)。

4.1.1 异常信息

Python 逐行运行程序过程中,在没有提前设置异常处理时,如果遇到异常会抛出异常信息并终止后续程序的执行。例如下面的语句中,列表 am 只有 4 个元素,却要被读取 10 个元素,这超出了列表的长度,结果抛出异常信息"IndexError: list index out of range"。

```
am = [1,2,3,4]   #Demo4_1.py
print(am)
x= 0
for i in range(10):
    x= x+am[i]
print(x)
```

Python有很强大的处理异常的能力，其具有很多内置异常捕获机制，可向用户准确反馈出错信息。异常也是对象，可对它进行操作。BaseException是所有异常的基类，所有的异常类都是从Exception继承的，且都在exceptions模块中定义。Python自动将所有异常名称放在内建命名空间中，所以程序不必导入exceptions模块即可使用异常。Python抛出的异常名称和异常原因如表4-1所示。

表4-1 Python的异常名称和异常原因

异常名称	异常原因	异常名称	异常原因
TabError	Tab和空格混用	ConnectionAbortedError	连接尝试被对方终止
GeneratorExit	生成器（Generator）异常	ConnectionRefusedError	连接尝试被对方拒绝
StopIteration	迭代器没有更多的值	ConnectionResetError	连接由对方重置
SystemError	解释器发现内部错误	FileExistsError	创建已存在的文件或目录
ArithmeticError	各种算术错误引发的内置异常	FileNotFoundError	请求不存在的文件或目录
SyntaxError	Python语法错误	InterruptedError	系统调用被输入信号中断
OverflowError	运算结果太大无法表示	IsADirectoryError	在目录上请求文件操作
ValueError	操作或函数接收到类型正确但值不合适的参数	NotADirectoryError	在不是目录的事物上请求目录操作
AssertionError	当assert语句失败时引发	PermissionError	在没有足够访问权限的情况下运行操作
AttributeError	属性引用或赋值失败	ProcessLookupError	给定进程不存在
BufferError	无法执行与缓冲区相关的操作时引发的错误	ChildProcessError	在子进程上的操作失败
EOFError	当input()函数在没有读取任何数据并达到文件结束条件（EOF）时引发	ReferenceError	weakref.proxy()函数创建的弱引用试图访问已经放入垃圾回收箱中的对象
ImportError	导入模块/对象失败	ModuleNotFoundError	无法找到模块或在sys.modules中找到None
RuntimeError	在检测到不属于任何其他类别的错误时触发	RecursionError	解释器检测到超出最大递归深度
SystemExit	解释器请求退出	FloatingPointError	浮点计算错误
IndexError	序列中没有此索引	IndentationError	缩进错误
KeyError	字典中没有这个键	KeyboardInterrupt	用户中断执行
UnicodeError	发生与Unicode相关的编码或解码错误	StopAsyncIteration	通过异步迭代器对象的__anext__()引发停止迭代
NameError	未声明/初始化对象	UnboundLocalError	访问未初始化的本地变量

续表

异常名称	异常原因	异常名称	异常原因
TypeError	操作或函数应用于不正确的对象	ZeroDivisionError	除零
OSError	操作系统错误	MemoryError	内存溢出错误
BlockingIOError	操作将阻塞对象	UnicodeDecodeError	Unicode解码错误
TimeoutError	系统函数在运行时超时	UnicodeEncodeError	Unicode编码错误
ConnectionError	与连接相关的异常	UnicodeTranslateError	Unicode转码错误
BrokenPipeError	另一端关闭时尝试写入管道或试图在已关闭写入的管道上写入	LookupError	序列上使用的键或索引无效时引发的异常

4.1.2 被动异常的处理

Python的异常处理方法和if结构有些类似，也可以使用分支结构，并且可以进行嵌套。Python的异常处理由关键字try开始的语句定义，异常处理语句有多种格式。

（1）try…except语句

第1种格式是try…except语句，其格式如下，其中"[ ]"中的内容是可选的。

```
前语句块
try:
    语句块1        #需要缩进
except [exceptionName1 [as alias]]:
    语句块2        #需要缩进
[except [exceptionName2 [as alias]]:
    语句块3]       #需要缩进
    …
后续语句块
```

其中，try是异常处理的关键字，冒号是必需的分隔符，后续语句块需要缩进；except关键字和其下面的语句块可以有1个或多个；exceptionName是表4-1中的异常名称，是可选的；as alias也是可选的，alias表示给异常信息起别名，可以把别名打印出来，以便知道异常的具体内容。try…except语句的执行顺序是，当执行完前语句块后，遇到try关键字，执行try关键字下的语句块1，如果执行语句块1时没有出现异常，则直接跳出try语句，执行后续语句块；如果执行语句块1时出现异常，则跳转到第1个except语句。如果没有设置异常名称exceptionName，则执行第1个except语句下的语句块2，执行完成后跳转到后续语句块；如果设置了exceptionName，当异常名称是exceptionName时，执行第1个except下的语句块，然后跳转到后续语句块，否则执行下一条except语句，直到所有的except语句执行完成。最后再执行后续语句块。

下面的程序需要输入一个正整数，计算1+2+…+n的值，输入正整数不会发生异常，如果输入其他字符，例如输入"shi"，在进行int(n)运算时将会报错"ValueError: invalid literal for int() with base 10: 'shi'"。

```
def total(n):    #Demo4_2.py
    tt = 0
```

```
        for i in range(1,n+1):
            tt = tt+i
        return tt
    if __name__ == "__main__":
        n = input("请输入正整数: ")
        n = int(n)      #将字符串转成整数
        s = total(n)    #调用total()函数
    print("从1到{}的和是{}".format(n,s))
    #运行结果如下:
    #请输入正整数: shi
    #Traceback (most recent call last):
    #  File "D: /Demo4_2.py ", line 9, in <module>
    #    n = int(n)
    #ValueError: invalid literal for int() with base 10: 'shi'
```

为了保证用户输入正确,可在程序中增加try语句,如果第1次输入有误,再给用户一次输入的机会。现将代码修改如下:

```
    def total(n):   #Demo4_3.py
        tt = 0
        for i in range(1,n+1):
            tt = tt+i
        return tt
    if __name__ == "__main__":
        n = input("请输入正整数: ")
        try:
            n = int(n)
            s = total(n)
            print("从1到{}的和是{}".format(n,s))
        except TypeError:
            print("!!!程序有问题,终止运行,请与软件开发商联系!!!")
        except ValueError as er:
            print(er)
            n = input("您的输入是{},输入不是正整数,请重新输入一次: ".format(n))
            n = int(n)
            s = total(n)
            print("从1到{}的和是{}".format(n,s))
    #运行结果如下:
    #请输入正整数: shi
    #invalid literal for int() with base 10: 'shi'
    #您的输入是shi,输入不是正整数,请重新输入一次: 10
    #从1到10的和是55
```

(2) try…except…else语句

这种格式是在try…except语句的基础上,增加else语句,其格式如下,其中"[ ]"中的内容是可选的。

```
前语句块
try:
    语句块1        #需要缩进
except [exceptionName1 [as alias]]:
    语句块2        #需要缩进
[except [exceptionName2 [as alias]]:
    语句块3]       #需要缩进
     ⋮
else:
    补充语句块      #需要缩进
后续语句块
```

try…except…else 语句的执行顺序是,当执行 try 后的语句块 1 时,如果没出现问题,则执行 else 下的补充语句块;如果语句块 1 出现了问题,则不执行 else 下的补充语句块。

(3) try…except…finally 语句

这种格式是在第 1 种格式或第 2 种格式的基础上增加 finally 语句,其格式如下,其中"[ ]"中的内容是可选的。

```
前语句块
try:
    语句块1        #需要缩进
except [exceptionName1 [as alias]]:
    语句块2        #需要缩进
[except [exceptionName2 [as alias]]:
    语句块3]       #需要缩进
     ⋮
[else:
    else补充语句块]  #需要缩进
finally:
    finally补充语句块]  #需要缩进
后续语句块
```

try…except…finally 语句中,无论 try 下的语句块 1 是否出现异常,finally 补充语句都会被执行,例如下面的程序,增加 else 和 finally 语句,如果第 1 次输入正确,则执行 else 和 finally 语句;如果第 1 次输入错误,则不会执行 else 语句,而执行 finally 语句。

```
def total(n):    #Demo4_4.py
    tt = 0
    for i in range(1,n+1):
        tt = tt+i
    return tt
if __name__ == "__main__":
    n = input("请输入正整数: ")
    try:
        n = int(n)
        s = total(n)
```

```
            print("从1到{}的和是{}".format(n,s))
    except TypeError:
            print("！！！程序有问题，终止运行，请与软件开发商联系！！！")
    except ValueError:
            n = input("您的输入是{}，输入不是正整数，请重新输入一次：".format(n))
            n = int(n)
            s = total(n)
            print("从1到{}的和是{}".format(n,s))
    else:
            print("恭喜您一次性正确完成计算！")
    finally:
            print('请退出！')
#运行结果如下：
#请输入正整数：10.5
#您的输入是10.5，输入不是正整数，请重新输入一次：10
#从1到10的和是55
#请退出！
```

4.1.3 异常的嵌套

try 语句可以进行嵌套，以判断出更多异常的情况。例如下面的代码，允许最多输入 3 次数据，如果在任意一次输入正确，则得到正确结果，如果输错 3 次，则停止输入。出错信息也可以用 sys 模块的 exc_info() 方法获取，但需要提前导入 sys 模块。

```
def total(n):    #Demo4_5.py
    tt = 0
    for i in range(1, n+1):
        tt = tt+i
    return tt
if __name__ == "__main__":
    n = input("请输入正整数：")
    try:
        n = int(n)
        s = total(n)
        print("从1到{}的和是{}".format(n,s))
    except:
        import sys
        errorMessage = sys.exc_info()
        print(errorMessage)
        n = input("您的输入是{}，输入不是正整数，请重新输入：".format(n))
        try:
            n = int(n)
            s = total(n)
            print("从1到{}的和是{}".format(n,s))
        except:
            n = input("您的输入是{}，输入不是正整数，请再次输入：".format(n))
```

```
        try:
            n = int(n)
            s = total(n)
            print("从1到{}的和是{}".format(n,s))
        except:
            print("您已经输错3次，程序结束。")
#运行结果如下:
#请输入正整数: shi
#(<class 'ValueError'>, ValueError("invalid literal for int() with base 10: 'shi'")
#您的输入是shi，输入不是正整数，请重新输入: ershi
#您的输入是ershi，输入不是正整数，请再次输入: sanshi
#您已经输错3次，程序结束。
```

4.2 文件的读写

前面讲的变量、数据结构和类都可以存储数据，程序运行时数据存储在内存中，但是程序运行结束后，数据都会丢失。因此，在程序结束前有必要把数据保存到文件中，或者在程序开始运行时从文件中读取数据。

4.2.1 文件的打开与关闭

要从一个文件中读取数据，或者往文件中写数据，都需要提前打开文件。Python 内置打开文件的函数 open()，open() 函数的格式如下：

```
fp=open(fileName,mode='r',buffering=-1,encoding=None,errors=None,newline=None,closefd=True,opener=None)
```

各参数的意义说明如下。

· fp 表示打开文件的对象，名字可以由读者自行确定，通过文件对象对文件进行读写等操作，例如 fp.readlins() 读取文件内容。

· fileName 表示要打开的文件名，可以是相对当前路径的文件，也可以是绝对路径的文件，例如 "D:\\doc\\doe.txt"。文件打开后，可以用 fp.name 属性返回被打开的文件名。

· mode 表示打开模式，mode 的取值是字符 'r'、'w'、'x'、'a'、'b'、't'、'+' 或其组合。'r' 表示打开文件只读，不能写；'w' 表示打开文件只写，并且清空文件；'x' 表示独占打开文件，如果文件已经打开就会失败；'a' 表示打开文件写，不清空文件，以在文件末尾追加的方式写入；'b' 表示用二进制模式打开文件；'t' 表示文本模式，默认情况下就是这种模式；'+' 表示打开的文件既可以读取，也可以写入。mode 常用的取值和意义参考表 4-2 的内容。文件打开后，利用 fp.mode 属性可以返回文件打开方式。

· buffering 表示设置缓冲区。如果 buffing 参数的值为 0，表示在打开文件时不使用缓冲区，适合读取二进制数据；如果 buffering 的值取 1，访问文件时会寄存行，适合文本数据；如果 buffing 参数值为大于 1 的整数，该整数用于指定缓冲区的大小（单位是字节），如果 buffing 参数的值为负数，则代表使用默认的缓冲区大小。缓冲区的作用是：程序在执行输出操作时，会先将所有数据都输出到缓冲区中,然后继续执行其他操作,缓冲区中的数据会由外设自行读取处理;当程序执行输入操作时,会先等外设将数据读入缓冲区中,无须同外设做同步读写操作。如果参数 buffering 没有给出,则使用默认设置,对于二进制文件,采用固定块内存缓冲区方式,内存块的大小根据系统设备分配的磁盘块来决定,如果获取系统磁盘块的大小失败,就使用内部常量 io.DEFAULT_BUFFER_SIZE 定义的大小。一般的操作系统,块的大小是 4096B 或者 8192B;对于交互的文本文件〔采用 isatty() 判断为 True〕,采用一行缓冲区的方式,文本文件其他方面的使用限制和二进制方式相同。

• 参数 encoding 设定打开文件时所使用的编码格式,仅用于文本文件。不同平台的 encoding 参数值也不同,Windows 默认为 'GBK' 编码。对于 Windows 的记事本建立的文本文件,编码格式有 'ANSI'、'UTF-8' 和 'UTF-16',记事本默认的存储格式是 'UTF-8',使用时选择另存为文件,同时选择编码格式即可。在读取记事本保存的文件时,将 encoding 设置成对应的编码格式即可。

• 参数 errors 用来指明编码和解码错误时怎样处理,不能在二进制的模式下使用。当指明为 'strict' 时,编码出错则抛出异常 ValueError;当指明为 'ignore' 时,忽略错误;当指明为 'replace' 时,使用某字符进行替换,比如使用 '?' 来替换错误。

• 参数 newline 是在文本模式下用来控制一行的结束符。可以是 None、' '、\n、\r、\r\n 等。读入数据时,如果新行符为 None,那么就作为通用换行符模式工作,意思就是说当遇到 \n、\r 或 \r\n 都可以作为换行标识,并且统一转换为 \n 作为文本换行符;当设置为空' '时,也是通用换行符模式,不转换成 \n,保持原样输入;当设置为其他相应字符时,就用相应的字符作为换行符,并保持原样输入。输出数据时,如果新行符设置成 None,那么所有输出文本都采用 \n 作为换行符;如果新行符设置成' '或者 \n,不做任何的替换动作;如果新行符是其他字符,会在字符后面添加 \n 作为换行符。

• 参数 closefd 用来设置给文件传递句柄后,在关闭文件时,是否将文件句柄进行关闭。

• 参数 opener 用来设置自定义打开文件的方式,使用方式比较复杂。

表 4-2 打开文件的模式

mode 取值	功能描述
'r' 或 'rt'	以只读方式打开文件,文件指针指向文件的开头,这是默认模式
'rb'	以二进制格式打开一个文件用于只读,文件指针指向文件的开头
'r+' 或 'rt+'	打开一个文件用于读写,文件指针指向文件的开头
'rb+'	以二进制格式打开一个文件用于读写,文件指针指向文件的开头
'w' 或 'wt'	打开一个文件只用于写入,如果该文件已存在则打开文件,清空原文件内容;如果该文件不存在则创建新文件
'wb'	以二进制格式打开一个文件只用于写入,如果该文件已存在则打开文件,并清空原文件内容;如果该文件不存在则创建新文件
'w+' 或 'wt+'	打开一个文件用于读写,如果该文件已存在则打开文件,并清空原文件内容;如果该文件不存在则创建新文件
'wb+'	以二进制格式打开一个文件用于读写,如果该文件已存在则打开文件并清空原文件内容;如果该文件不存在则创建新文件
'a' 或 'at'	打开一个文本文件用于追加内容,如果该文件已存在,则文件指针指向文件的结尾,新写入的内容将会附加到已有内容之后;如果该文件不存在则创建新文件进行写入
'ab'	以二进制格式打开一个文件用于追加内容,如果该文件已存在,则文件指针指向文件的结尾,新写入的内容将会附加到已有内容之后,如果该文件不存在,创建新文件进行写入
'a+' 或 'at+'	以文本格式打开一个文件用于追加内容,如果该文件已存在,则文件指针指向文件的结尾;如果该文件不存在,则创建新文件用于读写
'ab+'	以二进制格式打开一个文件用于追加内容,如果该文件已存在,则文件指针指向文件的结尾;如果该文件不存在,则创建新文件用于读写

注意表4-2中,使用含有"r"的方式打开文件时,文件必须存在,否则会报错;使用含有"w"的方式打开文件时,如果文件存在则清空文件,如果文件不存在则创建新文件;使用含有"t"的方式打开文件时,是以文本形式读写;使用含有"b"的方式打开文件时,是以二进制形式读写;使用含有"a"的方式打开文件时,表示在文件追加末尾追加(append);使用含有"+"的方式打开文件时,表示既可以读也可以写。

文件打开后,读写完毕要及时关闭。关闭文件使用fp.close()方法,如果缓冲区中还有没读写完成的数据,close()方法会等待读写完数据后再关闭文件,用fp.closed属性可以判断文件是否已经关闭。

下面的程序以'wt'方式新建一个文件,在文件中逐行写入一些文字。

```
#Demo4_6.py
string = "孔雀东南飞,五里一徘徊,十三能织素,十四学裁衣,十五弹箜篌,\
十六诵诗书,十七为君妇,心中常苦悲,君既为府吏,守节情不移,贱妾留空房,\
相见常日稀,鸡鸣入机织,夜夜不得息,三日断五匹,大人故嫌迟,非为织作迟,\
君家妇难为,妾不堪驱使,徒留无所施,便可白公姥,及时相遣归。"
string = string.split(",")
fp = open("d:\\孔雀东南飞.txt",'wt') #以只写方式创建文件
for i in string:
    print(i,file = fp)    # 向文件中写入内容
fp.close()   #关闭文件
```

4.2.2 读取数据

从文件中读取数据,需要用文件的对象的read()、readline()和readlines()方法,用readable()方法可以判断文件是否可以读取。

(1) read()方法

read()方法的格式是read(size=-1),其中size表示读取的字符数,包括换行符\n,不输入size或size为负数表示读取所有的数据,read()方法返回字符串数据。

用记事本在磁盘上建立student.txt文件,并在文件中写入如图4-1所示的内容,注意编码方式是'UTF-8'。用read()方法读取文件中的所有信息,然后计算出个人总成绩和平均成绩并输出。为防止打开和读取文件出错,可以使用try语句。

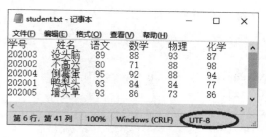

图4-1 学生考试成绩

```
try:    #Demo4_7.py
    fp = open("d:\\student.txt",'r',encoding='UTF-8')
    ss = fp.read()   #读取文件内容
except:
```

```python
        print("打开或读取文件失败！")
    else:
        print("读取文件成功！文件内容如下：")
        print(ss)         #输出读取的文件内容
        fp.close()
        ss = ss.strip()    #去除前后的换行符和空格
        ss = ss.split('\n')   #用换行分割，分割后ss是列表
        n = len(ss)
        for i in range(n):
            ss[i]=ss[i].split()   #用空格分割，分割后ss[i]是列表
        ss[0].append('总成绩')
        ss[0].append("平均成绩")
        for i in range(1,n):
            total = int(ss[i][2])+int(ss[i][3])+int(ss[i][4])+int(ss[i][5])    #计算个人总成绩
            ss[i].append(str(total))
            ss[i].append(str(total/4))
        template1 = "{:^6s}"*8
        template2 = "{:<8s}"*8
    print(template1.format(ss[0][0], ss[0][1], ss[0][2], ss[0][3], ss[0][4],
                           ss[0][5], ss[0][6], ss[0][7]))
        for i in range(1,n):
            print(template2.format(ss[i][0], ss[i][1] ,ss[i][2], ss[i][3], ss[i][4],
                                   ss[i][5], ss[i][6], ss[i][7]))
```

用read()方法读取文件时，文件指针指向文件开始部分，表示从文件起始位置开始读取。如果只想读取文件中的某段内容，需要使用seek()方法移动到指定位置。seek()方法的格式是seek(offset,whence=0)，其中offset表示移动量，whence=0表示从文件起始开始计算移动量，whence=1表示从当前位置计算移动量，whence=2表示从文件结尾反向计算移动量，默认为0，对于文本文件只能从文件起始位置计算移动量。1个英文字母或数字占1个字符，GBK编码1个汉字占用两个字符，UTF编码1个汉字占3个字符。seek()方法不适合中文和英文混合的文本文件，因为不容易计算offset量。另外，用tell()方法可以输出指针的位置，用seakable()方法可以判断是否可以移动文件指针。

下面的代码每隔40个字符输出20个字符。

```python
ss=""   #Demo4_8.py
try:
    fp = open("D:\\study.txt",'r',encoding='UTF-8')
    for i in range(1,11):
        print(fp.tell())
        ss = ss+fp.read(20)    #读取文件内容
        fp.seek(40*i)
except:
    print("打开或读取文件有误！")
finally:
    fp.close()
    print(ss)
```

(2) readline()方法

readline()方法每次只能读一行，返回字符串，如果知道文件中的总行数，可以指定读取多少行内容；如果不知道总行数，可以用while循环读取所有行，例如下面的代码。readline()的读取速度比read()和readlines()方法要慢，其优点是可以立即对每行进行处理，例如如果文件中有空行，可以立即去除空行，例如下面的程序。

```python
string = list()   #空列表   #Demo4_9.py
try:
    fp = open("D:\\ student.txt",'r',encoding='UTF-8')
    while True:
        line = fp.readline()   #读取行数据
        if len(line)>0:
            line = line.strip()   # 去除行尾的\n
            if len(line)>0:
                string.append(line) #把数据放到string列表中
            else:
                break   #读到最后终止
except:
    print("打开或读取文件有误！")
else:
    fp.close()
finally:
    for i in string:
        print(i)
```

(3) readlines()方法

readlines()方法读取文件中的所有行，返回由行数据构成的列表。与read()方法相比，readlines()方法返回的是字符串列表，而不是字符串；与readline()相比，readlins()方法不能立即对每行数据进行处理。

```python
try:   #Demo4_10.py
    fp = open("D:\\ student.txt",'r',encoding='UTF-8')
    lines = fp.readlines()   #读取所有行数据
except:
    print("打开或读取文件有误！")
else:
    fp.close()
finally:
    for i in lines:
        print(i.strip())
```

4.2.3 写入数据

往一个文件中写入一个字符串可以用write()方法，写入一个字符串列表或元组可以用writelines()方法，用writeable()方法可以检查文件对象是否可以写入。

（1）用write()方法写数据

文件对象的write()方法逐行向文件中写入一个字符串数据，格式为write(text)，其中text是字符串。write()方法不会在被写入的字符串后面加换行符"\n"，需要手动在每个字符串后加入"\n"。

下面的程序先用自定义函数readData()从student.txt文件中读取学号、姓名和各科成绩，返回二维数据列表；然后用student类创建实例对象，赋予对象数据，把对象放到一个字典中，在字典中计算总分和平均分；最后按照学生顺序，把实例中的数据写到文件中。输入和输出的文件内容如图4-2所示。

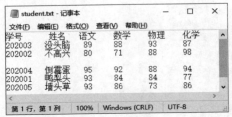

图4-2　输入和输出文件内容

```
class student(object):  #学生类    #Demo4_11.py
    def __init__(self,number="0",name="",chn="0",math="0",phy="",che="0"):
        self._number = int(number)
        self._name = name
        self._chn = int(chn)
        self._math = int(math)
        self._phy = int(phy)
        self._che = int(che)
        self.__total = self._chn+self._math+self._phy+self._che   #计算总成绩
        self.__ave = self.__total/4   # 计算平均成绩
    def getTotal(self):    #输出总成绩
        return self.__total
    def getAve(self):      #输出平均成绩
        return self.__ave
def readData(fileName,coding):    #读取文件中的数据，输出数据列表
    string = list()   #空列表
    try:
        fp = open(fileName,'r',encoding=coding)
        while True:
            line = fp.readline()   #读取行数据
            if len(line)>0:
                line = line.strip()    # 去除行尾的\n
                if len(line)>0:
                    string.append(line)   #把数据放到string列表中
                else:
                    break    #读到最后终止
    except:
        print("打开或读取文件有误！")
    else:
```

```
                n = len(string)
                for i in range(n):
                    string[i] = string[i].split() #将string中的元素分解成列表
                return string
        finally:
            fp.close()
if __name__=="__main__":
    ss = readData("d:\\ student.txt","UTF-8")
    stDict = dict()  #存放学生实例对象的字典
    n =len(ss)
    for i in range(1,n):    #以学号为键，以学生对象为键的值
        num = int(ss[i][0])
        stDict[num]= student(ss[i][0],ss[i][1],ss[i][2],ss[i][3],ss[i][4],ss[i][5])
    stNumber = list(stDict.keys()) #学号列表
    stNumber.sort()    #学号列表
    fp = open("d:\\ student_score.txt","w") #打开新文件，用于写入数据
    fp.write("   学号   姓名   语文   数学   物理   化学   总分   平均分\n") #表头
    template="{:=8d}{:>6s}{:=6d}{:=6d}{:=6d}{:=6d}{:=8d}{:=8.1f}\n" #模板
    for i in stNumber:
        fp.write(template.format(stDict[i]._number,stDict[i]._name,stDict[i]._chn,
                    stDict[i]._math,stDict[i]._phy,stDict[i]._che,
                    stDict[i].getTotal(),stDict[i].getAve())) #用模板往文件中写字符串
    fp.close()
```

Python默认的文件编码是"GBK"，即unicode形式，要想转成其他编码格式，如"UTF-8"或"UTF-16"，可以用字符串的encode()方法进行转换，例如下面的程序。

```
s1 = [202001,'鸭梨头',93,84,84,77,338,84.5]     #Demo4_12.py
s2 = [202002,'不高兴',80,71,88,98,337,84.2]
fp = open("d:\\ studentScore.txt","wb")
template="{:=8d}{:>6s}{:=6d}{:=6d}{:=6d}{:=6d}{:=8d}{:=8.1f}\n"
string1 = template.format(s1[0],s1[1],s1[2],s1[3],s1[4],s1[5],s1[6],s1[7])
string2 = template.format(s2[0],s2[1],s2[2],s2[3],s2[4],s2[5],s2[6],s2[7])
fp.write(string1.encode(encoding="UTF-8"))    #用encode()方法转换
fp.write(string2.encode(encoding="UTF-8"))
fp.close()
```

（2）用writelines()方法写数据

writelines()方法可以把一个字符串列表或元组输出到文件中，其格式为writelines(lines)。writelines()方法不会自动在每个字符串列表的末尾加"\n"，例如下面的代码。

```
#Demo4_13.py
string=["草长莺飞二月天，","拂堤杨柳醉春烟。","儿童散学归来早，","忙趁东风放纸鸢。"]
for i in range(len(string)):
    string[i] = string[i]+"\n"   #添加"\n"
```

```
fp = open("d:\\村居.txt","w")
fp.writelines(string)
fp.close()
```

4.3 文件和路径操作

本节介绍几个与文件和路径相关的操作，包括文件的复制、删除以及路径的创建、删除和查询等操作，这些方法在os和shutil模块中，使用前先用import os和import shutil语句把模块导入进来。os模块和shutil模块的常用方法如表4-3所示。下面介绍一些常用的文件和路径操作的方法。

表4-3 文件和路径常用方法

格式	说明	格式	说明
os.getcwd()	获取当前工作路径	os.path.commonprefix(list)	获取路径列表的前面相同的部分
os.chdir(path)	设置新的工作路径	os.path.dirname(path)	提取文件路径中的路径
os.listdir(path='.')	获取指定路径下的所有文件和路径	os.path.basename(path)	提取路径中的文件名
os.mkdir(path)	创建单级路径，如果已经存在路径，抛出FileExistsError异常	os.path.getatime(path)	返回路径最后访问的时间
os.makedirs(name)	创建多级路径	os.path.getmtime(path)	返回路径最后修改的时间
os.name	当前系统名称	os.path.getsize(path)	返回路径的大小（bytes）
os.remove(file)	移除文件	os.path.join(path,*paths)	连接路径
os.rmdir(path)	删除空路径	os.path.split(path)	分离路径和文件名
os.removedirs(name)	删除指定的空目录，且删除该目录后父目录为空，则递归删除父目录	os.path.splitext(path)	分离文件名和扩展名
os.rename(src, dst)	重命名路径或文件	os.path.exists(path)	判断目录或文件是否存在
os.sep、os.path.sep	返回系统的路径分隔符	os.path.commonpath(paths)	获取多个路径的共同路径
os.stat(path)	获取文件基本信息	shutil.copyfile(src, dst)	以最经济的方式复制文件
os.path.isfile(path)	判断路径是否为文件	shutil.copy(src, dst)	复制文件
os.path.isdir(path)	判断路径是否为路径	shutil.copytree(src, dst)	复制路径
os.path.abspath(path)	获取路径的完全路径	shutil.move(src, dst)	移动文件或目录
os.path.isabs(path)	判断路径是否是绝对路径	shutil.rmtree(path)	删除路径

（1）工作路径的查询和修改

工作路径是指Python用import语句导入模块或包时首先要搜索的路径，在IDLE的文件编程环境中编写好程序，存盘并运行后，此时的存盘路径将成为工作路径。Python用os.getcwd()方法可以查询工作路径（current working directory, cwd），用os.chdir()方法可以设置工作路径（change directory）。

```
>>> import os
>>> os.getcwd()    #获取当前路径
'D:\\Program Files\\Python311'
```

```
>>> os.chdir("d:\\python")    #改变当前路径
>>> os.getcwd()    #获取修改后的工作路径
'd:\\python'
```

(2)获取指定路径下的文件和路径

用os.listdir()方法可以得到某路径下的文件和文件夹，返回值是字符串列表。用os.listdir(".")或os.listdir()方法得到工作路径下的文件和文件夹，用os.listdir('..')方法获得工作路径的上级路径下文件和文件夹。

```
>>> dir1 = os.listdir("d:\\qycache")
>>> print(dir1)
['ad_cache', , 'livenet_cloud.cache', 'livenet_cloud.cache1', 'livenet_cloud.
cache2', 'livenet_cloudcfg.ini', 'livenet_cloudcfg.ini1', 'livenet_cloudcfg.
ini2']
>>> dir2 = os.listdir()
>>> print(dir2)
['.idea', '1.ui', 'a.spec', 'A.txt', 'aa.py', 'area.py', 'battery.py', 'bb.
py', 'build', ', '村居.txt']
>>> dir3 = os.listdir('..')
>>> print(dir3)
['aero', 'qycache','python','python_book','Program Files', '阶段划分与时间预估.txt']
```

(3)删除文件

用os.remove()方法可以删除文件，删除前应确保有删除权限，否则抛出PermissionError异常。

```
>>> os.listdir("d:\\aero")
['aero.zip', '资料', '资料目录.txt']
>>> os.remove("d:\\aero\\资料目录.txt")    #删除文件
>>> os.listdir("d:\\aero")
['aero.zip', '资料']
```

(4)删除目录

用os.rmdir()方法可以删除空路径，如果路径不存在或非空，分别抛出FileNotFoundError和OSError异常。用os.removedirs()方法也可以删除空路径，且如果删除该路径后，父路径为空，则递归删除父路径。

```
>>> files=os.listdir("d:\\aero\\资料")
>>> for i in files:
        os.remove("d:\\aero\\资料\\"+i)    #删除路径下的所有文件,如果该路径下没有文件夹
>>> os.rmdir("d:\\aero\\资料\\")    #删除路径
>>> os.listdir("d:\\aero")
['aero.zip']
```

(5)创建路径

用os.mkdir()方法可以创建一个路径，用os.makedirs()方法可以创建多级路径。

```
>>> os.listdir("d:\\aero")
['aero.zip']
>>> os.mkdir("d:\\aero\\我的资料袋\\")
>>> os.listdir("d:\\aero\\")
['aero.zip', '我的资料袋']
>>> os.makedirs("d:\\aero\\我的资料袋\\我的照片\\北京照片\\天安门照片")
>>> os.mkdir("d:\\aero\\我的资料袋\\我的照片\\北京照片\\故宫照片")
>>> os.listdir("d:\\aero\\我的资料袋\\我的照片\\北京照片")
['天安门照片', '故宫照片']
```

(6) 复制文件和文件夹

复制文件可以用shutil模块的shutil.copy()或shutil.copyfile()方法。

```
>>> import os,shutil
>>> pic = os.listdir("d:\\beijing")
>>> print(pic)
['20191214091616.jpg', '20191214091649.jpg', '20191214091719.jpg']
>>> for i in pic:
        shutil.copy("d:\\beijing\\"+i,"D:\\aero\\我的资料袋\\我的照片\\北京照片")  #复制
```

复制文件夹下的所有文件和所有文件夹到新文件夹可以用shutil.copytree()方法，要求新文件夹不能提前存在。

```
>>> shutil.copytree("d:\\beijing\\","D:\\aero\\北京照片")
'd:\\aero\\北京照片'
```

(7) 检查文件或路径是否存在

检查文件是否存在可以用os.path.isfile()方法，检查路径是否存在可以用os.path.isdir()方法或os.path.exists()方法，检查是否是绝对路径可以用os.path.isabs()方法。

```
>>> os.path.isfile("D:\\aero\\北京照片\\20191214091616.jpg")
True
>>> os.path.isdir("D:\\aero\\北京照片")
True
>>> os.path.exists("D:\\aero\\北京照片")
True
```

(8) 文件和文件夹的重命名

用os.rename()方法可以给文件和文件夹重命名，重命名时需要注意文件或文件夹是否有权限改名，如果一个文件或文件夹正在被使用或处于打开状态，则不允许改名。

```
>>> os.rename("D:\\aero\\北京照片\\20191214091616.jpg","D:\\aero\\北京照片\\鸟巢.jpg")
>>> os.rename("D:\\aero\\北京照片\\新建文件夹","D:\\aero\\北京照片\\new")
>>> os.listdir("D:\\aero\\北京照片\\")
['20191214091649.jpg', '20191214091704.jpg', '鸟巢.jpg']
>>>os.rename("D:\\aero","D:\\pic")
```

（9）文件名和路径的分开

用os.path.split()方法可以分开路径和文件名，用os.path.splitext()方法可以将文件名（含路径）与文件扩展名分开，用os.path.dirname()方法可以得到路径，用os.path.basename()方法可以得到文件名。

```
>>> path,name = os.path.split("d:\\pic\\北京照片\\鸟巢.jpg")
>>> print(path,name)
d:\pic\北京照片 鸟巢.jpg
>>> os.path.splitext("d:\\pic\\北京照片\\鸟巢.jpg")
('d:\\pic\\北京照片\\鸟巢', '.jpg')
>>> os.path.dirname("d:\\pic\\北京照片\\鸟巢.jpg")
'd:\\pic\\北京照片'
>>> os.path.basename("d:\\pic\\北京照片\\鸟巢.jpg")
'鸟巢.jpg'
```

（10）系统的分隔符、系统名称

用os.linesep给出当前平台使用的行终止符，Windows使用'\r\n'，Linux使用'\n'，而Mac使用'\r'。os.name给出正在使用的平台，Windows是'nt'，而Linux/UNIX是'posix'。os.sep给出文件路径分隔符。

```
>>> os.linesep
'\r\n'
>>> os.name
'nt'
>>> os.sep
'\\'
```

（11）获取文件的大小和状态

用os.path.getsize()方法可以获取文件的大小，用os.stat()方法可以获取文件的状态。

```
>>> os.path.getsize("d:\\pic\\北京照片\\鸟巢.jpg")
95236
>>> os.stat("d:\\pic\\北京照片\\鸟巢.jpg")
os.stat_result(st_mode=33206, st_ino=1407374883618939, st_dev=302558, st_nlink=1, st_uid=0, st_gid=0, st_size=95236, st_atime=1588480219, st_mtime=1576286191, st_ctime=1588479390)
```

（12）路径的拼接和公共路径的查找

用os.join()方法可以把两个路径拼接成一个路径，用os.path.commonprefix()方法可以找出路径的公共部分，用os.path.commonpath()方法可以找出公共路径。

```
>>> path1 = "d:\\pic\\北京照片"
>>> path2 = "鸟巢.jpg"
>>> path = os.path.join(path1,path2)
>>> print(path)
d:\pic\北京照片\鸟巢.jpg
```

```
>>> os.path.commonprefix(['\\usr\\lib', '\\usr\\local\\lib'])
'\\usr\\l'
>>> os.path.commonpath(['\\usr\\lib', '\\usr\\local\\lib'])
'\\usr'
```

(13) 遍历路径

遍历路径是指将指定目录下的全部目录（包括子目录）及文件运行一遍，os模块的walk()方法用于实现遍历目录的功能，walk()方法的格式为walk(top, topdown=True, onerror=None, followlinks=False)。下面的代码输出"d:\\pic"路径下的所有路径和文件。

```
>>> import os
>>> path = "d:\\"
>>> for root,dirs,files in os.walk(path,topdown=True):
    for n in dirs:
        print(os.path.join(root,n))
    print("*"*30)
    for n in files:
        print(os.path.join(root,n))
```

4.4 py文件的编译

上面进行的编程都必须在Python的环境下运行，如果把py文件复制到没有安装Python的机器上，将无法运行py文件，为此有必要把py文件编译成exe文件，exe文件在任何机器上都可以运行；也有必要将py文件进行加密，这样其他人员就不能再编辑py文件中的内容。

要把py文件打包生成exe文件，需要安装编译工具。可以把py文件编译成exe文件的工具有py2exe、pyinstaller、cx_Freeze和nuitka，本书以pyinstaller为例说明py文件打包成exe文件的方法。使用pyinstaller之前需要安装pyinstaller工具，在Windows的cmd窗口中输入"pip install pyinstaller"命令，稍等一会就会把pyinstaller安装完成，安装完后输入命令"pyinstaller --version"查看版本号，验证是否安装成功。

安装完成后，可以把需要编译成exe文件的所有有关的py文件，包括主程序、包含函数和类的文件、图像文件、图标文件等复制到一个新目录中，然后在cmd窗口中用"cd /d path"命令把py文件所有的路径设置成当前路径，path是py文件所在的路径，再输入命令"pyinstaller -F main.py"就可以把py文件打包成exe文件，其中-F参数表示打包成一个文件，main.py是指主程序文件，用实际主程序文件代替即可。exe文件位于新建立的dist文件夹中；除用参数-F外，还可用-D参数代替-F参数，可以生成包含连接库的多个文件；另外用-i参数可以指定图标。

除了在cmd文件中进行编译外，用户还可以自己编辑程序进行编译，如下所示，使用时只需把main变量和path变量修改一下即可。

```
import os                   #Demo4_14.py
main = 'main.py'            #主程序py文件
path = 'd:\\Python'         #主程序py文件所在路径
os.chdir(path)              #将主程序文件所在路径设置成当前路径
cmdTemplate = "pyinstaller  -F  {}".format(main)   #命令模板
os.system(cmdTemplate)      #执行编译命令
```

第 5 章

NumPy 数组运算

NumPy 是 Python 专门用于创建数组并提供线性代数各种运算的包，可对大量数据进行快速处理，它是进行数据运算的基础。NumPy 对数组的运算要比 Python 对列表、元组的运算速度快。本章详细介绍如何在 NumPy 中创建数组和对数组进行运算方面的内容，本章内容是后续章节的基础。

5.1 创建数组

在数据计算中，数据一般都是以向量和矩阵的形式呈现，例如有限元计算中的刚度矩阵、质量矩阵等，都是由成千上万个元素构成的矩阵，通过对矩阵的迭代，得到满足精度的数值解。如果逐个数据进行运算，则效率非常低下或者不可能得到满足精度的解。为解决这个问题，NumPy 通过将数据定义成数组。在 Python 中要定义数组，需要先用"import numpy as np"语句导入 NumPy 包，本书如果没有做特别说明，均是以 np 作为 NumPy 的别名。

5.1.1 数组的基本概念

在各种数据计算中，如有限元结构计算、振动计算、声学计算、流体计算、电磁计算等，都是将复杂的连续系统离散成有限自由度的系统，以向量和矩阵存储离散系统中的数据，并通过矩阵的多次迭代来求解所研究系统的微分方程。NumPy 的主要目的是创建数组并对数组进行运算，方便进行科学计算。NumPy 的基础是数组（Array），数组是在内存中按照一定排列顺序存储的同类型数据的集合。NumPy 中的数组是继承自 n 维数组 ndarray（n-Dimention Array）类的实例对象。与 Python 的列表元素不同的是，数组中元素的类型都是同一种类型，即使不同，也会强制转换成同一种类型。数据元素的类型就是数组的类型，每个元素在内存中都有相同大小的存储空间。

根据数组存储数据的深度,数组的维数分为零维、一维、二维、三维或更高维。零维数组是只有一个元素的标量数据,一维数组可以理解成线性代数中的向量,二维数组可以理解成线性代数中的矩阵。数组的维数称为坐标轴,如图5-1所示是按行存储的二维数组,轴axis=0(第1个轴)在竖直方向上是第1维数据,轴axis=1(第2个轴)在水平方向上是第2维数据,该二维数组在轴axis=0上有3个数据,在轴axis=1上有4个数据,这个二维数组的形状是(3,4)。由于数据都是整数,所以该数组的类型是整数类型。这个数组在轴axis=0上最大值是数组[9 10 11 12],在轴axis=1上的最大值是数组[4 8 12]。

图5-1 整型二维数组

下面的代码用NumPy的array()方法定义多个不同维数的数组,并通过数组的ndim属性、shape属性、size属性和dtype属性可以分别输出数组的维数、形状、元素个数和类型。数组的形状表示每维上元素的个数,数组的形状用元组来表示,例如(2,5)表示第1个轴有2个元素,第2个轴有5个元素。可以看出,由于列表a中的元素都是整数,所以用a创建的数组的类型是int,而列表b中有一个浮点数,所以用b创建的数组中的元素类型都变成了浮点数,数组的类型是float64。

```
import numpy as np   #Demo5_1.py
#创建零维数组并输出数组元素、数组维数、形状、元素个数和类型
x=np.array(20); print(1,x,x.ndim,x.shape,x.size,x.dtype)
a=[1, 2, 3, 4, 5]      #Python的列表
b=[2, 3, 6, 8.9, 11]   #Python的列表,注意有一个元素的类型是float
x=np.array(a); print(2,x,x.ndim,x.shape,x.size,x.dtype)   #一维数组和属性
x=np.array(b); print(3,x,x.ndim,x.shape,x.size,x.dtype)   #一维数组和属性
x=np.array([a,b]); print(4,x,x.ndim,x.shape,x.size,x.dtype)   #二维数组和属性
x=np.array([a]); print(5,x,x.ndim,x.shape,x.size,x.dtype)   #二维数组和属性
x=np.array([[a],[b]]); print(6,x,x.ndim,x.shape,x.size,x.dtype)   #三维数组和属性
x=np.array([[[a],[b]]]); print(7,x,x.ndim,x.shape,x.size,x.dtype)   #四维数组和属性
'''
运行结果如下:
1 20 0 () 1 int32
2 [1 2 3 4 5] 1 (5,) 5 int32
3 [ 2.   3.   6.   8.9 11. ] 1 (5,) 5 float64
4 [[ 1.   2.   3.   4.   5. ]
 [ 2.   3.   6.   8.9 11. ]] 2 (2, 5) 10 float64
5 [[1 2 3 4 5]] 2 (1, 5) 5 int32
6 [[[ 1.   2.   3.   4.   5. ]]

 [[ 2.   3.   6.   8.9 11. ]]] 3 (2, 1, 5) 10 float64
7 [[[[ 1.   2.   3.   4.   5. ]]

  [[ 2.   3.   6.   8.9 11. ]]]] 4 (1, 2, 1, 5) 10 float64
'''
```

5.1.2 NumPy的数据类型

与Python的数据类型相比,在数值类型方面,NumPy重新定义了一些基本的数据类型,这些数据类型与C语言的数据类型基本一致。NumPy的基本数据类型如表5-1所示。

表5-1 NumPy的基本数据类型

NumPy数据类型	C语言中对应类型	说明
bool_	bool	布尔类型（True或False），存储长度是1字节
byte	signed char	带符号字符类型，存储长度与系统有关
ubyte	unsigned char	不带符号字符类型，存储长度与系统有关
short	short	带符号短整数类型，存储长度与系统有关
ushort	unsigned short	不带符号短整数类型，存储长度与系统有关
intc	int	带符号整数类型，存储长度与系统有关
uintc	unsigned int	不带符号整数类型，存储长度与系统有关
int_	long	带符号长整数类型，存储长度与系统有关
uint	unsigned long	不带符号长整数类型，存储长度与系统有关
longlong	long long	更长整数类型，存储长度与系统有关
ulonglong	unsigned long long	不带符号更长整数类型，存储长度与系统有关
halffloat16		半精度浮点数类型，1个符号位，5个指数位和10个尾数位
single	float	单精度浮点数类型，1个符号位，8个指数位，23个尾数位
double	double	双精度浮点数类型，1个符号位，11个指数位，52个尾数位
longdouble longfloat	long double	长浮点数
csingle	float complex	复数类型，由单精度浮点数实数和虚数构成
cdouble cfloat	double complex	复数类型，由双精度浮点数实数和虚数构成
clongdouble clongfloat longcomplex	long double complex	复数类型，由长双精度浮点数实数和虚数构成

除了可以直接使用基本数值类型外，为方便记忆可以用NumPy定义的数值数据类型的别名，如表5-2所示。

表5-2 NumPy数值数据类型的别名

NumPy数据类型别名	C语言中对应类型别名	说明
bool8	bool	8位布尔数（0或1）
int8	int8_t	8位整数（-128～127）
int16	int16_t	16位整数（-32768～32767）
int32	int32_t	32位整数（-2147483648～2147483647）
int64	int64_t	64位整数（-9223372036854775808～9223372036854775807）
uint8	uint8_t	不带符号8位整数（0～255）
uint16	uint16_t	不带符号16位整数（0～65535）
uint32	uint32_t	不带符号32位整数（0～4294967295）
uint64	uint64_t	不带符号64位整数（0～18446744073709551615）
intp	intptr_t	索引整数（类似于C的ssize_t，一般仍然是int32或int64）
uintp	uintptr_t	不带符号的索引整数
float32	float	32位浮点数
float64 float_	double	64位浮点数，与Python的float类型相同
complex64	float complex	复数，由2个32位浮点数实数和虚数构成
complex128 complex_	double complex	复数，由2个64位浮点数实数和虚数构成，与Python的complex类型相同

对于整数和浮点数类型，可以用iinfo(dtype)和finfo(dypte)分别查询整数和浮点数的信息，整数和浮点数可以查询的内容如下面的代码中的注释说明。

```python
import numpy as np   #Demo5_2.py
i32=np.iinfo(np.int32)
print(1,i32.min)     #32位整数的最小值
print(2,i32.max)     #32位整数的最大值
print(3,i32.bits)    #32位整数所占据的字节数
f64=np.finfo(np.float64)
print(4,f64.min)     #64位浮点数的最小值
print(5,f64.max)     #64位浮点数的最大值
print(6,f64.eps)     #1.0与下一个能表示的最小浮点数之间的矩阵，eps=2**-52
print(7,f64.epsneg)  #1.0与前一个能表示的最小浮点数之间的矩阵，epsneg=2**-53
print(8,f64.nexp)    #指数部分占据的位数
print(9,f64.precision)  #小数点的位数
print(10,f64.resolution)  #小数点的解析精度=10**-precision
print(11,f64.tiny)     #最小的正数
print(12,f64.machar.title)   #数据类型的名称
'''
运行结果如下：
1 -2147483648
2 2147483647
3 32
4 -1.7976931348623157e+308
5 1.7976931348623157e+308
6 2.220446049250313e-16
7 1.1102230246251565e-16
8 11
9 15
10 1e-15
11 2.2250738585072014e-308
12 numpy double precision floating point number
'''
```

在用array()方法创建列表时，可以使用参数dtype指定数据的类型，用数组的itemsize属性可以获取数据元素所占据的字节数量，用dtype属性可以获取数组的数据类型，例如下面的代码。

```python
import numpy as np   #Demo5_3.py
a=[1, 2, 3, 4, 5]    #Python的列表
b=[2, 3, 6, 8.9, 11]  #Python的列表
a_array=np.array(a,dtype=np.float)   #创建一维数组
ab_array=np.array([a,b],dtype=complex)   #创建二维数组
print(a_array)  #输出数组
print(ab_array)  #输出数组
print(a_array.ndim,ab_array.ndim,)  #输出数组的维数
print(a_array.itemsize,ab_array.itemsize)  #输出数组中元素的个数
print(a_array.dtype,ab_array.dtype)   #输出数组的数据类型
```

```
#运行结果如下:
#[1. 2. 3. 4. 5.]
#[[ 1. +0.j  2. +0.j  3. +0.j  4. +0.j  5. +0.j]
# [ 2. +0.j  3. +0.j  6. +0.j  8.9+0.j 11. +0.j]]
#1 2
#8 16
#float64 complex128
```

NumPy除了可以直接使用基本的数据类型外，还可以用基本数据类型的组合定义更复杂的类型，例如结构数组。NumPy中的数据类型都是dtype的实例对象，用dtype定义数据类型的格式如下所示：

> **dtype(obj, align=False, copy=False)**

其中，obj是对数据类型的定义；align如果是True，则使用类似C语言的结构体填充字段；copy=True时则复制dytpe对象，copy=False时是对内置数据类型对象的引用。

对于基本数据类型，还可以用字符代码来代替，基本数据类型与字符代码之间的对应关系如表5-3所示，需要说明的是str类型的字符代码是'S'，可以在'S'后面添加数字，表示字符串长度，比如'S3'表示长度为3的字符串，不写则为最大长度。

表5-3 基本数据类型与字符代码

基本类型	字符代码	基本类型	字符代码
bool	'b1'	float16	'e'
int8	'i1'	float32	'f'
uint8	'u1'	float64	'd'
int16	'i2'	complex64	'F'
uint16	'u2'	complex128	'D'
int32	'i4'	unicode	'U'
uint32	'u4'	object	'O'
int64	'i8'	void（空）	'V'
uint64	'u8'	str	'S'

用dtype()方法可以定义结构数组，结构数组的元素需要用"（字段名，类型）"形式来定义，例如下面的代码。

```
import numpy as np    #Demo5_4.py
a=[1, 2, 4, 5]
dt=np.dtype(np.int32); print(1, dt)
x=np.array(a, dtype=dt); print(2, x)
dt=np.dtype([('name', 'S30'), ('age', np.int8), ("hei", 'i4')]); print(3, dt)   #结构数组类型
x=np.array([('LI',12,45), ('WANG',13,47)],dtype=dt); print(4, x)   #结构数组
print(5,x['name'], x['age'])    #根据字段名获取值
#运行结果如下:
#[1 2 4 5]
#[('name', 'S30'), ('age', 'i1'), ('hei', '<i4')]
#[(b'LI', 12, 45) (b'WANG', 13, 47)]
#[b'LI' b'WANG'] [12 13]
```

在类型代码中，可以加入表示字节序（Byte Order）的符号。字节序分为大端序（Big-Endian）和小端序（Little-Endian）两种。大端序是高位在前，低位在后，而小端序则是高位在后，低位在前。例如要记录123这个常数，在内存中用"123"方式记录表示大端序（需要转换成二进制），而用"321"方式则是小端序。在类型中用">"表示大端序，用"<"表示小端序，用"="表示由系统决定采用大端序还是小端序，用"|"表示忽略字节序。

5.1.3 创建数组的方法

（1）用array()或asarray()函数创建数组

可以用多种方式来定义数组，最常用的是用array()函数或asarray()函数。array()函数的格式如下所示：

```
array(object, dtype=None, copy=True, order='K', subok=False, ndmin=0)
```

各项参数的意义如下所示。

- object是数组的数据源，例如列表、元组、range()函数等数据序列，还可以是数组。
- dtype用于指定数据类型，如果未给出，则类型由满足保存数据所需的最小内存空间的存储类型决定。
- copy设置新建数组是原数组的副本还是引用。当object是数组，且object的数据类型与新建数组的数据类型相同时，若copy=True，新建的数组是原数组的副本，这时新建的数组与原数组没有任何联系，改变新建数组或原数组的元素值，不会改变另一个数组的值；在copy=False时，新建数组和原数组共用内存，改变新建数组或原数组的元素值，会改变另一个数组的元素值。
- order用于指定数据元素在内存中的排列形式，可以取'K'（keep）、'A'（any）、'C'（C语言风格）或'F'（Fortran语言风格）。'K'和'A'用于object是数组的情况。在object不是数组时，order='F'表示新建数组按照Fortran格式排列（列排列），order='C'表示新建数组按照C格式排列（行排列），如果没有设置order，默认order='C'；在object是数组时，无论copy的取值是什么，order='F'表示新建数组按照Fortran格式排列，order='C'表示新建数组按照C格式排列；在object是数组且copy=False时，order='K'或'A'表示新建数组与原数组的排列形式相同；在object是数组且copy=True时，order='K'表示原数组如果是Fortran或C排列，则新建数组也是Fortran或C排列，其他情况采用最接近的方式排列，order='A'表示如果原数组是Fortran排列，则新数组也是Fortran排列，其他情况是C排列。
- 当object是数组时，subok用于指定新建数组是否是object数组的子类。
- ndmin是可选参数，类型为int型，指定新建数组应具有的最小维数。

asarray()函数的格式是asarray(object, dtype=None, order=None, like=None)，其中like作为参考物，取值是数组，返回的数组根据like数组来定义。array()和asarray()都可以将序列转化为ndarray对象，区别是当参数object不是数组时，两个函数结果相同，当object是数组且新建数组与原数组的数据类型相同时，array()在copy=True时会新建一个ndarray对象，作为原数组的副本，但是asarray()不会新建数组，而是与object共享同一个内存，改变其中一个数组的元素值，也会同时改变另一个数组的元素值，此时asarray(object)相当于array(object,copy=False)。

下面的代码可以对比在类型相同或不同、copy=False时的差异，以及类型相同、copy=True时的差异。

```
import numpy as np    #Demo5_5.py
arr1 = np.array(10)   #0维数组
```

```
arr2 = np.array(range(1,11))    #用Python的range()函数创建一维数组
arr3 = np.array([(1, 2, 3), [4, 5, 6]])   #二维数组
arr4 = np.asarray([[[1, 2, 3], [4, 5, 6]], [[7, 8, 9], [10, 11, 12]]])   #三维数组

a=[1,2,3,4,5,6,7]   #Python的列表
a_array=np.array(a,dtype=int,order='C')   #新建数组
b_array=np.array(a_array,dtype=int,copy=False)   #用数组建立新数组且copy=False
print(1,a_array)   #输出数组
print(2,b_array)   #输出数组
a_array[0]=100    #改变数组中的数据
b_array[1]=200    #改变数组中的数据
print(3,a_array)   #输出数组
print(4,b_array)   #输出数组
c_array=np.array(a_array,dtype=float,copy=False)   #改变类型
a_array[2]=300    #改变数组中的数据
c_array[3]=400    #改变数组中的数据
print(5,a_array)   #输出数组
print(6,c_array)   #输出数组
d_array=np.array(a_array,dtype=int,copy=True)    #类型不变且copy=True
a_array[4]=500    #改变数组中的数据
d_array[5]=600    #改变数组中的数据
print(7,a_array)   #输出数组
print(8,d_array)   #输出数组
#运行结果如下:
#1 [1 2 3 4 5 6 7]
#2 [1 2 3 4 5 6 7]
#3 [100 200   3   4   5   6   7]
#4 [100 200   3   4   5   6   7]
#5 [100 200 300   4   5   6   7]
#6 [100. 200.   3. 400.   5.   6.   7.]
#7 [100 200 300   4 500   6   7]
#8 [100 200 300   4   5 600   7]
```

（2）用arange()函数创建数组

与Python的内置函数range()类似，NumPy的arange()函数可以产生一系列数据，并生成一维数组，arange()函数的格式如下：

> arange([start,] stop[, step], dtype=None,like=None)

其中，start是起始值；stop是终止值；step是步长。arange()函数创建的数组包含起始值，但不包含终止值，start、stop和step可以取整数、浮点数和复数。start和step是可选参数，如果忽略，则start默认为0，step默认为1。

下面是用arange()函数创建数组的一些实例。

```
import numpy as np   #Demo5_6.py
x=np.arange(10); print(x)
x=np.arange(2,10,2); print(x)
```

```
x=np.arange(-1.3,-2.3,-0.2); print(x)
x=np.arange(10.5+2j,12+3j,0.3-0.2j); print(x)
#运行结果如下：
#[0 1 2 3 4 5 6 7 8 9]
#[2 4 6 8]
#[-1.3 -1.5 -1.7 -1.9 -2.1]
#[10.5+2.j  10.8+1.8j]
```

（3）用linspace()等函数创建数组

NumPy的linspace()函数可以在起始值和终止值之间线性取值，并返回新生成的数组，linspace()函数的格式如下：

```
linspace(start, stop, num=50, endpoint=True, retstep=False, dtype=None, axis=0)
```

其中，start和stop是起始值和终止值，取值可以是标量或数组、列表或元组；num是返回的数组中元素的个数，包括start；如果endpoint=True，则数组的最后一个元素是stop值，如果endpoint=False，返回的数组不包括stop值；如果retstep=True，返回由数组和步长构成的元组；dtype指定数组的类型；axis是坐标轴，只有在start和end是数组、列表或元组时才有效。

```
import numpy as np   #Demo5_7.py
x=np.linspace(10,20,num=5); print(1,x)
x=np.linspace(10,20,num=5,endpoint=False); print(2,x)
x,y=np.linspace(10,20,num=5,endpoint=True,retstep=True); print(3,x,y)
x=np.linspace([10,15],[20,30],num=5,endpoint=True); print(4,x)
x=np.linspace([10,15],[20,30],num=5,endpoint=True,axis=1); print(5,x)
x=np.linspace(10.5+2j,12+3j,num=5,endpoint=True); print(6,x)
'''
运行结果如下：
1 [10.  12.5 15.  17.5 20. ]
2 [10. 12. 14. 16. 18.]
3 [10.  12.5 15.  17.5 20. ] 2.5
4 [[10.    15.  ]
 [12.5  18.75]
 [15.   22.5 ]
 [17.5  26.25]
 [20.   30.  ]]
5 [[10.  12.5  15.   17.5  20. ]
 [15.  18.75 22.5  26.25 30. ]]
6 [10.5+2.j  10.875+2.25j 11.25 +2.5j 11.625+2.75j 12. +3.j ]
'''
```

linspace()用等差数列创建数组。与linspace()相似的函数有geomspace()和logspace()。geomspace()创建等比数列，而logspace()先生成等差数列，然后再把等差数列作为指数，计算指定基（Base）的幂，返回由幂计算的数组。geomspace()和logspace()的格式如下所示：

```
geomspace(start, stop, num=50, endpoint=True, dtype=None, axis=0)
logspace(start, stop, num=50, endpoint=True, base=10.0, dtype=None, axis=0)
```

```
import numpy as np    #Demo5_8.py
x=np.geomspace(10,80,num=4,endpoint=True); print(1,x)
x=np.geomspace([10,30],[80,240],num=3,endpoint=False); print(2,x)
x=np.logspace(1,5,num=5,base=2,endpoint=True); print(3,x)
x=np.logspace(1,5,num=4,base=3,endpoint=False); print(4,x)
'''
```

运行结果如下：
```
1 [10. 20. 40. 80.]
2 [[ 10.  30.]
  [ 20.  60.]
  [ 40. 120.]]
3 [ 2.  4.  8. 16. 32.]
4 [ 3.  9. 27. 81.]
'''
```

（4）用zeros()等函数创建数组

NumPy提供zeros()、ones()、empty()、full()、eye()和identity()函数能快速创建特殊数组。zeros()创建元素值全部是0的数组；ones()创建元素值全部是1的数组；empty()创建没有初始化的数组，数值的元素值不确定；full()创建元素值全部是指定值的数组；eye()创建一个二维数组，在指定的对角线上的值为1，其他全部为0；identity()创建行和列相等、主对角线上的值全部是1、其他元素全部为0的单位矩阵。这几个函数的格式如下所示：

```
zeros(shape, dtype=float, order='C')
ones(shape, dtype=None, order='C')
empty(shape, dtype=float, order='C')
full(shape, fill_value, dtype=None, order='C')
eye(N, M=None, k=0, dtype=float, order='C')
identity(n, dtype=None)
```

其中，参数shape可以取整数或由整数构成的元组，例如shape取5表示创建含有5个元素的一维数组，shape取(3,6)表示创建二维数组，第1维的元素个数是3，第2维的元素个数是6；fill_value表示元素的初始值；order设置数组元素在内存中的排列形式，可以取'C'或'F'。对于eye()返回形状是(N,M)的二维数组，N是行的数量，M是列的数量，如果忽略M，则M=N；k是对角线的索引，或相对于主对角线的偏移量，k=0是主对角线，k>0表示是上对角线，k<0是下对角线。对于identity()返回形状是(n,n)的二维数组，只在主对角线上的值为1，其他全部为0。用数组的fill(value)方法可以让数组的所有元素的值是value。

```
import numpy as np    #Demo5_9.py
x=np.zeros(5,dtype=int); print(1,x)
x=np.zeros((2,5,),dtype=float); print(2,x)
x=np.ones(5); print(3,x)
x=np.ones((2,5),dtype=complex); print(4,x)
x=np.empty(5,dtype=np.int32); print(5,x)
x=np.empty((2,5),dtype=np.float64); print(6,x)
x=np.full((3,5),fill_value=1.5,dtype=np.float64); print(7,x)
'''
```

运行结果如下：
```
1 [0 0 0 0 0]
2 [[0. 0. 0. 0. 0.]
 [0. 0. 0. 0. 0.]]
3 [1. 1. 1. 1. 1.]
4 [[1.+0.j 1.+0.j 1.+0.j 1.+0.j 1.+0.j]
 [1.+0.j 1.+0.j 1.+0.j 1.+0.j 1.+0.j]]
5 [0 0 0 0 0]
6 [[0. 0. 0. 0. 0.]
 [0. 0. 0. 0. 0.]]
7 [[1.5 1.5 1.5 1.5 1.5]
 [1.5 1.5 1.5 1.5 1.5]
 [1.5 1.5 1.5 1.5 1.5]]
'''
```

（5）用zeros_like()等函数创建数组

NumPy提供zeros_like()、ones_like()、empty_like()和full_like()函数，这些函数返回与给定数组相同形状的数组，并进行初始化。这些函数的格式如下所示：

```
zeros_like(object, dtype=None, order='K', subok=True, shape=None)
ones_like(object, dtype=None, order='K', subok=True, shape=None)
empty_like(object, dtype=None, order='K', subok=True, shape=None)
full_like(object, fill_value, dtype=None, order='K', subok=True, shape=None)
```

其中，object表示数组、列表或元组等；如果没有指定shape，则创建的数组的形状与object的形状相同，如果重新指定shape的值，则创建的数组的形状是shape的值；order可以取'C'、'F'、'A'或'K'。

```python
import numpy as np   #Demo5_10.py
a=[[1,2,3],[4,5,6]]    #列表
array=np.array([[1,2,3],[4,5,6]])  #二维数组
x=np.zeros_like(array); print(1,x)   #与输入相同形状的数组，初始值全部是0
x=np.zeros_like(array,shape=(2,8)); print(2,x)  #重新调整数组
x=np.ones_like(a); print(3,x)     #与输入相同形状的数组，初始值全部是1
x=np.empty_like(array); print(4,x)    #与输入相同形状的数组
x=np.full_like(a,fill_value=1+2j,dtype=complex); print(5,x)#与输入相同形状的数组
'''
```

运行结果如下：
```
1 [[0 0 0]
 [0 0 0]]
2 [[0 0 0 0 0 0 0 0]
 [0 0 0 0 0 0 0 0]]
3 [[1 1 1]
 [1 1 1]]
4 [[1 2 3]
 [4 5 6]]
5 [[1.+2.j 1.+2.j 1.+2.j]
 [1.+2.j 1.+2.j 1.+2.j]]
'''
```

（6）用fromfunction()函数创建数组

fromfunction()函数用指定形状的数组的下标（行、列索引值）作为实参，传递给指定的函数，通常用于绘制图形。fromfunction()函数的格式如下：

```
fromfunction(function, shape, dtype=float, **kwargs)
```

其中function是可以调用的函数名；shape指定数组的形状，数组的下标将会传递给函数。

```python
import numpy as np    #Demo5_11.py
def square(i):
    return i**2
def multiple(i,j):
    return i*j
x=np.fromfunction(square,shape=(6,),dtype=int); print(1,x)
x=np.fromfunction(multiple,shape=(2,5),dtype=int); print(2,x)
x=np.fromfunction(lambda i, j: i >= j, shape=(3, 5), dtype=int); print(3,x)
'''
```

运行结果如下：

```
1 [ 0  1  4  9 16 25]
2 [[0 0 0 0 0]
 [0 1 2 3 4]]
3 [[ True False False False False]
 [ True  True False False False]
 [ True  True  True False False]]
'''
```

（7）用fromfile()方法创建数组

NumPy的fromfile()函数可从文本文件或二进制文件中直接读取数据，返回数组，fromfile()函数的格式如下所示：

```
fromfile(file, dtype=float, count=-1, sep='', offset=0)
```

其中，file是路径和文件名；count表示读取的数据的数量，-1表示读取所有数据；如果文件是文本文件，sep是数据之间的分割符，空格符（' '）可以匹配0和多个空格符，sep是空字符（''）表示文件是二进制文件；offset是二进制文件中相对当前位置的偏移量（字节）。fromfile()函数的返回值是一维数组，可以用数组的reshape()方法重新调整数组的形状。

下面的代码从data.txt文件中读取数据创建数组，data.txt文件中有2行数据，分别是1.1、2.3、4.5和2.3、4.2、7.8，数据之间用空格隔开，读取数据后用数组的reshape()方法重新调整数组的形状。

```python
import numpy as np    #Demo5_12.py
x=np.fromfile(file="d:/data.txt",sep=' ')    #从文件读取数据，形成一维数组
print(x)
x=x.reshape(2,3)    #重新调整数组的形状
print(x)
```

```
#运行结果如下:
#[1.1 2.3 4.5 2.3 4.2 7.8]
#[[1.1 2.3 4.5]
# [2.3 4.2 7.8]]
```

用数组的 tofile(fid, sep=' ', format="%s") 方法可以将数组保存到文件中，fid 是路径和文件名。

（8）用 fromiter() 方法创建数组

NumPy 的 fromiter() 函数可以从一个迭代序列中创建一维数组，其格式如下所示：

```
fromiter(iterable, dtype, count=-1)
```

其中，iterable 是迭代序列；count 是读取的数据数量，默认是 -1，表示读取所有数据。

```
import numpy as np   #Demo5_13.py
iterable = (i*i-i for i in range(1,7))
x=np.fromiter(iterable, dtype=float)
print(x)
x=x.reshape((2,3))
print(x)
#运行结果如下:
#[ 0.  2.  6. 12. 20. 30.]
#[[ 0.  2.  6.]
#[12. 20. 30.]]
```

（9）用 fromstring() 方法创建数组

用 NumPy 的 fromstring() 方法可以从文本中创建一维数组，fromstring() 方法的格式如下所示：

```
fromstring(string, dtype=float, count=-1, sep='')
```

其中，string 是包含数据的字符串；dtype 指定数组的类型；count 指定读取数据的数量，默认是 -1，表示读取 string 中的所有数据；sep 指定 string 中数据之间的分割符。

```
import numpy as np   #Demo5_14.py
string="1 2 3 4 5 6 7 8"
x=np.fromstring(string,dtype=int,count=5,sep=' ')
print(1,x)
string="1, 2, 3, 4, 5, 6, 7, 8"
x=np.fromstring(string,dtype=float,count=-1,sep=',')
print(2,x)
#运行结果如下:
#1 [1 2 3 4 5]
#2 [1, 2, 3, 4, 5, 6, 7, 8,]
```

（10）网格数组

在用 Matplolib 绘制图像时，经常会绘制如 $z=f(x,y)$ 函数的图像，即 z 是 x 和 y 的函数，这时，x 和 y 都需要取一些离散值，例如 x=1、2、3、4，y=2.5、3.5、4.5，这样 x 和 y 将形成 12 个点

P11～P43,如图5-2所示。

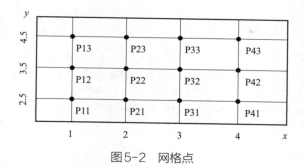

图5-2 网格点

要写出这12个点的坐标,可以用下面的两个矩阵 X 和 Y 分别表示这12个点的 x 和 y 坐标构成的矩阵,用 X 和 Y 对应位置上的数据即可写出 P_{ij} 点的坐标。

$$X = \begin{bmatrix} 1 & 2 & 3 & 4 \\ 1 & 2 & 3 & 4 \\ 1 & 2 & 3 & 4 \end{bmatrix} \qquad Y = \begin{bmatrix} 2.5 & 2.5 & 2.5 & 2.5 \\ 3.5 & 3.5 & 3.5 & 3.5 \\ 4.5 & 4.5 & 4.5 & 4.5 \end{bmatrix}$$

NumPy提供了由坐标向量换算坐标矩阵的函数meshgrid(),它可以生成指定维数的坐标矩阵,meshgrid()函数的格式如下所示:

```
meshgrid(x1, x2,…, xn, copy=True, sparse=False, indexing='xy')
```

其中,x1～xn表示一维数组、列表或元组,其数量决定了meshgrid()函数返回值的维数;copy=False时返回值是对原始数据的引用,这样可以节省内存;sparse=True时,返回值是稀疏矩阵,这样也可以节省内存;indexing可以取'xy'或'ij','xy'表示返回值是直角坐标矩阵,'ij'表示返回的是坐标矩阵的转置矩阵。

除了用meshgrid()函数创建网格坐标矩阵外,还可以用mgrid()函数来创建多维坐标矩阵,mgrid()函数的格式是mgrid[start:stop:step, start:stop:step,…],每维的取值范围由start:stop:step来定义,如果step是实数,则不包含stop,step表示步长;如果step是复数,则包含stop,step幅值的整数部分是数据点的个数。

```
import numpy as np    #Demo5_15.py
x=[1, 2, 3, 4]
y=[2.5, 3.5, 4.5]
X,Y=np.meshgrid(x,y)
z = np.sin((X**2 + X**2) / (Y**2 + Y**2))
print(1,X)      #输出X坐标矩阵
print(2,Y)      #输出Y坐标矩阵
print(3,z)      #输出函数值
X,Y=np.mgrid[1:5:1, 2.5:4.5:3j]
print(4,X)
print(5,Y)
'''
运行结果如下:
1 [[1 2 3 4]
```

```
  [1 2 3 4]
  [1 2 3 4]]
2 [[2.5 2.5 2.5 2.5]
  [3.5 3.5 3.5 3.5]
  [4.5 4.5 4.5 4.5]]
3 [[0.15931821  0.59719544  0.99145835 0.54935544]
  [0.08154202  0.3207589   0.67036003 0.96517786]
  [0.04936265  0.19624881  0.42995636 0.71044016]]
4 [[1. 1. 1.]
  [2. 2. 2.]
  [3. 3. 3.]
  [4. 4. 4.]]
5 [[2.5 3.5 4.5]
  [2.5 3.5 4.5]
  [2.5 3.5 4.5]
  [2.5 3.5 4.5]]
...
```

5.1.4 数组的属性

数组都是ndarray的实例对象，因此数组都会继承ndarray的属性，数组的属性如表5-4所示。

表5-4 数组的属性

属性	返回值的类型	说明
a.T	ndarray	返回数组的转置数组
a.dtype	dtype	数组元素的类型
a.flags	dict	有关数组信息的字典
a.imag	ndarray	数组的虚部构成的数组
a.real	ndarray	数组的实部构成的数组
a.size	int	数组中元素的数量
a.itemsize	int	返回存储一个元素所占据的内存字节数
a.nbytes	int	返回存储所有元素所占据的字节数
a.ndim	int	返回数组的维数
a.shape	tuple	返回数组的形状（每维的元素个数）
a.strides	tuple	返回每维上的一个元素所占据的内存字节数
a.data	Memoryview	数组在内存中的预览
a.base	ndarray	如果数组是对另外一个数组的引用，返回原数组，否则返回None

5.1.5 NumPy中的常量

NumPy为了方便处理数据，定义了几个常量，这些常量包括np.NaN、np.nan、np.NAN、np.Inf、np.inf、np.infty、np.Infinity、np.PINF、np.NINF、np.PZERO、np.NZERO、np.euler_gamma、np.newaxis、np.e和np.pi，这些常量的数据类型都是float类型，这些常量的意义如下所示。

· np.NaN、Np.nan和np.NAN表示的意思相同，都表示缺少数值数据（not a number），例如在计算np.log(-1)时，返回的值是nan。可以用NumPy的isnan(x)函数查询数组x中哪些元素是nan。

- np.Inf、np.inf、np.infty 和 np.Infinity 都表示无穷大，例如在计算 np.divide(1,0) 时（计算 1/0），返回值是 inf，计算 np.log(0) 时返回 -inf；np.PINF 和 np.NINF 分别表示正无穷大（positive INF）和负无穷大（negative INF）。用 isinf(x) 函数查询哪些元素为正或负无穷大，用 isposinf(x) 函数查询哪些元素是正无穷大，用 isneginf(x) 函数查询哪些元素为负无穷，用 isfinite(x) 函数查询哪些元素是有限的，既不是非数字，也不是正无穷大和负无穷大。
- np.PZERO 和 np.NZERO 分别表示正零和负零。
- np.newaxis 在对数组调整形状时使用，表示增加一个维数（轴）。

下面的代码是对以上各常量使用的应用举例。

```
import numpy as np    #Demo5_16.py
x=np.array([np.NZERO,1,2,np.log(-1),np.divide(1,0),np.log(0)]); print(1, x, x.dtype)
y=np.isnan(x); print(2, y)
y=np.isinf(x); print(3, y)
y=np.isposinf(x); print(4, y)
y=np.isneginf(x); print(5, y)
y=np.isfinite(x); print(6, y)
print(7, x[:, np.newaxis])
'''
```

运行结果如下：

```
1 [ -0.  1.   2.  nan  inf -inf] float64
2 [False False False  True False False]
3 [False False False False  True  True]
4 [False False False False  True False]
5 [False False False False False  True]
6 [ True  True  True False False False]
7 [[ -0.]
 [ 1.]
 [ 2.]
 [ nan]
 [ inf]
 [-inf] ]
'''
```

除了前面介绍的几个特殊的常量外，NumPy 中还有一些常量，这些常量的名称和值如表 5-5 所示。

表5-5　NumPy 中的常量

常量名称	值	常量名称	值
ALLOW_THREADS	1	MAXDIMS	32
BUFSIZE	8192	MAY_SHARE_BOUNDS	0
CLIP	0	MAY_SHARE_EXACT	-1
ERR_CALL	3	NAN	nan
ERR_DEFAULT	521	NINF	-inf
ERR_IGNORE	0	NZERO	-0.0
ERR_LOG	5	NaN	nan
ERR_PRINT	4	PINF	inf

续表

常量名称	值	常量名称	值
ERR_RAISE	2	PZERO	0.0
ERR_WARN	1	RAISE	2
FLOATING_POINT_SUPPORT	1	SHIFT_DIVIDEBYZERO	0
FPE_DIVIDEBYZERO	1	SHIFT_INVALID	9
FPE_INVALID	8	SHIFT_OVERFLOW	3
FPE_OVERFLOW	2	SHIFT_UNDERFLOW	6
FPE_UNDERFLOW	4	True_	True
False_	False	UFUNC_BUFSIZE_DEFAULT	8192
Inf	inf	UFUNC_PYVALS_NAME	'UFUNC_PYVALS'
Infinity	inf	WRAP	1

5.1.6 数组的切片

要从数组中获取元素的值，或者修改数组的元素值，都需要定位到数组的元素，这可以通过索引和切片来实现。与列表和元组类似，数组的索引也是从0开始，从左到右逐渐增大，也可以用负数做索引，从右到左由-1逐渐减小。

（1）一维数组的切片

对于一维数组，可以用slice()函数定义一个切片对象，格式为slice(stop)或slice(start, stop[, step])，切片不包括stop，也可以在数组中直接用冒号":"来指定切片，格式为array[start:stop:step]，视情况可以省略start、stop和step，但是不能省略冒号":"；如果省略start，则认为从索引0开始，如果省略stop，则默认到数组的最后一个元素，省略step则默认步长是1。下面的代码是一维切片的应用。

```python
import numpy as np    #Demo5_17.py
a = np.arange(10)
print(1,a)
a[6]=600    #用索引修改元素值
a[-2]=800   #用负索引修改元素值
print(2,a)
x=a[5]; print(3,x)  #输出索引是5的元素的值
s=slice(5); x= a[s]; print(4,x)   #用切片输出多个元素的值
s=slice(0,5,2); x= a[s]; print(5,x)   #用切片输出多个元素的值
s=slice(-1,-5,-2); x= a[s]; print(6,x)   #用切片输出多个元素的值
s=slice(-5,-1,2); x= a[s]; print(7,x)   #用切片输出多个元素的值
x=a[1:5:2]; print(8,x)   #用冒号定义切片
x=a[1:5]; print(9,x)    #省略步长，默认为1
x=a[:5]; print(10,x)    #省略初始值，默认从0开始
x=a[1::2]; print(11,x)  #省略终止值，默认直到最后
x=a[::2]; print(12,x)   #省略初始值和终止，默认全部元素
```

```
#运行结果如下:
#1 [0 1 2 3 4 5 6 7 8 9]
#2 [0 1 2 3 4 5 600 7 800 9]
#3 5
#4 [0 1 2 3 4]
#5 [0 2 4]
#6 [9 7]
#7 [5 7]
#8 [1 3]
#9 [1 2 3 4]
#10 [0 1 2 3 4]
#11 [1 3 5 7 9]
#12 [ 0 2 4 600 800]
```

（2）多维数组的切片

多维数组的切片要比一维数组稍微复杂，需要对每一维指定切片，每维的切片之间用逗号","隔开。多维数组的切片还可以使用"…"，表示匹配尽可能多的逗号","，例如 a 是 5 维数组，则 a[1,2,…]等价于 x[1,2,:,:,:]，a[…,3]等价于 a[:,:,:,:,3]，a[4,…,5,:]等价于[4,:,:,5,:]。下面的代码是多维切片的一些应用。

```
import numpy as np    #Demo5_18.py
a = np.arange(30)
a=a.reshape(3,10)
print(1,a)
x=a[2,5]; print(2,x)  #根据索引获取元素值
a[1,0]=100; print(3,a)  #根据索引，修改元素的值
x=a[1:3,3:8:2]; print(4,x)
x=a[1:3,2:]; print(5,x)
x=a[:,2:]; print(6,x)
x=a[2]; print(7,x)
x=a[:,8]; print(8,x)
x=a[… , 6:]; print(9,x)
x=a[1:: , …]; print(10,x)
#运行结果如下:
#1[[ 0  1  2  3  4  5  6  7  8  9]
#  [10 11 12 13 14 15 16 17 18 19]
#  [20 21 22 23 24 25 26 27 28 29]]
#2 25
#3[[ 0  1  2  3  4  5  6  7  8  9]
#  [100 11 12 13 14 15 16 17 18 19]
#  [ 20 21 22 23 24 25 26 27 28 29]]
#4[[13 15 17]
#  [23 25 27]]
#5[[12 13 14 15 16 17 18 19]
#  [22 23 24 25 26 27 28 29]]
#6 [[ 2  3  4  5  6  7  8  9]
```

```
#   [12 13 14 15 16 17 18 19]
#   [22 23 24 25 26 27 28 29]]
#7[20 21 22 23 24 25 26 27 28 29]
#8[ 8 18 28]
#9[[ 6  7  8  9]
#   [16 17 18 19]
#   [26 27 28 29]]
#10[[100 11 12 13 14 15 16 17 18 19]
#   [ 20 21 22 23 24 25 26 27 28 29]]
```

需要注意的是,用切片新生产的数组与原数组还是共用内存,因此修改一个数组的值,另外一个数组的值也会同时发生变化,例如下面的代码。

```
import numpy as np   #Demo5_19.py
a = np.arange(30)
a=a.reshape(3,10)
print(1,a)
x=a[:,0:8:2]   #切片
print(2,x)
a[1,0]=100   #改变原数组的值
x[2,0]=200   #改变切片的值
print(3,a)
print(4,x)
'''
运行结果如下:
1 [[ 0  1  2  3  4  5  6  7  8  9]
  [10 11 12 13 14 15 16 17 18 19]
  [20 21 22 23 24 25 26 27 28 29]]
2 [[ 0  2  4  6]
  [10 12 14 16]
  [20 22 24 26]]
3 [[ 0  1  2  3  4  5  6  7  8  9]
  [100 11 12 13 14 15 16 17 18 19]
  [200 21 22 23 24 25 26 27 28 29]]
4 [[ 0  2  4  6]
  [100 12 14 16]
  [200 22 24 26]]
'''
```

5.1.7 数组的保存与读取

在科学计算中,数组记录的数据量通常非常大,而且在计算过程中也会生成许多中间结果,如果将这些结果都保存到内存中,势必会占用太多的内存空间,需要把一些数据保存到硬盘文件中。数组可以保存到文本文件中,也可以保存到二进制文件或压缩二进制文件中。

（1）文本文件的读写

将数组保存到文本文件中和从文本文件读取数据的函数分别是 savetxt() 函数和 loadtxt() 函数。savetxt() 的格式如下所示：

```
savetxt(fname,X,fmt='%.18e',delimiter='',newline='\n',header='',footer='',comments='#',encoding=None)
```

其中各参数的意义如表5-6所示。

表5-6　savetxt()函数各参数的意义

参数	参数类型	说明
fname	str	路径和文件名，如果扩展名是 .gz，则自动以 gzip 压缩格式存储
X	array	设置要输出的数据，取值是一维或二维数组、列表或元组
fmt	str	设置数据的存储格式字符串，可以取单个格式字符串、多个格式字符串（指定每列的格式）或多格式字符串。Fmt 是多格式字符串列时，如 'Iteration %d -- %10.5f'，这时会忽略 delimiter 参数。在 X 是复数时，如果 fmt 是单个格式字符串，则实部和虚部的格式相同，并在虚部后面添加 "j" 以表示是复数；fmt 可以取一长串，指定每个实部和虚部的个数，例如 ' %.4e %+.4ej %.4e %+.4ej %.4e %+.4ej' 指定了3列数据的格式；可以用格式列表指定每列的格式，例如 ['%.3e + %.3ej'、'(%.15e%+.15ej)'] 指定了两列数据的格式。关于用%进行格式化字符串的内容参见2.4.3节的内容
delimiter	str	设置列之间的分隔符
newline	str	设置新行符号
header	str	设置文件开始部分的说明
footer	str	用于文件结尾部分的说明
comments	str	设置放到 header 或 footer 之前用于表示注释的符号
encoding	str	设置编码方式，例如 'bytes'、'latin1'

loadtxt() 函数从文本文件中读取数据，并生成数组，文本文件的每行必须要有相同数量的数值。loadtxt() 函数的格式如下所示：

```
loadtxt(fname,dtype=float,comments='#',delimiter=None,converters=None,skiprows=0,usecols=None,unpack=False,ndmin=0,encoding='bytes',max_rows=None)
```

loadtxt() 函数各参数的意义说明如表5-7所示。

表5-7　loadtxt()函数各参数的意义

参数	参数类型	说明
fname	str	路径和文件名，如果扩展名是 .gz，会首先将文件进行解压缩
dtype	dtype	设置数组的类型
comments	str	设置文件中用于标识和说明文字的符号
delimiter	str	设置列分隔符
converters	dict	取值是字典，字典的关键字是列索引，将某列转换成其他数据类型，例如第1列是时间格式的字符串，可以用 converters = {0: datestr2num} 将时间转换成数值
skiprows	int	设置文件开始部分跳过的行数，包括说明部分
usecols	int sequence	设置要读取的列数，或者按列索引指定要读取的列，usecols= (0,2,4) 表示读取第1列、第3列和第5列

参数	参数类型	说明
unpack	bool	设置是否将数据进行转置
ndmin	int	设置返回的数组至少具有的维数
encoding	str	设置编码方式
max_rows	int	设置读取的最大行，不包括 skiprows 指定的跳过的行，默认读取所有行

下面的程序计算方程 $z = 2\left(1 - \dfrac{x}{4} + x^3\right) e^{-x^2 - y^2}$ 确定的函数值，将值写入 z.out 文件中，从该文件中重新读取数据，并输出数据。

```python
import numpy as np   #Demo5_20.py
n = 5
x = np.linspace(-3,3,n)
y = np.linspace(-3,3,n)
X,Y = np.meshgrid(x,y)    #x和y向的坐标值
Z = (1-X/4+X**3)*np.exp(-X**2-Y**2)    #高度值
filename='d:\\z.out'
np.savetxt(filename,X=Z,fmt='%+.6E',header='Z=(1-X/4+X**3)*np.exp(-X**2-Y**2)',delimiter=' '*5)
zz=np.loadtxt(fname=filename,delimiter=' '*5)
print(zz)
'''
运行结果如下：
[[-3.845570e-07 -2.601460e-05  1.234098e-04  5.202919e-05  4.150169e-07]
 [-3.284343e-04 -2.221799e-02  1.053992e-01  4.443599e-02  3.544489e-04]
 [-3.116098e-03 -2.107984e-01  1.000000e+00  4.215969e-01  3.362917e-03]
 [-3.284343e-04 -2.221799e-02  1.053992e-01  4.443599e-02  3.544489e-04]
 [-3.845570e-07 -2.601460e-05  1.234098e-04  5.202919e-05  4.150169e-07]]
'''
```

（2）二进制文件的读写

NumPy 中保存数组到二进制文件的函数有 save()、savez() 和 savez_compressed()，其中 save() 函数将一个数组保存到二进制文件 .npy 中，savez() 函数将多个数组保存到非压缩二进制文件 .npz 中，savez_compressed() 函数将多个数组以压缩方式保存到二进制文件 .npz 中。这 3 个函数的格式如下所示：

```
save(file, arr, allow_pickle=True, fix_imports=True)
savez(file, *args, **kwds)
savez_compressed(file, *args, **kwds)
```

其中，file 是要保存的路径和文件名；arr 是数组名；allow_pickle 设置是否运行使用 Python 的 pickle 模块的功能，pickle 可以将数组对象序列化后直接保存到文件中；fix_imports 用于将 Python 3 的对象可以在 Python 2 中序列化，并在 Python 2 中可读；如果 *args 指定多个数组来保

存数据,在文件中用名称"arr_0" "arr_1"等存储对应的数组名;如果用**kwds指定多个数组保存数据,在文件中用对应的关键字来存储,关键字由用户自己指定。

NumPy读取二进制文件的函数是load(),load()函数可以读取.npy和.npz文件,其格式如下所示:

```
load(file, mmap_mode=None, allow_pickle=False, fix_imports=True)
```

其中,file是路径和文件名,或者其他读写设备;mmap_mode设置内存映射模式,可以取None、'r+'(打开文件可读写)、'r'(打开文件只读)、'w+'(新建或覆盖文件可读写)或'c'(复制文件,原文件只读),内存映射保存到磁盘上,可以像数组一样进行切片。如果load()函数打开的是.npy文件,则返回值是一个数组,如果load()函数打开的是.npz文件,返回值是一个字典,字典的值是数组。

下面的代码是用不同的方式保存数组到二进制文件中,并打开二进制文件读取数据。

```python
import numpy as np    #Demo5_21.py
n = 3
x = np.linspace(0,3,n)
y = np.linspace(0,3,n)
X,Y = np.meshgrid(x,y)
Z = (1-X/4+X**3)*np.exp(-X**2-Y**2)

np.save(file='d:\\z.npy',arr=Z)    #保存到.npy文件
zz=np.load(file='d:\\z.npy')       #打开.npy文件,返回值是一个数组
print(1,zz)

np.savez('d:\\xz_1.npz',X,Z)       #保存到.npz文件
result_1=np.load(file='d:\\xz_1.npz')    #打开.npz文件,返回值是字典
print(2,result_1['arr_0'])         #字典的关键字是'arr_0'
print(3,result_1['arr_1'])         #字典的关键字是'arr_1'

np.savez('d:\\xz_2.npz',a=X,b=Z)   #以关键字形式保存到.npz文件
result_2=np.load(file='d:\\xz_2.npz')    #打开.npz文件,返回值是字典
print(4,result_2['a'])    #字典的关键字是保存时的关键字
print(5,result_2['b'])    #字典的关键字是保存时的关键字

np.savez_compressed('d:\\xz_3.npz',aa=X,bb=Z)    #以关键字形式保存到压缩.npz文件
result_3=np.load(file='d:\\xz_3.npz')    #打开压缩.npz文件,返回值是字典
print(6,result_3['aa'])    #字典的关键字是保存时的关键字
print(7,result_3['bb'])    #字典的关键字是保存时的关键字
```

5.2 数组操作

创建数组是为了方便多维数据的运算。数组参与的运算,除少量的运算外,例如点乘和叉乘,大部分运算都是针对数组中的元素进行的。数组可以进行四则运算、调整形状、重新组合和排序、打乱和删除等操作。

5.2.1 基本运算

（1）数组元素的获取

要获取数组中元素的值，可以用数组的item()方法获取，item()方法格式是item(*args)，其中args可以取一个整数，或用索引来确定，当取一个整数时，把数组当作一维数组处理。另外，还可以用for循环输出数组中所有数据，例如下面的代码。

```python
import numpy as np    #Demo5_22.py
x=np.array([[1,2,3],[4,5,6]])
print(x.item(2),x.item(5))
print(x.item(0,2),x.item(1,2))
print(x.item(-2,-1),x.item(-1,-1))
for i in x:    #for循环输出数据
    print(i,end=" ")
    for j in i:
        print(j,end=" ")
print("\n",end="")
for iter in np.nditer(x):    #用nditer()函数
    print(iter,end=" ")
#运行结果如下：
#3 6
#3 6
#3 6
#[1 2 3] 1 2 3 [4 5 6] 4 5 6
#1 2 3 4 5 6
```

（2）数组的四则运算

数组之间的加、减、乘、除等运算是基于数组的元素进行的，要求两个数组的形状相同，如果不同则通过广播机制调整至形状相同，具体示例如下面的代码所示。

```python
import numpy as np    #Demo5_23.py
a=np.arange(5); print(1,a)
b=np.array([20,30,40,50,60]); print(2,b)
r1=a+b;print(3,r1)          #加
r2=b-a;print(4,r2)          #减
r3=a*b;print(5,r3)          #乘
r4=a/b;print(6,r4)          #除
r5=a**2;print(7,r5)         #乘方
r6=a+10;print(8,r6)         #与标量运算
r7=a*3;print(9,r7)          #与标量运算
r8=b//3;print(10,r8)        #整除
r9=b%3;print(11,r9)         #求余数
r10=b>40;print(12,r10)      #逻辑运算
a+=b;print(13,a)            #a=a+b
#运行结果如下：
#1 [0 1 2 3 4]
```

```
#2 [20 30 40 50 60]
#3 [20 31 42 53 64]
#4 [20 29 38 47 56]
#5 [  0  30  80 150 240]
#6 [0. 0.03333333 0.05  0.06  0.06666667]
#7 [ 0  1  4  9 16]
#8 [10 11 12 13 14]
#9 [ 0  3  6  9 12]
#10 [ 6 10 13 16 20]
#11 [2 0 1 2 0]
#12 [False False False  True  True]
#13 [20 31 42 53 64]
```

（3）广播

两个数组进行四则运算时，若形状相同则两个数组的对应元素进行运算；若两个数组的形状不同，在满足一定条件时，NumPy会自动重复复制现有值，使形状相同后再进行计算，这是通过内部广播来实现的。下面的代码中x1和y1的形状不同，通过将x1和y1重复复制后得到x2和y2，再进行数组元素之间的运算。

```
import numpy as np    #Demo5_24.py
x1 = np.array([[1], [2], [3]])    #二维数组
y1 = np.array([4, 5, 6])    #一维数组
z1 = x1+y1; print(1,z1)
x2 = np.array([[1,1,1], [2,2,2], [3,3,3]])    #在原数组的基础上进行重复复制
y2 = np.array([[4, 5, 6],[4, 5, 6],[4, 5, 6]])    #在原数组的基础上进行重复复制
z2 = x2+y2; print(2,z2)
#运行结果如下：
#1 [[5 6 7]
#  [6 7 8]
#  [7 8 9]]
#2 [[5 6 7]
#  [6 7 8]
#  [7 8 9]]
```

NumPy中的广播机制的原则如下所示：

① 让所有输入数组都向其中形状最复杂的数组看齐，形状中不足的部分都通过在前面加1补齐。例如形状是(3,)和(4,3)的两个数组相加时，需要把形状是(3,)的数组调整成(1,3)。

② 输出数组的形状是输入数组形状的各个维度上的最大值。

③ 如果输入数组的某个维度和输出数组的对应维度的长度相同或者其长度为1时，这个数组能够用来计算，否则出错，例如两个形状是分别是(3,)和(3,2)的数组就不能直接相加。

④ 当输入数组的某个维度的长度为1时，沿着此维度运算时都用此维度上的第一组值。

图5-3所示是两个形状不同的数组a和b进行相加时，数组b通过广播与数组a兼容。

NumPy的broadcast_to(array, shape, subok=False)函数可以将数组通过广播机制，调整到指定的形状，返回调整后的数组，原数组不变；broadcaset_shapes()函数可以通过广播将多个形状调整到最后的形状，例如下面的代码。

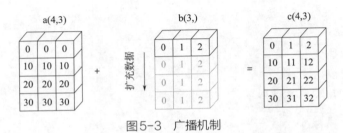

图5-3　广播机制

```
import numpy as np   #Demo5_25.py
x = np.array([1, 2, 3, 4])
y1=np.broadcast_to(x, (3, 4)); print(1,x)
y2=np.broadcast_to(x, (2, 2, 4)); print(2,y2)
shape1=np.broadcast_shapes((1, 2), (3, 1), (3, 2)); print(3,shape1)
shape2=np.broadcast_shapes((6, 7), (5, 6, 1), (7,), (5, 1, 7)); print(4,shape2)
'''
运行结果如下:
1 [1 2 3 4]
2 [[[1 2 3 4]
   [1 2 3 4]]
  [[1 2 3 4]
   [1 2 3 4]]]
3 (3, 2)
4 (5, 6, 7)
'''
```

（4）数组的点乘和叉乘

两个数组之间用"@"符号完成矩阵的点乘运算，也可以用数组或NumPy的dot()方法完成点乘运算，叉乘计算需要用NumPy的cross()方法来完成，cross()方法的格式如下：

```
cross(a, b, axisa=-1, axisb=-1, axisc=-1, axis=None)
```

其中，a和b是数组、列表或元组，如果是数组，需要用axisa和axisb指定a和b的哪个轴进行叉乘计算，默认是最后一个轴；axisc是存放返回结果的轴；如果指定axis，则用axis的值取代axisa、axisb和axisc的值，例如下面的代码。

```
import numpy as np   #Demo5_26.py
a = np.array([[1,2,3],[4,5,6]])
b = np.array([[11,12],[13,14],[15,16]])
r1 = a@b; print(1,r1)
r2 = a.dot(b); print(2,r1==r2)
x = np.array([[1,2,3], [4,5,6], [7, 8, 9]])
y = np.array([[7, 8, 9], [4,5,6], [1,2,3]])
z = np.cross([1,2,3],[7, 8, 9]); print(3,z)
z = np.cross(x, y,axisa=-1,axisb=-1); print(4,z)
x = x.T; y = y.T   #转置
z = np.cross(x, y,axisa=0,axisb=0); print(5,z)
'''
```

运行结果如下:
```
1 [[ 82  88]
 [199 214]]
2 [[ True  True]
 [ True  True]]
3 [-6 12 -6]
4 [[ -6  12  -6]
 [  0   0   0]
 [  6 -12   6]]
5 [[ -6  12  -6]
 [  0   0   0]
 [  6 -12   6]]
...
```

（5）数组的四舍五入运算

NumPy 的 around()、round_() 和 round() 函数可以对元素进行指定精度的四舍五入运算，它们的格式如下所示：

```
around(a, decimals=0, out=None)
round_(a, decimals=0, out=None)
round(a, decimals=0, out=None)
```

其中，a 是数组、列表或元组；decimals 可以取正整数、负整数或 0，decimals 是正整数时，表示保留的小数点后的位数，是负整数时，表示小数点左边的取整位置；out 用于保留输出的结果。

```
import numpy as np   #Demo5_27.py
a =np.array([147.2345,-4536.553435,37.56467,0.0,6734.3],dtype=float)
x=np.around(a,decimals=1);print(1,x)
x=np.around(a,decimals=-2);print(2,x)
x=np.round(a,decimals=2);print(3,x)
x=np.round(a,decimals=-2);print(4,x)
np.round_(a,decimals=-1,out=x);print(5,x)
#运行结果如下：
#1 [147.2     -4536.6      37.6       0.      6734.3]
#2 [100.      -4500.        0.        0.      6700.]
#3 [147.23   -4536.55     37.56      0.      6734.3 ]
#4 [100.     -4500.        0.        0.      6700.]
#5 [150.     -4540.       40.        0.      6730.]
```

5.2.2 调整数组的形状

用 NumPy 的 reshape() 方法可以重新调整数组的形状，返回调整后的数组，原数组不变，reshape() 的格式如下：

```
reshape(a, newshape, order='C')
```

其中，a 是数组、列表或元组；newshape 是调整后的形状，可以取整数（生成一维数组）或由整数构成的元组，元组中的元素可以取 −1，表示自动计算该维的长度，例如（2，−1）；order 可以取 'C'、'F' 或 'A'。如果要调整成一维数组，也可以用 ravel(a, order='C') 方法，该方法相当于 reshape(a,−1)，也可以用数组的 flatten(order='C') 方法。

数组的 reshape() 方法也可以重新调整数组的形状，返回调整后的数组，原数组不变，reshape() 的格式如下：

```
reshape(shape, order='C')
```

用 NumPy 的 shape() 方法或数组的 shape 属性，可以获取数组的形状，例如下面的代码。

```
import numpy as np   #Demo5_28.py
a=np.arange(8);print(1,a,a.shape)
x=np.reshape(a,newshape=(2,-1));print(2,x,np.shape(x));print(3,a)
y=x.flatten();print(4,y)
y=np.ravel(x);print(5,y)
y=a.reshape((2,-1));print(6,y);print(7,a)
z=x.reshape(-1);print(8,z)
#运行结果如下：
#1 [0 1 2 3 4 5 6 7] (8,)
#2 [[0 1 2 3] [4 5 6 7]] (2, 4)
#3 [0 1 2 3 4 5 6 7]
#4 [0 1 2 3 4 5 6 7]
#5 [0 1 2 3 4 5 6 7]
#6 [[0 1 2 3] [4 5 6 7]]
#7 [0 1 2 3 4 5 6 7]
#8 [0 1 2 3 4 5 6 7]
```

用 reshape() 方法调整数组的形状时，调整后的数组的元素个数要与原数组的元素个数相匹配。NumPy 还提供了另外一种调整数组形状的方法 resize()，它不要求调整后的数组的个数与原数组的元素格式匹配，当新调整的元素个数大于原数组的元素的个数时，会重复使用原数组中的元素。resize() 方法返回调整后的数组，而原数组不变，resize() 方法的格式如下：

```
resize(a, new_shape)
```

其中，a 是数组、元组或列表；new_shape 是新数组的形状。

数组的 resize() 方法也可以调整数组的形状，它直接在原数组上调整，不会产生新数组，当新数组的元素数量大于原数组的数量时，使用 0 填充不足的元素，数组的 resize() 方法的格式如下所示：

```
resize(new_shape, refcheck=True)
```

当原数组被别的数组引用时，在 refchedck=True 时，不能调整数组的形状。

```
import numpy as np   #Demo5_29.py
a=np.array([[1,2,3],[4,5,6]])
x=np.resize(a,(2,1));print(1,x);print(2,a)
x=np.resize(a,(2,4));print(3,x)
```

```
a.resize(2,4);print(4,a)
a.resize(2,2);print(5,a)
b=a
a.resize(2,4,refcheck=True)    #抛出异常
#运行结果如下:
#1 [[1] [2]]
#2 [[1 2 3] [4 5 6]]
#3 [[1 2 3 4] [5 6 1 2]]
#4 [[1 2 3 4] [5 6 0 0]]
#5 [[1 2] [3 4]]
#ValueError: cannot resize an array that references or is referenced
#by another array in this way.
```

调整数组的形状也可以用NumPy的squeeze()方法和expand_dims()方法，如果某个轴上的元素个数是1，squeeze()方法可以将这个轴压缩掉，实现降维，而expand_dims()方法与此相反，是增加轴。这两个方法返回变化后的数组，这两个方法的格式如下所示：

> squeeze(a, axis=None)
> expand_dims(a, axis)

其中，a是数组、元组或列表；axis是要指定压缩或增加的轴，如果某个轴上元素个数大于1，则用squeeze()方法压缩该轴时会出错。另外也可以用数组的squeeze(axis=None)方法来压缩轴，例如下面的代码。

```
import numpy as np    #Demo5_30.py
a=np.array([[11]]);    #a是(1,1)数组
x=np.squeeze(a);print(1,x.shape)                         #x是0维数组
a=np.array([[[10], [11], [12]]]);print(2,a.shape)   #a是(1,3,1)数组
x=np.squeeze(a);print(3,x.shape)                         #x是(3,)数组
x=np.squeeze(a,axis=0);print(4,x.shape)              #x是(3,1)数组
x=np.squeeze(a,axis=2);print(5,x.shape)              #x是(1,3)数组
x=a.squeeze();print(6,x.shape)                            #x是(1, 1, 3, 1)数组
x=np.expand_dims(a,axis=1);print(7,x.shape)      #x是(1,1,3,1)数组
#运行结果如下:
#1 ()
#2 (1, 3, 1)
#3 (3,)
#4 (3, 1)
#5 (1, 3)
#6 (3,)
#7 (1, 1, 3, 1)
```

用NumPy的swapaxes(a, axis1, axis2)方法可以交换两个轴，方法比较简单，这里不多述。

5.2.3 数组的重新组合

NumPy提供了可以将几个数组重新组合成新数组的方法，这些方法包括stack()、vstack()、row_stack()、hstack()、vsplit()、column_stack()、dstack()、concatenate()和block()。stack()方法能

够将多个数组中的元素依次按照已有坐标轴或新轴重新组合成一个新的数组，concatenate()方法只能在已有坐标轴上组合成一个新的数组，stack()和concatenate()的格式如下所示：

```
stack(arrays, axis=0, out=None)
concatenate((a1, a2,…), axis=0, out=None)
```

其中，arrays是由数组、元组或列表构成的序列；a1、a2是数组，数组要有相同的形状；axis是坐标轴或维数；out是保存结果的数组。例如下面的代码。

```
import numpy as np    #Demo5_31.py
a=np.array([1,2,3]);b=np.array([4,5,6])
x=np.stack((a,b),axis=0);print(1,x)    #沿0轴组合
x=np.stack((a,b),axis=1);print(2,x)    #沿1轴组合
y=np.empty((3,3))
x=np.stack((a,b,a),axis=0,out=y);print(3,y);print(4,x)
x=np.concatenate((a,b),axis=0);print(5,x)
x=np.stack((a,b,a),axis=1)
x=np.concatenate((x,x),axis=1);print(6,x)
'''
运行结果如下:
1 [[1 2 3]
  [4 5 6]]
2 [[1 4]
  [2 5]
  [3 6]]
3 [[1. 2. 3.]
  [4. 5. 6.]
  [1. 2. 3.]]
4 [[1. 2. 3.]
  [4. 5. 6.]
  [1. 2. 3.]]
5 [1 2 3 4 5 6]
6 [[1 4 1 1 4 1]
  [2 5 2 2 5 2]
  [3 6 3 3 6 3]]
'''
```

vstack()和row_stack()方法会在竖直方向上将多个数组组合在一起，hstack()和column_stack()方法在水平方向上将多个数组组合在一起，dstack()在第3维方向上将多个数组组合在一起。对于形状是（M,）的一维数组，组合后的数组的形状是（1,M,1），对于形状是（M,N）的二维数组，组合后的数组的形状是（M,N,1）。这几个方法的格式如下：

```
vstack(tup)    row_stack(tup)    hstack(tup)    column_stack(tup)    dstack(tup)
```

其中tup是多个数组组成的元组。关于数组的重新组合的应用如下面的代码所示。

```
import numpy as np    #Demo5_32.py
a=np.array([[1,2,3],[4,5,6]])
```

```
b=np.array([[11,12,13],[14,15,16]])
x=np.vstack((a,b));print(1,x)
x=np.row_stack((a,b));print(2,x)
x=np.hstack((a,b));print(3,x)
x=np.column_stack((a,b));print(4,x)
x=np.dstack((a,b));print(5,x)
#运行结果如下:
#1 [[ 1  2  3] [ 4  5  6] [11 12 13] [14 15 16]]
#2 [[ 1  2  3] [ 4  5  6] [11 12 13] [14 15 16]]
#3 [[ 1  2  3 11 12 13] [ 4  5  6 14 15 16]]
#4 [[ 1  2  3 11 12 13] [ 4  5  6 14 15 16]]
#5 [[[ 1 11] [ 2 12] [ 3 13]] [[ 4 14] [ 5 15] [ 6 16]]]
```

5.2.4 数组的分解

NumPy提供将一个数组分解成几个数组的方法,这些方法有split()、hsplit()、vsplit()、dsplit()、array_split()。split()方法可以沿着某个轴平均分解数组,或者按照指定的分解方式分解,vsplit()方法沿着竖直方法分解,hsplit()方法沿着水平方法分解,dsplit()方法按照第3轴进行分解,array_split()方法可以不均分数组。split()、dsplit()和array_split()方法的格式如下所示:

```
split(array, indices_or_sections, axis=0)
hsplit(array, indices_or_sections)
vsplit(array, indices_or_sections)
dsplit(array, indices_or_sections)
array_split(array, indices_or_sections, axis=0)
```

其中,array是要被分解的数组;indices_or_sections可以取整数或列表,当取整数时,沿着指定的轴平均分解成N等份,如果不能平均分解则出错(array_split除外),当取列表时,指定分割的位置,例如indices_or_sections =[2,4]、axis=0时,将得到[ary[:2],ary[2:4],ary[4:]]。vsplit()方法、hsplit()方法和dsplit()方法分别相当于axis分别取0、1和2时的split()方法。关于数组分解的应用如下面的代码所示。

```
import numpy as np    #Demo5_33.py
a=np.arange(9)
x=np.split(a,3);print(1,x)
x=np.split(a,[3,6,8]);print(2,x)
x=np.array_split(a,4);print(3,x)

a = np.arange(16).reshape(2, 2, 4)
x=np.dsplit(a, 2);print(4,x[0]);print(5,x[1])
x=np.dsplit(a,[2,3]);print(6,x)
#运行结果如下:
#1 [array([0, 1, 2]), array([3, 4, 5]), array([6, 7, 8])]
#2 [array([0, 1, 2]), array([3, 4, 5]), array([6, 7]), array([8])]
#3 [array([0, 1, 2]), array([3, 4]), array([5, 6]), array([7, 8])]
#4 [[[ 0  1] [ 4  5]] [[ 8  9] [12 13]]]
```

```
#5 [[[ 2  3]   [ 6  7]]  [[10 11]   [14 15]]]
#6 [array([[[ 0,  1], [ 4,  5]], [[ 8,  9],[12, 13]]]),
#   array([[[ 2], [ 6]],  [[10], [14]]]),
#   array([[[ 3], [ 7]],  [[11], [15]]])]
```

5.2.5 数组的重复复制

用NumPy或数组的repeat()方法可以对数组的元素进行指定次数的复制，返回重复后的数组，repeat()方法的格式如下所示：

```
repeat(a, repeats, axis=None)    #NumPy方法
repeat(repeats, axis=None)       #数组方法
```

其中，a是数组、列表或元组；repeats是整数或由整数构成的列表；axis指定重复的轴。repeat()方法返回的数组除axis指定的轴外，形状与原数组的形状相同。

NumPy的tile()方法可以对数组整体进行指定次数的复制，tile()方法的格式如下所示：

```
tile(A, reps)
```

其中，A是要重复复制的数组；reps可以是整数或由整数构成的数组、列表。需要注意的是，返回数组的维数是max(len(reps), A.ndim)。也可以用NumPy的broadcast_to(array, shape, subok=False)来重复复制数组在某维上的数据，指定的形状要与array的数组的形状匹配，否则报错。

```python
import numpy as np   #Demo5_34.py
x=np.repeat(1.5,6); print(1,x)
a=np.array([[1,2,3],[4,5,6]])
x=np.repeat(a,3); print(2,x)
x=np.repeat(a,2,axis=0); print(3,x)
x=np.repeat(a,3,axis=1); print(4,x)
x=np.repeat(a,[3,2],axis=0); print(5,x)
x=np.repeat(a,[1,4,1],axis=1); print(6,x)
x=a.repeat(4,axis=1); print(7,x)
x=np.tile(a,3); print(8,x)
x=np.tile(a,(2,3)); print(9,x)
x=np.tile(a,(2,2,3)); print(10,x)
```

5.2.6 类型转换

数组的astype()方法可以复制数组，并将数组从一种数据类型转成另外一种数据类型，并返回转换后的数据类型，astype()方法的格式如下所示：

```
astype(dtype, order='K', casting='unsafe', subok=True, copy=True)
```

其中，dtype是被转换成的类型，例如np.int16；order可以取'C'、'F'、'A'或'K'；casting用于设置转换方式，可以取'no'、'equiv'、'safe'、'same_kind'或'unsafe'，'no'表示禁止转换，'equiv'表示转换时只能改变字节序，'safe'表示在保证值不受影响的情况下进行转换，'same_kind'表示能安全转换或者在同一种类型中进行转换，例如'float64'转换成'float32'，'unsafe'表示不受限制，各种

类型都可以转换。

NumPy 的 atleast_1d() 方法可以将标量数据转成一维数组，高阶数组不受影响，atleast_2d() 方法可以将标量、一维数组转成二维数组，高阶数组不受影响，atleast_3d() 可以将标量、一维数组、二维数组转成三维数组。这3种方法的格式如下所示：

```
atleast_1d(*arys)    atleast_2d(*arys)    atleast_3d(*arys)
```

其中，*arys 表示多个标量、数组、元组或列表。另外，NumPy 的 mat() 可以将数组转换成矩阵。

```
import numpy as np    #Demo5_35.py
a= np.array([1, 2, 3],dtype=int);print(1,a,a.dtype)
x=a.astype(dtype=float);print(2,x,x.dtype)    #转成float类型
x=np.atleast_1d(10.2,a,[[1,2],[3,4]]);print(3,x[0],x[1],x[2])
x=np.atleast_2d(22.1,a);print(4,x[0],x[1])
x=np.atleast_3d(11.2,a);print(5,x[0],x[1])
a = np.array([[1, 2], [3, 4]])
m = np.mat(a);print(6,m)
#运行结果如下：
#1 [1 2 3] int32
#2 [1. 2. 3.] float64
#3 [10.2] [1 2 3] [[1 2] [3 4]]
#4 [[22.1]] [[1 2 3]]
#5 [[[11.2]]] [[[1] [2] [3]]]
#6 [[1 2] [3 4]]
```

5.2.7 数组排序

用 NumPy 的 sort() 方法可以对数组按照某个轴的值进行升序排列，返回排序后的数组，原数组不变。sort() 的格式如下所示：

```
sort(a, axis=-1, kind=None, order=None)
```

其中，a 是数组、列表或元组；axis 指定要排序的轴，默认 -1 表示最后一个轴；kind 设置排序的计算方法，可以取 'quicksort'、'mergesort'、'heapsort' 或 'stable'；order 用于 a 是结构数组时，指定按哪个字段进行排序。

用 NumPy 的 argsort() 方法可以返回数组排序的索引，原数组不变，其格式如下所示：

```
argsort(a, axis=-1, kind=None, order=None)
```

用数组自身的 sort() 方法可以直接对原数组进行排序，原数组发生改变，其格式如下所示：

```
ndarray.sort(axis=-1, kind=None, order=None)
```

数组排序的应用如下所示。

```
import numpy as np    #Demo5_36.py
a = np.array([[10,8],[30,11]])
x = np.sort(a,axis=1); print(1,x); print(2,a)    #返回排序后的数组，原数组不变
```

```
x = np.argsort(a);print(3,x); print(4,a)   #返回排序后的索引，原数组不变
a.sort(); print(5,a)   #原数组排序后发生改变
dtype = [('name', 'S10'), ('height', float), ('age', int)]
values = [('Li', 180.1, 22), ('Wang', 175.1, 38), ('Zhang', 172.3, 33)]
a = np.array(values, dtype=dtype)   #结构体数组
x = np.sort(a, order='height'); print(6,x); print(7,a)   #根据身高排序
#运行结果如下：
#1 [[ 8 10]   [11 30]]
#2 [[10  8]   [30 11]]
#3 [[1 0]   [1 0]]
#4 [[10  8]   [30 11]]
#5 [[ 8 10]   [11 30]]
#6 [(b'Zhang', 172.3, 33) (b'Wang', 175.1, 38) (b'Li', 180.1, 22)]
#7 [(b'Li', 180.1, 22) (b'Wang', 175.1, 38) (b'Zhang', 172.3, 33)]
```

用NumPy的argmax()和argmin()方法可以分别输出数组中最大值和最小对应的索引，这两个方法的格式如下所示：

```
argmax(a, axis=None, out=None)
argmin(a, axis=None, out=None)
```

其中，a是数组、列表或元组；axis指定轴，如未指定，则把多维数组当作一维数组处理，如果指定了out数组，输出值也会插入out中。

用NumPy的amax()或max()方法和amin()或min()方法可以分别输出数组中的最大值和最小值，格式如下所示：

```
amax(a,axis=None,out=None,keepdims=None,initial=None,where=True)
amin(a,axis=None,out=None,keepdims=None,initial=None,where=True)
```

其中，a是数组、列表或元组；axis指定轴，可以取整数或由整数构成的元组，这时是指多个轴，如果没有指定，则把数组当成一维数组处理；out是输出的数组，结果会插入到该数组中；keepdims可以取True或False，当keepdims=True时，输出的最大值或最小值保持维数不变；initial是初始值，当a中的最大值小于initial时，取initial作为amax()的返回值，当a中的最小值大于initial时，amin()的返回值是initial；where是bool型数组、列表或元组，用于确定在哪些元素需要进行比较大小，只有为True的对应元素才进行比较大小。也可以用数组的max()和min()方法获取数组的最大值和最小值。

用NumPy或数组的ptp()（Peak to Peak）方法可以输出某个坐标轴方向上的最大值与最小值的差。ptp()方法的格式如下：

```
ptp(a, axis=None, out=None, keepdims=None)
```

用NumPy的searchsorted()方法可以返回把标量或者一维数组的元素值按排序顺序插入到另一个数组时的索引值，searchsorted()的格式如下所示：

```
searchsorted(a, v, side='left', sorter=None)
```

其中，a是一维数组或列表；v是标量、一维数组或列表，将v的数据按照排序顺序插入到a中，返回插入时在a中的索引值，如果sorter=None，则a必须是按照升序排列，如果a不是按照升序

排列，则用sorter指明a按照升序排列时a的元素索引顺序。例如sorter可取argsort()的返回值，如果side='left'，返回值是左侧顺序的第1个合适位置的索引；如果side='right'，返回值是右侧顺序的第1个合适位置的索引。

```python
import numpy as np   #Demo5_37.py
a=np.array([[1,2,3],[11,22,12]])
max_index=np.argmax(a);print(1,max_index)
min_index=np.argmin(a);print(2,min_index)
max_index=np.argmax(a,axis=1);print(3,max_index)
min_index=np.argmin(a,axis=1);print(4,min_index)
max_value=np.amax(a);print(5,max_value)
min_value=np.amin(a);print(6,min_value)
max_value=np.amax(a,axis=0);print(7,max_value)
min_value=np.amin(a,axis=0);print(8,min_value)
max_value=np.amax(a,axis=1);print(9,max_value)
min_value=np.amin(a,axis=1);print(10,min_value)
max_value=np.amax(a,axis=1,keepdims=True);print(11,max_value)
min_value=np.amin(a,axis=1,keepdims=True);print(12,min_value)
min_value=np.amin(a,axis=1,keepdims=True,initial=9);print(13,min_value)
x=np.ptp(a);print(14,x)
x=np.ptp(a,axis=0);print(15,x)
x=np.ptp(a,axis=1);print(16,x)
a = np.array([[0, 1], [2, 3]],dtype=float)
x=np.amin(a, where=[False, True], initial=1.2, axis=0);print(17,x)
x=np.searchsorted([11,12,13,14,15], 13);print(18,x)
x=np.searchsorted([11,12,13,14,15], 13,side='right');print(19,x)
x=np.searchsorted([11,12,13,14,15],  [-10, 20, 12, 13]);print(20,x)
```

除了用NumPy提供的排序查询方法外，也可以用数组对象的方法进行排序，这些方法的格式如下所示，参数的意义和NumPy提供的排序查询方法的意义相同。

```
argmax(axis=None, out=None)
argmin(axis=None, out=None)
argsort(axis=-1, kind=None, order=None)
ptp(axis=None, out=None, keepdims=False)
max(axis=None, out=None, keepdims=False, initial=None, where=True)
min(axis=None, out=None, keepdims=False, initial=None, where=True)
searchsorted(v, side='left', sorter=None)
```

5.2.8 数组查询

NumPy的all()方法可以查询数组的元素沿着指定的轴是否全部为True，而any()方法查询数组的元素沿着指定的轴是否有True的值，allclose()方法可以查询两个数组的元素在误差范围内是否相等，array_equal()方法判断两个数组的形状和元素值是否都相等。all()、any()、allclose()和array_equal()方法的格式如下所示：

```
all(a, axis=None, out=None, keepdims=None)
any(a, axis=None, out=None, keepdims=None)
```

```
allclose(a, b, rtol=1e-05, atol=1e-08, equal_nan=False)
array_equal(a, b, equal_nan=False)
```

其中，a、b是要查询的数组、列表或元组；axis是指定的轴，可取整数、元组，当axis=None时表示所有的元素都是True时返回值才是True，axis也可取负值，表示从最后一个轴到第1个轴；out用于保存输出的结果；axis取元组时，表示在多个轴上进行查询；如keepdims=True，则输出结果的维数不变（需要注意的是，Python中不为0的数都是True）；rtol是相对误差（relative）；atol是绝对误差（absolute）；equal_nan设置对应位置上NaN元素是否相等。

```python
import numpy as np    #Demo5_38.py
a=np.array([[1,2,3],[11,-22,0]])
x=np.all(a);print(1,x)
x=np.all(a,axis=0);print(2,x)
x=np.all(a,axis=-1);print(3,x)
x=np.any(a);print(4,x)
x=np.any(a,axis=0);print(5,x)
x=np.any(a,axis=-1);print(6,x)

a=[[True,False],[True,True]]
x=np.all(a);print(7,x)
x=np.all(a,keepdims=True);print(8,x)
x=np.all(a,axis=-1,keepdims=True);print(9,x)
x=np.any(a);print(10,x)
x=np.any(a,keepdims=True);print(11,x)
x=np.any(a,axis=-1,keepdims=True);print(12,x)
x=np.allclose([1.234,2.456],[1.236,2.341],rtol=0.1);print(13,x)
#运行结果如下：
#1 False
#2 [ True  True False]
#3 [ True False]
#4 True
#5 [ True  True  True]
#6 [ True  True]
#7 False
#8 [[False]]
#9 [[False] [ True]]
#10 True
#11 [[ True]]
#12 [[ True] [ True]]
#13 True
```

用NumPy的nonzero()方法可以输出非零元素的索引，用where()方法可以根据条件，从两个数组中选择数据。nonzero()和where()方法的格式如下所示，需要注意的是nonzero()的返回值是以行为主（C风格）的数组。

```
nonzero(a)
where(condition, x, y)
```

其中，condition是当作选择条件的数组；当condition的元素是True时，从x中选择数据，当condition的元素是False时，从y中选择数据；x和y应是有相同形状的数组，如果不同则通过广播变成相同；x和y是可选的，如果不设置x和y，则where(condition)方法相当于np.asarray(condition).nonzero()。

```
import numpy as np    #Demo5_39.py
a=np.array([[1,2,3],[11,-22,0]])
b=np.array([[2,2,2],[2,2,2]])
x=np.nonzero(a);print(1,np.transpose(x))
x=np.nonzero(a>2);print(2,np.transpose(x))
x=np.where(a>2,a,b);print(3,x)
x=np.where(a>b,a,b);print(4,x)
x=np.where([[True,False,True],[True,True,False]],a,b);print(5,x)
#运行结果如下：
#1 [[0 0] [0 1] [0 2] [1 0] [1 1]]
#2 [[0 2] [1 0]]
#3 [[ 2  2  3] [11  2  2]]
#4 [[ 2  2  3] [11  2  2]]
#5 [[ 1  2  3] [ 11 -22  2]]
```

5.2.9 数据统计

NumPy提供对数组的统计，包括对数组进行求和、求平均值、求方差、求标准差、求协方差、求相关系数、累积和与累积。

（1）求和与平均值

用NumPy的sum()方法可以计算数组沿某个轴的总和，sum()方法的格式如下所示：

> sum(a,axis=None,dtype=None,out=None,keepdims=None,initial=None,where=None)

其中，a是数组、列表或元组；axis用于指定轴，可以取None、整数或由整数构成的数组，当axis取None时计算a的所有元素的和，当axis取整数时用于计算沿指定轴的和，当axis为负数时计算从最后一个轴到第一个轴的和，当axis取元组时用于计算多个轴的和；dtype用于指定计算和时使用的数据类型和返回的数组的类型，用高精度的类型有利于提高计算精度；out用于存储计算结果；keepdims如果取True，则输出数组与原数组的维数不变；initial是初始值，表示计算后的结果再加initial；where是逻辑数组，a中与where中True元素对应的元素才会进行求和。

计算平均值可以使用NumPy提供的mean()方法和average()方法。mean()和average()的区别是，average()可以指定权重系数。mean()的计算公式是mean = np.sum(a) /n，average()的计算公式是avg = np.sum(a * weights) / np.sum(weights)。mean()和average()方法的格式如下所示：

> mean(a, axis=None, dtype=None, out=None, keepdims=None)
> average(a, axis=None, weights=None, returned=False)

其中，a是数组、列表或元组；axis指定沿着哪个轴计算平均值，可以取整数、元组，如果axis=None表示对数组的所有元素取平均值，如果取元组则表示在多个轴上计算平均值；weights是权重系数数组，可以是一维数组（长度必须与a中计算平均值的元素个数相同），或者与a的形状相同，如果指定了weights，则必须指定axis，默认weights的值全部是1；如果

returned=True，average()的返回值是元组[avg, np.sum(weights)]。

用NumPy的median()方法可以求数组的中位数。中位数是将数组从小到大重新排序后居于中间位置的数，如果数据的个数是奇数，则取中间的值作为中位数，如果是偶数，则取中间两个值的平均值作为中位数。median()方法的格式如下所示：

```
median(a,axis=None,out=None,overwrite_input=False,keepdims=False)
```

其中，a是数组、列表或元组；如果不指定axis，则将输入a当成一维数组；out用于保存中位数结果；当overwrite_input=True时，将计算结果覆盖a的值，如果a不是数组会出错。

```
import numpy as np   #Demo5_40.py
a=np.array([[1,2,3],[4,5,6]])
x=np.sum(a);print(1,x)
x=np.sum(a,axis=0);print(2,x)
x=np.sum(a,axis=1,keepdims=True);print(3,x)
x=np.sum(a,initial=6);print(4,x)
x=np.sum(a,where=a>5);print(5,x)
x=np.sum(a,axis=1,where=[[True,False,True]]);print(6,x)

x=np.mean(a,dtype=np.float64);print(7,x)
x=np.mean(a,axis=1,keepdims=True);print(8,x)
x=np.average(a,axis=0,weights=[0.2,0.8]);print(9,x)
x=np.average(a,axis=0,weights=[0.2,0.8],returned=True);print(10,x[0],x[1])
a=np.array([[23,29,20,32,24],[21,33,25,43,2]])
x=np.median(a);print(11,x)
x=np.median(a,axis=1);print(12,x)
#运行结果如下：
#1 21
#2 [5 7 9]
#3 [[ 6] [15]]
#4 27
#5 6
#6 [ 4 10]
#7 3.5
#8 [[2.] [5.]]
#9 [3.4 4.4 5.4]
#10 [3.4 4.4 5.4] [1. 1. 1.]
#11 24.5
#12 [24. 25.]
```

（2）方差、标准差和协方差

NumPy可以计算随机标量的方差（variance）、标准差（standard deviation）和协方差（covariance）。对于随机变量X的方差和标准差的计算公式如下所示：

$$\text{var}(X) = \sum_{i=1}^{n}(x_i - \bar{x})^2, \quad \text{std}(X) = \sqrt{\sum_{i=1}^{n}(x_i - \bar{x})^2}$$

其中，n是参与计算的数据的个数，$\bar{x}$是平均值，其计算公式如下所示：

$$\bar{x} = \frac{\sum_{i=1}^{n} x_i}{n - ddof}$$

其中，ddof（delta degrees of freedom）通常可以取0或1。

NumPy计算方差和标准差的方法是var()和std()，其格式如下所示：

```
var(a, axis=None, dtype=None, out=None, ddof=0, keepdims=None)
std(a, axis=None, dtype=None, out=None, ddof=0, keepdims=None)
```

其中，a是数组、列表或元组；axis是轴，可以取None、整数或由整数构成的元组，如果axis取None则对所有元素计算方差或标准差，取元组时用多个轴的数据计算方差或标准差；ddof用于计算平均值时，用总和除以（n−ddof）。

协方差和相关系数是计算两个随机变量X和Y之间的关系，其基本的计算公式如下所示：

$$\text{cov}(X,Y) = \sum_{i=1}^{n} \frac{(x_i - \bar{x})(y_i - \bar{y})}{n}$$

$$\text{corrcoef}(X,Y) = \frac{\text{cov}(X,Y)}{\sqrt{\text{var}(X)\,\text{var}(Y)}}$$

NumPy计算协方差的方法是cov()，计算相关系数的方法是corrcoef()，其格式如下所示：

```
cov(m, y=None, rowvar=True, bias=False, ddof=None, fweights=None, aweights=None)
corrcoef(x, y=None, rowvar=True, bias=None, ddof=None)
```

其中，m和x是一维或二维数组；y是与m同形状的数组；在rowvar=True时，m的行是变量，列是样本值，在rowvar=False时，m的列是变量，行是样本值；在不指定ddof时，bias=False表示用n−1进行归一化，bias=True表示用n进行归一化，在指定ddof时，bias的取值无效；fweights是变量取值的频率（frequency）数组，由整数构成；aweights是权重系数数组。方差、标准差、协方差和相关系数的计算如下代码所示。

```
import numpy as np   #Demo5_41.py
a=np.array([[1,2,3],[3,2,1]])
x=np.var(a,ddof=0);print(1,x,x**0.5)
x=np.std(a,ddof=0);print(2,x,x**2)
x=np.var(a,axis=1);print(3,x,x**0.5)
x=np.std(a,axis=1);print(4,x,x**2)
x=np.cov(a);print(5,x)
a=np.array([1,2,3])
b=np.array([3,2,1])
x=np.cov(a,b);print(6,x)
x=np.corrcoef(a,b);print(7,x)
#运行结果如下：
#1 0.6666666666666666   0.816496580927726
#2 0.816496580927726    0.6666666666666666
#3 [0.66666667  0.66666667] [0.81649658  0.81649658]
#4 [0.81649658  0.81649658] [0.66666667  0.66666667]
#5 [[ 1.  -1.] [-1.   1.]]
```

```
#6 [[ 1. -1.] [-1. 1.]]
#7 [[ 1. -1.] [-1. 1.]]
```

（3）累积和与累积

用NumPy提供的cumsum()方法可以计算数组沿着某个轴的累积和，用cumprod()或cumproduct()方法可以计算数组沿着某个轴的累积，它们的格式如下所示：

```
cumsum(a, axis=None, dtype=None, out=None)
cumprod(a, axis=None, dtype=None, out=None)
cumproduct(a, axis=None, dtype=None, out=None)
```

其中，a是数组、列表或元组；axis若未指定，则将输入a当成一维数组处理；dtype是结果的数据类型。

```
import numpy as np   #Demo5_42.py
a=[[1, 2, 3], [4, 5, 6]]
x=np.cumsum(a);print(1,x)
x=np.cumsum(a,axis=0);print(2,x)
x=np.cumsum(a,axis=1);print(3,x)
x=np.cumproduct(a);print(4,x)
x=np.cumproduct(a,axis=0);print(5,x)
x=np.cumproduct(a,axis=1);print(6,x)
#运行结果如下：
#1 [ 1  3  6 10 15 21]
#2 [[1 2 3] [5 7 9]]
#3 [[ 1  3  6] [ 4  9 15]]
#4 [  1   2   6  24 120 720]
#5 [[ 1  2  3] [ 4 10 18]]
#6 [[ 1  2  6] [ 4 20 120]]
```

（4）计算分位数

位数是统计学上一个概念，统计学上常用的是四分位数，下面以四分位数（q=0.25、0.5、0.75）来说明一下分位数的概念。

把给定的一组数据由小到大排列并分成四等份，处于三个分割点位置的数值就是四分位数。第1四分位数Q1又称"较小四分位数"（q=0.25），等于该样本中所有数据由小到大排列后，25%分割点的数字；第2四分位数Q2又称"中位数"（q=0.5），等于该样本中所有数据由小到大排列后，50%分割点的数字；第3四分位数Q3又称"较大四分位数"（q=0.75），等于该样本中所有数值由小到大排列后，75%分割点的数字。四分位距（Inter Quartile Range, IQR）是第3四分位数与第1四分位数的差距。

NumPy中分位数用quantile()方法计算，其格式如下所示：

```
quantile(a,q,axis=None,out=None,overwrite_input=False,interpolation='linear',keepdims=False)
```

其中，a是数组、列表或元组；q是单个值或列表，元素的值在0～1之间；当axis取None时，用a的所有元素计算分位数，当axis取整数时，沿指定轴计算分位数，当axis取整数构成元组时，用多个轴的数据计算分位数；out用于保存输出的结果；overwrite_input=True时用输入a保存中间计算过程中的值，以便节省内存；interpolation用于确定当分位点位于两个相邻点i和j之间时（$i<j$）如何进行插值，可以取'linear'［取$i+(j-i)\times fraction$，$fraction$是i和j的索引比值］、'lower'（取i）、'higher'（取j）、'midpoint'［取$(i+j)/2$］或'nearest'；keepdims用于设置输出值与输入值a是否有相同的维数。quantile()函数的返回值是标量或数组，median(a)函数值相当于quantile(a,q=0.5)函数值。下面的代码是quantile()计算分位数的应用。

```
import numpy as np    #Demo5_43.py
rng=np.random.default_rng(10)
a=rng.uniform(low=0,high=10,size=(10,2))

q=np.quantile(a,q=0.5,axis=0)
m=np.median(a,axis=0); print(q,m,q==m)
q=np.quantile(a,q=0.3333,axis=0); print(q)
q=np.quantile(a,q=0.25,axis=0); print(q)
q=np.quantile(a,q=0.75,axis=0); print(q)
'''
运行结果如下：
[6.32398514 7.49441038] [6.32398514 7.49441038] [ True  True]
[5.12778428 3.38176152]
[4.47332902 2.40315186]
[8.26661179 8.90333498]
'''
```

5.2.10 数据的添加和删除

数组除了可以重新组合外，还可以在数组中追加、插入子数组，也可以删除子数组。NumPy用append()方法将子数组添加到数组的末尾，用insert()方法将子数组插入指定的位置，用delete()方法可以删除指定位置的元素。append()、insert()和delete()方法的格式如下所示：

```
append(arr, values, axis=None)
insert(arr, obj, values, axis=None)
delete(arr, obj, axis=None)
```

其中，arr和values都是数组、列表或元组；axis是沿着指定的轴进行追加、插入或删除，如果没有指定axis，则把数组arr和values当成一维数组处理，如果指定了axis，对append()而言values必须要有正确的形状；obj是索引，指定插入位置或删除位置，obj可取整数、切片或整数序列。

```
import numpy as np    #Demo5_44.py
a=[[1,2,3],[4,5,6]]
b=[[7,8,9]]
x=np.append(arr=a,values=b);print(1,x)
x=np.append(arr=a,values=b,axis=0);print(2,x)
x=np.insert(arr=a,obj=3,values=[7,8]);print(3,x)
x=np.insert(arr=a,obj=1,values=b,axis=0);print(4,x)
x=np.insert(arr=a,obj=1,values=100,axis=0);print(5,x)
```

```
x=np.insert(arr=a,obj=1,values=50,axis=1);print(6,x)
x=np.insert(arr=a,obj=(0,1),values=b,axis=0);print(7,x)
x=np.delete(arr=a,obj=(1,3));print(8,x)
x=np.delete(arr=a,obj=1,axis=0);print(9,x)
x=np.delete(arr=a,obj=1,axis=1);print(10,x)
```

用 NumPy 的 unique() 方法可以去除数组中相同的元素，返回去除相同元素后重新排列的数组，unique() 方法的格式如下所示：

```
unique(ar,return_index=False,return_inverse=False,return_counts=False,axis=None)
```

其中，ar 是数组、列表或元组；在不指定 axis 时，将 ar 当成一维数组处理；如果 return_index=True，会同时返回 ar 的索引列表；如果 return_inverse=True，会同时返回 unique 列表的索引，可以根据这个索引构造出 ar；如果 return_counts=True，会返回重复元素的个数。

```
import numpy as np    #Demo5_45.py
a=[[1,2,3],[1,2,3],[4,5,6]]
x=np.unique(ar=a);print(1,x)
x,index=np.unique(ar=a,return_index=True);print(2,x,index)
x,index=np.unique(ar=a,return_inverse=True);print(3,x,index)
x,counts=np.unique(ar=a,return_counts=True);print(4,x,counts)
x,index=np.unique(ar=a,return_index=True,axis=0);print(5,x,index)
x,index=np.unique(ar=a,return_inverse=True,axis=0);print(6,x,index)
x,counts=np.unique(ar=a,return_counts=True,axis=0);print(7,x,counts)
```

5.2.11 数组元素的随机打乱

可以在原数组的基础上，对数组的元素重新随机组合，从而得到新的数组，对数组元素重新组合的函数有 permutation()、shuffle() 和 choice()，这 3 个函数在 random 子模块中，它们的格式如下所示：

```
permutation(x)
shuffle(x)
choice(a, size=None, replace=True, p=None)
```

permutation(x) 函数随机打乱数组中的元素的顺序，如果 x 是多维数组，只打乱第 1 维数组的顺序，如果 x 是一个整数，将打乱 np.arange(x) 数组。shuffle(x) 函数随机打乱数组中的元素的顺序，shuffle(x) 不返回新的数组，而是直接改变 x 数组，如果 x 是多维数组，只打乱第 1 维数组的顺序，x 不能取整数。choice(a, size=None, replace=True, p=None) 函数从输入 a 中随机选择指定数量的元素；size 指定新数组的形状和元素的数量，如不指定，从 a 中随机选择 1 个元素；a 是一维数组或整数，a 是整数时，输入是 np.arange(a)；replace=True 时，采用的样本会有重复，replace=False 时，采用的样本没有重复；p 是与 a 类型相同的数组，用于指定 a 中元素被选中的概率，若不指定 p，a 中元素被选中的概率相同。

```
import numpy as np    #Demo5_46.py
np.random.seed(100)
x=np.random.permutation(10); print(1,x)
```

```
a=np.arange(12)
x=np.random.permutation(a); print(2,x)
x=np.random.permutation(a.reshape(3,4)); print(3,x)
np.random.shuffle(a); print(4,a)    #打乱a
x=np.random.choice(a,size=(2,4)); print(5,x)    #随机选择8个元素
x=np.random.choice(20,size=(2,4)); print(6,x)    #随机选择8个元素
x=np.random.choice(5,3,p=[0.2, 0.4, 0.3, 0.0, 0.1]); print(7,x)
x=np.random.choice(5, 3, replace=False); print(8,x) #相当于permutation(np.arange(5))[:3]
aa = ['a', 'b', 'c', 'd','e']
x=np.random.choice(aa,2,p=[0.2, 0.4, 0.3, 0.0, 0.1]); print(9,x)
```

5.2.12 数组元素的颠倒

对数组元素的颠倒可以用 flip()、fliplf() 和 flipud() 函数，还可以用 rot90() 函数将数组元素旋转 90°，这些函数的格式如下所示：

```
flip(m, axis=None)
fliplr(m)
flipud(m)
rot90(m, k=1, axes=(0, 1))
```

其中，flip() 函数沿着指定的轴颠倒元素的顺序；fliplr(m) 左右颠倒元素的顺序，相当于 flip(m,axis=1)；flipud(m) 是上下颠倒元素的顺序，相当于 filp(m,axis=0)；rot90(m, k=1, axes=(0, 1)) 是在由指定轴构成的平面内将元素的位置旋转 90°。

```
import numpy as np   #Demo5_47.py
a =np.arange(1,10).reshape(3,3)
y=np.flip(m=a,axis=1); print(1,y)
y=np.fliplr(m=a); print(2,y)
y=np.flipud(m=a); print(3,y)
y=np.rot90(m=a,axes=(0,1)); print(4,y)
y=np.rot90(m=a,axes=(1,0)); print(5,y)
#运行结果如下：
#1 [[3 2 1] [6 5 4] [9 8 7]]
#2 [[3 2 1] [6 5 4] [9 8 7]]
#3 [[7 8 9] [4 5 6] [1 2 3]]
#4 [[3 6 9] [2 5 8] [1 4 7]]
#5 [[7 4 1] [8 5 2] [9 6 3]]
```

5.3 随机数组

NumPy 的子模块 random 用于生成随机数组，可以生成整数随机数组、浮点数随机数组，可以是按照某种规律分布的随机数组，如正态分布、泊松分布和伽马分布等。

5.3.1 随机生成器

在新版本的NumPy中有两种随机生成器RandomState和Generator,其中Generator是新版本推荐的方式,RandomState是旧版本的方式,只是为了考虑兼容性而得以保留。

Generator随机生成器支持MT19937、PCG64、Philox和SFC64随机算法,关于这4种算法的计算原理,可参考相关文献,本书不作介绍。用Generator创建随机生成器的方法是Generator(bit_generator(seed=None)),其中bit_generator是计算方法,是MT19937、PCG64、Philox和SFC64之一;参数seed用于初始化,可以取非负整数、None、非负整数构成的序列或SeedSequence对象,如果不提供seed,则由系统来决定seed值。Numpy中默认的Generator随机生成器可以由default_rng()方法获取。

下面的程序用不同的随机生成器来生成值是0～1的随机数组。

```
import numpy as np    #Demo5_48.py
from numpy.random import Generator,PCG64,MT19937,Philox,SFC64
np.random.seed(seed=100)    #初始化RandomState随机生成器
r_1=np.random.random(5); print(1, r_1)    #用RandomState随机生成器生成数组

rng_PCG64=Generator(PCG64(seed=100))    #用PCG64算法创建Generator随机生成器
r_2=rng_PCG64.random(5); print(2, r_2)    #用PCG64随机算法生成数组
rng_MT19937=Generator(MT19937(seed=100))    #用MT19937算法创建随机生成器
r_3=rng_MT19937.random(5); print(3, r_3)    #用MT19937随机算法生成数组
rng_Philox=Generator(Philox(seed=100))    #用Philox算法创建Generator随机生成器
r_4=rng_Philox.random(5); print(4, r_4)    #用Philox随机算法生成数组
rng_SFC64=Generator(SFC64(seed=100))    #用SFC64算法创建Generator随机生成器
r_5=rng_SFC64.random(5); print(5, r_5)    #用SFC64随机算法生成数组

rng_default=np.random.default_rng(seed=100)    #获取默认的Generator随机生成器
r_6= rng_default.random(5); print(6, r_6)    #用默认的Generator随机生成器生成数组
print(7, rng_default)    #输出默认的Generator随机生成器
```

生成器的种子seed用于初始化随机生成器,随机生成器的算法根据这个种子的值生成一系列值,只要种子值不变,运行环境不变,这些值也是固定不变的,因此随机生成器产生的随机数也是不变的,可以复现随机数。这样产生的随机数是伪随机数,例如下面的代码。

```
import numpy as np    #Demo5_49.py
from numpy.random import Generator,PCG64
np.random.seed(seed=200)    #初始化RandomState随机生成器,seed=200
r_1=np.random.random(5); print(1, r_1)    #用RandomState随机生成器生成数组
np.random.seed(seed=200)    #初始化RandomState随机生成器,seed=200
r_2=np.random.random(5); print(2, r_2)    #用RandomState随机生成器生成数组
print(3,r_1 == r_2)    #判断两次生成的随机数组是否相同
rng_PCG64=Generator(PCG64(seed=200))    #用PCG64算法创建Generator随机生成器
r_3=rng_PCG64.random(5); print(4, r_3)    #用PCG64随机算法生成数组
rng_PCG64=Generator(PCG64(seed=200))    #用PCG64算法创建Generator随机生成器
r_4=rng_PCG64.random(5); print(5, r_4)    #用PCG64随机算法生成数组
print(6, r_3 == r_4)    #判断两次生成的随机数组是否相同
```

5.3.2 随机函数

random 子模块提供了许多随机函数,以生成不同类型的随机数组,这些函数如表 5-8 所示,其中参数 size 用于指定数组的形状,可以取整数或由整数构成的元组,如果不指定 size,则生成单个数。表中的随机函数 rand()、randn()、ranf()、random_integers()、random_sample()、randint() 和 seed() 只使用于 RandomState 随机生成器,不使用于 Generator 随机生成器。

表5-8 随机函数

随机函数	说明
random(size=None)	生成指定形状的浮点数数组,size 指定数组的形状,如不指定 size,生成单个随机数,元素值的范围是 [0.0,1.0)
random_sample(size=None)	
ranf(size=None)	
rand(d0,d1,…,dn)	生成指定形状的均匀分布的随机数组,元素值的范围是 [0,1),d0, d1, …, dn 指定形状
randn(d0,d1,…,dn)	生成指定形状的标准正态分布,如不指定形状,生成单个数,d0, d1, …, dn 指定形状
random_integers(low,high=None, size=None)	生成指定形状的随机整数数组,元素值的范围为 [low,high],如果没有指定 hight,范围是 [1,low]
randint(low,high=None,size=None, dtype=int)	生成指定形状的随机整数数组,元素值的范围为 [low,high),如果没有指定 hight,范围是 [0,low)
uniform(low=0.0,high=1.0,size=None)	生成指定形状的均匀分布,元素值的范围是 [low,high)
seed(seed=None)	设置 RandomState 生成器的初始化随机种子
beta(a,b,size=None)	生成指定形状的 beta 分布
binomial(n,p,size=None)	生成指定形状的二项式分布
chisquare(df,size=None)	生成指定形状的卡方分布
exponential(scale=1.0,size=None)	生成指定形状的指数分布
f(dfnum,dfden,size=None)	生成指定形状的 F 分布
gamma(shape,scale=1.0,size=None)	生成指定形状的伽马分布
geometric(p,size=None)	生成指定形状的几何分布
gumbel(loc=0.0,scale=1.0,size=None)	生成指定形状的耿贝尔分布
hypergeometric(ngood,nbad,nsample, size=None)	生成指定形状的超几何分布
laplace(loc=0.0,scale=1.0,size=None)	生成指定形状的拉普拉斯分布
logistic(loc=0.0,scale=1.0,size=None)	生成指定形状的 Logistic 分布
lognormal(mean=0.0,sigma=1.0, size=None)	生成指定形状的对数正态分布
logseries(p,size=None)	生成指定形状的对数级数分布
negative_binomial(n,p,size=None)	生成指定形状的负二项式分布
noncentral_chisquare(df,nonc, size=None)	生成指定形状的非中心卡方分布
noncentral_f(dfnum,dfden,nonc, size=None)	生成指定形状的非中心 F 分布
normal(loc=0.0,scale=1.0,size=None)	生成指定形状的正态分布,loc 是平均值,scale 是标准方程

续表

随机函数	说明
pareto(a,size=None)	生成指定形状的帕累托分布或Lomax分布
poisson(lam=1.0,size=None)	生成指定形状的泊松分布,平均值和方程都是lam
power(a,size=None)	生成指定形状的幂函数分布
rayleigh(scale=1.0,size=None)	生成指定形状的瑞利分布
triangular(left,mode,right,size=None)	生成指定形状的三角形分布
vonmises(mu,kappa,size=None)	生成指定形状的冯·米塞斯分布
wald(mean,scale,size=None)	生成指定形状的沃尔德分布或高斯逆分布
weibull(a,size=None)	生成指定形状的韦布尔分布
zipf(a,size=None)	生成指定形状的ZIPF分布
dirichlet(alpha,size=None)	生成指定形状的狄利克雷分布
multinomial(n,pvals,size=None)	生成指定形状的多个二项式分布,n是试验次数,pvals是每次试验的概率组成的数组,sum(pvals[:-1])<=1
multivariate_normal(mean,cov, size=None,check_valid=' warn', tol=1e-8)	生成指定形状的多变量正态分布,mean是由平均值构成的长度是N的一维数组,cov是由协方差构成的形状是(N,N)的对称矩阵,check_valid设置出错时的信息,可以取'warn'(发出警告)、'raise'(发出错误信息)或'ignore',tol是协方差矩阵的奇异值误差
standard_cauchy(size=None)	生成指定形状的标准柯西分布
standard_exponential(size=None)	生成指定形状的标准指数分布
standard_gamma(shape,size=None)	生成指定形状的标准伽马分布
standard_normal(size=None)	生成指定形状的标准正态分布
standard_t(df,size=None)	生成指定形状的标准学生t分布
bytes(length)	随机生成指定长度的字节序

下面的代码是随机函数的一些应用。

```
import numpy as np   #Demo5_50.py
np.random.seed(123456)
x=np.random.rand(); print(1,x)
x=np.random.rand(2,3); print(2,x)
x=np.random.randint(low=1,high=10,size=(2,3)); print(3,x)
x=np.random.randint(low=20,size=6); print(4,x)
x=np.random.randint(low=1,high=[10,20,30]); print(5,x)
x=np.random.randn(1,3); print(6,x)
x=3.5*np.random.randn(2,3)+2; print(7,x)
x=np.random.random(size=(2,3)); print(8,x)
x=np.random.random_integers(10,20,size=(2,3)); print(9,x)
x=np.random.random_sample((2, 3))*2-2; print(10,x)
x=np.random.normal(loc=2,scale=3,size=5); print(11,x)
x=np.random.uniform(1,20,size=6); print(12,x)
x=np.random.poisson(lam=3.2,size=20); print(13,x)
```

5.4 通用函数

NumPy中提供了大量的通用函数ufunc（universal function），通用函数是对数组的元素进行运算（element-wise），如果通用函数是对两个数组进行操作，这两个数组的形状不同时，会通过广播将两个数组调整至形状相同，再对对应元素进行操作。

5.4.1 数组基本运算函数

通用函数中，数组运算函数的格式基本相同，下面以add()函数为例，说明ufunc函数的格式和参数意义。add()函数计算两个数组x1和x2的和x1+x2，add()函数的格式如下所示：

> add(x1,x2,out=None,where=True,casting='same_kind',order='K',dtype=None,subok=True)

其中，x1和x2是标量、数组、列表或元组，如果x1和x2都是标量，add()的返回值也是标量，如果x1和x2的形状不同，则通过广播调整x1和x2的形状，使两者的形状相同；out用于保存输出的结果，out的类型是数组，如果要得到x1=x1+x2的结果，可以用np.add(x1,x2,out=x1)，也可以用x1=np.add(x1,x2)；where是逻辑数组，是与输入x1或x2形状相同的数组，如果不同，通过广播调整成相同，只有与where中True元素同位置的结果才会保存到out中，与where中False元素同位置的结果不会保存到out中，如果out中有初始值，则out中对应False位置的元素的值不变，如果out没有初始化，则out中对应False位置的元素值是不确定的；casting用于设置数据转换的准则，可以取'no'、'equiv'、'safe'、'same_kind'或'unsafe'，'no'表示不可以转换，'equiv'表示仅字节序可以转换，'safe'表示保持值不变时才可以转换，'same_kind'表示在某种情况下保持值不变才可转换，例如float64转换到float32，'unsafe'表示任何数据都可转换；dytpe指定返回数组的数据类型；subok=False时，返回的数组是独立的数组，subok=True时，返回的数组是子类型。

下面的代码是add()函数进行数组求和运算的实例，主要为out和where参数的使用。

```
import numpy as np    #Demo5_51.py
x1=np.arange(1,9).reshape(2,4); print(1,x1)
x2=[11,12,13,14]; print(2,x2)
y=np.add(x1,10); print(3,y) #数组与标量相加，标量用广播调整成与数组形状相同
z=np.zeros_like(x1)
y=np.add(x1,x2,out=z); print(4,z)   #将计算结果输出到out指定的变量中
z=np.zeros_like(x1)
y=np.add(x1,x2,out=z,where=(x1<5)); print(5,z) #计算where中与True对应元素的和
'''
运行结果如下：
1 [[1 2 3 4]
 [5 6 7 8]]
2 [11, 12, 13, 14]
3 [[11 12 13 14]
 [15 16 17 18]]
4 [[12 14 16 18]
 [16 18 20 22]]
5 [[12 14 16 18]
 [ 0  0  0  0]]
...
```

与 add() 类似的数组基本运算函数如表 5-9 所示，这里只给出了关键参数，其他参数可参考 add() 函数中的参数。

表 5-9 数组基本运算函数

函数及格式	说明
add(x1,x2,out=None,where=True)	返回 x1+x2 的值
subtract(x1,x2,out=None,where=True)	返回 x1-x2 的值
multiply(x1,x2,out=None,where=True)	返回 x1*x2 的值
divide(x1,x2,out=None,where=True)	返回 x1/x2 的值
true_divide(x1,x2,out=None,where=True)	
floor_divide(x1,x2,out=None,where=True)	返回 x1//x2 的值
reciprocal(x,out=None,where=True)	返回 1/x 的值
negative(x,out=None,where=True)	返回 -x 的值
posiitve(x,out=None,where=True)	返回 x.copy() 值
power(x1,x2,out=None,where=True)	返回 x1**x2 的值
float_power(x1,x2,out=None,where=True)	返回 x1**x2 的值，返回值的类型是浮点数
floor(x,out=None,where=True)	返回小于等于 x 的最大整数
ceil(x,out=None,where=True)	返回大于等于 x 的最小整数
trunc(x,out=None,where=True)	返回向 0 取整的整数
rint(x,out=None,where=True)	返回背离 0 取整的整数
remainder(x1,x2,out=None,where=True)	返回 x1%x2 的值
mod(x1,x2,out=None,where=True)	
fmod(x1,x2,out=None,where=True)	返回 x1 除以 x2 后的余数，余数的符号与 x1 相同
log(x,out=None,where=True)	返回以 e 为底的对数
log1p(x,out=None,where=True)	返回 log(1+x) 的值
log2(x,out=None,where=True)	返回以 2 为底的对数
log10(x,out=None,where=True)	返回以 10 为底的对数
logaddexp(x1,x2,out=None,where=True)	返回 log(exp(x1)+exp(x2)) 的值
logaddexp2(x1,x2,out=None,where=True)	返回 log2(2**x1 + 2**x2)
exp(x,out=None,where=True)	返回 e**x 的值
exp2(x,out=None,where=True)	返回 2**x 的值
expm1(x,out=None,where=True)	返回 exp(x) - 1 的值
conj(x,out=None,where=True)	返回 x 的共轭数组
conjude(x,out=None,where=True)	
modf(x[, out1, out2] [, out=(None, None)], where=True)	返回 x 的小数部分和整数部分
divmodf(x1,x2[, out1, out2] [, out=(None, None)], where=True)	返回 (x1 // x2, x1 % x2) 元组
maximum(x1,x2,out=None,where=True)	返回 x1 和 x2 中的最大值，如果有一个是 NaN，返回 NaN，如果都是 NaN，返回第一个 NaN
fmax(x1,x2,out=None,where=True)	返回 x1 和 x2 中的最大值，如果有一个是 NaN，返回不是 NaN 的值，如果都是 NaN，返回第一个 NaN
minimum(x1,x2,out=None,where=True)	返回 x1 和 x2 中的最小值，如果有一个是 NaN，返回 NaN，如果都是 NaN，返回第一个 NaN

续表

函数及格式	说明
fmin(x1,x2,out=None,where=True)	返回x1和x2中的最小值，如果有一个是NaN，返回不是NaN的值，如果都是NaN，返回第一个NaN
fabs(x,out=None,where=True)	返回x的绝对值，不支持复数
absolute(x,out=None,where=True)	返回x的绝对值，x若是复数，返回幅值
abs(x,out=None,where=True)	
sign(x,out=None,where=True)	符号函数，x>0，返回1，x<0,返回-1，x=0，返回0；如果x是复数，x的实部不等于0时，返回sign(x.real)+0j，x的实部等于0时，返回sign(x.imag)+0j
heaviside(x1,x2,out=None,where=True)	如果x1<0则返回0，如果x1>0则返回1，如果x1=0则返回x2
sqrt(x,out=None,where=True)	返回x**0.5的值
squre(x,out=None,where=True)	返回x**2的值
hypot(x1,x2,out=None,where=True)	返回sqrt(x1**2 + x2**2)的值
cbrt(x,out=None,where=True)	返回x的立方根
reciprocal(x,out=None,where=True)	返回1/x的值
gcd(x1,x2,out=None,where=True)	返回x1和x2的最大公约数
lcm(x1,x2,out=None,where=True)	返回x1和x2的最小公倍数
ldexp(x1,x2,out=None,where=True)	返回x1*2**x2的值
maxmul(x1,x2,out=None,where=True)	返回矩阵乘积，输入不能是标量
frexp(x,[, out1,out2][, out=(None, None)], where=True)	ldexp()的逆计算，返回尾数mantissa和2的指数exponet，满足x=mantissa*2**exponent
nextafter(x1, x2,out=None)	在计算机的最小精度范围内，从x1到x2方向，返回距离x1最近的计算机能表示的数
spacing(x,out=None,where=True)	在计算机的最小精度范围内，返回x与距离x最近的数的距离
right_shift(x1, x2,out=None,where=True)	x1和x2取值都是整数，如把x1用二进制表示，将该二进制右侧x2个二进制位移除，返回移除后的值
left_shift(x1, x2,out=None,where=True)	x1和x2取值都是整数，如把x1用二进制表示，将该二进制左侧x2个二进制位移除，右侧补充x2个0，返回移除后的值
signbit(x, out=None,where=True)	如果x>0则返回False，如果x<0则返回True
isfinite(x,out=None,where=True)	测试x是否是有限或是数值，返回布尔数组
isinf(x,out=None,where=True)	测试x是否是无穷大，返回布尔数组
isneginf(x,out=None,where=True)	测试x是否是负无穷大，返回布尔数组
isposinf(x,out=None,where=True)	测试x是否是正无穷大，返回布尔数组
isnan(x,out=None,where=True)	测试x是否为NaN，返回布尔数组
isnaT(x,out=None,where=True)	测试x是否不是时间数据，返回布尔数组
bitwise_and(x1,x2,out=None,where=True)	返回位运算与（x1 & x2）的值
bitwise_not(x,out=None,where=True)	返回位运算非的值（~x）
invert(x,out=None,where=True)	
bitwise_or(x1,x2,out=None,where=True)	返回位运算或的值（x1|x2）
bitwise_xor(x1,x2,out=None,where=True)	返回位运算异或的值（x1^x2）
signbit(x,out=None,where=True)	x中的元素小于0时返回True
copysign(x1,x2,out=None,where=True)	将x1中的元素的正负号变成x2中的正负号

续表

函数及格式	说明
degrees(x,out=None,where=True)	将角度值由弧度转换成度
rad2deg(x,out=None,where=True)	
radians(x,out=None,where=True)	将角度值由度转换成弧度
deg2rad(x,out=None,where=True)	

5.4.2 数组逻辑运算函数

数组的逻辑运算函数有布尔运算函数和逻辑运算函数，它们的格式和基本运算函数的格式相同，逻辑运算函数如表5-10所示。

表5-10 数组的逻辑运算函数

逻辑运算函数	说明
logical_and(x1,x2,out=None,where=True)	返回x1 and x2的值
logical_not(x,out=None,where=True)	返回not x的值
logical_or(x1,x2,out=None,where=True)	返回x1 or x2的值
logical_xor(x1,x2,out=None,where=True)	返回x1 xor x2的值
equal(x1,x2,out=None,where=True)	返回x1 == x2的值
greater_equal(x1,x2,out=None,where=True)	返回x1 >= x2的值
less_equal(x1,x2,out=None,where=True)	返回x1 <= x2的值
not_qual(x1,x2,out=None,where=True)	返回x1 != x2的值
greater(x1,x2,out=None,where=True)	返回x1 > x2的值
less(x1,x2,out=None,where=True)	返回x1 < x2的值

5.4.3 数组三角函数

三角函数是科学计算中常用的函数，NumPy提供的三角函数如表5-11所示，三角函数只有一个输入，其他参数与基本函数的参数意义相同。

表5-11 NumPy中的三角函数

三角函数	说明
sin(x,out=None,where=True)	正弦函数
cos(x,out=None,where=True)	余弦函数
tan(x,out=None,where=True)	正切函数
sinh(x,out=None,where=True)	双曲正弦函数
cosh(x,out=None,where=True)	双曲余弦函数
tanh(x,out=None,where=True)	双曲正切函数
arcsin(x,out=None,where=True)	反正弦函数
arccos(x,out=None,where=True)	反余弦函数
arctan(x,out=None,where=True)	反正切函数
arcsinh(x,out=None,where=True)	反双曲正弦函数
arccosh(x,out=None,where=True)	反双曲余弦函数
arctanh(x,out=None,where=True)	反双曲正切函数

5.5 线性代数运算

NumPy提供了线性代数（linear algebra）中对矩阵乘积、矩阵分解、矩阵求逆、矩阵秩、特征值和特征向量、行列式、范数和线性方程组求解方面的函数，这些函数主要集中在NumPy的linalg子模块下。

5.5.1 矩阵对角线

对于矩阵对角线的操作包括计算矩阵的迹、获取对角线上的元素、获取上三角形和下三角形数组等操作。

（1）迹

计算矩阵迹的函数是trace()，其格式如下所示：

```
trace(a, offset=0, axis1=0, axis2=1, dtype=None, out=None)
```

其中，a若是二维数组，返回值是所有a[i,i+offset]的和，a若是多维数组，则由axis1和axis2指定的轴形成二维子数组，返回该子数组对角线的和。

（2）获取矩阵对角线的数组

用diag()函数和diagonal()函数可以获取由数组的对角线上的元素构成的一维数组。diag()函数的格式如下所示：

```
diag(v, k=0)
```

其中，v是二维数组，返回由v的元素v[i, i+k]构成的一维数组；k指定对角线的偏移位置，可以取正数、负数或0；如果v是一维数组，则返回二维数组，二维数组的第k个对角线的元素由v的元素构成。

diagonal()函数的格式如下所示：

```
diagonal(a, offset=0, axis1=0, axis2=1)
```

其中，a若是二维数组，返回由a的元素a[i, i+offset]构成的一维数组，a若是多维数组，返回由axis1和axis2指定轴构成的二维子数组的对角线构成的数组。

（3）将数组转成对角线

diagflat()函数将一维数组的元素转成二维数组对角线上的值，其格式如下所示：

```
diagflat(v, k=0)
```

其中，v是数组，将输入v变成一维数组后，作为二维数组的第k阶对角线，并返回该二维数组。

用fill_diagonal()函数可以用值填充数组的对角线，其格式如下所示：

```
fill_diagonal(a, val, wrap=False)
```

其中，a至少是二维数组，val是标量，用val填充a主对角线上的值，该函数没有返回值，直接对a进行修改。

另外，用triu(m, k=0)函数和tril(m, k=0)函数返回第k阶上三角形数组和第k阶下三角形数组，其余元素补0。

下面的代码是迹和对角线的应用实例。

```python
import numpy as np    #Demo5_52.py
x=np.arange(12).reshape(3,4)
print(1,x)
print(2,np.trace(x,offset=0),np.trace(x,offset=1),np.trace(x,offset=-1))
v1=np.diag(x,k=0);print(3,v1)
v2=np.diag(x,k=-1);print(4,v2)
v3=np.diagonal(x,offset=1,axis1=0,axis2=1);print(5,v3)
v=[10,11]
y=np.diagflat(v,k=-1);print(6,y)
u=np.triu(x,k=1);print(7,u)
'''
```

运行结果如下：

```
1 [[ 0  1  2  3]
 [ 4  5  6  7]
 [ 8  9 10 11]]
2 15 18 13
3 [ 0  5 10]
4 [4 9]
5 [ 1  6 11]
6 [[ 0  0  0]
 [10  0  0]
 [ 0 11  0]]
7 [[ 0  1  2  3]
 [ 0  0  6  7]
 [ 0  0  0 11]]
...
```

5.5.2 数组乘积

数组乘积分多种，有点积、内积、外积、张量积、克罗内克积和多个向量的乘积。

（1）点积

数组的点积可以用NumPy的dot()和vdot()函数来计算。dot()函数的格式如下所示：

> **dot(a, b, out=None)**

如果a和b都是一维数组，dot()的返回值是内积；如果a和b是二维数组，则dot()的返回值是矩阵乘法；如果a或b中有一个是标量，则返回值是np.multiply(a, b)或a * b的值；如果a是多维数组，b是一维数组，则返回值是a的最后一轴的数据与b的乘积和；如果a和b都是多维数组，则返回值是a的最后一轴和b的第2轴到最后一轴的乘积和dot(a, b)[i,j,k,m] = sum(a[i,j,:] * b[k,:,m])。

vdot()函数的格式如下所示：

> **vdot(a, b)**

vdot()是向量乘积，如果a和b是多维数组，则会把a和b变成一维数组后再进行点积计算；如果a是复数，则会把a取共轭复数后再进行点积计算，而dot()函数不会取共轭复数。

（2）内积和外积

内积用inner()函数计算，其格式如下所示。

```
inner(a, b)
```

如果a和b都是一维数组，返回值是对应元素的乘积和；如果a和b中有一个是标量，返回值是a*b；如果a和b是多维数组，返回值是最后一个轴的乘积和；如果ndim(a) = r，ndim(b) = s，则inner(a, b)$[i_0,\cdots,i_{r-1}, j_0,\cdots, j_{s-1}]$ = sum(a$[i_0,\cdots, i_{r-1},:]$*b$[j_0,\cdots, j_{s-1},:]$)。

外积用outer()函数计算，其格式如下所示：

```
outer(a, b, out=None)
```

如果a和b是多维数组，则会将a和b当成一维数组处理，取a = $[a_0, a_1,\cdots, a_M]$，b = $[b_0, b_1,\cdots, b_N]$，则outer()函数的计算结果如下：

$$[\,[a_0b_0\ \ a_0b_1\ \cdots\ a_0b_N\,]$$
$$[a_1b_0\ \ a_1b_1\ \cdots\ a_1b_N\,]$$
$$\cdots$$
$$[a_Mb_0\ \ a_Mb_1\ \cdots\ a_Mb_N\,]\,]$$

（3）张量积和克罗内克积

张量积用tensordot()函数计算，其格式如下所示：

```
tensordot(a, b, axes=2)
```

计算沿着指定轴的张量积，axes可以取整数，或如(a_axes, b_axes)的元组，其中a_axes和b_axes可以是数组、列表，用于指定a和b的轴。

计算克罗内克（Kronecker）积用kron()函数计算，其格式如下所示：

```
kron(a, b)
```

如果a的形状是$(r_0, r_1,\cdots, r_N)$，b的形状是$(s_0, s_1,\cdots, s_N)$，返回值的形状是$(r_0*s_0, r_1*s_1,\cdots, r_N*S_N)$，kron(a,b)$[k_0, k_1,\cdots, k_N]$ = a$[i_0, i_1,\cdots, i_N]$ * b$[j_0, j_1,\cdots, j_N]$。

（4）多个向量的连乘计算

多个向量的连乘可以用linalg模块下的multi_dot()函数计算，其格式如下所示:

```
multi_dot(arrays, out=None)
```

其中arrays是由数组、列表或元组构成的迭代序列，返回多个数组的乘积。如果第一个数组是一维数组，则将其当成行向量，如果最后一个是一维数组，则将其当成列向量，其他数组必须是二维数组。

linalg模块下的maxtrix_power()函数可以计算矩阵a的n次方，其格式如下所示:

```
matrix_power(a, n)
```

n可以取正整数、负整数和0。如果取负整数，则返回逆矩阵的n次方，此时a若不可逆，则会出错。

下面的代码是数组乘积的一些应用。

```python
import numpy as np    #Demo5_53.py
a = np.array([[1, 0], [0, -1]])
b = np.array([[4, 1], [2, 3]])
y=np.dot(a, b);print(1,y)
y=np.dot([2j, 3j], [4j, 1-2j]);print(2,y)
y=np.vdot(a,b);print(3,y)
y=np.vdot([2j, 3j], [4j, 1-2j]);print(4,y)
y=np.inner(a,b);print(5,y)
y=np.outer(a,b);print(6,y)
y=np.matmul(a,b);print(7,y)
y=np.linalg.multi_dot([[1,2],a,b,[3,4]]);print(8,y)
y=np.linalg.matrix_power(b,n=4);print(9,y)
a = np.arange(60).reshape(3,4,5)
b = np.arange(24).reshape(4,3,2)
y=np.tensordot(a,b, axes=([1,0],[0,1]));print(10,y)
'''

运行结果如下：
1 [[ 4  1]
  [-2 -3]]
2 (-2+3j)
3 1
4 (2-3j)
5 [[ 4  2]
  [-1 -3]]
6 [[ 4  1  2  3]
  [ 0  0  0  0]
  [ 0  0  0  0]
  [-4 -1 -2 -3]]
7 [[ 4  1]
  [-2 -3]]
8 -20
9 [[422 203]
  [406 219]]
10 [[4400 4730]
   [4532 4874]
   [4664 5018]
   [4796 5162]
   [4928 5306]]
'''
```

5.5.3 数组的行列式

行列式在线性代数、多项式理论和微积分学中作为基本的数学工具，都有着重要的应用。

行列式可以看作是有向面积或体积的概念在欧几里得空间中的推广，在 n 维欧几里得空间中，行列式描述的是一个线性变换对"体积"所造成的影响。

数组的行列式用det()函数或slogdet()函数计算，对于行列式非常小或非常大的值，det()函数可能会溢出或精度不够，slogdet()函数的返回值是由1、0、−1构成的符号列表sign和行列式构成的自然对数列表logdet。slogdet()函数计算的行列式为sign * np.exp(logdet)，它们的格式如下所示：

```
det(a)
slogdet(a)
```

其中，a是二维方阵或多维数组，a的形状需满足(…, m, m)。以下代码是计算数组行列式函数的举例。

```
import numpy as np   #Demo5_54.py
a = np.array([[6,2,2],[2,33,2],[4,2,22]])
det = np.linalg.det(a);print(det)
x,y=np.linalg.slogdet(a)
print(x,y)
print(x*np.exp(y))
```

5.5.4　数组的秩和逆矩阵

矩阵的秩由matrix_rank()函数计算，通过SVD分解计算非零奇异值的个数得到数组的秩。matrix_rank()的格式如下所示：

```
matrix_rank(M, tol=None, hermitian=False)
```

其中，M是形状是(m,)或(…, m, n)数组；tol是奇异值误差，小于tol的SVD值认为是0；hermitian=True时，M认为是共轭对称矩阵。数组M的秩是大于tol的奇异值的个数。

一个矩阵A的逆矩阵A^{-1}满足np.dot(A, A^{-1})= np.dot(A, A^{-1})= np.eye(a.shape[0])。计算逆矩阵的函数是inv()，其格式如下所示：

```
inv(a)
```

其中，a是二维方阵或多维数组，其形状为(…, m, m)。

另外一种计算逆矩阵的函数是pinv()，它的计算结果是伪（pseudo）逆矩阵，它采用SVD方法计算逆矩阵，对输入矩阵a不要求是方阵，pinv()的格式如下所示：

```
pinv(a, rcond=1e-15, hermitian=False)
```

其中，a是形状为(…, m, n)的数组；rcond是参考误差，当奇异值小于等于rcond与最大奇异值的乘积时，将奇异值等于0；hermitian=True时，a认为是共轭对称矩阵。以下代码是矩阵求逆的应用。

```
import numpy as np   #Demo5_55.py
A = np.array([[6,2,3],[2,1,2],[3,2,5]])
B = np.array([[6,2,3,4],[10,4,6,18],[3,2,5,1]])
b = np.array([1,2,3])
rank = np.linalg.matrix_rank(A);print(1,rank)   #A的秩
rank = np.linalg.matrix_rank(B);print(2,rank)   #B的秩
```

```
A_inv = np.linalg.inv(A); print(3,A_inv)    #A的逆矩阵
print(4,A @ A_inv);    #验证A与A逆阵的矩阵乘积是否等于单位阵
print(5,A_inv @ b)  #线性方程组Ax=b的解  x=inv(A)@b

B_inv = np.linalg.pinv(B)  #伪逆阵
print(6,B @ B_inv)  ##验证B与B伪逆阵的矩阵乘积是否等于单位阵
'''
```
运行结果如下:
```
1 3
2 3
3 [[ 1. -4.  1.]
 [-4. 21. -6.]
 [ 1. -6.  2.]]
4 [[ 1.00000000e+00   0.00000000e+00  -2.22044605e-16]
 [ 4.44089210e-16   1.00000000e+00   4.44089210e-16]
 [ 6.66133815e-16   3.55271368e-15   1.00000000e+00]]
5 [-4. 20. -5.]
6 [[ 1.00000000e+00   1.66533454e-16   2.63677968e-16]
 [-2.72004641e-15   1.00000000e+00   3.81639165e-16]
 [-1.94289029e-16   8.32667268e-17   1.00000000e+00]]
'''
```

5.5.5 特征值和特征向量

特征值和特征向量是线性代数中的一个重要概念,在数学、力学、物理学、化学、数据分析等领域有着广泛的应用。例如求由质量矩阵和刚度矩阵构成的多自由系统的特征值和特征向量,可以得到系统的共振频率和共振时的振动形状。

对于形状是(m,m)的二维方阵A,如果$AV_i=w_iV_i$,其中V_i是一维向量,w_i是标量,则称w_i是A的特征值,V_i是对应w_i的特征向量,通常A有m个特征值和特征向量。如果能求出所有特征值和特征向量,A可以写成A=V@np.diag(w)@V^{-1},其中V是由V_i构成的矩阵,w是由w_i构成的一维向量,这就实现了将A进行分析的目的。

根据数组是否对称,计算特征值和特征向量可分别用eig()、eigvals()函数和eigh()、eigvalsh()函数求解,它们在linalg子模块中。eig()和eigvals()函数的格式如下所示:

```
eig(a)
eigvals(a)
```

其中,a如果是二维数组,a的形状是(m,m)的方阵。如果a是多维数组,a的形状是(⋯, m, m)。eig()函数返回值是特征值数组w和特征向量数组v,形状分别是(⋯, m)和(⋯, m, m),v是归一化后的数组,eigvals()函数只返回w。

eigh()、eigvalsh()函数的格式如下所示:

```
eigh(a, UPLO='L')
eigvalsh(a, UPLO='L')
```

其中,a是厄米特对称矩阵(Hermitian Matrix),矩阵中最后两维的第i行第j列的元素都与最后

两维的第j行第i列的元素的共轭相等，其形状为$(\cdots,m,m)$。UPLO='L'时，用a的下三角阵计算特征值和特征向量；UPLO='U'时，用a的上三角阵计算特征值和特征向量。eigh()函数的返回值是w和v，其形状分别为$(\cdots,m)$和$(\cdots,m,m)$，eigvalsh()只返回w。

下面的代码是计算特征值和特征向量的应用实例。

```python
import numpy as np    #Demo5_56.py
a = np.array([[1,2,2],[2,1,2],[2,2,1]])
w,v=np.linalg.eig(a)
print(1,w)
print(2,v)
w=np.linalg.eigvals(a)
print(3,w)

b=np.array([[3+1j,2-1j,5+6j],[2+1j,4+1j,2+1j],[5-6j,2-1j,5+1j]])
w,v=np.linalg.eigh(b)
print(4,w)
print(5,v)
w=np.linalg.eigvalsh(b)
print(6,w)
'''
运行结果如下：
1 [-1.  5. -1.]
2 [[-0.81649658  0.57735027  0.        ]
 [ 0.40824829  0.57735027 -0.70710678]
 [ 0.40824829  0.57735027  0.70710678]]
3 [-1.  5. -1.]
4 [-4.1140527   3.30080815 12.81324455]
5 [[ 0.74118704+0.j          0.23247464+0.j         -0.62975972+0.j        ]
 [-0.02395065-0.17321533j -0.76852129+0.5305283j  -0.3118866 -0.00801986j]
 [-0.38235664+0.52332397j -0.09172532-0.25584519j -0.48386962+0.52147417j]]
6 [-4.1140527   3.30080815 12.81324455]
'''
```

5.5.6 SVD分解

奇异值分解SVD（singular value decomposition）是线性代数中一种重要的矩阵分解，它在信号处理和机器学习等方面有广泛的应用。奇异值分解是特征值分解在任意矩阵上的推广，特征值分解要求被分解的矩阵必须是方阵，而奇异值分解不要求是方阵。对于形状是(m,n)任意二维数组A，如果$A= U\ @\ np.diag(S)\ @\ V^H = (U * S)\ @\ V^H$，其中H表示共轭转置，U和V都是酉矩阵，形状分别是(m,m)和(n,n)，S是一维数组，则S的元素S_i称为A的奇异值。这样A可以分解成$A=\Sigma(S_i U_i\ @\ V_i^H)$，如果$S_i$是按照从大到小排列，只需保留$\Sigma(S_i U_i\ @\ V_i^H)$中前几项，就可以保留A中的绝大多数信息。例如如果A表示一个图像，用SVD分解A后，只需保留奇异值的前几项S_i、U_i和V_i，就实现了数据的压缩。

奇异值分解用svd()函数，其格式如下所示：

```
svd(a, full_matrices=True, compute_uv=True, hermitian=False)
```

其中，a可以是数组、列表或元组，a.ndim≥2，a的形状表示为(…, m, n)；在full_matrices=True时，U和V的形状分别是(…, m, m)和(…, n, n)，在full_matrices=False时，U和V的形状分别是(…, m, k)和(…, k, n)，k=min(m,n)；compute_uv=True时，返回值是U、S和V，否则只返回S；在hermitian=True时，a被当作厄米特矩阵（Hermitian Matrix），即a是共轭转置矩阵。

下面的代码是奇异值分解的应用实例。

```python
import numpy as np   #Demo5_57.py
a = np.array([[1,-2,2,5],[2,1,2,3],[-2,2,1,3]])
u,s,v=np.linalg.svd(a,full_matrices=True,compute_uv=True)
print(1,u); print(2,s); print(3,v)
x=np.linalg.multi_dot([u,np.diag(s),v[:3,:]]); print(4,np.allclose(a,x))
u,s,v=np.linalg.svd(a,full_matrices=False)
x=np.linalg.multi_dot([u,np.diag(s),v]); print(5,np.allclose(a,x))

b=np.array([[3+1j,2-1j,5+6j],[2+1j,4+1j,2+1j],[5-6j,2-1j,5+1j]])
u,s,v=np.linalg.svd(b,full_matrices=True,hermitian=True); print(6,s)
'''
运行结果如下：
1 [[ 0.76410655  0.41392231  0.49478228]
 [ 0.52105991  0.05616068 -0.85167045]
 [ 0.38031271 -0.90857817  0.17276558]]
2 [7.2409552  3.52596216 2.26630949]
3 [[ 0.14440097 -0.03404631  0.40749398  0.90107595]
 [ 0.66461292 -0.73422237  0.00895863 -0.1383001 ]
 [-0.6857359  -0.65997334 -0.23871884  0.19291133]
 [ 0.25923792  0.15554275 -0.88140894  0.36293309]]
4 True
5 True
6 [12.81324455  4.1140527   3.30080815]
'''
```

5.5.7　Cholesky分解

Cholesky分解是把一个对称正定矩阵 A 表示成一个下三角矩阵 L 和其共轭转置 L^H（上三角矩阵）的乘积 $A=L\,L^H$，其中H表示共轭转置。它要求矩阵 A 的所有特征值必须大于零，故分解矩阵的对角线上的元素也大于零。Cholesky分解法又称平方根法，是当 A 为实对称正定矩阵时，LU三角分解法的变形。Cholesky分解的作用是用于线性方程组 $Ax=b$ 的求解。

cholesky分解使用cholesky()函数，其格式如下所示：

```
cholesky(a)
```

其中，a是Hermitian矩阵，如a是实数矩阵，则a是对称正定矩阵。cholesky()函数的返回值是L。

下面的代码是Cholesky分解的应用实例。

```python
import numpy as np   #Demo5_58.py
a = np.array([[6,2,3],[2,1,2],[3,2,5]])   #实对称矩阵
w=np.linalg.eigvalsh(a)   #计算特征值
```

```
    if np.all(w > 0):     #判断特征值是否全部大于0
        L = np.linalg.cholesky(a)
        print(1, L)
b = np.array([[17+6j,2-4j,5+6j],[2+4j,14+6j,2+1j],[5-6j,2-1j,15+5j]])    #复共轭对称
矩阵
w = np.linalg.eigvalsh(b)    #计算特征值
    if np.all(w > 0):     #判断特征值是否全部大于0
        L = np.linalg.cholesky(b)
        print(2,L)
'''
```

运行结果如下:

```
1 [[2.44948974  0.         0.        ]
 [0.81649658  0.57735027  0.       ]
 [1.22474487  1.73205081  0.70710678]]
2 [[4.12310563+0.j           0.         +0.j          0.         +0.j        ]
 [0.48507125+0.9701425j   3.58099559+0.j          0.         +0.j        ]
 [1.21267813-1.45521375j  0.78847609+0.24639878j  3.27556984+0.j        ]]
'''
```

5.5.8 QR分解

QR（正交三角）分解是将实（复）非奇异矩阵 *A* 分解成正交（酉）矩阵 *Q* 与实（复）非奇异上三角矩阵 *R* 的乘积，即 *A*=*QR*，则称其为 *A* 的 QR 分解。QR 分解在求矩阵特征值方面是最有效且广泛应用的方法，一般矩阵先经过正交相似变化成为 Hessenberg 矩阵，然后再应用 QR 方法求特征值和特征向量。QR 分解也有其他方面的应用，例如最小二乘法、求解线性方程组等。

QR 分解用 qr() 函数，其格式如下所示:

```
qr(a, mode='reduced')
```

其中，a 是二维数组，其形状是 (*m*,*n*)；mode 可以取 'reduced'、'complete' 或 'r'，mode='reduced' 时，返回的 q 和 r 的形状分别是 (*m*,*k*) 和 (*k*,*n*)。mode='complete' 时，返回的 q 和 r 的形状分别是 (*m*,*m*) 和 (*m*,*n*)；mode='r' 时，只返回 *r*，形状是 (*k*,*n*)。

下面的代码是用 QR 分解求解线性方程组 *Ax*=*b* 的应用示例，其中 $x=A^{-1}b=(QR)^{-1}b=R^{-1}Q^{T}b$。

```
import numpy as np   #Demo5_59.py
A = np.array([[6,2,3],[2,1,2],[3,2,5]])    #线性方程组Ax=b的系数矩阵A
b = np.array([1,2,3])
q,r = np.linalg.qr(A,mode='reduced')   #A的QR分解
print(1,q); print(2,r)
x = np.linalg.inv(r) @ q.T @ b; print(3,x)   #Ax=b的解
'''
```

运行结果如下:

```
1 [[-0.85714286   0.49083182   0.15617376]
 [-0.28571429  -0.20079484  -0.93704257]
 [-0.42857143  -0.84780042   0.31234752]]
2 [[-7.          -2.85714286  -5.28571429]
```

```
     [ 0.         -0.91473203 -3.16809631]
     [ 0.          0.          0.15617376]]
  3 [-4. 20. -5.]
  ...
```

5.5.9 范数和条件数

范数（norm）是线性代数中的一个基本概念，它常常被用来度量某个向量空间（或矩阵）中向量的长度或大小，并满足非负性、齐次性和三角不等式。对于一维数组和二维数组 A，常用的范数有 1-范数、2-范数、Frobenius-范数（F-范数）、nuclear-范数和 ∞-范数，其中nuclear范数是指矩阵奇异值的和。

形状是 (m,n) 的二维数组 A（矩阵）和形状是 $(n,)$ 的一维数组 V（向量）的常用范数的定义如表5-12所示。

表5-12 二维数组和一维数组的常用范数的定义

	二维数组 A 的范数的定义		一维数组 V 的范数的定义
1-范数	$\|A\|_1 = \max_j \left(\sum_{i=1}^m \|A_{ij}\| \right), j=1,2,\cdots,n$	P-范数	$\|V\|_P = \left(\sum_{i=1}^n \|V_i\|^P \right)^{1/P}$
2-范数	$\|A\|_2 = \sqrt{A^H A \text{的最大特征值}}$	F-范数	$\|V\|_F = \sqrt{\sum_{i=1}^n \|V_i\|^2}$
F-范数	$\|A\|_F = \sqrt{\sum_{i=1}^m \left(\sum_{j=1}^n \|A_{ij}\|^2 \right)}$	∞-范数	$\|V\|_\infty = \max(\|V_i\|)$
∞-范数	$\|A\|_\infty = \max\left(\sum_{j=1}^n \|A_{1,j}\|, \sum_{j=1}^n \|A_{2,j}\|, \cdots, \sum_{j=1}^n \|A_{mj}\| \right)$	$-\infty$-范数	$\|V\|_{-\infty} = \min(\|V_i\|)$

NumPy 中计算范数的函数是 norm()，其格式如下所示：

```
norm(x, ord=None, axis=None, keepdims=False)
```

其中，x 在 ord=None 时，只能是一维数组或二维数组；ord 指范数的阶数，是 order 的缩写，ord 可以取整数、inf、-inf、'fro' 或 'nuc'，'fro' 是指 F-范数，'nuc' 是指 nuclear-范数，ord 取值与数组范数的关系如表5-13所示；axis 可以取 None、整数或由2个整数构成的元组，对于多维数组，需要指定轴，由指定的轴构成一维数组或二维数组，计算这个新数组的范数；keepdims 设置输出的范数是否与输入 x 保持相同的维数。

表5-13 ord 取值与数组范数的关系

ord 的取值	二维数组的范数	一维数组的范数
None	F-范数	2-范数
'fro'	F-范数	无此项
'nuc'	nuclear-范数，矩阵奇异值的和	无此项
inf	max(sum(abs(x),axis=1))	max(abs(x))

续表

ord 的取值	二维数组的范数	一维数组的范数
-inf	min(sum(abs(x),axis=1))	min(abs(x))
0	无此项	sum(x!=0)
1	max(sum(abs(x),axis=0))	sum(abs(x)**ord)**(1./ord)
-1	min(sum(abs(x),axis=0))	sum(abs(x)**ord)**(1./ord)
2	2-范数	sum(abs(x)**ord)**(1./ord)
-2	最小奇异值	sum(abs(x)**ord)**(1./ord)
其他值	无此项	sum(abs(x)**ord)**(1./ord)

根据二维数组的范数可以计算矩阵的条件数（condition number），用 cond(x, p=None) 函数计算条件数。其中 p 是 norm 函数中的 ord 参数，p 可取 None、1、−1、2、−2、inf、−inf 或 'fro'，条件数是 x 的范数和 x 逆矩阵的范数的乘积，即 cond(x)=$\|x\| \cdot \|x^{-1}\|$。条件数越大，矩阵越接近一个奇异矩阵（不可逆矩阵），矩阵越"病态"。在数值计算中，矩阵的条件数越大，计算的误差越大，精度越低。

下面的代码是有关矩阵范数、向量范数和条件数计算的举例。

```
import numpy as np    #Demo5_60.py
a = np.array([[6,2,2],[2,33,2],[4,2,22]])
norm_1= np.linalg.norm(a,ord=1);print(1,norm_1)          #矩阵1-范数
norm_2= np.linalg.norm(a,ord=2);print(2,norm_2)          #矩阵2-范数
norm_inf= np.linalg.norm(a,ord=np.inf);print(3,norm_inf) #矩阵正无穷范数
norm_nuc= np.linalg.norm(a,ord='nuc');print(4,norm_nuc)  #矩阵nuclear-范数
norm_fro= np.linalg.norm(a,ord='fro');print(5,norm_fro)  #矩阵F-范数
cond=np.linalg.cond(a,p='fro');print(6,cond)             #矩阵条件数

b = np.array([1,2,3])
norm_1= np.linalg.norm(b,ord=1);print(7,norm_1)          #向量1-范数
norm_2= np.linalg.norm(b,ord=2);print(8,norm_2)          #向量2-范数
norm_inf= np.linalg.norm(b,ord=np.inf);print(9,norm_inf) #向量正无穷范数
norm_minf= np.linalg.norm(b,ord=-np.inf);print(10,norm_minf) #向量负无穷范数
'''
运行结果如下：
1 37.0
2 33.583055225030066
3 37.0
4 61.071816370696105
5 40.55859958134649
6 7.829929237131787
7 6.0
8 3.7416573867739413
9 3.0
10 1.0
'''
```

5.5.10 线性方程组的解

线性方程组 $Ax=b$ 的解是 $x=A^{-1}b$，它要求系数矩阵 A 是满秩的。求解线性方程组用 solve() 函数，它的格式如下所示：

```
solve(a, b)
```

其中，a 是系数数组，a 的形状是 $(\cdots, m, m)$；b 是常数数组，b 的形状为 $(\cdots, m,)$ 或 $(\cdots, m, k)$，返回值的形状与 b 的形状相同。

solve() 求解的线性代数方程要求系数矩阵 a 是正定的，对于 a 是超定的情况，可以用 lstsq() 函数来求解，它使用最小二乘法来求解线性方程组，lstsq() 函数的格式如下所示：

```
lstsq(a, b, rcond='warn')
```

其中，a 的形状是 (m, n)；b 的形状是 $(m,)$ 或 (m, k)；rcond 是相对误差，如果 a 的奇异值小于 rcond 与 a 的最大奇异值的积，则该奇异值认为是 0，默认值 'warn' 表示用计算机精度与 $\max(m,n)$ 的乘积作为默认值，函数的返回值包括 x、残余值 b-ax、a 的秩和 a 的奇异值。

下面的代码分别用 solve() 函数和 lstsq() 函数求解正定和超定方程组的解。

```python
import numpy as np    #Demo5_61.py
A = np.array([[6,2,2],[2,33,2],[4,2,22]])
b = np.array([1,2,3])
x = np.linalg.solve(A,b);print(1,x)
b = np.array([[1,2,3],[4,5,6]])
x = np.linalg.solve(A,b.T);print(2,x)
A = np.array([[1,2,2,3],[2,1,5,7],[5,2,2,-1]])
b = np.array([1,2,3])
x = np.linalg.lstsq(A,b,rcond=0.001);print(3,x[0])
print(4,"A的秩=",x[2])
print(5,"A的奇异值=",x[3])
'''
运行结果如下：
1 [0.11388611  0.04695305  0.11138861]
2 [[0.11388611  0.57842158]
  [0.04695305  0.10689311]
  [0.11138861  0.15784216]]
3 [ 0.4695122   0.07012195  0.24085366  -0.0304878 ]
4 A的秩= 3
5 A的奇异值= [9.98734641  5.42839273  1.33621253]
'''
```

第6章

Matplotlib 数据可视化

Matplotlib 是 Python 的一个非常强大的绘图库，可以绘制二维图像和三维图像，只需几行代码就可以绘制出各种各样的数据图像。Matplotlib 的绘图基于 NumPy 的数组或 Python 的列表和元组实现。Matplotlib 可以用命令来绘制图像，也可以基于对象的编程来绘制图像，还可以将图像嵌入其他 GUI 图形程序中，如 PyQt5，方便开发 GUI 程序。有关 PyQt5 的使用可参考笔者编著的《Python 基础与 PyQt 可视化编程详解》。

6.1 二维绘图

Matplotlib 的绘图可以使用程序接口命令方法，也可以用基于对象的方法。初学者使用基于接口命令的方法可以快速绘制各种数据图像，使用基于对象的方法则需要详细了解各种数据图像对象的属性、方法和返回值的类型。本节介绍基于接口命令绘制各种二维数据图像的方法，这些方法也同样适用于基于对象的绘图。这些绘制数据图像的方法在 Matplotlib 的 pyplot 模块中，类似 Matlab 的绘图命令。在绘制数据图像前需要用"import matplotlib.pyplot as plt"将 pyplot 模块导入进来，本书中如没有特别说明，plt 均是指 pyplot 模块的别名。另外 Matplotlib 的 pylab 模块集成了 pyplot 模块的命令和 Numpy 的一些方法，读者也可以用 pylab 模块进行相同的操作，但更建议用 pyplot 模块。

6.1.1 折线图

（1）plot() 方法绘图的格式

折线图是用一条直线把相连的两个点连接起来，如果数据点较多，折线图就变成了连续的曲线。折线图用 plot() 方法绘制，plot() 方法的格式如下，其返回值是 Line2D 对象列表。

```
plot(*args, scalex=True, scaley=True, data=None, **kwargs)
```

其中，*args是数量可变的参数；scalex和scaley取False时，绘制的图形的坐标轴的刻度是从0到1，取True时，刻度根据数值进行自动调整，一般取默认值True；data是可以通过索引获取的数据对象，例如字典和NumPy的结构数组；kwargs是数量可变的关键字参数，用于设置折线的属性。

plot()函数中数量可变的参数*args通常可以取"[x], y, [fmt]"或多个"[x], y, [fmt]"，这时的plot()函数的格式如下所示：

```
plot([x], y, [fmt], data=None, **kwargs)
plot([x], y, [fmt], [x2], y2, [fmt2],…, **kwargs)
```

其中x和y分别是横坐标和纵坐标数据，可以取列表、元组或Numpy的数组，x是可选的，如果不提供x，则x默认为range(len(y))；fmt是格式字符串，是可选的。

下面的程序绘制正弦和余弦函数，可以用plot()方法绘制多个折线到一个图像上，最后需要用show()方法显示图像，程序运行结果如图6-1所示。

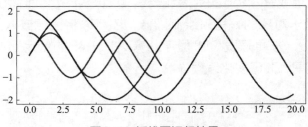

图6-1　折线图运行结果

```
import numpy as np   #Demo6_1.py
import matplotlib.pyplot as plt
x= np.arange(0,10,0.1)   #numpy数组
y1= np.sin(x)   #正弦值
y2=np.cos(x)   #余弦值
plt.plot(x,y1,x,y2,scalex=True,scaley=True,color='blue')   #第1次绘制图像
plt.plot(2*x,2*y1,2*x,2*y2,scalex=True,scaley=True,color='black')   #第2次绘制图像
plt.show(block=True)   #显示图像
```

plot()方法中的data参数用于提供数据，可以把绘图中使用到的参数值放到字典或结构数组中，通过字典或结构数组的关键字来获取数据和参数的值。下面的程序是将数据和参数放到字典中，通过字典的关键字获取数据来绘制图像，得到同样的图像。

```
import numpy as np   #Demo6_2.py
import matplotlib.pyplot as plt
x= np.arange(0,10,0.1)   #numpy数组
y1= np.sin(x)   #正弦值
y2=np.cos(x)   #余弦值
dict_1={'xValue':x,'sin':y1,'cos':y2,'scalex':True,'scaley':True,}   #字典
dict_2={'xValue':2*x,'sin':2*y1,'cos':2*y2,'scalex':True,'scaley':True,}   #字典
plt.plot('xValue','sin',scalex='scalex',scaley='scaley',color='blue',data=
dict_1)#第1次绘制图像
```

```
plt.plot('xValue','cos',scalex='scalex',scaley='scaley',color='blue',data=
dict_1)#第2次绘制图像
plt.plot('xValue','sin',scalex='scalex',scaley='scaley',color='black',data=
dict_2)#第3次绘制图像
plt.plot('xValue','cos',scalex='scalex',scaley='scaley',color='black',data=
dict_2)#第4次绘制图像
plt.show(block=True)        #显示图像
```

需要注意的是，程序运行到plt.show(block=True)时显示所有打开的图像，会暂停执行plt.show(block=True)的后续语句，只有关闭所有图像后才继续执行后续语句。如果将参数block设置成False，则不会阻止继续执行后续语句。

（2）plot()绘图的格式字符串

plot()方法中的fmt格式字符串指定折线的线型、标识符号和颜色，其格式是fmt = '[marker][line][color]'，[ ]中的内容是可选的，其中marker、line和color分别指标识符号、线型和颜色，可取值如表6-1所示。如果格式字符串中只有颜色，可以使用颜色全名或十六进制数字'#RRGGBB'来表示，例如'green'或'#00FF00'。

表6-1 格式字符串

类型	符号	说明	类型	符号	说明
标识符号（Marker）	'.'	实心小圆点	标识符号（Marker）	'x'	x形
	','	像素点（更小的点）		'D'	钻石形（Diamond）
	'o'	实心圆		'd'	钻石形（Diamond）
	'v'	向下的三角形		'|'	竖线
	'^'	向上的三角形		'_'	水平线
	'<'	向左的三角形	线型（Line）	'-'	实心线（Solid）
	'>'	向右的三角形		'--'	虚线（Dash）
	'1'	向下的Y形		'-.'	虚点线（Dash-Dot）
	'2'	向上的Y形		':'	点线（Dotted）
	'3'	向左的Y形	颜色（Color）	'b'	蓝色（Blue）
	'4'	向右的Y形		'g'	绿色（Green）
	's'	正方形(Square)		'r'	红色（Red）
	'p'	五边形（Pentagon）		'c'	青色（Cyan）
	'*'	星形		'm'	紫红色（Magenta）
	'h'	六边形（Hexagon）		'y'	黄色（Yellow）
	'H'	六边形（Hexagon）		'k'	黑色（Black）
	'+'	加号		'w'	白色（White）

下面的程序是在4个曲线上添加格式符号，程序运行结果如图6-2所示。

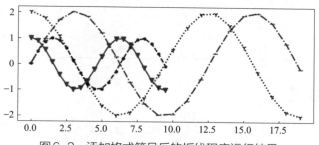

图6-2 添加格式符号后的折线程序运行结果

```python
import numpy as np   Demo6_3.py
import matplotlib.pyplot as plt
x= np.arange(0,10,0.5)   #numpy数组
y1= np.sin(x)   #正弦值
y2=np.cos(x)   #余弦值
sin_cos={"xValue":x,"sin":y1,"cos":y2} #字典
plt.plot("xValue","sin",".--b",data=sin_cos)
plt.plot("xValue","cos","v-g",data=sin_cos)
plt.plot(2*x,2*y1,"_-.m",2*x,2*y2,"1:k")
plt.show()   #显示图像
```

（3）Line2D对象的属性设置

在plot()方法中，kwargs是关键字参数，用于设置Line2D对象的属性来控制折线的显示特性，例如plot([1, 2, 3], 'go-', color='blue', linestyle='-.', linewidth=2, label='line 1')。Line2D对象的常用属性设置参数及取值类型或范围如表6-2所示。如果属性设置与格式字符串设置冲突，则以属性设置为准。

表6-2　Line2D对象的常用属性设置参数及取值类型或范围

参数	参数的类型或取值范围	参数	参数的类型或取值范围
alpha	float、None	marker	str（取值见表6-1）
animated	bool	markeredgecolor	color
antialiased	bool	markeredgewidth	float
clip_on	bool	markerfacecolor	color
color、c	color	markerfacecoloralt	color
dash_capstyle	'butt'、'round'、'projecting'	markersize ms	float
dash_joinstyle	'miter'、'round'、'bevel'	sketch_params	(scale:float,length:float, randomness:float)
figure	Figure	solid_capstyle	'butt'、'round'、'projecting'
drawstyle、ds	'default'、'steps'、'steps-pre'、'steps-mid'、'steps-post'	solid_joinstyle	'miter'、'round'、'bevel'
fillstyle	'full'、'left'、'right'、'bottom'、'top'、'none'	linestyle、ls	'-'、'--'、'-.'、':'、''、(offset,on-off-seq),…
gid	str	visible	bool
in_layout	bool	xdata	1D array
label	str	ydata	1D array
linewidth、lw	float	zorder	float

6.1.2　对数折线图

对于数据值变化较大，或者有一些值特别小的数据，要能分辨出值特别小的数据，用线性刻度是不能达到要求的，这时可以改用对数坐标轴。

绘制对数折线图可以用semilogx()、semilogy()和loglog()方法，分别对x轴取对数、y轴取对数、xy两个轴同时取对数，这三个方法的格式如下所示，与plot()方法的格式相同。

```
semilogx([x], y, [fmt], data=None, **kwargs)
semilogx([x], y, [fmt], [x2], y2, [fmt2],, **kwargs)
semilogy([x], y, [fmt], data=None, **kwargs)
semilogy([x], y, [fmt], [x2], y2, [fmt2],, **kwargs)
loglog([x], y, [fmt], data=None, **kwargs)
loglog([x], y, [fmt], [x2], y2, [fmt2],, **kwargs)
```

这三个方法与plot()方法的参数多部分相同，不同的参数有base、subs和nonpositive。base参数的类型是float，指定对数基，默认是10；subs指定次网格线的数量；nonpositve设置对负数的处理，可以取'mask'或'clip'，'mask'是指忽略负值，'clip'是将负值变成非常小的正数。

6.1.3 堆叠图

堆叠图也可称为面积图，是在数据曲线与某个轴之间填充颜色，可以设置不同的颜色，用颜色来区分多个数据曲线之间的异同。堆叠图用stackplot()方法绘制，其格式如下所示：

```
stackplot(x, *args, labels=(), colors=None, baseline='zero', data=None, **kwargs)
stackplot(x, y)
stackplot(x, y1, y2, y3, y4)
```

stack()方法中的参数类型和说明如表6-3所示，其他一些参数参见plot()方法的说明。

表6-3 stack()方法中的参数类型和说明

参数	参数类型	说明
x	array	x是形状为(n,)的一维数组，定义横坐标值
y	array	y是形状为(m,n)的二维数组或由一维数组构成的列表、元组，定义纵坐标值
y1、y2、y3、y4	array	形状是(n,)的一维数组，定义纵坐标值
baseline	str	设置底线的计算方法，可以取'zero'、'sym'、'wiggle'、'weighted_wiggle'。'zero'表示x轴是底线；'sym'表示堆叠图关于x轴对称；'wiggle'表示用最小化平方斜率之和方法得到底线、'weighted_wiggle'表示加权'wiggle'方法
labels	list[str]	设置标签，长度是n的字符串序列，显示在图例中
colors	list[color]	设置颜色，长度是n的颜色序列
data	dict、array	字典或结构数组，提供数据

下面的程序绘制堆叠图，程序运行结果如图6-3所示。

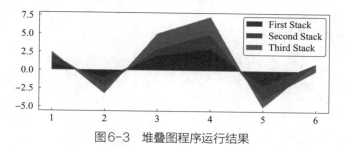

图6-3 堆叠图程序运行结果

```python
import matplotlib.pyplot as plt    Demo6_4.py
x=[1,2,3,4,5,6]
y1=[1,-1,2,3,-2,1]
y2=[1.2,-1.2,1,2,-2,-1]
y3=[0.3,-1,2,2.3,-1,1]
plt.stackplot(x,y1,y2,y3,labels=['First Stack','Second Stack','Third Stack'],
colors=['b','m','r'])
plt.legend()    #显示图例
plt.show()
```

6.1.4 时间折线图

如果横坐标或纵坐标是时间或日期，可以用plot_date()方法绘制时间折线图，plot_date()方法的格式如下所示：

```
plot_date(x, y, fmt='o', tz=None, xdate=True, ydate=False, data=None, **kwargs)
```

其中，x和y是横轴和纵轴数据，如果xdate=True，则x数据是时间数据，如果ydate=True，则y数据是时间数据；fmt是格式字符串，设置折线的线型、标识符号和颜色；tz是时区字符串，其他参数可参考plot()方法的参数。

下面的程序绘制时间折线图，程序运行结果如图6-4所示。

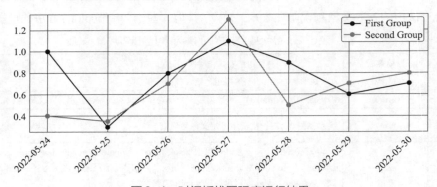

图6-4　时间折线图程序运行结果

```python
from datetime import datetime    #Demo6_5.py
from matplotlib import pyplot as plt
dates = [datetime(2022, 5, 24),    #创建datetime对象，用来表示在横轴上的位置和标签
        datetime(2022, 5, 25), datetime(2022, 5, 26), datetime(2022, 5, 27),
        datetime(2022, 5, 28), datetime(2022, 5, 29), datetime(2022, 5, 30) ]
y1=[1,0.3,0.8,1.1,0.9,0.6,0.7]
y2=[0.4,0.35,0.7,1.3,0.5,0.7,0.8]
fig=plt.figure()    #创建图像并返回图像
plt.plot_date(dates,y1,fmt='b-o',label='First Group')    #在当前图像上绘图
plt.plot_date(dates,y2,fmt='r-o',label='Second Group')    #在当前图像上绘图
plt.grid()    #显示网格
plt.legend()    #显示图例
```

```
fig.autofmt_xdate(rotation=30)  #如果横坐标显示的日期出现重叠，可使其旋转一定角度
plt.show()
```

6.1.5 带误差的折线图

errorbar()方法用于绘制有一定置信区间的带误差的折线图，errorbar()方法的格式如下所示：

```
errorbar(x, y, yerr=None, xerr=None, fmt='', ecolor=None, elinewidth=None, capsize=None, barsabove=False, lolims=False, uplims=False, xlolims=False, xuplims=False, errorevery=1, capthick=None, data=None, **kwargs)
```

errorbar()中各参数的类型及说明如表6-4所示。

表6-4 errorbar()中各参数的类型及说明

参数	参数类型	说明
x、y	array、list、tuple	定义曲线数据点
xerr、yerr	float、array	定义x和y的误差。取单个浮点数时，表示所有点的正负误差相同；形状是(n,)的数组时，表示每个点的误差不同，单个点的正负误差相同；取形状是(2,n)的数组时，表示每个点的误差不同，每个点的正负误差也不相同
fmt	str	设置数据点和数据线的样式
ecolor	color	设置误差棒的颜色，默认是数据线上标识的颜色
elinewidth	float	设置误差棒的颜色
capsize	float	设置误差棒终点横线的长度
capthick	float	设置误差棒终点横线的宽度
barsabove	bool	设置是否将误差棒放置到数据线叠放次序的前面，默认是False
lolims、uplims、xlolims、xuplims	bool、list[bool]	设置是否只显示一侧的误差棒，默认是False
errorevery	int、(int,int)	设置每隔多个数据点绘制一个误差棒，默认是1。取n表示误差棒在(x[:n], y[:n])位置；取(start, n)表示误差棒在(x[start::n], y[start::n])位置
data	dict	提供x和y数据

下面的程序测试取不同参数时对数据曲线的影响，程序运行结果如图6-5所示。

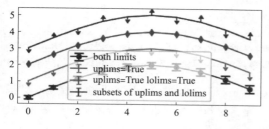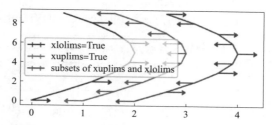

图6-5 带误差的折线图程序运行结果

```
import numpy as np    #Demo6_6.py
import matplotlib.pyplot as plt
x = np.arange(10)
```

```python
y = 2* np.sin(np.pi * x/10)
yerr = np.linspace(0.1, 0.25, 10)
plt.subplot(121)
plt.errorbar(x, y, yerr=yerr,fmt='-o',capsize=6,capthick=2,label='both limits')
plt.errorbar(x, y + 1, yerr=yerr, uplims=True, label='uplims=True')
plt.errorbar(x, y + 2, yerr=yerr, uplims=True, lolims=True,label='uplims=True lolims=True')
upperlimits = [True, False] * 5
lowerlimits = [False, True] * 5
plt.errorbar(x, y+3, yerr=yerr, uplims=upperlimits, lolims=lowerlimits,
            label='subsets of uplims and lolims')
plt.legend()
plt.subplot(122)
plt.errorbar(y,x, xerr=0.3, xlolims=True,errorevery=2,label='xlolims=True')
plt.errorbar(y+1, x, xerr=0.3, xuplims=True, label='xuplims=True')
plt.errorbar(y+2,x, xerr=0.3, xuplims=upperlimits, xlolims=lowerlimits,
            label='subsets of xuplims and xlolims')
plt.legend()
plt.show()
```

6.1.6 填充图

填充图是在数据点之间形成的多边形中填充颜色。有三种绘制填充图的方法，一种是用 fill() 方法，另外两种是 fill_between() 方法和 fill_betweenx() 方法。fill() 方法是在绘制完数据曲线后，将第 1 个数据点和最后一个数据点相连，形成封闭的区域，在这个封闭的区域填充指定的颜色，如果数据点形成一条直线，则得不到封闭区域，无法填充颜色；fill_between() 方法和 fill_betweenx() 方法是在两条数据曲线之间分别沿水平和竖直方向填充颜色。

fill() 方法的格式如下所示：

```
fill(*args, data=None, **kwargs)
```

其中 args 是 x, y, [color] 或 x, y, [color] 的序列，例如 fill(x, y)、fill(x, y, "b")、fill(x, y, x2, y2)、fill(x, y, "b", x2, y2, "r") 都是合法的，每对 x 和 y 形成一个数据曲线，并封闭成一个多边形区域，在多边形区域内填充颜色。

fill_between() 方法和 fill_betweenx() 方法的格式如下所示：

```
fill_between(x,y1,y2=0,where=None,step=None,interpolate=False,data=None,**kwargs)
fill_betweenx(y,x1,x2=0,where=None,step=None,interpolate=False,data=None,**kwargs)
```

对于 fill_between() 方法，x 和 y1 形成一个数据曲线，x 和 y2 形成一个数据曲线，这两个数据曲线之间填充颜色；where 是与 x 相同长度的列表，元素是 bool 型，设置是否排除一些数据点；step 用于数据曲线是阶梯图的情况，可以取 'pre'、'post'、'mid'；interploate 应用于设置了 where 参数并且两条数据曲线之间有交叉的情况，interploate=True 可以计算出交叉点。

下面的程序在正弦和余弦函数曲线之间填充颜色，程序运行结果如图 6-6 所示。

```
import matplotlib.pyplot as plt    #Demo6_7.py
import numpy as np
```

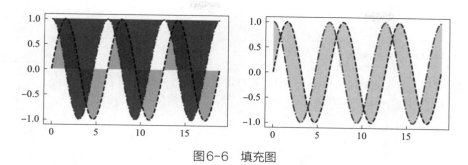

图6-6 填充图

```
x = np.linspace(0, 6 * np.pi, 1000)
y1 = np.sin(x)
y2 = np.cos(x)
plt.subplot(1,2,1)    #在1行2列的子图像上，在第1个子图上绘图
plt.plot(x,y1,'b--',x,y2,'g-.')
plt.fill(x,y1,'y',x,y2,'m',alpha=0.8)
plt.subplot(1,2,2)    #在1行2列的子图像上，在第2个子图上绘图
plt.plot(x,y1,'b--',x,y2,'g-.')
plt.fill_between(x,y1,y2,color='yellow')
plt.show()
```

6.1.7 阶梯图

用step()方法可以绘制阶梯图，其格式如下所示：

```
step(x, y, [fmt], data=None, where='pre', **kwargs)
step(x, y, [fmt], x2, y2, [fmt2],…, where='pre', **kwargs)
```

其中，参数x、y、fmt、data和kwargs与plot()方法的功能相同；where设置阶梯所在的位置，可以取'pre'、'post'或'mid'。在plot()方法中，如果设置了参数drawstyle，也可以用plot()绘制阶梯图，参数drawstyle可以取'default'、'steps'、'steps-pre'、'steps-mid'或'steps-post'。

下面的程序绘制正弦和余弦的阶梯图，程序运行结果如图6-7所示。

```
import numpy as np    #Demo6_8.py
import matplotlib.pyplot as plt
n=20
x=np.linspace(0,2*np.pi,n)
y1=np.sin(x)
y2=np.cos(x)
plt.step(x,y1)
plt.step(x,y2,'b',where='mid')
plt.show()
```

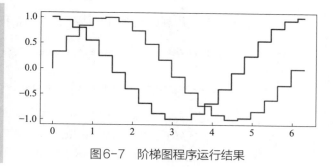

图6-7 阶梯图程序运行结果

6.1.8 极坐标图

极坐标主要由角度、点到原点的距离两个参数组成。极坐标图用polor()方法绘制，其格式

如下所示：

```
polar(theta, r, **kwargs)
```

其中，theta是角度，r是距离，kwargs是Line2D对象的参数，取值可参考表6-1。

下面的程序绘制一螺旋线方程和两个花形，程序运行结果如图6-8所示。

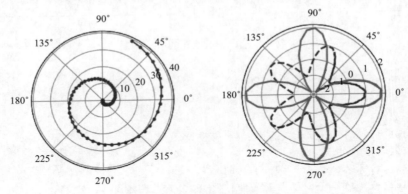

图6-8 极坐标图程序运行结果

```
import numpy as np    #Demo6_9.py
import matplotlib.pyplot as plt
t=np.arange(0,100)
theta=(100+(10*np.pi*t/180)**2)**0.5
r=t-np.arctan((10*np.pi*t/180)/10)*180/np.pi
plt.figure(1)    #创建第1个图像
plt.polar(theta,r,marker='.')    #绘制极坐标图
plt.figure(2)    #创建第2个图像
plt.polar(theta,np.cos(5*theta),linestyle='--',linewidth=2)    #绘制极坐标图
plt.polar(theta,2*np.cos(4*theta),linewidth=2)    #绘制极坐标图
plt.show()
```

6.1.9 火柴棍图

用stem()方法可以绘制火柴棍图，其格式如下所示：

```
stem(*args, linefmt=None, markerfmt=None, basefmt=None, bottom=0, label=None, data=None)
stem([x,] y, linefmt=None, markerfmt=None, basefmt=None)
```

其中，x和y分别是横坐标值和纵坐标值，如果省略x，则x默认为[0, 1,…, len(y) - 1]；linefmt是垂直线的颜色和类型，例如linefmt='r-'，代表红色的实线；markerfmt设置顶点的标识颜色和类型，比如'C3.'，表示是颜色循环中的第4个颜色，类型是小实点，C（大写字母C）后面数字是0～9，最后的"."或者"o"（小写字母o）可以分别设置顶点为小实点或者大实点，markerfmt的默认值是'C0o'；basefmt设置横坐标的颜色和类型，默认值是'C3-'；bottom是火柴棍的起始y值；label是火柴棍的标签，用于图例中。

下面的程序绘制正弦和余弦函数的火柴棍图，程序运行结果如图6-9所示。

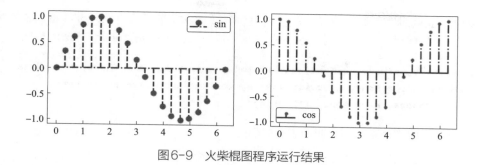

图6-9　火柴棍图程序运行结果

```
import numpy as np    #Demo6_10.py
import matplotlib.pyplot as plt
n=20
x=np.linspace(0,2*np.pi,n)
y1=np.sin(x)
y2=np.cos(x)
plt.subplot(1,2,1)    #一行二列中的第1个子图
plt.stem(x,y1,linefmt='b--',markerfmt='C2o',basefmt='C0-.',label='sin')
plt.legend()    #显示图例
plt.subplot(1,2,2)    #一行二列中的第2个子图
plt.stem(x,y2,linefmt='b-.',markerfmt='C2.',basefmt='C5-',label='cos')
plt.legend()    #显示图例
plt.show()
```

6.1.10　散点图

散点图是用一些离散点或标识符号来显示数据，例如下面的程序，用scatter()方法显示两个随机变量的正相关性，程序运行结果如图6-10所示。

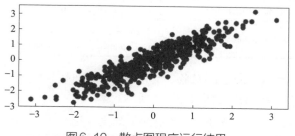

图6-10　散点图程序运行结果

```
import numpy as np    #Demo6_11.py
from matplotlib import pyplot as plt
samples = 500    #样本数量
x = np.random.randn(samples)    #随机数组
y = x + np.random.randn(samples)*0.5    #随机数组
plt.scatter(x, y)    #散点图
plt.show()
```

可以设置散点图上离散点的尺寸、颜色和标识符号以及散点边框的尺寸和颜色，不同离散点内部颜色、边框颜色、边框尺寸可以相同，也可以不同，下面是scatter()方法的格式。

```
scatter(x, y, s=None, c=None, marker=None, cmap=None, norm=None, vmin=None,
vmax=None, alpha=None, linewidths=None, verts=<deprecated parameter>,
edgecolors=None, data=None, **kwargs)
```

scatter()方法中各个参数的说明如表6-5所示。

表6-5　scatter()方法中各个参数的说明

参数	取值类型或范围	说明
x, y	float、list、tuple、array	横坐标和纵坐标的值
s	float、list、tuple、array	指定散点的尺寸（面积），是输入值的平方
c	str、color、list[color]、array	指定散点的颜色，可取单个颜色名称、颜色序列、单个数或多个数序列，和cmap及norm一起使用来映射颜色，还可取二维数组，数组的每行值是颜色的R、G、B或R、G、B、A值
marker	str	指定标识符，可取值参考表6-1
cmap	str、Colormap	指定渐变色，只有在c取单个数或多个数序列时使用，取值是字符串时，可取值参考表6-6
norm	Normalize、None	在c取值范围是0到1时，用于缩放c，使其能映射到cmap上
vmin,vmax	Float、None	在norm取None时，设置将c映射到cmap的最小或最大值
alpha	float	颜色的alpha通道，确定颜色的透明度，取0表示全透明，取1表示完全不透明
linewidths	float、list、tuple、array	指定散点的边框的厚度
verts	list[(x,y)]	如果marker为None，这些顶点将用于构建标识，标识的中心位于(x,y)位置
edgecolors	'face'、'none'、None、color、list[color]	设置散点的边框颜色，'face'表示与内部颜色相同，'none'表示不绘制边框
data	dict、NumPy的结构数组	设置数据来源，见对plot()参数的说明
kwargs	Collection	用属性来定义各项的值，如facecolors、linewidths、linestyles、capstyle、joinstyle、norm、cmap、hatch等

cmap参数可以用名称或Colormap对象定义色谱，色谱可以映射到数据图上，用颜色表示数值的相对大小。用名称可以定义的色谱如表6-6所示。

表6-6　用名称可以定义的色谱

色谱名称	说明	色谱名称	说明	色谱名称	说明
'autumn'	红-橙-黄	'hot'	黑-红-黄-白	'plasma'	绿-红-黄
'bone'	黑-白	'hsv'	红-黄-绿-青-蓝-洋红-红	'prism'	红-黄-绿-蓝-紫-绿
'cool'	青-洋红	'inferno'	黑-红-黄	'spring'	洋红-黄
'copper'	黑-铜	'jet'	蓝-青-黄-红	'summer'	绿-黄
'flag'	红-白-蓝-黑	'magma'	黑-红-白	'viridis'	蓝-绿-黄
'gray'	黑-白	'pink'	黑-粉-白	'winter'	蓝-绿

下面的程序创建50个散点，散点的尺寸和边框宽度与散点的y值相关，散点的颜色随机，散点的形状是五角星，程序运行结果如图6-11所示。

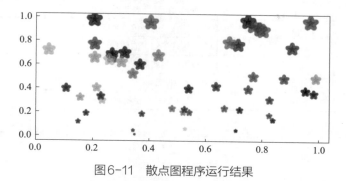

图6-11　散点图程序运行结果

```
import numpy as np    #Demo6_12.py
import matplotlib.pyplot as plt
n=50     #散点数量
x = np.random.rand(n)    #散点的x坐标值
y = np.random.rand(n)    #散点的y坐标值
colors = np.random.rand(n)    #颜色值
sizes = y*200    #散点尺寸
widths = y*5 + 2    #散点边框线的宽度
plt.scatter(x,y,s=sizes,c=colors,marker='*',edgecolors='face',alpha=0.6,linewidths=widths)
plt.show()
```

6.1.11　柱状图

用bar()方法可以绘制竖直柱状图，用barh()方法可以绘制水平柱状图，bar()和barh()方法的格式如下所示：

```
bar(x, height, width=0.8, bottom=None, align='center', data=None, **kwargs)
barh(y, width, height=0.8, left=None, align='center', **kwargs)
```

bar()和barh()方法中各参数的取值和说明及kwargs中的主要参数说明如表6-7所示。

表6-7　bar()和barh()方法中各参数的取值和说明

参数	参数类型	说明
x	float、list、tuple、array	每个柱子的x坐标
y	float、list、tuple、array	每个柱子y坐标
height	float、list、tuple、array	每个柱子的高度
width	float、list、tuple、array	每个柱子的宽度
bottom	float、list、tuple、array	竖直柱子的y轴起始坐标
left	float、list、tuple、array	水平柱子的x轴起始坐标
align	str	柱子的对齐位置，可取'center'或'edge'，align='edge'表示在x位置的右边，width取负值时表示在x位置的左边

续表

参数	参数类型	说明
data	dict	设置数据源，参见对plot()方法的说明
color	color	设置柱子的颜色，可取值参考表6-1
edgecolor	color	设置柱子边框的颜色
linewidth	int	设置边框的宽度，单位是像素点
tick_label	str、list[str]	设置刻度的标签
log	bool	设置y轴是否使用对数坐标

下面的程序将3组不同的数据在一个图像上分别用竖直和水平柱状图来表示，程序运行结果如图6-12所示。

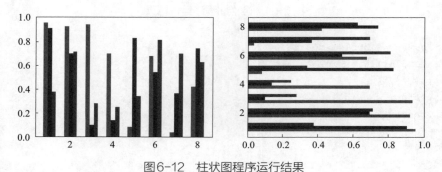

图6-12　柱状图程序运行结果

```
import numpy as np    #Demo6_13.py
import matplotlib.pyplot as plt

n=8   #柱状个数
x=np.arange(1,n+1)
y1=np.random.rand(n)
y2=np.random.rand(n)
y3=np.random.rand(n)

plt.subplot(1,2,1)    #一行两列中的第1个图
plt.bar(x=x,height=y1,width=0.2,align='center', color='b')   #绘制竖直柱状图
plt.bar(x=x-0.2,height=y2,width=0.2,align='center', color='r')    #绘制竖直柱状图
plt.bar(x=x+0.2,height=y3,width=-0.2,align='center', color='m')    #绘制竖直柱状图

plt.subplot(1,2,2)    #一行两列中的第2个图
plt.barh(y=x,width=y1,height=0.2,align='center', color='b')   #绘制水平柱状图
plt.barh(y=x-0.2,width=y2,height=0.2,align='center', color='r')    #绘制水平柱状图
plt.barh(y=x+0.2,width=y3,height=-0.2,align='center', color='m')    #绘制水平柱状图
plt.show()
```

另外，可以用broken_barh(xranges, yrange, data=None, **kwargs)方法绘制间断柱状图。其中，xranges确定间断柱在x方向的位置，xranges是由多个元组(xmin, xwidth)构成的列表、数组，每个间断柱在x方向上从xmin位置开始绘制，宽度是xwidth；yrange确定间断柱在y方向的位置，yrange取值是一个元组(ymin, yheight)，间断柱在y方向上从ymin开始绘制，高度是yheight。

6.1.12 饼图

饼图是将一个圆形根据数据切成多个扇形，用扇形的面积表示数据的相对大小。饼图用 pie() 方法绘制，pie() 方法的格式如下所示：

```
pie(x, explode=None, labels=None, colors=None, autopct=None, pctdistance=0.6, shadow=False, labeldistance=1.1, startangle=0, radius=1, counterclock=True, wedgeprops=None, textprops=None, center=(0, 0), frame=False, rotatelabels=False, normalize=None, data=None)
```

pie() 方法中各参数的取值和说明如表6-8所示。

表6-8 pie()方法中各参数的取值和说明

参数	参数类型或取值范围	说明
x	list、tuple、array	每块扇形的值
explode	list、tuple、array	每块扇形离开中心的距离，形成爆炸图
labels	list[str]	每块扇形上显示的说明文字
colors	list[color]	设置每块扇形的填充颜色，可取值参考表6-1
autopct	None、str、function	自动显示百分比，可以使用format格式字符串，例如'%1.1f'指小数点前后位数
pctdistance	float	设置百分比标签与圆心的距离
shadow	bool	在每块扇形的下面画一个阴影，产生立体感觉
normalize	bool、None	设置x的值是否归一化。当为True时，归一化x的值，使sum(x)==1；当为False时，sum(x)<1时，饼图不是完整的圆，sum(x)>1时会报错
labeldistance	float、None	每块扇形说明文字的位置相对于半径的比例，默认值为1.1，如小于1，则绘制在饼图内部
startangle	float	起始绘制角度，默认是从x轴正方向逆时针画起，如设定90，则从y轴正方向画起
radius	float	控制饼图半径，默认值为1
counterclock	bool	设置饼图按逆时针或顺时针呈现
wedgeprops	dict、None	设置扇形内外边界的属性，如边界线的粗细、颜色等
textprops	dict、None	设置饼图中文本的属性，如字体大小、颜色等
center	(float, float)	设置饼图的中心点位置，默认为原点
frame	bool	是否要显示饼图背后的图框，如果设置为True，则需要同时控制图框x轴、y轴的范围和饼图的中心位置
rotatelabels	bool	设置扇形的说明文字是否可旋转

下面的程序用饼图绘制某公司下半年的销售业绩，程序运行结果如图6-13所示。

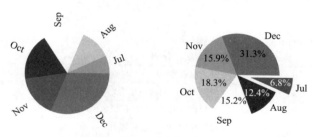

图6-13 饼图程序运行结果

```
import matplotlib.pyplot as plt    #Demo6_14.py
x=[12.4,22.5,27.6,33.2,28.8,56.7]    #上半年销售额度
months=['Jul','Aug','Sep','Oct','Nov','Dec']    #月份
explode=[0.3,0,0,0,0,0]
plt.subplot(1,2,1)    #一行二列中的第1个图
plt.pie(x,labels=months,rotatelabels=True)
plt.subplot(1,2,2)    #一行二列中的第2个图
#显示爆炸图、百分比、阴影和顺时针绘图
plt.pie(x,labels=months,explode=explode,autopct='%2.1f%%',shadow=True,counterclock=False)
plt.show()
```

6.1.13 直方图

直方图通常用于数据统计,当有大量数据需要统计时,通常将数据出现的范围分解成几个区间,每个区间称为bin,直方图统计落入每个区间的数据个数。直方图用hist()方法绘制,其格式如下所示:

```
hist(x, bins=None, range=None, density=False, weights=None, cumulative=False,
bottom=None, histtype='bar', align='mid', orientation='vertical', rwidth=None,
log=False, color=None, label=None, stacked=False, data=None, **kwargs)
```

hist()方法中各参数的类型、取值范围和说明如表6-9所示。

表6-9 hist()方法中各参数的类型、取值范围和说明

参数	参数类型	说明
x	array、list、tuple	直方图的统计数据,x可以是不同长度的二维列表、元组或二维数组,二维数组的每列构成一个数据集
bins	int、str、list、tuple、array	如果bins是整数,定义区间的数量,区间是等宽的;如果是序列,定义区间的上下限,包括最左侧的下限和最右侧的上限;如果是字符串,可以取'auto'、'fd'、'doane'、'scott'、'stone'、'rice'、'sturges'、'sqrt',确定取直方图区间的策略
range	tuple、None	设置统计直方图取值的范围,超出该范围的数据将会丢弃。如果bins是序列,该项不起作用,如果range=None,则范围取[x.min(),x.max()]
density	bool	是否用概率密度来显示,如果是True,则density = counts/(sum(counts) * np.diff(bins))
weights	array、None	设置x的各个值的权重,如果density=True,则weights进行归一化,密度的积分值是1
cumulative	bool、-1	是否进行累计求和,如果取True,则某个bin的值是前面所有bin的值的和,如果density=True,则直方图进行归一化,最后一个柱的值是1;如果取小于0的数,表示反向累计求和,第1个柱的值是1
bottom	float、list、tuple、array、None	每个柱底部的起始位置,柱的高度范围是从bottom到bottom+hist(x, bins),如果取None,则bottom = 0
histtype	str	设置直方图的类型,可以取'bar'、'barstacked'、'step'、'stepfilled',默认是'bar'
align	str	设置直方图的对齐方式,可以取'left'、'mid'、'right'
orientation	str	设置直方图的方向,可以取'vertical'、'horizontal'
rwidth	float、None	设置柱的相对宽度,如果取None,自动计算宽度,histtype取'step'或'stepfilled'时,忽略该项

续表

参数	参数类型	说明
log	bool	纵坐标是否进行对数显示
color	color、list(color)	设置柱的颜色
label	str、None	设置第一个数据集的标签
stacked	bool	如果取Ture，多个柱折叠在一起，如果取False，柱肩并肩排列
data	dict、结构array	提供数据

以上绘制的是一维直方图，另外还可以用hist2d()方法绘制二维直方图。hist2d()方法的格式如下所示：

```
hist2d(x, y, bins=10, range=None, density=False, weights=None, cmin=None, cmax=None, data=None, **kwargs)
```

其中，x和y是一维数组、列表或元组；bins可以取整数、形如[int,int]和[array,array]的序列、一维数组，用于指定x和y坐标的bins的数量；cmin和cmax取值是float，统计值小于cmin或大于cmax的bin将不会显示。

下面的程序用直方图绘制平均值为100的随机正态分布的规律，第一个直方图只有一组数据，第二个直方图有两组数据，第三个直方图是二维图，程序运行结果如图6-14所示。

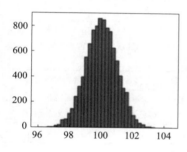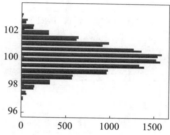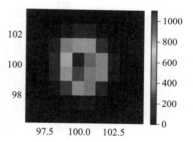

图6-14 直方图程序运行结果

```
import numpy as np    #Demo6_15.py
import matplotlib.pyplot as plt
n=10000    #样本数量
binsNumber=40    #柱的数量
binsList=np.arange(96,104,0.4)    #柱的区间
normal_1=np.random.normal(loc=100,size=(n,))    #随机正态分布
normal_2=np.random.normal(loc=100,size=(n,))    #随机正态分布
plt.subplot(1,3,1)
plt.hist(normal_1,bins=binsNumber,facecolor='r',edgecolor='b')
plt.subplot(1,3,2)
plt.hist([normal_1,normal_2],bins=binsList,stacked=False,color=['b','m'],orientation='horizontal')
plt.subplot(1,3,3)
plt.hist2d(normal_1,normal_2,bins=[10,8],cmap='jet')    #绘制二维直方图
plt.colorbar()    #显示颜色条
plt.show()
```

6.1.14 六边形图

除hist2d()方法外,还可以用hexbin()方法绘制二维六边形图。用hist2d()方法绘制的二维直方图是将绘图区域分成多个四边形,而hexbin()方法将绘图区域分成多个六边形。六边形图是一种比较特殊的图像,既是散点图的延伸,又兼具直方图和热力图的特征。hexbin()方法的格式如下所示:

```
hexbin(x, y, C=None, gridsize=100, bins=None, xscale='linear', yscale='linear',
    extent=None, cmap=None, norm=None, vmin=None, vmax=None, alpha=None,
    linewidths=None, edgecolors='face', reduce_C_function=np.mean, mincnt=None,
    marginals=False, data=None, **kwargs)
```

hexbin()方法中各参数类型及说明如表6-10所示。

表6-10 hexbin()方法的参数类型及说明

参数	参数类型	说明
x、y	array、list、tuple	设置六边形的坐标(x[i],y[i]),x和y的长度必须相等
C	array、list、tuple、None	如果给出C,则累计每个区间内的C值;如果没有给出,则C的值都是1。C的长度必须与x和y的长度相等
gridsize	int、(int,int)	如果给出的是一个整数,则设置x轴的六边形的数量,y轴的六边形的数量会自动设置;如果给出的是(int,int),是指x和y方向六边形的数量
bins	int、arry、str、None	如果是整数,设置bin的数量;如果是数组,设置bin的区间范围;如果是str,可以取'log',表示对颜色谱值取对数;如果取None,显示的颜色是每个六边形统计值
xscale、yscale	str	设置x轴和y轴刻度,可取'linear'、'log',分别表示线性刻度和对数刻度
extent	(float,float,float,float)、None	设置x轴和y轴的范围,例如x轴和y轴的刻度分别用'linear'和'log',若x和y的取值范围分别是1~50、10~1000,则需要把extent设置成(1,50,1,3)
cmap	Colormap、str、None	设置色谱,可取值参考表6-6
norm	Normalize、None	将六边形的统计值归一化处理,以便映射颜色
vmin、vmax	float、None	如果没有给出norm,设置归一化处理时的最小值和最大值
alpha	float	设置透明度,取值范围是0~1
linewidths	float	设置六边形线的线宽,默认是1
edgecolors	str、color	设置六边形线的颜色,字符串可以取'face'或'none'
reduce_C_function	function	用于缩减C的值,如果没有给出C,则忽略该项
mincnt	int、None	只显示大于该值的六边形
marginals	bool	设置靠近x轴和y轴的六边形是否改用四边形显示,默认是False

下面的程序用六边形图绘制有一定正相关的随机分布,程序运行结果如图6-15所示。

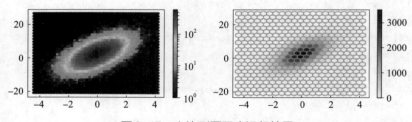

图6-15 六边形图程序运行结果

```
import numpy as np    #Demo6_16.py
import matplotlib.pyplot as plt
n = 100000
x = np.random.standard_normal(n)
y = 2.0 + 3.0 * x + 4.0 * np.random.standard_normal(n)
plt.subplot(1,2,1)
plt.hexbin(x, y, gridsize=50, bins='log', cmap='jet')
plt.colorbar()
plt.subplot(1,2,2)
plt.hexbin(x, y, gridsize=20, cmap='Blues', edgecolors='y')
plt.colorbar()
plt.show()
```

6.1.15 箱线图

箱线图是用作显示一组数据分散情况的统计图，因形状如箱子而得名。箱线图在多个领域中经常被使用，常见于品质管理。它主要用于反映原始数据分布的特征，可以进行多组数据分布特征的比较。箱线图的绘制方法是先找出一组数据的最大值、最小值、中位数和两个四分位数，然后连接两个四分位数画出箱子，再将最大值和最小值与箱子相连接，中位数在箱子中间。箱线图的示意图如图6-16所示。

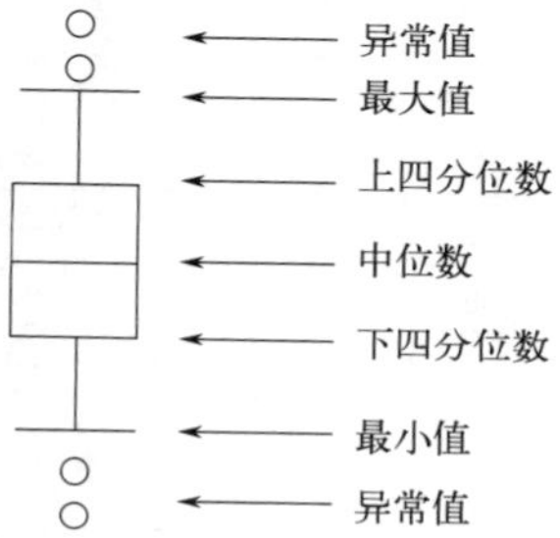

箱线图的计算方法是，找出一组数据的五个特征值，特征值（从下到上）分别是最小值、$Q1$、中位数、$Q3$和最大值。将这五个特征值描绘在一个竖直线上，最小值和$Q1$连接起来，$Q1$、中位数、$Q3$分别作平行等长线段，然后连接两个四分位数构成箱子，最后连接两个极值点与箱子，形成箱线图，最后绘制异常值。中位数、$Q1$、$Q3$、最大值和最小值的概念如下。

图6-16　箱线图示意图

① 中位数：将所有数值从小到大排列，如果数据的个数是奇数，则取中间一个值作为中位数，之后中间的值在计算$Q1$和$Q3$时不再使用；如果数据的个数是偶数，则取中间两个数的平均数作为中位数，这两个数在计算$Q1$和$Q3$时继续使用。

② $Q1$：中位数将所有数据分成两部分，最小值到中位数的部分按取中位数的方法再取中位数作为$Q1$。

③ $Q3$：同$Q1$取法，取中位数到最大值的中位数。

④ 最大值、最小值和异常值：取四分位数间距$IQR=Q3-Q1$，所有不在（$Q1-whis*IQR$，$Q3+whis*IQR$）区间内的数为异常值，其中$whis$值一般取1.5，剩下的值中最大的为最大值，最小的为最小值。

箱线图用boxplot()方法绘制，其格式如下所示：

```
boxplot(x, notch=None, sym=None, vert=None, whis=None, positions=None,
widths=None, patch_artist=None, bootstrap=None, usermedians=None,
conf_intervals=None, meanline=None, showmeans=None, showcaps=None, showbox=None,
showfliers=None, boxprops=None, labels=None, flierprops=None, medianprops=None,
meanprops=None, capprops=None, whiskerprops=None, manage_ticks=True,
autorange=False, zorder=None, data=None)
```

boxplot()方法中各参数类型及说明如表6-11所示。

表6-11 boxplot()方法中各参数类型及说明

参数	参数类型	说明
x	array、list、tuple	设置箱线图的数据,用x中的列或向量绘制箱线图
notch	bool	设置是否绘制有凹口的箱线图,默认非凹口
sym	str	设置异常点的颜色和形状,例如'r.'表示红色的实心小圆圈,'b*'表示蓝色的五角星
vert	bool	设置箱线图是垂直还是水平摆放,默认垂直摆放
whis	float、(float,float)	设置上下四分位的距离,默认为1.5倍的四分位差。如果给定单个值,则四分位是$Q1-whis*(Q3-Q1)$和$Q3+whis*(Q3-Q1)$;如果给定一对值,则该值是整个范围的百分比,例如(5,95),则四分位在整个范围的5%和95%处
bootstrap	int	对于notch=True,设置在中位数附近是否用自举法来扩充已有数据,bootstrap是扩充倍数,并保证95%的置信度,bootstrap的建议值是1000～10000
usermedians	array、list、tuple	强制设置每个数据集的中位数,如果是None,使用计算出的中位数
con_intervals	array、list、tuple	形状是[len(x),2]的二维数组,设置凹口的位置
positions	array、list、tuple	设置箱线图的位置,默认为range(1,N+1),N是箱线图(数据集)的个数
widths	float、array、list、tuple	设置箱线图的宽度,默认为0.5
patch_artist	bool	是否用颜色填充箱体
meanline	bool	是否用线的形式表示均值,默认用点来表示
showmeans	bool	是否显示均值,默认不显示
showcaps	bool	是否显示箱线图顶端和末端的两条线,默认显示
showbox	bool	是否显示箱线图的箱体,默认显示
showfliers	bool	是否显示异常值,默认显示
boxprops	dict	设置箱体的属性,如边框色、填充色等
labels	list[str]	为箱线图添加标签
filerprops	dict	设置异常值的属性,如异常点的形状、大小、填充色等
medianprops	dict	设置中位数的属性,如线的类型、粗细等
meanprops	dict	设置均值的属性,如点的大小、颜色等
capprops	dict	设置箱线图顶端和末端线条的属性,如颜色、粗细等
whiskerprops	dict	设置上下线的属性,如颜色、粗细、线的类型等
manage_ticks	bool	设施是否自动调整标签的位置
autorange	bool	如果取True,则whis设成(0,100),包含整个数据
zorder	float	设置z顺序值,z值小的对象先绘制
data	dict、array	字典、格式化数组,提供数据

下面的程序用两个图像来展示boxplot()方法中参数取值不同对所绘箱线图的影响,程序运行结果如图6-17所示。

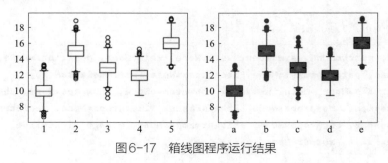

图6-17 箱线图程序运行结果

```
import numpy as np    #Demo6_17.py
import matplotlib.pyplot as plt
n=1000
x=np.random.normal(loc=(10,15,13,12,16),size=(n,5),scale=1)    #随机正态分布
plt.subplot(1,2,1)
plt.boxplot(x=x)
plt.subplot(1,2,2)
plt.boxplot(x=x,notch=True,sym='bo',patch_artist=True,showmeans=True,
            labels=['a','b','c','d','e'],autorange=True)
plt.show()
```

6.1.16 小提琴图

小提琴图是箱线图与直方图的结合，箱线图显示了分位数的位置，直方图显示某段位置的密度。小提琴图可以显示数据分布及其概率密度，因其形似小提琴而得名。小提琴图的外观如图6-18所示，其外围的曲线宽度代表数据点分布的密度，中间的箱线图则和普通箱线图象征的意义是一样的，代表着中位数、上下分位数、最大值和最小值。

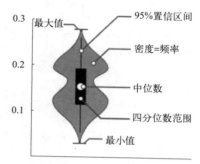

图6-18 小提琴图示意图

小提琴图用violinplot()方法绘制，其格式如下所示：

```
violinplot(dataset,positions=None,vert=True,widths=0.5,showmeans=False,
    showextrema=True, showmedians=False, quantiles=None, points=100, bw_method=None,
    data=None)
```

violinplot()方法中各参数的类型及说明如表6-12所示。

表6-12 violinplot()方法中各参数的类型及说明

参数	参数类型	说明
dataset	array	一维或二维数组，设置小提琴图的输入数据。如果是二维数组，每个一维数组是一个数据集
positions	array	设置小提琴的位置，默认值是[1,2,…,n]
vert	bool	设置是否是竖向还是横向小提琴图
widths	float、array	定义每个小提琴的最大宽度，默认值是0.5
showmeans	bool	设置是否显示平均值，默认值是False
showextrema	bool	设置是否显示最大值和最小值，默认是True
showmedians	bool	设置是否显示中位数，默认是False
quantiles	None、array	设置每个小提琴的中位数
points	int	设置评估高斯核概率分布的点数，默认是100
bw_method	str、float、function	设置计算带宽的方法。取值若是字符串，可以取'scott'、'silverman'；如果取单个浮点数，将会当作核密度系数；如果取值是函数，函数返回值是密度系数

下面的程序绘制小提琴图，同时绘制箱线图，程序运行结果如图6-19所示。

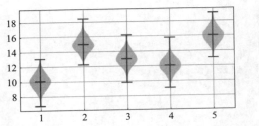
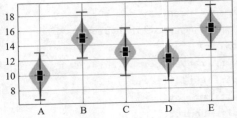

图6-19 小提琴图程序运行结果

```
import numpy as np    #Demo6_18.py
import matplotlib.pyplot as plt
n=1000
x=np.random.normal(loc=(10,15,13,12,16),size=(n,5),scale=1)   #随机正态分布
plt.subplot(1,2,1)
plt.violinplot(dataset=x,showextrema=True,showmedians=True,showmeans=True)
#小提琴图
plt.grid()   #显示网格
plt.subplot(1,2,2)
plt.violinplot(dataset=x,showextrema=True,showmedians=True,showmeans=True)
#小提琴图
plt.boxplot(x=x,patch_artist=True,widths=0.15,showcaps=False,showfliers=False,
#箱线图
            meanline=True,boxprops={'facecolor':'black','edgecolor':'white'},
            labels=['A','B','C','D','E'])
plt.grid()   #显示网格
plt.show()
```

6.1.17 等值线图

等值线图或者称为等高线图，是将值相等的点连成线，来表示不同区域之间值的相对大小。等值线图用contour()方法或contourf()方法来绘制，这两个方法的参数相同，contour()方法绘制等值线图，contourf()方法用颜色填充方式绘制等值线图。contour()方法的格式如下：

```
contour([X, Y,] Z, [levels], **kwargs)
```

contour()方法中的参数和关键字参数kwargs中的参数说明如表6-13所示。

表6-13 contour()方法中的参数和kwargs中的参数说明

参数	参数类型	说明
X、Y	array	坐标值，X和Y的形状是(m,n)，分别是$m \times n$个二维坐标点中的x坐标和y坐标
Z	array	Z是X和Y的函数值，形状是(m,n)的数组
levels	int、list、tuple、array	等值线的数量，如果取整数，则在Z的最大值和最小值之间划分不超过$n+1$个等值线；如果取序列，则在指定的值处产生等值线，序列中的值必须按照升序方式给出
colors	color、list[color]	指定等值线或等值线包围区域内的颜色

续表

参数	参数类型	说明
alpha	float	设置透明度，0是透明，1是完全不透明
cmap	str、Colormap	设颜色谱，str是Colormap的名称
linewidths	float、list、tuple、array	设置等值线的宽度
linestyles	None、str	设置线型，可取'solid'、'dashed'、'dashdot'、'dotted'
antialiased	bool	设置等值线是否反锯齿
nchunk	int	将这个区域分解成 n 个区域
origin	str	在不给出X和Y的情况下，设置Z(0,0)的位置，可取None、'upper'、'lower'、'image'。取None时Z(0,0)在X=0, Y=0处，取'lower'时Z(0,0)在X=0.5, Y=0.5处，取'upper'时Z(0,0)在X=0.5+n、Y=0.5处，取'image'时使用配置文件中image.origin的值
extend	str	设置在levels之外的颜色如何处理，可取'neither'、'both'、'min'、'max'

可以用clabel()方法在等值线上添加等值线所代表的具体数值，clabel()方法的格式如下所示：

```
clabel(CS, levels=None, fontsize=None, inline=True, inline_spacing=5,
fmt='%1.3f', colors=None, manual=False, **kwargs)
```

其中，CS是contour()或contourf()的返回值对象；levels是等值线的数值列表，需要与contour()方法中参数levels相匹配，默认是所有等值线；fontsize设置字体尺寸；inline设置数值是否在等值线中间；inline_spacing设置数值与等值线之间的间隙，默认是5个像素；fmt设置数值的精度；colors设置颜色；manual设置是否需要用鼠标单击确定数值的位置。

下面的程序绘制等值图，程序运行结果如图6-20所示。

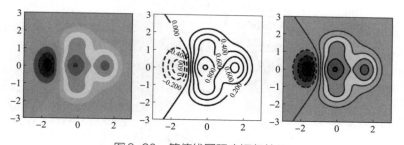

图6-20 等值线图程序运行结果

```
import numpy as np    #Demo6_19.py
import matplotlib.pyplot as plt
n = 500
x = np.linspace(-3,3,n)
y = np.linspace(-3,3,n)
X,Y = np.meshgrid(x,y)
Z = (1-X/4+X**5+Y**4)*np.exp(-X**2-Y**2)
plt.subplot(1,3,1)
plt.contourf(X, Y, Z, levels=10, alpha=0.9, cmap='jet')
plt.subplot(1,3,2)
con=plt.contour(X, Y, Z, levels=10, colors='black')
```

```
plt.subplot(1,3,3)
plt.contourf(X, Y, Z, levels=10, alpha=0.9, cmap='jet')
plt.contour(X, Y, Z, levels=10, alpha=0.7, colors='black')
plt.clabel(CS=con,inline=True,fontsize=10,fmt='%1.1f')    #添加等值线数值
plt.show()
```

6.1.18 四边形网格颜色图

用pcolormesh()方法或pcolor()方法在四边形网格节点上设置颜色,并在四边形网格内填充颜色。四边形网格颜色图可以将一个区域分成不同颜色,配合其他绘图,如散点图,可以直观地显示出边界线。对于数据量很大的数组,用pcolor()方法较慢。pcolormesh()方法和pcolor()方法的格式相同。pcolormesh()方法的格式如下所示:

```
pcolormesh([X, Y,] C, alpha=None, norm=None, cmap=None, vmin=None, vmax=None,
shading=None, antialiased=False, data=None, **kwargs)
```

pcolormesh()方法中各参数的类型及说明如表6-14所示。

表6-14 pcolormesh()方法中各参数的类型及说明

参数	参数类型	说明
X、Y	array	X和Y取值是一维数组或二维数组,定义四边形网格,X确定列,Y确定行。如果X和Y是一维数组,则将其扩充成二维数组
C	array	C取值是二维数组,其值用于颜色映射。如果shading='flat',X和Y确定的形状要比C大1,如果X和Y确定的形状与C的形状相同,则C的最后一行和一列会被忽略;如果shading='nearest'或'gouraud',则X和Y确定的形状与C的形状相同
alpha	float	设置透明度,取值0~1
norm	Normalize	将C的值归一化到0~1,以便映射颜色
cmap	Colormap、str	定义被映射的色谱,可取值参见表6-6
vmin vmax	float	设置颜色的取值范围,给定norm时,不用设置该值
shading	str	定义四边形中颜色填充方式,可取'flat'、'nearest'、'gouraud'、'auto',默认是'flat'。'flat'表示四边形内部的颜色没有变化,四边形的四个角点(i, j), (i+1, j), (i, j+1), (i+1, j+1)的颜色是C(i, j)的颜色;'nearest'表示颜色值C[i,j]在(X[i,j],Y[i,j])的中心;'gouraud'表示用光滑插值算法计算四边形角点上的颜色值;'auto'表示在X和Y的形状大于C的形状时选择'flat',形状相同时选择'nearest'
antialiased	bool	设置是否进行反锯齿

下面的程序在一个矩形范围内根据坐标值绘制坐标颜色图,程序运行结果如图6-21所示。

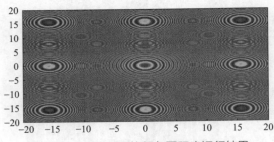

图6-21 四边形网格颜色图程序运行结果

```
import matplotlib.pyplot as plt    #Demo6_20.py
import numpy as np
x=np.linspace(-20,20,400)
y=np.linspace(-20,20,400)
X,Y=np.meshgrid(x,y)
C=np.cos(X**2+Y**2)
plt.pcolormesh(X,Y,C,shading='gouraud',cmap='jet',antialiased=True)
plt.show()
```

6.1.19 三角形图

可以将复杂的几何形状剖分成许多三角形,通过三角形图来展示复杂几何形状上的数据。绘制三角形图的方法有 triplot()、tripcolor()、tricontour() 和 tricontourf(),这几个方法的参数中都需要定义一个三角形对象 Triangulation。

（1）三角形对象的定义

一个三角形由3个节点构成,节点通过x和y坐标确定,通过3个节点的索引值来确定一个三角形。三角形对象 Triangulation 通过 matplotlib 的 tri 模块来定,在使用前需要先用"import matplotlib.tri as tri"方法导入进来。

创建三角形对象的方法如下所示:

```
Triangulation(x, y, triangles=None, mask=None)
```

其中x和y是长度相等的一维数组,是一组节点的x坐标值和y坐标值;triangles 是形状为(n,3)的二维数组,n是节点的数量,triangles 中的每个元素由3个整数构成,整数是节点的索引号,索引号是x和y中对应元素的索引号,每个元素定义一个三角形,如果没有给出 triangles,则默认是用 Delaunay 方法进行网格划分;mask 是与 triangles 同长度的一维数组,元素是布尔型,指定不显示的三角形。

下面的程序定义了4个节点,这4个节点的索引号和坐标分别为0(1,1)、1(2,1)、2(2,2)和3(1,2),由节点0、1、2定义一个三角形,由节点0、2、3构成另外一个三角形。程序运行结果如图6-22所示。

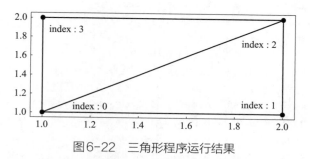

图6-22　三角形程序运行结果

```
import matplotlib.pyplot as plt    #Demo6_21.py
import numpy as np
import matplotlib.tri as tri
xy=np.array([[1,1],[2,1],[2,2],[1,2]])    #通过(x,y)坐标值定义了4个节点
```

```
x=xy[:,0]       #获取节点坐标的x值
y=xy[:,1]       #获取节点坐标的y值
indices=np.array([[0,1,2],[0,2,3]]) #0、1、2、3指节点的索引值，索引值由xy坐标顺序决定
tris=tri.Triangulation(x,y,indices)    #创建三角形对象
plt.triplot(tris,'b-o')    #绘制三角形图
for i in range(len(xy)):
    plt.text(x[i],y[i],'index:'+str(i))    #显示节点的索引号
plt.show()
```

（2）用triplot()方法绘制三角形图

triplot()方法绘制不带色谱的三角形图，其格式如下所示：

```
triplot(triangulation,…)
triplot(x, y, …)
triplot(x, y, triangles=triangles,…)
triplot(x, y, mask=mask,…)
triplot(x, y, triangles, mask=mask,…)
```

其中triangulation是Triangulation对象，x、y、triangles和mask参数与Triangulation()中的参数相同，其他参数与plot()方法中的参数相同。

下面的程序绘制一个由许多节点构成的三角形图，程序运行结果如图6-23所示。

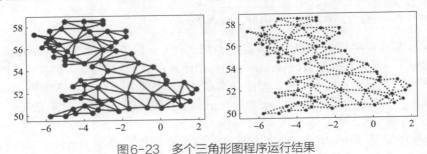

图6-23　多个三角形图程序运行结果

```
import matplotlib.pyplot as plt   #Demo6_22.py
import numpy as np
import matplotlib.tri as tri
xy = np.asarray([          #定义节点的x和y坐标值
    [-0.101, 0.872], [-0.080, 0.883], [-0.069, 0.888], [-0.054, 0.890],
    [-0.045, 0.897], [-0.057, 0.895], [-0.073, 0.900], [-0.087, 0.898],
    [-0.090, 0.904], [-0.069, 0.907], [-0.069, 0.921], [-0.080, 0.919],
    [-0.073, 0.928], [-0.052, 0.930], [-0.048, 0.942], [-0.062, 0.949],
    [-0.054, 0.958], [-0.069, 0.954], [-0.087, 0.952], [-0.087, 0.959],
    [-0.080, 0.966], [-0.085, 0.973], [-0.087, 0.965], [-0.097, 0.965],
    [-0.097, 0.975], [-0.092, 0.984], [-0.101, 0.980], [-0.108, 0.980],
    [-0.104, 0.987], [-0.102, 0.993], [-0.115, 1.001], [-0.099, 0.996],
    [-0.101, 1.007], [-0.090, 1.010], [-0.087, 1.021], [-0.069, 1.021],
    [-0.052, 1.022], [-0.052, 1.017], [-0.069, 1.010], [-0.064, 1.005],
```

```
            [-0.048, 1.005], [-0.031, 1.005], [-0.031, 0.996], [-0.040, 0.987],
            [-0.045, 0.980], [-0.052, 0.975], [-0.040, 0.973], [-0.026, 0.968],
            [-0.020, 0.954], [-0.006, 0.947], [ 0.003, 0.935], [ 0.006, 0.926],
            [ 0.005, 0.921], [ 0.022, 0.923], [ 0.033, 0.912], [ 0.029, 0.905],
            [ 0.017, 0.900], [ 0.012, 0.895], [ 0.027, 0.893], [ 0.019, 0.886],
            [ 0.001, 0.883], [-0.012, 0.884], [-0.029, 0.883], [-0.038, 0.879],
            [-0.057, 0.881], [-0.062, 0.876], [-0.078, 0.876], [-0.087, 0.872],
            [-0.030, 0.907], [-0.007, 0.905], [-0.057, 0.916], [-0.025, 0.933],
            [-0.077, 0.990], [-0.059, 0.993]])
x = np.degrees(xy[:, 0])    #获取节点的x坐标值
y = np.degrees(xy[:, 1])    #获取节点的y坐标值
triangles = np.asarray([    #通过节点的索引定义三角形的顶点
            [67, 66,  1], [65,  2, 66], [ 1, 66,  2], [64,  2, 65], [63,  3, 64],
            [60, 59, 57], [ 2, 64,  3], [ 3, 63,  4], [ 0, 67,  1], [62,  4, 63],
            [57, 59, 56], [59, 58, 56], [61, 60, 69], [57, 69, 60], [ 4, 62, 68],
            [ 6,  5,  9], [61, 68, 62], [69, 68, 61], [ 9,  5, 70], [ 6,  8,  7],
            [ 4, 70,  5], [ 8,  6,  9], [56, 69, 57], [69, 56, 52], [70, 10,  9],
            [54, 53, 55], [56, 55, 53], [68, 70,  4], [52, 56, 53], [11, 10, 12],
            [69, 71, 68], [68, 13, 70], [10, 70, 13], [51, 50, 52], [13, 68, 71],
            [52, 71, 69], [12, 10, 13], [71, 52, 50], [71, 14, 13], [50, 49, 71],
            [49, 48, 71], [14, 16, 15], [14, 71, 48], [17, 19, 18], [17, 20, 19],
            [48, 16, 14], [48, 47, 16], [47, 46, 16], [16, 46, 45], [23, 22, 24],
            [21, 24, 22], [17, 16, 45], [20, 17, 45], [21, 25, 24], [27, 26, 28],
            [20, 72, 21], [25, 21, 72], [45, 72, 20], [25, 28, 26], [44, 73, 45],
            [72, 45, 73], [28, 25, 29], [29, 25, 31], [43, 73, 44], [73, 43, 40],
            [72, 73, 39], [72, 31, 25], [42, 40, 43], [31, 30, 29], [39, 73, 40],
            [42, 41, 40], [72, 33, 31], [32, 31, 33], [39, 38, 72], [33, 72, 38],
            [33, 38, 34], [37, 35, 38], [34, 38, 35], [35, 37, 36]])
plt.subplot(1,2,1)
tris = tri.Triangulation(x, y,triangles)    #创建三角形对象
plt.triplot(tris,'m-o')    #用三角形对象绘制
plt.subplot(1,2,2)
plt.triplot(x,y,triangles,'b:.')    #用坐标绘制
plt.show()
```

（3）绘制带颜色的三角形图

用tripcolor()方法可以绘制带颜色的三角形图，其格式如下所示：

```
tripcolor(*args, C, alpha=1.0, norm=None, cmap=None, vmin=None, vmax=None,
shading='flat', facecolors=None, **kwargs)
tripcolor(triangulation, C,…)
tripcolor(x, y, C,…)
tripcolor(x, y, triangles=triangles, C,…)
tripcolor(x, y, mask=mask, C,…)
tripcolor(x, y, triangles, mask=mask, C,…)
```

Tripcoclor()方法默认用参数C来定义节点上颜色,如果要定义单元上的颜色,需要用参数facecolors=C强制用单元显示颜色。tripcolor()的参数可参考pcolormesh()和triplot()中的参数。

(4)绘制带等值线的三角形图

用tricontour()方法可以绘制带等值线的三角形图,用tricontourf()方法绘制填充颜色的三角形图,这两个方法的参数类型相同。tricontourf()方法的格式如下所示:

```
tricontour(triangulation, Z, [levels], **kwargs)
tricontour(x, y, Z, [levels], **kwargs)
tricontour(x, y, triangles, Z, [levels], **kwargs)
tricontour(x, y, triangles=triangles, Z, [levels], **kwargs)
tricontour(x, y, mask=mask, Z, [levels], **kwargs)
tricontour(x, y, triangles, mask=mask, Z, [levels], **kwargs)
```

其中Z值用于计算颜色映射,levels用于设置等高线的数量,如果没有指定levels,则自动最多产生levels+1个等值线,其他参数可参考contour()方法中的参数。

下面的程序创建一个圆环,在圆环上创建三角形图、带颜色的三角形图和带等值线的三角形图。程序运行结果如图6-24所示。

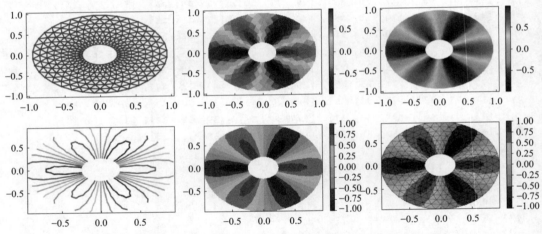

图6-24 带颜色的三角形图和带等值线的三角形图程序运行结果

```python
import numpy as np    #Demo6_23.py
import matplotlib.pyplot as plt
import matplotlib.tri as tri
n_angles = 36       #圆环周向分割数
n_radii = 8         #径向分割数
min_radius = 0.25   #圆环内径
max_radius = 0.95   #圆环外径
radii = np.linspace(min_radius,max_radius, n_radii)   #圆环半径数组
angles = np.linspace(0, 2 * np.pi, n_angles, endpoint=False).reshape((-1,1)) #圆环角度数组
```

```
angles = np.repeat(angles, n_radii, axis=1)   #扩充圆环角度数量
angles[:, 1::2] += np.pi / n_angles    #间隔增加角度值
x = (radii * np.cos(angles)).flatten()    #节点的x值坐标
y = (radii * np.sin(angles)).flatten()    #节点的y值坐标
z = (np.cos(radii) * np.cos(3 * angles)).flatten()    #节点上的颜色值
triang = tri.Triangulation(x, y)    #创建Triangulation对象,用Delaynay方法创建拓扑关系
triang.set_mask(np.hypot(x[triang.triangles].mean(axis=1),y[triang.triangles].
mean(axis=1))
                  < min_radius)         #将不需要的三角形隐藏
plt.subplot(1,3,1)
plt.triplot(triang)   #显示三角形图
plt.subplot(1,3,2)
plt.tripcolor(triang,z,shading='flat',cmap='jet')   #显示三角形颜色图
plt.colorbar()   #显示颜色条
plt.subplot(1,3,3)
plt.tripcolor(triang, z, shading='gouraud',cmap='jet')   #显示三角形颜色图
plt.colorbar()   #显示颜色条
plt.subplot(2,3,1)
plt.triplot(triang)   #显示三角形图
plt.subplot(2,3,2)
plt.tripcolor(triang,z,shading='flat',cmap='jet')   #显示三角形颜色图
plt.colorbar()   #显示颜色条
plt.subplot(2,3,3)
plt.tripcolor(triang, z, shading='gouraud',cmap='jet')   #显示三角形颜色图
plt.colorbar()   #显示颜色条
plt.subplot(2,3,4)
plt.tricontour(triang,z,levels=8,cmap='jet')   #显示等值线三角形图
plt.subplot(2,3,5)
plt.tricontourf(triang,z,levels=8,cmap='jet')   #显示等值线三角形图
plt.colorbar()   #显示颜色条
plt.subplot(2,3,6)
plt.tricontourf(triang,z,levels=8,cmap='jet')   #显示等值线三角形图
plt.triplot(triang,color='black',linewidth=0.5,alpha=0.5)   #显示三角形图
plt.colorbar()   #显示颜色条
plt.show()
```

6.1.20 箭头矢量图

工程上对于有梯度或方向的数据经常采用带箭头的矢量图来表示,可以用箭头的长度表示值的大小,方向表示矢量方向。箭头矢量图用quiver()方法绘制,其格式如下所示:

```
quiver(*args,data=None,**kwargs)
quiver([X, Y], U, V, [C], **kwargs)
```

quiver()方法中的参数和kwargs中的参数说明如表6-15所示。

表6-15　quiver()方法中的参数和kwargs中的参数说明

参数	参数类型	说明
X, Y	list、tuple、array	X和Y是一维或二维数组,是箭头位置。如果没有给出,会根据U和V的维数自动产生均匀的网格点坐标;如果X和Y是一维数组,而U和V是二维数组,会用"X, Y = np.meshgrid(X, Y)"产生二维网格点坐标,这时len(X)和len(Y)必须匹配U和V的列维数和行维数
U,V	list、tuple、array	U和V是一维或二维数组,是箭头矢量在x和y方向的分离
C	list、tuple、array	C是一维或二维数组,定义箭头的颜色。通过C的数值映射norm和cmap确定的颜色谱
units	str	定义箭头长度单位,可取'width'、'height'、'dots'、'inches'、'x'、'y'、'xy',默认是'width'。当取'width'或'height'时,单位是坐标轴的宽度或高度;当取'dots'或'inches'时,单位是像素点或英寸;当取'x'或'y'时,单位是X或Y;当取'xy'时,单位是sqrt(X**2+Y**2)
angles	str、array	定义箭头的角度,可取'uv'、'xy',默认是'uv'。取'uv'时,定义箭头的宽度与高度之比,如果 U = V,那么沿着水平轴逆时针旋转45°是箭头的方向(箭头指向右侧);如果取'xy',箭头的点由 (x, y) 指向 (x + u, y + v),这时可以绘制梯度场
scale	float、None	定义箭头单位长度所表示的数值,如果取None,会根据箭头的平均长度和数量采用自适应算法确定单位长度的数值
scale_units	None、str	如果scale是None时,scale_units确定箭头的长度单位,默认是None,字符串可取'width'、'x'、'y'、'xy'、'height'、'dots'、'inches'
width	float	箭柄的宽度,默认值取决于units参数的设置及矢量的个数
headwidth	float	定义箭头宽度,是箭柄宽的倍数,默认值为3
headlength	float	箭头长度,是箭柄宽的倍数。默认值为5
headaxislength	float	在箭柄的交点处箭头的长,默认值为4.5
minlength	float	如果箭头的长度小于此值,将绘制以此值为半径的点,默认值为1
pivot	str	定义旋转轴,可取'tail'、'mid'、'middle'、'tip'
color	color、list[color]	设置箭头颜色,如果给定了C,则忽略color参数
alpha	float、None	定义透明度
cmap	Colormap、str	定义颜色谱
edgecolor	color、list[color]、str	定义箭头边框颜色,字符串可取'face'
facecolor	color、list[color]	定义箭头内部填充色
joinstyle	str	定义两个箭头首尾相连时的处理样式,可取'miter'、'round'、'bevel'
linestyle	str	箭柄样式
norm	Normalize、None	定义归一化

下面的程序绘制了一个矢量场,程序运行界面如图6-25所示。

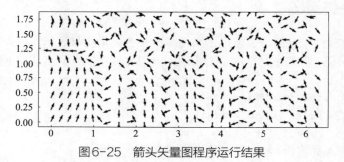

图6-25　箭头矢量图程序运行结果

```
import matplotlib.pyplot as plt    #Demo6_24.py
import numpy as np
x=np.arange(0, 2 * np.pi, 0.2)
y= np.arange(0, 2 , 0.2)
X, Y = np.meshgrid(x,y)
Z = 1-X/4+X**3+Y**4
U = np.cos(Z)
V = np.sin(Z)
plt.quiver(X, Y, U, V, units='xy', angles='xy')
plt.show()
```

6.1.21 流线图

流线图与箭头矢量图有些类似，都是用箭头来表示方向，但是流线图要比箭头矢量图更适合绘制质点运动轨迹的矢量场，它可以用流线来表示一个点的运动轨迹，用色谱显示速度大小。流线图用streamplot()方法绘制，其格式如下所示：

```
streamplot(x, y, u, v, density=1, linewidth=None, color=None,
cmap=None, norm=None, arrowsize=1, arrowstyle='-|>', minlength=0.1,
transform=None, zorder=None, start_points=None, maxlength=4.0,
integration_direction='both', data=None)
```

streamplot()方法的参数类型及说明如表6-16所示。

表6-16 streamplot()方法的参数类型及说明

参数	参数类型	说明
x、y	array	x和y是一维或二维数组，定义网格坐标。如果x和y是一维数组，会用"x, y = np.meshgrid(x, y)"产生二维网格点坐标，这时len(x)和len(y)必须匹配u和v的列维数和行维数
u、v	array	u和v是二维数组，定义流场的速度矢量；u和v的行和列长度必须分别匹配x和y的长度
density	float、(float,float)	定义不同方向的密度，控制流线之间的间距
linewidth	float、array	设置流线线条的宽度，可以取单个浮点数或二维数组。若是二维数组，必须与u和v的形状相同，可以根据位置设置不同粗细的流线
color	color、array	设置流线的颜色，可以取单个浮点数或二维数组。若是二维数组，必须与u和v的形状相同，其值用cmap和norm参数映射成颜色值
cmap	str、Colormap	设置颜色谱
norm	Normalize	将color的二维数组的值归一化到0～1的值
arrowsize	float	设置箭头的尺寸
arrowstyle	str	设置箭头的样式，可以取'->', '-[', '-|>', '<-', '<->', '<|-', '<|-|>', ']-', ']-[', '|-|', 'fancy', 'simple', 'wedge'
minlength	float	设置流线的最小长度
start_points	array	形状是(N,2)的二维数组，设置流线的起始点

续表

参数	参数类型	说明
zorder	int	设置叠放次序，zorder值小的图先绘制
maxlength	float	设置流线的最大长度
integration_direction	str	设置积分方向，可以取'forward'、'backward'、'both'

下面的程序绘制一个流线图，程序运行结果如图6-26所示。

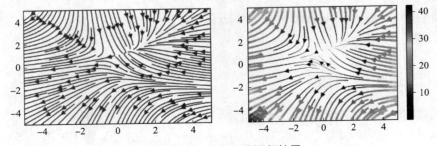

图6-26　流线图程序运行结果

```
import numpy as np    #Demo6_25.py
import matplotlib.pyplot as plt
x=np.linspace(-5,5,100)
y=np.linspace(-5,5,100)
X,Y=np.meshgrid(x,y)
U = -1 - X**2 + Y
V = 1 + X - Y**2
amplitude=np.sqrt(U**2+V**2)
plt.subplot(1,2,1)
plt.streamplot(x,y,U,V,density=[1.5,1.5],linewidth=1)
plt.subplot(1,2,2)
plt.streamplot(X, Y, U, V,color=amplitude,
               linewidth=amplitude*0.1, cmap='jet')   #颜色和线条粗细可变的流线
plt.colorbar()   #显示颜色条
plt.show()
```

6.1.22　矩阵图

用matshow()方法可以直接将一个矩阵（二维数组）绘制成图像。matshow()方法的格式如下所示：

> matshow(A, fignum=None, **kwargs)

其中，A是形状为（M,N）的数组、列表或元组；fignum可以取None、int或False，如果取None则新创建一个图像，如果是int，是指已有图像的编号，如果取False或0表示将矩阵绘制到当前图像中（如果不存在，则新建图像）；kwargs中的参数可以参考imshow()方法中的一些参数。matshow()方法将矩阵的第1个元素绘制到左上角，矩阵的行按照水平方向绘制。

下面的程序可绘制矩阵图，矩阵的对角线分别是正弦和余弦值。程序运行结果如图6-27所示。

```
import numpy as np    #Demo6_26.py
import matplotlib.pyplot as plt
n=20
mat=np.zeros(shape=(n, n))
for i in range(n):
    mat[i,i]=np.sin(2*np.pi/n*i)
    mat[i,n-1-i]=np.cos(2*np.pi/n*i)
plt.figure(1)
plt.matshow(mat,fignum=1)
plt.figure(2)
plt.matshow(mat,cmap='jet',fignum=2)
plt.show()
```

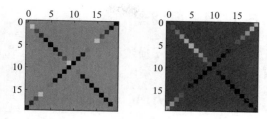

图6-27　矩阵图程序运行结果

6.1.23　稀疏矩阵图

对于有许多数值是0的二维数组，为了直观看出哪些元素的值是0，哪些元素不是0，可以用spy()方法快速显示0元素和非0元素的位置，spy()方法的格式如下所示：

```
spy(Z,precision=0,marker=None,markersize=None,aspect='equal',origin='upper',
**kwargs)
```

其中，Z是矩阵（二维数组），通常含有许多0或接近0的元素；precision用于设置精度，Z中的绝对值小于precision的元素认为是0；maker设置非0元素的标识符号；markersize设置标识符号的尺寸；aspect设置图像的高度与宽度的比值，可以取浮点数也可取'equal'或'auto'，默认是'equal'，表示高度和宽度相等；orgin设置矩阵中索引值是[0,0]的元素显示的位置，可以取'upper'或'lower'，分别表示左上角和左下角。

下面的程序绘制一个稀疏矩阵图，程序运行结果如图6-28所示。

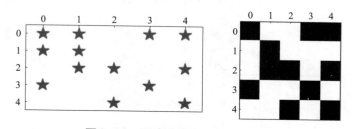

图6-28　稀疏矩阵图程序运行结果

```
import matplotlib.pyplot as plt    #Demo6_27.py
import numpy as np
a = np.array([[1,0.01,0,6,7], [-0.02,3,0,0,0], [0,4,5,0,3], [1,0,0,6,0], [0,0,5,0
,1]]) #稀疏矩阵
plt.subplot(1,2,1)
plt.spy(a,marker='*',markersize=15,aspect=0.5,origin='upper')
plt.subplot(1,2,2)
plt.spy(a,precision=0.05,aspect='equal',origin='upper')
plt.show()
```

6.1.24 风羽图

风羽图常用于描述气象学上的风场，用来表示风速的大小和方向。用barbs()方法绘制风羽图，其格式如下所示：

```
barbs([X, Y], U, V, [C], **kw)
```

barbs()方法中主要参数的类型及说明如表6-17所示。

表6-17 barbs()方法中主要参数的类型及说明

参数	参数类型	说明
X、Y	array	取值是一维或二维数组，定义位置，如果X和Y是一维数组，U和V是二维数组，X和Y会扩展成二维数组
U、V	array	取值是一维或二维数组，设置x和y方向上的矢量分量
C	array	取值是一维或二维数组，通过norm参数cmap参数将C的值映射成颜色
length	float	定义风羽的长度，默认是7
pivot	str	确定箭头的哪部分在X和Y位置处，可取'tip'或'middle'，默认是'tip'
barbcolor	color、list[color]	设置除箭头外风羽其他部分的颜色
flagcolor	color、list[color]	设置箭头的颜色
sizes	dict	设置特征尺寸相对于长度的比例系数，特征有'spacing'（间隙）、'height'（箭头高度）、'width'（箭头宽度）、'emptybarb'（空心圆半径）
fill_empty	bool	设置空的风羽（圆）是否填充颜色，默认是False
flip_barb	bool	设置是否颠倒风羽的方向

下面的程序根据点的位置函数确定风羽标识符号的大小和方向，程序运行结果如图6-29所示。

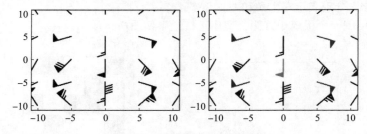

图6-29 风羽图程序运行结果

```
import matplotlib.pyplot as plt    #Demo6_28.py
import numpy as np
x = np.linspace(-10, 10, 5)
X, Y = np.meshgrid(x, x)
U, V = np.sin(X)*50, np.cos(Y)*50
C=np.sin(np.sqrt(X**2 + Y**2))
plt.subplot(1, 2, 1)
plt.barbs(X, Y, U, V)
plt.subplot(1, 2, 2)
plt.barbs(X, Y, U, V, C, fill_empty=True, cmap='jet')
plt.show()
```

6.1.25 事件图

事件图是根据事件发生的时间点，绘制一条水平或竖直的短直线来记录事件的发生。例如一个公司的员工到达办公室，用竖线记录员工到达公司这个事件，当多名员工以不同的时间到达公司时，就构成了事件图，事件图的形状类似于超市中商品的条形码。事件图用eventplot()方法绘制，其格式如下所示：

```
eventplot(positions, orientation='horizontal', lineoffsets=1, linelengths=1,
linewidths= None, colors=None, linestyles='solid', data=None, **kwargs)
```

eventplot()方法的主要参数的类型和说明如表6-18所示。

表6-18　eventplot()方法的主要参数的类型和说明

参数	参数类型	说明
positions	array、list、tuple	设置短直线的位置，可以是一维或二维数组
orientation	str	设置短直线的排列方向，可取'horizontal'或'vertical'
lineoffsets	float、array	设置短直线垂直于orientation方向距离原点的偏移距离，默认值是1
linelengths	float、array	设置短直线的长度，默认是1
linewidths	float、array	设置短直线的宽度
colors	color、list[color]	设置短直线的颜色
linestyles	str、tuple	设置短直线的线型，可以取'solid'、'dashed'、'dashdot'、'dotted'、'-'、'--'、'-.'、':'

下面的程序用随机数绘制两幅事件图，第一个事件图含有5个事件图，第2个事件图含有40个事件图。程序运行结果如图6-30所示。

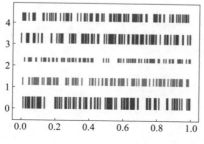
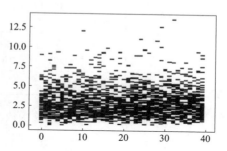

图6-30　事件图程序运行结果

```
import numpy as np    #Demo6_29.py
import matplotlib.pyplot as plt
plt.subplot(1,2,1)
for i in range(5):
    data1 = np.random.random(100)  #一维数组
    offset = i+0.25
    length = np.random.rand()/2+0.1
    plt.eventplot(data1,lineoffsets=offset,linelengths=length,colors='C'+str(i))
data2 = np.random.gamma(3, size=[40, 50]) #二维数组
plt.subplot(1,2,2)
```

```
plt.eventplot(data2,lineoffsets=1,linelengths=1,orientation='vertical',colors='b')
plt.show()
```

6.1.26 自相关函数图

对于长度为 N 的离散信号 X，X 的自相关函数可以表示成延迟数 m 的函数

$$R_{XX}(m)=E(X_n X_{n+m}), \quad m=0,1,2,\cdots,N-1$$

当信号 X 取值是实数时，有 $R_{XX}(m)=R_{XX}(-m)$；当信号 X 取复数时，有 $R^*_{XX}(m)=R_{XX}(-m)$，"*"表示共轭复数。

用 acorr() 方法可以绘制一个信号的自相关函数曲线。acorr() 方法的格式如下：

```
acorr(x, detrend=None, normed=None, usevlines=True, maxlags=10, data=None,
**kwargs)
```

acorr() 方法中各参数的类型和说明如表6-19所示。

表6-19 accorr() 方法中各参数的类型和说明

参数	参数类型	说明
x	array	输入的数组
detrend	function	用于移除输入数据中平均值或线性分量，可以使用 matplotlib.mlab 模块中的 detrend_none()、detrend_mean() 和 detrend_linear() 方法，也可用返回值是数组的自定义函数
normed	bool	设置是否将 x 进行归一化处理，长度是 1
usevlines	bool	设置是否绘制从数据点到 x 轴的竖直线，默认是 True，如果设置成 False，则在数据位置显示标记符号
maxlags	int、None	设置延长点的个数，默认为 10。绘图数据点的个数是 2*maxlags+1，如果设置成 None，数据点的个数是 2*len(x)−1
data	dict	提供数据

下面的程序绘制一个随机过程的自相关函数图，程序运行结果如图6-31所示。

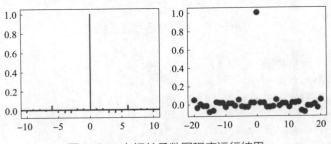

图6-31 自相关函数图程序运行结果

```
import matplotlib.pyplot as plt    #Demo6_30.py
import numpy as np
import matplotlib.mlab
```

```
x = np.random.random(1000)*2*np.pi
x=np.sin(x)
plt.subplot(1,2,1)
plt.acorr(x)
plt.subplot(1,2,2)
plt.acorr(x, usevlines=False, maxlags=20, marker='o',
        detrend=matplotlib.mlab.detrend_mean)
plt.show()
```

6.1.27 互相关函数图

对于长度为 N 的离散信号 X 和 Y，X 和 Y 的互相关函数可以表示成延迟数 m 的函数

$$R_{XY}(m)=E(X_n Y_{n+m}), \quad m=0,1,2,\cdots,N-1$$

当信号 X 和 Y 取值是实数时，有 $R_{XY}(m)=R_{YX}(-m)$；当信号 X 和 Y 取复数时，有 $R^*_{XY}(m)=R_{YX}(-m)$，"*"表示共轭复数。

用 xcorr() 方法可以绘制两个信号的自相关函数曲线，xcorr() 方法的格式如下：

```
xcorr(x, y, normed=True, detrend=None, usevlines=True, maxlags=10, data=None,
**kwargs)
```

xcorr() 的参数与 acorr() 的参数基本相同，在此不多叙述。

下面的程序绘制两个信号的互相关图，程序运行结果如图 6-32 所示。

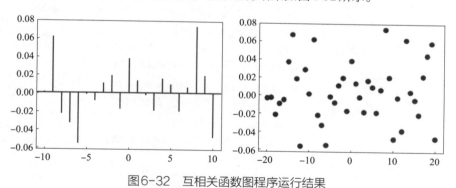

图6-32　互相关函数图程序运行结果

```
import matplotlib.pyplot as plt    #Demo6_31.py
import numpy as np
x = np.random.random(1000)*2*np.pi
y1=np.sin(x)
y2=np.cos(x)
plt.subplot(1,2,1)
plt.xcorr(y1,y2)
plt.subplot(1,2,2)
plt.xcorr(y1,y2,usevlines=False,maxlags=20,marker='o')
plt.show()
```

6.1.28 幅值谱图和相位谱图

给定一个时间信号，用magnitude_spectrum()方法可以绘制经过傅里叶变换后的幅值谱图，用phase_spectrum()方法和angle_spectrum()方法可以绘制经过傅里叶变换后的相位谱图，有关傅里叶变换的理论参见8.5节的内容。phase_spectrum()方法和angle_spectrum()方法的区别是，angle_spectrum()方法所绘制的相位图的范围是(-π，π)，而phase_spectrum()方法绘制的相位图与angle_spectrum()方法绘制的相位图相差$2n\pi$。这三个方法的格式如下所示：

```
magnitude_spectrum(x, Fs=None, Fc=None, window=None, pad_to=None, sides=None, scale=None, data=None, **kwargs)
phase_spectrum(x, Fs=None, Fc=None, window=None, pad_to=None, sides=None, data=None, **kwargs)
angle_spectrum(x, Fs=None, Fc=None, window=None, pad_to=None, sides=None, data=None, **kwargs)
```

phase_spectrum()方法和angle_spectrum()方法的参数相同，magtitude_spectrum()方法的参数多了一个scale参数。这三个方法中参数的详细说明如表6-20所示。

表6-20 幅值谱和相位谱方法中参数的说明

参数	参数类型	说明
x	array、list、tuple	x是一维离散序列值，用于傅里叶变换
Fs	float	设置x的采样频率，指单位时间内的离散数据的个数,用于计算频率点，默认值是2
Fc	int	设置频率轴的移动量，默认值是0。所绘制的频谱图的频率轴是在傅里叶变换后的频率值上加Fc值，如果sides='twosided'，幅值图关于Fc对称
window	array、function	设置窗函数或加权数组，如果是加权数组，则其长度是x的分段的长度，默认值hanning窗（汉宁窗），可以取np.bartlett()、np.blackman()、np.hamming()、np.hanning()、np.kaiser()，更多窗函数参见8.5节中的内容
pad_to	int	设置傅里叶变换时，将数据块中的数据扩充到指定的个数，这样可以体现更多的细节，默认是整个数据的长度，即没有扩充
sides	str	设置绘制哪边的频谱图，可取'default'、'onesided'、'twosided'，'onesided'是绘制Fc的右边图，'twosided'是绘制Fc的左右两边图，对实数数据，'default'绘制单边图，对复数绘制双边图
scale	str	对傅里叶变换后的幅值是否进行取dB运算，可取'default'、'linear'、'dB'，'default'或'linear'表示没有变换，'dB'表示进行20*log10()计算
alpha	float、None	设置透明度
antialiased	bool	设置是否进行反锯齿
color	color	设置颜色
dash_capstyle	str	设置线的端头样式，可取'butt'、'round'、'projecting'
dash_joinstyle	str	设置线交叉处的样式，可取'miter'、'round'、'bevel'
data	array、list、tuple	设置数据，可取形状是(2,n)的数组或一维数组
drawstyle	str	设置阶梯图，可取'default'、'steps'、'steps-pre'、'steps-mid'、'steps-post'
fillstyle	str	设置填充样式，可取'full'、'left'、'right'、'bottom'、'top'、'none'

参数	参数类型	说明
label	str	设置标签
linestyle	str	设置线条样式,可取'-'、'--'、'-.'、':'、''、…
linewidth	float	设置线条的宽度
marker	str	设置标记符号
markeredgecolor	color	设置标记符号颜色
markeredgewidth	float	设置标记符号宽度
markerfacecolor	color	设置标记符号填充颜色
markersize	float	设置标记符号尺寸

下面的程序绘制由两个单频信号叠加在一起的幅值谱图和相位谱图,程序运行结果如图6-33所示。

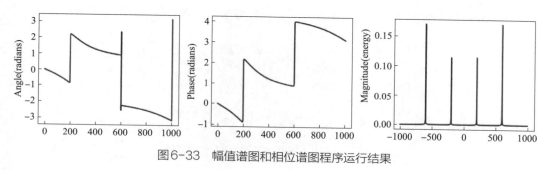

图6-33　幅值谱图和相位谱图程序运行结果

```
import matplotlib.pyplot as plt    #Demo6_32.py
import numpy as np
time = np.linspace(0,10,20000)
frequency_1=200
frequency_2=600
y=np.cos(2*np.pi*frequency_1*time+0.5)*2+np.cos(2*np.pi*frequency_2*time+2)*3
plt.subplot(1,3,1)
s1,f1,l1=plt.angle_spectrum(y,Fs=2000,pad_to=5000)
plt.subplot(1,3,2)
s2,f2,l2=plt.phase_spectrum(y,Fs=2000,pad_to=5000)
plt.subplot(1,3,3)
plt.magnitude_spectrum(y, Fs=2000, Fc=0, sides='twosided',
                pad_to=5000, window=np.hamming(len(y)))
plt.show()
```

6.1.29　时频图

时频图以时间为横轴,以频率为纵轴,用颜色表示幅值的大小。在一幅图中表示信号的频率、幅度随时间的变化情况。时频图用specgram()方法绘制,其格式如下所示。specgram()方法将输入的数据进行分段,每段分别进行傅里叶变换。

```
specgram(x, NFFT=None, Fs=None, Fc=None, detrend=None, window=None,
noverlap=None,cmap=None, xextent=None, pad_to=None, sides=None,
scale_by_freq=None, mode=None, scale=None, vmin=None, vmax=None,
data=None, **kwargs)
```

其中，x是一维数组、列表或元组；NFFT是进行傅里叶变换时每个数据段中数据的个数（窗函数的长度），默认为256；noverlap是相邻两个数据段之间的重合区的长度，默认是128；detrend可以取'none'、'mean'、'linear'或可以调用的函数，用于移除平均值或线性分量，可以使用matplotlib.mlab模块中的detrend_none()、detrend_mean()或detrend_linear()方法，也可用自定义函数；window是窗函数；xextend可以取None或(xmin, xmax)，表示x轴的取值范围；pad_to设置傅里叶变换时数据块中扩充的数据个数，默认与NFFT相等；mode表示绘制哪种类型的谱，可以取'default'、'psd'、'magnitude'、'angle'或'phase'，默认值是'psd'（功率谱密度）；scale_by_freq用于确定密度频谱（psd）是否与频率相乘，默认为True；vmin和vmax用于设置纵轴的范围，其他参数如前所述。

下面的程序绘制由两个单频信号叠加在一起的时频图，程序运行结果如图6-34所示。

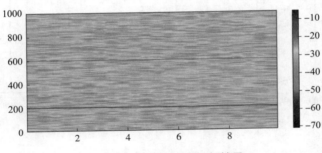

图6-34　时频图程序运行结果

```
import matplotlib.pyplot as plt   #Demo6_33.py
import numpy as np
frequency_1 = 200
frequency_2 = 600
sample_frequency = 2000
endtime=10
time_1 = np.linspace(0,endtime,endtime*sample_frequency,endpoint=False)
time_2 = np.linspace(0,endtime,endtime*sample_frequency,endpoint=False)
y = np.cos(2*np.pi*frequency_1*time_1+0.5)+np.cos(2*np.pi*frequency_2*time_2+1)
np.random.seed(1234)
y = y+np.random.normal(size=y.shape)
plt.specgram(y,NFFT = 1000, Fs = sample_frequency, window = np.hamming(1000),
        noverlap = 100, cmap = 'jet', mode = 'magnitude', scale_by_freq = False)
plt.colorbar()
plt.show()
```

6.1.30　功率谱密度图

功率谱密度（psd，power spectrum density）用于表示信号的能量，常用于随机信号分析中，例如由地面引起的车的振动加速度和声压。由于随机信号中频率成分之间没有固定的相位关系，所以不适合用频谱图分析，通常转换成功谱密度或功率谱进行分析。功率谱有自功率谱和互功率谱，一个信号和自己的功率谱是自功率谱，一个信号和另外一个信号的功率谱是互功率谱。自功率谱密度图用psd()方法绘制，互功率谱密度图用csd()方法绘制，另外用cohere()方法可以绘制两个信号的相关互谱功率谱密度，它们的格式如下所示：

```
psd(x,NFFT=None,Fs=None,Fc=None,detrend=None,window=None,noverlap=None,
pad_to=None, sides=None, scale_by_freq=None, return_line=None,
data=None, **kwargs)
csd(x, y,NFFT=None,Fs=None,Fc=None,detrend=None,window=None,noverlap=None,
pad_to=None, sides=None, scale_by_freq=None, return_line=None,
data=None, **kwargs)
cohere(x, y, NFFT=256, Fs=2, Fc=0, detrend=None, window=None, noverlap=0,
pad_to=None, sides='default', scale_by_freq=None, *, data=None, **kwargs)
```

其中，x和y是一维数组、列表或元组；return_line用于确定在返回的数据中是否包括Line2D对象，其他参数如前所述。

下面的程序绘制两个随机变量的自功率谱和互功率谱图，程序运行结果如图6-35所示。

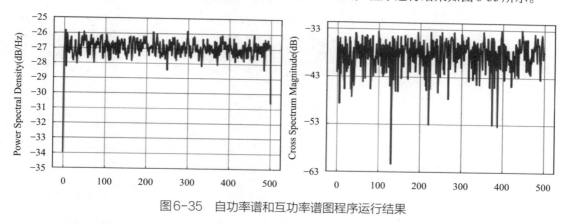

图6-35　自功率谱和互功率谱图程序运行结果

```python
import numpy as np      #Demo6_34.py
import matplotlib.pyplot as plt
count=100000
fs=1000
samples_1=np.random.normal(loc=1,size=count)
samples_2=np.random.normal(loc=1,size=count)
plt.subplot(1,2,1)
plt.psd(samples_1, NFFT=1000, Fs=fs, detrend='mean',
        window=np.hanning(1000),scale_by_freq=True)
plt.subplot(1,2,2)
plt.csd(samples_1, samples_2, NFFT=1000, Fs=fs, detrend='mean',
        window=np.hanning(1000),scale_by_freq=True)
plt.show()
```

6.1.31 绘制图像

可以用imshow()方法把存储到数组中的RGB颜色值或RGBA颜色值绘制成图片，用imread()方法读取一个图片的像素颜色到数组中。imshow()方法的格式如下所示：

```
imshow(X, cmap=None, norm=None, aspect=None, interpolation=None, alpha=None,
vmin=None, vmax=None, origin=None, extent=None, filternorm=True, filterrad=4.0,
resample=None, data=None, **kwargs)
```

imshaow()方法中各参数的说明如表6-21所示。

表6-21 imshaow()方法中各参数的说明

参数	参数类型	说明
X	array、list、tuple	X是二维图形与颜色相关的数组。当形状是(m,n)时，其值用于映射颜色；当形状是(m,n,3)时，其值是RGB值；当形状是(m,n,4)时，其值是RGBA值，增加alpha通道值。RGBA的取值范围是0～1的浮点数或0～255的整数
cmap	str、Colormap	定义被映射的色谱
norm	Normalize	将值归一化到[0,1]范围，以便映射色谱
aspect	str、float	设置图像的长宽比，字符串可以取'equal'、'auto'
interpolation	str	设置插值算法，可以取'none'、'antialiased'、'nearest'、'bilinear'、'bicubic'、'spline16'、'spline36'、'hanning'、'hamming'、'hermite'、'kaiser'、'quadric'、'catrom'、'gaussian'、'bessel'、'mitchell'、'sinc'、'lanczos'，取不同的参数，图片的模糊化程度也不同
alpha	float、array	设置透明度，当alpha取值是数组时，设置每个像素的透明度，这时与X的形状相同，X是RGBA样式值时，忽略该项
vmin、vmax	float	当没有设置norm时，用于设置色谱映射的范围
origin	str	设置图像的索引点[0,0]显示在左上角还是左下角，取不同值时，图像会上下颠倒，可以取'upper'、'lower'
extend	(floats, floats, floats, floats)	将图像缩放到指定的范围(left, right, bottom, top)
filternorm	bool	用于修正像素颜色的整数值，使像素颜色的加权值的和等于1，该参数对浮点数不起任何作用
filterrad	float>0	设置模糊化半径，只对interpolation取'sinc'、'lanczos'或'blackman'时有效
resample	bool	取True时，用完全重取样法，取False时，只有输出图像比原图像大时才用重取样法

imread()方法的格式如下所示：

```
imread(fname, format=None)
```

其中fnam是保存到硬盘上的图片文件名，format指定图片的格式，如果忽略format，则用图片文件名的扩展名来识别图片的格式。

下面的程序读取一个图片，分别用原图和经过处理的图片来显示，程序运行结果如图6-36所示。

```python
import matplotlib.pyplot as plt    #Demo6_35.py
import numpy as np
image=plt.imread(r'd:\building.jpg')    #读取图片文件的像素颜色值
```

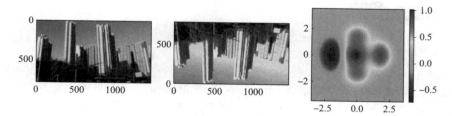

图6-36　绘制图像程序运行结果

```
plt.subplot(1,3,1)
plt.imshow(image)
plt.subplot(1,3,2)
plt.imshow(image[:,:,1],cmap='hot',origin='lower',interpolation='gaussian')
n = 100
x = np.linspace(-3,3,n)
y = np.linspace(-3,3,n)
X,Y = np.meshgrid(x,y)
Z = (1-X/4+X**5+Y**4)*np.exp(-X**2-Y**2)
plt.subplot(1,3,3)
plt.imshow(Z, origin='lower', aspect='auto', extent=[-3.5, 3.5, -3.5, 3.5], cmap=
'jet')
plt.colorbar()
plt.show()
```

另外，用figimage()方法可以把颜色数据绘制到图像（Figure对象）上，而不是子图（Axes对象）上。figimage()方法的格式如下所示：

> figimage(X, xo=0, yo=0, alpha=None, norm=None, cmap=None, vmin=None, vmax=None, origin=None, resize=False, **kwargs)

其中，xo和yo类型是int，是图形的偏移量值，单位是像素；origin可以取'upper'或'lower'，设置X数据的起始索引[0,0]显示在左上角还是左下角位置；resize的类型是bool，设置是否可以缩放图像来匹配给定的图形；其他参数与imshow()方法的参数相同。

6.2　图像、子图和图例

Matplotlib的绘图结构由三层构成：第一层是图像Figure对象，Figure对象是绘图的容器，提供绘图画布，在上面可以添加子图和其他一些元素；第二层是Axes子图对象，前一节介绍的各种绘图方法都是在子图上绘制数据图像；第三层是起到辅助作用的对象，主要包括Axes外观(Facecolor)、边框线(Spines)、坐标轴(Axis)、坐标轴名称(Axis Label)、坐标轴刻度(Tick)、坐标轴刻度标签(Tick Label)、网格线(Grid)、图例(Legend)、标题(Title)等内容。

前一节介绍了基本的绘图方法，这些方法都是在默认的绘图画布上进行绘图。可以自己创建画布、定义画布的属性，以进行更细致的设置。本节介绍Figure、Axes和Legend对象的创建方法和属性设置。

6.2.1 图像对象

（1）Figure对象的创建

要绘制各种数据图形，首先要创建一个能容纳图形的Figure图像对象，即便没有创建图像，Matplotlib也会自动创建一个图像，用plt.gcf()（Get Current Figure）方法可以获取当前活跃的Figure对象。在一个Figure对象中，可以有一个或多个子图（Axes对象），每个Axes对象都是一个拥有自己坐标系统的绘图区域，用户可以在Axes对象上绘制各种图像。Axes对象上又有x和y轴、轴标签、刻度和刻度标签等。

创建或激活一个绘图图像的方法是plt.figure()，或者用matplotlib.figure模块中的Figure()方法，它们的格式如下所示：

```
plt.figure(num=None, figsize=None, dpi=None, facecolor=None, edgecolor=None,
frameon=True,
clear=False, tight_layout=None, constrained_layout=None)
figure.Figure(figsize=None, dpi=None, facecolor=None, edgecolor=None, linewidth=
0.0, frameon=None,
subplotpars=None, tight_layout=None, constrained_layout=None)
```

其中，figure是指用"import matplotlib.figure as figure"方法导入的figure模块。

figure()方法中的各参数说明如表6-22所示。

表6-22　figure()中的参数说明

参数	参数类型	说明
num	int、str	设置图像的标识，可以用整数或字符串作为标识符号，如果标识符号不存在则创建一个新的图像，如果已经存在则激活图像
figsize	(float,float)	设置图像的宽度和高度，单位是英寸
dpi	float	设置分辨率，单位是每英寸中的像素数
facecolor	color	设置背景颜色
edgecolor	color	设置边框颜色
linewidth	float	设置边框线的宽度
clear	bool	如果图像已存在，设置是否清空图像中已存在的内容
frameon	bool	设置是否显示背景
subplotpars	subplotParams	设置子图的参数
tight_layout	bool、dict	设置子图是否紧密布局，如果取值是dict，可选的关键字有'pad'、'w_pad'、'h_pad'、'rect'
constrained_layout	bool	设置子图是否是受约束布局，比tight_layout更灵活

（2）Figure对象的方法和属性设置

用plt.figure()方法创建Figure对象时，会返回所创建的Figure对象或激活已经存在的Figure对象。若要对Figure对象的属性进行设置，可以通过plt命令的方式对当前活跃的Figure对象进行设置，也可以通过Figure对象提供的方法进行设置。

Figure对象的常用方法如表6-23所示，主要方法介绍如下。

① 在图像中添加子图有多种方法，例如add_axes()、add_subplot()、subplots()，关于这些

方法的参数和说明见下节的内容。从图像中移除子图用delaxes(ax)，清空图像中的所有内容用clear(keep_observers=False)方法或clf(keep_observers=False)。

② 要调整子图在图像中的相对距离，可以用subplots_adjust(left=None, bottom=None, right=None, top=None, wspace=None, hspace=None)方法，其中left、bottom、right和top是子图的四周与图像左边和底边的距离，wspace和hspace分别是多个子图之间在水平和竖直方向的距离，这些距离是相对于图像宽度和高度的百分比，最小值是0，最大值是1，推荐值是left=0.125、right=0.9、bottom=0.1、top=0.9、wspace=0.2、hspace=0.2。

③ 用add_gridspec(nrows=1,ncols=1,**kwargs)方法定义子图在图像中的网格布局，参数nrows和ncols分别是图像的网格布局的行和列的数量。下面的代码创建2×2网格布局并建立3个子图，最后一个子图占据两行位置。

```
fig = plt.figure()                    #创建Figure对象
gs = fig.add_gridspec(2, 2)           #创建2×2的网格布局
ax1 = fig.add_subplot(gs[0, 0])       #在[0, 0]位置创建子图
ax2 = fig.add_subplot(gs[1, 0])       #在[1, 0]位置创建子图
ax3 = fig.add_subplot(gs[:, 1])       #在[0, 1]位置和[1,1]位置创建子图，占据两行位置
```

④ 用suptitle(str,**kwargs)方法为图像创建标题，默认位置是在图形上部的中间位置。可以通过x和y参数指定标题的位置，x和y的默认值分别是0.5和0.98；用horizontalalignment或ha参数指定水平对齐方式，可选'center'、'left'、'right'；用verticalalignment或va参数指定竖直对齐方式，对齐方式可选'top'、'center'、'bottom'、'baseline'；还可以用fontsize或size参数指定字体的大小，用fontweight或weight参数指定文字粗细程度。

⑤ 用text(x,y,str,fontdict=None,**kwargs)方法可以在指定位置添加文字。需要特别注意的是，要显示中文，需要给Matplotlib指定中文字体，如下面的代码。

```
import matplotlib as mpl
mpl.rcParams['font.sans-serif'] = ['FangSong']    #设置字体参数，以便显示中文
mpl.rcParams['axes.unicode_minus']=False
```

⑥ 用savefig(fname,transparent=None,**kwargs)方法可以将图像保存到文件中，即使没有用plt.show()方法显示图像，也可将图像保存到文件中。参数fname指定路径、文件名和扩展名；参数format指定文件的格式，如果没有给出format，则用扩展名确定格式；transparent指定子图和图像的背景是否透明；用quality参数指定'jpg'或'jpeg'格式的质量，取值是1～95；还可以用facecolor和edgecolor指定背景和边框的颜色，如果不指定，则使用图像的颜色。

表6-23 Figure对象的常用方法及参数类型

Figure对象的常用方法及参数类型	返回值的类型	说明
add_axes(ax)	Axes	激活已经存在图像中的子图，并把子图设置成当前子图
add_axes(rect,projection=None, polar=False,**kwargs)	Axes、PolarAxes	在指定位置添加新的子图，如子图是直角坐标系，则返回Axes，如子图是极坐标系，则返回PolarAxes
add_subplot(*args,**kwargs)	Axes、PolarAxes	在指定的行列位置处添加子图
subplots(nrows=1,ncols=1,sharex=False, sharey=False,squeeze=True, subplot_kw=None,gridspec_kw=None)	Axes、list[Axes]	在图像中添加一组子图
clear(keep_observers=False)	None	清空图像中的所有内容

续表

Figure对象的常用方法及参数类型	返回值的类型	说明
clf(keep_observers=False)	None	清空图像中的所有内容
delaxes(ax)	None	从图像中移除子图
subplots_adjust(left=None,bottom=None,right=None,top=None,wspace=None,hspace=None)	None	调整子图在图像中的位置
add_gridspec(nrows=1,ncols=1,**kwargs)	GridSpec	在图像中添加网格布局，在网格布局中可以添加子图
legend(*args,**kwargs)	Legend	在图像上添加图例
suptitle(str,**kwargs)	Text	添加标题，默认在顶部中间位置
text(x,y,str,fontdict=None,**kwargs)	None	在指定位置添加文字
autofmt_xdate(bottom=0.2,rotation=30,ha='right',which='major')	None	如果横坐标显示的日期出现重叠，可使其旋转一定角度
gca(**kwargs)	Axes	获取当前的子图
sca(axes)	Axes	设置当前的子图并返回子图
savefig(fname,transparent=None)	None	保存图像到文件中
show(warn=True)	None	在GUI后端编程中显示图像
set_dpi(float)	float	设置分辨率，单位是每英寸中的点的数量
set_edgecolor(color)	None	设置边线颜色
set_facecolor(color)	None	设置背景填充颜色
set_frameon(bool)	None	设置是否显示背景
set_figheight(float,forward=True)	None	设置图像的高度，单位是in[1]
set_figwidth(float,forward=True)	None	设置图形的宽度，单位是in
set_size_inches(w,h=None,forward=True)	None	设置图像的宽度和高度
get_axes()	list[Axes}	获取图像中的子图列表
get_dpi()	float	获取图像的分辨率
get_edgecolor()	color	获取边框颜色
get_facecolor()	color	获取填充颜色
get_figwidth()	float	获取图像的宽度，单位是in
get_figheight()	float	获取图像的高度，单位是in
get_size_inches()	(float,float)	获取图像的宽度和高度
get_frameon()	bool	获取是否显示背景

下面的程序在图像上创建3个子图，绘制2个极坐标图和1个直方图，其中直方图占据2行位置，程序运行结果如图6-37所示。

```
import matplotlib.pyplot as plt   #Demo6_36.py
import numpy as np
t = np.arange(0,100)
```

---

[1] in是英寸，长度单位，1in=25.4mm。

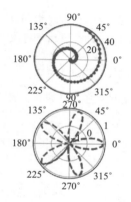
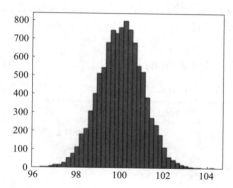

图6-37 绘制子图程序运行结果

```
theta = (100+(10*np.pi*t/180)**2)**0.5
r = t-np.arctan((10*np.pi*t/180)/10)*180/np.pi
fig = plt.figure()                             #创建Figure对象
gs = fig.add_gridspec(2, 2)        #创建2×2的网格布局
ax1 = fig.add_subplot(gs[0, 0],projection='polar')   #在[0, 0]位置创建子图
ax2 = fig.add_subplot(gs[1, 0],projection='polar')   #在[1, 0]位置创建子图
ax3 = fig.add_subplot(gs[:, 1])    #在[0, 1]位置和[1,1]位置创建子图,占据两行位置
ax1.plot(theta,r,marker='.')        #绘制极坐标图
ax2.plot(theta,np.cos(5*theta),linestyle='--',linewidth=2)   #绘制极坐标图
normal = np.random.normal(loc=100,size=(10000,))    #随机正态分布
ax3.hist(normal,bins=40,facecolor='r',edgecolor='b')   #绘制直方图
plt.show()
```

6.2.2 子图对象

(1)创建子图的方法

在创建Figure对象后,可以往Figure中添加子图,即使没有创建子图,也会默认创建一个子图。子图对象称为Axes,用plt.gca()方法可以获取当前的Axes对象。可以用plt提供的命令在当前的Figure对象中添加子图,也可用Figure对象提供的添加子图的方法添加子图。plt命令方式添加子图的方法有subplot()、subplot2grid()和subplots()方法;Figure对象提供的添加子图的方法有add_axes()、add_subplot和subplots()方法。

用plt的subplot()方法和subplot2grid()方法每次往当前的Figure对象中添加一个子图并返回Axes对象,subplots()方法创建新的Figure对象并可以同时创建一个或多个子图,同时返回新创建的Figure对象和Axes对象,这三种方法的格式如下所示:

```
plt.subplot(nrows, ncols, index, **kwargs)
plt.subplot(**kwargs)
plt.subplot(ax)
plt.subplot2grid(shape, loc, rowspan=1, colspan=1, fig=None, **kwargs)
plt.subplots(nrows=1, ncols=1, squeeze=True, gridspec_kw=None, **kwargs)
```

subplot()方法和subplot2grid()方法根据project或polar参数指定的是直角坐标还是极坐标,

分别返回Axes对象和PolarAxes对象；subplots()方法可以创建一个子图，也可创建多个子图，根据squeeze参数的取值不同，返回的是Figure对象和Axes对象，或者Figure对象和一维或二维Axes数组对象。

subplot()、subplot2grid()和subplots()方法中主要参数的说明如表6-24所示。

表6-24　subplot()、subplot2grid()和subplots()方法中主要参数的说明

参数	参数类型	说明
nrows, ncols	int	将Figure对象的绘图区域分成nrows行ncols列，每个子区域都可以放置一个子图，nrows×ncols个子区域的编号是从左上角开始为1，按照从左到右、从上往下的顺序依次增加1
index	int、(int,int)	指定当前的子图。如果是一个整数，则是子区域的编号；如果是（int,int）表示跨越多个子区域，例如subplot(2,4,(2, 3))表示把绘图区域分成2行4列，子图占据第2个和第3个子区域。如果nrows、ncols和index的值都小于10，可以省略中间的逗号，例如subplot(243)与subplot(2,4,3)等价
shape	(int, int)	指定将绘图区分成的行数和列数
loc	(int, int)	指定子图所在的位置
rowspan	int	设置子图跨越的行数，默认值是1
colspan	int	设置子图跨越的列数，默认值是1
fig	Figure	指定创建子图所在的Figure对象，默认是当前图像
projection	str、None	设置子图的类型, str是用于自定义类型的名称，可以取 'aitoff'、'hammer'、'lambert'、'mollweide'、'polar'、'rectilinear'、'3d'；如果取None，则是指 'rectilinear'
polor	bool	设置是否是极坐标图，如果取True，与projection='polar'等价
sharex sharey	Axes	与其他子图共享坐标轴，坐标轴有相同的刻度、范围和缩放方式；对于subplots()方法，可以取bool、'none'、'all'、'row'、'col'，True或'all'表示subplots()方法创建的所有子图共享坐标系，False或'none'表示子图的坐标轴相互独立，'row'或'col'表示所有子图共享 x 或 y 轴
squeeze	bool	对于subplots()方法，在squeeze=True时，如果创建的只是一个子图（nrows=ncols=1），返回值是Figure和Axes对象，如果创建的是 $N×1$ 或 $1×M$ 子图，返回值是Figure和一维Axes数组对象，如果创建的 $N×M$ 数组（ $N>1$, $M>1$），返回值是Figure和二维Axes数组对象；在squeeze=False时，无论创建什么形式的子图，返回值都是Figure和二维Axes数组对象
gridspec_kw	dict	用字典设置GridSpec对象
label	str	设置子图的标识
visible	bool	设置子图是否可见
xlabel ylabel	str	设置 x 轴和 y 轴上显示的标识
xlim ylim	(float, float)	设置 x 和 y 轴的范围
xscale yscale	str	设置 x 和 y 的刻度样式，可以取 'linear'、'log'、'symlog'、'logit'
facecolor	color	设置子图的填充颜色
title	str	设置子图名称，显示在子图的顶部
alpha	float	设置透明度，取值在0～1之间
autoscalex_on	bool	设置是否自动缩放 x 轴
autoscaley_on	bool	设置是否自动缩放 y 轴
zorder	float	设置 z 顺序值， z 值越小越先被绘制

Figure对象添加子图的方法有add_axes()、add_subplot()和subplots()，它们的格式如下所示：

```
fig.add_axes(rect, projection=None, polar=False, **kwargs)
fig.add_subplot(nrows, ncols, index, **kwargs)
fig.add_subplot(ax)
fig.add_subplot()
fig.subplots(nrows=1,ncols=1,squeeze=True,subplot_kw=None,gridspec_kw=None)
```

其中rect是指[left, bottom, width, height]，用于确定子图在图像中的位置，值是相对于宽度和高度的百分比，其他参数与plt对应命令的参数相同，可参考表6-24，在此不再赘述。

（2）Axes对象的方法和属性设置

在创建子图对象时，如果参数projection取值不是'polar'，或polar=False，创建的子图是Axes对象。Axes对象提供了和plt命令完全相同的绘制各种数据图的方法，参数类型也相同，也可以用下一节介绍的方法在子图上添加一些辅助元素。

Axes对象中其他一些常用的设置属性的方法如表6-25所示，主要方法介绍如下。

① 用legend()和grid()方法可以在子图上添加图例和刻度网格线，关于这部分的内容详见下一节。

② 用set_title(label, fontdict=None, loc=None, pad=None, **kwargs)方法可以设置子图的标题，其中参数label是子图的标题名称；fontdict用于字典设置字体；loc设置标题的位置，可以取'left'、'center'、'right'；pad设置标题与子图边界的距离，单位是像素点；用get_title(loc='center')方法获取指定位置处的标题。

③ 用set_xlabel(xlabel,fontdict=None,labelpad=None,loc=None,**kwargs)方法和set_ylabel(ylabel, fontdict=None, labelpad=None, loc=None, **kwargs)方法可以设置x和y轴的标签，fontdict用于字典设置字体；labelpad设置标签与子图边界的距离，单位是像素点；loc设置标签的位置，可以取'left'、'center'、'right'、'bottom'、'top'；用get_xlabel()方法和get_ylabel()方法可分别获取x和y轴的标签。

④ 用secondary_xaxis(location, functions= None, **kwargs)方法和secondary_yaxis (location, functions=None, **kwargs)方法可以分别给x和y轴设置第二个坐标轴，location可分别取'top'、'bottom'、float和'right'、'left'、float；functions是由两个函数构成的元组，例如下面的代码。

```
import matplotlib.pyplot as plt    #Demo6_37.py
import numpy as np
def invert(x):
    return 1/x
fig, ax = plt.subplots()
ax.loglog(range(1, 360, 5), range(1, 360, 5))
ax.set_xlabel('frequency [Hz]')
ax.set_ylabel('degrees')
secax = ax.secondary_xaxis('top', functions=(invert, invert))
secax.set_xlabel('Period [s]')
secax = ax.secondary_yaxis('right', functions=(np.deg2rad, np.rad2deg))
secax.set_ylabel('radians')
ax.grid(which='both')    #显示网格线
plt.show()
```

⑤ 用tick_params(axis='both', **kwargs)方法设置刻度、刻度标签和网格线的参数。参数axis可取'x'、'y'、'both'；which可取'major'、'minor'、'both'；direction可取'in'、'out'、'inout'；length和width设置刻度线的长度和宽度；color设置颜色；pad设置刻度与标签的像素点距离；labelsize和labelcolor设置标签的大小和颜色；labelbottom、labeltop、labelleft和labelright分别设置是否显示标签；bottom、top、left和right设置是否显示刻度；labelrotation设置标签的旋转角度；grid_color设置网格线的颜色；grid_alpha设置网格线的透明度；grid_linewidth设置网格线的宽度；grid_linestyle设置线型。

⑥ 用ticklabel_format(axis='both', style='', scilimits=None, useOffset=None, useLocale=None)方法设置刻度标签的格式。参数style可取'sci'、'scientific'、'plain'，设置是否用科学记数法；scilimits取值是(m,n)，设置科学记数法的范围，m和n是指数，用(0,0)表示所有值都用科学记数法；useOffset取值是bool或float，取float时设置偏移量，取False时不使用偏移量，取True时，视情况使用偏移量；useLocale设置是否根据本机参数来格式化数字。

表6-25 Axes对象的常用方法及参数类型

Axes对象的方法及参数类型	说明
change_geometry(numrows, numcols,num)	改变子图在布局中的位置，如从(2,2,1)变到(2,2,3)
get_geometry()	获取子图的布局位置，返回值是(int,int,int)，如(2,2,3)
get_gridspec()	获取网格布局，返回值是GridSpec对象
legend(*args,**kwargs)	显示图例
secondary_xaxis(location, functions=None, **kwargs)	在子图中添加第二个x轴，返回值是SecondaryAxis。location可取'top'、'bottom'或float，functions是由两个函数构成的元组
secondary_yaxis(location, functions=None, **kwargs)	在子图中添加第二个y轴，返回值是SecondaryAxis。location可取'right'、'left'或float，functions是由两个函数构成的元组
set_title(label, fontdict=None, loc=None, pad=None, **kwargs)	设置子图的标题，label是子图的标题；fontdict用字典设置字体；loc设置标签的位置，可以取'left'、'center'、'right'；pad设置标签与子图边界的距离，单位是像素点
get_title(loc='center')	获取指定位置处的标题，loc可取'center'、'left'、'right'
set_xlabel(xlabel, fontdict=None, labelpad=None, loc=None, **kwargs)	设置x轴标签，xlabel是x轴的标签；labelpad设置标签与子图边界的距离，单位是像素点；loc设置标签的位置，可以取'left'、'center'、'right'
get_xlabel()	获取x轴标签
set_ylabel(ylabel, fontdict=None, labelpad=None, loc=None, **kwargs)	设置y轴标签，loc设置标签的位置，可以取'bottom'、'center'、'top'
get_ylabel()	获取y轴标签
axis([xmin,xmax,ymin,ymax]) axis(option)	设置x和y轴的范围, option可选择'on'、'off'、'equal'、'scaled'、'tight'、'auto'、'image'、'square'
axis()	获取x和y轴的范围，返回值是xmin,xmax,ymin,ymax
cla(), clear()	清除子图上的所有内容
get_xaxis() get_yaxis()	获取x轴对象Xaxis和y轴对象Yaxis
set_xbound(lower=None, pper=None) set_ybound(lower=None, pper=None)	设置x和y轴的范围
get_xbound(), get_ybound()	获取x和y轴的范围，返回值是(float,float)
set_xlim(left=None, right=None, auto=False ,xmin=None, xmax=None)	设置x轴的可视范围，auto参数设置是否自动缩放x轴；left、right和xmin、xmax选择一对即可

续表

Axes 对象的方法及参数类型	说明
set_ylim(bottom=None, top=None, auto=False, ymin=None, ymax=None)	设置 y 轴的可视范围。auto 参数设置是否自动缩放 y 轴；bottom、top 和 ymin、ymax 选择一对即可
get_xlim(), get_ylim()	获取 x 和 y 轴的可视范围，返回值是（float,float）
get_xmajorticklabels(), get_ymajorticklabels()	获取 x 和 y 轴主刻度标签，返回值是 list[Text]
get_xminorticklabels(), get_yminorticklabels()	获取 x 和 y 轴次刻度标签，返回值是 list[Text]
set_xscale(value,**kwargs) set_yscale(value,**kwargs)	设置 x 和 y 轴的刻度缩放关系，参数 value 可取 "linear"、"log"、"symlog"、"logit"
get_xscale(), get_yscale()	获取 x 和 y 轴的缩放关系，例如 'log'、'linear'
set_xticklabels(labels,fontdict=None, minor=False, **kwargs), set_yticklabels(labels,fontdict=None, minor=False, **kwargs)	设置 x 和 y 轴刻度的标签。labels 的取值是 list[str]；minor=False 表示设置主刻度的标签；minor=True 表示设置次刻度的标签
get_xticklabels(minor=False, which=None), get_yticklabels(minor=False, which=None)	获取 x 和 y 轴的主刻度和次刻度标签，返回值是 list[Text]。minor=False 表示主刻度，minor=True 表示次刻度；which 可取 'minor'、'major'、'both'，会取代 minor 的值
ticklabel_format(axis='both', style='', scilimits=None, useOffset=None, useLocale=None)	设置刻度标签的格式
set_xticks(ticks,minor=False), set_yticks(ticks,minor=False)	设置 x 轴刻度的位置，ticks 的取值是 list[float]
get_xticks(minor=False), get_yticks(minor=False)	获取 x 和 y 轴刻度值，返回值是 list[float]
grid(b=None, which='major', axis='both', **kwargs)	设置是否显示刻度网格
invert_xaxis(), invert_yaxis()	颠倒 x 和 y 轴
tick_params(axis='both', **kwargs)	设置刻度、刻度标签和网格线的参数
locator_params(axis='both', tight=None,**kwargs)	设置主刻度的参数，axis 可取 'both'、'x'、'y'；tight 可取 bool 或 None，None 表示无变化；nbins 设置主刻度数量
margins(x=None, y=None, tight=True)	设置数据曲线的起点和终点到 x 轴和 y 轴的距离，实际距离是数据间隔距离与 x 或 y 的乘积，取值范围是 0～1，默认值是 0.05，不输入任何参数时返回曲线到 x 和 y 轴的距离，返回值是 (float,float)
set_xmargin(m), set_ymargin(m)	设置数据曲线的起点和终点到 x 轴和 y 轴的距离，实际距离是数据间隔距离与 m 的乘积
set_axis_off()、set_axis_on()	不显示/显示 x 和 y 坐标轴
minorticks_off()、minorticks_on()	不显示/显示次刻度
set_aspect(aspect)	设置子图的长宽比
set_autoscale_on(bool)	设置是否自动缩放 x 和 y 坐标轴
set_autoscalex_on(bool)	设置是否自动缩放 x 坐标轴

Axes对象的方法及参数类型	说明
set_autoscaley_on(bool)	设置是否自动缩放y坐标轴
set_facecolor(color)、set_fc(color)	设置子图的背景色
set_frame_on(bool)	设置是否显示边框
set_position(pos, which='both')	设置子图的位置，pos是[left,bottom,width,height]，which可取'both'、'active'、'original'
sharex(other)、sharey(other)	设置与其他子图共享x或y轴的参数
set_visible(bool)	设置子图是否可见

下面的程序用图像对象的subplots()方法创建两个子图，并分别用子图的pie()方法和hist()方法绘制饼图和直方图。程序运行结果如图6-38所示。

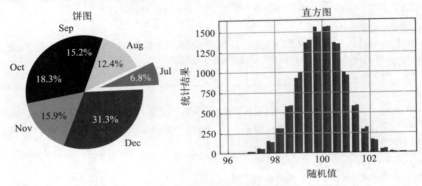

图6-38 用子图的绘图方法绘制图形

```python
import numpy as np    #Demo6_38.py
import matplotlib.pyplot as plt
import matplotlib as mpl
mpl.rcParams['font.sans-serif'] = ['FangSong']    #设置字体参数，以便显示中文
mpl.rcParams['axes.unicode_minus']=False
fig=plt.figure()    #创建图像对象
ax=fig.subplots(1,2)    #创建两个Axes对象
x=[12.4,22.5,27.6,33.2,28.8,56.7]    #上半年销售额度
months=['Jul','Aug','Sep','Oct','Nov','Dec']    #月份
explode=[0.3,0,0,0,0,0]
ax[0].pie(x,labels=months,explode=explode,autopct='%2.1f%%',shadow=True)  #绘制饼图
ax[0].set_title('饼图')    #设置标题
n=10000    #样本数量
binsNumber=40    #柱的数量
binsList=np.arange(96,104,0.4)    #柱的区间
normal_1=np.random.normal(loc=100,size=(n,))    #随机正态分布
normal_2=np.random.normal(loc=100,size=(n,))    #随机正态分布
ax[1].hist([normal_1,normal_2],bins=binsList,stacked=False,color=['b','m'])  #绘制直方图
ax[1].set_title('直方图')    #设置标题
ax[1].set_xlabel('随机值')    #设置x轴标签
```

```
ax[1].set_ylabel('统计结果')    #设置y轴标签
ax[1].grid()    #显示网格线
plt.show()
```

（3）PolarAxes对象的方法和属性设置

在创建子图对象时，如果参数projection='polar'，或polar=True，创建的子图是极坐标PolarAxes对象。PolarAxes对象提供了和plt命令完全相同的绘制数据图的方法，参数类型也相同。

PolarAxes对象中其他一些常用的设置属性的方法如表6-26所示，主要方法介绍如下。

① 用set_theta_direction(direction)方法设置角度的正方向，direction=1表示逆时针方向是正方向，direction=-1表示顺时针方向是正方向；用get_theta_direction()方法获取角度的正方向，返回值是-1表示顺时针方向是正方向，返回值是1表示逆时针方向是正方向。

② 用set_rlabel_position(float)方法设置半径标签所在的角度（°）；用get_rlabel_position()方法获取半径标签所在的角度（°）。

③ 用set_rgrids(radii, labels=None, angle=None, fmt=None, **kwargs)方法设置半径方向的刻度网格，参数radii是半径列表；labels是对应的标识列表；angle是刻度所在的角度（°）；fmt是格式字符串，例如'%2.1f'。用set_thetagrids(angles, labels=None, fmt=None,**kwargs)方法可设置角度方向的刻度网格，angles是角度（°）列表；labels是对应的标识列表；fmt是格式字符串，例如'%2.1f'表示用弧度来表示角度值。

④ 用set_theta_zero_location(loc, offset=0.0)方法设置0°角的位置，loc可取'N'、'NW'、'W'、'SW'、'S'、'SE'、'E'或'NE'，offset是偏移角度（°），offset值始终是逆时针方向为正。

⑤ 用set_rscale(value, *args, **kwargs)方法设置半径坐标轴的缩放关系，value可取'linear'、'log'、'symlog'、'logit'。

表6-26 PolarAxes对象的常用方法和参数类型

PolarAxes对象的方法和参数类型	说明
set_rlabel_position(float)	设置半径标签所在的角度（°）
get_rlabel_position()	获取半径标签所在的角度（°）
set_theta_direction(direction)	设置角度的正方向
get_theta_direction()	获取角度的正方向
set_theta_zero_location(loc,offset=0.0)	设置0°角的位置
set_rmax(flaot)	设置半径的最大值
get_rmax()	获取最大半径值
set_rmin(float)	设置半径的最小值
get_rmin()	获取最小半径值
set_rorigin(float)	设置原点处的半径值
get_rorigin()	获取原点处的半径刻度值
set_thetalim(minval,maxval)	设置角度最小和最大值（弧度）
set_thetalim(thetamin=minval,thetamax=maxval)	设置角度最小和最大值（°）
get_theta_offset()	获取0弧度的偏移量
set_thetamax(thetamax)	设置角度最大值（°）

PolarAxes对象的方法和参数类型	说明
get_thetamax()	获取最大角度（°）
set_thetamin(thetamin)	设置角度最小值（°）
get_thetamin()	获取最小角度（°）
set_rgrids(radii,labels=None,angle=None,fmt=None,**kwargs)	设置半径方向的网格线
set_thetagrids(angles,labels=None,fmt=None,**kwargs)	设置角度方向的网格线
set_rlim(bottom=None,top=None,**kwargs)	设置半径显示的范围
set_theta_offset(offset)	设置0弧度的偏移角（弧度）
set_rscale(value,*args,**kwargs)	设置半径坐标轴的缩放关系

下面的程序建立两个PolarAxes对象，设置不同的角度正方向、0°位置和半径标签角度位置，用plot()方法绘制极坐标图，程序运行结果如图6-39所示。

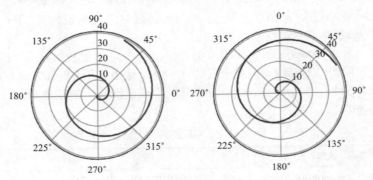

图6-39 用plot()方法绘制极坐标图程序运行结果

```
import numpy as np   #Demo6_39.py
import matplotlib.pyplot as plt
t=np.arange(0,100)
theta=(100+(10*np.pi*t/180)**2)**0.5
r=t-np.arctan((10*np.pi*t/180)/10)*180/np.pi
fig=plt.figure()      #创建图像对象
polar_1=fig.add_subplot(1,2,1,polar=True)   #添加第1个PolarAxes子图
polar_1.set_theta_direction(1)   #设置角度的正方向，顺时针为正
polar_1.set_rlabel_position(90)   #设置半径标签位置是90°位置
polar_1.plot(theta,r,color='m')   #用plot()方法绘制极坐标图
polar_2=fig.add_subplot(1,2,2,polar=True)   #添加第2个PolarAxes子图
polar_2.set_theta_direction(-1)   #设置角度的正方向，逆时针为正
polar_2.set_rlabel_position(45)    #设置半径标签位置是45°位置
polar_2.set_theta_zero_location(loc='N',offset=0)    #设置0°位置
polar_2.plot(theta,r,color='b')   #用plot()方法绘制极坐标图
plt.show()
```

6.2.3 图例对象

图例是在子图的某个位置，如右上角或右侧，用于说明数据曲线所代表的内容或含义的解释性注释。在 Matplotlib 中，在图像上创建并显示图例的方法如下，返回 Legend 对象。另外也可以用 figlegend() 方法把图例放到图像上，而不是子图上，例如 plt.figlegend(handles=(line1,line2,line3), labels=('label1','label2','label3'), loc='upper right')。

```
legend()
legend(labels)
legend(handles, labels)
```

创建图例对象时，可以使用下面三种方式。

① 用不带参数的 legend() 方法创建图例时，对数据图像的说明是使用绘制数据图像时用 label 参数指定的说明文字。例如 plt.plot([1, 2, 3], label='label_1')，plt.plot([2, 3, 4], label='label_2')，plt.legend()。

② 用带一个参数的 legend(labels) 方法创建图例时，需要先绘制数据图像，再创建图例。参数 labels 是图例文本列表、元组，即使数据图像中只有一个数据曲线，也需要用文本列表、元组。例如 plt.plot([1, 2, 3]), plt.legend(['label_1'])。

③ 用带两个参数的 legend(handles,labels) 方法创建图例时，handles 是数据曲线对象列表、元组，labels 是对应的图例中的说明。例如 lines = plt.plot([1,2,3],[1, 2, 3],[1,2,3],[2, 3, 4])，plt.legend((lines[0], lines[1]),('label_1', 'label_2'))。

legend() 方法中其他常用参数的类型和说明如表 6-27 所示。

表 6-27　legend() 方法中其他常用参数的类型和说明

参数	参数类型	说明
loc	str、int、(float,float)、[float,float]	设置图例在子图中的位置，可以取 'best'、'upper right'、'upper left'、'lower left'、'lower right'、'right'、'center left'、'center right'、'lower center'、'upper center'、'center'，分别对应整数 0～10，或者用一对浮点数坐标定义图例左下角在子图中的位置
bbox_to_anchor	(x, y, width, height) (x, y)	如果是 4 个数，则指定图例放置的矩形范围；如果是两个数，则指定 loc 确定的图例上的点的坐标值
ncol	int	设置图例的列数，默认是 1
pro	None、dict、FontProperties	设置图例的字体，如果是 None，则使用 matplotlib.rcParams 中的参数
fontsize	int、str	设置字体尺寸，如果是 str，可以取 'xx-small'、'x-small'、'small'、'medium'、'large'、'x-large'、'xx-large'
labelcolor	str、list	设置图例中文字的颜色
numpoints	int	设置图例中显示的标识符号的个数
scatterpoints	int	设置散点图中标识符号的个数
markerscale	float	设置标记符号的缩放比例
markerfirst	bool	如果是 True，标记符号在左边，文字在右边，如果是 False，标记符号在右边，文字在左边
frameon	bool	设置是否绘制图例的边框
fancybox	bool	设置边框的 4 个直角是否倒圆角
shadow	bool	设置是否有背景阴影，如果有则会有立体感

续表

参数	参数类型	说明
framealpha	float	设置透明度
facecolor	"inherit"、color	设置图例的填充色
edgecolor	"inherit"、color	设置图例边框的颜色
mode	"expand"、None	如果取"expand"，图例在水平方向上将扩展到整个坐标长度，或者扩展到bbox_to_anchor指定的长度
title	str	设置图例的标题
title_fontsize	int、str	取值同fontsize
borderpad	float	设置边框内部，空白所占的比重
labelspacing	float	边框内部，图例说明在竖直方向的间距，单位是字体尺寸
handlelength	float	设置数据线的长度，单位是字体尺寸
handletextpad	float	设置数据线与说明文字间的距离，单位是字体尺寸
borderaxespad	float	设置图例边框与坐标轴的距离，单位是字体尺寸
columnspacing	float	设置列之间的距离，单位是字体尺寸
handler_map	dict、None	通过字典来设置一些参数的值

6.3 图像的辅助功能

除了用基本的绘图方法绘制各种数据图形外，还可以在图上添加辅助功能的元素，例如文字注释、颜色条、箭头、网格线、直线和表格等。这些辅助元素可以用plt命令，也可以用子图对象的方法来添加，它们的方法和参数都是相同的。

6.3.1 添加注释

在图像上添加注释，可以使图像更直观清晰易懂，注释包含注释文本和箭头等。图像上添加注释可以用plt的annotate()方法或子图对象的annotate()方法，其格式如下所示：

```
annotate(text, xy, *args, **kwargs)
```

注释可以放置到参数xy指定的位置，也可以放到参数xytext指定的位置。annotate()方法的主要参数及说明如表6-28所示。

表6-28　annotate()的主要参数及说明

参数	参数类型	说明
text	str	设置注释的文本内容
xy	(float,float)	通过坐标设置注释所在的起始位置，坐标所在的坐标系由xycoords参数设置
xycoords	str	设置xy坐标所在的坐标系，可以取'figure points'（距离图形左下角的点数量）、'figure pixels'（距离图形左下角的像素数量）、'figure fraction'［距离图形左下角的比值，(0,0)是图形左下角，(1,1)是右上角］、'axes points'（距离子图左下角的点数量，1点=1/72英寸）、'axes pixels'（距离子图左下角的像素数量）、'axes fraction'［距离子图左下角的比值，(0,0)是子图左下角，(1,1)是子图右上角］、'data'（使用绘图曲线的数据确定的坐标系，这是默认值）、'polar'［极坐标(theta, r)］

续表

参数	参数类型	说明
xytext	(float,float)	通过坐标设置注释文本所在的起始位置，坐标所在的坐标系由xycoords参数设置，默认值是xy
textcoords	str	设置xytext坐标所使用的坐标系，可以取xycoords的值，也可以用'offset pixels'（偏离xy的像素距离）、'offset points'（偏离xy的点距离）
arrowprops	dict	设置箭头的属性，默认是None，不绘制箭头。箭头的位置是在xy和xytext确定的位置之间，字典中如果没有'arrowprops'关键字，可以使用其他的关键字来确定箭头的属性，例如'width'、'headwidth'、'headlength'、'shrink'，以及matplotlib.patches.FancyArrowPatch中的关键字
annotation_clip	bool、None	设置当xy值在子图外面时是否绘制注释。当取True时，只有xy值在子图内部时才绘制注释；当取False时始终绘制注释；当取None时，xy值在子图内部并且xycoords是'data'时才绘制注释
weight	str	设置字体，可以取'ultralight'、'light'、'normal'、'regular'、'book'、'medium'、'roman'、'semibold'、'demibold'、'demi'、'bold'、'heavy'、'extra bold'、'black'
color	color	设置标注文字的颜色
bbox	dict	给标注添加外框，可以设置的字典关键字参数有'boxstyle'、'facecolor'、'edgecolor'、'edgewidth'

下面的程序在数据曲线上用箭头标注最大点和最小点，并显示出每个数据点处的x和y值，程序运行结果如图6-40所示。

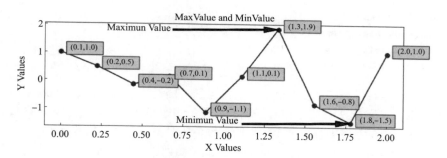

图6-40　添加注释后的折线图程序运行结果

```
import numpy as np   #Demo6_40.py
import matplotlib.pyplot as plt
x=np.linspace(0,2,10)  #x是时间数组
y=np.sin(x*2*np.pi)+np.cos(x*3*np.pi)   #y是纵坐标
maxIndex=np.argmax(y)   #y最大值对应的索引
minIndex=np.argmin(y)   #y最小值对应的索引
ax=plt.subplot()
ax.plot(x,y,'-o')
ax.annotate("Maximun Value",       #最大值的标注
            xy=(x[maxIndex],y[maxIndex]),
            xytext=(x[maxIndex]-1,y[maxIndex]),
            xycoords='data',
            arrowprops={'width':2,'headwidth':8,'headlength':20})
```

```
ax.annotate("Minimun Value",      #最小值的标注
            xy=(x[minIndex],y[minIndex]),
            xytext=(x[minIndex]-1,y[minIndex]),
            xycoords='data', color='b',
            arrowprops={'width':2,'headwidth':8,'headlength':20})
for i in range(len(x)):      #用for循环为每个数据点添加标注
    text="({:.1f},{:.1f})".format(x[i],y[i])
    ax.annotate(text,xy=(x[i]+0.05,y[i]+0.05),bbox={'edgecolor':'green','facecolor':'yellow'})
ax.set_title("MaxValue and MinValue")
ax.set_xlabel("X Values")
ax.set_ylabel("Y Values")
plt.show()
```

6.3.2 添加颜色条

对于用颜色显示数值大小的图像，例如用scatter()、matshow()、pcolormesh()、imshow()等方法绘制的图像，这些方法中通常有一个cmap参数用于指定颜色谱，颜色谱所表示的数据范围通常需要配置一个颜色条来表征颜色谱代表的数值的大小。显示颜色条的方法是colorbar()，其格式如下所示：

```
colorbar(**kwargs)
colorbar(mappable, **kwargs)
colorbar(mappable, cax=cax, **kwargs)
colorbar(mappable, ax=ax, **kwargs)
```

其中，第一种方法用在没有子图的时候，或者给当前子图设置颜色条，即plt.colorbar()，可以不用输入参数；后面三种方法一般用在有子图的时候，用于指定给哪个或哪些子图设置颜色条。参数mappable是可选的，需要提供一个可以映射颜色的对象，这个对象就是子图；cax指定一个子图，颜色条会直接绘制在该子图上；ax是子图或子图列表，如果提供的是子图列表，颜色条会包含多个子图，也会调整子图之间的位置，以便为颜色条让出空间。

下面的程序为矩阵图和两个散点图添加颜色条，程序运行结果如图6-41所示。

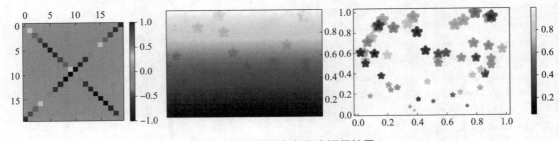

图6-41　添加颜色条程序运行结果

```
import numpy as np   #Demo6_41.py
import matplotlib.pyplot as plt
n=20
```

```
mat=np.zeros(shape=(n, n))
for i in range(n):
    mat[i,i]=np.sin(2*np.pi/n*i)
    mat[i,n-1-i]=np.cos(2*np.pi/n*i)
plt.figure(1)    #第1个图像
plt.matshow(mat,fignum=1,cmap='jet') #矩阵图
plt.colorbar()   #为矩阵图添加颜色条
plt.figure(2)    #第2个图像
n=50    #散点数量
x = np.random.rand(n) #散点的x坐标值
y = np.random.rand(n) #散点的y坐标值
colors = np.random.rand(n) #颜色值
sizes = y*200    #散点尺寸
widths = y*5 + 2    #散点边框线的宽度
sub1=plt.subplot(1,2,1)   #第1个子图
s1=plt.scatter(x,y,s=sizes,c=colors,marker='*',edgecolors='face',  #第1个散点图
              alpha=0.6,linewidths=widths,cmap='hot')
sub2=plt.subplot(1,2,2)   #第2个子图
s2=plt.scatter(x,y,s=sizes,c=colors,marker='*',edgecolors='face',  #第2个散点图
              alpha=0.6,linewidths=widths,cmap='jet')
plt.colorbar(mappable=s1,cax=sub1)   #颜色条直接在子图上显示
plt.colorbar(mappable=s1,ax=sub2)    #颜色条在子图旁边显示
plt.show()
```

6.3.3 添加文字

可以在图上添加必要的文字说明。用figtext()方法可以在图像上添加文字，而不是添加在子图上，用text()方法可以在当前的子图上添加文字。figtext()方法和text()方法的格式如下所示：

```
figtext(x, y, s, fontdict=None, **kwargs)
text(x, y, s, fontdict=None, **kwargs)
```

figtext()方法的主要参数的类型和说明如表6-29所示。

表6-29 figtext()方法的主要参数的类型和说明

参数	参数类型	说明
x、y	float	设置文字在图像上的位置，默认是在图像坐标系下。对figtext()方法取值范围是0～1，text()方法返回值是在数据坐标系下的值
s	str	设置要显示的文字
fontdict	dict	通过字典设置字体，字典的关键字有'family'、'style'、'weight'、'stretch'、'size'、'variant'
color	color	设置文字颜色
backgroundcolor	color	设置背景色
bbox	dict	给文本添加外框，可以设置的字典参数有'boxstyle'、'facecolor'、'edgecolor'、'edgewidth'
family	str	设置字体名称，例如'serif'、'sans-serif'、'cursive'、'fantasy'、'monospace'
size	float、str	设置字体尺寸，可以设置数值或字符串，字符串如'xx-small'、'x-small'、'small'、'medium'、'large'、'x-large'、'xx-large'

续表

参数	参数类型	说明
font	str	设置字体属性或用FontProperties对象设置
stretch	float、str	设置字体拉伸系数,可以取0～1000的浮点数,或者字符串,例如'ultra-condensed'、'extra-condensed'、'condensed'、'semi-condensed'、'normal'、'semi-expanded'、'expanded'、'extra-expanded'、'ultra-expanded'
variant	str	设置变体,可以取'normal'、'small-caps'
ha	str	设置水平对齐方式,可以选择'center'、'right'、'left'
va	str	设置竖直对齐方式,可以选择'center'、'top'、'bottom'、'baseline'、'center_baseline'
rotation	float、str	设置旋转角度,取文本时可以选择'vertical'、'horizontal'
visible	bool	设置文本是否隐藏

6.3.4 添加箭头

用 plt.arrow() 命令或子图对象的 fig.arrow() 方法可以直接在图像上添加箭头,arrow() 方法的格式如下所示:

```
arrow(x, y, dx, dy, **kwargs)
```

其中,参数 x 和 y 是箭头起点坐标;dx 和 dy 是箭头 x 向的长度和 y 向的长度,箭头的起点是(x, y),终点是(x+dx, y+dy);width 是箭头宽度;length_includes_head 设置箭头是否包含在长度之中,默认是 False;head_width 设置箭头的宽度,默认是 3×width;head_length 是箭头的长度,默认 1.5×head_width;shape 是箭头的形状,可取 'full'、'left'、'right',默认是 'full';overhang 是箭头末尾的偏移量与箭头长度的比值,如果是 0,箭头是三角形,可以设置正值和负值;head_starts_at_zero 设置箭头是否从原点开始绘制,默认是 False。

6.3.5 添加网格线

(1) 直角坐标的网格线

网格线能增加图的美观,能直观看出数据点所处的范围。网格线用 plt.grid() 命令或 figure.grid() 方法绘制,grid() 方法的格式如下所示:

```
grid(b=None, which='major', axis='both', **kwargs)
```

grid() 方法中主要参数的类型及说明如表 6-30 所示。

表6-30 grid()方法的主要参数的类型及说明

参数	参数类型	说明
b	bool、None	设置是否显示网格线,如果没有设置b,只要设置了其他任意一个参数,则认为显示网格线;如果b=None而没有设置其他参数,则切换网格的显示状态
which	str	设置显示哪种类型的网格线,主刻度线、次刻度线还是都显示,可以取 'major'、'minor'、'both'
axis	str	设置在哪个坐标轴上显示网格线,可以取 'both'、'x'、'y'
alpha	float、None	设置透明度

参数	参数类型	说明
color, c	color	设置颜色
linestyle, ls	str	设置线型，可以取'-'、'--'、'-.'、':'、''
linewidth, lw	float	设置线的宽度

另外用locator_params(axis='both', tight=None, **kwargs)方法可以控制网格线的数量，其中axis用于设置哪个坐标轴的网格数量，可以取'both'、'x'、'y'；参数nbins设置网格的数量。

下面的程序在折线图上绘制网格线，程序运行结果如图6-42所示。

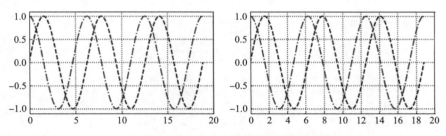

图6-42 直角坐标网格线程序运行结果

```
import matplotlib.pyplot as plt    #Demo6_42.py
import numpy as np
x = np.linspace(0, 6 * np.pi, 1000)
y1 = np.sin(x)
y2 = np.cos(x)
plt.subplot(1,2,1)
plt.plot(x,y1,'b--',x,y2,'g-.')
plt.axis(xmin=0,xmax=20,ymin=-1.1,ymax=1.1)   #设置坐标轴的范围
plt.grid(which='major',axis='both',color='#040404',   #绘制网格线
        linestyle=':',linewidth=1,alpha=0.8)
plt.locator_params(axis='both',nbins=5)   #设置网格线的数量
plt.subplot(1,2,2)
plt.plot(x,y1,'b--',x,y2,'g-.')
plt.axis(xmin=0,xmax=20,ymin=-1.1,ymax=1.1)   #设置坐标轴的范围
plt.grid(which='major',axis='both',color='#040404',   #绘制网格线
        linestyle=':',linewidth=1,alpha=0.8)
plt.locator_params(axis='x',nbins=10)   #设置网格线的数量
plt.locator_params(axis='y',nbins=5)    #设置网格线的数量
plt.show()
```

（2）极坐标网格线

在当前的极坐标图上添加网格线用thetagrids()方法，其格式如下所示：

thetagrids(angles=None, labels=None, fmt=None, **kwargs)

其中，angles是指角度列表；labels是对应的标识列表；fmt是格式字符串，例如'%2.1f'表示使用弧度并保留一位小数。

下面的程序在3个子图上设置极坐标网格线，程序运行结果如图6-43所示。

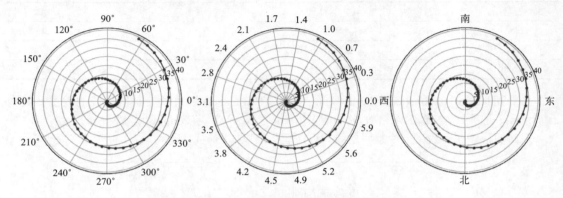

图6-43 极坐标网格线程序运行结果

```
import matplotlib.pyplot as plt   #Demo6_43.py
import matplotlib as mpl
import numpy as np
mpl.rcParams['font.sans-serif'] = ['FangSong']   #设置字体参数，以便显示中文
mpl.rcParams['axes.unicode_minus']=False
t=np.arange(0,100)
theta=(100+(10*np.pi*t/180)**2)**0.5
r=t-np.arctan((10*np.pi*t/180)/10)*180/np.pi
plt.subplot(1,3,1,polar=True)
plt.polar(theta,r,marker='.')
plt.thetagrids(angles=range(0,360,30))       #极坐标网格线
plt.subplot(1,3,2,polar=True)
plt.polar(theta,r,marker='.')
plt.thetagrids(angles=range(0,360,20),fmt='%2.1f')   #极坐标网格线
plt.subplot(1,3,3,polar=True)
plt.polar(theta,r,marker='.')
plt.thetagrids(angles=range(0,360,90),labels=['东','南','西','北'],fontsize=13)   #极坐标网格线
plt.show()
```

6.3.6 添加水平、竖直和倾斜线

为了更细致地对图像进行说明，通常需要在图上添加一些水平、竖直、倾斜线。用hlines()方法和vlines()方法可以绘制指定长度的水平和竖直线，hlines()方法和vlines()方法的格式如下所示：

```
hlines(y, xmin, xmax, colors=None, linestyles='solid', label='', data=None,
**kwargs)
vlines(x, ymin, ymax, colors=None, linestyles='solid', label='', data=None,
**kwargs)
```

其中，y和x分别为水平直线和竖直直线所在位置，可以取单个值或数组；xmin和xmax是水平直线的起始和终止点，可取单个值或数组；ymin和ymax是竖直直线的起始和终止点，可取单个值或数组；linestyle 设置直线的类型，可以取 'solid'、'dashed'、'dashdot' 或 'dotted'。

用 axhline() 方法和 axvline() 方法可以指定无限长的水平和竖直线，axhline() 方法和 axvline() 方法的格式如下所示：

```
axhline(y=0, xmin=0, xmax=1, **kwargs)
axvline(x=0, ymin=0, ymax=1, **kwargs)
```

其中，y 和 x 分别是水平和竖直线的位置；xmin 和 xmax 取值在 0～1，取 0 和 1 时分别表示图框的左侧和右侧；ymin 和 ymax 取值在 0～1，取 0 和 1 时表示分别图框的底部和顶部。

用 axline() 方法可以绘制过两个点或过一个点并指定斜率的无限长直线，其格式如下所示：

```
axline(xy1, xy2=None, slope=None, **kwargs)
```

其中，xy1 和 xy2 是直线通过的坐标，取值是 (float, float)；slope 是直线的斜率，xy2 和 slope 只能给定一个：

另外用 axhspan() 方法和 axvspan() 方法可以绘制填充颜色的矩形区域，其格式如下所示：

```
axhspan(ymin, ymax, xmin=0, xmax=1, **kwargs)
axvspan(xmin, xmax, ymin=0, ymax=1, **kwargs)
```

下面的程序在图像上绘制水平、竖直和倾斜线，能对图像进行更好的说明。程序运行结果如图 6-44 所示。

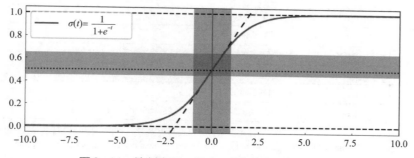

图 6-44　绘制水平、竖直、倾斜线程序运行结果

```
import numpy as np    #Demo6_44.py
import matplotlib.pyplot as plt
t = np.linspace(-10, 10, 100)
sig = 1 / (1 + np.exp(-t))
plt.axhline(y=0, color="black", linestyle="--")    #无限长水平线
plt.axhline(y=0.5, color="black", linestyle=":")    #无限长水平线
plt.axhline(y=1.0, color="black", linestyle="--")    #无限长水平线
plt.axvline(color="grey") #无限长竖直线
plt.axline((0, 0.5), slope=0.25, color="black", linestyle=(0, (5, 5)))
#无限倾斜线
plt.axhspan(0.45, 0.65, facecolor='0.5', alpha=0.5)    #水平填充矩形
plt.axvspan(-1, 1, facecolor='#2ca02c', alpha=0.5)    #竖直填充矩形
plt.plot(t, sig, linewidth=2, label=r"$\sigma(t) = \frac{1}{1 + e^{-t}}$")
```

```
plt.xlim(-10, 10)
plt.xlabel("t")
plt.legend(fontsize=14)
plt.show()
```

6.3.7 添加表格

可以在图像中,用表格显示一些信息。可以用plt命令或子图对象的table()方法添加表格,其格式如下所示:

```
table(cellText=None, cellColours=None, cellLoc='right', colWidths=None,
rowLabels=None, rowColours=None, rowLoc='left', colLabels=None, colColours=None,
colLoc='center', loc='bottom', bbox=None, edges='closed', **kwargs)
```

table()方法中的参数类型及说明如表6-31所示。

表6-31 table()方法中的参数类型及说明

参数	参数类型	说明
cellText	list	二维列表,设置每个单元格中显示的内容
cellColourslist	list	二维列表,设置每个单元格的背景色
cellLoc	str	设置单元格中内容的对齐方式,可以选择'left'、'center'、'right'
colWidths	list	设置每列的列宽
rowLabels	list	设置每行的表头内容
rowColours	list	设置行表头的颜色
rowLoc	str	设置行表头的对齐方式,可以选择'left'、'center'、'right'
colLabels	list	设置列表头中的内容
colColours	list	设置列表头单元格的颜色
colLoc	str	设置列表头的对齐方式,可以选择'left'、'center'、'right'
loc	str、int	设置表格在子图中的位置,可取'best'、'upper right'、'upper left'、'lower left'、'lower right'、'center left'、'center right'、'lower center'、'upper center'、'center'、'top right'、'top left'、'bottom left'、'bottom right'、'right'、'left'、'top'、'bottom',分别对应0～17的数字
bbox	Bbox	设置表格的位置,如果设置该参数则忽略loc参数
edges	str	设置需要绘制单元格边线的位置,可以取'BRTL'的组合(含义是Bottom、Right、Top、Left),或者'open'、'closed'、'horizontal'、'vertical'

下面的程序在图像上以表格形式把数据曲线上的值显示出来,程序运行结果如图6-45所示。

```
from datetime import date    #Demo6_45.py
from matplotlib import pyplot as plt
dates = [date(2022, 5, 24),    #创建datetime对象,用来表示在横轴上的位置和标签
        date(2022, 5, 25), date(2022, 5, 26), date(2022, 5, 27),
        date(2022, 5, 28), date(2022, 5, 29), date(2022, 5, 30) ]
y1=[1,0.3,0.8,1.1,0.9,0.6,0.7]
y2=[0.4,0.35,0.7,1.3,0.5,0.7,0.8]
fig=plt.figure()
```

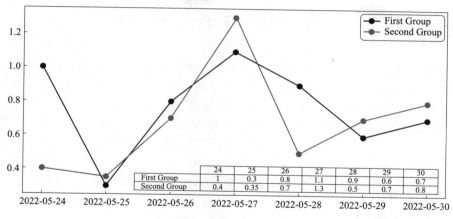

图6-45 在图像上添加表格

```
ax=fig.add_subplot(1,1,1)
ax.plot_date(dates,y1,fmt='b-o',label='First Group')
ax.plot_date(dates,y2,fmt='r-o',label='Second Group')
ax.legend()    #显示图例
table=ax.table(cellText=[y1,y2],cellLoc='center',    #显示表格
               rowLabels=['First Group','Second Group'],
               colLabels=[24,25,26,27,28,29,30],
               loc='lower right', colWidths=[0.08]*7)
plt.show()
```

在进行以上所述的绘图方法或辅助功能设置中，并不需要设置所需的所有参数，对于没有设置的参数，Matplotlib会使用默认的设置，默认设置存储在文件matplotlibrc中，该文件位于Python安装路径下的\Lib\site-packages\matplotlib\mpl-data目录下，读者可以根据实际情况修改matplotlibrc中的参数值，不过建议将matplotlibrc文件复制到当前的工作路径后再修改，而不要直接修改原文件。

6.4 三维绘图

除了绘制二维图像外，Matplotlib还可以绘制三维图像，不过Matplotlib绘制三维图像的功能较弱，下面简要介绍一些三维绘图方法。

6.4.1 三维子图对象

要绘制三维图像，需要提供 x、y 和 z 三个坐标数据，另外还需要建立三维子图对象Axes3D。在往图像中添加子图时，如果projection='3d'，则返回的结果就是Axes3D对象，例如fig=plt.figure()，ax3d=fig.add_subplot(projection='3d')；另外Axes3D类可以直接导入进来，例如from mpl_toolkits.mplot3d import Axes3D，然后用ax3d=Axes3D(fig)创建Axes3D类的三维子图对象ax3d。创建三维子图对象后，通过三维子图对象的绘图方法，可以往三维子图中添加三维数据图。

用Axes3D类创建三维子图对象的方法如下所示：

```
Axes3D(fig, rect=None, *args, azim=-60,elev=30, sharez=None, proj_
type='persp', **kwargs)
```

其中fig确定三维子图对象所在图像；rect确定子图对象的范围，取值是(left, bottom, width, height)；azim和elev确定显示三维图像时的视角，azim是绕z轴的旋转角度，elev是与x-y面夹角；sharez取值是三维子图对象，与该对象共享z轴的取值范围；proj_type确定是否用透视图显示，可以取'persp'和'ortho'，取值是'persp'时，同一个物体距离近时显示偏大，距离远时显示偏小，取值是'ortho'时，同一个物体无论远近显示大小不变；还可以设置其他参数，如title、label、frame_on、visible、xlabel、ylabel、zlabel、xlim、ylim、zlim、zorder等，这些参数与二维子图的参数作用相同。以上参数可以通过三维子图对象的set_*()方法单独设置，在此不一一介绍。

6.4.2 三维折线图

三维空间中绘制折线通常需要提供x、y和z三组数据，z值不提供时认为z值是0。绘制三维折线图的方法是plot()或plot3D()方法，它们的格式相同。下面是plot3D()方法的格式，其中xs、ys和zs是长度相等的一维数组、列表或元组，分别定义三维空间中x、y和z坐标值，zs可以取单个浮点数，也可省略，若省略则表示zs取值是0；zdir用于指定z轴方向，可取'x'、'y'或'z'；其他参数可参考二维plot()方法中的参数。

```
plot3D(xs, ys, [zs,] zdir='z', **kwargs)
```

下面的程序用plot3D()方法绘制三维螺旋线，并绘制三维螺旋线在x=0和y=0坐标面上的投影图，程序运行结果如图6-46所示。

```
import numpy as np    #Demo6_46.py
import matplotlib.pyplot as plt
from mpl_toolkits.mplot3d import Axes3D
fig = plt.figure()    #创建图像对象
ax3d=Axes3D(fig)    #创建三维子图
n=4    #螺旋线的圈数
t=np.linspace(0,2*n*np.pi,50)
x=np.sin(t) +2    #x坐标
y=np.cos(t) +2    #y坐标
z=np.linspace(2,50,50)    #z坐标
ax3d.plot3D(x,y,z,'b-o')    #绘制三维折线
ax3d.plot3D(y,z,'m--',zdir='x')    #绘制三维折线
ax3d.plot3D(x,z,'m--',zdir='y')    #绘制三维折线
ax3d.set_xlabel('X Value')
ax3d.set_ylabel('Y Value')
ax3d.set_zlabel('Z Value')
plt.show()
```

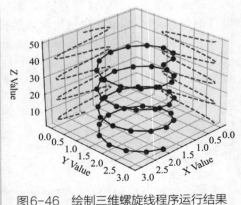

图6-46 绘制三维螺旋线程序运行结果

6.4.3 三维散点图

三维散点图同样需要定义x、y和z三个坐标值。三维散点图用scatter()或scatter3D()方法绘制，它们的格式相同。下面是scatter3D()方法的格式，其中xs、ys和zs是同形状的一维或二维

数组，zs还可取单个浮点数；zdir定义z轴方向，可取'x'、'y'、'z'、'-x'、'-y'或'-z'；s定义散点的尺寸，可取单个浮点数或与xs同形状的数组；c定义颜色，可取单个颜色值，或者与xs同长度的颜色列表，也可取数值数组，用cmap和norm参数来映射颜色，c还可取二维数组，元素的值是RGB或RGBA；depthshade用于确定散点是否有深度效果；其他参数可参考二维scatter()方法中的参数。

```
scatter3D(xs, ys, zs=0, zdir='z', s=20, c=None, depthshade=True, *args, **kwargs)
```

下面的程序绘制有随机数产生的三维散点图，程序运行结果如图6-47所示。

```
import numpy as np    #Demo6_47.py
import matplotlib.pyplot as plt
fig = plt.figure()
ax3D = fig.add_subplot(projection='3d')
x = np.linspace(0, 100,40)
y = np.linspace(0, 100,20)
x, y = np.meshgrid(x, y)
z = np.random.randint(0, 100, size=(20, 40))
ax3D.scatter3D(x, y, z, c=z, s=z, marker='o',cmap='jet')
plt.show()
```

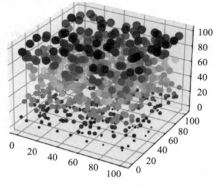

图6-47　三维散点图

6.4.4　三维柱状图

绘制三维柱状图需要定义每个柱子的起始点、长度、宽度和高度，可以给柱的6个面定义不同的颜色。三维柱状图用bar3d()方法绘制，其格式如下所示，其中x、y和z取值是长度为N的一维数组或单个浮点数，定义柱的起始点；dx、dy和dz也是长度为N的一维数组或单个浮点数，定义柱子的宽度、深度和高度；color定义柱子的颜色，有多种区分方法，当取一个颜色值时，所有的柱子的颜色都相同，当取长度是N的颜色数组时，定义每个柱子的颜色，当取长度是6×N的颜色数组时，定义柱子6个面的颜色，这6个面的颜色按照−Z、+Z、−Y、+Y、−X和+X顺序定义；zsort是指传递给Poly3Dcollection对象的参数，确定zorder值，用于设置绘制顺序，可以取'average'、'min'或'max'；shade用于设置是否显示阴影；lightsource用于定义光源，取值是LightSource对象。

```
bar3d(x, y, z, dx, dy, dz, color=None, zsort='average', shade=True, lightsource=None, *args, **kwargs)
```

用bar()方法可以在三维图上添加二维柱状图，bar()的格式如下所示，其中left是一维数组，定义柱子的x坐标；height是一维数组，定义柱子的高度；zs是一维数组或单个浮点数，定义柱子的z坐标；zdir定义柱子的方向，可取'x'、'y'、'z'。

```
bar(left, height, zs=0, zdir='z', *args, **kwargs)
```

下面的程序用随机产生的柱子绘制三维柱状图，运行结果如图6-48所示。

```python
import numpy as np    #Demo6_48.py
import matplotlib.pyplot as plt
fig = plt.figure()
ax3D = fig.add_subplot(projection='3d')
x = np.linspace(0,100,5)
y = np.linspace(0,100,10)
x, y = np.meshgrid(x, y)
x=x.flatten()
y=y.flatten()
dz = np.random.randint(0, 100, size=(5,10)).flatten()
ax3D.bar3d(x, y, 0, 5,5,dz,color='m')
plt.show()
```

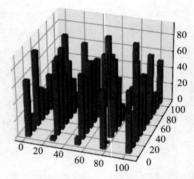

图6-48 三维柱状图程序运行结果

6.4.5 三维曲面图

三维曲面图以曲面形式显示高度方向的值，可以映射颜色，用颜色显示高度的值。三维曲面图用plot_surface()方法绘制，其格式如下所示：

```
plot_surface(X, Y, Z, *args, norm=None, vmin=None, vmax=None, lightsource=None, **kwargs)
```

plot_surface()方法中的参数类型及说明如表6-32所示，其中参数rcount和ccount在行（y）向和列（x）向将曲面分成多个块，或者用参数rstride和cstride定义每个块的跨度，rcount、ccount与rstride、cstride只需定义一组数据即可；每个块用facecolors参数定义不同的颜色，或者用cmap参数定义色谱，将色谱映射到曲面上，块越多颜色过渡越光滑。

表6-32 plot_surface()方法中的参数类型及说明

参数	参数类型	说明
X、Y	array	取值是二维数组，分别定义曲面的x和y坐标
Z	array	取值是二维数组，定义曲面的高度值，通常是X和Y的函数
rcount、ccount	int	分别定义行（y）向和列（x）向分割块的数量，值越大块的数量越多
rstride、cstride	int	分别定义行向和列向每个分割块的跨度，值越小块的数量越多
color	color	定义曲面的颜色
facecolors	list[color]	定义每个区域的颜色
cmap	str、Colormap	定义被映射的色谱
norm	Normalize	数据的归一化
vmin、vmax	float	如果不定义norm，设置归一化的最小值和最大值
shape	bool	设置是否渲染曲面
lightsource	LightSource	设置光源

另外可以用plot_wireframe()方法绘制不带颜色的线架图，其格式如下所示，参数主要有X、Y、Z以及rcount、rccount和rstride、cstride，参数意义与plot_surface()方法的相同。

```
plot_wireframe(X, Y, Z, *args, **kwargs)
```

下面的程序绘制方程$z=2(1-\frac{x}{4}+x^5+y^4)e^{-x^2-y^2}$确定的曲面,绘制两个曲面图和一个线架图,对比设置不同数量的分块对映射颜色的影响,程序运行结果如图6-49所示。

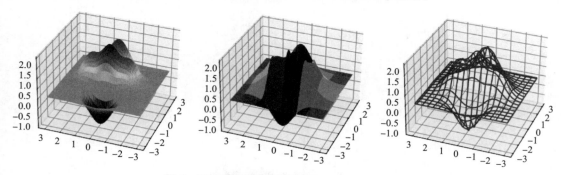

图6-49 三维曲面图和线架图程序运行结果

```
import numpy as np    #Demo6_49.py
import matplotlib.pyplot as plt
n = 50
x = np.linspace(-3,3,n)
y = np.linspace(-3,3,n)
X,Y = np.meshgrid(x,y)    #x和y向的坐标值
Z = (1-X/4+X**5+Y**4)*np.exp(-X**2-Y**2)*2    #高度值
fig=plt.figure()
ax3d_1 = fig.add_subplot(1,2,1, projection='3d')
ax3d_1.plot_surface(X,Y,Z,rcount=50,ccount=50,cmap='jet')    #绘制曲面
ax3d_1.view_init(30, 200)    #视角
ax3d_2 = fig.add_subplot(1,2,2, projection='3d')
ax3d_2.plot_surface(X,Y,Z,rcount=6,ccount=6,cmap='jet')    #绘制曲面
ax3d_2.view_init(30, 200)    #视角
plt.show()
```

6.4.6 三维等值线图

三维等值线图用contour()方法或contour3D()方法绘制,三维填充颜色的等值线图用contourf()方法或contourf3D()方法绘制。contour()方法和contour3D()方法的格式相同,contourf()方法和contourf3D()方法的格式相同。contour3D()方法和contourf3D()方法的格式如下所示,其中X、Y和Z的作用与plot_surface()方法中的X、Y和Z作用相同;extend3d用于确定是否将等值线拉伸成三维面;stride用于设置延长等值线的跨度;zdir用于确定投影方向,可以取'x'、'y'或'z';offset设置将等值线投影到的位置,如果设置了offset,则将等值线投影到垂直于zdir方向的面上;levels设置等值线的数量,其他参数可参考二维contour()方法和contourf()方法中的参数。

```
contour3D(X, Y, Z, *args, extend3d=False, stride=5, zdir='z', offset=None,
**kwargs)
contourf3D(X, Y, Z, *args, zdir='z', offset=None, **kwargs)
```

下面的程序绘制方程$z=2(1-\frac{x}{4}+x^5+y^4)e^{-x^2-y^2}$的三维等值线图、填充颜色的三维等值线图和投影等值线图，程序运行结果如图6-50所示。

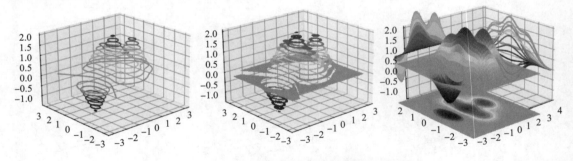

图6-50 三维等值线图程序运行结果

```python
import numpy as np       #Demo6_50.py
import matplotlib.pyplot as plt
n = 50
x = np.linspace(-3,3,n)
y = np.linspace(-3,3,n)
X,Y = np.meshgrid(x,y)   #x和y向的坐标值
Z = (1-X/4+X**5+Y**4)*np.exp(-X**2-Y**2)*2   #高度值
fig=plt.figure()
ax3d_1 = fig.add_subplot(1,3,1, projection='3d')
ax3d_1.contour3D(X,Y,Z,extend3d=False,cmap='jet',levels=20)   #绘制等值线
ax3d_1.view_init(20, 230)   #视角
ax3d_2 = fig.add_subplot(1,3,2, projection='3d')
ax3d_2.contourf3D(X,Y,Z,cmap='jet',levels=20)    #绘制填充等值线
ax3d_2.view_init(20, 230)   #视角
ax3d_3 = fig.add_subplot(1,3,3, projection='3d')
ax3d_3.plot_surface(X,Y,Z,rcount=50,ccount=50,cmap='jet')   #绘制曲面
ax3d_3.contour3D(X,Y,Z,zdir='x',offset=4,cmap='jet',levels=20)   #等高线投影图
ax3d_3.contourf3D(X,Y,Z,zdir='y',offset=4,cmap='jet',levels=20)  #等高线投影图
ax3d_3.contourf3D(X,Y,Z,zdir='z',offset=-2,cmap='jet',levels=20) #等高线投影图
ax3d_3.set_xlim(-3,4)
ax3d_3.set_ylim(-3,4)
ax3d_3.set_ylim(-3,2)
ax3d_3.view_init(20, 230)   #视角
plt.show()
```

6.4.7 三维三角形网格图

（1）三维三角形网格渲染图

三维三角形网格渲染图的曲面由许多三角形构成，需要定义三角形对象Triangulation，关于三角形对象Triangulation的定义可参考6.1.19节的内容。

三维三角形网格渲染图用plot_trisurf()方法绘制，其格式如下所示。可选参数有X、Y、Z、color、cmap、norm、vmin、vmax、shade和lightsource，这些参数的意义如前所述。三维三角形网格渲染图的变形和颜色是由Z值决定。

```
plot_trisurf(triangulation, Z, **kwargs)
plot_trisurf(X, Y, Z, **kwargs)
plot_trisurf(X, Y, triangles, Z, **kwargs)
plot_trisurf(X, Y, triangles=triangles, Z, **kwargs)
```

（2）带等值线的三维三角形网格图

带等值线的三维三角形网格图由tricontour()方法和tricontourf()方法绘制，后者是填充样式。它们的格式如下所示，可选参数有triangluation、X、Y、Z、extend3d、stride、zdir、offset、levels、cmap、norm、vmin和vmax等。

```
tricontour(*args, extend3d=False, stride=5, zdir='z', offset=None, **kwargs)
tricontourf(*args, zdir='z', offset=None, **kwargs)
```

下面的程序创建一个由三角形构成的圆环，并绘制三维三角形网格渲染图和带等值线的三角形网格图。程序运行结果如图6-51所示。

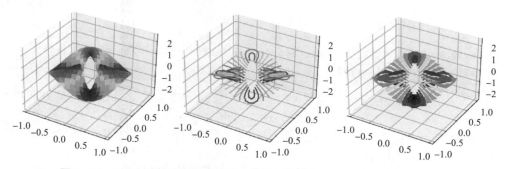

图6-51 三维三角形网格渲染图和带等值线的三角形网格图程序运行结果

```python
import numpy as np    #Demo6_51.py
import matplotlib.pyplot as plt
import matplotlib.tri as tri
n_angles = 36    #圆环周向分割数
n_radii = 8      #径向分割数
min_radius = 0.25  #圆环内径
max_radius = 0.95  #圆环外径
radii = np.linspace(min_radius,max_radius, n_radii)  #圆环半径数组

angles = np.linspace(0, 2 * np.pi, n_angles, endpoint=False).reshape((-1,1)) #角度数组
angles = np.repeat(angles, n_radii, axis=1)    #扩充圆环角度数量
angles[:, 1::2] += np.pi / n_angles    #间隔增加角度值

x = (radii * np.cos(angles)).flatten()    #节点的x值坐标
y = (radii * np.sin(angles)).flatten()    #节点的y值坐标
```

```python
z = (np.cos(radii) * np.cos(3 * angles)).flatten()   #节点上的颜色值
triang = tri.Triangulation(x, y)   #Triangulation对象，用Delaynay方法创建拓扑关系
triang.set_mask(np.hypot(x[triang.triangles].mean(axis=1),
          y[triang.triangles].mean(axis=1)) < min_radius)   #将不需要的三角形隐藏
fig=plt.figure()
ax3d_1 = fig.add_subplot(1,3,1,projection='3d')
ax3d_1.plot_trisurf(triang, z, cmap='jet', shade=True)   #绘制三维三角形网格渲染图
ax3d_1.set_zlim(-2.5,2.5)
ax3d_2 = fig.add_subplot(1,3,2,projection='3d')
ax3d_2.tricontour(triang, z, cmap='jet', levels=10)   #绘制带等值线的三角形网格图
ax3d_2.set_zlim(-2.5,2.5)
ax3d_3 = fig.add_subplot(1,3,3,projection='3d')
ax3d_3.tricontourf(triang, z, cmap='jet', levels=10)   #带等值线的三角形网格填充图
ax3d_3.set_zlim(-2.5,2.5)
plt.show()
```

6.4.8 三维箭头矢量图

三维箭头矢量图用箭头描述三维空间中的矢量方向，可以用quiver()方法和quiver2D()方法绘制，它们的格式相同。quiver3D()方法的格式如下所示：

> **quiver3D(X, Y, Z, U, V, W, length=1, arrow_length_ratio=0.3, pivot='tail', normalize=False, **kwargs)**

其中，X、Y和Z确定箭头所指的位置；U、V和W是确定箭头的方法，是矢量方向在X、Y和Z向的分量；length确定箭头的长度；arrow_length_ratio是箭头部分的长度和整个箭（含箭柄）长度的比值；pivot确定箭的哪部分在X、Y和Z坐标位置处，可以取'tail'、'middle'和'tip'；normalize设置所有的箭头是否有相同的长度，取False时箭头长度由U、V和W决定。

下面的程序绘制方程$z=xe^{-x^2-y^2}$确定的三维曲面图和曲面的法向箭头矢量图，曲面$z=xe^{-x^2-y^2}$的法向矢量方向是$U=-\dfrac{\partial z}{\partial x}$，$V=-\dfrac{\partial z}{\partial y}$，$W=1$，程序运行结果如图6-52所示。

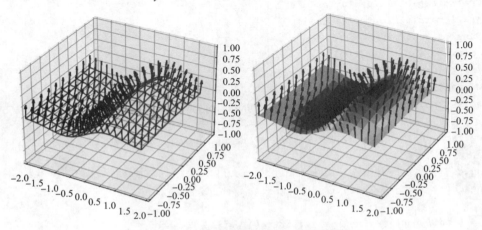

图6-52　三维箭头矢量图程序运行结果

```python
import numpy as np    #Demo6_52.py
import matplotlib.pyplot as plt
x=np.arange(-2, 2, 0.2)
y= np.arange(-1, 1 , 0.2)
X, Y = np.meshgrid(x,y)
Z= X*np.exp(-X**2-Y**2)
m,n=Z.shape
dzdx=np.exp(-X**2-Y**2)-2*(X**2)*np.exp(-X**2-Y**2)
dzdy=-2*X*Y*np.exp(-X**2-Y**2)
dzdz=np.ones_like(dzdx)
fig=plt.figure()
ax3d_1 = fig.add_subplot(1,2,1,projection='3d')
ax3d_1.quiver3D(X,Y,Z,-dzdx,-dzdy,dzdz,length=0.3, color='b')  #三维箭头矢量图
ax3d_1.plot_wireframe(X,Y,Z)    #三维线架图
ax3d_1.set_xlim(-2,2)
ax3d_1.set_ylim(-1,1)
ax3d_1.set_zlim(-1,1)
ax3d_2 = fig.add_subplot(1,2,2,projection='3d')
ax3d_2.quiver3D(X,Y,Z,-dzdx,-dzdy,dzdz,length=0.3, color='b')  #三维箭头矢量图
ax3d_2.plot_surface(X,Y,Z,cmap='jet')    #三维曲面图
ax3d_2.set_xlim(-2,2)
ax3d_2.set_ylim(-1,1)
ax3d_2.set_zlim(-1,1)
plt.show()
```

如果要往三维图像上添加文字，可以用text(x, y, z, s, zdir=None, **kwargs)方法添加，x、y和z是文字所在的位置，s是文字内容。

为了更方便地进行数据可视化，可以编辑一个可视化界面，通过界面上的操作来实现数据分析和数据可视化。下面的代码将Matplotlib的Figure对象集成到PyQt的窗口，绘制上个例子的三维箭头矢量图，程序运行结果如图6-53所示，通过单击左侧的按钮来绘制图形。有关Python可视化界面的编程可参考笔者所著的《Python基础与PyQt可视化编程详解》。

```python
import sys    #Demo6_53.py
from PyQt5.QtWidgets import QApplication,QWidget,QHBoxLayout,QVBoxLayout,QPushButton
from matplotlib.pyplot import Figure
from matplotlib.backends.backend_qt5agg import FigureCanvasQTAgg,NavigationToolbar2QT
from PyQt5.QtCore import QSize
import numpy as np
class MyWidget(QWidget):
    def __init__(self,parent=None):
        super().__init__(parent=parent)
        self.fig = Figure()
        self.figCanvas = FigureCanvasQTAgg(self.fig)
        self.naviToolbar = NavigationToolbar2QT(self.figCanvas, self)
```

```python
        self.quiver3D_1_btn = QPushButton('三维箭头矢量图 1')
        self.quiver3D_2_btn = QPushButton('三维箭头矢量图 2')
        v1 = QVBoxLayout()
        v1.addWidget(self.quiver3D_1_btn)
        v1.addWidget(self.quiver3D_2_btn)
        v1.addStretch(1)
        v2 = QVBoxLayout()
        v2.addWidget(self.naviToolbar)
        v2.addWidget(self.figCanvas)
        h = QHBoxLayout(self)
        h.addLayout(v1,1)
        h.addLayout(v2,5)

        x = np.arange(-2, 2, 0.2)
        y = np.arange(-1, 1, 0.2)
        self.X, self.Y = np.meshgrid(x, y)
        self.Z = self.X * np.exp(-self.X ** 2 - self.Y ** 2)
        self.dzdx=np.exp(-self.X**2-self.Y**2)-2*(self.X**2)*np.exp(-self.X**2-self.Y**2)
        self.dzdy = -2 * self.X * self.Y * np.exp(-self.X ** 2 - self.Y ** 2)
        self.dzdz = np.ones_like(self.dzdx)

        self.quiver3D_1_btn.clicked.connect(self.quiver3D_1_btn_clicked)
        self.quiver3D_2_btn.clicked.connect(self.quiver3D_2_btn_clicked)
    def quiver3D_1_btn_clicked(self):
        ax3d_1 = self.fig.add_subplot(1, 2, 1, projection='3d')
        ax3d_1.quiver3D(self.X,self.Y,self.Z,-self.dzdx,-self.dzdy,self.dzdz,length=0.3,color='b')
        ax3d_1.plot_wireframe(self.X, self.Y, self.Z)
        self.win_resize()
    def quiver3D_2_btn_clicked(self):
        ax3d_2 = self.fig.add_subplot(1, 2, 2, projection='3d')
        ax3d_2.quiver3D(self.X,self.Y,self.Z,-self.dzdx,-self.dzdy,self.dzdz,length=0.3,color='b')
        ax3d_2.plot_surface(self.X, self.Y, self.Z, cmap='jet')
        self.win_resize()
    def win_resize(self):
        self.resize(self.size() + QSize(50, 50))
        self.resize(self.size() - QSize(50, 50))
if __name__ == '__main__':
    app = QApplication(sys.argv)
    bendingWidget = MyWidget()
    bendingWidget.show()
    sys.exit(app.exec())
```

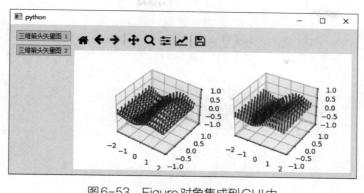

图6-53　Figure对象集成到GUI中

第 7 章

Pandas 数据处理

Pandas 是基于 NumPy 专门用于数据处理的工具包，它提供了大量对数据操作和数据分析的函数和方法，能够很方便地实现用户对数据处理的要求。Pandas 是 Python 数据分析的利器，Excel 是进行数据分析的常用工具，当你熟悉 Pandas 后，会发现 Pandas 比 Excel 更方便。Pandas 的数据结构 Series 和 DataFrame 可以分别当作一维数组和二维数组用于 NumPy 和 SciPy 的科学计算中。

7.1 Pandas 的数据结构

Pandas 的数据类型分为两种：一种是一维数据结构 Series，表示一行或一列数据，相当于 NumPy 的一维数组或向量；另一种是二维数据结构 DataFrame，表示由多行或多列数据构成的一个数据表格，相当于 NumPy 的二维数组或矩阵。与 NumPy 的数组不同的是，Series 和 DataFrame 数据结构都有标签，便于进行数据处理，例如进行加运算，只把标签相同的元素进行加运算即可。如图 7-1 所示是 Series 和 DataFrame 的结构示意图，Series 主要由行标签和数据构成，另外 Series 还有名称（name）和数据类型（dtype），可以看出 Series 的行标签是 row1、row2、row3、row4 和 row5，对应的元素分别是 1、x、AB、[4, 5] 和 NaN。由于 Series 是一维数据，它只有一个行标签（index），而 DataFrame 有一个行标签（index）和一个列标签（columns），行标签和列标签还可以有各自的名称。如果 Series 设置 name 属性，则 Series 可以看成是 DataFrame 的一行或一列数据。与 NumPy 一样，DataFrame 竖直方向轴 axis=0，水平方向的轴 axis=1。

Series 和 DataFrame 的行标签或和列标签还有可能是多级标签或层级标签（multiIndex），多级标签由有一定层次关系的标签构成，例如图 7-2 所示的 DataFrame 的列标签由两层标签构成，这两层标签的名称分别是 GRADE 和 CLASS，GRADE 是第一级标签，CLASS 是第二级标签。GRADE 层的标签有 grade1 和 grade2 两个标签，而 CLASS 级的标签有 class1、class2 和 class3。

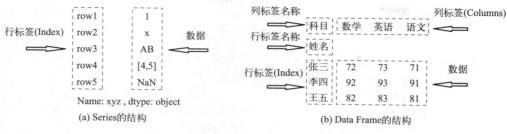

图7-1　Series和DataFrame结构示意图

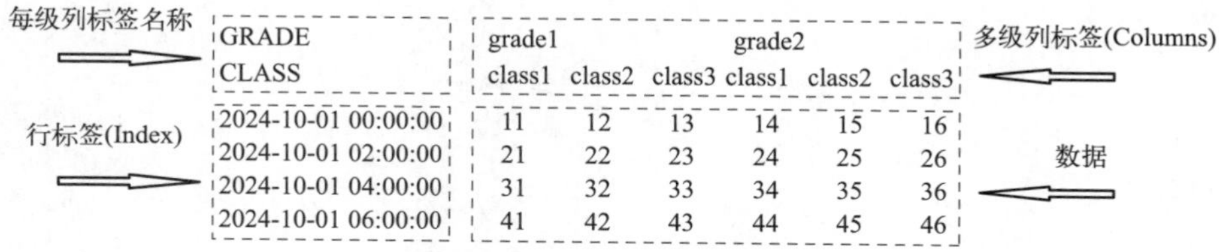

图7-2　多级标签结构示意图

7.1.1　Series的创建方法

Series是由一列多行数据构成的，每行需要一个标签。Series需要由Pandas的Series类来定义，定义Series的方法如下所示：

```
Series(data=None, index=None, dtype = None, name=None, copy = False)
```

其中，data用于定义数据，可以取可迭代序列，如列表、元组、字典、集合和数组等，例如列表[1,'x','AB',[4,5],np.NaN]，还可以取单个值，这时每行的数据都是该值，与numpy相比，data中元素的数据类型不要求相同，例如data中的数据可以是整数和字符串；index是行标签，其元素一般是不可变数据（Hashable），例如可取整数、字符串和元组，一般不取列表、字典、集合等可变序列，index中的元素值可以相同，如果data的值是序列（列表、元组、数组等），则index的长度必须与data的长度相同，如果没输入index，则index默认为range(len(data))；dtype定义Series的数据类型，可取字符串、np.dtype或ExtensionDtype，如果没有指定，则根据data的类型来推断；name是Series的名称，是可选参数；copy设置是否复制data数据，还是直接引用data数据，这只对输入数据是数组时起作用，在copy=False时，通过改变输入的数组的值或Series的值，可以改变另外一个的值。

（1）用列表、元组或数组创建Series

可以直接用列表、元组和数组创建Series，例如下面的代码。

```
import numpy as np        #Demo7_1.py
from pandas import Series
a = [-2.1,3,'a','hello']    #列表
b = (-2.1,3,'a','hello')    #元组
c = np.array([11,12,13])    #数组
ser_1 = Series(a); print(ser_1)    #用列表创建序列
ser_2 = Series(b); print(ser_2)    #用元组创建序列
ser_3 = Series(c); print(ser_3)    #用数组创建序列
ser_4 = Series(range(4));print(ser_4)    #用range()函数创建
```

当输入的数据data是数组时,在参数copy=False时,通过改变数组的值,可以改变Series的值,反过来通过改变Series的值,也可以改变数组的值,例如下面的代码。

```python
import numpy as np           #Demo7_2.py
from pandas import Series
a = np.array([5,6,7,8])   #数组
ser_1 = Series(a,copy=False)   #用数组创建,参数copy=False
ser_2 = Series(a,copy=True)    #用数组创建,参数copy=True
a[0] = 100   #改变数组的值
print(ser_1)
print(ser_2)
ser_1[1] = 200   #改变Series的值
ser_2[2] = 300   #改变Series的值
print(a)
print(ser_1)
print(ser_2)
'''
运行结果如下:
0    100
1      6
2      7
3      8
dtype: int32
0    5
1    6
2    7
3    8
dtype: int32
[100 200   7   8]
0    100
1    200
2      7
3      8
dtype: int32
0    5
1    6
2    300
3    8
dtype: int32
'''
```

在用列表、元组和数组创建Series时,可以指定标签,这时标签的长度必须与数据的长度相同,且标签的元素值是不可变序列,否则将出错,例如下面的代码。

```python
import numpy as np           #Demo7_3.py
from pandas import Series
a = np.array([100,200,300,400])   #数组
ser_1= Series(data= a,index = ['a','b','a','d'])   #指定标签,标签中可以有相同的元素
```

```
print(ser_1)
ser_2= Series(data= a,index = [(1,1),(1,2),(2,1),(2,2)])    #标签的元素是元组
print(ser_2)
ser_3= Series(data= a,index = [[1,1],[1,2],[2,1],[2,2]])    #标签的元素全部是列表时将抛
出异常
print(ser_3)
ser_4= Series(data= a,index = ['a','b','c'])   #标签的长度与数据的长度不同时将抛出异常
print(ser_4)
'''
运行结果如下：
a    100
b    200
a    300
d    400
dtype: int32
(1, 1)    100
(1, 2)    200
(2, 1)    300
(2, 2)    400
dtype: int32
ser_3= Series(data= a,index = [[1,1],[1,2],[2,1],[2,2]])    #标签的元素全部是列表时将抛
出异常
raise ValueError(ValueError: Length of values (4) does not match length of index
(2)
'''
```

（2）用字典创建Series

用字典创建Series时，由于字典中含有键，在不指定索引index参数时，将使用字典的键作为标签；如果指定了index参数，则index要与字典中的键相互对应，不对应的部分的值为NaN，例如下面的代码。

```
from pandas import Series          #Demo7_4.py
d = {'a':100,'b':200,'c':300}    #字典
ser_1 = Series(data=d)    #不指定标签，用字典的键作为标签
print(ser_1)
ser_2 = Series(data=d,index=['a','b'])    #标签的数量不足，只保留字段中与标签匹配的值
print(ser_2)
ser_3 = Series(data=d,index=['a','b','d','e'])    #标签的数量超出字典元素的数量
print(ser_3)
'''
运行结果如下：
a    100
b    200
c    300
dtype: int64
a    100
b    200
```

```
dtype: int64
a    100.0
b    200.0
d    NaN
e    NaN
dtype: float64
'''
```

（3）用常数定义 Series

用常数定义 Series 时，通常需要指定 index 参数，这时 Series 的值都是指定的值，例如下面的代码。

```
from pandas import Series         #Demo7_5.py
ser_1 = Series(data=5)   #不指定标签，Series只包含一个值
print(ser_1)
ser_2 = Series(data=5,index=['a','b'])   #指定标签，Series中的值都相同
print(ser_2)
ser_3 = Series(data='hello',index=['a','b','c'])   #指定标签，Series中的值都相同
print(ser_3)
'''
运行结果如下：
0    5
dtype: int64
a    5
b    5
dtype: int64
a    hello
b    hello
c    hello
dtype: object
'''
```

7.1.2 Series 的属性

Series 的常用属性如表 7-1 所示，主要是用 index 属性获取行标签；用 values 属性获取构成 Series 数据的数组；用 empty 属性获取 Series 是否不含任何数据；用 size 获取数据的个数。

表7-1　Series 的常用属性

Series 的常用属性	说明
index	获取或设置行标签对象，也可以用 Series 的 keys() 方法获取
values	根据数据类型获取由 Series 的值构成的数组
empty	获取 Series 是否为空
T	Series 的转置向量，Series 在进行数值运算时可以看成行向量，而转置向量则是列向量，也可以用 transpose() 获取转置向量
at	根据标签名称获取或修改一个元素的值

续表

Series的常用属性	说明
iat	根据整数位置（索引）获取或修改一个元素的值
loc	根据标签名称获取或修改多个元素的值
iloc	根据整数位置（索引）获取或修改多个元素的值
is_monotonic	如果数据具有单调性，则返回True，否则返回False
is_monotonic_decreasing	如果数据单调减少，则返回True，否则返回False
is_monotonic_increasing	如果数据单调增加，则返回True，否则返回False
is_unique	如果没有相同的元素值，则返回True，否则返回False
attrs	获取由字典构成的属性
dtype	获取Series的数据类型
hasnans	获取数据中是否含有缺失的数据NaN
axes	获取由标签Index对象和数据类型构成的列表
name	获取Series的名称
nbytes	获取元素占据的字节数量
ndim	获取维数，值是1
shape	获取对应数组的形状
size	获取数据的个数
array	根据数据类型，返回ExtensionArray对象，可能的对象有Categorical、PeriodArray、IntervalArray、IntegerArray、StringArray、BooleanArray和DatetimeArray

7.1.3 Series数据的获取和编辑

用Series的at、iat、loc或iloc属性可以定位到Series的元素，从而可以获取和编辑元素的值。

（1）根据行标签获取和编辑元素的值

用at属性可以根据行标签获取和编辑一个元素的值；用loc属性可以根据多个行标签获取和编辑多个元素的值；用Series的get(key, default=None)方法可以根据行标签获取一个或多个元素的值，其中default是当key不存在时的返回值。传递给loc属性的参数可以是一个或多个行标签，也可以是行标签切片，还可以是元素值是bool类型的列表，这时列表的长度要和Series的长度相同。例如下面的代码。

```
from pandas import Series        #Demo7_6.py
ser = Series(data=[100,200,300,400],index=['a','b','c','d'])   #指定标签
print(ser.get('a'),ser.get('aa',default=0))  #根据标签名获取元素的值
print(ser.get(['b','c']))    #根据标签名获取元素的值
ser.at['a'] = 1000   #设置标签名是'a'的元素值
print(ser)
print(ser.at['a'])   #获取标签名是'a'的元素值
ser.loc['b'] = 2000  #设置标签名是'b'的元素值
print(ser.loc['b'])  #获取标签名是'b'的元素值
ser.loc[['c','d']] = [3000,4000]    #设置标签名是'c'和'd'的元素值
```

```
print(ser.loc[['c','d']])     #获取标签名是'c'和'd'的元素值
print(ser.loc['b':'d'])       #用切片获取元素值
print(ser.loc[[True,False,False,True]])   #获取与True对应位置的元素值
'''
```
运行结果如下：
```
100  0
b    200
c    300
dtype: int64
a    1000
b     200
c     300
d     400
dtype: int64
1000
2000
c    3000
d    4000
dtype: int64
b    2000
c    3000
d    4000
dtype: int64
a    1000
d    4000
dtype: int64
'''
```

（2）根据整数位置（索引）获取和编辑元素的值

用 Series 的 iat 属性可以根据整数位置（索引，第一个元素的索引是 0）获取和编辑一个元素的值；用 iloc 属性可以根据多个位置获取和编辑多个元素的值；用 take() 方法可以根据位置获取多个数据。例如下面的代码。

```
from pandas import Series    #Demo7_7.py
ser = Series(data=[100,200,300,400],index=['a','b','c','d'])   #指定索引
ser.iat[0] = 1000    #设置元素的值
print(ser)
print(ser.iat[0])    #获取元素的值
ser.iloc[1] = 2000   #设置元素的值
print(ser.iloc[1])   #获取元素的值
ser.iloc[[2,3]] = [3000,4000]  #设置两个元素的值
print(ser.iloc[[2,3]])    #获取两个元素的值
print(ser.iloc[2:4])      #用切片获取元素的值
print(ser.iloc[[True,False,False,True]])   #获取与True对应位置的元素值
print(ser.take([1,3]))    #根据整数位置获取数据
```

除了 iat 属性和 iloc 属性用整数位置获取和编辑 Series 元素的值外，Series 还可以像列表一样

用"[ ]"运算通过标签名或整数获取和修改Series元素的值。例如下面的代码。

```python
from pandas import Series        #Demo7_8.py
ser = Series(data=[100,200,300,400],index=['a','b','c','d'])
ser[0] = 1000      #设置元素的值
ser['b'] = 2000    #设置元素的值
print(ser[0],ser['b'])    #获取元素的值
ser[[2,3]] = [3000,4000]    #设置两个元素的值
print(ser[[2,3]])    #获取两个元素的值
print(ser[1:4])    #用切片获取元素的值
print(ser['a':'c'])    #用切片获取元素的值
```

（3）Series数据的添加与移除

往Series中添加数据的方法可以用"[ ]"运算，在用Series[label]=value方法修改元素的值时，若行标签label不存在，则添加数据。删除数据可用Series的pop(label)方法，该方法可以移除指定的行并返回移除的行，如果行标签不存在，则抛出KeyError异常。用drop(labels=None, index=None, level=None, inplace=False, errors='raise')可以删除一行或多行，其中labels或index可取单个标签或标签列表，两者选择一个即可；level是对多级标签，可取标签级别名称或级数（整数）；inplace=False时，drop()方法返回移除数据后的Series，原Series不变，inplace=True时，直接将数据从原Series中移除，返回值是None；errors可取'raise'或'ignore'，'raise'表示若labels或index参数中的标签名称不存在时会抛出异常，'ignore'表示若labels或index参数中的标签名称不存在时不会抛出异常，只移除存在的标签对应的数据。另外可以用dropna(inplace=False)方法移除值是NaN的行，用drop_duplicates(keep='first', inplace=False)方法可以移除重复的元素，其中keep可取'first'（保留第一个）、'last'（保留最后一个）或False，False表示移除所有重复的元素。有关添加和移除元素的应用如下面的代码。

```python
from pandas import Series        #Demo7_9.py
ser = Series(data=[100,200],index=['a','b'])    #指定索引
ser['c']=500    #添加元素
ser['d']=600    #添加元素
ser['e']=700    #添加元素
ser['f']=700    #添加元素
x = ser.pop('a'); print(x)    #移除元素并返回被移除的元素
del ser['b']; print(ser)    #删除元素
ser.drop(labels=['a','b','c'],inplace=True,errors='ignore') ; print(ser) #移除多个元素
ser.drop_duplicates(keep=False,inplace=True); print(ser)    #移除所有重复的元素
'''
```

运行结果如下：
```
100
c    500
d    600
e    700
f    700
dtype: int64
d    600
```

```
e    700
f    700
dtype: int64
d    600
dtype: int64
'''
```

7.1.4 DataFrame的创建方法

DataFrame是由多列多行的数据构成，除需要指定行标签外，还需要指定列标签。创建DataFrame需要用Pandas的DataFrame类，方法如下所示：

```
DataFrame(data=None, index = None, columns = None, dtype = None, copy = None)
```

其中，data是数据源，可以取标量、列表、元组、字典和数组，还可取Series和DataFrame，如果是字典，列的顺序是字典元素的插入顺序；index和columns分别是行标签和列标签，取值类型与Series的相同，如果没有设置index和columns，默认为RangeIndex(0, 1, 2,…, n)；dtype强制设置DataFrame的所有列的数据类型为一种类型，可取字符串或np.dtype，如果没指定，则根据data的类型来推断，这时DataFrame每列的类型可能不同；copy设置是否复制data数据，还是直接引用data数据，取值类型是bool或None，默认是None，当data是字典数据时，None表示copy=True，当data是数组或DataFrame时，None表示copy=False。

（1）用列表、元组和数组创建DataFrame

可以用列表、元组和数组创建DataFrame，当列表、元组和数组是二维表格数据时，将构成多行多列的DataFrame，如果表格中缺数据，将用NaN来代替；若不指定index和columns参数，将使用0, 1, 2,…, n−1作为行标签和列标签。例如下面的代码。

```
import numpy as np        #Demo7_10.py
from pandas import DataFrame
df = DataFrame();print(df)    #创建空DataFrame
a = ['Li','Zhang','Wang']   #一维列表
df_1 = DataFrame(data=a); print(df_1)   #用列表创建DataFrame
b = [['Li',89,93,81],['Zhang',78,99,87],['Wang',78,85,93]]   #二维列表
df_2 = DataFrame(data=b,columns=['Name','Chinese','Math','PE'])   #用列表创建DataFrame
print(df_2);print(df_2.dtypes)   #输出各列的数据类型
c = ([1,2,3],[4,5,6],[7,8,9])   #二维元组
df_3 = DataFrame(data=c,dtype=np.int8) ;print(df_3)   #用元组创建DataFrame
d = np.array([[1,2,3],[4,5,6],[7,8,np.nan]])   #二维数组
df_4 = DataFrame(data=d,index=['one','two','three'],columns=['a','b','c'])   #用数组创建DataFrame
print(df_4)
df_5 = DataFrame(data=5,index=['a','b'],columns=[1,2,3,4,5])   #用标量创建DataFrame
print(df_5)
'''
```

运行结果如下:
```
Empty DataFrame
Columns: []
Index: []
       0
0     Li
1  Zhang
2   Wang
    Name  Chinese  Math  PE
0     Li       89    93  81
1  Zhang       78    99  87
2   Wang       78    85  93
Name       object
Chinese     int64
Math        int64
PE          int64
dtype: object
   0  1  2
0  1  2  3
1  4  5  6
2  7  8  9
         a    b    c
one    1.0  2.0  3.0
two    4.0  5.0  6.0
three  7.0  8.0  NaN
   1  2  3  4  5
a  5  5  5  5  5
b  5  5  5  5  5
...
```

（2）用字典创建 DataFrame

用字典创建 DataFrame 时，若没有给出 columns 参数，则直接用字典的键作为 columns 的值，字典的"键:值"对中的值可以是列表、元组、数组、字典，还可以是 Series。与直接用二维列表、元组、数组创建 DataFrame 不同的是，用字典创建 DataFrame 时，字典的"键:值"对中的值将作为列而不是行，例如下面的代码。

```python
from pandas import Series,DataFrame      #Demo7_11.py
a = {'Li':[89,93,81],'Zhang':[77,99,87],'Wang':[78,85,93]}    #字典
df_1 = DataFrame(data=a,index=['Chinese','Math','PE'])    #用字典创建DataFrame
print(df_1)
df_2 = DataFrame(data=a,index=['Chinese','Math','PE'],
    columns=['Li','Wang','Zhang','Yu','Li'])    #用字典创建DataFrame，同时指定columns
参数
print(df_2)
ser_1 = Series(data=[89,93,81],index=['Chinese','Math','PE'],name='Li')
ser_2 = Series(data=[77,99,87],index=['Chinese','Math','PE'],name='Wang')
```

```
ser_3 = Series(data=[78,85,93],index=['Chinese','Math','PE'],name='Zhang')
b = {'Li':ser_1,'Zhang':ser_2,'Wang':ser_3}   #字典"键:值"对中的值是Series
df_3 = DataFrame(data=b,index=['Chinese','Math','PE'])  #用字典创建DataFrame
print(df_3)
df_4 = DataFrame(data=df_3,index=['Chinese','Math'])  #用DataFrame创建DataFrame
print(df_4)
c = { 'Li':{'Chinese':89,'Math':93,'PE':81}, 'Zhang':{'Chinese':77,'Math':99,'PE':87},
      'Wang':{'Chinese':78,'Math':85,'PE':93}}      #字典"键:值"对中的值是字典
df_5 = DataFrame(data=c); print(df_5)
'''
运行结果如下:
         Li    Zhang   Wang
Chinese  89     77      78
Math     93     99      85
PE       81     87      93
         Li    Wang    Zhang   Yu    Li
Chinese  89     78      77    NaN    89
Math     93     85      99    NaN    93
PE       81     93      87    NaN    81
         Li    Zhang   Wang
Chinese  89     77      78
Math     93     99      85
PE       81     87      93
         Li    Zhang   Wang
Chinese  89     77      78
Math     93     99      85
         Li    Zhang   Wang
Chinese  89     77      78
Math     93     99      85
PE       81     87      93
'''
```

(3) 用DataFrame提供的方法创建DataFrame

DataFrame提供了from_dict()方法和from_records()方法,前者是从字典中创建DataFrame,后者通常是用数据库的SQL查询到的记录创建DataFrame。from_dict()方法的格式如下所示:

```
from_dict(data, orient = 'columns', dtype = None, columns = None)
```

其中,data是字典格式的数据,这时字典的格式是{field : array-like}或{field : dict},array-like是指数组、列表、元组或Series;orient指定生成DataFrame数据的方向,可以取'columns'、'index'或'tight',取'tight'时,字典的关键字是必须是'index'、'columns'、'data'、'index_names'和'column_names',分别设置行标签、列标签、数据、行标签名称和列标签名称;columns是列标签,只有在orient设置成'index'时才可以设置columns参数。

用from_dict()方法创建DataFrame的示例代码如下所示。

```
from pandas import DataFrame    #Demo7_12.py
a = {'Li':[89,93,81],'Zhang':[77,99,87],'Wang':[78,85,93]}    #字典
df_1 = DataFrame.from_dict(data=a,orient='columns') ;print(df_1)
df_2 = DataFrame.from_dict(data=a,orient='index',columns=['Chinese','Math',
'PE']);print(df_2)
b = {'index': ['a', 'b'], 'columns': ['x', 'y'], 'data': [[1, 3], [2, 4]],
'index_names': ['n'],
 'column_names': ['z']}
df_3 = DataFrame.from_dict(data=b,orient='tight');print(df_3)
'''
运行结果如下:
   Li  Zhang  Wang
0  89    77    78
1  93    99    85
2  81    87    93
       Chinese  Math  PE
Li        89    93   81
Zhang     77    99   87
Wang      78    85   93
z    x   y
n
a    1   3
b    2   4
'''
```

用 DataFrame 的 from_records() 方法可以将结构化数组、元组和字典等可迭代数据转换成 DataFrame,适合用 SQL 从数据库查询的记录转换成 DataFrame。from_records() 的格式如下所示:

from_records(data, index=None, exclude=None, columns=None, coerce_float = False, nrows = None)

其中,data 是结构化数据;index 和 columns 分别是行标签和列标签;exclude 是不需要转换成 DataFrame 的列;coerce_float 设置是否将非数值型数据转换成浮点数,例如将 '1.2' 转换成 1.2;如果 data 是一个迭代器,nrows 设置读取的行数量。

用 from_records() 方法创建 DataFrame 的示例代码如下。

```
import numpy as np       #Demo7_13.py
from pandas import DataFrame
a = np.array([(13, 'a'), (12, 'b'), (11, 'c'), (0, 'd')], dtype=[('X', 'i4'), ('Y',
'U1')])    #结构化数组
df_1 = DataFrame.from_records(data=a);print(df_1)
b = [(11, '12','13','a'), (14,'15','16','b'), (17,'18','19','c')]    #由元组构成的
列表
df_2 = DataFrame.from_records(data=b,coerce_float=True,columns=['A','B','C','D'],
exclude=['A','C'])
print(df_2)
c = [{'X': 3, 'Y': 'a'},{'X': 2, 'Y': 'b'},{'X': 1, 'Y': 'c'}]    #字典列表
```

```
df_3 = DataFrame.from_records(data=c);print(df_3)
'''
```
运行结果如下：
```
    X   Y
0  13   a
1  12   b
2  11   c
3   0   d
    B   D
0  12   a
1  15   b
2  18   c
    X   Y
0   3   a
1   2   b
2   1   c
'''
```

7.1.5 DataFrame的属性

DataFrame的属性如表7-2所示，其中select_dtypes([include,exclude])属性是根据DataFrame的元素的数据类型获取DataFrame中的数据，include和exclude可取单个类型或类型列表，include参数和exclude参数至少输入一个。例如select_dtypes(include='bool', exclude=['int64'])将返回由bool类型的数据但不包含int64类型的数据构成的DataFrame，要获取数值数据，可取include=np.number或'number'；要获取字符串，可取include='object'；要获取datetime类型数据，可取include=np.datetime64、'datetime'或'datetime64'；要获取timedeltas类型数据，可取include=np.timedelta64、'timedelta'或'timedelta64'；要获取Pandas的category类型数据，可取include='category'，要获取datetimetz类型数据，可取include='datetimetz'或'datetime64[ns,tz]'。

表7-2 DataFrame的属性

DataFrame的属性	说明
index	获取或设置行标签对象
columns	获取或设置列标签对象，也可用DataFrame的keys()方法获取
at	根据标签名称获取或修改一个元素的值
iat	根据整数位置（索引）获取或修改一个元素的值
loc	根据标签名称获取或修改多个元素的值
iloc	根据整数位置（索引）获取或修改多个元素的值
axes	获取由行标签对象和列标签对象构成的列表
dtypes	获取DataFrame的数据类型
values	获取DataFrame对应的数组
ndim	获取DataFrame的维数
size	获取元素的个数
shape	获取DataFrame的形状

续表

DataFrame的属性	说明
T	获取转置后的DataFrame，行标签和列标签也同时转置。也可以用DataFrame的transpose()方法和swapaxes(axis=0, axis2=1)方法获取转置后的DataFrame
select_dtypes([include,exclude])	根据指定的数据类型，获取子DataFrame
info(verbose=None, buf=None, max_cols:int=None, memory_usage=None, show_counts=None)	获取DataFrame的信息，在verbose=True时，输出完整信息；buf设置信息的输出位置，默认是sys.stdout；max_cols设置输出的最大列数量；memory_usage设置是否输出所有占据的内存信息，包括标签；show_counts设置是否统计缺失的数据
memory_usage([index=True, deep=False])	获取每列占据的内存数量（Byte），index设置是否统计行标签占据的内存数量，deep设置是否深层分析列占据的内存数量
empty	获取DataFrame是否为空

7.1.6　DataFrame数据的获取和编辑

DataFrame由多列和多行数据构成，可以按列或按行进行数据操作，也可以按元素进行数据操作。用DataFrame的get(key, default=None)方法可以根据列标签获取整列值，也可以用DataFrame[label]获取列或添加列。插入列用insert(loc, column, value: Scalar | AnyArrayLike, allow_duplicates = False)方法，其中loc是插入的位置；column是列标签名称；value是列值；在allow_duplicates=False时，如果列已经存在，则会抛出ValueError异常，allow_duplicates=True时不会抛出异常。要删除列或行可以用pop()方法或Python的del方法，也可以用DataFrame的drop()方法，其格式为drop(labels=None, axis=0, index=None, columns=None, level= None, inplace = False, errors = 'raise')，其中labels需配合axis使用，当axis=0（或'index'）时，labels表示行标签，当axis=1（或'columns'）时，labels表示列标签，或者直接用index或columns参数指定行标签或列标签；inplace=False时，drop()方法返回移除数据后的DataFrame，原DataFrame不变，inplace=True时，直接将数据从原DataFrame中移除，返回值是None；errors可取'raise'或'ignore'，'raise'表示若标签名称不存在时，会抛出异常，'ignore'表示若标签名称不存在时，不会抛出异常，只移除存在的标签对应的数据。例如下面的代码。

```
from pandas import DataFrame,Series      #Demo7_14.py
data = [['Li',89,93,81],['Zhang',78,99,87],['Wang',78,85,93]]   #二维列表
df = DataFrame(data=data,columns=['Name','Chinese','Math','PE'])  #用列表创建DataFrame
print(df.get(['Name','Chinese']))    #输出两列，类型是DataFrame
print(df['Name'])   #输出一列，类型是Series
df['English']=Series([85,90,86])   #DataFrame中添加一列
df['Total']=df.get('Chinese')+df.get('Math')+df['PE']+df['English']   #进行计算得到新列
print(df)
df.insert(loc=1,column='ID',value=[200401,200402,200403])   #插入列
df.pop('Total')      #删除一列
del df['English']    #删除一列
print(df)
df.drop(labels='PE',axis=1,inplace=True)   #删除一列
df.drop(index=0,inplace=True)     #删除一行
```

```
print(df)
'''
运行结果如下:
    Name  Chinese
0    Li      89
1  Zhang    78
2   Wang    78
0    Li
1  Zhang
2   Wang
Name: Name, dtype: object
    Name  Chinese  Math  PE  English  Total
0    Li      89    93   81    85      48
1  Zhang    78    99   87    90     354
2   Wang    78    85   93    86     342
    Name    ID   Chinese  Math  PE
0    Li   200401   89     93    81
1  Zhang  200402   78     99    87
2   Wang  200403   78     85    93
    Name    ID   Chinese  Math
1  Zhang  200402   78      99
2   Wang  200403   78      85
'''
```

为获取DataFrame的行数据，可以用head([n])方法可以获取前n行数据；用tail([n])方法可以获取后n行数据。DataFrame也可以用与Series相同的at、iat、loc或iloc属性来获取和修改数据，通常需要输入行标签和列标签，或者行整数位置和列整数位置，对于loc和iloc属性也可只输入行标签或行整数位置。用DataFrame的take(indices, axis=0)方法也可根据列整数位置或行整数位置获取数据，其中indices是列整数位置列表或行整数位置列表；axis指定indices是列还是行，可取0（或'index'）和1（或'columns'）。用truncate(before=None, after=None, axis=None, copy=True)方法获取指定范围内的数据，其中before和after指定范围，可取整数位置、标签名称或日期数据。要在DataFrame后面添加行，可以用Pandas的concat()方法将几个DataFrame叠加到一起。要删除重复的行，可以用drop_duplicates(subset=None, keep='first', inplace=False, ignore_index=False)方法，其中subset是列标签列表，表示只考虑特定的列，当有重复的行出现时，用keep设置保留哪行的数据，可取'first'、'last'或False（删除所有重复的行）；inplace=True时对原DataFrame直接删除数据，此时drop_duplicates()方法没有返回值，inplace=False时原DataFrame不变，返回删除数据后的DataFrame；ignore_index=True时对行标签按照0、1、2、…、N−1重新编号。例如下面的代码。

```
import pandas as pd          #Demo7_15.py
from pandas import DataFrame
data = [['Li',89,93,81],['Zhang',78,99,87],['Wang',78,85,93]]   #二维列表
df = DataFrame(data=data,columns=['Name','Chinese','Math','PE'])   #用列表创建DataFrame
print(df.head(2))    #输出前两行
print(df.tail(1))    #输出最后一行
```

```
df.at[0,'Math']=100    #根据行和列标签修改元素的值
print(df.at[0,'Math'])    #根据行和列标签输出元素的值
df.iat[1,2]=99    #根据行和列整数位置修改元素的值
print(df.iat[1,2])    #根据行和列整数位置输出元素的值

print(df.loc[0])    #输出一行，数据类型是Series
print(df.loc[[0,1]])    #输出两行，数据类型是DataFrame
print(df.loc[0,['Math','PE']])    #输出一行两列
print(df.loc[[1,2],['Math','PE']])    #输出两行两列
print(df.iloc[[1,2],[2,3]])    #输出两行两列
print(df[0:2])    #行切片
print(df.take([0,2],axis=0))    #获取行数据
print(df.take([1,3],axis=1))    #获取列数据
df_1 = DataFrame([['Liu',87,98,68]],columns=['Name','Chinese','Math','PE'])
df_2 = DataFrame([['Zhao',82,88,78]],columns=['Name','Chinese','Math','PE'])
x=pd.concat([df,df_1,df_2],axis=0,ignore_index=True)
print(x); print(x.truncate(before=1,after=3,axis=0))
```

7.1.7 标签

在创建Series和DataFrame时，一般都会设置标签，如果不设置标签，Pandas会默认创建值是0、1、2、…、n−1的标签。在用Series和DataFrame进行计算时，会将标签相同的元素进行计算，例如下面的代码。

```
from pandas import DataFrame,Series    #Demo7_16.py
ser_1 = Series(data=[10,11,12],index=['a','b','c'])
ser_2 = Series(data=[100,101,102],index=['b','c','d'])
print(ser_1 + ser_2)
df_1=DataFrame(data=[[1,2,3,4],[5,6,7,8],[9,10,11,12]],index=['a','b','c'],column
s=['c1','c2','c3','c4'])
df_2 = DataFrame(data=[[51,52,53,54],[55,56,57,58],[59,60,61,62]],index=['b','c',
'd'],
                columns=['c2','c3','c4','c5'])
print(df_1 + df_2)
'''
运行结果如下：
a    NaN
b    111.0
c    113.0
d    NaN
dtype: float64
     c1    c2    c3    c4    c5
a   NaN   NaN   NaN   NaN   NaN
b   NaN  57.0  59.0  61.0   NaN
c   NaN  65.0  67.0  69.0   NaN
d   NaN   NaN   NaN   NaN   NaN
'''
```

在创建Series和DataFrame时，可以不用临时指定标签，而是使用已经创建好的标签。创建标签的方法如下所示：

```
Index(data=None, dtype=None, copy=False, name=None, tupleize_cols=True, **kwargs)
```

其中，data是一维类型的数据，例如数组、列表、元组；dtype设置类型，可取NumPy的dtype，默认是object，如果不指定dtype参数，Pandas会根据data的类型来推断Index的类型，如果dtype参数设置不合理，会抛出异常；copy取True时，会对输入的data进行复制；name设置Index的名称；tupleize_cols取True时，会尽量创建多级标签。DataFrame的行标签和列标签均可由Index来创建。

下面的代码创建两个Index，在创建DataFrame时使用这两个Index指定行标签和列标签。

```python
from pandas import DataFrame, Index        #Demo7_17.py
row_index = Index(data=[10,11,12],name='row_index')
print(row_index.dtype)    #输出Index的类型
column_index = Index(data=['c1','c2','c3','c4'], dtype='category',name='column_index')
print(column_index.dtype)  #输出Index的类型
df = DataFrame(data=[[1,2,3,4],[5,6,7,8],[9,10,11,12]], index=row_index, columns=column_index)
print(df)
'''
运行结果如下：
int64
category
column_index  c1  c2  c3  c4
row_index
10             1   2   3   4
11             5   6   7   8
12             9  10  11  12
'''
```

Index的常用属性如表7-3所示。

表7-3 Index的常用属性

Index的属性	说明	Index的属性	说明
array	返回Extension数组	name	获取Index的名称
nbytes	获取数据所占据的字节数	dtype	获取Index的类型
inferred_type	获取推断的类型	nlevels	获取级别
is_all_dates	获取是否全部是日期数据	shape	获取形状
is_monotonic	获取是否有单调性	size	获取数据的个数
is_monotonic_decreasing	获取是否单调减少	values	获取数据对应的数组
is_monotonic_increasing	获取是否单调增加	has_duplicates	获取是否有相同的值
is_unique	获取是否有唯一性	hasnans	获取是否有NaN值

标签Index又可以根据数据类型细分为RangeIndex、CategoricalIndex、IntervalIndex、MultiIndex、DatetimeIndex、TimeDeltaIndex和PeriodIndex几种类型。创建这些标签的方法如下

所示，如果在创建 Series 和 DataFrame 时，不设置 index 和 columns 参数，则默认为 RangeIndex。

```
RangeIndex(start=None, stop=None, step=None, dtype=None, copy=False, name=None)
CategoricalIndex(data=None, categories=None, ordered=None, dtype=None,
copy=False, name=None)
IntervalIndex(data, closed='right', dtype=None, copy=False, name=None,
verify_integrity=True)
MultiIndex(levels=None, codes=None, sortorder=None, names=None, dtype=None,
copy=False, name=None, verify_integrity=True)
DatetimeIndex(data=None, freq=None, tz=None, dtype=None, copy=False, name=None)
TimedeltaIndex(data=None, unit=None, freq=None, closed=None, dtype=dtype
('<m8[ns]'), copy=False, name=None)
PeriodIndex(data=None, freq=None, dtype=None, copy=False, name=None, year=None,
month=None, quarter=None, day=None, hour=None, minute=None, second=None)
```

① RangeIndex 是用整数作为标签，start、stop 和 step 分别是起始值、终止值和步长，包括起始值但不包括终止值。

② CategoricalIndex 是用分类或类别作为标签，categories 参数定义分类，data 中的数据如果不在 categories 中，则会被定义成 NaN，ordered 参数设置分类是否有顺序。

③ IntervalIndex 是用区间作为标签，data 的元素为 Interval 的列表；closed 可取 'left'、'right'、'both' 或 'neither'，指定哪边是封闭的；verify_integrity 参数用于检查区间标签是否有效。IntervalIndex 常用 pandas 的 interval_range(start, end, periods, freq, name, closed='right') 方法或 IntervalIndex 的 from_arrays(left, right, closed= 'right', name) 方法、from_tuples(data, closed= 'right', name) 方法、from_breaks(breaks, closed= 'right', name) 方法定义。

④ MultiIndex 是多级标签或分级标签，levels 是每级的标签名称，例如两级标签，第一级的标签是 A 和 B，第二级标签是 aa、bb 和 cc，则 levels=[['A','B'],['aa','bb','cc']]；codes 是对 levels 中各级别标签名称的位置进行设置，其长度与 levels 的长度相同，第一个元素的值是第一级别标签索引位置，第二个元素的值是第二级别标签索引位置；sortorder 指定根据哪级进行重新排序。常用 MultiIndex 的 from_arrays(arrays, sortorder=None, names= None) 方法、from_tuples(tuples, sortorder= None, names= None) 方法分别将数组或元组转换成 MultiIndex，也可以用 from_product(iterables, sortorder=None, names=None) 方法从矩阵积中构造 MultiIndex，有关这些方法的使用见下面的实例。

⑤ DatetimeIndex 是以时间作为标签，其中 data 是时间列表；freq 指定时间之间的间隔，需要根据实际情况指定，例如 'Y'、'3M'、'5D'、'4H'、'100S' 或 'infer'，常用的时间缩写字母如表 7-4 所示；tz 指定时区，例如 'Asia/Hong_Kong'。常用 Pandas 的 date_range(start=None, end=None, periods=None, freq='D', tz=None, name= None, inclusive = "both") 方法来构造等时间间距的标签，其中 start 和 end 分别是起始和终止时间；periods 是周期的个数；freq 是相邻的两个时间点的间距，start、end、periods 和 freq 这四个参数只需要输入三个即可；inclusive 可取 "left"、"right"、"both"、"neither"，时间跨度包含左边、右边、两边和都不包含四种情况。

⑥ TimedeltaIndex 是以时间跨度作为标签，其中 data 设置时间跨度，取值是浮点数数组；unit 设置时间跨度的单位，可取 'D'、'h'、'm'、's'、'ms'、'us' 或 'ns'（纳秒）。可以用 Pandas 的 timedelta_range(start=None, end=None, periods = None, freq=None, name=None, closed=None) 方法构造 TimedeltaIndex。

⑦ PeriodIndex 是以周期作为标签，其中 data 是时间列表，可以指定 data 和 freq 来创建 PeriodIndex，也可以用 year、month 等参数创建 PeriodIndex。常用 Pandas 的 period_range(start=

None, end=None, periods = None, freq=None, name=None)方法来构造 PeriodIndex。

表7-4 常用时间缩写字母

缩写	英文释义	缩写	英文释义
D	Day	BM	Business Month End
B	Business Day	MS	Month Start
W	Week	BMS	Business Month Start
W-MON,W-TUE,…	Week Day	Q	Quarter
H	Hour	BQ	Business Quarter End
BH	Business Hour	QS	Quarter Start
T、min	Minute	BQS	Business Quarter Start
L、ms	MilliSecond	A	Year End
U	MicroSecond	BA	Business Year End
N	NanoSecond	AS	Year Start
M	Month End	BAS	Business Year Start

有关创建各种类型的标签的方法如下面的代码所示。

```
from pandas import DataFrame,CategoricalIndex,IntervalIndex,interval_range,MultiIndex,\
DatetimeIndex,date_range,TimedeltaIndex,timedelta_range,PeriodIndex,period_range  #Demo7_18.py
data = [[1,2,3,4,5],[6,7,8,9,10],[11,12,13,14,15]]
category = CategoricalIndex(data=['a','b','c','a','b'],categories=['a','b','c'])
df = DataFrame(data=data,columns=category); print(df)
interval = IntervalIndex.from_tuples([(0,0.5),(1,2.5),(2,4.3),(4.8,6),(7.6,8.5)],closed='left')
df = DataFrame(data=data,columns=interval); print(df)
interval = IntervalIndex.from_arrays(left=[0,1,3,6],right=[0.5,1.3,4,8],closed='neither')
print(interval)
interval = IntervalIndex.from_breaks([0,0.5,1,2,5],closed='both');
print(interval)
interval = interval_range(start=0,end=10,periods=5,closed='both');
print(interval)
multi = MultiIndex(levels=[['A','B'],['aa','bb','cc']],
                   codes=[[0,1,0,1],[0,2,1,1]],names=['AA','BB'])   #多级标签
df = DataFrame([[1,2,3],[4,5,6],[7,8,9],[10,11,12]],index=multi)
#多级标签DataFrame
print(df)
arrays = [[1, 1, 2, 2], ['A', 'B', 'A', 'B']]
multi = MultiIndex.from_arrays(arrays, names=('number', 'rank')) #从列表创建多级标签
print(multi)
tuples = [(1, 'A'), (1, 'B'), (2, 'A'), (2, 'B')]
multi = MultiIndex.from_tuples(tuples, names=('number', 'rank')) #从元组创建多级标签
multi = MultiIndex.from_product([[1, 2], ['A', 'B']],    #从矩阵积创建多级标签
                names=['number', 'rank'])
```

```python
dt = DatetimeIndex(['2024-01-01 11:00:00', '2024-01-01 12:00:00','2024-01-01
13:00:00'],freq='H')
print(dt)
dt = date_range(start='1/1/2024', end='3/1/2024',freq='10D'); print(dt)
timedelta = TimedeltaIndex(data=[0.2,0.4,0.82,1.1,2.25],unit='D');
print(timedelta)
timedelta = timedelta_range(start='1 day', end='2 days', freq='7H');
print(timedelta)
period = PeriodIndex(data=['2024-1', '2024-2', '2024-3'], freq='M');
print(period)
period = PeriodIndex(year=[2024, 2025], quarter=[2, 4]); print(period)
period = period_range(start='2024-01-01', end='2025-01-01', freq='Q');
print(period)
'''
```

运行结果如下:

```
    a   b   c   a   b
0   1   2   3   4   5
1   6   7   8   9  10
2  11  12  13  14  15
      [0.0, 0.5)    [1.0, 2.5)    [2.0, 4.3)    [4.8, 6.0)    [7.6, 8.5)
0          1             2             3             4             5
1          6             7             8             9            10
2         11            12            13            14            15
IntervalIndex([(0.0, 0.5), (1.0, 1.3), (3.0, 4.0), (6.0, 8.0)], dtype='interval
[float64, neither]')
IntervalIndex([[0.0, 0.5], [0.5, 1.0], [1.0, 2.0], [2.0, 5.0]], dtype='interval
[float64, both]')
IntervalIndex([[0, 2], [2, 4], [4, 6], [6, 8], [8, 10]], dtype='interval
[int64, both]')
         0   1   2
AA BB
A  aa    1   2   3
B  cc    4   5   6
A  bb    7   8   9
B  bb   10  11  12
MultiIndex([(1, 'A'),
            (1, 'B'),
            (2, 'A'),
            (2, 'B')],
           names=['number', 'rank'])
DatetimeIndex(['2024-01-01 11:00:00', '2024-01-01 12:00:00', '2024-01-
01 13:00:00'],
              dtype='datetime64[ns]', freq='H')
DatetimeIndex(['2024-01-01', '2024-01-11', '2024-01-21', '2024-01-31',
               '2024-02-10', '2024-02-20', '2024-03-01'], dtype='datetime64[ns]',
freq='10D')
```

```
TimedeltaIndex(['0 days 04:48:00', '0 days 09:36:00', '0 days 19:40:48',
            '1 days 02:24:00', '2 days 06:00:00'],dtype='timedelta64[ns]', freq=None)
TimedeltaIndex(['1 days 00:00:00', '1 days 07:00:00', '1 days 14:00:00', '1 days 21:00:00'],
            dtype='timedelta64[ns]', freq='7H')
PeriodIndex(['2024-01', '2024-02', '2024-03'], dtype='period[M]')
PeriodIndex(['2024Q2', '2025Q4'], dtype='period[Q-DEC]')
PeriodIndex(['2024Q1', '2024Q2', '2024Q3', '2024Q4', '2025Q1'], dtype='period[Q-DEC]')
...
```

7.2 数据运算

Series 和 DataFrame 可以看成普通的一维向量和二维矩阵进行数值运算，它们还提供了更多关于数据统计和处理的方法，另外还可以调用自定义函数、NumPy 函数和 SciPy 函数对数据进行处理。

7.2.1 基本运算

Series/DataFrame 可与 Series、DataFrame、NumPy 的数组进行算术运算和逻辑运算，与 NumPy 基于元素位置的运算不同的是，Series/DataFrame 的运算是基于元素的标签进行的，也就是对具有相同行标签和列标签的元素进行运算，不论它们出现的位置如何。算术运算可以直接用 Python 的运算符号 +、-、*、/、//、%、**、@（矩阵乘法），逻辑运算可以用 Python 的 ==、!=、<=、<、>=、>。算术运算和逻辑运算也可以用 Series 或 DataFrame 提供的运算方法进行，常用运算方法如表 7-5 所示。

表 7-5 Series 或 DataFrame 提供的基本运算方法

基本运算方法	说明
add(other[,axis,level,fill_value])	计算 DataFrame（或 Series）+ other
radd(other[,axis,level,fill_value])	计算 other + DataFrame（或 Series）
sub(other[,axis,level,fill_value])	计算 DataFrame（或 Series）− other
rsub(other[,axis,level,fill_value])	计算 other − DataFrame（或 Series）
mul(other[,axis,level,fill_value])	计算 DataFrame（或 Series）* other
rmul(other[,axis,level,fill_value])	计算 other * DataFrame（或 Series）
div(other[,axis,level,fill_value])	计算 DataFrame（或 Series）/ other
rdiv(other[,axis,level,fill_value])	计算 other / DataFrame（或 Series）
truediv(other[,axis,level,fill_value])	计算 DataFrame（或 Series）/ other
rtruediv(other[,axis,level,fill_value])	计算 other / DataFrame（或 Series）

续表

基本运算方法	说明
floordiv(other[,axis,level,fill_value])	计算 DataFrame（或 Series）// other
rfloordiv(other[,axis,level,fill_value])	计算 other // DataFrame（或 Series）
mod(other[,axis,level,fill_value])	计算 DataFrame（或 Series）% other
rmod(other[,axis,level,fill_value])	计算 other % DataFrame（或 Series）
pow(other[,axis,level,fill_value])	计算 DataFrame（或 Series）** other
rpow(other[,axis,level,fill_value])	计算 other ** DataFrame（或 Series）
dot(other)	计算 DataFrame（或 Series）@ other
lt(other[,axis,level])	计算 DataFrame（或 Series）< other
gt(other[,axis,level])	计算 DataFrame（或 Series）> other
le(other[,axis,level])	计算 DataFrame（或 Series）<= other
ge(other[,axis,level])	计算 DataFrame（或 Series）>= other
ne(other[,axis,level])	计算 DataFrame（或 Series）!= other
eq(other[,axis,level])	计算 DataFrame（或 Series）== other
abs()	计算元素的绝对值，如果元素是复数，则计算幅值
round(decimals=0)	四舍五入，decimals 设置保留小数的位数

下面以 DataFrame 的 add() 方法说明算术运算方法的格式，add() 方法格式如下所示，对于 Series 的 add() 方法只需忽略 axis 参数（下同）。

```
add(other, axis='columns', level=None, fill_value=None)
```

其中，other 可取标量、列表、元组、数组、Series 或 DataFrame；axis 可取 0（或 'index'）、1（或 'columns'），当 other 的输入是 Series 或一维数组时，DataFrame 用 axis 确定的轴匹配 Series 的轴，例如 axis=0 时，将 Series 沿着 1 轴通过广播进行数据扩充，axis=1 时，则将 Series 沿着 0 轴通过广播进行数据扩充；level 是针对多级标签情况，取级别（整数）或级别的名称，指定哪个级别通过广播使数据匹配；fill_value 是填充值，当 DataFrame 或 other 中的元素是 NaN，用 fill_value 的值替换 NaN 的值，如果 DataFrame 或 other 在相同位置的值都是 NaN，则 NaN 保持不变。下面代码是两个 Series 之间的运算。

```
import numpy as np         #Demo7_19.py
from pandas import Series
ser_1 = Series([1,2,3,np.NaN],index=[0,1,2,3])
ser_2 = Series([10,11,12,13],index=[4,3,2,1])
x = ser_1 + ser_2    #只有标签相同的元素才进行计算
print(x)
x = ser_1.add(ser_2,fill_value=0)
print(x)
x = ser_2**2 / ser_1
print(x)
y = ser_1 > 2
print(y)
```

```
ser_1 = Series([1,2,3,4],index=[0,1,2,3])
ser_2 = Series([10,11,12,13],index=[0,1,2,3])
z = ser_1 @ ser_2
print(z)
'''
运行结果如下：
0    NaN
1    15.0
2    15.0
3    NaN
4    NaN
dtype: float64
0    1.0
1    15.0
2    15.0
3    11.0
4    10.0
dtype: float64
0    NaN
1    84.5
2    48.0
3    NaN
4    NaN
dtype: float64
0    False
1    False
2    True
3    False
dtype: bool
120
'''
```

下面代码是Series与DataFrame、DataFrame与DataFrame之间的运算，Series和DataFrame也可以当作一维数组和二维数组直接用在NumPy和SciPy的计算函数中。

```
import numpy as np         #Demo7_20.py
from pandas import Series,DataFrame
from scipy import linalg
ser = Series([1,2,3,np.NaN],index=['a','b','c','d'])
print(ser)
df_1 = DataFrame([[1,2,3,np.NaN],[5,6,7,8],[9,np.NaN,11,12]],columns=['b','c','d','e'])
print(df_1)
x = df_1.add(ser,axis=1)
print(x)
df_2 = DataFrame([[11,np.NaN,13,np.NaN],[15,16,17,18],[19,20,21,22]],columns=['c','d','e','f'])
```

```
x = df_1 + df_2
print(x)

ser = Series([1,2,3,4],index=['a','b','c','d'])
df_1 = DataFrame([[1,2,3,4],[5,6,7,8],[9,10,11,12]],columns=['a','b','c','d'])
df_2 = DataFrame([[11,np.NaN,13,np.NaN],[15,16,17,18],[19,20,21,22]],columns=
['a','b','c','d'])
print(df_1@ser)
print(df_1@df_2.T)

u,s,v = np.linalg.svd(df_1)    #用NumPy计算矩阵的奇异值
print(s)    #输出奇异值
A = DataFrame([[1,2,-3],[15,-6,7],[-9,15,1]],columns=['a','b','c'])
b = Series([-1,3,5])
x = linalg.solve(A,b)    #用SciPy计算线性方程组Ax=b的解
print(x)
'''
运行结果如下：
a    1.0
b    2.0
c    3.0
d    NaN
dtype: float64
    b    c    d    e
0   1   2.0   3   NaN
1   5   6.0   7   8.0
2   9   NaN  11  12.0
      a    b    c    d    e
0   NaN  3.0  5.0  NaN  NaN
1   NaN  7.0  9.0  NaN  NaN
2   NaN 11.0  NaN  NaN  NaN
      b    c    d    e    f
0   NaN 13.0  NaN  NaN  NaN
1   NaN 21.0 23.0 25.0  NaN
2   NaN  NaN 31.0 33.0  NaN
0     30
1     70
2    110
dtype: int64
       0      1      2
0   NaN  170.0  210.0
1   NaN  434.0  538.0
2   NaN  698.0  866.0
[2.54368356e+01 1.72261225e+00 5.14037515e-16]
[0.06410256 0.33333333 0.57692308]
'''
```

7.2.2 统计函数

统计函数可以获取大量数据的主要信息和分布规律，统计函数包括最大值、最小值、平均值、均方差、标准差、相关系数等。DataFrame的常用统计函数如表7-6所示，Series对应的统计函数只需把DataFrame中的axis参数忽略即可

表7-6 DataFrame的统计函数

DataFrame统计函数的格式	说明
all(axis=0, bool_only=None, skipna=True, level=None)	获取列或行的元素是否全部为True，axis可取0（或'index'）和1（或'columns'）；bool_only=True时只对全部元素是bool的列或行进行统计，bool_only=None时对所有列或行进行计算；skipna设置是否不包含NaN，skipna=True时，NaN元素当作True；level针对多级标签，可取整数或level的名称
any(axis=0, bool_only=None, skipna=True, level=None)	计算列或行的元素是否有值为True的元素
value_counts(subset=None, normalize=False, sort=True, ascending=False,dropna=True)	对指定的列统计出现相同行的个数，subset是列标签名或列表，表示只对部分列进行统计；normalize取True时，列出元素出现的比例，而不是次数；sort设置是否按照出现的次数进行排序；ascending设置是升序排序还是降序排序；dropna设置是否不考虑含有NaN的行；返回值是Series，如果是对多列进行统计，则返回值Series的标签是多级标签
count(axis=0, level=None, numeric_only=False)	统计列或行中非NaN元素的个数
clip(lower=None, upper=None, axis=None, inplace=False)	设置元素的阈值，如果值小于lower值，则调整为lower值，如果值大于upper值，则调整为upper值；inplace取True时对原DataFrame直接修改，取False时，原DataFrame不变，返回修改后的DataFrame
std(axis=None, skipna=None, level=None, ddof=1, numeric_only=None)	计算列或行的标准差，axis可取0（或'index'）和1（或'columns'），取None时表示0；skipna设置是否包括NaN元素；level针对多级标签，选择多级标签的级别或名称；ddof设置自由度的减少量；numeric_only=True时只对包含int、float和bool数据的列进行计算
var(axis=None, skipna=None, level=None, ddof=1, numeric_only=None)	计算列或行的方差，参数与std()方法的相同
cov(min_periods=None, ddof=1)	计算任意两列的协方差，不包括NaN元素，min_periods设置每列允许的最小有效数据的个数，以防样本数太少；ddof设置自由度的减少量
corr(method='pearson', min_periods=1)	计算任意两列的相关系数，不包括NaN元素，method可取'pearson'（标准相关系数）、'kendall'（Kendall Tau相关系数）、'spearman'（Spearman相关系数）或自定义函数；min_periods设置每列允许的最小有效数据的个数
corrwith(other, axis=0, drop=False, ethod='pearson')	计算与其他DataFrame/Series任意两列或任意两行的相关系数，drop设置移除缺失的数据
cummax(axis=None, skipna=True)	按列或按行计算累计最大值
cummin(axis=None, skipna=True)	按列或按行计算累计最小值
cumsum(axis=None, skipna=True)	按列或按行计算累计和
cumprod(axis=None, skipna=True)	按列或按行计算累计积
max(axis=None, kipna=None, level=None, numeric_only=None)	按列或按行计算最大值
min(axis=None, skipna=None, level=None, numeric_only=None)	按列或按行计算最小值

续表

DataFrame统计函数的格式	说明
sum(axis=None, skipna=None, level=None,numeric_only=None, min_count=0)	按列或按行求和
idxmax(axis=0, skipna=True)	输出按列或按行第一次出现最大值的位置
idxmin(axis=0, skipna=True)	输出按列或按行第一次出现最小值的位置
mean(axis=None, kipna=None, level=None,numeric_only=None)	按列或按行计算平均值
median(axis=None, kipna=None, level=None,numeric_only=None)	按列或按行计算中位数
sem(axis=None, skipna=None, level=None, ddof=1, numeric_only=None)	按列或按行计算平均值的标准差（standard error of mean）
mad(axis=None, skipna=None, level=None)	按列或按行计算平均绝对差（mean absolute deviation）
prod(axis=None, skipna=None, level=None, umeric_only=None, min_count=0)	按列或按行计算乘积
mode(axis=0,numeric_only=False, dropna=True)	按列或按行输出出现次数最多的值，如果不同值出现的次数相同，会返回多个值
quantile(q=0.5, axis=0, numeric_only=True, interpolation='linear')	按列或按行计算分位数，其中q的取值是0～1；当分位数在两个数中间时，interpolation设置插值方法，可取 'linear'、'lower'、'higher'、'midpoint' 或 'nearest'
describe(percentiles=None, include=None, exclude=None, datetime_is_numeric=False)	按列计算统计信息，包括数量、最大值、最小值、标准差、平均值、分位数，其中percentiles设置分位数位置，默认为[0.25, 0.5,0 .75]；include和exclude设置包含的数据类型和不包含的数据类型，可取'all'、类型列表或None；datetime_is_numeric设置是否将datetime类型数据当作数值数据
diff(periods=1, axis=0)	按列或按行计算一阶离散差分，periods是转换周期，可取负值
eval(expr, inplace=False, **kwargs)	按列计算字符串表达式expr的值；inplace=True时直接对原数据进行处理，否则返回新数据；kwargs是传递给Python内置函数eval()的其他参数
kurtosis(axis=None, skipna=None, level=None, numeric_only=None)	按列或按行计算无峰度
skew(axis=None, skipna=None, level=None, numeric_only=None)	按列或按行计算偏度
pct_change(periods=1, fill_method='pad', limit=None)	计算当前元素相对于当前元素之前的元素的百分比变化量，fill_method设置处理NaN的填充方法，可取 'backfill'、'bfill'、'pad'、'ffillv'或'nearest'，'backfill'和'bfill'表示从后向前填充，'pad'和'ffill'表示从前向后填充，'nearest'表示用最近的值填充；limit设置连续添加NaN的个数
rank(axis=0, method='average', numeric_only=None, na_option='keep', ascending=True, pct=False)	按列或按行根据元素的值进行升序或降序排名（1～N），如果两个元素的值相同，用method设置排名方法，可取 'average'、'min'、'max'、'first'、'dense'；在numeric_only=True时，只对数值列进行排名；na_option设置如何处理NaN数据，可取 'keep'（仍排名为NaN）、'top'（排名最高）、'bottom'（排名最低）；ascending设置升序排名还是降序排名；pct设置百分比排名
nunique(axis=0,dropna=True)	按列或按行统计不同元素的个数，dropna=True时不包含NaN

以下代码是统计函数的简单应用。

```python
import numpy as np          #Demo7_21.py
from pandas import DataFrame
df = DataFrame([[np.NaN,True,2,-43],[True,True,15,0],[12,22,3,4]],columns=['a','b','c','d'])
print(df.all())
print(df.clip(lower=-5,upper=10))
print(df.corr())
print(df.corr(method= lambda x,y:np.minimum(x, y).sum().round(decimals=1)))
df_1 = DataFrame([[1,2,2,-43],[3,4,15,0],[12,22,3,4]],columns=['a','b','c','d'])
print(df.corrwith(df_1,drop=True))
print(df_1.median())
print(df_1.describe())
print(df_1.eval('e=2*a-3*b+c+d'))
print(df_1.kurt(axis=1))
```

7.2.3 方程应用

DataFrame 和 Series 可以调用自定义函数和 NumPy 中的函数对 DataFrame 和 Series 的数据进行运算。

（1）应用函数 apply()

DataFrame 和 Series 的应用函数 apply() 可以调用已经存在的函数对其数据进行运算，apply() 函数的格式如下所示，所不同的是 DataFrame 的 apply() 的操作对象是 DataFrame 的行或列，而 Series 的 apply() 函数是对元素或列（对于 NumPy 的通用函数）进行操作。

```
DataFrame.apply(func, axis=0, raw=False, result_type=None, args=(), **kwargs)
Series.apply(func, convert_dtype=True, args=(), **kwargs)
```

其中，func 是应用函数名，可以是自定义函数、NumPy 的函数，例如通用函数；axis 取 0（或 'index'）时按列传递给 func，取 1（或 'columns'）时按行传递给 func；raw 取 False 时，行或列按照 Series 方法传递给函数，取 True 时按照 NumPy 数组传递给函数；result_type 设置返回值的类型，可取 'expand'（列表、数组等扩展成列输出）、'reduce'（返回 Series）、'broadcast'（通过广播返回与原 DataFrame 形状相同的 DataFrame）、None（根据 func 的返回值确定）；args 取值是元组，是传递给 func 的其他参数；kwargs 是传递给 func 的关键字参数；convert_dtype 设置成 True 时，自主选择返回值的数据类型，设置成 False 时，返回值的数据类型是 object。

DataFrame 还提供了将其元素传递给函数的应用函数 applymap()，其格式如下所示：

```
DataFrame.applymap(func, na_action=None, **kwargs)
```

其中，参数 na_action 可取 None 或 'ignore'，取 'ignore' 时不将缺失的值 NaN 传递给 func；kwargs 是传递给 func 的关键字参数的值。以下是对 DataFrame 和 Series 的 apply() 函数的使用举例。

```python
import numpy as np          #Demo7_22.py
from pandas import Series,DataFrame
```

```
def squre(x,c=1):        #自定义函数
    return x**2*c
def rms(data,c=1):       #自定义函数
    sum=0
    for i in data:
        sum = sum + i**2
    return (sum/len(data))**0.5*c
df = DataFrame([[1,2,3,4],[5,6,7,8],[9,10,11,12]],columns=['a','b','c','d'])
x = df.apply(rms,axis=0,args=(1,),result_type='reduce'); print(x)
ser = Series([2,3,4])
x = ser.apply(squre,c=1); print(x)
x = ser.apply(np.log); print(x)
x = df.apply(np.sin); print(x)
x = df.applymap(lambda x:x**2); print(x)
'''
运行结果如下:
a    5.972158
b    6.831301
c    7.724420
d    8.640988
dtype: float64
0     4
1     9
2    16
dtype: int64
0    0.693147
1    1.098612
2    1.386294
dtype: float64
          a         b         c         d
0  0.841471  0.909297  0.141120 -0.756802
1 -0.958924 -0.279415  0.656987  0.989358
2  0.412118 -0.544021 -0.999990 -0.536573
    a    b    c    d
0   1    4    9   16
1  25   36   49   64
2  81  100  121  144
'''
```

（2）聚合函数 aggregate()

DataFrame 和 Series 的聚合函数 aggregate() 可以同时调用多个函数，传递的参数是整列或整行数据，而不是单个元素。aggregate() 函数的格式如下所示：

```
DataFrame.aggregate(func, axis=0, *args, **kwargs)
Series.aggregate(func, *args, **kwargs)
```

其中，func 可取单个函数或函数列表，例如 [np.sum, 'mean']；axis 取 0（或 'index'）时按列传递给

func，取 1（或 'columns'）时按行传递给 func；args 和 kwargs 是传递给 func 的可变参数和关键字参数的值；当 func 是单个函数时返回 Series，是多个函数时返回 DataFrame。aggregate() 函数的别名函数是 agg()。以下代码是对 aggregate() 函数的使用举例。

```
import numpy as np          #Demo7_23.py
from pandas import Series,DataFrame
def rms(data,c=1):          #自定义函数
    sum=0
    for i in data:
        sum = sum + i**2
    return (sum/len(data))**0.5*c
df = DataFrame([[1,2,3,4],[5,6,7,8],[9,10,11,12]],columns=['a','b','c','d'])
ser = Series([1,2,3,4])
print(df.aggregate([np.sum,rms],axis=0))
print(ser.aggregate(rms,c=5))
'''
运行结果如下：
            a          b          c          d
sum    15.000000  18.000000  21.00000   24.000000
rms     5.972158   6.831301   7.72442    8.640988
13.693063937629153
'''
```

（3）转换函数 transform()

转换函数 transform() 的输入是一行或一列数据，返回值必须是与输入等长度的值，DataFrame 和 Series 的 transform() 函数的格式如下所示：

```
DataFrame.transform(func, axis=0, *args, **kwargs)
Series.transform(func,*args, **kwargs)
```

其中，func 可取一个函数、函数列表或值是函数的字典，字典的键通常是行标签或列标签名，实现对单列的运算，且字典优先于列表；axis 取 0（或'index'）时按列传递给 func，取 1（或 'columns'）时按行传递给 func；args 和 kwargs 是传递给 func 的可变参数和关键字参数的值。以下代码是对 transform() 函数的使用举例。

```
import numpy as np          #Demo7_24.py
from pandas import Series,DataFrame
ser = Series([1,2,3,4])
df = DataFrame({'a':[1,2,3,4],'b':[5,6,7,8],'c':[9,10,11,12],'d':['AA','BB','AA','BB']})
print(ser.transform(func=[np.log,lambda x:(x-x.mean())/x.std()]))
print(df.transform(func={'a':np.log,'b':lambda x:(x-x.mean())/x.std()}))
print(df[['a','b']].transform(np.sin))
print(df.groupby(by='d').transform(np.sum))
'''
运行结果如下：
```

```
          log      <lambda>
0    0.000000    -1.161895
1    0.693147    -0.387298
2    1.098612     0.387298
3    1.386294     1.161895
            a            b
0    0.000000    -1.161895
1    0.693147    -0.387298
2    1.098612     0.387298
3    1.386294     1.161895
            a            b
0    0.841471    -0.958924
1    0.909297    -0.279415
2    0.141120     0.656987
3   -0.756802     0.989358
     a     b     c
0    4    12    20
1    6    14    22
2    4    12    20
3    6    14    22
'''
```

（4）合并函数 combine()

合并函数 combine() 可以将两个 DataFrame 按照指定的方程进行合并运算。combine 的格式如下所示：

```
DataFrame.combine(other, func, fill_value=None, overwrite=True])
```

其中，other 是另外一个 DataFrame；func 接收两个 DataFrame 传递过来的列进行计算，可以返回 Series 或标量；fill_value 取值是标量，在将列提交给函数前，用 fill_value 的值填充缺失的 NaN 值；如果 overwrite=True，则原 DataFrame 中没出现在 other 中的列用 NaN 代替。

```
from pandas import Series,DataFrame        #Demo7_25.py
df = DataFrame([[1,2,3,4],[5,6,7,8],[9,10,11,12]],columns=['a','b','c','d'])
df_1 = df+10
amplitude = df.combine(df_1,lambda x1,x2: (x1**2+x2**2)**0.5)    #将两个DataFrame合并在一起
print(amplitude)
'''
运行结果如下：
           a            b            c            d
0    11.045361    12.165525    13.341664    14.560220
1    15.811388    17.088007    18.384776    19.697716
2    21.023796    22.360680    23.706539    25.059928
'''
```

7.3 标签操作

Pandas对数据的操作是通过DataFrame/Series的行标签和列标签进行的，只有熟练掌握对标签的操作，才能更好地对数据进行操作。创建DataFrame/Series后，可以对DataFrame/Series的行标签和列标签重新设置、重命名、替换标签或重置标签。

7.3.1 标签添加前后缀

为了方便识别不同DataFrame的列标签和Series的行标签，用add_prefix(prefix)方法可以给DataFrame的列标签名上添加前缀，给Series的行标签名上添加前缀，prefix是前缀名；用add_suffix(suffix)方法给DataFrame的列标签名上或Series的行标签名上添加后缀，suffix是后缀名。例如下面的代码。

```
from pandas import DataFrame,Series        #Demo7_26.py
ser = Series([1,2,3],index=['a','b','c'])
df = DataFrame([[4,5,6],[7,8,9]],columns=['A','B','C'])

print(ser.add_prefix('pre_').add_suffix('_suf'))
print(df.add_prefix('pre_').add_suffix('_suf'))
'''
运行结果如下：
pre_a_suf    1
pre_b_suf    2
pre_c_suf    3
dtype: int64
   pre_A_suf  pre_B_suf  pre_C_suf
0          4          5          6
1          7          8          9
'''
```

7.3.2 替换和重置标签

要替换DataFrame/Series的已有标签，可以用set_axis()方法，其格式如下所示：

```
set_axis(labels, axis = 0, copy = None)
```

其中，labels是标签名称列表或Index对象，labels的长度必须与原标签的长度相同，用labels中标签名按顺序替换原标签名；axis设置要替换行标签还是列标签，可取0（或'index'）、1（或'columns'）；copy设置是否复制原数据，默认是True，在copy设置成False时，set_axis()的返回DataFrame/Series与原DataFrame/Series共用数据，如果改变任意一个的数据，另一个也会改变数据。

要用DataFrame中某列值替换行标签，需要用set_index()方法，其格式如下所示：

```
set_index(keys, drop = True, append = False, inplace = False, verify_integrity = False)
```

其中，keys是列标签名或由标签、列表等构成的列表；drop设置是否将用于替换的列删除；append设置将新标签附加到原标签后面还是替换原标签；verify_integrity设置在复制前是否检查标签。

要把DataFrame/Series的行标签变成RangeIndex标签，需要用reset_index()方法，其格式如下所示：

```
reset_index(level=None, drop=False, inplace=False, col_level=0, col_fill='',
allow_duplicates = <no_default>, names = None)
```

其中，level针对多级标签，指定要重置的级别，可取级别（整数）、级别名称和列表，默认删除所有的标签；drop=False时，将原标签作为列插入到DataFrame中，drop=True时直接丢弃原标签；如果列标签是多级标签，col_level确定插入到哪个级别中，默认第一级别，而col_fill确定其级别的名称；allow_duplicats设置是否可以有重复的列标签；names设置标签名称，取值是字符串或整数，如果是多级标签，取值是列表。以下是有关重置标签方法的一些应用实例。

```
from pandas import DataFrame,Series         #Demo7_27.py
ser = Series([1,2,3],index=['a','b','c'])
df = DataFrame([['Item1',5,6],['Item2',8,9]],columns=['A','B','C'])
ser_new = ser.set_axis(['I','II','III'],copy=True); print(ser_new)
df_new = df.set_axis(['X','Y','Z'],axis=1).set_axis(['I','II'],axis=0)
print(df_new)
x = df.set_index(keys='A',drop=True,append=True)
print(x); print(x.index)
array = ['one','two']
index = df.index
df.set_index(keys=[index,array],drop=True,inplace=True); print(df)
y = df.reset_index(inplace=False,drop=True); print(y)
df.reset_index(inplace=True,drop=False); print(df)
'''

运行结果如下：
I      1
II     2
III    3
dtype: int64
       X  Y  Z
I   Item1  5  6
II  Item2  8  9
       B  C
   A
0 Item1  5  6
1 Item2  8  9
MultiIndex([(0, 'Item1'),
            (1, 'Item2')],
           names=[None, 'A'])
          A  B  C
0 one  Item1  5  6
```

```
1 two  Item2  8  9
       A  B  C
0 Item1 5  6
1 Item2 8  9
  level_0 level_1     A  B  C
0    0       one  Item1 5  6
1    1       two  Item2 8  9
'''
```

7.3.3 标签重命名

如果要对行标签或列标签中的某个或某些标签重命名，而不是全部替换，可以用rename()方法，其格式如下所示：

```
rename(mapper=None, index=None, columns=None, axis=None, copy=True, inplace=False, level=None, errors='ignore')
```

其中，mapper取值是字典或返回值是字典的函数，通过字典建立原标签名和新标签名的对应关系，例如原标签名是'a'和'b'，要变成'A'和'B'，可取mapper={'a': 'A', 'b': 'B'}，mapper参数需要与axis一起使用；通过index或columns参数直接指定行标签或列标签进行操作，index和column的取值与mapper相同；copy=True时对原数据生成副本；inplace=True时对原DataFrame改标签名，此时没有返回值，inplace=False时原DataFrame不变，返回新DataFrame；level针对多级标签，仅对某级别的标签更改名称，可取级别（整数）或级别名称；errors取'ignore'或'raise'，取'raise'时如果mapper中的标签名没出现在DataFrame中，则会抛出KeyError异常，而取'ignore'时不会抛出异常。

如果要改变轴的名称，可以用rename_axis()方法，其格式如下所示：

```
rename_axis(mapper=None, index=None, columns=None, axis=None, copy=True, inplace=False)
```

其中，mapper取值是标量、列表或字典，其他参数如前所述。

```
import pandas as pd         #Demo7_28.py
from pandas import DataFrame,Series
ser = Series([1,2,3],index=['a','b','c'])
mul= pd.MultiIndex.from_product([['rank'],['A','B','C']],names=['name1','name2'])
df = DataFrame([[4,5,6],[7,8,9]],columns=mul,index=['class1','class2'])

x = ser.rename({'a':'A','b':'B','c':'C'}); print(x)
x = df.rename(columns={'A':'a','B':'b','C':'c'}); print(x)
ser.rename_axis('grade',inplace=True) ;print(ser)
df.rename_axis('class',axis=0,inplace=True); print(df)
df.rename_axis(columns={'name1':'grade1','name2':'grade2'},inplace=True)
print(df)
'''
```

运行结果如下：
```
A    1
B    2
C    3
dtype: int64
name1   rank
name2    a  b  c
class1   4  5  6
class2   7  8  9
grade
a    1
b    2
c    3
dtype: int64
name1   rank
name2    A  B  C
class
class1   4  5  6
class2   7  8  9
grade1 rank
grade2   A  B  C
class
class1   4  5  6
class2   7  8  9
...
```

7.3.4 重建标签

要对 DataFrame 现有的标签重建，需要用 reindex() 方法，可对新标签填充数据，并返回新 DataFrame，reindex() 方法的格式如下所示：

> reindex(labels=None, index=None, columns=None, axis=None, method=None, copy=True, level=None, fill_value=nan, limit=None, tolerance=None)

其中，labels 是新标签，需要与 axis 同时使用，也可以用 index 和 columns 来设置行标签和列标签，新标签中如果含有原标签中的内容，则对应的数据保留，如果新标签的项没包含在原标签中，则默认用 NaN 填充；method 设置新 DataFrame 中填充缺失元素 NaN 值的方法，可取 None（无填充）、'backfill'、'bfill'、'pad'、'ffill'或'nearest'，'backfill'和'bfill'表示从后向前填充，'pad'和'ffill'表示从前向后填充，'nearest'表示用最近的值填充，method 只适用于标签是单调增加或单调减少的情况；copy=True 时即使新标签与原标签相同，也会返回新 DataFrame；level 对于多级标签，可取标签级别（整数）或标签名称；fill_value 设置填充值；limit 是允许连续填充的最大个数；当新标签与原标签不完全匹配，例如用时间或数值作为标签时，tolerance 设置原始标签和新标签之间的最大距离，abs(index[indexer] - target) ≤ tolerance，tolerance 可取单个值，也可取列表，这时列表的长度需要匹配原标签的长度。

如果要使一个 DataFrame 的行标签和列标签分别与另外一个 DataFrame 的行标签和列标签一

致,也就是df.reindex(index=other.index, columns=other.columns,…),可以用reindx_like()方法,该方法的格式如下所示:

> reindex_like(other, method=None, copy=True, limit=None, tolerance=None)

其中,other是指另外一个DataFrame,其他参数与reindex()方法的相同。以下是重建标签方法的使用实例。

```
from pandas import DataFrame,Series      #Demo7_29.py
ser = Series([1,2,3],index=['a','b','c'])
ser_new=ser.reindex(index=['b','c','d']); print(ser_new)
df = DataFrame([[4,5,6],[7,8,9],[10,11,12]],index=['a','b','c'],columns=['A','B','C'])
df_new = df.reindex(index=['a','b','c','d'],columns=['A','B','C','D']); print(df_new)
df_new = df.reindex(index=['a','b','c','d'],columns=['A','B','C','D'],fill_value='unknown')
print(df_new)
'''
运行结果如下:
b    2.0
c    3.0
d    NaN
dtype: float64
       A     B     C    D
a    4.0   5.0   6.0  NaN
b    7.0   8.0   9.0  NaN
c   10.0  11.0  12.0  NaN
d    NaN   NaN   NaN  NaN
       A        B        C        D
a      4        5        6  unknown
b      7        8        9  unknown
c     10       11       12  unknown
d unknown  unknown  unknown  unknown
'''
```

7.4 数据操作

7.4.1 获取数据

在前面介绍过用DataFrame/Series的属性at、loc、iat、iloc和切片获取一个元素、一行数据和一列数据的方法,DataFrame/Series提供的其他一些获取数据的方法和说明如表7-7所示,它们的返回值的类型一般与原数据相同。

表7-7　DataFrame/Series提供获取数据的方法

获取数据的方法	说明
head([n])	获取前n行数据，n可取负值，表示返回不包含末尾n行数据的DataFrame/Series
tail([n])	获取最后n行数据，n可取负值，表示返回不包含初始n行数据的DataFrame/Series
first(offset)	对于时间类型的标签，获取起始时间与偏置时间段对应的数据，offset是偏置时间
last(offset)	获取最后时间与偏置时间段对应的数据，offset是偏置时间
get(key, default=None)	对于Series，key是行标签或标签列表，对于DataFrame，key是列标签或标签列表，根据标签获取行或列，default是标签不存在时的默认返回值
xs(key, axis=0, level=None, drop_level=True)	该方法针对多级标签，从多级标签中获取交叉位置处的数据，其中key可取单个级别名称或由级别名称构成的元组；axis指定key和level是针对行标签还是列标签，可取0（或'index'）、1（或'columns'）；level进一步指定是哪级标签，可取级别（整数）、级别名称或元组；drop_level取False时，返回值与原数据的形状相同，不移除key中的级别
at_time(time, axis=None)	根据特定时间获取数据，其中time是特定时间，可取datetime.time或字符串型的时间
between_time(start_time, end_time, inclusive='both')	根据起始和终止时间获取数据，其中start_time和end_time是起始时间和终止时间，取值是datetime.time或字符串型时间；inclusive设置是否包含起始和终止时间，可取'both'、'neither'、'left'、'right'
take(indices, axis=0)	根据列索引或行索引获取数据，其中indices是列标签名列表或行标签名列表，axis指定indices是列索引还是行索引，可取0（或'index'）和1（或'columns'）
truncate(before=None, after=None, axis=None, copy=True)	取指定范围内的数据，其中before和after指定范围，可取整数位置、标签名称或日期数据
filter(items=None, like=None, regex=None, axis=None)	从DataFrame中提取子DataFrame，items是列标签名或行标签名列表；like可以取标签名称的一部分，获得所有匹配like的标签名；regex是可以含有通配符的正则表达式，items、like和regex只选择其中的一个参数即可，axis指定items是列标签还是行标签，可取0（或'index'）和1（或'columns'）

以下代码是有关获取数据方法的使用举例。

```
from pandas import DataFrame,date_range,MultiIndex,Timestamp  #Demo7_30.py
index = date_range('2024-10-1', periods=4, freq='2H')
columns = MultiIndex.from_product([['grade1','grade2'],['class1','class2',
'class3']],
                                    names=['GRADE','CLASS'])
df = DataFrame([[11,12,13,14,15,16],[21,22,23,24,25,26],[31,32,33,34,35,36],
                [41,42,43,44,45,46]], index=index,columns=columns)
print(df.head(2))
print(df.tail(-3).sum())
print(df.xs('grade1',axis=1).mean(axis=0))
print("*"*50)
print(df.xs(('grade2','class3'),axis=1))
print(df.xs('class1',axis=1,level=1,drop_level=False))
print("*"*50)
print(df.truncate(before=Timestamp('2024-10-01 04:00:00'),
                  after=Timestamp('2024-10-04 06:00:00')))
print(df.filter(like='class1',axis=1))
print(df.between_time(start_time='02:00:00',end_time='04:00:00'))
```

7.4.2 迭代输出

若要对 DataFrame/Series 逐行或逐列输出数据，则可以使用 DataFrame/Series 提供的迭代输出方法，这些方法如表 7-8 所示。

表 7-8　DataFrame/Series 的迭代方法

迭代输出方法	说明
__iter__()	对 DataFrame 的列标签进行迭代，对 Series 的值进行迭代输出
items()	对 DataFrame 的列标签名和列迭代输出，返回由列标签名和列（Series）构成的元组(column, Series)；对 Series 的行和行值迭代输出，返回由行标签名和行值构成的元组(index, value)
iteritems()	同 items()
iterrows()	对 DataFrame 的行标签名和行迭代输出，返回由行标签名和行（Series）构成的元组(index, Series)
itertuples(index=True, name='Pandas')	对 DataFrame 的行进行迭代输出，index 取 True 时，返回值是行标签名和行值构成的命名元组，元组的第一个元素是行标签名，index 取 False 时，返回的命名元组中不包含行标签名；name 是元组的名称

以下是对 DataFrame/Series 进行迭代输出的应用，一般用于循环结构中。

```
from pandas import DataFrame,date_range,MultiIndex,Series    #Demo7_31.py
index = date_range('2024-10-1', periods=4, freq='2D')
columns = MultiIndex.from_product([['grade1','grade2'],['class1','class2']],
                    names=['GRADE','CLASS'])
df = DataFrame([[11,12,13,14],[21,22,23,24],[31,32,33,34],[41,42,43,44]],
            index=index,columns=columns)
ser = Series([100,200,300],index=['a','b','c'])
for i in df.__iter__():
    print(i)
for i in ser.__iter__():
    print(i)
for label,content in df.items():
    print(label)
    print(content)
for label,content in ser.items():
    print(label,content)
print("*"*50)
for index,content in df.iterrows():
    print(index)
    print(content)
for row in df.itertuples(True):
    print(row)
```

7.4.3 添加列和行

（1）添加列

除了用前面介绍的用"[ ]"运算在 DataFrame 中添加列外，还可用 DataFrame 的 assign(**kwargs) 方法，其中 kwargs 取值是关键字参数，以关键字作为新添加列的标签名，关键字的值可取列表、元组、数组或可调用函数。以下代码是 assign() 方法的使用举例。

```python
import numpy as np        #Demo7_32.py
from pandas import DataFrame
df = DataFrame(data={'语文':[36,90,25,60],'数学':[90,89,78,88],'英语':[25,89,85,93]},
               index=['张','王','李','赵'])
df_new = df.assign(sum=[151,268,188,241],mean=np.array((50,89,63,80)))
print(df_new)
df_new = df.assign(语文调整 = lambda x: x['语文']**0.5*10,
                   数学调整 = lambda x: x['数学']**0.5*10,
                   英语调整 = lambda x: x['英语']**0.5*10).round()
print(df_new)
# 在assign()中，后者可以直接调用新创建的列，例如下面的x['sum']，sum是新创建的列名
df_new = df.assign(sum=lambda x: x['语文']+x['数学']+x['英语'],mean=lambda x: x['sum']/3).round()
print(df_new)
'''
运行结果如下：
   语文  数学  英语  sum  mean
张  36   90   25   151   50
王  90   89   89   268   89
李  25   78   85   188   63
赵  60   88   93   241   80
   语文  数学  英语  语文调整  数学调整  英语调整
张  36   90   25   60.0    95.0    50.0
王  90   89   89   95.0    94.0    94.0
李  25   78   85   50.0    88.0    92.0
赵  60   88   93   77.0    94.0    96.0
   语文  数学  英语  sum  mean
张  36   90   25   151   50.0
王  90   89   89   268   89.0
李  25   78   85   188   63.0
赵  60   88   93   241   80.0
'''
```

（2）添加行

在现有的 DataFrame 上以行方式添加其他的 DataFrame/Series，可以用 DataFrame 的 _append() 方法，其格式如下所示：

> **_append(other, ignore_index = False, verify_integrity = False, sort = False)**

其中，other 可取 DataFrame、Series 或字典；ignore_index 取 True 时，将按照 0、1、2、…、n-1 重新建立行标签，如果 other 的取值是字典或未设置 name 属性的 Series，则需要将 ignore_index 设置成 True；verify_integrity 取 True 时，当有相同的行出现时会抛出 ValueError 异常；sort 取 True 时，对列标签重新排序。添加行时，通常要求两个 DataFrame 有相同的列标签，如果不同，将作为列进行添加。_append() 方法可以用 Pandas 的 concat() 方法代替，以下是 _append() 方法的使用举例。

```python
from pandas import DataFrame, Series      #Demo7_33.py
df_1 = DataFrame(data={'语文':[36,90],'数学':[90,89],'英语':[25,89]},index=
['张','王'])
df_2 = DataFrame(data={'语文':[25,60],'数学':[78,88],'政治':[85,93]},index=
['李','赵'])
df_new = df_1._append(df_2)
print(df_new)
ser = Series([80,99,100],index=['语文','数学','英语'],name='李')
df_new = df_1._append(ser)
print(df_new)
df_new = df_1._append(other={'语文':95,'数学':82,'英语':85}, ignore_index=True)
print(df_new)
'''
运行结果如下:
   语文 数学  英语   政治
张   36  90  25.0  NaN
王   90  89  89.0  NaN
李   25  78  NaN   85.0
赵   60  88  NaN   93.0
   语文 数学  英语
张   36  90  25
王   90  89  89
李   80  99  100
   语文 数学  英语
0   36  90  25
1   90  89  89
2   95  82  85
'''
```

7.4.4 数据排序

数据排序是指将数据按照从小到大（升序）或从大到小（降序）的顺序重新进行排列，对DataFrame/Series可以根据标签进行排序和根据数据的值进行排序。

（1）根据标签进行排序

对DataFrame按照标签重新排序的方法是sort_index()，其格式如下所示：

> sort_index(axis=0, level=None, ascending=True, inplace=False, kind='quicksort', na_position='last', sort_remaining=True, ignore_index=False, key=None)

其中，axis指根据行标签或列标签进行排序，可取0（或'index'）和1（或'columns'）；level是针对多级标签，可取级别（整数）、级别名称或由级别、级别名称构成的列表；ascending指定是升序（True）还是降序排序（False），对多级标签ascending取值是列表，对每一级别指定是升序还是降序；inplace取True时直接对原数据进行排序，此时没有返回值，否则返回排序后的数据，原数据不变；kind设置排序方法，可取'quicksort'、'mergesort'、'heapsort'、'stable'；na_positon设置对NaN的处理方法，可取'first'（将NaN放到前面）和'last'（将NaN放到后面）；sort_remaining设置对多级标签中未进行排序的级别是否也进行排序；ignore_index是对结果的标签按照0、1、…、N–1重新建立标签；key取值是函数，并返回与原标签同形状的新标签，对于多级标签，按级别返回新标签。以下代码是按照标签的值进行数据排序的应用实例。

```
from pandas import DataFrame      #Demo7_34.py
df=DataFrame([['First','grade1','class1',13,34],['First','grade1','class2',23,24],
              ['First','grade2','class1',13,34],['First','grade2','class2',43,44],
              ['First','grade1','class3',23,43],['First','grade2','class3',53,12],
              ['Second','grade1','class1',23,36],['Second','grade1','class2',13,44],
              ['Second','grade2','class1',13,36],['Second','grade2','class2',48,34],
              ['Second','grade1','class3',33,24],['Second','grade2','class3',43,36]],
             columns=['Order','GRADE','CLASS','score_1','score_2'])
df = df.set_index(['Order','GRADE','CLASS'])    #行标签是多级标签
print(df.sort_index(level='CLASS'))
print(df.sort_index(level=['Order','GRADE','CLASS']))
```

（2）根据数据值进行排序

对DataFrame按照数据值重新排序的方法是sort_values()，其格式如下所示：

```
sort_values(by, axis=0, ascending=True, inplace=False, kind='quicksort',
na_position='last', ignore_index=False, key=None)
```

其中，by指定进行排序的列标签名、行标签名或由标签名构成的列表，在axis取0（或'index'）时，by可以包含行标签的级别和/或列标签名，在axis取1（或'columns'）时，by可以包含列标签的级别和/或行标签名；key取值是函数，在进行排序前将by指定的列值或行值传递给函数，并返回同形状的Series对象，根据返回的值进行排序；其他参数与sort_index()的相同。

除sort_values()方法直接对数据进行排序外，还可以用nlargest()方法和nsmallest()方法获取按照列排序后的前n行最大值或最小值，nlargest()方法和nsmallest()方法的格式如下所示：

```
nlargest(n, columns, keep='first')
nsmallest(n, columns, keep='first')
```

其中，columns是列标签名或列标签名列表；keep用于有重复行时，选择哪行作为输出，可取'first'、'last'、'all'，'first'和'last'分别指把重复的第一行和最后一行作为输出，'all'是指把重复的所有行都输出，这时输出的总行数可能会超过n。

以下代码是按照数据的值进行排序的应用实例。

```
from pandas import DataFrame      #Demo7_35.py
df=DataFrame([['First','grade1','class1',13,34],['First','grade1','class2',23,24],
              ['First','grade2','class1',13,34],['First','grade2','class2',43,44],
```

```
                ['First','grade1','class3',23,43],['First','grade2','class3',
53,12],
                ['Second','grade1','class1',23,36],['Second','grade1','class2',
13,44],
                ['Second','grade2','class1',13,36],['Second','grade2','class2',
48,34],
                ['Second','grade1','class3',33,24],['Second','grade2','class3',
43,36]],
                columns=['Order','GRADE','CLASS','score_1','score_2'])
df = df.set_index(['Order','GRADE','CLASS'])   #行标签是多级标签
print(df.sort_values(by=['score_1','score_2']))
print(df.nlargest(5,columns=['score_1','score_2']))
print(df.nsmallest(5,columns=['score_1','score_2']))
```

7.4.5 标签对齐

如果有两个 DataFrame 的行标签或列表部分相同，一个称为左 DataFrame，另一称为右 DataFrame，则用标签对齐方法可以获取这两个 DataFrame 中标签相同部分的数据，或者其中一个 DataFrame 向另外一个 DataFrame 对齐时的数据。标签对齐有 'outer'、'inner'、'left'、'right' 四种方式，例如表 7-9 所示的左 DataFame 和表 7-10 所示的右 DataFrame。当用 'outer' 方式对齐时，得到两个 DataFrame 的标签最多的数据，其结果分别如表 7-11 和表 7-12 所示；当用 'inner' 方式对齐时，得到两个 DataFrame 的公共标签的数据，其结果分别如表 7-13 和表 7-14 所示；当用 'left' 方式对齐时，得到右 DataFrame 向左 DataFrane 看齐后的数据，其结果分别如表 7-15 和表 7-16 所示；当用 'right' 方式对齐时，得到左 DataFrame 向右 DataFrane 看齐后的数据，其结果分别如表 7-17 和表 7-18 所示。在看齐过程中可能出现缺失的数据，可用指定的数据填充缺失的数据。

表7-9 左DataFrame

	a	b	c	d
x	1	2	3	4
y	5	6	7	8

表7-10 右DataFrame

	b	c	d	e
x	10	11	12	13
y	14	15	16	17
z	18	19	20	21

表7-11 'outer'方式对齐后左DataFrame

	a	b	c	d	e
x	1	2	3	4	NaN
y	5	6	7	8	NaN
z	NaN	NaN	NaN	NaN	NaN

表7-12 'outer'方式对齐后右DataFrame

	a	b	c	d	e
x	NaN	10	11	12	13
y	NaN	14	15	16	17
z	NaN	18	19	20	21

表7-13 'inner'方式对齐后左DataFrame

	b	c	d
x	2	3	4
y	6	7	8

表7-14 'inner'方式对齐后右DataFrame

	b	c	d
x	10	11	12
y	14	15	16

表7-15 'left'方式对齐后左DataFrame

	a	b	c	d
x	1	2	3	4
y	5	6	7	8

表7-16 'left'方式对齐后右DataFrame

	a	b	c	d
x	NaN	10	11	12
y	NaN	14	15	16

表7-17 'right'方式对齐后左DataFrame

	b	c	d	e
x	2	3	4	NaN
y	6	7	8	NaN
z	NaN	NaN	NaN	NaN

表7-18 'right'方式对齐后右DataFrame

	b	c	d	e
x	10	11	12	13
y	14	15	16	17
z	18	19	20	21

DataFrame的align()方法可以将两个DataFrame的列标签和/或行标签调整成顺序一致（对齐），返回对齐后的DataFrame，原DataFrame不变。align()方法的格式如下所示：

```
align(other, join='outer', axis=None, level=None, copy=True, fill_value=None,
method=None, limit=None, fill_axis=0, broadcast_axis=None)
```

其中，other是另外一个DataFrame，是右DataFrame；join可取'outer'、'inner'、'left'、'right'，'outer'是指取两个DataFrame的列标签和行标签的最大范围（标签合并），'inner'是指取两个DataFrame的列标签和行标签的公共部分，'left'是指other向原DataFrame看齐，'right'是指原DataFrame向other看齐；axis可取0（或'index'）、1（或'columns'）或None，None表示在行和列上都对齐；level针对多级标签，可取标签级别（整数）或标签名称；copy=True时返回新DataFrame，copy=False且没有调整标签顺序时，返回原DataFrame；fill_value是填充缺失数据（NaN）的值；method设置填充方法，可取'backfill'、'bfill'、'pad'、'ffill'或None，'backfill'或'bfill'表示从后向前填充，'pad'或'ffill'表示从前向后填充；limit设置允许连续填充NaN的个数；fill_axis设置填充方向，取0（或'index'）和1（或'columns'）；broadcast_axis设置不同维数数据的广播方向；函数返回值是元组(left, right)，left是原DataFrame对齐后的返回结果，right是other对齐后返回的结果。

以下代码是align()对齐方法的使用举例。

```
from pandas import DataFrame      #Demo7_36.py
df_1 = DataFrame([[1,2,3,4],[5,6,7,8]], columns=["a","b","c","d"],
index=['x','y'])
df_2 = DataFrame([[10, 11,12,13],[14,15,16,17],[18,19,20,21]],columns=["b","c",
"d","e"],index=['x','y','z'])
left,right = df_1.align(df_2,join='outer',axis=None)
print(left)
print(right)
left,right = df_1.align(df_2,join='inner',axis=None)
print(left)
print(right)
left,right = df_1.align(df_2,join='right',axis=None,fill_value=-1)
print(left)
```

```
print(right)
'''
```
运行结果如下:
```
     a    b    c    d    e
x  1.0  2.0  3.0  4.0  NaN
y  5.0  6.0  7.0  8.0  NaN
z  NaN  NaN  NaN  NaN  NaN
     a    b    c    d    e
x  NaN   10   11   12   13
y  NaN   14   15   16   17
z  NaN   18   19   20   21
     b    c    d
x    2    3    4
y    6    7    8
     b    c    d
x   10   11   12
y   14   15   16
     b    c    d    e
x    2    3    4   -1
y    6    7    8   -1
z   -1   -1   -1   -1
     b    c    d    e
x   10   11   12   13
y   14   15   16   17
z   18   19   20   21
'''
```

7.4.6 数据比较

在两个DataFrame/Seires的形状和标签完全相同时,可以用compare()方法比较数据是否相同,并返回由不同的值构成的DataFrame,compare()方法的格式如下所示:

```
compare(other, align_axis=1, keep_shape=False, keep_equal=False, result_names=
('self', 'other'))
```

其中,other是另外一个DataFrame;align_axis设置是按行比较还是按列比较,可取0(或'index')、1(或'columns');keep_shape取True时,返回的DataFrame保留所有的行和列,否则只返回不同的部分;keep_equal取True时,返回的DataFrame保留值相等的元素,否则保留成NaN;result_names设置比较后的DataFrame的行标签或列标签名称。

另外也可用equals(other)方法判断两个DataFrame/Series是否完全相等,返回值是True或False。以下代码是compare()方法和equals()方法的使用举例。

```
from pandas import DataFrame    #Demo7_37.py
df_1 = DataFrame([[4,5,6],[7,8,9]],columns=['a','b','c'])
df_2 = DataFrame([[4,15,6],[7,8,19]],columns=['a','b','c'])
print(df_1.compare(df_2,align_axis=0))
```

```
print(df_1.compare(df_2,align_axis=1,keep_shape=True,keep_equal=True))
print(df_1.equals(df_2))
'''
```
运行结果如下：

```
        b          c
0  self  5.0      NaN
   other 15.0     NaN
1  self  NaN      9.0
   other NaN      19.0
      a        b        c
   self other self other self other
0   4    4    5    15   6    6
1   7    7    8    8    9    19
False
'''
```

7.4.7 数据连接

数据连接是指将两个或多个DataFrame/Series在水平或竖直方向按照标签进行并排合并。水平连接可以用DataFrame的join()方法，Pandas的concat()方法可以实现水平或竖直方向的连接。DataFrame的join()方法的格式如下所示：

```
join(other, on=None, how='left', lsuffix='', rsuffix='', sort=False, validate = None)
```

其中，other可取单个DataFrame/Series或其列表；当on取None时，将原DataFrame的行标签与other的行标签作为参考进行合并，当on取原DataFrame中列标签名或其列表时，将on指定的列和other的行标签作为参考进行合并；how指定合并方式，可取'left'、'right'、'outer'、'inner'；lsuffix和rsuffix是当有相同的列标签名时添加后缀；sort取True时按照参考列的值进行排序；validate用于检查连接是否是指定的类型，可取"one_to_one"或"1:1"、"one_to_many"或"1:m"、"many_to_one"或"m:1"、"many_to_many"或"m:m"。以下代码是join()方法的使用举例。

```
from pandas import DataFrame        #Demo7_38.py
df = DataFrame({'A': ['a', 'b', 'c', 'd', 'e'],'value': [1,2,3,4,5]})
other = DataFrame({'X': ['b', 'c', 'd'], 'value': [6, 7, 8]},index=[1,2,3])
x = df.join(other,lsuffix='_left', rsuffix='_right'); print(x)
x = df.join(other.set_index('X'),on='A',lsuffix='_left', rsuffix='_right',validate='1:1')
print(x)
x = df.set_index('A').join(other.set_index('X'),how='right',lsuffix='_left', rsuffix='_right')
print(x)
'''
```
运行结果如下：

```
   A   value_left    X   value_right
```

```
  0   a             1     NaN           NaN
  1   b             2     b             6.0
  2   c             3     c             7.0
  3   d             4     d             8.0
  4   e             5     NaN           NaN
      A       value_left        value_right
  0   a             1           NaN
  1   b             2           6.0
  2   c             3           7.0
  3   d             4           8.0
  4   e             5           NaN
        value_left        value_right
  X
  b          2                 6
  c          3                 7
  d          4                 8
  ...
```

Pandas的concat()方法可以将多个DataFrame和Series沿着列或行方向一次性合并在一起，其格式如下所示：

> **concat(objs, axis=0, join='outer', ignore_index=False, keys=None, levels=None, names=None, verify_integrity=False, sort=False, copy=True)**

其中，objs是由DataFrame和Series构成的列表；axis设置合并的方向，可取0（或'index'）、1（或'columns'）；join设置另外一个方向的合并方式，可取'inner'和'outer'；ignore_index取True时，将对合并方向的标签重新按照0、1、…、N−1编号，取False时保留各自的标签；keys、levels和names用于构建多级标签MultiIndex，keys是各级的关键字，取值是列表，levels构建由keys构成的多级标签，如不设置levels则推断多级标签的构成，names设置各级的名称；verify_integrity取True时，沿合并的方向如果有重复的数据，将会抛出ValueError异常；sort设置对非合并方向是否进行排序，对join取'inner'时没影响；copy用于设置是否复制原数据。以下代码是concat()方法的使用举例。

```
import pandas as pd        #Demo7_39.py
from pandas import DataFrame,Series
ser = Series([1,2,3])
df_1 = DataFrame([[4,5,6],[7,8,9]],columns=['a','b','c'])
df_2 = DataFrame([[10,11,12],[13,14,15]],columns=['a','b','c'])
x = pd.concat([ser,df_1,df_2],axis=0,ignore_index=True); print(x)  #行方向合并
x = pd.concat([ser,df_1,df_2],axis=1); print(x)   #列方向合并
y = pd.concat([df_1,df_2],keys=['x','y'],names=['class','rank']); print(y)
...
```

运行结果如下：

```
       0     a     b     c
  0   1.0   NaN   NaN   NaN
  1   2.0   NaN   NaN   NaN
```

```
2    3.0    NaN    NaN    NaN
3    NaN    4.0    5.0    6.0
4    NaN    7.0    8.0    9.0
5    NaN   10.0   11.0   12.0
6    NaN   13.0   14.0   15.0
     0      a      b      c      a      b      c
0    1    4.0    5.0    6.0   10.0   11.0   12.0
1    2    7.0    8.0    9.0   13.0   14.0   15.0
2    3    NaN    NaN    NaN    NaN    NaN    NaN
                   a      b      c
class rank
x     0            4      5      6
      1            7      8      9
y     0           10     11     12
      1           13     14     15
...
```

7.4.8 数据合并

数据合并是将两个DataFrame的列值进行比较，若列值相等或相近，则认为数据是匹配的，将匹配的行合并成一行。数据合并可以用Pandas和DataFrame的merge()方法，或Pandas的merge_ordered()方法、merge_asof()方法。Pandas的merge()方法的格式如下所示，DataFrame的merge()方法没有left参数。

```
merge(left, right, how='inner', on=None, left_on=None, right_on=None,
left_index=False,right_index=False, sort=False, suffixes=('_x', '_y'),
copy=True, indicator=False,validate=None)
```

其中，left和right是需要合并的两个DataFrame或者是设置过name属性的Series；how设置合并方式，可取'left'、'right'、'outer'、'inner'、'cross'（矩阵乘积）；如果两个DataFrame作为合并参考的列的标签名相同，只需用on指定列名，如果作为参考的列名不同，需要用left_on和right_on参数从两个DataFrame中分别选择一列作为合并时的参考，也可以不以列为参考，可以设置left_index和right_index为True，按照行标签作为参考进行合并，on、left_on和right_on也可取列表，如果不指定on或left_on、right_on，则默认用两个DataFrame相同名称的列或行作为参考；sort设置是否按合并参考进行排序；除参考列外，如果两个DataFrame的其他列的标签名相同时，可以用suffixes给列名添加后缀；copy设置成True或字符串时，在合并后的结果中添加一列，列名默认是'_merge'，用于指示行是来自哪个DataFrame；validate用于验证对应关系，可取'one_to_one'（或'1:1'）、'one_to_many'（或'1:m'）、'many_to_one'（或'm:1'）、'many_to_many'（或'm:m'）。

如果两个DataFrame作为合并参考的列的值有大小或先后顺序，例如时间顺序，则可以按照这种顺序把两个DataFrame合并在一起，这时需要用到Pandas的merge_ordered()方法，其格式如下所示：

```
merge_ordered(left, right, on=None, left_on=None, right_on=None, left_by=None,
right_by=None, fill_method=None, suffixes=('_x', '_y'), how='outer')
```

其中，left和right分别是两个DataFrame；如果作为合并参考的列名相同，设置on参数，如果不同则设置 left_on 和 right_on 参数；left_by 和 right_by 进行分组，可取列标签名或列表，将 left_by 和 right_by 指定的列一条一条地进行合并；fill_method 设置填充 NaN 的方法，可取 'ffill'（从前往后填充）和 None；suffixes 设置相同列名添加的后缀；how 设置合并方式，可取 'left'、'right'、'outer'、'inner'。

当作为合并计算的两个参考列中的元素值不相等，而是存在一定误差，例如两列不同的时间戳，可以按照某种规则，例如满足一定误差时，认为两个参考列中的值相等，这样就找到匹配的行，将两个数据合并在一起。考虑误差的合并用 Pandas 的 merge_asof() 方法，其格式如下所示：

```
merge_asof(left, right, on=None, left_on=None, right_on=None, left_index=False,
right_index=False, by=None, left_by=None, right_by=None, suffixes=('_x','_y'),
tolerance=None, allow_exact_matches=True, direction='backward')
```

其中，tolerance 是比较误差，当作为参考的两列中的值小于该误差时可认为是匹配的，可取整数或 Timedelta；当 allow_exact_matches 取 True 时，参考列的元素值相等时认为是匹配的（允许小于等于或大于等于，相等的值也是匹配的），取 False 时，参考列的元素值相等时认为不是匹配的（严格执行小于或大于，相等的值是不匹配的）；direction 设置匹配查找的方向，可取 'backward'、'forward' 和 'nearest'，'backward' 表示在右侧的 DataFrame 参考列中查找最后一个小于等于的值，'forward' 表示查找第一个大于等于的值，'nearest' 表示查找误差最小的值；by 取值是列标签名或列表，在进行合并前先匹配 by 指定的列；其他参数如前所述。以下代码是数据合并的使用举例。

```
import pandas as pd        #Demo7_40.py
from pandas import DataFrame
df_1 = DataFrame({'key': ['a','b','c','d'],'key1':['aa','bb','cc','dd'],'value':
[1.1,2.1,3.1,4.1]},
                 index=[0,1,2,3])
df_2 = DataFrame({'key': ['a','b','d','e'],'key2':['cc','xx','dd','yy'],'value':
[1.2,2.2,3.2,4.2]},
                 index=[1,2,3,4])
x = df_1.merge(df_2,how='inner',on='key',indicator=True,validate='one_to_one');
print(x)
x = df_1.merge(df_2,how='inner',left_on='key1',right_on='key2',indicator=True); p
rint(x)
x = df_1.merge(df_2,how='outer',left_on='key1',right_on='key2',indicator=True,
validate='1:m')
print(x)
x = df_1.merge(df_2,how='outer',left_index=True,right_index=True); print(x)
y = pd.merge_ordered(left=df_1,right=df_2,on='value'); print(y)
z = pd.merge_asof(left=df_1,right=df_2,on='value',direction='nearest'); print(z)
'''
```

运行结果如下：

```
  key  key1  value_x  key2  value_y  _merge
0  a   aa    1.1      cc    1.2      both
1  b   bb    2.1      xx    2.2      both
2  d   dd    4.1      dd    3.2      both
  key_x  key1  value_x  key_y  key2  value_y  _merge
```

```
   0     c    cc      3.1    a     cc     1.2     both
   1     d    dd      4.1    d     dd     3.2     both
      key_x  key1  value_x  key_y  key2  value_y   _merge
   0    a    aa      1.1    NaN   NaN     NaN    left_only
   1    b    bb      2.1    NaN   NaN     NaN    left_only
   2    c    cc      3.1    a     cc      1.2      both
   3    d    dd      4.1    d     dd      3.2      both
   4   NaN   NaN     NaN    b     xx      2.2    right_only
   5   NaN   NaN     NaN    e     yy      4.2    right_only
      key_x  key1  value_x  key_y  key2  value_y
   0    a    aa      1.1    NaN   NaN     NaN
   1    b    bb      2.1    a     cc      1.2
   2    c    cc      3.1    b     xx      2.2
   3    d    dd      4.1    d     dd      3.2
   4   NaN   NaN     NaN    e     yy      4.2
      key_x  key1  value  key_y  key2
   0    a    aa     1.1   NaN   NaN
   1   NaN   NaN    1.2    a    cc
   2    b    bb     2.1   NaN   NaN
   3   NaN   NaN    2.2    b    xx
   4    c    cc     3.1   NaN   NaN
   5   NaN   NaN    3.2    d    dd
   6    d    dd     4.1   NaN   NaN
   7   NaN   NaN    4.2    e    yy
      key_x  key1  value  key_y  key2
   0    a    aa     1.1    a    cc
   1    b    bb     2.1    b    xx
   2    c    cc     3.1    d    dd
   3    d    dd     4.1    e    yy
   ...
```

7.4.9 重复行的处理

重复行是指某些行的数据相同，或某些指定的列有相同的行。用 DataFrame 的 duplicated() 方法可以查询是否有重复行，用 value_counts() 方法可以查询重复行的个数，用 drop_duplicates() 方法可以删除重复行。duplicated() 方法的格式如下所示：

> duplicated(subset=None, keep='first')

其中，subset 是列标签名列表，表示只考虑特定的列；当有重复的行出现时，用 keep 设置标记哪些为重复的行，可取 'first'（除第一个外标记为 True）、'last'（除最后一个外标记为 True）或 False（所有重复的行标记为 True）；duplicated() 方法的返回值为 Series，其中值是 True 的元素对应 DataFrame 重复的行。

用 value_counts() 方法可以对指定的列统计出现相同行的个数，其格式如下所示：

> value_counts(subset=None, normalize=False, sort=True, ascending=False, dropna=True)

其中，subset是列标签名或列表，表示只对部分列进行统计，取None时对所有列进行统计；normalize取True时，列出元素出现的比例，而不是次数；sort设置是否按照出现的次数进行排序；ascending设置是升序排序还是降序排序；dropna设置是否不考虑含有NaN的行。value_counts()方法的返回值是Series，如果是对多列进行统计，则返回值Series的标签是多级标签。

删除重复的行用drop_duplicates()方法，其格式如下所示：

```
drop_duplicates(subset=None, keep='first', inplace=False, ignore_index=False)
```

其中，subset是列标签名列表，表示只考虑特定的列；当有重复的行出现时，用keep设置保留哪行的数据，keep可取'first'、'last'或False（删除所有重复的行）；inplace取True时对原DataFrame直接删除数据，此时drop_duplicates()方法没有返回值，inplace取False时原DataFrame不变，该方法返回删除数据后的DataFrame；ignore_index取True时对行标签重新编号。

以下代码是查询和删除重复行的使用举例。

```python
from pandas import DataFrame        #Demo7_41.py
df = DataFrame(data=[['张',56,78,34],['王',56,78,34],['张',56,78,34],['赵',56,78,34]],
               index=[202401,202402,202403,202404])
ser = df.duplicated(keep=False); print(ser)
ser = df.value_counts(); print(ser)
df.drop_duplicates(keep='last',inplace=True); print(df)
'''
运行结果如下：
202401     True
202402     False
202403     True
202404     False
dtype: bool
     0   1   2   3
张   56  78  34   2
王   56  78  34   1
赵   56  78  34   1
dtype: int64
         0   1   2   3
202402   王  56  78  34
202403   张  56  78  34
202404   赵  56  78  34
'''
```

7.4.10 缺失数据的处理

缺失数据是指DataFrame/Series的数据中值为NaN的数据。产生缺失数据的原因很多，可以分为两种情况，一种情况是原始数据中有缺失数据，例如学生考试成绩数据中，有的学生未参加考试，其成绩可以认为是缺失数据；另一种情况是在对数据进行处理的过程中产生了缺失数据，例如在对DataFrame添加列或行时，如果两个DataFrame的列标签或行标签不同，在将一个

DataFrame 添加到另外一个 DataFrame 中时就会出现缺失数据。对 DataFrame/Series 缺失数据的处理首先是查询是否有缺失的数据，其次可以删除或填充缺失的数据，可以用插值方法填充缺失的数据，也可以用其他的 DataFrame/Series 的数据更新缺失的数据。

（1）缺失数据的查询

要判断 DataFrame/Series 中是否有缺失的数据，可以用 DataFrame/Series 的 isna()、isnull()、notna() 或 notnul() 方法，其中 isna() 和 isnull() 返回与原 DataFrame/Series 形状相同的 DataFrame/Series，其元素值是 True 的位置对应的是缺失的数据；而 notna() 或 notnul() 与此相反，返回的 DataFrame/Series 中元素值 False 对应缺失的数据。以下代码是对缺失数据查询方法的使用举例。

```
import numpy as np         #Demo7_42.py
from pandas import DataFrame
df_1 = DataFrame(data={'语文':[36,np.NaN],'数学':[None,89],'英语':[25,89]},index=['张','王'])
print(df_1.isna())
df_2 = DataFrame(data={'语文':[25,60],'数学':[78,88],'政治':[85,93]},index=['李','赵'])
df_new = df_1._append(df_2)
print(df_new.notna())
'''
运行结果如下：
     语文     数学     英语
张   False   True    False
王   True    False   False
     语文     数学     英语    政治
张   True    False   True    False
王   False   True    True    False
李   True    True    False   True
赵   True    True    False   True
'''
```

（2）缺失数据的删除

要删除缺失的数据，可以删除缺失数据所在的行或列。删除缺失的数据用 dropna() 方法，DataFrame 的 dropna() 方法的格式如下所示：

```
dropna(axis=0, how='any', thresh=None, subset=None, inplace=False, ignore_index = False)
```

其中，axis 取 0（或 'index'）时删除行，取 1（或 'columns'）时删除列；how 设置如何处理认为有缺失的数据，how 取 'any' 时只要有一个缺失的数据，就移除行或列，how 取 'all' 时行或列的数据全部是缺失数据时才删除行或列；thresh 是对非缺失数据的个数进行限制，不能与 how 同时使用；subset 是 axis 另一个方向的标签名称列表，例如 axis=0 时，subset 是列标签名称列表，对范围进行限制；inplace 取 False 时，返回删除缺失数据后的 DataFrame，原 DataFrame 不变，否则直接对原 DataFrame 进行操作，此时没有返回值；ignore_index 取 True 时，标签重新按照 0、1、2、⋯、$n-1$ 进行编号。以下代码是对缺失数据删除方法的使用举例。

```
import numpy as np        #Demo7_43.py
from pandas import DataFrame
df_1 = DataFrame(data={'语文':[36,np.NaN],'数学':[66,89],'英语':[25,89]},index=['
张','王'])
print(df_1.dropna(axis=0))
df_2 = DataFrame(data={'语文':[25,60],'数学':[78,88],'政治':[np.NaN,np.
NaN]},index=['李','赵'])
df_new = df_1._append(df_2)
df_new.dropna(axis=1,how='all',inplace=True)
print(df_new)
'''
运行结果如下：
    语文  数学  英语
张   36.0  66   25
    语文  数学  英语
张   36.0  66   25.0
王   NaN   89   89.0
李   25.0  78   NaN
赵   60.0  88   NaN
'''
```

（3）缺失数据的填充

对缺失数据的填充可以用 fillna() 方法，可以用指定的值填充缺失的数据，也可以用 DataFrame/Series 中已经存在的数据进行填充。DataFrame 的 fillna() 方法的格式如下所示：

```
fillna(value=None, method=None, axis=None, inplace=False, limit=None, downcast=
None)
```

其中，value 是用于填充的数据，可取标量、字典、Series 或 DataFrame，当取字典时，字典的键是列或行标签名，实现对不同的列或行用不同的值填充，取 Series 或 DataFrame 时，用对应的标签值进行填充；method 设置填充方法，可取 'backfill'、'bfill'、'pad'、'ffill'、None，None 表示用 value 参数的值填充，'pad' 和 'ffill' 表示用 DataFrame 的有效值从前往后填充，'backfill' 和 'bfill' 表示用 DataFrame 的有效值从后往前填充；axis 指定沿着哪个方向填充缺失的数据，可取 0（或 'index'）和 1（或 'columns'）；inplace=True 时对原 DataFrame 改标签名，此时没有返回值，inplace=False 时原 DataFrame 不变，返回新 DataFrame；limit 是设置连续填充的最大个数；downcast 取值是字典或 'infer'，设置将数据类型向更节省内存的类型转换，例如 float64 转换成 int64。

用 fillna() 方法填充缺失数据时，可以用两种模式来填充缺失的数据，一种是指定 value 参数，用 value 参数的值填充缺失的值，另一种是不指定 value 参数，而是设置 method 参数，用 DataFrame 中已经存在的值进行连续填充。以下代码是填充缺失数据方法的使用举例。

```
import numpy as np        #Demo7_44.py
from pandas import DataFrame
df = DataFrame({'ch':[59,None,None,77],'en':[46,None,np.NaN,86],'ma':[58,67,
np.NaN,90],
```

```
                          'ph':[86,np.NaN,80,95]}, index=['Li','Zhang','Wang','Zhao'])
x = df.fillna(value='C'); print(x)
x = df.fillna(value=x); print(x)
x = df.fillna(value={'ch':'C1','en':'C2','ma':'C3','ph':'C4'}); print(x)
x = df.fillna(method='bfill',axis=0); print(x)
x = df.fillna(method='pad',axis=0); print(x)
'''
```

运行结果如下:

```
        ch     en     ma     ph
Li      59.0   46.0   58.0   86.0
Zhang   C      C      67.0   C
Wang    C      C      C      80.0
Zhao    77.0   86.0   90.0   95.0
        ch     en     ma     ph
Li      59.0   46.0   58.0   86.0
Zhang   C      C      67.0   C
Wang    C      C      C      80.0
Zhao    77.0   86.0   90.0   95.0
        ch     en     ma     ph
Li      59.0   46.0   58.0   86.0
Zhang   C1     C2     67.0   C4
Wang    C1     C2     C3     80.0
Zhao    77.0   86.0   90.0   95.0
        ch     en     ma     ph
Li      59.0   46.0   58.0   86.0
Zhang   77.0   86.0   67.0   80.0
Wang    77.0   86.0   90.0   80.0
Zhao    77.0   86.0   90.0   95.0
        ch     en     ma     ph
Li      59.0   46.0   58.0   86.0
Zhang   59.0   46.0   67.0   86.0
Wang    59.0   46.0   67.0   80.0
Zhao    77.0   86.0   90.0   95.0
'''
```

fillna()方法中method取'bfill'或'backfill'时,可以用bfill()方法或backfill()方法代替,method取'pad'或'ffill'时,可用pad()方法或ffill()方法代替,这几种方法的格式如下所示:

```
bfill(axis=None, inplace=False, limit=None)
backfill(axis=None, inplace=False, limit=None)
pad(axis=None, inplace=False, limit=None)
ffill(axis=None, inplace=False, limit=None)
```

(4)缺失数据的插值

根据DataFrame中缺失数据周围的数据,用插值方式来填充缺失的数据,是对缺失数据的一种估测填充方法。DataFrame的插值填充方法是interpolate(),其格式如下所示:

```
interpolate(method='linear', axis=0, limit=None, inplace=False,limit_direction=
None, limit_area=None, downcast=None, **kwargs)
interpolate(method: 'str' = 'linear', *, axis: 'Axis' = 0, limit: 'int | None' =
None, inplace: 'bool' = False, limit_direction: 'str | None' = None, limit_area:
'str | None' = None, downcast: 'str | None' = None, **kwargs) -> 'DataFrame |
None' method of pandas.core.frame.DataFrame instance
```

其中，method 设置插值方法，可取 'linear'、'time'、'index'、'values'、'pad'、'nearest'、'zero'、'slinear'、'quadratic'、'cubic'、'spline'、'barycentric'、'polynomial'、'from_derivatives' 等，对多级标签情况，只能使用 'linear'；limit 设置连续插值的最大个数；limit_direction 设置连续插值的方法，可取 'forward'、'backward'、'both'，在设置了 limit 参数时，如果 method 取 'pad' 或 'ffill'，'limit_direction' 必须是 'forward'，如果 method 取 'backfill' 或 'bfill'，'limit_direction' 必须是 'backwards'，在没设置 limit 参数时，如果 method 取 'backfill' 或 'bfill'，则默认为 'backward'，其他情况默认是 'forward'；limit_area 是在设置了 limit 时对连续插值进行限制，可取 None、'inside'（内插值）、'outside'（外插值）；在设置 method 时，有些参数需要其他参数，例如 'polynomial' 需要多项式的阶数 order 参数，'spline' 需要样条曲线的阶数 order 参数。需要注意的是，method 取 'linear' 时是线性插值；取 'time' 时是对时间数据进行插值；取 'index' 或 'values' 是根据行标签的值进行插值计算；取 'pad' 时与 fillna() 方法中 method 取 'pad' 时效果相同；其他插值参数 'nearest'、'zero'、'slinear'、'quadratic'、'cubic'、'spline'、'barycentric'、'polynomial'、'from_derivatives'、'piecewise_polynomial'、'pchip'、'akima'、'cubicspline'、'krogh' 可参考 SciPy 中有关一维插值（interp1d）部分的解释。以下代码是用插值方法填充缺失数据的使用举例。

```
import numpy as np          #Demo7_45.py
from pandas import DataFrame
df = DataFrame({'ch':[59,None,56,77],'en':[46,78,np.NaN,86],'ma':[58,67,
np.NaN,90],
                'ph':[86,np.NaN,80,95]}, index=[100,300,200,400])
x = df.interpolate(method='linear'); print(x)
x = df.interpolate(method='index'); print(x)
x = df.interpolate(method='pad'); print(x)
x = df.interpolate(method='polynomial',order=2).round(); print(x)
'''
运行结果如下：
      ch    en    ma    ph
100   59.0  46.0  58.0  86.0
300   57.5  78.0  67.0  83.0
200   56.0  82.0  78.5  80.0
400   77.0  86.0  90.0  95.0
      ch    en    ma    ph
100   59.0  46.0  58.0  86.0
300   66.5  78.0  67.0  87.5
200   56.0  62.0  62.5  80.0
400   77.0  86.0  90.0  95.0
      ch    en    ma    ph
100   59.0  46.0  58.0  86.0
300   59.0  78.0  67.0  86.0
```

```
200   56.0   78.0   67.0   80.0
400   77.0   86.0   90.0   95.0
       ch     en     ma     ph
100   59.0   46.0   58.0   86.0
300   62.0   78.0   67.0   83.0
200   56.0   65.0   56.0   80.0
400   77.0   86.0   90.0   95.0
...
```

（5）缺失数据的更新

要填充 DataFrame/Series 中缺失的 NaN 数据，还可以用另一个 DataFrame/Series 中相同标签位置处的数据更新缺失的数据，DataFrame 的缺失数据的更新方法是 update()，其格式如下。update() 方法也可更新非缺失的数据。

```
update(other, join='left', overwrite=True, filter_func=None, errors='ignore')
```

其中，other 可取 DataFrame、Series 或可转换成 DataFrame 的数据，取 Series 时，Series 必须设置 name 属性，将 Seires 当作一列数据，other 必须要有一列或一行的标签名与原 DataFrame 的一列或一行的标签名相同；join 只能取 'left'，保留原 DataFrame 的列标签和行标签；overwrite 取 False 时，根据列标签和行标签只替换原 DataFrame 中缺失的 NaN 数据，取 True 时，只要 other 的列标签和行标签与原 DataFrame 的列标签和行标签相同，都进行替换；filter_func 的取值是函数，该函数的返回值是类型是 bool 的一维数组，用于指示哪些数据可以替换，而不仅仅替换缺失的 NaN 数据；errors 可取 'raise' 或 'ignore'，用于控制当原 DataFrame 和 other 在相同位置都是缺失的 NaN 数据时，是否抛出 ValueError 异常。update() 方法没有返回值，直接对原数据进行操作。以下代码是有关更新方法的使用举例。

```
import numpy as np        #Demo7_46.py
from pandas import DataFrame
def filter_function(x):    #自定义函数，用于过滤数据，值为True对应的值进行更新
    y=list()
    for i in x:
        if not i > 60:     #小于60的数据或缺失的数据需要更新
            y.append(True)
        else:
            y.append(False)
    return np.array(y)
df = DataFrame({'ch':[59,None,56,77],'en':[46,78,np.NaN,86],'ma':[58,67,np.NaN,90],
                'ph':[56,np.NaN,80,55]}, index=[100,300,200,400])
df_1 = DataFrame({'en':[67,59,83,82],'ma':[76,81,57,93],
                  'ph':[79,87,75,68]}, index=[100,300,200,400])
df.update(df_1,overwrite=False); print(df)
df.update(df_1,overwrite=True); print(df)
df = DataFrame({'ch':[59,None,56,77],'en':[46,78,np.NaN,86],'ma':[58,67,np.NaN,90],
                'ph':[56,np.NaN,80,55]}, index=[100,300,200,400])
```

```
df.update(df_1,filter_func=filter_function); print(df)    #更新小于60和缺失的数据
'''
```
运行结果如下：

```
       ch    en    ma    ph
100   59.0  46.0  58.0  56.0
300   NaN   78.0  67.0  87.0
200   56.0  83.0  57.0  80.0
400   77.0  86.0  90.0  55.0
       ch    en    ma    ph
100   59.0  67.0  76.0  79.0
300   NaN   59.0  81.0  87.0
200   56.0  83.0  57.0  75.0
400   77.0  82.0  93.0  68.0
       ch    en    ma    ph
100   59.0  67.0  76.0  79.0
300   NaN   78.0  67.0  87.0
200   56.0  83.0  57.0  80.0
400   77.0  86.0  90.0  68.0
'''
```

7.4.11 替换数据

替换数据是根据某种规则找到需要替换的数据，然后用已知的数据替换找到的数据。替换数据的方法有replace()、mask()和where()，其中replace()方法的格式如下所示：

```
replace(to_replace=None, value, inplace=False, limit=None, regex=False,
method=<no_default>)
```

其中，to_replace是按照某种规则找出需要替换的数据，可取str、int、float、regex（正则表达式）、list、dict、Series或None，当to_replace取str、int、float、regex时，若数据匹配数值、字符串则直接用value参数的值替换，当to_replace取由str、in、float、regex构成的列表时，value必须也是列表，且长度相同，在regex参数取True时，字符串将当作正则表达式；当to_place取字典时，若DataFrame的列标签名与字典关键字不同，例如 {'a': 'b', 'c': 'd'}，则直接用 'b' 代替 'a'，用 'd' 代替 'c'，若列的标签名与字典关键字相同，例如 {'a': 1, 'b':2} 表示在a列中查找值是1的元素，在b列中查找值是2的元素，再如 {'a': { np.NaN: 0.0}} 表示在a列中查找值是np.NaN的元素，并且用0.0代替NaN，这时不需设置value参数；value用于替换to_replace参数找到的元素的值，可取int、float、dict、list、str、regex、None，当取字典时，可以替换指定列中的数据；inplace取True时，直接对原数据进行替换，此时没有返回值，取False时返回替换后的DataFrame，原DataFrame没有变化；limit用于设置连续替换时允许的最大替换个数；method用于设置连续替换时的方向，用于value取None时，method可取 'pad'、'ffill'、'bfill' 或None。

mask()和where()方法是根据表达式的值进行替换，它们的格式如下所示：

```
mask(cond, other=<no_default>, inplace=False, axis=None, level=None)
where(cond, other=<no_default>, inplace=False, axis=None, level=None)
```

其中，cond 是条件表达式，当 cond 的值为 True 时，mask() 方法用 other 的值进行替换，当 cond 的值为 False 时，where() 方法用 other 的值进行替换，cond 的取值类型为 bool 的 DataFrame/Series、列表或函数；other 可取标量、Series/DataFrame 或函数；其他参数如前所述。以下代码是有关替换方法的使用举例。

```
import numpy as np         #Demo7_47.py
from pandas import DataFrame
df = DataFrame({'ch':[59,77,86,59],'en':[46,None,np.NaN,86],'ma':[58,67,np.NaN,90],
                'ph':[86,np.NaN,80,95]}, index=['Li','Zhang','Wang','Zhao'])
x = df.replace(to_replace=np.NaN,value='C'); print(x)
x = df.replace(to_replace={'en':np.NaN},value=60); print(x)
x = df.mask(df<60 ,other=60); print(x)
...
```

运行结果如下：

```
        ch    en    ma    ph
Li      59  46.0  58.0  86.0
Zhang   77     C  67.0     C
Wang    86     C     C  80.0
Zhao    59  86.0  90.0  95.0
        ch    en    ma    ph
Li      59  46.0  58.0  86.0
Zhang   77  60.0  67.0   NaN
Wang    86  60.0   NaN  80.0
Zhao    59  86.0  90.0  95.0
        ch    en    ma    ph
Li      60  60.0  60.0  86.0
Zhang   77   NaN  67.0   NaN
Wang    86   NaN   NaN  80.0
Zhao    60  86.0  90.0  95.0
...
```

7.4.12 形状调整

根据 DataFrame 中数据的内在关系，可以对 DataFrame 的形状进行重新调整，以便数据更加有条理，这通常涉及重新设置行标签和列标签。

（1）用数据的值作为行标签和列标签重新调整形状

原 DataFrame 的数据如果杂乱无章且有一定的内在联系，可以用 pivot() 方法对数据重新调整，重新设置行标签和列标签，且标签来自原 DataFrame 的值，并创建派生表。pivot() 方法的格式如下所示：

> **pivot(columns,index=None, values=None)**

其中，columns、index 和 values 都是来自原 DataFrame 列中的数据，通常原 DataFrame 中的数据有一定的逻辑关系；columns 是新列标签，可取原列标签名称或列标签名称列表，对应列的唯一值作为新列标签名；index 是新行标签，可取原列标签名称或列标签名称列表，对应列的唯一值作为新行标签名；values 是用于填充的数据，可取原列标签名称或列表，对应列的值用于填充数据，如果不设置 values，则所有剩余列的值均用于填充数据，这样将形成多级标签；如果用 index 和 columns 指定的标签有重复的组合时，将抛出 ValueError 异常。

DataFrame 的 pivot_table() 方法创建派生表的同时，可以对新 DataFrame 进行统计计算，填充缺失的数据。pivot_table() 方法的格式如下所示：

```
pivot_table(values=None, index=None, columns=None, aggfunc='mean',fill_value=None,
margins=False, dropna=True, margins_name='All', sort=True)
```

其中，values、index 和 columns 参数与 pivot() 方法中的参数相同，如果用 index 和 columns 指定的标签有重复的组合时，不会抛出异常，并可用 aggfunc 参数指定的函数（通常是聚合函数，例如 np.sum、np.mean）对重复的数据进行统计得到一个值；aggfunc 可取单个函数、函数列表或字典（值是列名，键是函数或函数列表），当取函数列表时，结果的列标签是多级标签，取字典时，对指定的列应用指定的函数；fill_value 是对结果中出现的缺失数据进行填充的值；当 margins=True 时，会额外生成一行和一列，行和列的名称由 margins_name 指定，行和列的值由 aggfunc 指定的函数对新生成的 DataFrame 进行统计计算；dropna 设置是否考虑将值全部为 NaN 的列删除；sort 设置是否对结果进行排序。以下代码是有关 pivot() 方法和 pivot_table() 方法的使用举例。

```python
import numpy as np          #Demo7_48.py
import pandas as pd
from pandas import DataFrame
df = DataFrame({'姓名':['张','张','张','王','王','王','李','李','李'],
                '科目':['语文','数学','英语','语文','数学','英语','语文','数学','英语'],
                '成绩1':[71,72,73,81,82,83,91,92,93],
                '成绩2':[77,82,63,74,95,76,67,78,89]})
print(df)
pivot = df.pivot(index='姓名',columns='科目',values='成绩1'); print(pivot)
pivot = df.pivot(index='姓名',columns='科目',values=['成绩1','成绩2']); print(pivot)
df_1 = DataFrame({'姓名':['张','张','张','王','王','李','李'],
                  '科目':['语文','数学','英语','数学','英语','语文','数学'],
                  '成绩1':[76,74,78,83,83,91,92],
                  '成绩2':[87,72,63,95,76,67,78]})
print(df_1)
df_2 = pd.concat([df,df_1])    #将两个DataFrame合成一个DataFrame，这时有重复的行
table = df_2.pivot_table(index='姓名',columns='科目',values=['成绩1','成绩2'],aggfunc=np.sum)
print(table)
table = df_2.pivot_table(index='姓名',columns='科目',values=['成绩1','成绩2'],
aggfunc=np.mean,
                         margins=True,margins_name='平均')
print(table)
'''
运行结果如下：
  姓名 科目 成绩1 成绩2
```

```
   姓名  科目  成绩1  成绩2
0  张    语文   71    77
1  张    数学   72    82
2  张    英语   73    63
3  王    语文   81    74
4  王    数学   82    95
5  王    英语   83    76
6  李    语文   91    67
7  李    数学   92    78
8  李    英语   93    89
科目   数学  英语  语文
姓名
张     72   73   71
李     92   93   91
王     82   83   81
       成绩1           成绩2
科目   数学  英语  语文  数学  英语  语文
姓名
张     72   73   71   82   63   77
李     92   93   91   78   89   67
王     82   83   81   95   76   74
   姓名  科目  成绩1  成绩2
0  张    语文   76    87
1  张    数学   74    72
2  张    英语   78    63
3  王    数学   83    95
4  王    英语   83    76
5  李    语文   91    67
6  李    数学   92    78
       成绩1              成绩2
科目   数学  英语  语文   数学  英语  语文
姓名
张     146  151  147   154  126  164
李     184   93  182   156   89  134
王     165  166   81   190  152   74
          成绩1                          成绩2
科目   数学   英语   语文   平均        数学        英语   语文   平均
姓名
张    73.0  75.5  73.5  74.0000   77.000000  63.0  82.0  74.0000
李    92.0  93.0  91.0  91.8000   78.000000  89.0  67.0  75.8000
王    82.5  83.0  81.0  82.4000   95.000000  76.0  74.0  83.2000
平均  82.5  82.0  82.0  82.1875   83.333333  73.4  74.4  77.4375
...
```

（2）多级标签的调整

对于多级标签，可以删除某级别的标签或多级标签、可以重新调整多级标签的顺序、交换两级标签，还可以将列标签和行标签互换。多级标签的调整方法如表7-19所示。

表 7-19 多级标签的调整方法

多级标签调整的方法及格式	说明
droplevel(level, axis=0)	移除多级标签，其中 level 可取级别（整数）、标签名称或由整数、标签名称构成的数组；axis 指定对行标签还是列标签进行操作，可取 0（或'index'）和 1（或'columns'）
reorder_levels(order, axis=0)	用新输入的标签进行调整，其中 order 可取整数列表或字符串列表；axis 指定对行标签还是列标签进行操作，可取 0（或'index'）和 1（或'columns'）
swaplevel(i=-2, j=-1, axis=0)	对多级标签交换 i 和 j 的级别，i 和 j 可取级别（整数）或级别名称；axis 指定是对列标签还是行标签进行操作，可取 0（或'index'）和 1（或'columns'）
stack(level=-1, dropna=True)	进行形状变形，将列标签变换到行标签中，行标签变成多级标签，列标签放到行标签的最内层，其中 level 针对列标签是多级标签的情况，指定哪级标签换到行标签，level 可取级别（整数）、级别名称或列表；dropna 设置是否删除结果中有缺失数据的行，从列转变成行的过程中有可能出现缺失数据的情况
unstack(level=-1, fill_value=None)	stack() 方法的逆过程，将行标签变换到列标签的最内层，level 指定要变换的行标签层，fill_value 用于填充可能出现的缺失数据

以下代码是有关多级标签调整方法的应用举例。

```
import numpy as np                #Demo7_49.py
from pandas import DataFrame, MultiIndex
mul = MultiIndex(levels=[['grad'], ['class1', 'class2', 'class3'], ['group1',
'group2']],
                 codes=[[0, 0, 0, 0, 0, 0],
                        [0, 1, 2, 0, 1, 2],
                        [0, 1, 0, 1, 0, 1]],
                 names=['Level0', 'Level1', 'Level2'])
mulData = DataFrame({'rank1': np.arange(6), 'rank2': np.arange(10,16)}, index=mul)
print(mulData)
x = mulData.droplevel(level=1,axis=0); print(x)    #移除级别
x = mulData.reorder_levels(['Level2', 'Level0', 'Level1'],axis=0) #根据级别名称调换
级别的顺序
print(x)
x = mulData.swaplevel(i=2,j=0,axis=0); print(x)    #交换级别
print("*"*50)
x = mulData.stack(); print(x)
y = x.unstack(level=-3); print(y)
'''
```

运行结果如下：

```
                       rank1  rank2
Level0 Level1 Level2
grad   class1 group1      0     10
       class2 group2      1     11
       class3 group1      2     12
       class1 group2      3     13
       class2 group1      4     14
       class3 group2      5     15
```

```
                rank1  rank2
Level0 Level2
grad   group1      0     10
       group2      1     11
       group1      2     12
       group2      3     13
       group1      4     14
       group2      5     15
                       rank1  rank2
Level2 Level0 Level1
group1 grad   class1      0     10
group2 grad   class2      1     11
group1 grad   class3      2     12
group2 grad   class1      3     13
group1 grad   class2      4     14
group2 grad   class3      5     15
                       rank1  rank2
Level2 Level1 Level0
group1 class1 grad        0     10
group2 class2 grad        1     11
group1 class3 grad        2     12
group2 class1 grad        3     13
group1 class2 grad        4     14
group2 class3 grad        5     15
****************************************
Level0 Level1  Level2
grad   class1  group1  rank1     0
                       rank2    10
       class2  group2  rank1     1
                       rank2    11
       class3  group1  rank1     2
                       rank2    12
       class1  group2  rank1     3
                       rank2    13
       class2  group1  rank1     4
                       rank2    14
       class3  group2  rank1     5
                       rank2    15
dtype: int32
Level1                  class1  class2  class3
Level0 Level2
grad   group1  rank1       0       4       2
               rank2      10      14      12
       group2  rank1       3       1       5
               rank2      13      11      15
...
```

（3）其他调整形状的方法

DataFrame还提供了其他一些形状调整的方法，这些方法的格式如表7-20所示。

表7-20 形状调整方法

形状调整的方法	说明
melt(id_vars=None, value_vars=None, var_name=None, value_name='value', col_level=None, ignore_index=True)	将原DataFrame转换成新的格式，原DataFrame的一列或多列设置成变量标识符（id_vars），从剩余的列中选择一列或多列设置成变量的值（value_vars），如果不设置value_vars，则默认除id_vars列之外的所有列作为value_vars；id_vars和value_vars可取一个列标签名或列标签名列表；var_name设置变量名，如果不设置，则用列的标签名或'variable'作为变量名；value_name设置变量值的名称，默认是'value'；col_level针对列具有多级标签的情况，设置标签的级别；ignore_index=True时将按0、1、…、$N-1$重新建立行标签
explode(column, ignore_index=False)	如果元素的值是列表、元组、数组，将列表、元组、数组分解成多个元素，通过复制行索引标签，增加行的数量，其中column是要进行分解的列，可取列标签名或由其构成的列表
squeeze(axis=None)	将只有一个元素的DataFrame/Series转换成标量，将只有一行或一列的DataFrame转换成Series

下面的代码是其他形状调整方法的使用举例。

```
import numpy as np        #Demo7_50.py
from pandas import DataFrame
df = DataFrame({'A':['a','b','c'],'B': [[0, 1, 2], 12, [3, 4]],
                'C': 10, 'D': [['a', 'b', 'c'], np.nan, ['d', 'e']]})
print(df)
z = df.melt(id_vars='A',value_vars=['B','D']); print(z)
z = df.explode('D'); print(z)
print(DataFrame([100]).squeeze())
print(DataFrame([100,200]).squeeze())
'''
```

运行结果如下：

```
   A      B         C    D
0  a   [0, 1, 2]   10   [a, b, c]
1  b      12       10     NaN
2  c    [3, 4]     10    [d, e]
   A   variable   value
0  a      B       [0, 1, 2]
1  b      B           12
2  c      B         [3, 4]
3  a      D       [a, b, c]
4  b      D          NaN
5  c      D         [d, e]
   A      B       C    D
0  a   [0, 1, 2]  10   a
0  a   [0, 1, 2]  10   b
0  a   [0, 1, 2]  10   c
1  b      12      10  NaN
2  c    [3, 4]    10   d
2  c    [3, 4]    10   e
100
0    100
```

```
1    200
Name: 0, dtype: int64
...
```

7.4.13 分组统计

分组统计是把 DataFrame 的列（或行）中的值作为关键字对数据进行切片处理，通常列（或行）中有相同的值，以列（或行）中的值作为分组关键字，如果列（或行）的关键字相同，则分到一个组中，分组后可以对同组内的数据进行统计计算，例如计算总和、平均值等。例如对于表 7-21 所示的班级考评成绩，要计算每个年级每个班级的平均成绩，可以先按年级分组再按班级分组，计算各个班级的总成绩后再计算平均值，得到的结果应该如表 7-22 所示。

表 7-21　班级考评成绩

No.	GRADE	CLASS	score_1	score_2
0	grade1	class1	13	14
1	grade1	class2	23	24
2	grade2	class1	33	34
3	grade2	class2	43	44
4	grade1	class3	23	43
5	grade2	class3	53	12
6	grade1	class1	23	16
7	grade1	class2	13	44
8	grade2	class1	23	36
9	grade2	class2	48	24
10	grade1	class3	33	23
11	grade2	class3	43	22

表 7-22　班级考评平均成绩

GRADE	CLASS	score_1	score_2
grade1	class1	18	15
grade1	class2	18	34
grade1	class3	28	33
grade2	class1	28	35
grade2	class2	45.5	34
grade2	class3	48	17

DataFrame 的分组方法是 groupby()，其格式如下所示：

```
groupby(by=None, axis=0, level=None, as_index=True, sort=True, group_keys=True,
observed=False, dropna=True) ->DataFrameGroupBy
```

其中，by 决定如何分组，可取列（或行）标签或其列表、函数、字典或 Series，取函数时将标签名作为参数传递给函数，取字典或 Series 时，其值决定如何分组；axis 设置 by 参数是沿着列或沿着行分组，可取 0（或 'index'）、1（或 'columns'）；level 针对多级标签，根据某一级别进行分组，可取级别（整数）、级别名称或列表；as_index 设置是否将分组关键字作为行标签；sort 设置是否根据分组关键字进行排序；调用apply()函数时，group_keys设置是否将分组关键字作为行标签以识别不同的分组；observed参数针对用类别（Categoricals）进行分组，设置只显示观测值还是全部显示；dropna参数针对分组关键字是NaN时，设置是否将NaN作为分组关键字。groupbly()方法的返回值是DataFrameGroupBy对象，DataFrameGroupBy对象具有DataFrame的大多数方法，如mean()、sum()、std()、var()、rank()、sort()、head()、apply()、plot()、count()、filter()、aggregate()、value_count()、dropna()、expanding()、resample( )等。以下代码是针对单级标签和多级标签DataFrame的分组举例。

```python
from pandas import DataFrame     #Demo7_51.py
df=DataFrame([['First','grade1','class1',13,14],['First','grade1','class2',23,24],
              ['First','grade2','class1',33,34],['First','grade2','class2',43,44],
              ['First','grade1','class3',23,43],['First','grade2','class3',53,12],
              ['Second','grade1','class1',23,16],['Second','grade1','class2',13,44],
              ['Second','grade2','class1',23,36],['Second','grade2','class2',48,24],
              ['Second','grade1','class3',33,23],['Second','grade2','class3',43,22]],
              columns=['Order','GRADE','CLASS','score_1','score_2'])    #单级标签DataFrame
print(df[['GRADE','CLASS','score_1','score_2']].groupby(by=['GRADE','CLASS']).mean())
print(df.groupby(by=['GRADE','CLASS','Order']).sum())
print('='*50)
mul_df = df.set_index(['Order','GRADE','CLASS'])   #多级标签DataFrame
print(mul_df.groupby(level='GRADE',axis=0).sum())
print(mul_df.groupby(level=2,axis=0).sum())
print(mul_df.groupby(level=['GRADE',2],axis=0).mean())
'''
```

运行结果如下：

```
              score_1  score_2
GRADE  CLASS
grade1 class1    18.0     15.0
       class2    18.0     34.0
       class3    28.0     33.0
grade2 class1    28.0     35.0
       class2    45.5     34.0
       class3    48.0     17.0
                     score_1  score_2
GRADE  CLASS  Order
grade1 class1 First      13       14
              Second     23       16
       class2 First      23       24
```

```
                    Second       13        44
            class3  First        23        43
                    Second       33        23
    grade2  class1  First        33        34
                    Second       23        36
            class2  First        43        44
                    Second       48        24
            class3  First        53        12
                    Second       43        22
================================================
        score_1  score_2
GRADE
grade1    128     164
grade2    243     172
        score_1  score_2
CLASS
class1     92     100
class2    127     136
class3    152     100
                score_1  score_2
GRADE  CLASS
grade1 class1     18.0     15.0
       class2     18.0     34.0
       class3     28.0     33.0
grade2 class1     28.0     35.0
       class2     45.5     34.0
       class3     48.0     17.0
...
```

7.4.14 标签重采样

如果 DataFrame/Series 的标签是时间标签,例如 DateTimeIndex、TimeDeltaIndex 和 PeriodIndex 标签,则可以重新调整标签的频率(时间间隔)。如果新标签中的时间点在原 DataFrame/Series 中没有出现,则会出现缺失的数据,可用其他数据填充缺失的数据,也可进行插值计算,例如线性插值。例如表 7-23 所示的数据是按照频率是 1 小时间隔获得数据,如果改成按照 30 分钟间隔获得数据,则得到的结果如表 7-24 所示。

表7-23 按1小时间隔获得数据

时间	A	B
2024/3/1 0:00	a	10
2024/3/1 1:00	b	11
2024/3/1 2:00	c	12
2024/3/1 3:00	d	13

表7-24 按30分钟间隔获得数据

时间	A	B
2024/3/1 0:00	a	10
2024/3/1 0:30	NaN	NaN
2024/3/1 1:00	b	11
2024/3/1 1:30	NaN	NaN
2024/3/1 2:00	c	12
2024/3/1 2:30	NaN	NaN
2024/3/1 3:00	d	13

（1）行标签频率变换

改变 DataFrame/Series 行标签的频率可以用 asfreq() 方法，其格式如下所示：

> asfreq(freq, method=None, how = None, normalize = False, fill_value=None)

其中，freq 指定新标签的时间间隔，例如 '30S'（30秒）、'140T'（140分钟），有关时间单位的缩写可参考表 7-4；method 指定当出现缺失数据时的填充方法，可取 'backfill'、'bfill'、'pad'、'ffill' 或 None，'backfill' 和 'bfill' 指定从后向前填充，'pad' 和 'ffill' 指定从前向后填充；how 参数适用于标签类型是 PeriodIndex 的情形，可取 'start' 或 'end'，默认是 'end'；normalize 设置是否将新标签重置到午夜；fill_value 设置当出现缺失数据时的填充值。以下代码是 asfreq() 方法的使用举例。

```python
import pandas as pd      #Demo7_52.py
index = pd.date_range('3/1/2024', periods=6, freq='H')
df = pd.DataFrame({'A':['a','b','c','d','e','f'],'B': [10,11,12,13,14,15]},index=index)
freq = df.asfreq(freq='2H'); print(freq)
freq = df.asfreq(freq='30T',fill_value='unkonwn'); print(freq)
'''
运行结果如下：
                     A   B
2024-03-01 00:00:00  a   10
2024-03-01 02:00:00  c   12
2024-03-01 04:00:00  e   14
                          A        B
2024-03-01 00:00:00       a        10
2024-03-01 00:30:00  unkonwn  unkonwn
2024-03-01 01:00:00       b        11
2024-03-01 01:30:00  unkonwn  unkonwn
2024-03-01 02:00:00       c        12
2024-03-01 02:30:00  unkonwn  unkonwn
2024-03-01 03:00:00       d        13
2024-03-01 03:30:00  unkonwn  unkonwn
2024-03-01 04:00:00       e        14
2024-03-01 04:30:00  unkonwn  unkonwn
2024-03-01 05:00:00       f        15
'''
```

（2）重采样

重采样是指重新调整 DataFrame/Series 标签的时间间隔，如果时间间隔比原来的时间间隔长，称为下采样（down-sampling），反之称为上采样（up-sampling）。重采样的时间间隔称为时间区间，两个连续的时间区间的分割点可以分配到前一个时间区间内，也可以分配到后一个时间区间内，可以计算原数据分配到每个新区间内的统计值，也可填充新区间内缺失的值。

DataFrame/Series 的重采样方法是 resample()，其格式如下所示：

```
resample(rule, axis=0, closed = None, label = None, convention = 'start',
kind = None, on=None, level=None, origin = 'start_day', offset = None,
group_keys = False) -> Resampler
```

其中，rule 设置重采样的时间区间的长度，可取 DateOffset、Timedelta 或 str，例如 '30S'（30秒）、'140T'（140分钟）；axis 设置对列标签还是行标签进行重采样，可取 0（或 'index'）、1（或 'columns'）；closed 设置时间区间哪端是封闭，即两个连续时间区间的分割点属于哪个区间，可取 'right' 或 'left'，'right' 表示区间的右端封闭，时间分割点属于前者，'left' 表示区间的左端封闭，时间分割点属于后者，如果 rule 是用 'M'、'A'、'Q'、'BM'、'BA'、'BQ' 或 'W' 设置的，则 closed 默认为 'right'，其他情况默认为 'left'；label 设置将新区间哪端的时间点作为标签名，可取值和默认值与 closed 参数的可取值和默认值相同；convention 仅对于 PeriodIndex 类型的标签有用，可取 'start'（或 's'）、'end'（或 'e'）；kind 可取 'timestamp' 或 'period'，将标签分别转换成 DateTimeIndex 或 PeriodIndex 类型的标签，默认保留原标签的类型；on 对 DataFrame 的列而不是标签进行重采样，这时 on 指定的列的类型是时间类型；level 针对多级标签，指定哪级标签进行重采样；origin 用于计算区间的起始点，可取 Timestamp 或 str，若为字符串，只能取 'epoch'（起始点是 1970-01-01）、'start'（起始点是原时间的第一个时间点）、'start_day'（起始点是第一天的午夜时间）、'end'（起始点是原时间的最后一个时间点）或 'end_day'（起始点是最后一天的午夜时间）；offset 设置对 origin 参数的时间偏置，可取 Timedelta 或 str；group_keys 设置当用 apply() 方法时是否在结果行标签中包含组的关键字。resample() 方法的返回的类型是 Resampler 对象，Resampler 对象提供的方法有聚合类方法、缺失数据的填充方法、aggregate() 方法、asfreq() 方法、squeeze() 方法、groupby() 方法、interpolate() 方法、apply() 方法、transform() 方法、plot() 方法和 sort() 方法等。以下代码是 resample() 方法的使用举例。

```
import pandas as pd          #Demo7_53.py
index = pd.date_range('3/1/2024', periods=6, freq='H')
df = pd.DataFrame({'A':['a','b','c','d','e','f'],'B': [10,11,12,13,14,15]},
index=index)
print(df)
sample = df.resample(rule='2H',closed='left',label='left').sum()   #左侧封闭，下采样
print(sample)
sample = df.resample(rule='2H',closed='right',label='right').sum() #右侧封闭
print(sample)
sample = df.resample(rule='2H',closed='right',label='right',origin='end').sum()
#设置分区起始点
print(sample)
sample = df.resample(rule='30T',closed='right',label='right').asfreq()   #上采样
print(sample)
sample = df.resample(rule='30T',closed='right',label='right').ffill()    #填充缺失的
数据
print(sample)
```

7.4.15 数据移动

数据移动可以将 DataFrame/Series 的数据沿着水平左右移动或竖直方向上下移动，如果给定

了频率，则按移动量和频率重新设置标签。DataFrame/Series的数据移动方法是shift()，其格式如下所示：

```
shift(periods=1, freq = None, axis = 0, fill_value=<no_default>)
```

其中，periods是在不指定freq参数时，数据的移动量，可取正值或负值，在指定freq时，例如freq取'D'，这时行标签或列标签必须是时间或日期类型的标签，根据periods和freq来改变标签的值，freq还可取'infer'，根据标签的值推断频率；axis指定沿哪个轴移动数据，可取0（或'index'）和1（或'columns'）；fill_value设置出现缺失数据时的填充值，对于数值数据，默认的填充值是NaN，对于时间数据，默认填充值是NaT。shift()方法的返回值是移动数据后的DataFrame/Series。以下代码是shift()方法的使用举例。

```
import pandas as pd        #Demo7_54.py
df = pd.DataFrame({"class1": [10,11,12,13,14],"class2":[15,16,17,18,19],
    "class3": [20,21,22,23,24]},index=pd.date_range("2024-11-01","2024-11-05"))
df1 = df.shift(periods=2,axis=0,fill_value=0); print(df1)
df2 = df.shift(periods=-1,axis=1); print(df2)
df3 = df.shift(periods=15,freq='D',axis=0); print(df3)
'''
运行结果如下：
            class1  class2  class3
2024-11-01      0       0       0
2024-11-02      0       0       0
2024-11-03     10      15      20
2024-11-04     11      16      21
2024-11-05     12      17      22
            class1  class2  class3
2024-11-01     15      20     NaN
2024-11-02     16      21     NaN
2024-11-03     17      22     NaN
2024-11-04     18      23     NaN
2024-11-05     19      24     NaN
            class1  class2  class3
2024-11-16     10      15      20
2024-11-17     11      16      21
2024-11-18     12      17      22
2024-11-19     13      18      23
2024-11-20     14      19      24
'''
```

7.5 数据读写

Pandas处理的数据往往保存在文件中，处理完数据后又需要保存到文件中。数据的读写可以用Python的open()函数来实现，可以将文件中的数据通过转换变成DataFrame/Series数据，还可以将DataFrame/Series数据保存到文件中，但都需要读者自己来编写代码实现。Pandas提供了多种文件格式的读写功能，可以将DataFrame/Series的数据直接写到文件中，也可以将文件中数据直接转换成DataFrame/Series，下面介绍几种常用的读写方法。

7.5.1 pickle文件的读写

Python自带的pickle模块可以将Python的任何对象转换成二进制数据，当然也可以将DataFrame/Series转换成二进制数据，并将其写入文件中，也可从文件中读取DataFrame/Series数据。

pickle模块提供dumps()、loads()、dump()和load()4个函数，它们的格式如下所示：

```
dumps(object, protocol=None, fix_imports=True, buffer_callback=None)
loads(data, fix_imports=True, encoding='ASCII', errors='strict', buffers=())
dump(object, file, protocol=None, fix_imports=True, buffer_callback=None)
load(file, fix_imports=True, encoding='ASCII', errors='strict', buffers=())
```

其中，dumps()可以将Python的object对象转换成二进制数据，而loads()函数可以将二进制数据data转换成Python对象，dump()函数可以将Python的object对象转换成二进制数据并保存到文件file中，file需要以"wb"模式打开，load()函数从文件中读取Python对象；参数protocol指定转换协议，可取0、1、2、3、4或5，默认是4；其他参数是为了兼容Python 2.x版本而保留的参数，Python 3.x中可以忽略。

DataFrame/Series的to_pickle()方法可以将数据写到文件中，Pandas的read_pickle()方法可以将存在文件中的DataFrame/Series数据读取出来，它们的格式如下所示：

```
to_pickle(path, compression = 'infer', protocol = 5, storage_options = None)
read_pickle(filepath_or_buffer, compression = 'infer', storage_options = None)
```

其中，path和filepath_or_buffer指定文件路径和文件名；compression设置文件的压缩格式，可取'zip'、'gzip'、'bz2'或'zstd'，如果取'infer'将根据文件名的扩展名自动获取压缩格式，文件扩展名例如'.gz'、'.bz2'、'.zip'、'.xz'或'.zst'；参数protocol指定转换协议，可取0、1、2、3、4或5，默认是5；storage_options取值是字典，用于网络连接的设置，例如设置主机名（Host）、端口号（Port）、用户名（Username）和密码（Password）等。

以下代码将DataFrame用pickle转换成二进制数据并保存到文件中，然后从文件中读取DataFrame数据。

```
import pandas as pd          #Demo7_55.py
import pickle
df = pd.DataFrame([[1,2],['x','y']],index=['a','b'],columns=['A','B'])
df.to_pickle('./data.zip')    #将DataFrame数据写入到文件中
df_1 = pd.read_pickle('./data.zip') ; print(df_1) #从文件读取DataFrame数据
data = pickle.dumps(df)       #将DataFrame转换成二进制数据
df_2 = pickle.loads(data) ; print(df_2)  #将二进制数据转换成DataFrame
fp = open('./data.ptl',mode='wb')   #以wb模式打开文件
pickle.dump(df,file=fp)       #以二进制数据将DataFrame写入文件
fp.close()
fp = open('./data.ptl',mode='rb')   #以rb模式打开文件
df_3 = pickle.load(fp); print(df_3)      #从文件中读取二进制数据并转换成DataFrame
```

```
    fp.close()
'''
运行结果如下:
      A  B
   a  1  2
   b  x  y
      A  B
   a  1  2
   b  x  y
      A  B
   a  1  2
   b  x  y
'''
```

7.5.2 Excel文件读写

Pandas可以将DataFrame/Series的数据写入Excel的xlsx文件中，并从Excel文件中读取数据生成DataFrame/Series。Pandas写入xlsx文件使用openpyxl包，有关openpyxl更多使用方法可参考第9章。DataFrame/Series写入Excel文件中的方法是to_excel()，其格式如下所示：

```
to_excel(excel_writer, sheet_name = 'Sheet1', na_rep = '', float_format = None,
columns=None, header=True, index=True, index_label=None, startrow=0,
startcol=0, engine=None, merge_cells=True, encoding=None, inf_rep='inf',
verbose=True, freeze_panes=None, storage_options = None)
```

其中，excel_writer是要写入的Excel文件名和路径；sheet_name是Excel中存储Pandas/Series数据的工作表格名称；na_rep是缺失数据的标识符号；float_format设置浮点数的格式，例如"%.3f"表示保留3位小数；columns是列标签的名称列表，将指定的列写入Excel文件中；header取值如果是bool则设置是否输出列的名称，如果取值是字符串列表，表示列名称的别名；index设置是否输出行标签；index_label设置列标签的名称，在header和index设置成True且index_label未设置时，默认是行标签的名称，如果DataFrame是多级行标签，需要设置index_label为序列；startrow和startcol设置Excel中开始写入数据的起始行和起始列；engine设置操作Excel文档的引擎，可取'openpyxl'或'xlsxwriter'；merge_cells设置是否将多级行或层级行单元格进行合并；encoding设置编码格式；inf_rep设置无穷大数据的表示方法；verbose设置是否在错误日志文件中显示更多的内容；freeze_panes取值是两个整数的元组，设置要冻结的单元格；storage_options取值是字典，用于网络连接的设置，例如设置主机名（host）、端口号（port）、用户名（username）和密码（password）等。

pandas的read_excel()方法可以从扩展名是xls、xlsx、xlsm、xlsb、odf、ods或odt的Excel文件中读取DataFrame数据，read_excel()方法的格式如下所示：

```
read_excel(io, sheet_name= 0, header= 0, names=None, index_col = None,
usecols=None, squeeze = None, dtype = None, engine = None, converters=None,
true_values = None, false_values = None, skiprows = None, nrows = None,
na_values=None, keep_default_na= True, na_filter = True, verbose= False,
parse_dates=False, date_parser=None, thousands = None, decimal = '.',
comment = None,   skipfooter=0,convert_float = None, mangle_dupe_cols = True,
storage_options = None)
```

其中，io是文件名和路径；sheet_name取值是字符串、整数或列表，设置要读取的数据所在的一个表单（Sheet）或多个表单，例如取[0, 1, "Sheet3"]时表示读取第1张、第2张和名称为Sheet3的表单，取None时表示读取所有的表单；header设置列标签所在的行，取整数列表时表示多级列标签所在的行；names取值是字符串列表，设置列标签名，用于文件中不存在列标签时的情况；index_col设置行标签所在的列，如果取整数列表表示多级行标签所在的列；usercols用于指定一部分列数据用于数据读取，可取None、字符串、整数列表或字符串列表，取None时表示读取所有列的数据，取字符串时，例如'A:E'或'A,C,E:F'，可以用逗号和分号进行分割；squeeze设置当只有一列数据时是否返回Series，默认是False；dtype设置数据的类型或按列设置类型，例如{"a": np.float64, "b": np.int32}；engine设置读取数据的引擎，可取"xlrd"（读取xls文件）、"openpyxl"（读取xlsx文件）、"odf"（读取odf、ods、odt文件）、"pyxlsb"（读取二进制文件）；converters取字典，字典的键是列标签名或整数，字典的值是函数名，对指定的列进行函数运算；true_values和_values取值都是列表，指定哪些数据作为True或False；skiprows取值是整数或列表，指定从开始需要忽略的行或行的数量；nrows指定需要读取的行的数量；na_values添加识别缺失值的符号，可取标量、字符串、列表或字典，取字典时指定列中识别缺失数据的符号，默认为缺失数据的符号有''、'#N/A'、'#N/A N/A'、'#NA'、'-1.#IND'、'-1.#QNAN'、'-NaN'、'-nan'、'1.#IND'、'1.#QNAN'、'<NA>'、'N/A'、'NA'、'NULL'、'NaN'、'n/a'、'nan'、'null'；keep_default_na设置是否将默认是缺失数据的符号作为缺失符号，取True时，将默认的缺失符号和na_values参数设置的符号作为缺失数据的符号，取False时只将na_values设置的符号作为缺失数据的符号；na_filter设置是否识别缺失数据的符号，在读取没有缺失数据的文件时，设置na_filter=False可以提高读取速度；verbose取True时，在非数值列显示缺失数据的个数；parse_dates用于分析日期数据，可取bool、整数或字符串列表、元素是列表的列表、字典，取bool时将行标签作为日期数据，取列表时（例如[1, 2, 3]）将1列、2列、3列作为单独的日期列数据，取元素是列表的列表时（例如[[1, 3]]）将1列和3列合并成单独的一列日期数据，取字典时（例如{'foo' : [1, 3]}）将1列和3列作为日期列数据，并调用函数foo；date_parser取值是函数，是将字符串转换成日期数据的函数；thousands设置将字符串型数值数据转换成数值时的千位分割符号；decimal设置将字符串转换数值时的小数点识别符号；comment取值是字符串，设置识别注释性信息；skipfooter设置忽略末尾的几行数据；convert_float设置是否将整数型浮点数（在Excel中设置成文本数据）成整数，例如2.0转换成2；mangle_dupe_cols设置是否将重复的列标记为'X'、'X.1'、…、'X.N'，而不是'X'、'X'、…、'X'；storage_options取值是字典，用于网络连接的设置，例如设置主机名（host）、端口号（port）、用户名（username）和密码（password）等。

以下代码将多级标签DataFrame写入Excel文件中，并从该文件中读取数据生成DataFrame。

```
import pandas as pd     #Demo7_56.py
from pandas import DataFrame,date_range,MultiIndex
index = date_range('2024-10-1', periods=4, freq='2H')
columns = MultiIndex.from_product([['grade1','grade2'],['class1','class2','class3']],
                                  names=['GRADE','CLASS'])
df = DataFrame([[11,12,13,14,15,16],[21,22,23,24,25,26],[31,32,33,34,35,36],
                [41,42,43,44,45,46]],
                index=index,columns=columns)
df.to_excel(excel_writer='./mydata.xlsx',sheet_name='score')
df_new = pd.read_excel(io='./mydata.xlsx',sheet_name='score',header=[0,1],
                       index_col=0,parse_dates=True)
```

```
print(df_new)
'''
运行结果如下:
GRADE                    grade1                      grade2
CLASS                    class1  class2  class3   class1  class2  class3
2024-10-01 00:00:00        11      12      13       14      15      16
2024-10-01 02:00:00        21      22      23       24      25      26
2024-10-01 04:00:00        31      32      33       34      35      36
2024-10-01 06:00:00        41      42      43       44      45      46
'''
```

7.5.3 csv文件的读写

csv（comma-separated values）文件通常是一种以逗号（也可以是其他符号）分隔数据、以纯文本形式存储表格数据（数字和文本）的简单通用文件格式。csv文件以行为单位，一行数据不跨行，无空行，开头不留空，可含或不含列名，列名放到文件的第一行，以逗号作为分隔符，列为空也要以逗号分隔，文本编码可为ASCII、Unicode或者其他编码。

DataFrame/Series将数据输出到csv文件的方法是to_csv()，其格式如下所示：

```
to_csv(path_or_buf = None, sep = ',', na_rep = '', float_format = None, columns
= None, header = True, index = True, index_label = None, mode = 'w', encoding =
None, compression = 'infer', quoting = None, quotechar = '"', line_terminator =
None, chunksize = None, date_format = None, doublequote = True, escapechar =
None, decimal= '.', errors = 'strict', storage_options = None)
```

其中，path_or_buf是文件名或者具有write()方法的任意对象，若取None则返回字符串；sep是分隔符，默认是逗号；na_rep是缺失数据的表示方式；float_format设置浮点数的格式，例如"%.3f"表示保留3位小数；columns取值是列表，设置需要写入csv文件中的列；header取True时将列标签写入csv文件中，取字符串列表时，认为是列标签的别名；index取True时将行标签名写入csv文件中；index_label设置行标签所在的列，取字符串列表时，表示多级行标签，取False时不输出行标签名；mode设置读写文件模式，可参考Python的open()函数，若要输出成二进制形式，取值中需包含b；encoding设置内部编码格式，默认是'UTF-8'；compression设置压缩模式，若取值是'infer'或'%s'表示从文件扩展名中自动识别压缩模式，文件扩展名可取gz、bz2、zip、xz或zst；quoting是当设置了float_format时，控制csv中的引号常量，可选csv中的常量csv.QUOTE_MINIMAL（值为0）、csv.QUOTE_ALL（值为1）、csv.QUOTE_NONNUMERIC（值为2）或csv.QUOTE_NONE（值为3），默认值是csv.QUOTE_MINIMAL；quotechar设置csv文件中的引号，默认是'"'；line_terminator设置行结束符号，默认是os.linesep；chunksize设置一次写入的行的数量；date_format设置日期数据的格式；doublequote设置是否识别quotechar参数设置的引号；escapechar取值是长度为1的字符串，设置转义字符；decimal设置小数分隔符；errors设置在编码或解码过程中如何处理出错信息，可取'strict'（抛出ValueError异常）、'ignore'、'replace'、'surrogateescape'、'xmlcharrefreplace'、'backslashreplace'或'namereplace'；storage_options取值是字典，用于网络连接的设置，例如设置主机名（host）、端口号（port）、用户名（username）和密码（password）等。

Pandas的read_csv()方法可以从csv中读取数据并转换成DataFrame输出。read_csv()方法的格式如下所示：

```
read_csv(filepath_or_buffer, sep = ',', delimiter = None, header = 'infer',
names = None, index_col = None, usecols = None, squeeze = None, prefix =
None, mangle_dupe_cols = True, dtype = None, engine = None, converters =
None, true_values = None, false_values = None, skipinitialspace = False,
skiprows = None, skipfooter = 0, nrows = None, na_values = None,
keep_default_na = True, na_filter = True, verbose = False, skip_blank_lines =
True, parse_dates = None, infer_datetime_format = False, keep_date_col = False,
date_parser = None, dayfirst = False, cache_dates = True, compression = 'infer',
thousands = None, decimal = '.', lineterminator = None, quotechar = '"', quoting
= 0, doublequote = True, escapechar = None, comment = None, encoding = None,
encoding_errors = 'strict', on_bad_lines = None, delim_whitespace = False,
low_memory = True, memory_map = False, storage_options = None)
```

其中，filepath_or_buffer是字符串、文件名或具有read()方法的任意对象；sep或delimiter设置数据的分割符，默认是','；prefix是当没有列标签时，如设置prefix='X'，则各列的标签是X0、X1、…；engine设置读取引擎，可取'c'、'python'、'pyarrow'，'c'和'pyarrow'的速度快；skipinitialspace设置是否跳过分隔符后的空格；skip_blank_lines设置是否忽略空白行而不解读为缺失的数据；infer_datetime_format是在设置了parse_dates时自动识别时间数据的格式，这样会提高读取速度5～10倍；keep_date_col是在parse_dates设置将多列数据合并成一列时是否保留原始列；dayfirst设置时间格式是否是DD/MM（日在月前）；cache_dates设置是否缓存时间数据，可以提高时间数据的读取速度；on_bad_lines设置当遇到过多逗号（分隔符）时，如何处理该行内容，可取'error'、'warn'、'skip'或函数，取'error'时会抛出异常，取'warn'时会抛出警告并跳过该行，取'skip'时没有任何信息并跳过该行；delim_whitespace设置是否将空格当作分隔符，等价于sep='\s+'；low_memory设置是否按块处理文件；memory_map是在filepath_or_buffer取值是文件名时，设置是否将文件中的内容直接读入到内存中再处理数据，这样会提高处理效率；其他参数如前所述，在此不多叙述。

csv文件的读取也可以用read_table()方法，该方法的参数与read_csv()方法的参数基本一致，但一定要用sep参数指定分隔符。

以下代码将多级标签DataFrame写入csv文件中，并从该文件中读取数据生成DataFrame。

```
import pandas as pd        #Demo7_57.py
from pandas import DataFrame,date_range,MultiIndex
index = date_range('2024-10-1', periods=4, freq='2H')
columns = MultiIndex.from_product([['grade1','grade2'],['class1','class2',
'class3']],
                                  names=['GRADE','CLASS'])
df = DataFrame([[11,12,13,14,15,16],[21,22,23,24,25,26],[31,32,33,34,35,36],
[41,42,43,44,45,46]],
                index=index,columns=columns)
df.to_csv(path_or_buf='./mydata.csv',encoding='UTF-8')
df_new = pd.read_csv(filepath_or_buffer='./mydata.csv',header=[0,1],index_col=0,
parse_dates=True)
print(df_new); print(df_new.index)
'''
```

运行结果如下：
GRADE   grade1   grade2

```
CLASS                   class1  class2  class3  class1  class2  class3
2024-10-01 00:00:00         11      12      13      14      15      16
2024-10-01 02:00:00         21      22      23      24      25      26
2024-10-01 04:00:00         31      32      33      34      35      36
2024-10-01 06:00:00         41      42      43      44      45      46
DatetimeIndex(['2024-10-01 00:00:00', '2024-10-01 02:00:00',
               '2024-10-01 04:00:00', '2024-10-01 06:00:00'],
              dtype='datetime64[ns]', freq=None)
...
```

7.6 数据可视化

要将DataFrame/Series中数据绘制成图形，可以用DataFrame/Series的values属性获得对应的数组，然后用Matplotlib绘图，也可以直接用DataFrame/Series的plot()方法将数据绘制成图形，方便直观查看数据，还可以用plot的子方法绘图。Pandas默认采用Matplotlib的绘图方法。

7.6.1 用plot()方法绘图

plot()方法可以绘制折线图、柱坐标图、散点图，其格式如下所示：

```
plot(x=None, y=None, kind='line', ax=None, subplots=False, sharex=None,
sharey=False, layout=None, figsize=None, use_index=True, title=None, grid=None,
legend=True, style=None, logx=False, logy=False, loglog=False, xticks=None,
yticks=None, xlim=None, ylim=None, xlabel=None, ylabel=None, rot=None,
fontsize=None, colormap=None,    position=0.5, table=False, yerr=None,
xerr=None, stacked=False, sort_columns=False, secondary_y=False, mark_right=True,
include_bool=False, backend=None, **kwargs)
```

其中，x指定x轴的数据，只针对DataFrame，不用于Series，x取值是DataFrame的列标签或列标签的位置；y指定y轴数据，只针对DataFrame，取值是DataFrame的列标签、列标签的位置或其列表；kind设置所绘图形的类型，可取'line'（默认值）、'bar'、'barh'、'hist'、'box'、'kde'（或'density'）、'area'、'pie'、'scatter'、'hexbin'，其中'scatter'和'hexbin'只针对于DataFrame；ax设置图形所在的子图，取值是Matplotlib的Axes对象；subplots设置是否对y取多列数据时对每列数据单独绘制；sharex是在subplots取True时，设置多个子图是否共享x轴，在ax取None时，sharex默认为True，其他情况sharex默认为False；sharey是在subplots取True时，设置多个子图是否共享y轴；layout设置子图的行列布局，取值是元组(rows, columns)；figsize设置图像的尺寸，取值是元组(width, height)，单位是英寸；use_index设置是否用行标签index作为x轴的刻度；title设置子图的标题名称，取值是字符串或字符串列表；grid设置是否显示网格线；legend设置是否显示图例；style设置线型类型，取值是列表或字典；logx和logy分别设置x轴和y轴为对数刻度，而loglog同时设置x轴和y轴为对数刻度，它们可取bool或'sym'；xticks和yticks分别设置x轴和y轴的刻度，取值是序列；xlabel和ylabel分别设置x轴和y轴的标签；xlim和ylim分别设置x轴和y轴的范围，取值是由两个浮点数构成的元组或列表；rot设置坐标轴刻度值的旋转角度；fontsize设置坐标轴刻度值的字体尺寸；colormap设置色谱，可取值见表6-6；position设置柱状图的对齐位置，取值范围是0～1；table取True时，用原DataFrame/Series的数据绘制表格，取DataFrame/Series时，用给定的DataFrame/Series中的数据绘制表格；yerr和xerr是在kind取'bar'和'barh'绘制柱状图时，绘制有误差的柱状图，可取字符串，指定误差在哪一列中，也可取数组、列表或元组直接指定误差；stacked设置柱状图是否用层叠方式绘制；sort_columns设置是否按照列名称进行排序以决定绘制顺序；secondary_y设置第二个y轴；mark_right是设置了secondary_y时在图例中用"(right)"对轴予以区分；include_bool设置是否绘制bool数据；backend设置绘图后端，例如'matplotlib'；kwargs是传递给Matplotlib绘图方法的其他可选关键字参数。plot()方法的返回值是Axes对象或Axes对象数组（subplots参数取True时）。

下面的程序是用Series.plot()方法绘制图形的应用举例，程序运行结果如图7-3所示。

```python
import numpy as np          #Demo7_58.py
import matplotlib.pyplot as plt
import pandas as pd
np.random.seed(123456)
ser_1 = pd.Series(np.random.randn(100))    #第1个Series
ser_1.plot()  #Series绘图，默认kind='line'
plt.show()
ser_2 = pd.Series(np.random.randn(20))     #第2个Series
t = np.arange(0,100)
theta = (100+(10*np.pi*t/180)**2)**0.5
r = np.cos(5*theta)
ser_3 = pd.Series(data=r,index=theta)      #第3个Series
ser_4 = pd.Series(np.random.normal(loc=100,size=(10000,)))   #第4个Series
fig = plt.figure()  #Figure对象
gs = fig.add_gridspec(2,2)  #Figure对象中创建2×2布局
ax1 = fig.add_subplot(gs[0,0])       #第1个Axes
ax2 = fig.add_subplot(gs[1,0],projection='polar')    #第2个Axes
ax3 = fig.add_subplot(gs[:,1])       #第3个Axes
ser_2.plot(kind='bar',ax=ax1,color='blue')   #在第1个Axes中绘图
ser_3.plot(ax=ax2,use_index=True,color='green',linestyle='--')  #在第2个Axes中绘图
ser_4.plot(kind='hist',ax=ax3,color='cyan',bins=40)      #在第3个Axes中绘图
plt.show()
```

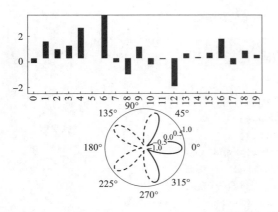
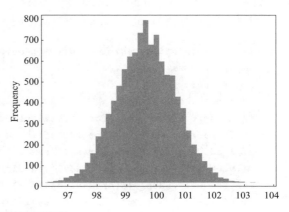

图7-3　程序运行结果

下面的程序是用DataFrame.plot()方法绘制图形的应用举例。

```python
import matplotlib.pyplot as plt      #Demo7_59.py
import pandas as pd
df = pd.DataFrame([[5.2, 4.5, 1.5], [4.5, 3.2, 1], [7.2, 3.5, 2], [6.5, 4.2, 1],
[5.7, 3.2, 2]],
                  columns=['class1', 'class2', 'class3'])
df.plot(kind='line')  #折线图
df.plot(x='class1',y='class2',kind='scatter',c='blue',s=200)  #散点图
df.plot(y='class3',kind='pie')  #饼图
df.plot(y=['class1','class2','class3'],kind='bar',yerr=df*0.1)  #带误差的柱状图
plt.legend()
plt.show()
```

7.6.2　用plot的子方法绘图

DataFrame/Series的plot子方法可以直接绘制出各种类型的图形，这些子方法的格式和主要参数如下所示，其他参数可参考plot()方法的参数。

```
plot.area(x=None, y=None, **kwargs)
plot.bar(x=None, y=None, **kwargs)
plot.barh(x=None, y=None, **kwargs)
plot.box(y=None, **kwargs)
plot.hexbin(x, y, C=None, reduce_C_function=None, gridsize=None, **kwargs)
plot.hist(y=None, bins=10, **kwargs)
plot.kde(bw_method='scott', ind=None, **kwargs)
plot.line(x=None, y=None, **kwargs)
plot.pie(y=None,**kwargs)
plot.scatter(x, y, s=None, c=None, **kwargs)
```

其中，kde()（kernel density estimation，核密度预估）方法是用高斯核密度来预测随机变量的概率密度，它是一种非参数方法，其中参数bw设置带宽（bandwidth），可取'scott'或'silverman'，也可取标量或函数；ind设置估测点的数量，可取整数或数组，取None时，默认为1000；其他方法的参数可参考Matplotlib绘图命令的参数。

下面的程序是用DataFrame.plot子方法绘制图形的应用举例。

```python
import matplotlib.pyplot as plt      #Demo7_60.py
import pandas as pd
import numpy as np
np.random.seed(123456)
rand1=np.random.normal(loc=100,size=(100000,))
rand2=np.random.normal(loc=200,size=(100000,))
df = pd.DataFrame(data={'rand1':rand1,'rand2':rand2})
df.plot.line(y=['rand1','rand2'],subplots=True)  #折线图
fig,axes=plt.subplots(nrows=1,ncols=2)  #含一行两列子图的图像
df.plot.hist(y='rand1',bins=30,label='rand1',ax=axes[0])  #直方图
df['rand2'].plot.kde(ax=axes[1])  #核密度图
```

```
plt.legend()
plt.show()
```

7.6.3 特殊绘图

Pandas的plotting模块提供了一些与Matplotlib不同的特殊绘图方法，增强对数据的分析功能。

(1) 安德鲁斯曲线 (Andrews curves)

对于由多个变量生成的数据集，每个变量遵循的规律不同，如果有些变量遵循的规律相同，而另外一些变量遵循的规律不同，可以通过安德鲁森曲线予以区分，有相同规律数据的安德鲁斯曲线形状基本相同，通常需要将原数据归一化到 0～1 之间。安德鲁斯曲线的计算公式是 $f(t) = x\_1/\text{sqrt}(2) + x\_2\sin t + x\_3\cos t + x\_4\sin(2t) + x\_5\cos(2t) + \cdots$，其中 x_i 是 DataFrame 中的一行数据，每行数据将绘制一条曲线，t 在 $-\pi$ 与 π 之间取一些线性离散值。绘制安德鲁斯曲线的方法是 andrews_curves()，其格式如下所示：

```
andrews_curves(frame, class_column, ax=None, samples=200, color=None, colormap=
None, **kwargs)
```

其中，frame 指定 DataFrame；class_column 指定变量所在的列；ax 指定 Axes 对象；samples 指定变量 t 在 $-\pi$ 与 π 之间线性取值的个数；color 指定曲线的颜色，取值是列表或元组；colormap 指定色谱。

下面的程序生成 3 个正态分布和 3 个指数分布数据，绘制它们组成的数据的安德鲁斯曲线。

```
import matplotlib.pyplot as plt        #Demo7_61.py
import pandas as pd
import numpy as np
np.random.seed(123456)
normal1 = np.random.normal(loc=100,size=(1000,))    #正态分布
normal1 = normal1/normal1.max()
normal2 = np.random.normal(loc=200,size=(1000,))    #正态分布
normal2 = normal2/normal2.max()
normal3 = np.random.normal(loc=300,size=(1000,))    #正态分布
normal3 = normal3/normal3.max()
exp1 = np.random.exponential(scale=2,size=(1000,))   #指数分布
exp1 = exp1/exp1.max()
exp2 = np.random.exponential(scale=6,size=(1000,))   #指数分布
exp2 = exp2/exp2.max()
exp3 = np.random.exponential(scale=12,size=(1000,))  #指数分布
exp3 = exp3/exp3.max()
df = pd.DataFrame(data={'norm1':normal1,'norm2':normal2,'norm3':normal3,
                        'exp1':exp1,'exp2':exp2,'exp3':exp3})
df=df.T
df['var']=df.index
pd.plotting.andrews_curves(df,'var',samples=100,colormap='jet')
plt.legend()
plt.show()
```

（2）自相关图（autocorrelation plot）

自相关也叫序列相关，是同一个时间信号在两个不同时间点观察到的数据的互相关，也可以说它就是两次不同时间观察到的数据之间的相似度。对于长度为 N 的离散信号 X，X 的自相关函数可以表示成延迟数 m 的函数：

$$R_{XX}(m)=E(X_n X_{n+m}), \quad m=0,1,2,\cdots,N-1$$

自相关函数是两次观察之间的时间差的函数，它能找出重复模式（如被噪声掩盖的周期信号）或识别出隐含在信号谐波频率中消失的频率。自相关图用 autocorrelation_plot() 方法绘制，其格式如下所示：

```
autocorrelation_plot(series, ax=None, **kwargs)
```

其中，series 是 Series；ax 是 matlplot 的 Axes 对象；kwargs 是绘图其他关键字参数。函数返回值是 Axes。

下面的程序绘制一随机信号的自相关图，运行结果如图 7-4 所示，水平实线表示 95% 置信区间，水平虚线表示 99% 置信区间。

```python
import matplotlib.pyplot as plt        #Demo7_62.py
import pandas as pd
import numpy as np
np.random.seed(12345)
time = np.linspace(-100, 100, num=500)
ser = pd.Series(0.5 * np.random.rand(500) + 0.3 * np.cos(time))
pd.plotting.autocorrelation_plot(ser)
plt.show()
```

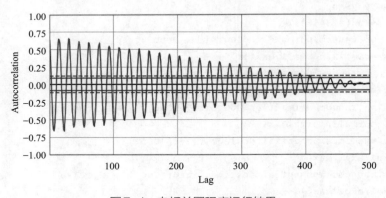

图 7-4　自相关图程序运行结果

（3）引导图（bootstrap_plot）

在实际统计过程中，如果样本数量很大，将无法对每个个体都进行统计，可以采用多组抽样的方式进行统计。例如有 10000 名小学生，要统计其身高的分布情况，可以每次随机抽取 100 名学生，共抽取 200 次进行统计，这样获得 200 个样本，每个样本中有 100 个个体，统计每个样本的平均值、中位数和中程数 [midrange=（最大值+最小值）/2]，以样本的统计值作为所有个体的统计值，这就是引导图。

引导图的绘制方法是bootstrap_plot()，其格式如下所示：

```
bootstrap_plot(series, fig=None, size=50, samples=500, **kwargs)
```

其中，series是指Series，提供所有的个体；fig是Matplotlib的Figure对象；size是一个样本的个体数量；samples是样本数。bootstrap_plot()的返回值是Figure对象。

下面的代码绘制一正态随机分布数据的引导图，程序运行结果如图7-5所示。

```
import matplotlib.pyplot as plt       #Demo7_63.py
import pandas as pd
import numpy as np
ser = pd.Series(np.random.normal(loc=100,size=(10000,)))
pd.plotting.bootstrap_plot(ser,size=100,samples=200)
plt.show()
```

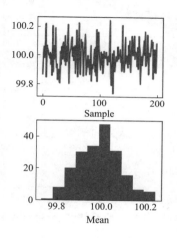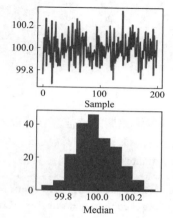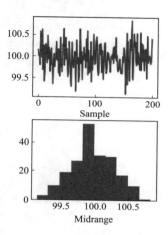

图7-5　引导图程序运行结果

（4）滞后图（lag_plot）

对于离散的时间序列$y(t)$，滞后图绘制横坐标是$y(t)$和纵坐标是$y(t+lag)$构成的图，其中lag=1,2,,…。滞后图最直观的用处是判断$y(t)$和$y(t+lag)$的相关性，可同时做出$y(t)$和$y(t+lag)$的滞后图、$y(t)**2$和$y(t+lag)**2$的滞后图、$|y(t)|$和$|y(t+lag)|$的滞后图，可以看到一些非线性的相关性。滞后图用lag_plot()方法绘制，其格式如下所示：

```
lag_plot(series, lag=1, ax=None, **kwargs)
```

其中，series是Series对象；lag是滞后值；ax是Matplotlib的Axes对象。lag_plot()返回值是Axes对象。

下面的代码分别绘制完全随机和有一定相关性数据的滞后图，程序运行结果如图7-6所示，滞后图用散点图形式来表示。

```
import matplotlib.pyplot as plt       #Demo7_64.py
import pandas as pd
import numpy as np
np.random.seed(12345)
```

```
ser_1 = pd.Series(0.2 * np.random.rand(1000))
ser_2 = pd.Series(0.2 * np.random.rand(1000) + 0.8 * np.cos(np.linspace(-99 *
np.pi, 99 * np.pi, num=1000)))
fig,axes = plt.subplots(nrows=1,ncols=2)
pd.plotting.lag_plot(series=ser_1, lag=1, ax=axes[0])
pd.plotting.lag_plot(series=ser_2, lag=1, ax=axes[1])
plt.show()
```

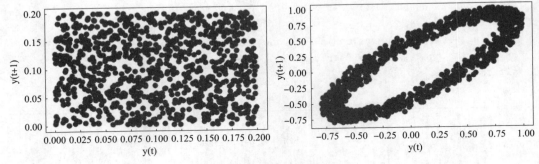

图7-6　滞后图程序运行结果

（5）平行坐标图

平行坐标图用于呈现多变量或多维数据的特征，它可以呈现多变量之间的某些特定关系。使用平行坐标时，每个点用线段连接，每个垂直的线代表一个属性，一组连接的线段表示一个数据点。平行坐标图用parallel_coordinates()方法绘制，其格式如下所示：

```
parallel_coordinates(frame, class_column, cols=None, ax=None, color=None,
use_columns=False, xticks=None, colormap=None, axvlines=True, axvlines_kwds=None,
sort_labels=False, **kwargs)
```

其中，frame是指DataFrame；class_column是frame中包含类别（数据）名称的列；cols是指含有数据的列名称列表；ax是Matplotlib的Axes对象；color设置不同类别的颜色，取值是颜色列表或元组；use_columns取True时用列名称作为横轴的刻度名称；xticks设置横轴的刻度名称，取值是列表或元组；colormap设置线条的色谱；axvlines取True时在x轴的刻度处绘制竖直线；axvlines_kwds设置竖直线的参数；sort_labels取True时对class_column参数的值进行排序。parallel_coordinates()方法的返回值是Axes对象。

下面的代码绘制一个平行坐标图，运行结果如图7-7所示。如果两个变量之间的线是相互平行的，那么这两个变量之间的关系是正相关的；如果两个变量之间的线是交叉呈现X形，那么这两个变量之间是负相关；如果两个变量之间的线是随机交叉的，那么这两个变量之间没有特别的关系。

```
import matplotlib.pyplot as plt      #Demo7_65.py
import pandas as pd
import numpy as np
np.random.seed(12345)
rnd1 = np.random.rand(30)
rnd2 = np.random.rand(30)
```

```
x = rnd2*2+0.1
x1 = 1/x
x2 = x**2
frame = pd.DataFrame({'rnd1':rnd1, 'rnd2':rnd2, 'X':x, '1/X':x1, 'X*X':x2})
frame['grade']=['grade_1' for _ in range(10)] + ['grade_2' for _ in range(10)] +
['grade_3' for _ in range(10)]
pd.plotting.parallel_coordinates(frame=frame,class_column='grade',color=('red',
'blue', 'green'))
plt.show()
```

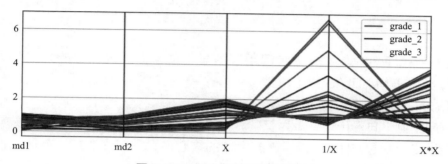

图7-7 平行坐标图程序运行结果

除了以上绘图方法外，Pandas提供了在图形上添加表格的功能，其格式为table(ax, data, rowLabels=None, colLabels=None, **kwargs)，其中ax是子图Axes对象；data是DataFrame或Series；rowLabels和colLabels是表格的行和列标签名称，默认为DataFrame的行标签和列标签；kwargs是传递给Matplotlib的table()方法的其他关键字参数。

第8章

SciPy 数据计算方法

SciPy 是 Python 中一个专门用于数学、科学、工程计数的方法计算包。SciPy 类似于 MATLAB 的工具箱，由多个模块构成，可以进行线性代数、插值、积分、优化、图像处理、常微分方程数值求解、信号处理等问题。Scipy 以 Numpy 数组（向量和矩阵）为基础，使 Numpy 和 SciPy 协同工作可以高效解决问题。SciPy 是 Python 科学计算领域的核心包，它包含的模块有 constants（物理和数学常数）、io（数据输入输出）、linalg（线性代数）、cluster（聚类算法）、fft（傅里叶变换）、integrate（积分）、interpolate（插值）、ndimage（n 维图像）、odr（正交距离回归）、optimize（优化）、signal（信号处理）、sparse（稀疏矩阵）、spatial（空间数据结构和算法）、stats（数据统计）和 special（特殊数学函数）。本书只介绍 SciPy 数据处理方面的一些方法，如插值算法、聚类算法、积分和微分算法、傅里叶变换、小波分析、数字信号处理、多项式计算和曲线拟合方面的内容，更多内容可参考笔者所著的《Python 编程基础与科学计算》。

8.1 物理常数和单位换算

由于历史原因，不同的国家和地区会采用不同的单位制，例如有些国家的长度单位喜欢使用米、毫米，而有些国家喜欢使用英尺[1]、英寸[2]。数据计数通常是在一套统一的单位制进行的，但是数据来源可能是用不同的单位来表示的，需要进行单位制的转换。SciPy 的 constants 模块提供一些常用的数学、物理常量和非标准单位变换到国际单位制的转换系数。在使用

---

[1] 英尺（ft）。1 ft=0.3048m。
[2] 英寸（in）。1 in=25.4mm。

constants 模块前,需要用"from scipy import constants as const"导入 constants 模块,本书采用别名 const,用"const.常量名称"的形式调用 constants 模块中的常量。

8.1.1 数学和物理常量

constants 模块中定义了一些常用的数学和物理常量,这些数学和物理常量如表 8-1 所示。

表 8-1 constants 模块中的数学和物理常量

常量名称	常量的值	说明
pi	3.141592653589793	圆周率 π
golden、golden_ratio	1.618033988749895	黄金分割点
c、speed_of_light	299792458.0	真空中的光速(m/s)
mu_0	1.25663706212e-06	磁常数(H/m)
epsilon_0	8.8541878128e-12	电气常数(F/m)
h、Planck	6.62607015e-34	普朗克常数(J·s)
hbar	1.0545718176461565e-34	$h/(2\pi)$
G、gravitational_constant	6.6743e-11	万有引力常数(N·m²/kg²)
g	9.80665	重力加速度(m/s²)
e、elementary_charge	1.602176634e-19	基本电荷(C)
R、gas_constant	8.314462618	摩尔气体常数[J/(mol·K)]
alpha、fine_structure	0.0072973525693	精细结构常数
N_A、Avogadro	6.02214076e+23	阿伏伽德罗常数(mol^{-1})
k、Boltzmann	1.380649e-23	波尔兹曼常数(J/K)
sigma	5.670374419e-08	斯蒂芬-波耳兹曼常数[W/(m²·K⁴)]
Rydberg	10973731.56816	里德伯常量(m^{-1})
m_e、electron_mass	9.1093837015e-31	电子质量(kg)
m_p、proton_mass	1.67262192369e-27	质子质量(kg)
m_n、neutron_mass	1.67492749804e-27	中子质量(kg)
m_u、u、atomic_mass	1.6605390666e-27	原子质量(kg)

8.1.2 单位换算系数

constants 模块提供非国际标准单位到国际标准单位换算系数,这些换算系数涉及质量、长度、时间、力、体积、角度、压力、面积、速度、温度、能量和功率与国际标准单位的转换。

(1) 质量换算系数

constants 模块中非国际标准的质量单位换算成千克(kg)时换算系数如表 8-2 所示。

表 8-2 质量换算系数

常量名称	常量的值	说明
gram	0.001	克换算成千克
lb、pound	0.45359236999999997	磅换算成千克

续表

常量名称	常量的值	说明
blob、slinch	175.12683524647636	斯勒格（英寸）换算成千克
slug	14.593902937206364	斯勒格（英尺）换算成千克
oz、ounce	0.028349523124999998	盎司换算成千克
stone	6.3502931799999995	英石换算成千克
grain	6.479891e-05	格令换算成千克
long_ton	1016.0469088	长吨换算成千克
short_ton	907.1847399999999	短吨换算成千克
troy_ounce	0.031103476799999998	金衡制盎司换算成千克
troy_pound	0.37324172159999996	金衡制磅换算成千克
carat	0.0002	克拉换算成千克

（2）长度换算系数

constants模块中非国际标准的长度单位换算成米（m）时换算系数如表8-3所示。

表8-3 长度换算系数

常量名称	常量的值	说明
inch	0.0254	英寸换算成米
foot	0.30479999999999996	英尺换算成米
yard	0.9143999999999999	码换算成米
mile	1609.3439999999998	英里换算成米
mil	2.5399999999999997e-05	密耳换算成米
pt、point	0.00035277777777777776	点换算成米
survey_foot	0.3048006096012192	测量英尺换算成米
survey_mile	1609.3472186944373	测量英里换算成米
nautical_mile	1852.0	海里换算成米
fermi	1e-15	费米换算成米
angstrom	1e-10	埃换算成米
micron	1e-06	微米换算成米
au、astronomical_unit	149597870700.0	天文单位换算成米
light_year	9460730472580800.0	光年换算成米
parsec	3.085677581491367e+16	秒差距换算成米

（3）时间换算系数

constants模块中非国际标准的时间单位换算成秒（s）时换算系数如表8-4所示。

表8-4 时间换算系数

常量名称	常量的值	说明
minute	60.0	分钟换算成秒
hour	3600.0	小时换算成秒

续表

常量名称	常量的值	说明
day	86400.0	天换算成秒
week	604800.0	周换算成秒
year	31536000.0	年换算成秒
Julian_year	31557600.0	儒略年（365.25天）换算成秒

（4）力换算系数

constants模块中非国际标准的力单位换算成牛顿（N）时换算系数如表8-5所示。

表8-5　力换算系数

常量名称	常量的值	说明
dyn、dyne	1e-05	达因换算成牛顿
lbf、pound_force	4.4482216152605	磅力换算成牛顿
kgf、kilogram_force	9.80665	千克力换算成牛顿

（5）体积换算系数

constants模块中非国际标准的体积单位换算成立方米（m^3）时换算系数如表8-6所示。

表8-6　体积换算系数

常量名称	常量的值	说明
liter、litre	0.001	升换算成立方米
gallon、gallon_US	0.0037854117839999997	加仑（美）换算成立方米
gallon_imp	0.00454609	加仑（英）换算成立方米
fluid_ounce fluid_ounce_US	2.9573529562499998e-05	液量盎司（美）换算成立方米
fluid_ounce_imp	2.84130625e-05	液量盎司（英）换算成立方米
bbl、barrel	0.15898729492799998	桶换算成立方米

（6）角度换算系数

constants模块中非国际标准的角度单位换算成弧度时换算系数如表8-7所示。

表8-7　角度换算系数

常量名称	常量的值	说明
degree	0.017453292519943295	度换算成弧度
arcmin、arcminute	0.0002908882086657216	弧分换算成弧度
arcsec、arcsecond	4.84813681109536e-06	弧秒换算成弧度

（7）压力换算系数

constants模块中非国际标准的压力单位换算成帕（Pa或N/m^2）时换算系数如表8-8所示。

表8-8 压力换算系数

常量名称	常量的值	说明
atm、atmosphere	101325.0	大气压换算成帕
bar	100000.0	巴换算成帕
torr、mmHg	133.32236842105263	毫米汞柱换算成帕
psi	6894.757293168361	磅力每平方英寸（pounds per square inch）换算成帕

（8）面积换算系数

constants模块中非国际标准的面积单位换算成平方米（m^2）时换算系数如表8-9所示。

表8-9 面积换算系数

常量名称	常量的值	说明
hectare	10000.0	公顷换算成平方米
acre	4046.8564223999992	英亩换算成平方米

（9）速度换算系数

constants模块中非国际标准的速度单位换算成米每秒（m/s）时换算系数如表8-10所示。

表8-10 速度换算系数

常量名称	常量的值	说明
kmh	0.2777777777777778	公里每小时换算成米每秒
mph	0.44703999999999994	英里每小时换算成米每秒
mach	340.5	马赫换算成米每秒
speed_of_sound	340.5	声音在空气中的传播速度
knot	0.5144444444444445	节换算成米每秒

（10）温度换算系数

constants模块中非国际标准的温度单位换算成热力学温度（K）时换算系数如表8-11所示。

表8-11 温度换算系数

常量名称	常量的值	说明
zero_Celsius	273.15	零摄氏温度对应的热力学温度
degree_Fahrenheit	0.5555555555555556	华氏温度换算成热力学温度

（11）能量换算系数

constants模块中非国际标准的能量单位换算成焦耳（J）时换算系数如表8-12所示。

表8-12 能量换算系数

常量名称	常量的值	说明
eV、electron_volt	1.602176634e-19	电子伏特换算成焦耳
calorie、calorie_th	4.184	卡路里（热化学）换算成焦耳

续表

常量名称	常量的值	说明
calorie_IT	4.1868	卡路里（国际蒸汽表）换算成焦耳
erg	1e-07	尔格换算成焦耳
Btu、Btu_IT	1055.05585262	（英国）热单位（国际蒸汽表）换算成焦耳
Btu_th	1054.3502644888888	（英国）热单位（热化学）换算成焦耳
ton_TNT	4184000000.0	一吨TNT炸药换算成焦耳

constants模块中还提供了马力转换成功率国际标准单位制瓦特（W）的换算系数，马力换算成瓦特的常量名称是hp或horsepower，值是745.6998715822701。

在知道了非国际标准单位到国际标准单位的换算系数后，可以计算出国际标准单位到非国际标准单位的换算系数，以及非国际标准单位到非国际标准单位的换算系数，例如下面的程序。

```
import scipy.constants as const   #Demo8_1.py
kg2pound=1/const.pound       #千克换算成英镑的系数
kg2ounce=1/const.ounce       #千克换算成盎司的系数
pound2ounce=const.pound/const.ounce    #英镑换算成盎司的系数
ounce2pound=const.ounce/const.pound    #盎司换算成英镑的系数
print('kg/pound=',kg2pound,'\n','kg/ounce=',kg2ounce)
print('pound/ounce=',pound2ounce,'\n','ounce/pound=',ounce2pound)
m2mile=1/const.mile          #米换算成英里的系数
m2nautical_mile=1/const.nautical_mile   #米换算成海里的系数
mile2nautical_mile=const.mile/const.nautical_mile    #英里换算成海里的系数
nautical_mile2mile=const.nautical_mile/const.mile    #海里换算成英里的系数
print('m/mile=',m2mile,'\n','m/nautical_mile=',m2nautical_mile)
print('mile/nautical_mile=',mile2nautical_mile,'\n','nautical_mile/
mile=',nautical_mile2mile)
#运行结果如下：
#kg/pound= 2.204622621848776
#kg/ounce= 35.27396194958042
#pound/ounce= 16.0
#ounce/pound= 0.0625
#m/mile= 0.000621371192237334
#m/nautical_mile= 0.0005399568034557236
#mile/nautical_mile= 0.8689762419006478
#nautical_mile/mile= 1.1507794480235427
```

8.2 插值计算

插值是离散函数逼近的重要方法，利用有限个离散数据估算出其他离散点的数据。插值与拟合不同的是，用离散数据获得的插值曲线会穿过所有的已知离散数据，而拟合是按照某种规则接近已知离散数据。SciPy的interpolate子模块提供了许多对数据进行插值运算的类，范围涵盖简单的一维插值到复杂多维插值。当样本数据变化归因于一个独立的变量时，就是一维插值；反之样本数据归因于多个独立变量时，就是多维插值。

插值计算有两种基本的方法：一种是对一个完整的数据集去拟合一个函数；另一种是对数据集的不同部分拟合出不同的函数，而函数之间的曲线平滑过渡。第二种方法又叫作仿样内插法，当数据拟合函数形式非常复杂时，这是一种非常强大的工具。我们首先介绍怎样对简单函数进行一维插值运算，然后进一步深入比较复杂的多维插值运算。

8.2.1 一维样条插值

一维样条插值是在一个曲线上插值，插值曲线用类interp1d创建，用该类创建插值函数的方法如下所示：

```
interp1d(x, y, kind='linear', axis=- 1, copy=True, bounds_error=None,
    fill_value=nan, assume_sorted=False)
```

其中x和y是已知的离散数据，用于构造某种插值曲线$y=f(x)$。需要注意的是，interp1d类创建插值曲线函数，用该曲线函数进一步计算其他点的插值。

interp1d类中各参数的说明如表8-13所示。

表8-13 interp1d类中各参数的说明

参数名称	取值类型	说明
x	array	形状是$(n,)$的一维离散数据，x的元素值一般是按照升序排序
y	array	形状是$(\cdots,n,\cdots)$的多维离散数据
kind	str、int	设置样条插值的阶次，如果是str时，可以取 'linear'、'nearest'、'nearest-up'、'zero'、'slinear'、'quadratic'、'cubic'、'previous'或'next'，'zero'、'slinear'、'quadratic'和'cubic'分别指定样条插值的0阶、1阶、2阶和3阶，'previous'和'next'是指插值点的值取插值点的前一个已知点的数据还是后一个已知点的数据，'linear'指线性插值，'nearest-up'和'nearest'指取已知点最近的数据，如果插值点在已知点中间位置时，'nearest-up'是向上取值，'nearest'是向下取值
axis	int	指定y数据的轴，默认是最后轴
copy	bool	取True时，对x和y在内部进行备份
bounds_error	bool	取True且fill_valueq取值不是'extrapolate'时，插值点位于x范围之外时，会引发ValueError异常；取False时，在插值范围之外的插值使用fill_value参数的值
fill_value	float、array、'extrapolate'、(array,array)	当插值位于x范围之外时，设置外插值数据。fill_value取值是(array,array)时，第1个数组用于x_new < x[0]时的插值，第二个数组用于x_new > x[-1]时的插值；取一个数组或float时，用于两边的插值；取'extrapolate'时表示外插值
assume_sorted	bool	取值是True时，x的值必须升序排列；取False时，会对x值进行升序排序运算

下面的代码先用$y=e^{0.5x}\sin x/x^3$函数得到一些离散值，根据这些离散值用interp1d类得到插值函数，然后用插值函数获取其他离散点的数据，程序运行结果如图8-1所示。

```
import numpy as np    #Demo8_2.py
from scipy import interpolate
import matplotlib.pyplot as plt
x=np.linspace(1,20,num=51)
y=np.exp(0.5*x) *np.sin(x) /x**3
fun_inter=interpolate.interp1d(x,y,kind=3,fill_value='extrapolate')   #创建插值函数
x_inter=np.linspace(0.6,22,num=15)
```

```
y_inter=fun_inter(x_inter)    #获取插值数据
plt.plot(x,y,label='Original Data')
plt.scatter(x_inter,y_inter,label='Interpolated Data')
plt.legend()
plt.show()
```

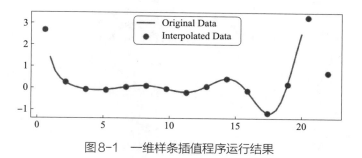

图8-1　一维样条插值程序运行结果

8.2.2　一维多项式插值

可以用已知的离散数据构造一个多项式，用多项式来计算插值点对应的值。一维多项式插值需要用到BarycentricInterpolator类和barycentric_interpolate()函数，它们的格式如下所示：

```
BarycentricInterpolator(xi, yi=None, axis=0)
barycentric_interpolate(xi, yi, x, axis=0)
```

其中，xi和yi是已知的数据，多项式曲线会穿过这些数据点，xi的数据通常是升序方式排列；axis指定yi中数据所在的轴；x是要进行插值计算的数据点。BarycentricInterpolator类有方法add_xi(xi[, yi])和set_yi(yi[, axis])，用于添加xi的数据和更新yi的数据。

下面的代码先用$y=e^{0.5x}\sin x/x^3$函数得到一些离散值，根据这些离散值用BarycentricInterpolator类得到插值函数，然后用插值函数获取其他离散点的数据，程序运行结果如图8-2所示，可以看出当原数据比较复杂时，得到的插值结果有较大的误差。

```
import numpy as np    #Demo8_3.py
from scipy import interpolate
import matplotlib.pyplot as plt
x=np.linspace(1,20,num=51)
y=np.exp(0.5*x)/x**3*np.sin(x)
fun_inter=interpolate.BarycentricInterpolator(x)    #创建插值函数
fun_inter.set_yi(y)

x_inter=np.linspace(0.6,22,num=15)
y_inter_1=fun_inter(x_inter)    #获取插值数据
y_inter_2=interpolate.barycentric_interpolate(x,y,x_inter)    #获取插值数据

plt.plot(x,y,label='Original Data')
plt.scatter(x_inter,y_inter_1,s=100,color='red',label='Interpolated Data')
plt.scatter(x_inter,y_inter_2,marker='*',color='black',label='Interpolated Data',zorder=10)
```

```
plt.legend()
plt.show()
```

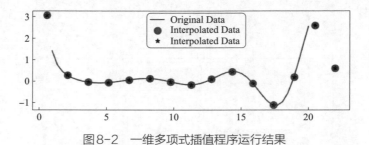

图8-2 一维多项式插值程序运行结果

8.2.3 二维样条插值

二维样条插值是在一个曲面上插值，插值曲面用类interp2d()创建，用该类创建插值函数的方法如下所示，其中x和y是已知的曲面的坐标点，z是已知的被插值离散数据，用于构造某种插值曲面$z=f(x,y)$。需要注意的是，interp2d创建插值曲面函数，用该曲面函数获取其他点的插值。

interp2d(x, y, z, kind='linear', copy=True, bounds_error=False, fill_value=None)

其中，x和y指定坐标点，可以是规则的网格坐标点，例如类似np.meshgrid()函数创建的规则坐标点，这时x只需写出一列数据，y只需写出一行数据即可，满足len(z)=len(x)×len(y)，例如x = [1,2]，y = [0,2,4]，z = [[1,2],[3,4],[5,6]]；x和y也可以是不规则的坐标点，这时必须写出每个点的x和y坐标，满足len(z)=len(x)=len(y)，例如x = [1,2,1,2,1,2]，y = [0,2,4,0,2,4]，z = [1,2,3,4,5,6]，如果x和y若是多维数组，则当成一维数组处理；kind可取 'linear'、'quintic' 和 'cubic'，分别表示线性插值、二次插值和三次插值；bounds_erro取True时，如果插值数据落在x和y确定区域之外，会抛出ValueError异常，如果取False，会用fill_value的值作为外插值数据；fill_value设置外插值数据，如果取None，则用最近点的数据进行外插值。

下面的代码先用$z=2(1-\dfrac{x}{4}+x^5+y^4)e^{-x^2-y^2}$函数得到一些离散值，根据这些离散值用interp2d类得到插值函数，然后用插值函数获取其他离散点的数据，程序运行结果如图8-3所示。

```
from scipy.interpolate import interp2d   #Demo8_4.py
import numpy as np
import matplotlib.pyplot as plt
n = 31
x = np.linspace(-3,3,n)
y = np.linspace(-3,3,n)
X,Y = np.meshgrid(x,y)    #x和y向的坐标值
Z = (1-X/4+X**5+Y**4)*np.exp(-X**2-Y**2)*2   #高度值
fun_inter = interp2d(x,y,Z,kind='cubic')   #二维插值函数

x_inter = np.linspace(-4,4,30) #插值坐标数据
y_inter = np.linspace(-4,4,30) #插值坐标数据
Z_inter = fun_inter(x_inter,y_inter)   #插值后的数据
```

```
X_inter,Y_inter=np.meshgrid(x_inter,y_inter)    #插值网格坐标数据

fig=plt.figure()
ax3d_1 = fig.add_subplot(1,2,1, projection='3d')
ax3d_1.plot_surface(X,Y,Z,rcount=50,ccount=50,cmap='jet')   #绘制原数据曲面
ax3d_1.set_xlim(-3,3)
ax3d_1.set_ylim(-3,3)
ax3d_1.view_init(30, 200)  #视角
ax3d_2 = fig.add_subplot(1,2,2, projection='3d')
ax3d_2.plot_surface(X_inter,Y_inter,Z_inter,rcount=50,ccount=50,cmap='jet') #绘制插值后的数据曲面
ax3d_2.set_xlim(-3,3)
ax3d_2.set_ylim(-3,3)
ax3d_2.view_init(30, 200)  #视角
plt.show()
```

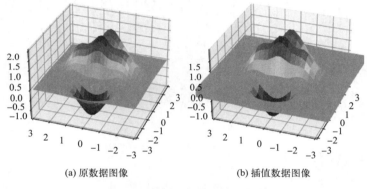

(a) 原数据图像　　　　　　　(b) 插值数据图像

图8-3　二维样条插值程序运行结果

8.2.4　根据FFT插值

根据FFT（fast fourier transform）插值是先将已知的数据做傅里叶变换，得到频谱特性，根据频谱特性获取新的插值点的数据。FFT插值用signal模块下的resample()方法，其格式如下所示，有关FFT的内容参见8.5节。

```
resample(x, num, t=None, axis=0, window=None, domain='time')
```

其中，x是已知的数据；num是插值的数据个数；t是对应x中数据的时间点，t是等距离分布的数组；axis指定要插值的轴；window设置窗函数，可以取窗函数名、数组或可调用的函数，窗函数参见8.5.5节；domain设置x的数据是时间域还是频率域，可以取'time'或'freq'。如果没有指定t，resample()的返回值是插值后的数组，如果指定了t，返回值是插值后的数组和对应的时间数组。下面的代码根据已知的数据用FFT方法计算更多点的数据，并绘制曲线，程序运行结果如图8-4所示。

```
import numpy as np   #Demo8_5.py
from scipy import signal
```

```
import matplotlib.pyplot as plt
number=51
t=np.linspace(0,10,num=number,endpoint=True)
y=np.sin(2*np.pi*5*t+1)+2*np.cos(2*np.pi*8*t+2)+np.sin(2*np.pi*5*t+0.5)*np.
cos(2*np.pi*4*t)
y_new,time_new=signal.resample(y,num=1000,t=t,domain='time')
plt.plot(t,y,label='Original Data')
plt.plot(time_new,y_new,'--k',label='Interpolated Data')
plt.legend()
plt.show()
```

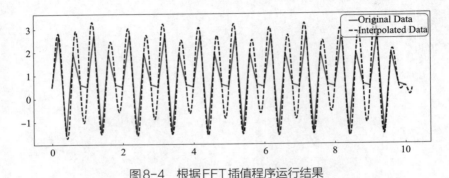

图8-4　根据FFT插值程序运行结果

8.3　聚类算法

聚类就是把一些数据分成多个组，每个组内的数据具有较高的相似性，不同组内的数据的相似性较差。聚类的用途很广，在信息理论、目标识别、通信、数据压缩和其他行业都有很多的应用。SciPy提供k-平均聚类法、矢量量化和层次聚类法。

8.3.1　k-平均聚类法

k-平均（k-means）可以根据数据之间的距离，自动把数据分解成几个组。k-平均进行数据分类的流程如下所示。

① 初始化。对于有N个数据的一个样本，随机选择k个数作为中心点，或者指定k个数作为中心点，也可以指定k个分组并计算每个分组的平均值作为中心点。

② 数据分组。计算每个数据点到中心点的距离，数据点距离哪个中心点近，就归入对应的分组。分组完成后，计算每个组的平均值最为新的中心点。

③ 再次重新分组。清除每个分组内的数据，重新分配数据，并计算平均值作为新的中心点。

④ 迭代。继续重复上面的步骤，直到每个组内的数据变化不大，或者平均值的变化量小于一定的阈值，或者满足最大迭代次数，迭代结束。

k-平均的优点是计算速度快、计算简单，缺点是需要提前知道需要分成多少个组。在SciPy中用kmeans()函数和kmeans2()函数计算k-平均聚类，它们的格式如下所示：

```
kmeans(obs, k_or_guess, iter=20, thresh=1e-05, check_finite=True)
kmeans2(data, k, iter=10, thresh=1e-05, minit='random', missing='warn',
check_finite=True)
```

kmeans()函数和kmeans2()函数中各参数的意义如表8-14所示。

表8-14 kmeans()函数和kmeans2()函数中参数说明

参数	参数类型	说明
Obs、data	array	一维或二维数组,如果是二维数组,数组的每行是观察对象
k_or_guess、k	int、array	如果取整数,设置分组的个数;如果是一维数组,设置初始中心点
iter	int	设置最大迭代次数
thresh	float	设置阈值
check_finite	bool	设置是否检查输入数据中有无穷大或NaN的数
minit	str	初始化设置,可以取'random'、'points'、'++'、'matrix'
missing	str	设置处置空组(聚类)的方法,可以选择'warn'或'raise'。'warn'表示发出警告后继续计算,'raise'发出ClusterError错误信号并终止计算

kmeans()函数的返回值是码书(code book)和失真(distortion),码书可用于矢量量化计算;kmeans2()函数的返回值是中心点数组和标签数组,标签数组中记录了原输入数据data中的元素应该属于哪个聚类。需要注意的是,kmeans()函数的输入数据obs必须先用whiten(obs[, check_finite])函数进行数据美白,将元素除以所有观测值的标准偏差,以便给出单位方差。

下面的程序创建4组随机数据,把数据融合到一起并随机打乱,用k-平均聚类算法把数据分解,程序运行结果如图8-5所示。

```
import numpy as np   #Demo8_6.py
import matplotlib.pyplot as plt
from scipy.cluster import vq
a = np.random.multivariate_normal([1, 6], [[2, 1], [1, 1.5]], size=50)  #随机生成两
列数据,作为x和y坐标
b = np.random.multivariate_normal([2, 0], [[1, -1], [-1, 3]], size=60)  #随机生成两
列数据,作为x和y坐标
c = np.random.multivariate_normal([6, 4], [[5, 0], [0, 1.2]], size=40)  #随机生成两
列数据,作为x和y坐标
d = np.random.multivariate_normal([5, 7], [[5, 1], [1, 2.2]], size=40)  #随机生成两
列数据,作为x和y坐标
z = np.concatenate((a, b, c, d))    #数据组合
np.random.shuffle(z)    #打乱顺序
centroid, label = vq.kmeans2(z, 4, minit='points')   #k-平均聚类计算
w0 = z[label == 0]    #h获取分配到聚类0中的数据
w1 = z[label == 1]    #h获取分配到聚类1中的数据
w2 = z[label == 2]    #h获取分配到聚类2中的数据
w3 = z[label == 3]    #获取分配到聚类3中的数据
plt.scatter(w0[:, 0], w0[:, 1],marker= 'o', alpha=0.5, label='cluster 0')   #绘制聚
类0中的数据
plt.scatter(w1[:, 0], w1[:, 1], marker='d', alpha=0.5, label='cluster 1')   #绘制聚
类1中的数据
```

```
plt.scatter(w2[:, 0], w2[:, 1], marker='s', alpha=0.5, label='cluster 2')    #绘制聚
类2中的数据
plt.scatter(w3[:, 0], w3[:, 1], marker='>', alpha=0.5, label='cluster 3')    #绘制聚
类3中的数据
plt. scatter (centroid[:, 0], centroid[:, 1], marker='*',color='black', label='ce
ntroids')    #绘制中心点位置
plt.legend(shadow=True)
plt.show()
```

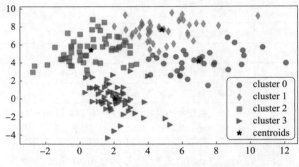

图8-5　k-平均聚类法程序运行结果

8.3.2　矢量量化

矢量量化（vector quantization）是一种基于分块编码规则的有损数据压缩方法，它的基本思想是将许多标量数据构成一个矢量，然后在矢量空间给以整体量化，既压缩了数据而又不损失太多信息。矢量量化已得到广泛应用，例如在语音编码和图像编码以及各种模式识别中都有重要的应用。k-平均聚类算法的思想是在集合中找到k个中心，以中心为基础把集合分为k个部分。矢量量化算法可以看作基于k-平均算法找出的k个中心点，把中心点周围的点的值用中心值取代。

矢量量化用vq()函数，其格式如下所示：

```
vq(obs, code_book, check_finite=True)
```

其中obs通常是$m \times n$二维数组，每行就是一个观察对象（矢量），每列是一个特征，列的方差通常是单位方差，可以通过whiten(obs[, check_finite])函数进行数据美白；code_book是码书，可以通过kmeans()函数或其他编码规则获取；check_finite用于检查是否有无穷大或NaN数据。vq()函数的返回值是长度为m的一维编码数组（码书元素的索引）和观测值与其最接近的代码之间的失真（距离）数组。利用编码数组和码书可以进行反向解码，得到解码数据，当然解码数据与原数据相比会有一定的失真，失真程度与码书中元素的个数有关。

下面的程序是将图片的颜色进行矢量量化，并绘制原图片和编码后的图片。k-平均的聚类数量k=5，要提高编码后的质量，需要增大k值。程序运行结果如图8-6所示。

```
import matplotlib.pyplot as plt    #Demo8_7.py
from scipy.cluster import vq
image = plt.imread('d:\\building.jpg')    #读取图片的RGB值
m,n,t = image.shape    #获取数组的形状，一般是(m,n,3)
pixel = image.reshape(-1,t)    #调整成二维数组
```

```
pixel= pixel/255    #将颜色值调整成0~1之间

k = 5   #聚类数量
code_book,distort_1 = vq.kmeans(pixel,k)    #k-平均计算，获取码书
code,distort_2 = vq.vq(pixel,code_book)    #矢量量化，获取编码，可将码书和编码保存到文件中

clustered = code_book[code]    #获取编码后的图形数据
clustered = clustered.reshape(m,n,t)    #将颜色数组重新调整成原来的形状
plt.subplot(121)
plt.imshow(image)    #绘制原图片
plt.title('Original Image')
plt.subplot(122)
plt.imshow(clustered)    #绘制编码后的图片
plt.title('Coded Image')
plt.show()
```

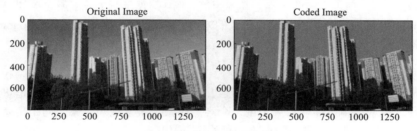

图8-6　图片编码程序运行结果

8.3.3　层次聚类法

（1）层次聚类法的概念

　　k-平均聚类法存在k值选择和初始聚类中心点选择的问题，而这些问题会影响聚类的效果。为了避免这些问题，可以选择另外一种比较实用的聚类算法——层次聚类算法（hierarchical clustering）。层次聚类就是一层一层地进行聚类，形成树状结构，形状如图8-7所示，由上向下把大的类别（cluster）分割的叫作分裂法（divisive），由下向上对小的类别进行聚合的叫作凝聚法（agglomerative clustering），使用比较多的是由下向上的凝聚法。凝聚法是一种自底向顶的策略，首先将每个对象作为一个族，然后合并这些原始族为越来越大的族，直到所有的对象都在一个族中，或者某个终结条件被满足，绝大多数层次聚类方法属于这一类，只是在族间相似度的定义上有所不同。分裂法与凝聚法相反，采用自顶到底的策略，它首先将所有对象置于同一个族中，然后逐渐细分为越来越小的族，直到每个对象自成一族，或者达到了某个终止条件。

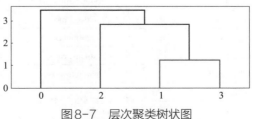

图8-7　层次聚类树状图

（2）层次聚类法的实现

凝聚法层次聚类算法用linkage()函数实现，其格式如下所示：

```
linkage(y, method='single', metric='euclidean', optimal_ordering=False)
```

其中，y是一维数组或二维数组，如果是一维数组，则表示是距离矩阵的上三角元素构成的向量，如果是二维数组，则表示是观测向量（observation vectors）矩阵，观测向量矩阵的每行是一个观测对象，就是要进行聚类的原始数据，可以用pdist(X, metric='euclidean', *args, **kwargs)函数把观测向量矩阵转换成压缩距离矩阵的上三角元素构成的向量；method是当y为二维数组时，用于设置计算压缩距离向量的方法，可以取'single'、'complete'、'average'、'weighted'、'centroid'、'median'、'ward'；y取观测向量矩阵时，metric设置两个观测对象之间的距离计算方法，可以取字符串或函数，当y是一维数组时，忽略该参数；optimal_ordering取值为True时，返回的编码矩阵会被重新排序，这样显示编码矩阵图像时会更直观，但是这样会增加聚类算法的工作量。linkage()函数的返回值是编码矩阵，它有4列，第1列与第2列分别为聚类族的编号，在计算前需要把观测对象从0～n−1进行编号，每生成一个新的聚类族就在此基础上增加一对新的聚类族进行标识，第3列表示前两个族之间的距离，第4列表示新生成族所包含的元素的个数。

matplotlib中没有专门绘制层次聚类图像的方法，需要用SciPy提供的dendrogram(Z)方法绘制树状结构图，其中Z是linkage()函数的返回值。

（3）观测对象之间的距离计算

层次聚类法在迭代过程中，会将族不断合并，形成新的族，合并族的过程是重新计算族之间距离的过程。由于族中可能含有一个或多个观测对象，所以观测对象之间距离有多种定义方式，根据观测对象的距离，族之间的距离也有多种取值方式。

两个不同观测对象的距离计算用pdis()函数计算，其格式如下所示：

```
pdist(X, metric='euclidean', *args, **kwargs)
```

其中，X是 $m \times n$ 二维数组，每行是一个观测对象；metric设置两个观测对象之间的距离计算方法或者自定义的函数，可以取值如表8-15所示。pdist()函数的返回值是距离矩阵的上三角元素构成的向量，可以用linkage()函数进行层级聚类。

表8-15 观测对象之间的距离计算方法

metric的取值	pdist()函数的格式	metric的取值	pdist()函数的格式
'euclidean'	pdist(X,'euclidean')	'mahalanobis'	pdist(X,'mahalanobis',VI=None)
'minkowski'	pdist(X,'minkowski',p=2.)	'yule'	pdist(X,'yule')
'cityblock'	pdist(X,'cityblock')	'matching'	pdist(X,'matching')
'seuclidean'	pdist(X,'seuclidean',V=None)	'dice'	pdist(X,'dice')
'sqeuclidean'	pdist(X,'sqeuclidean')	'kulsinski'	pdist(X,'kulsinski')
'cosine'	pdist(X,'cosine')	'rogerstanimoto'	pdist(X,'rogerstanimoto')
'correlation'	pdist(X,'correlation')	'russellrao'	pdist(X,'russellrao')
'hamming'	pdist(X,'hamming')	'sokalmichener'	pdist(X,'sokalmichener')
'jaccard'	pdist(X,'jaccard')	'sokalsneath'	pdist(X,'sokalsneath')
'chebyshev'	pdist(X,'chebyshev')	'wminkowski'	pdist(X,'wminkowski',p=2,w=w)
'canberra'	pdist(X,'canberra')	f（自定义函数）	pdist(X,f)，例如pdist(X, lambda u, v: np.sqrt(((u-v)**2).sum()))
'braycurtis'	pdist(X,'braycurtis')		

（4）族之间的距离计算

在族中有多个观测对象时，要确定族与族之间距离，根据族内两个观测对象的距离计算方法，可以采用不同的方式确定族之间的距离。linkage()函数中，参数method设置计算族距离的方法，可以采用的方法如下所示。

① method='single'：最小距离，计算公式如下所示，u和v是两个不同的族，dist()是用表7-16所示的方法计算两个观察对象的聚类。

$$d(u,v)=\min(\text{dist}\{u[i],v[j]\})$$

② method='complete'：最大距离，计算公式如下所示，u和v是两个不同的族。

$$d(u,v)=\max(\text{dist}\{u[i],v[j]\})$$

③ method='average'：平均距离，计算公式如下所示，u和v是两个不同的族。

$$d(u,v)=\sum_{ij}\frac{\text{dist}\{u[i],v[j]\}}{|u|\times|v|}$$

④ method='weighted'：加权距离，计算公式如下所示，u是由s和t两个族构成，v是剩余族。

$$d(u,v)=[\text{dist}(s,v)+\text{dist}(t,v)]/2$$

⑤ method='centroid'：中心距离，计算公式如下所示，u由s和t合并而来，c_s和c_t是s和t的中心点，$\|*\|_2$是2-范数。

$$\text{dist}(s,t)=\|c_s-c_t\|_2$$

⑥ method='median' 中位数距离，与'centroil'方法类似，计算dist(s,t)。

⑦ method='ward' 离差平方和，计算公式如下所示，u由s和t合并而来，v是剩余族，$T=|v|+|s|+|t|$，$|*|$表示求基。

$$d(u,v)=\sqrt{\frac{|v|+|s|}{T}d(v,s)^2+\frac{|v|+|t|}{T}d(v,t)^2-\frac{|v|}{T}d(s,t)^2}$$

下面的程序随机生成4个观测对象，用层次聚类法进行聚类计算。程序运行结果如图8-7所示，从运行结果和输出的数据可以看出，层级聚类法分别将4个观测对象分成族0～族3，每个族有1个观测对象，然后族1和族3和合并成族4，族4有2个观测对象，族2和族4合并成族5，族5有3个观测对象，最后族0和族5合并成族6，族6有4个观测对象。

```
import numpy as np    #Demo8_8.py
from scipy.cluster import hierarchy
import matplotlib.pylab as plt
observations=np.random.randn(4,3)    #生成待聚类的4个观测对象，每个点三维
disMat = hierarchy.distance.pdist(observations,'euclidean')    #用欧氏距离计算观测对象的距离
```

```
Z = hierarchy.linkage(disMat,method='average',optimal_ordering=True)   #进行层次聚类
计算
hierarchy.dendrogram(Z)   #绘制层级聚类图
print('observations=',observations)   #输出观测对象
print('dist=',disMat)   #输出观测对象之间的聚类
print('Z=',Z)   #输出linkage()的返回值
plt.show()
'''
```

运行结果如下：
```
observations= [[ 2.26295424 -0.48862961 -0.63591355]   4个观测对象，实际结果可能与此不同
              [-0.36858956 -1.32785772  1.10247148]
              [-0.48976494  0.51847377 -0.39022583]
              [-1.04489806 -2.36210487  1.04634413]]
dist= [3.2636343 2.9414422 4.1571369 2.3773448 1.2370168 3.2664413]  观测对象间的
距离
Z= [[1.   3.   1.23701683  2. ]   族1和族3合并成族4，族4有2个观测对象
    [2.   4.   2.82189313  3. ]   族2和族4合并成族5，族4有3个观测对象
    [0.   5.   3.45407117  4. ]]  族0和族5合并成族6，族4有4个观测对象
'''
```

8.4 数值积分和微分

SciPy 的 integrate 子模块可以对函数进行一重定积分、二重定积分、三重定积分以及 n 重定积分计算，还可以对离散数据进行积分计算，也可对微分方程组进行求解。

8.4.1 一重定积分

（1）一重定积分函数

一重定积分是计算形如 $\int_{x=a}^{x=b} f(x)dx$ 的积分，其中 a 和 b 分别是积分下限和上限。一重定积分用 quad() 方法，其格式如下所示：

```
quad(func, a, b, args=(), full_output=0, epsabs=1.49e-08, epsrel=1.49e-08,
limit=50, points=None, weight=None, wvar=None, limlst=50)
```

quad() 方法中各参数的类型及说明如表 8-16 所示。

表 8-16　quad() 方法的参数类型及说明

参数	参数类型	说明
func	function	被积分函数，可以调用的函数都可以作为被积分函数，例如自定义函数、Python 内置函数、NumPy 函数、Math 函数、SciPy 函数等
a	float	积分下限，用 -np.inf 表示 $-\infty$

续表

参数	参数类型	说明
b	float	积分上限，用np.inf表示+∞
args	tuple	设置被积分函数的其他参数值
full_output	int	取值非0时，以字典形式返回积分信息
epsabs	float、int	设置积分绝对误差，默认值是1.49e-8，积分精度小于等于max(epsabs, epsrel*abs(i))，i是函数的积分值
epsrel	float、int	设置积分相对误差，该值与积分值的绝对值的乘积是实际误差，在epsabs≤0时，epsrel>max(5e-29,50*计算机精度)
limit	float、int	在自适应算法中，设置子间隔数量的上限
points	sequence	如果被积分函数有不连续点或断点，例如$1/x$在$x=0$处存在断点，在这些点会出现积分困难，可以用points=[0]指定$x=0$是断点
weight	str	weight和wvar设置权重函数，weight和wvar的取值见表8-17
wvar	variables（变量）	
limlst	int	设置重复使用正弦权重的数量上限

quad()函数的第1个返回值是积分值，第2个返回值是积分误差，在full_output参数取非0整数时，以字典形式返回第3个值。

（2）函数的一般积分

对于一般的函数，给定函数的积分下限和上限，可以求得函数的定积分值和积分误差。下面的代码分别计算 $\int_0^\pi \sin x \, dx$、$\int_{-1}^1 \sqrt{1-x^2} \, dx$ 和 $\int_1^{+\infty} e^{-2x}/x^3 \, dx$ 的定积分。

```
import numpy as np    #Demo8_9.py
from scipy import integrate
I,error = integrate.quad(np.sin,0,np.pi) #计算sin x的积分，积分上下限分别是np.pi和0
print(I); print(error)
def circle(x):    #自定义函数
    y=2*np.sqrt(1-x**2)
    return y
I,error = integrate.quad(circle,-1,1)   #计算x²+y²=1所表示的圆的面积
print(I)
print(error)
def grand(x):   #自定义函数
    y=np.exp(-2*x)/x**3
    return y
I,error = integrate.quad(grand,1,np.inf) #计算e⁻²ˣ/x³的积分，积分下限和上限分别是1和+∞
print(I)
print(error)
'''
运行结果如下：
2.0
2.220446049250313e-14
3.1415926535897967
```

```
2.000470900043183e-09
0.03013337979781598
1.3296065786754655e-10
'''
```

(3)含有其他参数的积分

如果被积分函数中除了积分变量外还有其他的参数需要设置，这时可以通过quad()函数的args参数传递给被积函数。下面的代码计算$x^2+y^2=r^2$所表示的圆的面积，其中r是额外的参数。

```
import numpy as np    #Demo8_10.py
from scipy import integrate
def circle(x,r):    #自定义函数
    y=2*np.sqrt(r**2-x**2)
    return y
radius=10
I,error = integrate.quad(circle,-radius,radius,args=(radius,))   #计算x²+y²=10²所表示的圆的面积
print(I)
radius=100
I,error = integrate.quad(circle,-radius,radius,args=(radius,))   #计算x²+y²=100²所表示的圆的面积
print(I)
'''
运行结果如下：
314.15926535897967
31415.926535897957
'''
```

(4)含有断点的积分

如果被积分函数中含有断点，可以通过quad()函数的points参数指定断点。下面的代码计算$y=\lg(|x|)$的积分，$x=0$是断点。

```
import numpy as np    #Demo8_11.py
from scipy import integrate
def log10(x):    #自定义函数
    y=np.log10(np.abs(x))
    return y
radius=10
I,error = integrate.quad(log10,-1,1,points=(0,))    #计算y=lg(|x|)的积分，x=0是断点
print(I)
print(error)
'''
运行结果如下：
-0.8685889638065033
1.4432899320127035e-15
'''
```

（5）含有权重函数的积分

除了可以直接对 $f(x)$ 进行 $\int_a^b f(x)\mathrm{d}x$ 积分计算外，还可以进行 $\int_a^b w(x)f(x)\mathrm{d}x$ 积分计算，其中 $w(x)$ 是权重函数。在 quad() 函数的参数中，通过 weight 和 wvar 参数设置被积分函数的权重函数，权重函数如表 8-17 所示，其中 a 和 b 是积分下限和上限，v 是变量，alpha、beta 和 c 都是常数。

表8-17 权重函数

weight 参数值	wvar 参数值	权重函数
'cos'	wvar = v	w(x)=cos(v*x)
'sin'	wvar = v	w(x)=sin(v*x)
'alg'	wvar = (alpha, beta)	w(x) = ((x-a)**alpha)*((b-x)**beta)
'alg-loga'	wvar = (alpha, beta)	w(x) = ((x-a)**alpha)*((b-x)**beta)*log(x-a)
'alg-logb'	wvar = (alpha, beta)	w(x) = ((x-a)**alpha)*((b-x)**beta)*log(b-x)
'alg-log'	wvar = (alpha, beta)	w(x) = ((x-a)**alpha)*((b-x)**beta)*log(x-a)*log(b-x)
'cauchy'	wvar = c	w(x)=1/(x-c)

以下代码是含有权重函数积分的应用。

```
import numpy as np    #Demo8_12.py
from scipy import integrate
def square(x):    #自定义函数
    y = x**2
    return y
frequency=10*2*np.pi
I,error = integrate.quad(square,0,10,weight='sin',wvar=frequency) #权重函数
w(x)=sin(frequency*x)
print(I)
print(error)
'''
运行结果如下：
-1.5915494309189535
3.983531712987479e-31
'''
```

（6）被积函数中有数组

当被积函数的表达式中含有数组时，返回值也通常是数组，这时函数的积分值也是数组。积分数组的每个元素的值是对应被积函数中每个数组元素的对应值。含数组的函数的积分用 quad_vector() 方法，下面通过一个实例说明被积函数中有数组的情况。

```
from scipy import integrate    #Demo8_13.py
import numpy as np
t = np.linspace(0.0, 1.0, num=101)
def f(x):
    global t
```

```
        y = t*np.exp(-x*t)
        return y
    a, b = 0, 5
    I, error = integrate.quad_vec(f, a, b)      #含数组的积分

    def ff(x,c):
        y = c*np.exp(-x*c)
        return y
    temp = list()
    for i in t:
        y, error = integrate.quad(ff, a, b, args=(i,))    #不含数组的积分
        temp.append(y)
    print(np.allclose(I,temp))   #验证含数组的函数积分和不含数组的函数积分是否相同
    #运行结果是True
```

（7）高斯积分

高斯积分是将被积分函数用多项式近似表示，可以指定多项式的阶数或者指定积分误差。指定阶数的高斯积分是fixed_quad()方法，指定积分误差的高斯积分是quadrature()方法，它们的格式如下所示：

```
fixed_quad(func, a, b, args=(), n=5)
quadrature(func, a, b, args=(), tol=1.49e-08, rtol=1.49e-08, maxiter=50,
vec_func=True, miniter=1)
```

其中，func设置被积分函数；a和b设置积分下限和上限；args设置被积分函数中其他参数；n指定多项式的阶次；tol和rtol设置迭代误差和相对误差，迭代误差小于tol值时，或者两次迭代相对误差小于rtol时停止迭代；maxiter和miniter分别设置最大高斯积分的最大阶数和最小阶数；vec_func设置是否把数组当成参数来处理。fixed_quad()的返回值是积分值和None，quadrature的返回值是积分值和误差。下面的代码是高斯积分的应用。

```
from scipy import integrate    #Demo8_14.py
import numpy as np
a, b = 0, np.pi/2
I, error = integrate.fixed_quad(np.sin, a, b, n=4); print(I)
I, error = integrate.fixed_quad(np.sin, a, b, n=7); print(I)
I, error = integrate.quadrature(np.sin, a, b); print(I); print(error)
'''
运行结果如下：
0.9999999771971152
1.0
0.9999999999999535
3.961175831790342e-11
'''
```

（8）龙贝格积分

龙贝格积分也称为逐次分半加速法，是在梯形求积公式、辛普森求积公式和柯特斯求积公

式的基础上构造出的一种计算精度更高的积分方法。龙贝格积分方法是将积分区间 [a, b] 逐次分半进行计算，在不增加计算量的前提下提高了积分的精度。

龙贝格积分用 romberg() 方法，其格式如下所示：

```
romberg(function, a, b, args=(), tol=1.48e-08, rtol=1.48e-08, show=False,
divmax=10, vec_func=False)
```

其中，function 设置被积分函数；a 和 b 设置积分下限和上限；args 设置被积分函数中其他参数；tol 和 rtol 设置积分绝对误差和相对误差；show 设置是否输出积分过程；divmax 设置外插最大阶数；vec_func 设置是否将被积分函数中数组当作参数来处理。romberg() 方法的返回值只有积分值。

```
from scipy import integrate    #Demo8_15.py
import numpy as np
a, b = 0, np.pi/2
I = integrate.romberg(np.sin, a, b,show=True)
print("积分值是", I)
'''
运行结果如下：
 Steps  StepSize    Results
     1  1.570796   0.785398
     2  0.785398   0.948059  1.002280
     4  0.392699   0.987116  1.000135  0.999992
     8  0.196350   0.996785  1.000008  1.000000  1.000000
    16  0.098175   0.999197  1.000001  1.000000  1.000000  1.000000
The final result is 0.9999999999980171 after 17 function evaluations.
积分值是 0.9999999999980171
'''
```

8.4.2 二重定积分

二重定积分是计算形如 $\int_{x=a}^{x=b}\int_{y=c}^{y=d} f(y,x)\mathrm{d}x\mathrm{d}y$ 或者 $\int_{x=a}^{x=b}\int_{y=g(x)}^{y=h(x)} f(y,x)\mathrm{d}x\mathrm{d}y$ 的积分，其中 a、b、c 和 d 是积分常数。二重定积分用 dblquad() 方法，其格式如下所示：

```
dblquad(func, a, b, gfun, hfun, args=(), epsabs=1.49e-08, epsrel=1.49e-08)
```

其中，func 设置被积分函数 $f(y, x)$；a 和 b 是 x 的积分范围，a<b；gfun 和 hfun 设置 $g(x)$ 和 $h(x)$，或者设置 c 和 d；args 是传递 func 函数的额外参数；epsabs 和 epsrel 设置积分绝对误差和相对误差。dblquads() 函数的返回值是积分值和积分误差。

下面的代码计算 $I = \int_{x=0}^{x=1}\int_{y=0}^{y=x} x(y+1)\mathrm{d}x\mathrm{d}y$ 二重定积分。用手动计算的 $I = \int_{x=0}^{x=1}\int_{y=0}^{y=x}$

$x(y+1)\mathrm{d}x\mathrm{d}y = \int_{x=0}^{x=1} x\left(\frac{1}{2}y^2 + y\right)\bigg|_{y=0}^{y=x} \mathrm{d}x = \int_{x=0}^{x=1}\left(\frac{1}{2}x^3 + x^2\right)\mathrm{d}x = \left(\frac{1}{8}x^4 + \frac{1}{3}x^3\right)\bigg|_{x=0}^{x=1} = \frac{11}{24}$

```
from scipy import integrate    #Demo8_16.py
def f(y,x,constant):
```

```
        return x*(y+constant)
def h(x):
    return x
I,error = integrate.dblquad(func=f,a=0,b=1,gfun=0,hfun=h,args=(1,))
print(I)
print(error)
'''
```
运行结果如下:
0.4583333333333333
1.6569099623682214e-14
'''

8.4.3 三重定积分

三重定积分是计算形如 $\int_{x=a}^{x=b}\int_{y=g(x)}^{y=h(x)}\int_{z=q(y,x)}^{z=r(y,x)} f(z,y,x)\mathrm{d}x\mathrm{d}y\mathrm{d}z$ 的积分。三重定积分用tplquad()方法,其格式如下所示:

```
tplquad(func, a, b, gfun, hfun, qfun, rfun, args=(), epsabs=1.49e-08, epsrel=1.49e-08)
```

其中,func是被积分函数$f(z,y,x)$,gfun、hfun、qfun和rfun分别对应$g(x)$、$h(x)$、$q(y,x)$和$r(y,x)$,args是传递func函数的额外参数; epsabs和epsrel设置积分绝对误差和相对误差。

下面的代码计算三重定积分 $I=\int_{x=0}^{x=1}\int_{y=0}^{y=x}\int_{z=0}^{z=x+y} x(y+1)(2z+1)\mathrm{d}x\mathrm{d}y\mathrm{d}z$ 的值,经手动计算该积分值 $I = \frac{17}{72} + \frac{19}{30} + \frac{3}{8}$。

```
from scipy import integrate    #Demo8_17.py
def f(z,y,x,c1,c2):
    return x*(y+c1)*(2*z+c2)
def h(x):
    return x
def r(y,x):
    return x+y
I,error = integrate.tplquad(func=f,a=0,b=1,gfun=0,hfun=h,qfun=0,rfun=r,args=(1,1))
print(I)
print(error)
'''
```
运行结果如下:
1.2444444444444445
1.3193048854885937e-13
'''

8.4.4 n重定积分

要计算更多重的积分，可以用nquad()方法，其格式如下所示：

```
nquad(func, ranges, args=None, opts=None, full_output=False)
```

其中，func是被积分函数$f(x_0,\cdots,x_n,t_0,\cdots,t_m)$，其中$x_0,\cdots,x_n$是依次被积分的变量，$t_0,\cdots,t_m$是额外参数，其值由args参数指定；ranges设置积分变量$x_0,\cdots,x_n$的下限和上限；opts设置积分参数，可以取字典或由字典构成的序列，如果是序列，则指定每重积分的参数，字典的关键字有epsabs = 1.49e-08、epsrel = 1.49e-08、limit = 50、points = None、weight = None、wvar = None和wopts = None；full_output=True时以字典形式返回积分信息。nquad()的返回值有积分值和绝对误差，以及积分信息（full_output=True时）。

```
from scipy import integrate    #Demo8_18.py
import numpy as np
def f(x0,x1,x2,x3,x4,t0,t1,t2):
    y=np.sin(x0+t0)+np.cos(x1)*(x2-t1)+np.sin(x3+t2)*np.exp(-np.abs(x4))
    return y
I,error=integrate.nquad(f,ranges=[[0,1],[0,2],[1,2],[1,2],[0,1]],args=(1,2,3))
print(I)
print(error)
'''
运行结果如下：
0.2732690312405778
1.500848343837361e-14
'''
```

8.4.5 给定离散数据的积分

如果不知道被积分函数$f(x)$的具体表达式，而是只知道函数$f(x)$的一些离散数据$y_i=f(x_i)$，或者实验采集的一些离散数据，可以用这些离散数据近似得到$f(x)$函数的近似积分值，用离散数据进行积分的方法有复合梯形法（composite trapezoidal rule）、复合辛普森法（composite Simpson's rule）和龙贝格法（Romberg integration）三种。

如图8-8（a）所示，用梯形法求解$f(x)$在[a，b]区间内阴影部分的面积，面积可以表示成

$$I=\frac{h}{2}\big[f(a)+f(b)\big]$$

其中，$h=b-a$。用辛普森法可以表示成

$$I=\frac{h}{6}\left[f(a)+4f\left(\frac{h}{2}\right)+f(b)\right]$$

如果b和a的差较大，势必会造成很大的误差。将区间[a,b]划分为n等份，步长$h=(b-a)/n$，等分点为x_i，如图8-8（b）所示，用复合梯形法计算阴影部分的面积，积分值可以表示成

$$I=\sum_{i=0}^{n-1}\frac{h}{2n}\big[f(x_i)+f(x_{i+1})\big]=\frac{h}{2n}\left[f(a)+2\sum_{i=1}^{n-1}f(x_i)+f(b)\right]$$

用复合辛普森法可以表示成

$$I = \sum_{i=0}^{n-1} \frac{h}{6}\left[f(x_i) + 4f\left(x_{i+\frac{1}{2}}\right) + f(x_{i+1})\right] = \frac{h}{6n}\left[f(a) + 4\sum_{i=0}^{n-1} f\left(x_{i+\frac{1}{2}}\right) + 2\sum_{i=0}^{n-1} f(x_i) + f(b)\right]$$

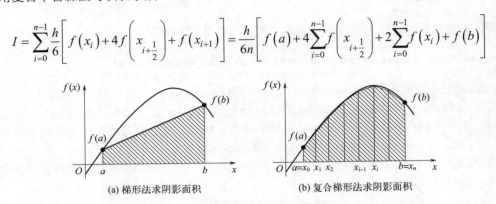

图8-8　梯形法与复合梯形法求面积

复合梯形积分法有trapezoid()和cumulative_trapezoid()两种，复合辛普森法是simpson()，龙贝格法是romb()，它们的格式如下所示：

```
trapezoid(y, x=None, dx=1.0, axis=-1)
cumulative_trapezoid(y, x=None, dx=1.0, axis=-1, initial=None)
simpson(y, x=None, dx=1, axis=-1, even='avg')
romb(y, dx=1.0, axis=-1, show=False)
```

其中，y和x分别是$f(x_i)$和x_i的离散数组，如果没有指定x_i，则用dx指定x_i的间距；axis指定积分轴，针对y是多轴数据的情况，默认值–1表示最后一个轴；trapezoid()、simpson()和romb()的返回值是积分值，cumulative_trapezoid()的返回值是累计积分数组，如果给出initial，则该值插入到cumulative_trapezoid()返回数组的开始部分；even可以取'first'、'last'或'avg'，'first'是指用前面的N−2个离散数据进行计算，'last'是指用后面的N−2个离散数据进行计算，'avg'是指'first'和'last'两种情况的平均值；show设置是否输出中间结果。romb()方法要求输入离散数据y的个数是2^k+1。

下面的代码用不同的方法计算$y = \left(1 - \frac{x}{4} + x^5\right)e^{-x^2}$在[-3, 3]范围内的离散积分值。

```
from scipy import integrate    #8_19.py
import numpy as np
def f(x):
    y=(1-x/4+x**5)*np.exp(-x**2)
    return y
x = np.linspace(start=-3,stop=3,num=65,endpoint=True)
y = f(x)
I = integrate.trapezoid(y,x)
print(1,I)
I = integrate.cumulative_trapezoid(y,x)
print(2,I[-1])
I = integrate.simpson(y,x)
print(3,I)
I = integrate.romb(y,dx=x[1]-x[0])
```

```
print(4,I)
I,error = integrate.quad(f,-3,3)
print(5,I)
'''
```
运行结果如下:
1   1.7724136166080195
2   1.7724136166080189
3   1.7724146778717127
4   1.7724147810159374
5   1.7724146965190422
'''

8.4.6 数值微分

用misc模块中derivative()方法可以对已知函数用中心差分法计算微分,derivative()方法的格式如下所示:

> derivative(func, x0, dx=1.0, n=1, args=(), order=3)

其中,func是可调用的函数;x0是计算微分的位置;dx设置用中心差分法时的变量x的变动范围;n是微分阶数;args是传递给func的其他额外参数;order是计算微分时所使用的点的个数,取值必须是奇数。

下面的程序计算函数$f(x) = (\sin x + \cos x)e^{-2x^2}$在$x$=0.5处的一阶和二阶微分值。

```
from scipy import misc    #Demo8_20.py
import numpy as np
def f(x,a):
    y = (np.sin(x)+np.cos(x)) * np.exp(- a*x ** 2)
    return y
z1 = misc.derivative(f,0.5,dx=1e-6,n=1,args=(2,))    #计算一阶微分值
z2 = misc.derivative(f,0.5,dx=1e-6,n=2,args=(2,))    #计算二阶微分值
print('z1=', z1)    #输出一阶微分值
print('z2=', z2)    #输出二阶微分值
'''
```
运行结果如下:
z1= -1.4046395948041912
z2= -1.7891244041834398
'''

8.5 傅里叶变换

快速傅里叶变换FFT(fast fourier transform)在许多行业都有广泛的应用,它可以将离散的时间信号转换成由正弦或余弦表示的三角函数,或者说时间信号是多个正弦或余弦信号的线性

叠加，将数据从时间域转换成频率域，从大量的时间信号中分析其频率成分，从本质上分析信号的内在信息。NumPy 提供标准傅里叶变换和逆变换、实数傅里叶变换和逆变换及离散正弦变换和离散余弦变换。

8.5.1 傅里叶变换公式

（1）一维离散信号的傅里叶变换公式

傅里叶变换可以将离散时间信号转换成频率信号，傅里叶逆变换可以将频率信号转换成离散时间信号。连续信号 $x(t)$ 的傅里叶变换为

$$X(\omega) = \int_{-\infty}^{+\infty} x(t) e^{-j\omega t} dt = \int_{-\infty}^{+\infty} x(t) \left[\cos(\omega t) - j\sin(\omega t) \right] dt$$

其逆变换为

$$x(t) = \frac{1}{2\pi} \int_{-\infty}^{+\infty} X(\omega) e^{j\omega t} d\omega = \frac{1}{2\pi} \int_{-\infty}^{+\infty} X(\omega) \left[\cos(\omega t) + j\sin(\omega t) \right] d\omega$$

其中，$\omega = 2\pi f$，f 是频率（Hz），j 是单位复数。

周期为 T 的一维离散信号 $\boldsymbol{x}=[x_0, x_1, x_2, \cdots, x_{N-1}]$ 的傅里叶变换为

$$X_k = \sum_{n=0}^{N-1} x_n e^{-2\pi k n j/N} = \sum_{n=0}^{N-1} x_n \left[\cos\left(\frac{2\pi kn}{N}\right) - j\sin\left(\frac{2\pi kn}{N}\right) \right] \quad (k=0,1,2,\cdots,N-1)$$

如果一个周期 T 内有 N 个离散信号，则 n 与对应时间 t 的关系如下所示

$$\frac{n}{N} = \frac{t}{T}$$

其中，t 是对应第 n 个离散数据对应的时间，这样傅里叶变换可以写成

$$X_k = \sum_{n=0}^{N-1} x_n \left[\cos\left(\frac{2\pi kt}{T}\right) - j\sin\left(\frac{2\pi kt}{T}\right) \right] = \sum_{n=0}^{N-1} x_n \left[\cos(2\pi kf_0 t) - j\sin(2\pi kf_0 t) \right]$$

其中，$f_0=1/T$，称为基频，这样离散信号 $[x_0, x_1, x_2, \cdots, x_{N-1}]$ 就可以表示成由多个频率是 kf_0 的简谐波的线性叠加。注意，FFT 可以对时间信号进行处理，也可以对距离信号进行处理，只需把 t 变换成空间中的距离。

一维离散信号的傅里叶逆变换为

$$x_n = \frac{1}{N} \sum_{k=0}^{N-1} X_k e^{2\pi k n j/N} = \frac{1}{N} \sum_{k=0}^{N-1} X_k \left[\cos\left(\frac{2\pi kn}{N}\right) + j\sin\left(\frac{2\pi kn}{N}\right) \right]$$

（2）二维离散信号的傅里叶变换公式

二维离散信号 $\boldsymbol{x}=[[x_{0,0}, x_{0,1}, x_{0,2}, \cdots, x_{0,N-1}], [x_{1,0}, x_{1,1}, x_{1,2}, \cdots, x_{1,N-1}], \cdots, [x_{M-1,0}, x_{M-1,1}, x_{M-1,2}, \cdots, x_{M-1,N-1}]]$，其傅里叶变换为

$$X_{k,l} = \sum_{m=0}^{M-1} \sum_{n=0}^{N-1} x_{m,n} e^{-2\pi j \left(\frac{mk}{M} + \frac{nl}{N}\right)} \quad (k=0,1,2,\cdots,N-1;\ l=0,1,2,\cdots,M-1)$$

二维离散傅里叶变换可以用矩阵相乘的形式来表示

$$X = \boldsymbol{G}_1 x \boldsymbol{G}_2$$

其中，G_1 和 G_2 分别是：

$$G_1 = \begin{bmatrix} e^{-j2\pi\frac{0\times 0}{M}} & e^{-j2\pi\frac{0\times 1}{M}} & \cdots & e^{-j2\pi\frac{0\times(M-1)}{M}} \\ e^{-j2\pi\frac{1\times 0}{M}} & e^{-j2\pi\frac{1\times 1}{M}} & \cdots & e^{-j2\pi\frac{1\times(M-1)}{M}} \\ \cdots & \cdots & \cdots & \cdots \\ e^{-j2\pi\frac{(M-1)\times 0}{M}} & e^{-j2\pi\frac{(M-1)\times 1}{M}} & \cdots & e^{-j2\pi\frac{(M-1)\times(M-1)}{M}} \end{bmatrix}$$

$$G_2 = \begin{bmatrix} e^{-j2\pi\frac{0\times 0}{N}} & e^{-j2\pi\frac{0\times 1}{N}} & \cdots & e^{-j2\pi\frac{0\times(N-1)}{N}} \\ e^{-j2\pi\frac{1\times 0}{N}} & e^{-j2\pi\frac{1\times 1}{N}} & \cdots & e^{-j2\pi\frac{1\times(N-1)}{N}} \\ \cdots & \cdots & \cdots & \cdots \\ e^{-j2\pi\frac{(N-1)\times 0}{N}} & e^{-j2\pi\frac{(N-1)\times 1}{N}} & \cdots & e^{-j2\pi\frac{(N-1)\times(N-1)}{N}} \end{bmatrix}$$

G_1 和 G_2 的每个元素都可以分解成正弦函数和余弦函数的组合，因此 $G_1 x G_2$ 可以进一步分解成一个方向的正弦、余弦函数与另外一个方向的正弦、余弦函数的乘积的线性组合。如果是在空间上，二维傅里叶变换可以理解成对一张图片颜色的变换，这也是图像识别的基础。

二维离散信号的傅里叶逆变换为

$$x_{m,n} = \frac{1}{MN}\sum_{l=0}^{M-1}\sum_{k=0}^{N-1} X_{k,l}\, e^{2\pi j\left(\frac{mk}{M}+\frac{nl}{N}\right)}$$

8.5.2　离散傅里叶变换

SciPy 中进行离散傅里叶变换和逆变换函数的格式和说明如表 8-18 所示，下面以一维离散傅里叶变换函数 fft() 为例说明一下各参数的意义，其他类型的傅里叶变换和逆变换的参数意义相同。fft() 函数的格式如下所示：

> **fft(x, n=None,axis=- 1,norm=None,overwrite_x=False,workers=None)**

其中，x 是一维数组或多维数组，如果是多维数组，则由 axis 参数指定沿着哪个轴进行变换，x 可以是实数，也可以是复数；n 是参与计算的数据的个数，如果 n 小于 x 中参与计算的数据的个数，则取前 n 个数据参与计算，如果 n 大于 x 中参与计算的数据的个数，则不足的数据补 0；norm 设置归一化模式，取 'backward'（默认值）时，正变换没有影响，逆变换乘以 $1/n$，取 'forward' 时，正变换乘以 $1/n$，逆变换没有影响，取 'ortho' 时，正变换和逆变换都乘以 $1/\sqrt{n}$；overwrite_x 设置 x 所占用的内存能否被其他数据使用；workers 设置最大并行计算数。fft() 函数的返回值是复数数组。

表 8-18　离散傅里叶变换和逆变换函数的格式和说明

傅里叶变换及逆变换函数的格式	说明
fft(x, n=None,axis=- 1, [,norm,overwrite_x,workers])	一维离散傅里叶变换，x 是一维数组或多维数组，如果是多维数组，则由 axis 参数指定沿着哪个轴进行变换，x 可以是实数，也可以是复数

续表

傅里叶变换及逆变换函数的格式	说明
ifft(x, n=None,axis=- 1[,norm,overwrite_x,workers])	fft()变换的逆变换
fft2(x, s=None,axes=(- 2, - 1)[,norm,overwrite_x,workers])	二维离散傅里叶变换，x是二维数组或多维数组，若是多维数组用axes指定沿着哪两个轴进行变换，默认是最后两个轴，x可以是实数，也可以是复数；s指定这两个轴上每个轴的数据个数，数据个数小于x数据的个数时会截取指定的数据量，大于x数据的个数时会补充0；函数的返回值是复数数组
ifft2(x, s=None,axes=(- 2, - 1)[,norm,overwrite_x,workers])	fft2()变换的逆变换
fftn(x, s=None,axes=None[,norm,overwrite_x,workers])	N维离散傅里叶变换，x可以是实数，也可以是复数；函数的返回值是复数数组
ifftn(x, s=None,axes=None[,norm,overwrite_x,workers])	fftn()变换的逆变换
rfft(x, n=None,axis=- 1,norm=None,overwrite_x=False, workers=None)	一维离散傅里叶变换，x只能取实数；函数的返回值是复数数组
irfft(x, n=None,axis=- 1[,norm,overwrite_x,workers])	rfft()变换的逆变换
rfft2(x, s=None,axes=(- 2, - 1)[,norm,overwrite_x,workers])	二维离散傅里叶变换，x只能取实数；函数的返回值是复数数组
irfft2(x, s=None,axes=(- 2, - 1)[,norm,overwrite_x,workers])	rfft2()变换的逆变换
rfftn(x, s=None,axes=None[,norm,overwrite_x,workers])	N维离散傅里叶变换，x只能取实数；函数的返回值是复数数组
irfftn(x, s=None,axes=None[,norm,overwrite_x,workers])	rfftn()变换的逆变换
hfft(x, n=None,axis=- 1[,norm,overwrite_x,workers])	一维离散傅里叶变换，x取值是Hermitian对称的实数或复数，即x[i]=np.conj(x[-i])；函数的返回值是实数数组
ihfft(x, n=None,axis=- 1[,norm,overwrite_x,workers])	hfft()变换的逆变换
hfft2(x, s=None,axes=(- 2, - 1)[,norm,overwrite_x,workers])	二维离散傅里叶变换，x取值是Hermitian对称的实数或复数，即x[i,j]=np.conj(x[-i,-j])；函数的返回值是实数数组
ihfft2(x, s=None,axes=(- 2, - 1)[,norm,overwrite_x,workers])	hfft2()变换的逆变换
hfftn(x, s=None,axes=None[,norm,overwrite_x,workers])	n维离散傅里叶变换，x取值是Hermitian对称的实数或复数，即x[i,j,k, …]=np.conj(x[-i,-j,-k, …])；函数的返回值是实数数组
ihfftn(x, s=None,axes=None[,norm,overwrite_x,workers])	hfftn()变换的逆变换

下面的代码计算一维离散信号和二维离散信号的傅里叶变换，并验证逆变换与原数据是否相等，程序运行结果如图8-9所示。

```
from scipy import fft    #Demo8_21.py
import numpy as np
import matplotlib.pyplot as plt
time = np.linspace(0,2*np.pi,num=300,endpoint=False)
x = np.sin(time+1)*np.cos(3*time)+np.sin(20*time)*0.5++np.cos(40*time)*0.5   #离散数据
y = x.reshape(3,100)

response_1 = fft.fft(x,n=100)     #一维离散傅里叶变换
response_2 = fft.rfft(x,n=100)    #一维实数离散傅里叶变换
response_3 = fft.fft2(y)          #二维离散傅里叶变换
```

```
response_4 = fft.rfft2(y)    #二维离散实数傅里叶变换
plt.subplot(1,2,1)
plt.plot(np.abs(response_1));plt.plot(np.abs(response_2))
plt.title('1D FFT')
plt.subplot(1,2,2)
plt.plot(np.abs(response_3[0,:]))
plt.plot(np.abs(response_3[1,:]))
plt.plot(np.abs(response_3[2,:]))
plt.title('2D FFT')
plt.show()
print(np.allclose(x[0:100],fft.ifft(response_1)))   #验证逆变换与原数据是否相等
print(np.allclose(x[0:100],fft.irfft(response_2)))  #验证逆变换与原数据是否相等
print(np.allclose(y,fft.ifft2(response_3)))         #验证逆变换与原数据是否相等
print(np.allclose(y,fft.irfft2(response_4)))        #验证逆变换与原数据是否相等
#运行结果均为True
```

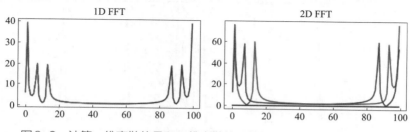

图8-9　计算一维离散信号和二维离散信号的傅里叶变换程序运行结果

8.5.3　傅里叶变换的辅助工具

SciPy中提供了计算傅里叶变换对应的频率值的函数和对频率值进行调整的函数，这些函数的格式和说明如表8-19所示。

表8-19　计算傅里叶变换对应的频率值的函数和对频率值进行调整的函数

辅助函数的格式	说明
fftfreq(n, d=1.0)	计算fft()函数返回值对应的频率值，n是傅里叶变换中使用的数据的个数，d是两个数据点之间的时间间隔。当n是偶数时，函数的返回值是[0, 1,…, n/2-1, -n/2,…, -1] / (d*n)；当n是奇数时，函数的返回值是[0, 1,…, (n-1)/2, -(n-1)/2,…,-1] / (d*n)
rfftfreq(n, d=1.0)	计算rfft()函数返回值对应的频率值，当n是偶数时，函数的返回值是[0, 1,…, n/2-1, n/2] / (d*n)；当n是奇数时，函数的返回值是[0, 1, …, (n-1)/2-1, (n-1)/2] / (d*n)
fftshift(x, axes=None)	可以将fftfreq()函数输出的频率按照从小到大的顺序重新排列，0值在中间位置，返回重新排序后的频率
ifftshift(x, axes=None)	fftshift()函数的逆运算

下面的程序对一个离散数据进行傅里叶变换，并用fftfreq()方法计算对应的频率，使用fftshift()函数移动频率和响应数据，最后绘制幅值响应，程序运行结果如图8-10所示。

```
from scipy import fft    #Demo8_22.py
import numpy as np
```

```
import matplotlib.pyplot as plt
time = np.linspace(0,2*np.pi,num=100,endpoint=False)
x = np.sin(time+1)*np.cos(3*time)+np.sin(20*time)*0.5++np.cos(40*time)*0.5   #离散
数据

response = fft.fft(x)     #一维离散傅里叶变换
frequency= fft.fftfreq(n=len(time),d=time[1])   #傅里叶变换的频率

frequency_shift=fft.fftshift(frequency)   #频率移动
response_shift=fft.fftshift(response)    #响应移动
plt.plot(frequency_shift,np.abs(response_shift))
plt.xlabel('Frequency(Hz)')
plt.ylabel('Amplitude')
plt.show()
```

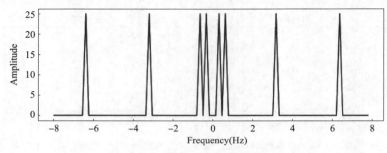

图 8-10　傅里叶变换程序运行结果

8.5.4　离散余弦和正弦变换

离散傅里叶变换由实数部分和虚数部分构成，实数部分为 $\mathrm{Re}(k)=\sum_{n=0}^{N-1}x_n\cos\left(\dfrac{2\pi kn}{N}\right)$，虚数部分为 $\mathrm{Im}(k)=-\sum_{n=0}^{N-1}x_n\sin\left(\dfrac{2\pi kn}{N}\right)$。当 x_n 是实偶函数时，傅里叶变换的虚部全为 0，当 x_n 是实奇函数时，傅里叶变换的实部全为 0。这时只需写出傅里叶变换的实部或虚部即可，这就是离散余弦变换（discrete cosine transform，DCT）和离散正弦变换（discrete sine transform，DST）。

离散余弦变换和离散正弦变换有多种定义方式，又可分为 I 型、II 型、III 型和 IV 型四种。一维离散余弦和离散正弦变换公式分别定义如下所示。

DCT- I ：$y_k = x_0 + (-1)^k x_{N-1} + 2\sum_{n=1}^{N-2} x_n \cos\left(\dfrac{\pi kn}{N-1}\right)$

DCT- II ：$y_k = 2\sum_{n=0}^{N-1} x_n \cos\left(\dfrac{\pi k(2n+1)}{2N}\right)$

DCT- III ：$y_k = x_0 + 2\sum_{n=1}^{N-1} x_n \cos\left(\dfrac{\pi(2k+1)n}{2N}\right)$

DCT-Ⅳ: $y_k = 2\sum_{n=0}^{N-1} x_n \cos\left(\dfrac{\pi(2k+1)(2n+1)}{4N}\right)$

DST-Ⅰ: $y_k = 2\sum_{n=0}^{N-1} x_n \sin\left(\dfrac{\pi(k+1)(n+1)}{N+1}\right)$

DST-Ⅱ: $y_k = 2\sum_{n=0}^{N-1} x_n \sin\left(\dfrac{\pi(k+1)(2n+1)}{2N}\right)$

DST-Ⅲ: $y_k = (-1)^k x_{N-1} + 2\sum_{n=0}^{N-2} x_n \sin\left(\dfrac{\pi(2k+1)(n+1)}{2N}\right)$

DST-Ⅳ: $y_k = 2\sum_{n=0}^{N-1} x_n \sin\left(\dfrac{\pi(2k+1)(2n+1)}{4N}\right)$

一维离散余弦变换用dct()函数，其格式如下所示：

```
dct(x,type=2,n=None,axis=-1, norm=None,overwrite_x=False,workers=None)
```

其中，x是一维数组或多维数组，如果是多维数组，则由axis参数指定沿着哪个轴进行变换；type设置变换的类型，可以取1、2、3、4；n是参与计算的数据的个数，如果n小于x中参与计算的数据的个数，则取前n个数据参与计算，如果n大于x中参与计算的数据的个数，则不足的数据补0；norm设置归一化模式，取'backward'（默认值）时，正变换没有影响，逆变换乘以$1/n$，取'forward'时，正变换乘以$1/n$，逆变换没有影响，取'ortho'时，正变换和逆变换都乘以$1/\sqrt{n}$，单对于DCT-Ⅱ型变换，乘积系数是$1/\sqrt{4n}$（$k=0$时）和$1/\sqrt{2n}$（其他k值）；overwrite_x设置x所占用的内存能否被其他数据使用；workers设置最大并行计算数。

其他离散余弦变换函数、离散正弦变换函数及逆变换函数如表8-20所示。

表8-20 离散余弦、离散正弦变换函数及逆变换函数

离散余弦、离散正弦变换函数及逆变换函数	说明
dct(x,type=2,n=None,axis=-1, norm=None,overwrite_x=False,workers=None)	一维离散余弦变换
idct(x,type=2,n=None,axis=-1, norm=None,overwrite_x=False,workers=None)	dct()变换的逆变换
dctn(x,type=2,s=None,axes=None, norm=None,overwrite_x=False,workers=None)	多维离散余弦变换
idctn(x,type=2,s=None,axes=None, norm=None,overwrite_x=False,workers=None)	dctn()变换的逆变换
dst(x,type=2,n=None,axis=-1, norm=None,overwrite_x=False,workers=None)	一维离散正弦变换
idst(x,type=2,n=None,axis=-1, norm=None,overwrite_x=False,workers=None)	dst()变换的逆变换
dstn(x,type=2,s=None,axes=None, norm=None,overwrite_x=False,workers=None)	多维离散正弦变换
idstn(x,type=2,s=None,axes=None, norm=None,overwrite_x=False,workers=None)	dstn()变换的逆变换

下面的代码将一维离散数据和二维离散数据分别进行余弦变换和正弦变换，并验证逆变换与原数据是否相等，程序运行结果如图8-11所示。

```
from scipy import fft    #Demo8_23.py
import numpy as np
```

```
import matplotlib.pyplot as plt
time = np.linspace(0,2*np.pi,num=300,endpoint=False)
x = np.sin(time+1)*np.cos(3*time)+np.sin(20*time)*0.5++np.cos(40*time)*0.5   #离散数据
y = x.reshape(3,100)
dct_1 = fft.dct(x,n=100)       #一维离散余弦变换
dst_1 = fft.dst(x,n=100)       #一维离散正弦变换
dct_2 = fft.dctn(y,type=3)     #二维离散余弦变换
dst_2 = fft.dstn(y,type=3)     #二维离散正弦变换
plt.subplot(1,3,1)
plt.plot(dct_1); plt.plot(dst_1)
plt.xlim(0,50)
plt.title('1D DCT and DST')
plt.subplot(1,3,2)
plt.plot(dct_2[0,:]); plt.plot(dct_2[1,:]); plt.plot(dct_2[2,:])
plt.xlim(0,50)
plt.title('2D DCT')
plt.subplot(1,3,3)
plt.plot(dst_2[0,:]); plt.plot(dst_2[1,:]); plt.plot(dst_2[2,:])
plt.xlim(0,50)
plt.title('2D DST')
plt.show()
print(np.allclose(x[0:100], fft.idct(dct_1)))         #验证逆变换与原数据是否相等
print(np.allclose(x[0:100], fft.idst(dst_1)))         #验证逆变换与原数据是否相等
print(np.allclose(y, fft.idctn(dct_2,type=3)))        #验证逆变换与原数据是否相等
print(np.allclose(y, fft.idstn(dst_2,type=3)))        #验证逆变换与原数据是否相等
#运行结果均为True
```

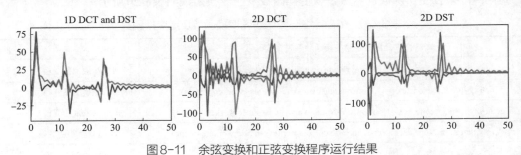

图8-11 余弦变换和正弦变换程序运行结果

8.5.5 窗函数

（1）窗函数介绍

离散傅里叶变换的输入通常需要一个周期内的数据，数据经常通过试验采集获取，例如汽车的振动噪声数据，这些数据往往不是周期性的，而且采集的数据量也很多，实际应用中把数据分解成多段，每段的数据量相同，每段通常不满足周期性的要求，然后分别对每段数据进行傅里叶变换，将每段的频率信号进行处理，例如取平均作为整个过程的频谱信号。如果将每段的数据直接进行傅里叶变换，由于不满足周期性的要求，会将某频率上的能量分解到其他频率

上，造成能量泄漏。为了减少能量泄漏，通常将每段数据乘以一个固定变化规律的不等权重函数 $w(n)$，对数据进行加权处理 $x_n(n)=x(n)w(n)$，使两端突变变得光滑，减少泄漏，这个权重函数就称为窗函数，其中 n 是数据在数组中的排列值，$n=1,2,\cdots,M$，M 是每段数据中数据的个数。

（2）窗函数的类型

NumPy 提供的窗函数有汉宁（Hanning）窗、海明（Hamming）窗、布莱克曼（Blackman）窗、巴特莱特（Bartlett）窗（三角窗）、凯泽（Kaiser）窗和矩形窗几种，其中矩形窗隐含在凯泽窗中。这些窗函数在 NumPy 中的格式和公式如表 8-21 所示，其中凯泽窗 kaiser(M,beta) 通过 beta 值来调节窗函数的形状，当 beta=0 时窗函数是矩形窗，beta=5 时窗函数类似于海明窗，beta=6 时类似于汉宁窗，beta=8.6 时类似于布莱克曼窗。

表 8-21　窗函数的格式和函数公式

窗函数名称	NumPy 函数格式	窗函数公式
汉宁窗	hanning(M)	$w(n)=0.5\left[1-\cos\left(2\pi\dfrac{n}{M+1}\right)\right]$，$n=1,2,\cdots,M$
海明窗	hamming(M)	$w(n)=0.54-0.46\cos\left(2\pi\dfrac{n}{M-1}\right)$，$n=1,2,\cdots,M$
布莱克曼窗	blackman(M)	$w(n)=0.42-0.5\cos\left(2\pi\dfrac{n-1}{M-1}\right)+0.08\cos\left(4\pi\dfrac{n-1}{M-1}\right)$，$n=1,2,\cdots,M$
巴特莱特窗	bartlett(M)	$w(n)=\begin{cases}\dfrac{2(n-1)}{M-1},\ 1\leqslant n\leqslant\dfrac{M}{2}\\[2pt]\dfrac{2(M-n)}{M-1},\ \dfrac{M}{2}\leqslant n\leqslant M\end{cases}$
凯泽窗	kaiser(M, beta)	$w(n)=\dfrac{I_0\left(\beta\sqrt{1-[(2n/(M-1)-1]^2}\right)}{I_0(\beta)}$ $I_0(\ )$ 是第一类零阶贝塞尔函数，$n=1,2,\cdots,M$
矩形窗	kaiser(M, 0)	$w(n)=1$，$n=1,2,\cdots,M$

运行下面的代码，可以获得窗函数的形状，运行结果如图 8-12 所示。

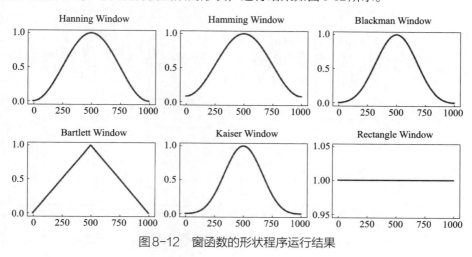

图 8-12　窗函数的形状程序运行结果

```python
import numpy as np    #Demo8_24.py
import matplotlib.pyplot as plt
M=100
window_hanning = np.hanning(M)    #汉宁窗加权数据
window_hamming=np.hamming(M)    #海明窗加权数据
window_blackman=np.blackman(M)    #布莱克曼窗加权数据
window_bartlett=np.bartlett(M)    #巴特莱特窗加权数据
window_kaiser=np.kaiser(M,beta=10)    #凯泽窗加权数据
window_rect=np.kaiser(M,beta=0)    #矩形窗加权数据
plt.subplot(2,3,1)
plt.plot(window_hanning)    #绘制汉宁窗
plt.title('Hanning Window')
plt.subplot(2,3,2)
plt.plot(window_hamming)    #绘制海明窗
plt.ylim(-0.05,1.05)
plt.title('Hamming Window')
plt.subplot(2,3,3)
plt.plot(window_blackman)    #绘制布莱克曼窗
plt.title('Blackman Window')
plt.subplot(2,3,4)
plt.plot(window_bartlett)    #绘制巴特莱特窗
plt.title('Bartlett Window')
plt.subplot(2,3,5)
plt.plot(window_kaiser)    #绘制凯泽窗
plt.title('Kaiser Window')
plt.subplot(2,3,6)
plt.plot(window_rect)
plt.title('Rectangle Window')    #绘矩形窗
plt.show()
```

下面的程序是在一段信号上添加汉宁窗,然后将原始数据与加窗后的数据进行FFT变换,对比不加窗和加窗对FFT变换的影响。程序运行结果如图8-13所示。

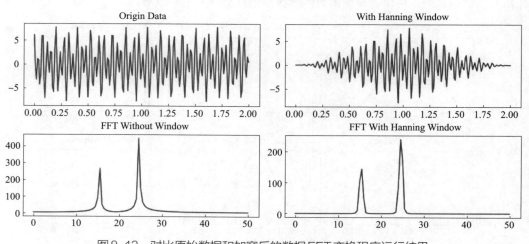

图8-13 对比原始数据和加窗后的数据FFT变换程序运行结果

```
import numpy as np    #Demo8_25.py
import matplotlib.pyplot as plt
M=200
t=np.linspace(0,2,M)
f=np.linspace(0,50,101)
y=3*np.sin(2*np.pi*15.3*t+np.pi/3)+5*np.cos(2*np.pi*24.5*t+np.pi/4)   #原数据
y_fft = np.abs(np.fft.rfft(y,M))    #原数据FFT变换

window_hanning = np.hanning(M)   #汉宁窗数据
y_hanning = y*window_hanning    #对原数据加窗
y_fft_hanning = np.abs(np.fft.rfft(y_hanning,M))    #加窗数据FFT变换
plt.subplot(2,2,1)
plt.plot(t,y)   #显示原始数据
plt.title('Origin Data')
plt.subplot(2,2,2)
plt.plot(t,y_hanning)   #显示加窗后的数据
plt.title('With Hanning Window')
plt.subplot(2,2,3)
plt.plot(f,y_fft)   #显示原数据FFT变换结果
plt.title('FFT Without Window')
plt.subplot(2,2,4)
plt.plot(f,y_fft_hanning)   #显示加窗数据FFT变换结果
plt.title('FFT With Hanning Window')
plt.show()
```

SciPy提供更多的窗函数可供选择，这些窗函数如表8-22所示，这些窗函数在signal.windows模块下，通过函数名可知窗函数的名称，其中M表示窗函数数据点的个数，sym=True时创建的窗函数是对称的，sym=False时是非对称的，可用于一些特殊目的。需要说明的是，tukey()窗函数的alpha设置两侧的余弦曲线所占区域的比值，alpha=0表示矩形窗，alpha=1表示汉宁窗 [hann()]；exponetial()窗的函数表达式是 $w(n)=\mathrm{e}^{-|n-\mathrm{center}|/\tau}$；general_gaussian()窗的函数表达式是 $w(n)=\mathrm{e}^{-\frac{1}{2}\left|\frac{n}{\sigma}\right|^{2p}}$，$p$=1时是高斯窗 [gaussian()]，$p$=0.5时是拉普拉斯分布；general_cosine(M,a,sym=True)方法中参数a是权重数组，取正值。

表8-22　SciPy的窗函数格式

窗函数格式	窗函数格式	窗函数格式
barthann(M,sym=True)	cosine(M,sym=True)	blackmanharris(M,sym=True)
bartlett(M,sym=True)	flattop(M,sym=True)	kaiser(M,beta,sym=True)
blackman(M,sym=True)	gaussian(M,std,sym=True)	general_cosine(M,a,sym=True)
hann(M,sym=True)	nuttall(M,sym=True)	general_gaussian(M,p,sig,sym=True)
bohman(M,sym=True)	parzen(M,sym=True)	general_hamming(M,alpha,sym=True)
boxcar(M,sym=True)	triang(M,sym=True)	tukey(M,alpha=0.5,sym=True)
chebwin(M,at,sym=True)	hamming(M,sym=True)	exponential(M,center=None,tau=1.0,sym=True)

下面的代码绘制exponential()窗函数的形状和其傅里叶变换的频率响应，程序运行结果如图8-14所示，也可以绘制其他窗口的形状和频率响应。

```python
import numpy as np    #Demo8_26.py
from scipy import signal
from scipy import fft
import matplotlib.pyplot as plt
M=51
w_tukey = signal.windows.tukey(M,alpha=0.4,sym=True)

A = fft.fft(w_tukey, 2048) / (len(w_tukey)/2.0)
freq = np.linspace(-0.5, 0.5, len(A))
response = 20 * np.log10(np.abs(fft.fftshift(A / abs(A).max())))
plt.subplot(121)
plt.plot(w_tukey)
plt.ylabel("Amplitude")
plt.xlabel("Sample")
plt.title('Tukey Window')
plt.subplot(122)
plt.plot(freq, response)
plt.axis([-0.5, 0.5, -120, 0])
plt.title("Frequency response of the Tukey Window")
plt.ylabel("Normalized magnitude [dB]")
plt.xlabel("Normalized frequency [cycles per sample]")
plt.show()
```

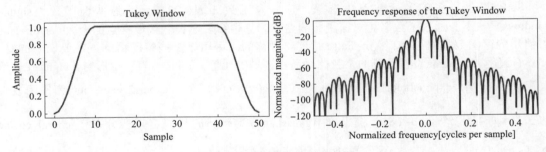

图8-14 窗函数程序运行结果

（3）窗函数的选择

在选择窗函数时，可以根据窗函数的频谱特性进行选择。下面的程序是对窗函数进行FFT变换后的频谱dB图，程序运行结果如图8-15所示，窗函数的dB图由许多分瓣构成。在选择窗函数时，主瓣应尽量窄，能量尽可能集中在主瓣内，从而在谱分析时获得较高的频率分辨率，在数字滤波器设计中获得较小的过渡带；尽量减少最大旁瓣的相对幅度，也能使能量尽量集中于主瓣。如果仅要求精确读出主瓣频率，而不考虑幅值精度，则可选用主瓣宽度比较窄而便于分辨的矩形窗，例如测量物体的自振频率等；如果分析窄带信号，且有较强的干扰噪声，则应选用旁瓣幅度小的窗函数，如汉宁窗、三角窗等；对于随机或未知的信号，应选择汉宁窗。

```python
import numpy as np    #Demo8_27.py
import matplotlib.pyplot as plt
```

```
M=51
window_hanning=np.fft.fft(np.hanning(M),2048)
window_hamming=np.fft.fft(np.hamming(M),2048)
window_blackman=np.fft.fft(np.blackman(M),2048)
window_bartlett=np.fft.fft(np.bartlett(M),2048)
window_kaiser=np.fft.fft(np.kaiser(M,beta=10),2048)
window_rect=np.fft.fft(np.kaiser(M,beta=0),2048)

with np.errstate(divide='ignore',invalid='ignore'):
    hanning_db=20*np.log10(abs(np.fft.fftshift(window_hanning)/abs(window_hanning).max()))
    hamming_db=20*np.log10(abs(np.fft.fftshift(window_hamming)/abs(window_hamming).max()))
    blackman_db=20*np.log10(abs(np.fft.fftshift(window_blackman)/abs(window_blackman).max()))
    bartlett_db=20*np.log10(abs(np.fft.fftshift(window_bartlett)/abs(window_bartlett).max()))
    kaiser_db=20*np.log10(abs(np.fft.fftshift(window_kaiser)/abs(window_kaiser).max()))
    rect_db=20*np.log10(abs(np.fft.fftshift(window_rect)/abs(window_rect).max()))
plt.subplot(2,3,1)
plt.plot(hanning_db)
plt.title('Hanning Window dB Response')
plt.subplot(2,3,2)
plt.plot(hamming_db)
plt.title('Hamming Window dB Response')
plt.subplot(2,3,3)
plt.plot(blackman_db)
plt.title('Blackman Window dB Response')
plt.subplot(2,3,4)
plt.plot(bartlett_db)
plt.title('Bartlett Window dB Response')
plt.subplot(2,3,5)
plt.plot(kaiser_db)
plt.title('Kaiser Window dB Response')
plt.subplot(2,3,6)
plt.plot(rect_db)
plt.title('Rectangle Window dB Response')
plt.show()
```

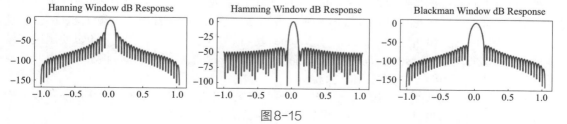

图8-15

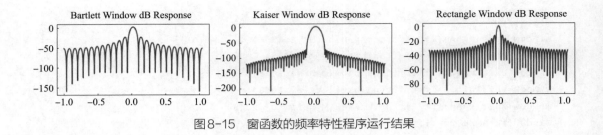

图8-15 窗函数的频率特性程序运行结果

8.5.6 短时傅里叶变换

傅里叶变换有一个假设,那就是信号是平稳的,即信号的统计特性不随时间变化,但实际中大部分信号不是平稳的,例如人说话的声音信号就不是平稳信号,在很短的一段时间内,出现很多信号后又立即消失。如果将这信号全部进行傅里叶变换,就不能反映声音随时间的变化。短时傅里叶变换(short-time fourier transform,stft)可以解决这个问题。声音信号虽然不是平稳信号,但在较短的一段时间内,可以看作是平稳的。短时傅里叶变换是用一个有限长度的窗函数从原信号中截取一部分信号,把信号和窗函数进行相乘,然后再进行一维傅里叶变换,并通过窗函数的移动得到一系列截断信号,进而得到一系列频率信号。短时傅里叶变换的窗函数的长度决定了频谱图的时间分辨率和频率分辨率,窗函数越长,截取的信号越长,傅里叶变换后频率分辨率越高,时间分辨率越差;窗函数越短,截取的信号就越短,频率分辨率越差,时间分辨率越好。

短时傅里叶变换用stft()方法,逆变换用istft()方法,它们的格式如下所示:

```
stft(x, fs=1.0, window='hann', nperseg=256, noverlap=None, nfft=None,
detrend=False, return_onesided=True, boundary='zeros', padded=True, axis=- 1)
istft(Zxx, fs=1.0, window='hann', nperseg=None, noverlap=None, nfft=None,
input_onesided=True, boundary=True, time_axis=- 1, freq_axis=- 2)
```

其中,x是输入信号,取值是多维数组,用参数axis指定数组的轴,默认是最后轴;fs设置信号x的采样率;window设置窗函数,窗函数中如果需要输入参数,则把窗户名称和参数放入元组中,例如window=('tukey',0.5),window也可以直接取数组,这时数组的长度必须等于nperseg;nperseg设置截取的每段时间信号的长度;noverlap设置相邻两端数据之间重合的数据个数,默认值None表示noverlap=nperseg//2,nperseg是偶数时为50%的重合度;nfft是傅里叶变换的长度,根据需要对截取的数据进行补0,默认nfft=nperseg;detrend用于设置是否消除每段数据的总体趋势,可以取False、'linear'、或'constant','linear'表示用线性最小二乘法从截取的信号中提取数据,'constant'表示从截取的信号中消除平均值,detrend还可以是可调用函数,传递的实参是截取的信号;return_onesided设置返回值是单边谱还是双边谱,如果x是复数,返回值是双边谱;boundary设置是否在输入的信号的首尾两端填充数据,主要针对窗函数的第1个数据是0的情况,可取'even'、'odd'、'constant'、'zeros'或None,例如取'zeros'时,当输入是[1,2,3,4]且nperseg=3时,扩充后的值是[0,1,2,3,4,0];padded设置在输入信号的末尾是否补0以使尾段信号满足窗函数长度的要求。stft()方法的返回值有频率列表f、每段信号的时间列表t和傅里叶变换后的频谱值Zxx,istft()方法的返回值是t和x。

下面的程序利用一个含有噪声的信号进行短时傅里叶变换,并计算傅里叶变换后各段的平均值,绘制平均值的幅值,程序运行结果如图8-16所示。

```python
from scipy import signal    #Demo8_28.py
import matplotlib.pyplot as plt
import numpy as np
fs = 5000
t = np.linspace(0, 1,fs,endpoint=False)
x = np.sin(2*np.pi*1000*t*(1-t))+0.5*np.cos(2*np.pi*1500*t+2)*np.cos(2*np.pi*500*t)
np.random.seed(1234)
x = x + np.random.random(size=len(x))

f, t, Zxx = signal.stft(x, fs, nperseg=2000,window='hamming',detrend='constant')
m,n = Zxx.shape
print(m,n)
average = np.zeros(shape=m,dtype=np.complex)
for i in range(n):
    average = average + Zxx[:,i]
average = average/n
plt.plot(f,np.abs(average))
plt.title('STFT Average Magnitude')
plt.ylabel('Magnitude')
plt.xlabel('Frequency [Hz]')
plt.show()
```

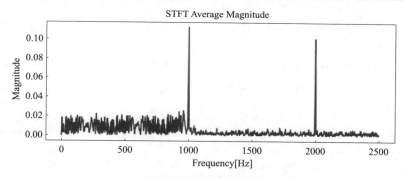

图8-16　短时傅里叶变换程序运行结果

8.5.7　小波分析

小波（wavelet）分析通过对小波分析基的伸缩和平移，改变小波基函数的频率范围和空间位置，从时间或空间中找出信号在时间或空间上的波动频率。与傅里叶变换相比，小波分析解决了傅里叶变换要求输入信号是周期性变换的要求。小波分析通过对信号逐步进行多尺度细化，最终达到高频处时间细分，低频处频率细分，从而可聚焦到信号的任意细节。小波分析有非常广泛的应用，可以应用于信号分析、图像处理、量子力学、理论物理、军事电子对抗与武器的智能化、计算机识别、音乐与语言的人工合成、医学成像与诊断、地震勘探数据处理、大型机械的故障诊断等方面。

与傅里叶变换相比，小波分析的难点是如何选择小波基函数，小波基函数具有不唯一性和多样性的特点，不同的小波基函数对同一个问题会产生不同的结果。连续时间域内的小波分析

可以写成

$$W(a,b) = \int_{-\infty}^{+\infty} f(t)\psi(t,a,b)\mathrm{d}t$$

其中，$f(t)$ 是要被分析的数据，$\psi(t,a,b)$ 是小波分析的基函数，参数 a 和 b 用于产生时间和频率上的多个基函数。例如选择如下的基函数 $\psi(t,a,b)$ 时，a 产生时间上的一族基函数，b 产生频率上的一族基函数。a 可以使基函数产生平移，b 可以使基函数产生伸缩，从而改变基函数的频率。

$$\psi(t,a,b) = \mathrm{e}^{\mathrm{j}(t-a)\frac{\omega_0}{b}} \mathrm{e}^{-\frac{1}{2}\times\frac{(t-a)^2}{b^2}}$$

常用的基函数有Haar小波基函数、Daubechies（dbN）小波基函数、Biorthogonal（biorNr.Nd）小波基函数、Coiflet（coifN）小波基函数、SymletsA（symN）小波基函数、Morlet（morl）小波基函数、Mexican Hat（mexh）小波基函数、Meyer小波基函数，读者可以查阅相关的资料获取这些小波基函数的表达式，也可以自己创建小波基函数。

计算连续小波分析的方法是cwt()，其格式如下所示：

cwt(data, wavelet, widths, dtype=None, **kwargs)

其中，data是需要分析的数据，其形状是$(n,)$；wavelet是可以调用的函数，用于确定基函数的母函数，基函数的格式是wavelet(length,width,**kwargs)，其中length设置基函数的长度，wavelet()返回值是长度为length的数组，length值由cwt()调用时确定，width是宽度，每次读取widths中的值；widths设置小波分析的宽度值，取值是$(m,)$的数组；dtype设置输出数据的类型，默认值是float64或complex128；kwargs设置小波基函数其他参数的值；cwt()采用卷积计算进行小波分析，返回值是形状为(m,n)的数组。

下面的程序用前面提到的基函数 $\psi(t,a,b)$ 对一个信号进行小波分析，绘制基函数的形状和小波分析后的结果，程序运行结果如图8-17所示。

```python
from scipy import signal   #Demo8_29.py
import matplotlib.pyplot as plt
import numpy as np
def wave(len,b,**kwargs):      #定义小波分析的基函数
    x = np.arange(0, len) - (len - 1.0) / 2
    if 'omega_0' in kwargs:
        omega = kwargs['omega_0']/b
    else:
        omega = 2
    return np.exp(x*omega*1j)*np.exp(-(x/b)**2/2)
t = np.linspace(0, 2, 2001)
y = np.sin(2*np.pi*0.5*t*(1-t))+0.15*np.cos(2*np.pi*2*t+2)*np.cos(2*np.pi*5*t)
np.random.seed(1234)
y = y + np.random.random(len(y))*0.5

widths = np.arange(1, 31)
cwtmatr = signal.cwt(y, wave, widths, omega_0=5)
plt.subplot(121)
```

```
plt.plot(wave(51,5,omega_0=5).real,'k-',label='Real Part')    #绘制基函数的实部
plt.plot(wave(51,5,omega_0=5).imag,'k--',label='Imag Part')   #绘制基函数的虚部
plt.legend()
plt.title("Wavelet")
plt.subplot(122)
plt.imshow(np.abs(cwtmatr), extent=[0, 2, 1, 31], cmap='jet', aspect='auto',
           vmax=np.abs(cwtmatr).max(), vmin=0)    #绘制小波分析图像
plt.colorbar()
plt.title("Continuous wavelet transform")
plt.show()
```

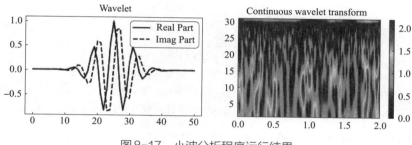

图8-17 小波分析程序运行结果

8.6 数字信号处理

信号分为模拟信号和数字信号两种，计算机中存储的信号数据都是数字信号，本节主要介绍数字信号处理（digital signal processing，DSP）方面的内容，包括信号的卷积、线性滤波器、线性滤波器的设计、滤波器的响应和小波分析方面的内容。

8.6.1 信号的卷积和相关计算

卷积是信号与系统课程中求解系统对输入信号的响应而提出的，是信号处理中的一个重要计算，它可以用来描述线性时不变系统的输入和输出的关系，输出（响应）可以通过输入和一个表征系统特性的函数（冲激响应函数）进行卷积运算得到。

对于连续型函数 $x(t)$ 和 $h(t)$，$x(t)$ 是输入信号，$h(t)$ 通常是脉冲响应函数、滤波函数或权重函数（如窗函数），$x(t)$ 和 $h(t)$ 的卷积计算公式如下所示：

$$y(t)=\int_{-\infty}^{+\infty}x(\tau)h(t-\tau)\mathrm{d}\tau$$

对于一维离散型数据 $x[i]$ 和 $h[i]$，其卷积计算公式如下所示：

$$y[n]=\sum_{i=0}^{N-1}x[i]h[n-i]$$

如果 $x[i]$ 中数据元素个数是 N 个，$h[i]$ 中数据元素个数是 M 个，则在完全（full）模式下输出的数据元素个数是 $N+M-1$ 个。

对于二维离散数据 $x[i,j]$ 和 $h[i,j]$，$x[i,j]$ 的行数和列数分别为 M_r 和 M_C，$h[i,j]$ 的行数和列数分别为 N_r 和 N_c，其卷积计算公式如下所示：

$$y[s,t]=\sum_{i=0}^{M_r-1}\sum_{j=0}^{M_C-1}x[i,j]h[s-i,t-j]$$

其中，在完全（full）模式下 y 的形状为 (M_r+N_r-1, M_C+N_c-1)。在上面公式中，如果 x 和 h 是复数，则对 h 取共轭复数即可，对于更多维的卷积计算可依次类推。

除了上面的卷积计算外，还有一种计算叫相关计算，离散一维和二维数据的相关计算的公式如下所示：

$$y[n]=\sum_{i=0}^{N-1}x[i]h[n+i]$$

$$y[s,t]=\sum_{i=0}^{M_r-1}\sum_{j=0}^{M_C-1}x[i,j]h[s+i,t+j]$$

信号的卷积和相关计算分别用 convolve() 方法和 correlate() 方法，它们的格式如下所示。一维离散 convolve() 方法输出的结果与一维离散 correlate() 方法输出的结果的元素顺序相反。

```
convolve(in1, in2, mode='full', method='auto')
correlate(in1, in2, mode='full', method='auto')
```

其中，in1 和 in2 是进行卷积计算的两个 N 维数组，其维数必须相同；mode 设置输出模式，可以取 'full'、'valid' 或 'same'，在 full 模式下按照卷积公式输出所有点的结果，在 valid 模式下只输出不补充 0 的结果，这时 in1 和 in2 在对应维上的数据个数要相同，在 same 模型下输出结果的形状与 in1 的形状相同，结果是 full 模式结果的中心数据；method 设置计算卷积的方法，可以取 'direct'、'fft' 或 'auto'，direct 方法是直接用卷积公式计算，fft 方法是调用 fftconvolve() 方法计算。direct 方法的计算困难度是 $O(N^2)$，fft 方法的困难度是 $O(N\log N)$，auto 方法是根据计算困难程度自动决定采用 direct 方法还是 fft 方法。convolve() 方法因 mode 的取值不同，返回的数组的形状也会不同。

计算卷积的另外一种方法是用 fftconvolve()，该方法处理大量数据时比 convolve() 速度快，fftconvolve() 方法的格式如下所示：

```
fftconvolve(in1, in2, mode='full', axes=None)
```

其中 axes 可以取整数或整数数组，以确定在哪些轴上进行卷积计算，默认是所有轴。

下面的代码对一个方波信号进行卷积计算，权重函数取 hann() 窗，程序运行结果如图 8-18 所示。

```python
import matplotlib.pyplot as plt    #Demo8_30.py
import numpy as np
from scipy import signal
sig = np.repeat([1.0, 0.0, 1.0, 0.0, 1.0], 100)
hanning = signal.windows.hann(100)
filtered = signal.convolve(sig,hanning,mode='full',method='direct')/
np.sum(hanning)

plt.subplot(1,3,1); plt.plot(sig); plt.title('Original Signal')
plt.subplot(1,3,2); plt.plot(hanning); plt.title('Window')
plt.subplot(1,3,3); plt.plot(filtered); plt.title('Filtered Signal')
plt.show()
```

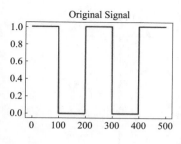
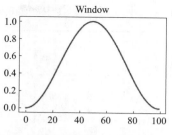
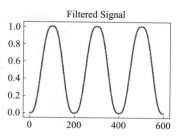

图8-18 卷积计算程序运行结果

8.6.2 二维图像的卷积计算

灰度图像可以用二维数组进行表示，通过卷积计算，可以对图像进行模糊化、增强特征和边缘检测等计算。对图像的卷积计算可以用convolve2d()方法和correlate2d()方法，它们的格式如下所示：

```
convolve2d(in1, in2, mode='full', boundary='fill', fillvalue=0)
correlate2d(in1, in2, mode='full', boundary='fill', fillvalue=0)
```

其中，in1是图像数组；in2是对图像做卷积操作的卷积核（卷积模板），将卷积核在图像上滑动，将图像点上的像素颜色值与对应的卷积核上的数值相乘，然后将所有相乘后的值相加作为卷积核中间像素对应的图像上像素的灰度值，卷积核的形状一般是奇数，例如3×3、5×5或者7×7；mode设置输出模式，可以取'full'、'valid'或'same'；boundary设置边界扩展模式，可以取'symm'、'wrap'或'fill'，详细解释见下面的内容；fillvalue设置boundary='fill'时的边界扩展的值，默认是0。

convolve2d()方法和correlate2d()方法中boundary设置图形数组在边界上的扩展模式。例如参数in1=np.array([[1,2,3],[4,5,6],[7,8,9]])、bounday='symm'时，扩展后的in1的值如下所示。

9	8	7	7	8	9	9	8	7
6	5	4	4	5	6	6	5	4
3	2	1	1	2	3	3	2	1
3	2	1	**1**	**2**	**3**	3	2	1
6	5	4	**4**	**5**	**6**	6	5	4
9	8	7	**7**	**8**	**9**	9	8	7
9	8	7	7	8	9	9	8	7
6	5	4	4	5	6	6	5	4
3	2	1	1	2	3	3	2	1

bounday='wrap'时，扩展后的in1的值如下所示：

1	2	3	1	2	3	1	2	3
4	5	6	4	5	6	4	5	6
7	8	9	7	8	9	7	8	9
1	2	3	**1**	**2**	**3**	1	2	3
4	5	6	**4**	**5**	**6**	4	5	6
7	8	9	**7**	**8**	**9**	7	8	9
1	2	3	1	2	3	1	2	3
4	5	6	4	5	6	4	5	6
7	8	9	7	8	9	7	8	9

bounday='fill'时,扩展后的in1的值如下所示,其中 k 值由参数fillvalue设置。

k	k	k	k	k	k	k	k	k
k	k	k	k	k	k	k	k	k
k	k	k	k	k	k	k	k	k
k	k	k	1	2	3	k	k	k
k	k	k	4	5	6	k	k	k
k	k	k	7	8	9	k	k	k
k	k	k	k	k	k	k	k	k
k	k	k	k	k	k	k	k	k
k	k	k	k	k	k	k	k	k

下面的程序将SciPy中自带的一张图形进行二维图像卷积计算,程序运行结果如图8-19所示。

```python
import numpy as np    #Demo8_31.py
from scipy import signal,misc
import matplotlib.pyplot as plt
pic = misc.face(gray=True)     #二维图像数组
kernel = np.ones(shape=(31,31))/31/31
x = signal.convolve2d(in1=pic,in2=kernel,mode='same',boundary='symm').astype(int)
kernel = np.array([[1,1,1],[1,-10,1],[1,1,1]])
y = signal.correlate2d(in1=pic,in2=kernel,mode='same',boundary='symm').astype(int)

plt.gray()
plt.subplot(131); plt.imshow(pic)
plt.subplot(132); plt.imshow(x)
plt.subplot(133); plt.imshow(y)
plt.show()
```

图8-19　二维图像卷积计算程序运行结果

8.6.3　FIR与IIR滤波器

实际得到的信号中往往会有许多干扰信号,我们希望设计一个滤波器能把所需的信号和干扰信号分开,以得到我们希望的信号并抛弃或抑制干扰信号。但实际上很难完全消除干扰信号,只能在可能多地保留所需的信号的同时,滤除大多数干扰信号。

（1）FIR滤波器和IIR滤波器

根据滤波器的输入和输出之间的关系,滤波器可以分为线性滤波器和非线性滤波器两种,线性滤波器根据其冲激响应函数又可分为有限冲激响应FIR（finite impulse response）滤波器和无限冲激响应IIR（infinite impulse response）滤波器。FIR滤波器冲激响应是有限长的,经过一段时间后衰减为0，IIR滤波器的冲激响应是无限长的，通常是振荡状态。

线性滤波器的输出$y[n]$和输入$x[n]$之间的关系可以用下面的差分方程来表示：

$$a_0 y[n] + a_1 y[n-1] + \cdots + a_N y[n-N] = b_0 x[n] + b_1 x[n-1] + \cdots + a_M x[n-M]$$

通常取$a_0 = 1$（可用a_0归一化）。上式中如果所有除a_0外的a_i（$i = 1, 2, \cdots, N$）等于0，则滤波器的输出$y[n]$只与输入$x[n]$有关系，这时滤波器是FIR滤波器；如果有任一a_i（$i = 1, 2, \cdots, N$）不为0，则滤波器的输出$y[n]$除与输入$x[n]$有关系外，还与$y[n]$之前的输出有关系，这时形成递推方程，滤波器是IIR滤波器。

（2）理想滤波器

理想滤波器是指在希望的通带范围（允许信号通过的频率范围）内信号能完全通过，而在通带范围之外，不允许任何信号通过。理想滤波器可以分为低通（low pass）、高通（hight pass）、带通（band pass）和带阻（band stop）滤波器四种，这些滤波器的冲击响应函数的幅值特性如图8-20所示。

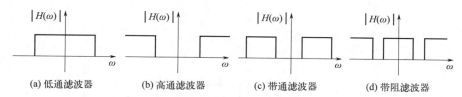

(a) 低通滤波器　　(b) 高通滤波器　　(c) 带通滤波器　　(d) 带阻滤波器

图8-20　理想滤波器的冲击响应函数的幅值特性

理想低通滤波器的冲激响应函数在$|\omega| < \omega_c$时，$H(\omega) = e^{-j\omega t_0}$，其他情况为0，其中$\omega_c$是截止频率。图8-21所示是带宽为$\omega_c$的理想低通滤波器的幅频特性和相频特性，幅值特性是阶跃函数，相频特性在带宽范围内具有线性特性。

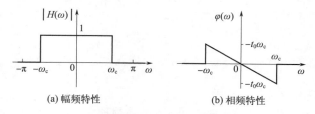

(a) 幅频特性　　(b) 相频特性

图8-21　理想低通滤波器的幅频特性和相频特性

带宽为ω_c的理想低通滤波器的冲激响应通过傅里叶逆变换，可以获得时域内的冲激响应函数，如下所示。

$$h(t) = \frac{1}{2\pi} \int_{-\infty}^{\infty} H(\omega) e^{j\omega t} d\omega = \frac{1}{2\pi} \int_{-\omega_c}^{\omega_c} e^{-j\omega t_0} e^{j\omega t} d\omega = \frac{\sin[\omega_c(t-t_0)]}{\pi(t-t_0)} = \frac{\omega_c}{\pi} \times \frac{\sin[\omega_c(t-t_0)]}{\omega_c(t-t_0)}$$

$$= \frac{\omega_c}{\pi} \operatorname{sinc}[\omega_c(t-t_0)]$$

其中，sinc是sine cardinal（正弦基数）的缩写，在数字信号处理和通信理论中，归一化的sinc()函数通常定义为$\operatorname{sinc}(t) = \dfrac{\sin(\pi t)}{\pi t}$，在数学领域，非归一化的sinc()函数定义为

$\mathrm{sinc}(t)=\dfrac{\sin t}{t}$,NumPy中定义的sinc($t$)函数是前者,二维sinc()函数可以定义成sinc(x,y)=sinc(x)

sinc(y)=$\dfrac{\sin(\pi x)}{\pi x}\times\dfrac{\sin(\pi y)}{\pi y}$。下面的程序绘制sinc($t$)函数的曲线,运行结果如图8-22所示。

```python
import numpy as np    #Demo8_32.py
import matplotlib.pyplot as plt
t = np.linspace(-20,20,1001)
y1 = np.sinc(t)
y2 = np.sinc(t/np.pi)
plt.plot(t,y1,t,y2,'--k')
plt.show()
```

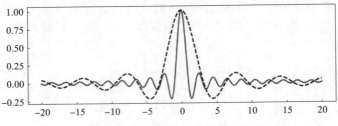

图8-22 绘制sinc(t)函数曲线程序运行结果

下面的代码对SciPy中自带的图像利用sinc(t)函数进行理想FIR滤波,用参数d控制带宽,程序运行结果如图8-23所示。图像中低频成分是图像变化缓慢的部分,对应着图像大致的相貌和轮廓,而其高频成分则对应着图像变化剧烈的部分,对应着图像的细节,图像中的噪声也属于高频成分。

```python
import numpy as np    #Demo8_33.py
from scipy import signal,misc
import matplotlib.pyplot as plt
pic = misc.face(gray=True)
pic[100:150,80:130]=pic[650:700,600:650] = 255    #添加图像中的噪声
N = 41
x = y = np.linspace(-10,10,N)
X,Y = np.meshgrid(x,y)
d = 0.2    #d控制通过频率
b = np.sinc(X*d)*np.sinc(Y*d)
pic_1 = signal.convolve2d(in1=pic,in2=b,mode='same')

d = 0.05    #d控制通过频率
b = np.sinc(X*d)*np.sinc(Y*d)
pic_2 = signal.convolve2d(in1=pic, in2=b, mode = 'same')
plt.gray()
plt.subplot(131); plt.imshow(pic)
plt.subplot(132); plt.imshow(pic_1)
plt.subplot(133); plt.imshow(pic_2)
plt.show()
```

图8-23 利用sinc(t)函数进行理想FIR滤波程序运行结果

（3）IIR滤波器

描述线性滤波器的输出 $y[n]$ 和输入 $x[n]$ 之间关系的差分方程，可以改成如下形式：

$$a_0 y[n] = -a_1 y[n-1] - \cdots - a_N y[n-N] + b_0 x[n] + b_1 x[n-1] + \cdots + a_M x[n-M]$$

当 $a_i = 0 (i = 1, 2, \cdots, N)$ 时，上式可以用卷积进行计算，当任一 $a_i \neq 0$ 时，上式不能用卷积进行计算。

假设 $a_0 = 1$，上式进一步可以写成

$$y[n] = b_0 x[n] + z_0[n-1]$$
$$z_0[n] = b_1 x[n] + z_1[n-1] - a_1 y[n]$$
$$z_1[n] = b_2 x[n] + z_2[n-1] - a_2 y[n]$$
$$\vdots$$
$$z_{K-2}[n] = b_{K-1} x[n] + z_{K-1}[n-1] - a_{K-1} y[n]$$
$$z_{K-1}[n] = b_K x[n] - a_K y[n]$$

其中，$K = \max(M, N)$；当 $K > M$ 时，$b_K = 0$，当 $K > N$ 时，$a_K = 0$。这样在 n 位置的输出 $y[n]$ 只依赖于 $x[n]$ 和 $z_0[n-1]$，这只需计算 K 个 $z_0[n-1] \cdots z_{K-1}[n-1]$ 即可。

使用差分方程滤波可以用lfilter()方法计算，该方法的格式如下所示：

```
lfilter(b, a, x, axis= -1, zi=None)
```

其中，b和a是一维数组，通常a[0]=1，如果a[0] ≠ 1，则用a[0]归一化；x是需要滤波的数据，可以是多维数组，如果是多维数组，用axis指定坐标轴；zi指定初始条件，其长度是max(len(a),len(b)) − 1，可以用lfiltic()方法或lfilter_zi()方法计算获取。在指定zi时，lfilter()方法的返回值是y和zf，zf是滤波器的最后状态，不指定zi时，只返回y。

lfilter()方法中参数zi可以用lfiltic()方法或lfilter_zi()方法计算获取，lfiltic()和lfilter_zi()的格式如下所示：

```
lfiltic(b, a, y, x=None)
lfilter_zi(b, a)
```

其中b和a是一维数组，y和x是初始化条件的输出和输入。lfilter_zi()的输出是单位冲激函数，如果把lfilter_zi()的输出结果应用于lfilter()计算，通常还需要乘以y[0]。

用lfilter()方法滤波有明显的延迟，可以改用filtfilt()方法计算，该方法没有延迟。filtfilt()方法的格式如下所示：

filtfilt(b, a, x, axis=- 1, padtype='odd', padlen=None, method='pad', irlen=None)

其中，b和a是一维数组，通常a[0]=1，如果a[0]≠1，则用a[0]归一化；x是需要滤波的数据，可以是多维数组，如果是多维数组，用axis指定坐标轴；padtype设置将x扩大的方式，可以取 'odd'、'even'、'constant'或None；padlen设置沿着轴两端的扩充数量，值必须小于x.shape[axis]−1，默认值是3×max(len(a), len(b))，padlen=0表示没有扩充；method设置处理边缘数据的方法，可以取 'pad'或 'gust'，取 'pad'时，由padtype和padlen设置扩充类型和扩充长度，取 'gust'时，表示用Gustafsson滤波器，需要用irlen参数设置滤波器的冲激响应长度。filtfilt()方法的返回值是与x同形状的数组。

下面的代码在一个信号中添加噪声信号，然后进行lfilter()滤波和filtfilt()滤波，程序运行结果如图8-24所示。

```python
from scipy import signal    #Demo8_34.py
import matplotlib.pyplot as plt
import numpy as np
b = [0.00128,0.00641,0.0128,0.0128,0.0064,0.00128]
a = [ 1.0,-2.975,3.806, -2.545, 0.881,-0.125]

t = np.linspace(0, 2, 201)
y = np.sin(2*np.pi*0.5*t*(1-t)) +0.15*np.cos(2*np.pi*2*t + 2) +0.5*np.cos(2*np.pi*5*t)

np.random.seed(12345)
y = y + np.random.random(len(y))
zi = signal.lfilter_zi(b, a)
z1, _ = signal.lfilter(b, a, y, zi=zi*y[0])
z2 = signal.filtfilt(b, a, y)
plt.plot(t, y, 'k', label='signal with noise',lw=1)
plt.plot(t, z1, 'b-.',label='lfilter',lw=1)
plt.plot(t, z2, 'b--',label='filtfilt',lw=1)
plt.legend()
plt.grid()
plt.show()
```

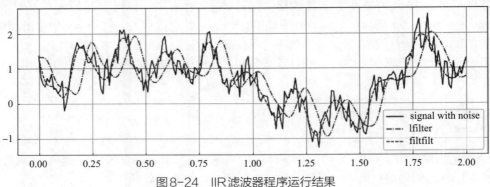

图8-24　IIR滤波器程序运行结果

8.6.4　FIR与IIR滤波器的设计

从线性滤波器的差分方程可以看出，对于FIR滤波器，需要确定系数b，对于IIR滤波器，需要确定系数b和a。系数b和a可以根据滤波器通带和阻带的频率范围、阻带的衰减量用不同的方法计算出来。

（1）FIR滤波器的设计

FIR滤波器的设计可以用firwin()方法，该方法可以结合窗函数设计差分方程中的系数b，firwin()方法的格式如下所示：

```
firwin(numtaps, cutoff, width=None, window='hamming', pass_zero=True, scale=True,
nyq=None, fs=None)
```

其中，numtaps设置滤波器的长度，如果取奇数则滤波器是Ⅰ-型，如果取偶数则滤波器是Ⅱ-型，如果滤波器是带通滤波器，则numtaps必须取奇数；cutoff设置带通频率范围，可以取单个值或数组，取数组时表示带通的边界，如果用fs参数设置采样频率，则cutoff的取值范围必须在0到fs/2之间，且单调增加，如果没有设置fs值，则cutoff的取值范围必须在0到1之间，1对应fs/2的值；width设置Kaiser FIR滤波器过渡区域的频率宽度，这时忽略window参数；window设置窗函数，取值是窗函数名，如果窗函数需要参数，则可以把窗函数和参数放到元组中；pass_zero取True时，0Hz处的增益是1，取False时，0 Hz处的增益是0，还可以直接取'bandpass'、'lowpass'、'highpass'或'bandstop'；scale设置某些频率点的频率响应为1，取True时，缩放b的值使0Hz、fs/2Hz或带宽中心处的频率响应是1；nyq设置fs/2的值，或用fs设置采样频率。

另外一种设计FIR滤波器的方法是firwin2()，该方法需要设置频率点上的增益，firwin2()方法的格式如下所示：

```
firwin2(numtaps, freq, gain, nfreqs=None, window='hamming', nyq=None,
antisymmetric=False, fs=None)
```

其中，freq是需要设置增益的频率点，取值是数组，取值范围是0～fs/2，freq的第1个元素的值必须是0，最后一个元素的值必须是fs/2，中间可以有重复的元素，表示断点；gain设置与freq对应的增益，例如firwin2(100, [0.0, 0.4, 0.6, 1.0], [1.0, 1.0, 0.0, 0.0])，表示0～0.4的增益是1，0.4～0.6的增益从1过渡到0，0.6～1.0的增益是0；nfreqs设置构建滤波器的频率点的个数，该值要大于numtaps，通常取2^n+1，例如129、257，默认值是比numtaps大的最小的一个2^n+1；antisymmetric设置冲激函数是反对称还是对称的。

下面的程序首先设计低通滤波器、高通滤波器和带通滤波器，然后对一个含有低、中和高频信号进行滤波，程序运行结果如图8-25所示。

```
from scipy import signal    #Demo8_35.py
import matplotlib.pyplot as plt
import numpy as np
f_sample = 4000    #采样率
b1 = signal.firwin(201,f_sample/4,window='hamming',pass_zero='lowpass',fs=f_
sample)    #低通滤波器
b2 = signal.firwin(201,f_sample/4,window='hamming',pass_zero='highpass',fs=f_
sample)    #高通滤波器
```

```python
freq = np.array([0,0.2,0.2,0.6,0.6,1])*f_sample/2
gain = np.array([0,0,1,1,0,0])
b3 = signal.firwin2(201,freq,gain,window='hamming',fs=f_sample)   #带通滤波器

x = np.linspace(0, 0.1, 401)
#含有低、中、高频率的信号
y = 0.6*np.sin(2*np.pi*100*x*(1-x))+0.45*np.cos(2*np.pi*700*x+2)+0.5*np.cos(2*np.pi*1500*x)

filtered_1 = signal.convolve(in1=y,in2=b1,mode='same')
filtered_2 = signal.convolve(in1=y,in2=b2,mode='same')
filtered_3 = signal.convolve(in1=y,in2=b3,mode='same')
plt.subplot(1,3,1)
plt.plot(x, filtered_1,'black',lw=0.5); plt.title('Low Pass')
plt.subplot(1,3,2)
plt.plot(x, filtered_2,'black',lw=0.5); plt.title('High Pass')
plt.subplot(1,3,3)
plt.plot(x, filtered_3,'black',lw=0.5); plt.title('Band Pass')
plt.show()
```

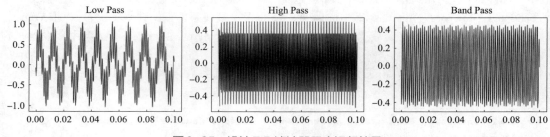

图8-25　设计FIR滤波器程序运行结果

（2）IIR滤波器设计

在前面的IIR滤波方法lfilter()和filtfilt()中，需要知道差分方程的系数a和b，a和b可以通过巴特沃斯滤波器（Butterworth filter）、第一类切比雪夫滤波器（Chebyshev Ⅰ filter）、第二类切比雪夫滤波器（Chebyshev Ⅱ filter）或椭圆函数滤波器（Elliptic filter）来计算，这几个滤波器的频率响应函数如图8-26所示。

巴特沃斯滤波器用butter()方法计算系数b和a，butter()方法的格式如下所示：

butter(N, Wn, btype='lowpass', analog=False, output='ba', fs=None)

其中，N是巴特沃斯滤波器的阶数，一阶巴特沃斯滤波器的衰减率为每倍频6dB，二阶巴特沃斯滤波器的衰减率为每倍频12dB，三阶巴特沃斯滤波器的衰减率为每倍频18dB，如此类推；Wn是滤波器增益衰减的临界频率点，在该频率位置增益变成$1/\sqrt{2}$，衰减3dB，对于低通和高通滤波器，只需取一个浮点数，对于带通和带阻滤波器，需要取含两个数的数组，参数N和Wn可以用buttord()方法计算得到；btype设置滤波器的类型，可以取'lowpass'、'highpass'、'bandpass'或'bandstop'；analog设置是模拟信号滤波器还是数字滤波器；output设置输出数据的类型，可以取'ba'、'zpk'或'sos'(second-order sections)，分别返回的值是(b,a)、(z,p,k)和sos数组，关于

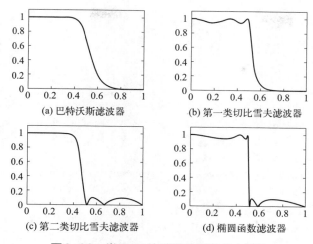

图 8-26 常用 IIR 滤波器的频率响应函数

output 的详细说明参考下面的内容；fs 设置信号的采样频率。

其他三种滤波器设计的格式如下所示：

```
cheby1(N, rp, Wn, btype='low', analog=False, output='ba', fs=None)
cheby2(N, rs, Wn, btype='low', analog=False, output='ba', fs=None)
ellip(N, rp, rs, Wn, btype='low', analog=False, output='ba', fs=None)
```

其中 rp 设置通带范围最大浮动值 δ，用正 dB 表示；rs 设置带阻的最小衰减量，用正 dB 表示，其他参数如前所述。

在以上 4 个 IIR 滤波器设计方法中，参数 N 和 Wn 可以用对应的方法计算得到，这些方法的格式如下所示：

```
buttord(wp, ws, gpass, gstop, analog=False, fs=None)
cheb1ord(wp, ws, gpass, gstop, analog=False, fs=None)
cheb2ord(wp, ws, gpass, gstop, analog=False, fs=None)
ellipord(wp, ws, gpass, gstop, analog=False, fs=None)
```

其中 wp 和 ws 分别设置通带频率和阻断频率；gpass 设置通带的最大衰减量（dB）；gstop 设置阻带的最小衰减量（dB）。

线性滤波器的输出 $y[n]$ 和输入 $x[n]$ 之间的关系除了用 **a** 和 **b** 向量表示外，还可以用传递函数 $H(z)$ 来表示：

$$Y(z) = H(z)X(z)$$

$$H(z) = k\frac{(z-z_0)(z-z_1)\cdots(z-z_{M-1})}{(z-p_0)(z-p_1)\cdots(z-p_{N-1})}$$

其中，z_i 和 p_i 分别称为零点和极点，k 表示增益。butter() 方法的 output 参数取 'ba' 时输出 b 和 a，取 'zpk' 时输出 z、p 和 k，b 和 a 可以通过 tf2zpk(b, a) 方法转成 z、p 和 k 的形式，也可用 zpk2tf(z, p, k) 方法将 z、p 和 k 转成 b 和 a 的形式。

下面的程序根据衰减先计算巴特沃斯滤波器的参数 N 和 Wn，然后用巴特沃斯方法计算参数 b 和 a，最后用 filtfilt() 方法对信号进行滤波，程序运行结果如图 8-27 所示。

```python
from scipy import signal    #Demo8_36.py
import matplotlib.pyplot as plt
import numpy as np
f_sample = 4000    #采样率
wp = 0.4*f_sample/2
ws = 0.5*f_sample/2
N1,Wn1 = signal.buttord(wp,ws,gpass=1,gstop=40,fs=f_sample)    #低通
wp = np.array([0.2,0.5])*f_sample/2
ws = np.array([0.1,0.6])*f_sample/2
N2,Wn2 = signal.buttord(wp,ws,gpass=1,gstop=40,fs=f_sample)    #带通
wp = np.array([0.2,0.6])*f_sample/2
ws = np.array([0.3,0.5])*f_sample/2
N3,Wn3 = signal.buttord(wp,ws,gpass=1,gstop=40,fs=f_sample)    #带阻

b1,a1 = signal.butter(N1,Wn1,btype='lowpass',output='ba',fs=f_sample)    #低通系数
b2,a2 = signal.butter(N2,Wn2,btype='bandpass',output='ba',fs=f_sample)    #带通系数
b3,a3 = signal.butter(N3,Wn3,btype='bandstop',output='ba',fs=f_sample)    #带阻系数

x = np.linspace(0, 0.1, 401)
#含有低、中、高频率的信号
y = 0.6*np.sin(2*np.pi*100*x*(1-x))+0.45*np.cos(2*np.pi*700*x+2)+0.5*np.cos
(2*np.pi*1500*x)

filtered_1 = signal.filtfilt(b1,a1,y)    #IIR滤波
filtered_2 = signal.filtfilt(b2,a2,y)    #IIR滤波
filtered_3 = signal.filtfilt(b3,a3,y)    #IIR滤波
plt.subplot(1,3,1)
plt.plot(x,y,'black',lw=0.5); plt.title('Low Pass')
plt.subplot(1,3,2)
plt.plot(x, filtered_2,'black',lw=0.5); plt.title('Band Pass')
plt.subplot(1,3,3)
plt.plot(x, filtered_3,'black',lw=0.5); plt.title('Band Stop')
plt.show()
```

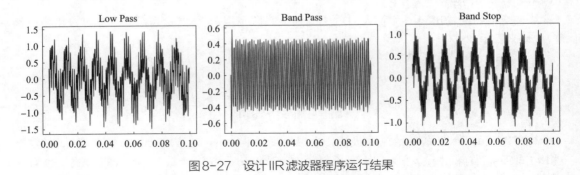

图8-27 设计IIR滤波器程序运行结果

除了上面介绍的计算IIR滤波器差分方程系数 b 和 a 的方法外,还可以直接使用iirdesign()方法和iirfilter()方法计算 b 和 a,它们的格式如下所示:

```
iirdesign(wp, ws, gpass, gstop, analog=False, ftype='ellip', output='ba',
fs=None)
iirfilter(N, Wn, rp=None, rs=None, btype='bandpass', analog=False,
ftype='butter', output='ba', fs=None)
```

其中参数 ftype 设置计算 b 和 a 的方法，可以取 'butter'、'cheby1'、'cheby2'、'ellip'、'bessel'，其他参数如前所述。

8.6.5　滤波器的频率响应

利用滤波器的设计可以输出系数 b、a 或 z、p、k，这时就确定了滤波器的特性，可以绘制滤波器在单位脉冲冲激下的频率响应，以便研究滤波器的性能。

绘制滤波器的频率响应可以用 freqz() 方法和 freqz_zpk() 方法，其格式如下所示：

```
freqz(b, a=1, worN=512, whole=False, plot=None, fs=6.283185307179586,
include_nyquist=False)
freqz_zpk(z, p, k, worN=512, whole=False, fs=6.283185307179586)
```

其中，worN 取一个整数或数组，如果是整数则表示频率点的个数，如果取数组，则数组的元素是频率点；whole=False 时，频率范围是 $0 \sim fs/2$，whole=True 时，频率范围是 $0 \sim fs$；plot 是可以调用的函数，函数有2个形参，接收 freqz() 的输出 w 和 h；fs 设置采样频率，默认值是 2π；include_nyquist 是在 wordN 取整数且 whole=False 时，设置输出频率是否包含 fs/2。freqz() 方法和 freqz_zpk() 方法的输出是 w 和 h，w 是频率响应的频率点，h 是冲激响应（复数）。

下面的程序用巴特沃斯滤波器设计方法分别计算低通、带通和带阻滤波器的系数 b 和 a，然后根据 b 和 a 分别计算这三种滤波器的频率响应，程序运行结果如图8-28所示。

```
from scipy import signal    #Demo8_37.py
import matplotlib.pyplot as plt
import numpy as np
f_sample = 4000    #采样率
wp = 0.4*f_sample/2
ws = 0.45*f_sample/2
N1,Wn1 = signal.buttord(wp,ws,gpass=1,gstop=40,fs=f_sample)    #低通
wp = np.array([0.3,0.5])*f_sample/2
ws = np.array([0.25,0.55])*f_sample/2
N2,Wn2 = signal.buttord(wp,ws,gpass=1,gstop=40,fs=f_sample)    #带通
wp = np.array([0.2,0.6])*f_sample/2
ws = np.array([0.3,0.5])*f_sample/2
N3,Wn3 = signal.buttord(wp,ws,gpass=1,gstop=40,fs=f_sample)    #带阻

b1,a1 = signal.butter(N1,Wn1,btype='lowpass',output='ba',fs=f_sample)    #低通系数
b2,a2 = signal.butter(N2,Wn2,btype='bandpass',output='ba',fs=f_sample)   #带通系数
b3,a3 = signal.butter(N3,Wn3,btype='bandstop',output='ba',fs=f_sample)   #带阻系数

w1,h1 = signal.freqz(b1,a1,worN=1024,fs=f_sample)    #低通响应
w2,h2 = signal.freqz(b2,a2,worN=1024,fs=f_sample)    #带通响应
```

```
w3,h3 = signal.freqz(b3,a3,worN=1024,fs=f_sample)     #带阻响应
plt.subplot(1,3,1)
plt.plot(w1,20 * np.log10(abs(h1)),'black',lw=1); plt.title('Lowpass Response')
plt.xlabel('Frequency [Hz]'); plt.ylabel('Amplitude [dB]')
plt.subplot(1,3,2)
plt.plot(w2,20 * np.log10(abs(h2)),'black',lw=1); plt.title('Bandpass Response')
plt.xlabel('Frequency [Hz]'); plt.ylabel('Amplitude [dB]')
plt.subplot(1,3,3)
plt.plot(w3,20 * np.log10(abs(h3)),'black',lw=1); plt.title('Bandstop Response')
plt.xlabel('Frequency [Hz]'); plt.ylabel('Amplitude [dB]')
plt.show()
```

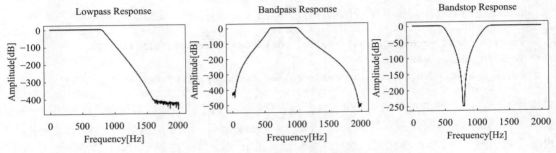

图8-28　计算滤波器的频率响应程序运行结果

8.6.6　其他滤波器

前面介绍了线性滤波器及其设计，下面介绍几个其他类型的滤波器。

（1）中值滤波器

中值滤波器（median filter）是一种典型的非线性滤波器，其基本原理是把数字图像或数字序列中一点的值用该点的一个邻域中各点值的中值代替，该方法在去除脉冲噪声、椒盐噪声的同时又能保留图像边缘细节。

中值滤波的方法是medfilt()和medfilt2d()，medfilt2d()只针对二维数组或图像进行滤波，它们的格式如下所示：

```
medfilt(volume, kernel_size=None)
medfilt2d(input, kernel_size=3)
```

其中volume或input是输入数组，kernel_size设置取中值块的大小，可以用数组表示每维的大小，也可以取一个标量值，每维的值都是这个值，数组元素和标量值应是奇数，默认值是3。

下面的程序在SciPy中自带的图像中添加噪声，然后用中值滤波消除添加的噪声，程序运行结果如图8-29所示。

```
import numpy as np     #Demo8_38.py
from scipy import signal,misc
import matplotlib.pyplot as plt
```

```
pic = misc.face(gray=True)
pic[100:110,80:200]=pic[650:660,600:720] = 255    #图像中添加噪声

pic_1 = signal.medfilt(pic,25)
pic_2 =signal.medfilt2d(pic,25)
plt.gray()
plt.subplot(131); plt.imshow(pic)
plt.subplot(132); plt.imshow(pic_1)
plt.subplot(133); plt.imshow(pic_2)
plt.show()
```

图8-29 中值滤波程序运行结果

（2）维纳滤波器

维纳滤波是建立在图像噪声是随机过程的基础上，目标是找一个未污染图像$f(x,y)$的估计值$\hat{f}(x,y)$，使它们之间的均方误差最小。维纳滤波主要应用于有随机干扰信号的情况，可分离出原始的信号。维纳滤波能使受损的图像复原，可以恢复有噪声的声音信号，在地震数据处理、桩基检测、飞机盲降中也有应用。

维纳滤波用wiener()方法，其格式如下所示：

```
wiener(im, mysize=None, noise=None)
```

其中im是输入数组或图像；mysize设置维纳窗的长度，可以取数组或标量，如果是标量，则每维的长度都是该值，维纳窗的长度应是奇数；noise设置噪声的能量，如果忽略，则取输入的局部变化量的均值作为噪声能量的估值。

下面的程序在SciPy自带的图像上添加噪声，然后用维纳滤波还原图像，程序运行结果如图8-30所示。

```
import numpy as np    #Demo8_39.py
from scipy import signal,misc
import matplotlib.pyplot as plt
pic = misc.face(gray=True)
pic_1 = pic+np.abs(np.random.random(pic.shape)-0.3)*200
pic_2 = signal.wiener(pic_1)
for i in range(10):
    pic_2 = signal.wiener(pic_2)
plt.gray()
```

```
plt.subplot(131); plt.imshow(pic)
plt.subplot(132); plt.imshow(pic_1)
plt.subplot(133); plt.imshow(pic_2)
plt.show()
```

图8-30　维纳滤波程序运行结果

（3）Savitzky-Golay滤波器

Savitzky-Golay滤波器是对有较大干扰信号的一维数据进行平滑滤波，该方法是一种移动窗口加权平均算法，但是其加权系数不是简单的常数，而是在指定长度的窗口内，通过用多项式最小二乘法进行数据拟合，从而使数据曲线光滑，去除高频成分，保留低频信号。

Savitzky-Golay滤波器用savgol_filter()方法，其格式如下所示：

```
savgol_filter(x, window_length, polyorder, deriv=0, delta=1.0, axis= -1,
mode='interp', cval=0.0)
```

其中，x是需要滤波的数据，如果不是一维数据，则需要用axis参数指定轴；window_length设置窗口的长度，取值是奇数，在mode='interp'时，窗口长度不能超过数据的长度；polyorder设置用来拟合数据的多项式的阶数；deriv设置输出结构是滤波后曲线的哪阶微分曲线，取值是非零整数；delta只适用于deriv>0的情况，设置数据的时间间距，用于计算微分值；mode设置将数据x向两侧扩充的模式，可以取'mirror'、'constant'、'nearest'、'wrap'或'interp'，其中取'interp'时没有数据扩充，在x=[1,2,3,4,5,6,7,8]，window_length=7时，mode设置的扩充模式如表8-23所示，其中k值由参数cval设置，默认值是0。

表8-23　mode参数设置的扩充模式

mode参数的值	左侧扩充的数据	x的原始值	右侧扩充的数据
'mirror'	4 3 2	1 2 3 4 5 6 7 8	7 6 5
'nearest'	1 1 1	1 2 3 4 5 6 7 8	8 8 8
'constant'	k k k	1 2 3 4 5 6 7 8	k k k
'wrap'	6 7 8	1 2 3 4 5 6 7 8	1 2 3

下面的程序对一个含有随机信号的数据进行Savitzky-Golay滤波，程序运行结果如图8-31所示。

```
from scipy import signal   #Demo8_40.py
import matplotlib.pyplot as plt
import numpy as np
t = np.linspace(0, 2, 201)
```

```
y = np.sin(2*np.pi*0.5*t*(1-t)) +0.15*np.cos(2*np.pi*2*t + 2)*np.cos(2*np.pi*5*t)
np.random.seed(12345)
y = y + np.random.random(len(y))
z = signal.savgol_filter(y,11,deriv=0,polyorder=2,mode='mirror')
plt.plot(t, y, 'k', label='signal with noise',lw=1)
plt.plot(t, z, 'b--', label='savgol filter',lw=2)
plt.legend()
plt.show()
```

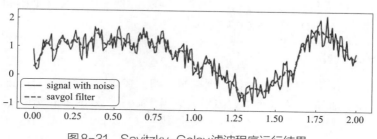

图8-31　Savitzky-Golay滤波程序运行结果

8.7 多项式运算

NumPy提供多项式计算的方法，可以对多项式进行加、减、乘、除、微分、积分以及用最小二乘法对数据进行拟合等运算。

8.7.1 多项式的定义及属性

对于下面的多项式

$$y(x) = a_0 x^{n-0} + a_1 x^{n-1} + a_2 x^{n-2} + \cdots + a_{n-1} x^{n-(n-1)} + a_n = \sum_{i=0}^{i=n} a_i x^{n-i}$$

要定义该多项式，只需要按变量从高指数到低指数的顺序给出变量的系数数组 $[a_0\ a_1\ a_2 \cdots a_{n-1}\ a_n]$ 即可，需要特别注意的是，如果多项式中缺少某项，则该项的系数是0。

多项式也可以用下面的方式来表示：

$$y = (x-a_0)(x-a_1)(x-a_2) \cdots (x-a_n) = \prod_{i=0}^{i=n} (x-a_i)$$

此时，数组 $[a_0\ a_1\ a_2 \cdots a_{n-1}\ a_n]$ 是多项式的根。

NumPy中定义多项式对象的函数是poly1d()，其格式如下所示：

poly1d(c_or_r, r=False, variable=None)

其中，c_or_r是多项的系数或根，可以取一维数组、列表或元组；当r=False时，c_or_r是多项式的系数，r=True时，c_or_r是多项式的根；variable取值是字符串，表示在输出多项式时，多项式变量的名称，默认是'x'，请注意，poly1d()的返回值是多项式，不是数组。

多项式对象的属性如表8-24所示。

表8-24 多项式对象的属性

多项式的属性	说明
o、order	多项式的最高指数
r、roots	多项式的根
variable	多项式的变量名称
c、coef、coeffs、coefficents	多项式的系数数组

除了用poly1d()创建多项式外，还可以用poly()函数根据多项式的根或方阵的特征多项式获取多项式的系数数组，poly()函数的格式如下所示：

```
poly(seq_of_zeros)
```

其中，seq_of_zeros可以取一维数组、列表或元组，还可以取方阵。当seq_of_zeros取一维数组时，poly()的返回值是多项式表达式的系数数组，seq_of_zeros中的元素是多项式的根；当seq_of_zeros取方阵时，例如形状是(n,n)的二维数组A，则poly()函数的返回值是$|A-\lambda E|$多项式的系数。

要获取多项式表达式的值，需要给出变量的取值。获取多项式的值用polyval(p, x)函数，其中p是多项式对象或多项式的系数，可以是数组、列表或元组；x是变量的值，可以是标量、数组，也可以是多项式对象，当是数组时，返回数组的每个元素对应的多项式的值，当是多项式对象时，返回值也是多项式对象。下面的代码是定义多项式的实例。

```
import numpy as np    #Demo8_41.py
y1=np.poly1d([2,-1,-6],r=False)    #定义多项式y1=2x²-x-6
y2=np.poly1d([2,-1,-6],r=True,variable='p')   #定义多项式y2=(p-2)(p+1)(p+6)
print(1,y1.o,y2.order)
print(2,y1.c,y2.coefficients)
print(3,y1.r,y2.roots)
print(4,y1.variable,y2.variable)
coefficents=np.poly([2,-1,-6]);print(5,coefficents)
coefficents=np.poly([[1,2],[2,3]]);print(6,coefficents)
value1=np.polyval(p=y1.coef,x=3);print(7,value1)
value3=np.polyval(p=y1.coef,x=[1,2,3]);print(8,value3)
poly=np.polyval(p=coefficents,x=y1);print(9,poly.c,poly.order)
'''
运行结果如下：
1 2 3
2 [ 2 -1 -6] [  1.   5.  -8. -12.]
3 [ 2.  -1.5] [-6.  2. -1.]
4 x p
5 [  1.   5.  -8. -12.]
6 [ 1. -4. -1.]
7 9
8 [-5  0  9]
9 [  4.  -4. -31.  16.  59.] 4
'''
```

8.7.2 多项式的四则运算

多项式对象之间可以进行加、减、乘、除运算,对应函数的格式分别如下所示:

```
polyadd(a1, a2)
polysub(a1, a2)
polymul(a1, a2)
polydiv(u, v)
```

其中,输入参数a1、a2、u和v可以是多项式对象,也可以是一维数组、列表或元组。对于polyadd()、polysub()和polymul(),当输入参数只要有一个是多项式对象时,返回值的数据类型是多项式对象,否则返回多项式的系数数组。对于polydiv(),u是被除数,v是除数,返回值是商和余数。下面的代码是多项式四则运算的举例。

```
import numpy as np    #Demo8_42.py
y1=np.poly1d([2,-1,-6],r=False)   #y1=2x²-x-6
y2=np.poly1d([2,-1,-6],r=True)    #y2=(p-2)(p+1)(p+6)
c1=y1.c;print(1,c1)
c2=y2.c;print(2,c2)
add=np.polyadd(c1,c2);print(3,add)
add=np.polyadd(y1,y2);print(4,add)
mul=np.polymul(c1,c2);print(5,mul)
mul=np.polymul(y1,y2);print(6,mul)
quotient,remainder=np.polydiv(c2,c1);print(7,quotient,remainder)
quotient,remainder=np.polydiv(y2,y1);print(8,quotient,remainder)
'''
```

运行结果如下:
```
1 [ 2   -1   -6]
2 [ 1.   5.  -8.  -12.]
3 [ 1.   7.  -9.  -18.]
4    3     2
  1 x + 7 x - 9 x - 18
5 [ 2.   9. -27. -46.  60.  72.]
6    5     4      3      2
  2 x + 9 x - 27 x - 46 x + 60 x + 72
7 [0.5  2.75] [-2.25  4.5 ]
8  0.5 x + 2.75
  -2.25 x + 4.5
'''
```

8.7.3 多项式的微分和积分

NumPy中可以对多项式进行微分和积分运算,微分函数polyder()和积分函数polyint()的格式如下所示:

```
polyder(p, m=1)
polyint(p, m=1, k=None)
```

其中，p可以取多项式对象，也可以是多项式的一维系数数组、列表或元组；m是微分或积分的阶次，默认是1；k是积分常数，m=1时，k是标量，m>1时，k是含有 m 个元素的列表，k中元素的顺序按照积分阶次顺序排列，默认值k=None表示积分常数是0。多项式对象也提供了微分和积分的方法，微分方法的格式是deriv(m=1)，积分方法的格式是integ(m=1,k=0)。

```
import numpy as np   #Demo8_43.py
y=np.poly1d([1,2,-1,-6],r=False)   #y=x³+2x²-x-6
der1=np.polyder(p=y,m=1);print(1,der1.c)
der2=y.deriv(m=2);print(2,der2.c)   #多项式的微分函数
int1=np.polyint(der1,m=1,k=-6);print(3,int1.c)
int2=der2.integ(m=2,k=[-1,-6]);print(4,int2.c)   #多项式的积分函数
'''
运行结果如下：
1 [ 3  4  -1]
2 [ 6  4 ]
3 [ 1.  2.  -1.  -6.]
4 [ 1.  2.  -1.  -6.]
'''
```

8.7.4 多项式拟合

NumPy提供用最小二乘法根据已知数据来拟合一个多项式。对于已知的一组数据 $(x_0,y_0)(x_1,y_1)\cdots(x_n,y_n)$，求多项式

$$y(x) = a_0 x^{n-0} + a_1 x^{n-1} + a_2 x^{n-2} + \cdots + a_{n-1} x^{n-(n-1)} + a_n$$

使得

$$d(a_0,a_1,\cdots,a_n) = \left[y_0 - y(x_0)\right]^2 + \left[y_1 - y(x_1)\right]^2 + \cdots + \left[y_n - y(x_n)\right]^2 = \sum_{i=0}^{n}\left[y_i - y(x_i)\right]^2$$

值最小，这里 n 需要给定，根据 $\frac{\partial d}{\partial a_i} = 0$，可以得到一组线性方程组，用奇异值分解方法可以得到线性方程组的解，即多项式的系数。

NumPy中用最小二乘法拟合多项式的函数是polyfit()，其格式如下所示：

```
polyfit(x, y, deg, rcond=None, full=False, w=None, cov=False)
```

其中，x是一维数组、列表或元组，其形状是(m,)，用于确定已知数据的横坐标；y可以是一维数组、列表、元组，其形状是(m,)，或者是二维数组、列表、元组，其形状是(m,k)，用于确定已知数据的纵坐标，此时每组纵坐标y[:, i]共用x横坐标，表示多组数据；deg是多项式的最高阶次，函数的返回值是多项式的系数数组，形状是（deg+1,）或（deg+1,k）；rcond是相对条件数，当奇异值小于条件数与len(x)的乘积时，奇异值认为是0；full=True时，会返回奇异值的特征信息；w是一维数组、列表或元组，形状是（m,）是已知y值的权重系数；当cov=True时，会返回协方差矩阵，当con='unscaled'时，polyfit()函数的返回值是多项式的系数数组，在full=True和con='unscaled'时也会返回最小二乘法的残余值的平方和、范德蒙比例系数矩阵的秩和奇异值及条件数，在full=True和cov=True时，返回形状是（m,m）或（m,m,k）的多项式系数

的协方差数组。

下面的代码利用随机生成的数据，用10次多项式来拟合数据，程序运行结果如图8-32所示。

```python
import numpy as np    #Demo8_44.py
import matplotlib.pyplot as plt
np.random.seed(100)
x=np.linspace(1,10,20)
y=np.random.multivariate_normal(mean=(1,5),cov=[[2,0.2],[0.2,3]],size=20) #随机数据
coeff=np.polyfit(x,y,deg=10).T;print(1,coeff)    #输出多项式的系数
y1=np.poly1d(coeff[0]);print(2,y1)    #输出多项式
y2=np.poly1d(coeff[1]);print(3,y2)    #输出多项式

x_value=np.linspace(1,10,100)
y1_value=np.polyval(y1,x_value)    #计算多项式的值
y2_value=np.polyval(y2,x_value)    #计算多项式的值
plt.scatter(x,y[:,0],color='blue')    #绘制散点
plt.scatter(x,y[:,1],color='black',marker='*')    #绘制散点
plt.plot(x_value,y1_value,color='blue')    #绘制曲线
plt.plot(x_value,y2_value,color='black')    #绘制曲线
plt.show()
```

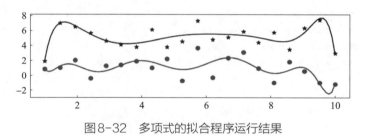

图8-32　多项式的拟合程序运行结果

8.8　曲线拟合与正交距离回归

8.8.1　曲线拟合

在已知一组数据xdata和ydata的情况下，用非线性函数f(x,*p)来逼近ydata的值，其中p是待确定的参数，使得g(p)= f(xdata,*p)-ydata的值最小。

非线性函数的拟合用curve_fit()方法来实现，其格式如下所示：

```
curve_fit(f, xdata, ydata, p0=None, sigma=None, absolute_sigma=False, check_finite=True,
bounds=- inf, inf, method=None, jac=None, **kwargs)
```

其中，f指定非线性函数f(x,*p)；xdata和ydata是已知数据，xdata可以是一维数组，也可是二维数组，ydata的形状与xdata的形状相同；p0是p的初始值；sigma可取None、一维数组或二维数

组，取一维数组时，sigma可以理解成是ydata的标准差，这时取chisq = sum((g(p) / sigma) ** 2)作为优化目标，取二维数组时，sigma可以理解成是ydata的协方差，这时取chisq = g(p).T @ inv(sigma) @ r作为优化目标，sigma取None时，表示元素值全部是1的一维数组；absolute_sigma如果取True，则sigma的值取绝对值；check_finite设置是否检查已知数据有NaN或inf数据；bounds设置未知参数p的取值范围；method可以取'trf'、'dogbox'或'lm'；jac设置计算雅可比矩阵的方法，可以取'2-point'、'3-point'、'cs'或可以调用的函数；kwargs是传递给least_squares()方法的其他参数，curve_fit的返回值是p和p的协方差。

下面的程序先利用函数$f = \sin(x+a)e^{-x^2+b}$和干扰信号创建ydata，然后用ydata计算a和b，用计算的a和b得到ydata_new，程序运行结果如图8-33所示。

```
from scipy import optimize   #Demo8_45.py
import numpy as np
import matplotlib.pyplot as plt
f= lambda x,a,b: np.sin(x+a) * np.exp(-x ** 2 + b)
xdata = np.linspace(0, 5, 51)
np.random.seed(1234)
ydata = f(xdata, 1.5, 0.2) + 0.3 * np.random.normal(size=xdata.size)
p,pcov=optimize.curve_fit(f,xdata,ydata)
print('a=',p[0],'b=',p[1])   #输出参数a和b

xdata_new = np.linspace(0, 5, 30)
ydata_new = f(xdata_new, p[0], p[1])
plt.plot(xdata,ydata,label='Original Curve')
plt.plot(xdata_new,ydata_new,'b--',label='Fitted Curve')
plt.legend()
plt.show()
#运行结果是  a= 1.559668877294659 b= 0.23119518797691213
```

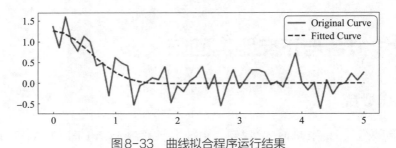

图8-33　曲线拟合程序运行结果

曲线拟合用的是最小二乘法用多项式拟合已知数据，最小二乘法优化的目标是已知数据与目标函数的y值差最小。正交距离回归（orthogonal distance regression，ODR）是另外一种拟合方法，优化的目标是已知数据与目标函数的距离，根据距离最小来获取拟合函数。例如对于图8-34所示的用$y=ax+b$来拟合已知数据，最小二乘法的优化目标是实线表示的y向误差，而正交距离回归优化的目标是虚线表示的距离误差，使得每个点到直线的垂直距离之和最小，而且正交距离回归可以用自定义的非线性方程来拟合。可以看出已知数据的x和y值都对拟合函数起作用，正交距离回归适合x和y都有偏差的函数拟合。

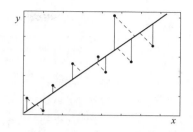

图 8-34 线性正交回归示意图

8.8.2 正交距离回归流程

正交距离回归首先需要提供被拟合的数据，根据数据的大致规律，定义需要拟合的函数，函数中通常有未知的参数需要通过正交距离回归确定，然后根据已知数据和拟合函数定义正交距离回归模型的实例对象，用实例对象进行计算，得到拟合函数中的未知参数，最终确定拟合函数。正交距离回归需要用 SciPy 的 ord 模块中的有关类和函数来实现。

(1) 被拟合数据的定义

正交距离回归需要将被拟合的数据定义成 Data 类的实例对象，用 Data 类定义数据对象的方法如下所示：

```
Data(x, y=None, we=None, wd=None, fix=None)
```

其中，x 定义独立变量的数据，可以是形状为 $(n,)$ 的一维数组，也可以是形状为 (m,n) 的二维数组，m 表示独立变量的个数，n 表示每个独立变量的取值的个数；y 定义响应数据，y 可取标量、形状是 $(n,)$ 的一维数组，也可以是形状为 (q,n) 的二维数组，q 表示响应变量的个数，n 是每个响应变量取值的个数，如果 y 取标量，则表示正交距离回归模型是隐式模型；we 定义 y 的权重系数，如果 we 取标量，则应用于 y 的所有值，如果 we 是形状为 $(n,)$ 的一维数组，则应用于 y 对应位置的值（y 是单变量），如果 we 是形状为 (q,n) 的二维数组，则应用于 y 对应位置的值（y 是多变量）；wd 定义 x 的权重系数，其取值形式与 we 的基本相同；fix 是整数数组，形状与 x 的形状相同，确定哪个观测值是固定不变的，值为 0 处的观测值当作无误差的数据，值大于 0 处的观测值是有误差的数据。

另外一种将被拟合的数据定义成 Data 类实例对象的方法是用 RealData，其格式如下所示：

```
RealData(x, y=None, sx=None, sy=None, covx=None, covy=None, fix=None)
```

其中 sx 和 sy 分别定义 x 和 y 的标准差数组，covx 和 covy 分别定义 x 和 y 的协方差数组。

(2) 拟合函数的定义

用户需要根据被拟合的数据 x 和 y 的规律和趋势，自定义一个与 x 和 y 规律和趋势类似的函数来拟合 x 和 y。拟合函数的定义格式是 def fcn(beta,x)->y，其中参数 beta 是拟合函数中不确定的参数，可以是一个常数或常数数组，x 是独立变量，可以是一个变量，或多个变量数组，beta 参数一定要在变量 x 的前面，y 是返回值。除自定义拟合函数外，还可能用到计算 fcn 对 beta 的雅可比矩阵的函数 fjacb(beta,x)，以及计算 fcn 对变量 x 的雅可比矩阵的函数 fjacd(beta,x)。

(3) 正交距离回归模型的定义

自定义的拟合函数需要定义成正交距离回归模型才可以用于 ODR 计算，用 Model 类定义回归模型实例，其格式如下所示：

```
Model(fcn, fjacb=None, fjacd=None, extra_args=None, estimate=None, implicit=0)
```

其中，fcn是自定义的拟合函数；fjacb和fjacd分别是计算雅可比矩阵的函数fjacb(beta,x)和fjacd(beta,x)；extra_args是传递给fcn(beta,x,*args)、fjacb(beta,x,*args)和fjacd(beta,x,*args)函数的额外参数args；estimate是对beta参数的初始估计值；implicit如果取True，则表示拟合函数是隐式函数y-fcn(beta,x)=0，此时y值是标量，不再对y值进行拟合。

（4）正交距离回归的定义和计算

定义正交距离回归需要用ODR类定义实例，创建ODR类的实例的方法如下所示，各参数的取值类型和说明如表8-25所示。

```
ODR(data, model, beta0=None, delta0=None, ifixb=None, ifixx=None, errfile=None,
    rptfile=None, ndigit=None, taufac=None, sstol=None, partol=None, maxit=None,
    stpb=None, stpd=None, sclb=None, scld=None, overwrite=False)
```

表8-25　创建ODR对象的参数说明

参数	取值类型	说明
data	Data	Data类的实例对象
model	Model	Model类的实例对象
beta0	array	beta的初始值
delta0	array	变量x的初始误差，形状与x的形状相同
ifixb	array	设置beta0中哪些数据是没有误差的，形状与beta0的形状相同，ifixb数组中0元素对应beta0中相同位置的数据是固定不变的，大于0的整数对应beta0中相同位置的数据是可变的
ifixx	array	设置x中哪些数据是没有误差的，形状与x的形状相同，ifixx数组中0元素对应x中相同位置的数据是固定不变的，大于0的整数对应x中相同位置的数据是可变的
errfile	str	设置文件名，出错信息输出到该文件
rptfile	str	设置文件名，汇总信息输出到该文件
ndigit	int	设置函数计算中可以信赖的数字的个数
taufac	float	设置可以信赖的初始区域，默认值是1
sstol	float	设置平方和收敛误差，默认值是$\sqrt{eps}$，eps是1+ eps >1中最小的计算机值
partol	float	设置参数beta的收敛误差，对于显式方程，默认值是$\sqrt[3]{eps^2}$，对隐式方程，默认值是$\sqrt[3]{eps}$
maxit	int	设置最大迭代次数，首次计算的默认是50，重启计算的默认值是10
stpb	array	设置对参数beta进行有限差分的步长
stpd	array	设置对x进行有限差分的步长
sclb	array	设置beta参数的比例系数
scld	array	设置x值的比例系数
overwrite	bool	设置参数errfile和rptfile指定的文件是否可以被覆盖

ODR实例对象的run()方法和restart()方法可以启动和重启拟合计算，并返回计算结果output（Output对象的实例）。ODR实例对象的属性有data、model和output。Output对象用于保存计算

后的结果,其属性如表8-26所示,用pprint()方法可以输出计算结果。

表8-26 Output对象的属性

属性名称	属性类型	说明	属性名称	属性类型	说明
beta	array	参数beta的值	y	array	函数fcn(x+delta)的值
sd_beta	array	参数beta的标准差	res_var	float	残差
cov_beta	array	参数beta的协方差	sum_square	float	误差平方和
delta	array	对x值误差的估计	sum_square_delta	float	delta参数误差平方和
eps	array	对y值误差的估计	sum_square_eps	float	eps误差的平方和
xplus	array	x+delta的值	stopreason	list[str]	出错原因

下面的程序用含有误差的x和y数据来拟合一个函数,程序运行结果如图8-35所示。

```python
import numpy as np    #Demo8_46.py
from scipy import odr
import matplotlib.pyplot as plt
def f(beta,x):      #拟合函数
    y = np.sin(x+beta[0])*np.exp(-x**2+beta[1])
    return y
np.random.seed(12345)
xdata = np.linspace(0, 5, 51)
ydata = f(beta=[1.5,0.2],x=xdata)

error_x = 0.1 * np.random.normal(size=xdata.size)
error_y = 0.1 * np.random.normal(size=xdata.size)
xdata = xdata + error_x    #含有误差的x值
ydata = ydata + error_y    #含有误差的y值

data = odr.Data(x=xdata,y=ydata,we=1,wd=1)    #Data的实例
model = odr.Model(fcn=f)    #Model的实例
odrfit = odr.ODR(data,model,beta0=[0,0])    #ODR的实例
output = odrfit.run()    #运行ODR计算
output.pprint()    #输出主要信息
plt.plot(xdata,ydata,label="Data to be fitted")    #绘制有误差的曲线
x = np.linspace(0, 5, 51)
y = f(output.beta,x)
plt.plot(x,y,'b--',label="Data from fitted fun")    #绘制拟合函数的曲线
plt.legend()
plt.show()
'''
```

运行结果如下:
Beta: [1.44344132 0.24666021]
Beta Std Error: [0.11863681 0.03998988]
Beta Covariance: [[1.59131383 0.17215622]
 [0.17215622 0.18080776]]
Residual Variance: 0.008844699755787206

```
Inverse Condition #: 0.34263432840754954
Reason(s) for Halting:
  Sum of squares convergence
'''
```

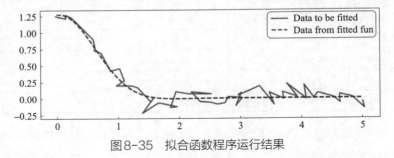

图8-35 拟合函数程序运行结果

上面的程序中x和y都是一个变量的情况，下面的代码是将上面代码稍作变更，x和y都含两个变量。

```
import numpy as np    #Demo8_47.py
from scipy import odr
def f(beta,x):    #拟合函数
    y1 = np.cos(x[0]+beta[0])*np.exp(-x[1]**2+beta[1])
    y2 = np.sin(x[0]+beta[0])*np.exp(-x[1]**2+beta[1])
    return np.array([y1,y2])
np.random.seed(12345)
xdata = np.linspace(0, 5, 51)
xdata = np.row_stack((xdata,xdata))
ydata = f(beta=[1.5,0.2],x=xdata)
error_x = 0.1 * np.random.normal(size=xdata.size).reshape(2,-1)
error_y = 0.1 * np.random.normal(size=xdata.size).reshape(2,-1)
xdata = xdata + error_x    #含有误差的x值
ydata = ydata + error_y    #含有误差的y值
data = odr.Data(x=xdata,y=ydata,we=1,wd=1)    #Data的实例
model = odr.Model(fcn=f)    #Model的实例
odrfit = odr.ODR(data,model,beta0=[0,0])    #ODR的实例
output = odrfit.run()    #运行ODR计算
output.pprint()    #输出主要信息
'''
运行结果如下：
Beta: [1.42879066 0.17892915]
Beta Std Error: [0.06063896 0.05132895]
Beta Covariance: [[ 1.99710353e-01 -8.63863222e-07]
 [-8.63863222e-07  1.43094161e-01]]
Residual Variance: 0.01841208330612125
Inverse Condition #: 0.9105533234851578
Reason(s) for Halting:
  Sum of squares convergence
'''
```

8.8.3 简易模型

SciPy中提供方便快速计算的简易Model，无须再定义拟合函数，这些模型包括单变量线性模型unilinear、多变量线性模型multilinear、二次多项式模型quadratic、n次多项式模型polynomial(order)和指数模型exponential，这几个函数所拟合的函数分别如下所示。

unilinear: $\quad y = \beta_0 x + \beta_1$

multilinear: $\quad y = \beta_0 + \sum_{i=1}^{m} \beta_i x_i$

quadratic: $\quad y = \beta_0 x^2 + \beta_1 x + \beta_2$

polynomial(n): $\quad y = \beta_0 x^n + \beta_1 x^{n-1} + \cdots + \beta_n$

exponential: $\quad y = \beta_0 + e^{\beta_1 x}$

polynomial(order)模型中参数order可以直接取正整数，表示多项式的最高阶数，order还可以取一个正整数列表，指定多项式中的每个x的指数，例如polynomial([5,3,1])表示的拟合函数是$y = \beta_0 x^5 + \beta_1 x^3 + \beta_2 x + \beta_4$。下面的代码是这些简易模型的一些应用。

```python
from scipy import odr      #Demo8_48.py
import numpy as np
x = np.linspace(1.0, 10.0)
y = 2.0 * x - 3.0
data = odr.Data(x, y)
odr_obj = odr.ODR(data, odr.unilinear)
output = odr_obj.run()
print(1,output.beta)
x = np.row_stack((np.linspace(0,7.0,num=10),np.linspace(0,10.0,num=10)))
y = - 5.0 + 2*x[0] - 2*x[1]
data = odr.Data(x, y)
odr_obj = odr.ODR(data, odr.multilinear)
output = odr_obj.run()
print(2,output.beta)
x = np.linspace(0.0, 8.0,num=20)
y = 2.2 * x ** 2 + 3.1 * x - 3.0
data = odr.Data(x, y)
odr_obj = odr.ODR(data, odr.quadratic)
output = odr_obj.run()
print(3,output.beta)
y = np.cos(x)
poly_model = odr.polynomial(4)
data = odr.Data(x, y)
odr_obj = odr.ODR(data, poly_model)
output = odr_obj.run()
print(4,output.beta)
y = 6 + np.exp(0.3*x)
data = odr.Data(x, y)
```

```
odr_obj = odr.ODR(data, odr.exponential)
output = odr_obj.run()
print(5,output.beta)
'''
```
运行结果如下:
```
1 [ 2. -3.]
2 [-5.   1.  -1.3]
3 [ 2.2  3.1 -3. ]
4 [ 1.08298487 -0.27120902 -0.56955933  0.19286686 -0.0151898 ]
5 [6.  0.3]
'''
```

第 9 章

读写 Excel 文档

从本章开始介绍办公自动化的内容，涉及 Excel 文档、word 文档、powerpoint 文档和 PDF 文档的读写。Excel 是常用的数据处理软件，Python 对 Excel 文件的读写依赖第三方软件包。用于处理 Excel 文档的第三方软件包有 xlrd/xlwt、xlwings、xlsxwriter、win32com 和 openpyxl，本书只介绍 openpyxl 的使用方法。openpyxl 是一款比较综合的工具，不仅能够同时读取和修改 Excel 文档，而且可以对 Excel 文件内单元格进行详细设置，包括单元格样式等内容，甚至还支持图表插入、打印设置等功能，使用 openpyxl 可以读写 Excel 2010 的 xltm、xltx、xlsm、xlsx 类型的文件，且可以处理数据量较大的 Excel 文件。

9.1 Excel 工作簿和工作表格

使用 openpyxl 前须先下载安装 openpyxl，在 Windows 的 cmd 窗口中输入 pip install openpyxl 并按 Enter 键。安装完成后在 Python 的安装目录 Lib\site-packages 下，可以看到 openpyxl 包。

9.1.1 openpyxl 的基本结构

openpyxl 包的三个主要类是 Workbook、Worksheet 和 Cell。Workbook 是一个 Excel 工作簿，相当于包含多个工作表格 Sheet 的 Excel 文档；Worksheet 是 Workbook 中的一个工作表格，一个 Workbook 有多个 Worksheet，Worksheet 通过表名区分，如 Sheet1、Sheet2 等；Cell 是 Worksheet 上的单元格，存储具体的数据值。要在 Python 中创建一个 Excel 文档或打开一个 Excel 文档，必须创建这 3 个类的实例对象来操作 Excel 表格。下面通过一个具体的实例说明创建 Excel 文件和打开Excel文件的过程。

下面是在内存中创建Excel文档的程序，写入数据，并将文档保存到硬盘上。在第1行用import语句导入openpyxl包，第3行～第8行是记录学生成绩的列表，第9行用Workbook()类创建工作簿实例stBook，第10行用工作簿创建工作表格对象，工作表格对象的名称是"学生成绩"，第11行～第13行往单元格对象中输入数据，第14行将工作簿对象stBook保存到student.xlsx文件。读者可以用Office Excel打开student.xlsx文件查看其内容。

```
1   import openpyxl       #导入openpyxl包    #Demo9_1.py
2
3   data=[  ["学号","姓名","语文","数学","物理","化学"],
4           ['202003','没头脑',89,88,93,87],
5           ['202002','不高兴',80,71,88,98],
6           ['202004','倒霉蛋',95,92,88,94],
7           ['202001','鸭梨头',93,84,84,77],
8           ['202005','墙头草',93,86,73,86]   ]
9   stBook = openpyxl.Workbook()      #创建工作簿Workbook对象
10  stSheet = stBook.create_sheet(title="学生成绩", index = 0)   #创建工作表格对象
11  for i in range(len(data)):
12      for j in range(len(data[i])):
13          stSheet.cell(row=i+1, column=j+1, value=data[i][j])   #往单元格中输入数据
14  stBook.save("d:/student.xlsx")
```

下面是打开student.xlsx文件的代码，计算每个学生的总成绩和平均成绩，并把总成绩和平均成绩写到文件中。第3行用openpyxl的load_workbook()方法打开文件，并返回Workbook实例，用变量st_book指向这个实例；第4行用工作表格名字"学生成绩"获取工作簿中的工作表格实例，并用st_sheet指向这个工作簿实例；第5行～第9行用单元格的名称获取单元格的值，计算每个学生的总成绩，第10行～第15行设置新单元格的值；最后用save()方法存盘。文档student.xlsx的内容如图9-1所示。

```
1   import openpyxl       #导入openpyxl包    #Demo9_2.py
2   file = "d:/student.xlsx"   #打开文件路径
3   st_book = openpyxl.load_workbook(file)  #用openpyxl的load_workbook()方法打开文件
4   st_sheet = st_book["学生成绩"]   #引用名称为"学生成绩"的工作表格
5   t1 = st_sheet["C2"].value+st_sheet["D2"].value+st_sheet["E2"].value+st_sheet["F2"].value
6   t2 = st_sheet["C3"].value+st_sheet["D3"].value+st_sheet["E3"].value+st_sheet["F3"].value
7   t3 = st_sheet["C4"].value+st_sheet["D4"].value+st_sheet["E4"].value+st_sheet["F4"].value
8   t4 = st_sheet["C5"].value+st_sheet["D5"].value+st_sheet["E5"].value+st_sheet["F5"].value
9   t5 = st_sheet["C6"].value+st_sheet["D6"].value+st_sheet["E6"].value+st_sheet["F6"].value
10  st_sheet["G1"],st_sheet["H1"] = "总分","平均分"
11  st_sheet["G2"],st_sheet["H2"] = t1,t1/4
12  st_sheet["G3"],st_sheet["H3"] = t2,t2/4
```

```
13  st_sheet["G4"],st_sheet["H4"] = t3,t3/4
14  st_sheet["G5"],st_sheet["H5"] = t4,t4/4
15  st_sheet["G6"],st_sheet["H6"] = t5,t5/4
16  st_book.save(file)
```

图9-1 学生成绩统计

9.1.2 工作簿Workbook

工作簿是指Excel文档。工作簿中有一个或多个工作表格，利用openpyxl对Excel文档进行处理时，首先需要创建工作簿实例对象。工作簿实例对象是所有Excel文档部分的容器。工作簿实例对象使用openpyxl的Workbook类来创建，在Python安装路径Lib\site-packages\openpyxl\workbook下找到wookbook.py文件，打开该文件，可以看到对Workbook类的定义。

用Workbook类创建Workbook的工作簿实例对象，其格式如下所示：

```
Workbook(write_only=False, iso_dates=False)
```

其中，write_only=False表示可以往工作簿中写数据，也可以读数据，如果write_only=True，则表示只能写数据，不能读数据。当要处理大量数据时，而且只是读取数据，采用write_only=True模式可以提高写入速度。工作簿对象创建后，用工作簿对象的save(filename)方法可以将工作簿中的工作表格对象及数据保存到文件中。

可以用openpyxl的load_workbook()方法或open()方法打开一个已经存在的Excel文档*.xlsx，这两个方法的参数相同。load_workbook()和open()的格式如下所示：

```
load_workbook(filename, read_only=False, keep_vba=False, data_only=False,
keep_links=True)
open(filename, read_only=False, keep_vba=False, data_only=False, keep_links=True)
```

其中，filename是要打开的文件名；read_only=False表示可以读和写，如果read_only=True，表示只能读不能写，当要读取大量数据时，用read_only=True可以加快读取速度；keep_vba表示是否保留VB脚本；data_only表示是否仅保留单元格上的数学公式，还是保存Excel最后一次存盘的数据。openpyxl并不能保留*.xlsx文件中的所有数据。

下面的代码将新建Excel文档和打开已经存在的Excel文档。

```
from openpyxl import Workbook,load_workbook,open
new_book = Workbook()                                    #新建Excel文档
wbook1 = load_workbook("d:/student1.xlsx",read_only=True)   #打开Excel文档
wbook2 = open("d:/student2.xlsx")            #打开Excel文档
```

工作簿Workbook的方法和属性主要针对工作表格Worksheet的操作，如工作表格的定位、添加工作表格、删除工作表格、复制工作表格和移动工作表格。工作簿Workbook的方法和属性

如表9-1所示，主要方法和属性介绍如下。

表9-1 工作簿Workbook的方法和属性

Workbook的方法和属性	返回值的类型	说明
create_sheet(title=None, index=None)	Worksheet	在文档中创建新表格，title是表格的名称，index是表格的索引（位置）
copy_worksheet(from_worksheet)	Worksheet	复制文档中的表格，不能跨文档复制
move_sheet(sheet,offset=0)	None	移动工作表格的位置，offset取正值时向右移动，取负值时向左移动
remove(worksheet)	None	从工作簿中移除工作表格
remove_sheet(worksheet)		
worksheets	List[Worksheet]	获取工作表格列表
get_sheet_by_name(name)	Worksheet	根据表格的名称获取表格
active	Worksheet	获取当前活跃的工作表格
index(worksheet)	int	获取表格的索引
get_index(worksheet)		
sheetnames	List[str]	获取文档中所有的工作表格名称列表
get_sheet_names()		
save(filename)	None	保存工作簿到文件中，对只写的文档，只能调用一次该方法
close()	None	关闭按照只读或只写模式打开的文档
create_chartsheet(title=None, index=None)	Chartsheet	创建只包含图表的工作表，图表的数据在其他工作表格中，Chartsheet提供add_chart(chart)方法
chartsheets	List[Chartsheet]	获取工作簿中的图表工作表列表
data_only	bool	获取是否保留公式
read_only	bool	获取文档是否是只写的
write_only	bool	获取文档是否是只读的
add_named_style(style)	None	添加样式
named_styles	List[style]	获取样式列表
style_names	List[str]	获取样式名称列表
excel_base_date	datetime	获取Excel内部的新纪元时间，Windows系统返回"1899-12-30 00:00:00"，Mac系统返回"1904-01-01 00:00:00"
epoch		

（1）创建工作表格

用create_sheet(title=None,index=None)方法创建一个新的工作表格，参数title设置工作表格的名称，如果没有输入title，默认使用"Sheet"作为工作表格实例的名称，如果"Sheet"名称已经存在，则使用"Sheet1"作为工作表格实例的名称，如果"Sheet1"名称已经存在，则使用"Sheet2"作为工作表格实例的名称，以此类推；index是工作表格的序列号，序列号按照0，1，2，的顺序排列，序列号小的工作表格放到前面。可以用工作表格对象的title属性输出工作表格的名称，也可以用工作簿对象的sheetnames属性或get_sheet_names()方法得到工作表格的名称列表。工作表格也可用copy_worksheet(from_worksheet)方法复制已经存在的表格得到新表格。下面是创建工作表格对象的各种方法。

```python
import openpyxl      #Demo9_3.py
wbook = openpyxl.Workbook()   #创建工作簿实例对象
wsheet1 = wbook.active   #用wsheet1指向活动的工作表格
wsheet2 = wbook.create_sheet()    #创建新工作表格对象wsheet2
wsheet3 = wbook.create_sheet("mySheet")   #创建新工作表格对象，名称是mySheet
wsheet4 = wbook.create_sheet("mySheet",0)   #创建新工作表格对象，名称是mySheet1，序号是0
wsheet5 = wbook.create_sheet("mySheet",1)   #创建新工作表格对象，名称是mySheet2，序号是1
print(wsheet1.title,wsheet2.title,wsheet3.title,wsheet4.title,wsheet5.title)   #输出工作表格名称
print("活动工作表格的名称: ",wbook.active.title)  #输出活动工作表格名称
print(wbook.sheetnames)   #输出工作表格名列表
wbook.save("d:/myExcel.xlsx")  #存盘
#运行结果如下：
#Sheet Sheet1 mySheet mySheet1 mySheet2
#活动工作表格的名称: mySheet1
#['mySheet1', 'mySheet2', 'Sheet', 'Sheet1', 'mySheet']
```

（2）工作表格的引用

新建工作簿后，同时也建立1个工作表格，可以通过工作簿的active引用这个工作表格。active工作表格实例通常是第1个工作表格，在工作簿中创建新工作表格时，通常用变量指向新工作表格，这会方便以后的添加数据操作，但是在打开一个Excel文件*.xlsx后，需要获取Excel文件中的工作表格。可以根据工作表格名称（title）获取工作表格。有两种方法可以获取工作表格，一种是用"[ ]"方式获取，另一种是用工作簿的get_sheet_by_name('title')方法。"[ ]"方法的格式为"工作簿['title']"，建议使用。另外工作簿的worksheets属性可获取工作表格列表，可以用for循环遍历所有的工作表格，例如下面的代码。

```python
from openpyxl import load_workbook     #Demo9_4.py
wbook = load_workbook("d:/student.xlsx")

wsheet1 = wbook['学生成绩']
wsheet2 = wbook.get_sheet_by_name('Sheet')
print(wsheet1.title,wsheet2.title)
for sheet in wbook.worksheets:   #遍历工作表格
    print(sheet.title)
for sheet in wbook:   #遍历工作表格
    print(sheet.title)
```

（3）获取工作表格的名称和序列号

可以通过工作簿的sheetnames属性获取工作簿中所有工作表格的名称列表，通过工作表格的title属性可以获取工作表格的名称，通过工作簿实例的index(worksheet)方法或get_index(worksheet)方法可以获取工作表格的序列号，例如下面的代码。

```python
from openpyxl import load_workbook     #Demo9_5.py
wbook = load_workbook("d:/student.xlsx")
for name in wbook.sheetnames:   #遍历所有工作表格的名称
    print(name)
```

```
wsheet1 = wbook['学生成绩']   #根据名称获取工作表格
wsheet2 = wbook.get_sheet_by_name('Sheet')   #根据名称获取工作表格
print(wsheet1.title,wsheet2.title)   #获取工作表格的名称

a = wbook.index(wsheet1)   #获取工作表格的序列号
b = wbook.get_index(wsheet2)   #获取工作表格的序列号
print(a,b)
#运行结果如下：
#学生成绩
#Sheet
#学生成绩 Sheet
#0 1
```

（4）复制和删除工作表格

使用工作簿的copy_worksheet(from_worksheet)方法可以复制工作表格对象，只有单元格（包括值、样式、超链接、备注）和一些工作表对象（包括尺寸、格式和参数）会被复制。其他属性不会被复制，如图片、图表。不能在两个不同的工作簿中复制工作表格对象，当工作簿处于只读或只写状态时也无法复制工作表格。用remove(worksheet)或remove_sheet(worksheet)方法可以从工作簿中删除工作表格，例如下面的代码。

```
from openpyxl import load_workbook   #Demo9_6.py
wbook = load_workbook("d:/student.xlsx")
wsheet1 = wbook['学生成绩']
wsheet2 = wbook.get_sheet_by_name('Sheet')
wbook.copy_worksheet(wsheet1)   #复制工作表格
print(wbook.sheetnames)
wbook.remove(wsheet1)   #删除工作表格
wbook.remove_sheet(wsheet2)   #删除工作表格
print(wbook.sheetnames)
#运行结果如下：
#['学生成绩', 'Sheet', '学生成绩 Copy']
#['学生成绩 Copy']
```

9.1.3 工作表格Worksheet

工作表格Worksheet的方法和属性主要针对单元格Cell的操作，工作表格Worksheet的方法和属性如表9-2所示，主要方法和属性介绍如下。

表9-2 工作表格Worksheet的方法和属性

Worksheet的方法和属性	返回值或取值的类型	说明
add_chart(chart,anchor=None)	None	添加图表，其中anchor是图表左上角所在的单元格，如"E3"，add_chart()方法的使用见后续内容
add_data_validation(data_validation)	None	添加数据有效性验证
add_image(img,anchor=None)	None	添加图像

续表

Worksheet 的方法和属性	返回值或取值的类型	说明
add_table(table)	None	添加表格
append(iterable)	None	在当天工作表格的末尾添加一组数据,iterable 是列表、元组和字典
active_cell	Cell	获取活跃的单元格
cell(row,column,value=None)	Cell	根据行索引和列索引获取单元格,并设置单元格的值
delete_cols(idx,amount=1)	None	删除从索引值是 idx 开始的多列,amount 是要删除的列的数量
delete_rows(idx,amount=1)	None	删除从索引值是 idx 开始的多行,amount 是要删除的行的数量
insert_cols(idx,amount=1)	None	在索引值是 idx 的列前插入多列,amount 是要插入的列的数量
insert_rows(idx,amount=1)	None	在索引值是 idx 的列前插入多行,amount 是要插入的行的数量
values	Generator	按行获取所有单元格值的迭代序列
iter_rows(min_row=None, max_row=None,min_col=None, max_col=None,values_only=False)	Generator	按行获取指定行范围和列范围内的单元格迭代序列,行和列的索引值起始值从 1 开始,values_only 设置是否只返回单元格的值,不返回单元
iter_cols(min_col=None, max_col=None,min_row=None, max_row=None,values_only=False)	Generator	按列获取指定行范围和列范围内的单元格迭代序列,行和列的索引值起始值从 1 开始,values_only 设置是否只返回单元格的值,不返回单元
rows	Generator	获取按行排列的单元格迭代序列
columns	Generator	获取按列排列的单元格迭代序列
calculate_dimension()	str	获取包含数据的最小范围,例如 'B2:N25'
dimensions	str	获取包含数据的最小范围,例如 'B2:N25'
max_row	int	获取数据所在的最大行
max_column	int	获取数据所在的最大列
min_row	int	获取数据所在的最小行
min_column	int	获取数据所在的最小列
merge_cells(range_string=None, start_row=None,start_column=None, end_row=None,end_column=None)	None	合并指定范围内的单元格,可只用 range_string 参数指定范围,例如 'A2:B5',也可用行和列的起始值和终止值设置合并的范围
merged_cells	MultiCellRange	获取合并单元格范围,可以用 MultiCellRange 的 add(coord) 和 remove(coord) 方法添加和移除单元格,用 sorted() 对合并的单元格进行合并,用 ranges 属性获取合并的单元格的范围
unmerge_cells(range_string=None, start_row=None,start_column=None, end_row=None, end_column=None)	None	拆分合并后的单元格,是 merge_cells() 方法的反操作
move_range(cell_range, rows=0, cols=0, translate=False)	None	把一部分单元格数据进行左右和上下移动
freeze_panes	str	赋予一个单元格编号,在这个单元格上面和左边(不包含该单元格所在的行和列)的单元格将会被冻结

续表

Worksheet 的方法和属性	返回值或取值的类型	说明
print_area	str、None	获取或设置打印区域，例如'A1:D4'
set_printer_settings(paper_size, orientation)	None	设置打印信息，page_size设置纸张尺寸，例如Worksheet.PAPERSIZE_A3、Worksheet.PAPERSIZE_A4、Worksheet.PAPERSIZE_A5、Worksheet.PAPERSIZE_LETTER，oritation设置打印方向，取值是Worksheet.ORIENTATION_LANDSCAPE或Worksheet.ORIENTATION_PORTRAIT
print_title_cols	str	获取或设置每页左侧需要打印的列，例如'B:D'
print_title_rows	str	获取或设置每页顶部需要打印的行，例如'2:4'

（1）单个单元格的定位及单元格数据的读写

单元格用于存储数据，从单元格中读取数据或往单元格中写数据都需要找到对应的单元格。定位单元格可以通过单元格的名称或单元格所在的行列号来进行，获取单元格的数据可以用单元格的value属性，往单元格中写入数据，可以用赋值语句或者用关键字参数。例如下面的代码。

```python
from openpyxl import load_workbook    #Demo9_7.py
wbook = load_workbook("d:/student.xlsx")
wsheet = wbook['学生成绩']
A1 = wsheet["A1"]    #用单元格名称定位单元格
E3 = wsheet["E3"]    #用单元格名称定位单元格
C5 = wsheet.cell(row=5,column=3)    #用工作表格的cell()方法，通过行列号定位单元格
print(A1.value,E3.value,C5.value,wsheet["B5"].value,)    #用value属性获取单元格的值
C5.value = 97 #赋值语句赋值
wsheet["D4"]= 93    #赋值语句赋值
wsheet.cell(row=3,column=5,value=89)    #用工作表格的cell()方法，通过行列号赋值
```

下面的代码新建一个工作簿对象，往工作表格中添加3列值，第1列是角度，第2列是正弦值，第3列是余弦值。

```python
import openpyxl, math    #Demo9_8.py
mybook = openpyxl.Workbook()
mysheet = mybook.active
mysheet.title = "正弦和余弦值"
mysheet["A1"] = "角度值（度）"
mysheet["B1"] = "正弦值"
mysheet["C1"] = "余弦值"
for i in range(360):
    mysheet.cell(row=i+2, column=1, value=i)
    mysheet.cell(row=i+2, column=2, value=math.sin(i*math.pi/180))
    mysheet.cell(row=i+2, column=3, value=math.cos(i*math.pi/180))
mybook.save("d:/sin_cos.xlsx")
```

（2）多个单元格的定位

通过切片方式可以获得单元格对象元组，也可以通过整列、整行或多列、多行的方式获得由单元格对象构成的元组，用工作表格对象的values属性可以输出工作表格对象的所有单元格的值，例如下面的代码。

```python
from openpyxl import load_workbook    #Demo9_9.py
wbook = load_workbook("d:/student.xlsx")
wsheet = wbook['学生成绩']
cell_range = wsheet["A2:F6"]   #单元格切片，返回值cell_range是按行排列的单元格元组
for i in cell_range:  # i是行单元格元组
    for j in i:  # j是单元格
        print(j.value,end=' ')   #输出元组中单元格对象的值
    print()
columnA = wsheet['A']   # columA是A列单元格对象元组
row1 = wsheet['1']    # row1是第1行单元格对象元组
row2 = wsheet[2]    # row2是第2行单元格对象元组
columnB_F = wsheet["B:F"]   # columnB_F是从B列到F列单元格对象元组
row1_2 = wsheet["1:2"]   # row1_2是第1行到第2行单元格对象元组
row3_5 = wsheet[3:5]   # row3_5是第3行到第5行单元格对象元组
for i in columnA:   # i是A列中单元格对象
    print(i.value,end=' ')
print()
for i in columnB_F:  # i是列单元格对象元组
    for j in i:  # j是单元格对象
        print(j.value,end=' ')
    print()
for i in row3_5:   # i是行单元格对象元组
    for j in i:  # j是单元格对象
        print(j.value,end=' ')
    print()
for i in wsheet.values:  # 输出工作表格中所有单元格的值
    for j in i:
        print(j,end=' ')
    print()
```

用工作表格对象的iter_rows(min_row=None, max_row=None, min_col=None, max_col=None, values_only=False)方法和iter_cols(min_col=None, max_col=None, min_row=None, max_row=None, values_only=False)方法可以按行或按列返回指定范围内的单元格对象元组，也可以用工作表格对象的rows或columns属性返回所有行或所有列的单元格对象序列，columns属性不支持只读模式，参数min_row和min_col是可选参数，为单元格最小行列坐标，max_row和max_col是可选参数，为单元格最大行列坐标，如果不指定min_row和min_col，则默认从A1处开始，values_only为可选参数，指定是否只返回单元格的值。iter_cols()方法的参数与iter_rows()方法的参数类似。

```python
from openpyxl import load_workbook    #Demo9_10.py
wbook = load_workbook("d:/student.xlsx")
wsheet = wbook['学生成绩']
```

```
        rows = wsheet.iter_rows(min_row=2,max_row=6,min_col=2,max_col=6)  #行排列的单元格元组
        for row in rows:
            for cell in row:
                print(cell.value,end=' ')
            print()
        cols=wsheet.iter_cols(min_row=2,max_row=6,min_col=2,max_col=6,values_only=True)
        #输出值
        for col in cols:
            for value in col:
                print(value,end=' ')
            print()
        row_all = wsheet.rows     #按行排列的所有单元格对象序列
        col_all = wsheet.columns  #按列排列的所有单元格对象序列
        for i in tuple(row_all):  #用tuple函数将序列转成元组
            for j in i:
                print(j.value, end = " ")
            print()
```

（3）工作表格对象的行和列的删除与添加

用工作表格对象的 delete_rows(idx,amount=1) 或 delete_cols(idx,amount=1) 方法可以删除从索引值是 idx 开始的多行或多列，amount 是要删除的行或列的数量，用工作表格对象的 insert_rows(idx,amount=1) 或 insert_cols(idx,amount=1) 方法可以插入多行或多列，用 append(iterable) 方法可以将可迭代序列的值添加到末尾中，例如下面的代码。

```
from openpyxl import load_workbook     #Demo9_11.py
wbook = load_workbook("d:/student.xlsx")
wsheet = wbook['学生成绩']
wsheet.delete_rows(3)           #删除第3行
wsheet.delete_cols(2,4)         #删除第2列到第4列
wsheet.insert_rows(4)           #在第4行插入空行
wsheet.insert_cols(2,5)         #在第2列到第5列插入空行
i = range(10)
wsheet.append(i)
```

（4）查询活动单元格、数据所在的最大和最小行列数和单元格的移动

用工作表格的 active_cell 属性可以查看当前活动的单元格，用 max_row 和 min_row 属性可以查看数据所占据的最大行的编号和最小行的编号，用 max_column 和 min_column 属性可以查看数据所占据的最大列的编号和最小列的编号，用工作表格的 dimensions 属性可以返回工作表格数据所在的范围。利用工作表格的 move_range(cell_range, rows=0, cols=0, translate=False) 方法可以把一部分单元格数据进行左右和上下移动，其中 cell_range 是选择的一部分单元格，如"A2:F4"，rows>0 表示向下移动，rows<0 表示向上移动，cols>0 表示向右移动，cols<0 表示向左移动，translate 设置是否把公式也移动。如被移入的区域有数据，则数据会被覆盖。

```
from openpyxl import load_workbook     #Demo9_12.py
wbook = load_workbook("d:/student.xlsx")
```

```
wsheet = wbook['学生成绩']
ac=wsheet.active_cell    #活动单元格
print(wsheet[ac].value)
print(wsheet.max_row,wsheet.max_column)
print(wsheet.min_row,wsheet.min_column)
wsheet.move_range("A1:F6",rows=6,cols=3)   #移动单元格
```

（5）单元格的合并与拆分

工作表格的merge_cells(range_string=None,start_row=None, start_column=None, end_row=None, end_column=None)方法可以把连续的一部分单元格合并成1个单元格，合并后的单元格数据是左上角单元格的数据，其他数据被删除，而unmerge_cells(range_string=None, start_row=None, start_column=None, end_row=None, end_column=None)方法可以把合并后的单元格进行拆分，其中range_string是一部分单元格，如"A2:D5"，也可以用其他4个参数来确定区域。

```
from openpyxl import load_workbook   #Demo9_13.py
wbook = load_workbook("d:/student.xlsx")
wsheet = wbook['学生成绩']
wsheet.merge_cells("A1:B2")
wsheet.merge_cells(start_row=3,end_row=5,start_column=3,end_column=6)
wsheet.unmerge_cells("A1:B2")
wsheet.unmerge_cells(start_row=3,end_row=5,start_column=3,end_column=6)
```

（6）单元格的公式

在程序中可以应用Excel表格中的公式，例如下面的代码。

```
from openpyxl import load_workbook   #Demo9_14.py
wbook = load_workbook("d:/student.xlsx")
wsheet = wbook['学生成绩']
wsheet["A8"] = "=SUM(C2:G6)"
wsheet["B8"] = "=MAX(D2:H6)"
wsheet["C8"] = "=AVERAGE(D2:H6)"
```

（7）冻结单元格

对工作表格对象的freeze_panes属性赋予一个单元格编号，在这个单元格上面和左边（不包含该单元格所在的行和列）的单元格将会被冻结，例如下面的代码。

```
from openpyxl import load_workbook   #Demo9_15.py
wbook = load_workbook("d:/student.xlsx")
wsheet = wbook['学生成绩']
wsheet.freeze_panes = "C3"
```

（8）设置单元格的样式

单元格的样式包括字体、边框、填充、颜色以及对齐方式等，要定义这些样式，需要先定义这些样式类的实例，然后用样式实例作为参数传递给单元格。这些样式的类在openpyxl包的

styles库中，这些样式类的名称是Font、Border、Side、PatternFill、colors、Alignment，使用前用语句from openpyxl.styles import Font, Border, Side, PatternFill, colors, Alignment导入进来。

① 颜色类定义格式为Color(rgb='00000000', indexed=None, auto=None, theme=None, tint=0.0, index=None, type='rgb')，可以通过红绿蓝三基色的值rgb来确定，rgb按照十六进制"00RRGGBB"形式设置。红绿蓝的颜色取值范围都是0～255（十进制），十六进制FF的值是255。另外，颜色枚举类型colors定义了一些常用颜色常量，可以用"colors.颜色常量"形式来引用这些颜色，例如colors.BLUE。

② 字体类定义格式为Font(name=None, strike=None, color=None, scheme=None, family=None, size=None, bold=None, italic=None, strikethrough=None, underline=None, vertAlign=None, outline=None, shadow=None, condense=None, extend=None)。其中name为字体名称，如"宋体"；color为颜色；size为字体尺寸；bold为粗体；italic为斜体；strikethrough为删除线；underline为下画线；vertAlign为竖直对齐方式，可以选择'baseline'、'subscript'或'superscript'；outline是外框；shadow是阴影。除了name、color、vertAlign和size外，其他一般选择True或False。定义字体对象时，建议使用关键字参数。

③ 对齐方式类定义格式为Alignment(horizontal='center',vertical='center')，参数horizontal和可以选择'right'、'left'、'center'、'fill'、'justify'、'centerContinuous'、'general'或'distributed'；vertical可以选择'center'、'bottom'、'justify'、'distributed'或'top'。

④ 线条样式类定义格式为Side(style=None, color=None, border_style=None)，其中参数style可以选择'dotted'、'mediumDashDotDot'、'dashed'、'thin'、'slantDashDot'、'mediumDashDot'、'thick'、'mediumDashed'、'dashDot'、'hair'、'medium'、'double'或'dashDotDot'。

⑤ 边框由4条边或对角线构成，因此需要定义4条边参数。边框类的定义格式为Border(left=< Side object >, right=<Side object >, top=<Side object>, bottom=<Side object> , diagonal=<Side object>, diagonal_direction=None)，参数left、right、top、bottom和diagonal都是Side类的实例，参数diagonal_direction选择True或False，以确定是否有对角线。

⑥ 填充图案和渐变色类定义格式为PatternFill(patternType=None, fgColor=<Color object>, bgColor=< Color object>, indexed=None, auto=None, theme=None, tint=0.0, type='rgb', fill_type=None, start_color=None, end_color=None)，其中填充样式可以选择'solid'、'darkDown'、'darkGray'、'darkGrid'、'darkHorizontal'、'darkTrellis'、'darkUp'、'darkVertical'、'gray0625'、'gray125'、'lightDown'、'lightGray'、'lightGrid'、'lightHorizontal'、'lightTrellis'、'lightUp'、'lightVertical'、'mediumGray'，fgColor是前景色，bgColor是背景色。

⑦ 单元格的写保护定义格式为Protection(locked=True, hidden=False)。

```
from openpyxl import load_workbook    #Demo9_16.py
from openpyxl.styles import Font, Border, Side, PatternFill,Color,colors,Alignment,Protection
wbook = load_workbook("d:/student.xlsx")
wsheet = wbook['学生成绩']
side=Side(border_style='thin',color=colors.BLUE)
wsheet['B2'].font = Font(name='华文中宋', size =20,bold=True,italic=False,
 color=colors.Color('00000000'))
wsheet['C3'].fill = PatternFill(patternType='solid',fgColor = colors.
BLUE,bgColor =
 colors.Color('00345678'))
for i in wsheet[1]:        #下面对第一行所有单元格进行样式设置
```

```
    i.font=Font(name='黑体',sz =15,bold=True,
                italic=True,strike=True,color=colors.BLUE)
    i.border=Border(left=side,right=side,top=side,bottom=side)
    i.fill=PatternFill(patternType='lightGray',fgColor=Color('00FF0000'),bgColor=
Color('00808000'))
    i.alignment=Alignment(horizontal='center',vertical='bottom')
    i.protection = Protection(locked=True, hidden=False)
```

（9）按行或列设置单元格样式

除了逐个设置单元格的样式外，还可以设置整行或整列单元格的样式，如行高、列宽、字体、颜色等，这时需要用工作表格的row_dimensions和column_dimensions模块。row_dimensions和column_dimensions是对行或列中没有设置值的单元进行属性设置，例如下面的代码。

```
from openpyxl import load_workbook    #Demo9_17.py
from openpyxl.styles import Font, PatternFill, colors
wbook = load_workbook("d:/student.xlsx")
wsheet = wbook['学生成绩']
wsheet.row_dimensions[1].height = 30
wsheet.column_dimensions['A'].width = 20
wsheet.column_dimensions['B'].font= Font(name='黑体', sz =15, bold=True,
                italic=True, strike=True, color=colors.Color('00FF0000'))
wsheet.column_dimensions['B'].fill = PatternFill(patternType='lightGray',
                fgColor=colors.BLUE, bgColor=colors.Color('0000FF00'))
```

（10）数据有效性检验

数据有效性检验是为Excel的单元格设置一个下拉列表，从下拉列表中选择所需的内容，或为单元格设置输入规则，防止输入不必要的内容。在Excel中先选中一个单元格，然后单击数据工具条中的数据有效性按钮，然后弹出"数据有效性"对话框，如图9-2所示，当输入的内容不满足要求时，弹出出错警告对话框，如图9-3所示。

图9-2　数据有效性对话框

图9-3　输入不满足规则时的出错警告

数据有效性检验需要用到 DataValidation 类，用 from openpyxl.worksheet.datavalidation import DataValidation 导入 DataValidation，用 Worksheet 的 add_data_validation(data_validation) 方法在工作表格中添加数据有效性检验。用 DataValidation 创建数据验证的方式如下所示：

```
DataValidation(type=None, formula1=None, formula2=None, showErrorMessage=False,
showInputMessage=False, showDropDown=False, allowBlank=False, sqref=(),
promptTitle=None, errorStyle=None, error=None, prompt=None, errorTitle=None,
imeMode=None, operator=None, allow_blank=False)
```

其中，type 设置有效性检验的类型，可取 'time'、'textLength'、'date'、'list'、'custom'、'whole'、'decimal'，例如取 'list' 时将以下拉列表形式列出可选内容，此时 showDropDown 设置是否不显示下拉列表的提示箭头，取 'whole' 表示只能输入整数，取 'decimal' 时表示只能输入浮点数，取 'time' 或 'date' 时，只能输入时间和日期，取 'textLength' 时限制输入的文本的长度；formula1 和 formula2 是表达式或约束条件，需要根据 type 和 operator 的取值进行设置，例如 DataValidation(type='whole', operator='between', formula1=0, formula2=1111) 表示只能输入 0～1111 之间的整数，DataValidation(type='textLength', operator='lessThanOrEqual', formula1=10) 表示只能输入最多 10 个字符的文本，DataValidation(type='list', formula1='"北京,上海,深圳"', allow_blank=True) 表示从列表中选择内容，列表中的内容由 formula1 设置；operator 设置运算关系，取值是 'lessThan'、'between'、'greaterThan'、'equal'、'notEqual'、'lessThanOrEqual'、'greaterThanOrEqual'、'notBetween'；showErrorMessage 取 True 时，当输入不满足约束条件时将弹出出错警告对话框，出错警告对话框的标题和出错内容由 errorTitle 和 error 设置，出错类型由 errorStyle 设置，可取 'stop'、'warning'、'information'；showInputMessage 取 True 时，将显示提示信息，提示信息的标题和内容由 promptTitle 和 prompt 设置；imeMode 表示输入法的不同状态，可取 'hiragana'、'off'、'fullAlpha'、'halfKatakana'、'noControl'、'on'、'fullHangul'、'halfHangul'、'halfAlpha'、'fullKatakana'、'disabled'；allowBlank 或 allow_blank 设置是否可以不输入内容；sqref 设置需要进行数据有效性检验的单元格区域，例如 'A1,B1:B5'，可以用 DataValidation 的 add(cell) 方法添加需要有效性检验的单元格或单元格所在的位置。

下面的代码对一个单元格的输入用下拉列表输入内容，对另一个单元格进行整数有效性检验。

```python
from openpyxl import Workbook      #Demo9_18.py
from openpyxl.worksheet.datavalidation import DataValidation
wb = Workbook()
ws = wb.active
ws['A1'].value = '选择工作地点'
dv = DataValidation(type="list", formula1='"北京,上海,广州,深圳"',
showInputMessage=True,
                    promptTitle='工作地点', prompt='请选择工作城市', sqref=('B1'))
ws.add_data_validation(dv)
ws['A2'].value = '希望薪水'
dv = DataValidation(type="whole", formula1=100000, showInputMessage=True,
                    showErrorMessage=True, promptTitle='希望薪水',
                    prompt='输入希望薪水', operator='lessThanOrEqual',
                    errorStyle='stop',errorTitle='提示', error='请输入小于100000的值。')
dv.add('B2')
ws.add_data_validation(dv)
wb.save("d:/dv.xlsx")
```

单元格Cell的属性比较少，主要是用values属性设置或获取单元格的值；用row和column属性获取单元格的所在的行和列，或者用coordinate获取位置，例如'B8'，或者column_letter属性或col_idx属性获取列的字母名称或列的索引，用is_date属性获取值是否是日期型数据。

9.2 绘制数据图表

Openpyxl可以绘制多种类型的数据图，如折线图（LineChart）、饼图（PieChart）、条形图（BarChart）、面积图（AreaChart）、散点图（ScatterChart）、股价图（StockChart）、曲面图（SurfaceChart）、圆环图（DoughnutChart）、气泡图（BubbleChart）和雷达图（RadarChart）等，有些图还可以绘制三维图。这些数据图的类是在chart模块下，需要提用"from openpyxl.chart import"语句导入进来。另外，创建这些数据图一般都需要指定横坐标和纵坐标对应的数据表格的位置，可以用Reference()类和Series()类来定义，然后把Reference()类的实例和Series()类的实例加入到数据图表中。

（1）面积图

二维面积图和三维面积图的类是AreaChart()和AreaChart3D()，面积图的x和y数据需要用Reference()类来定义，其格式为Reference(worksheet,min_row=None, max_row=None, min_col=None, max_col=None)，其中参数worksheet是指数据所在的工作表格；min_row和min_col是可选参数，为单元格最小行列坐标；max_row和max_col是可选参数，表示单元格最大行列坐标；如果不指定min_row和min_col，则默认从A1处开始。通过面积图的add_data()方法添加y轴数据，如果添加的数据是多列数据，每列数据会自动生成一个series，通过列表操作。例如series[0]是指第1个数据系列，可以引用数据系列，进而对数据系列进行设置，通过set_categories()方法设置x轴数据。用set_categories()方法设置x轴数据，通常用于多个数据系列的x值必须相同的情况。add_data()方法的titles_from_data参数如果设置成True，表示曲线的名称来自数据的第1个单元格。对面积图的名称、坐标轴的名称、面积图的样式以及图例的位置都可以进行设置，图例位置参数legendPos可以设置成'r'、'l'、'b'、't'和'tr'，分别表示右、左、下、上和右上，默认为'r'。

下面的程序生成二维面积图和三维面积图，并保存到area.xlsx文件。用Excel打开area.xlsx文件，可以得到面积图，如图9-4所示。

```
from openpyxl import Workbook      #Demo9_19.py
from openpyxl.chart import Reference,AreaChart,AreaChart3D,legend
wbook = Workbook()
wsheet = wbook.active
score = [ ['日期', '一班', '二班'], ["星期一", 90.2, 96], ["星期二", 95, 89.8],
          ["星期三", 89, 93.2], ["星期四", 94.6, 92], ["星期五", 89.8, 88] ] #数据
for item in score:
    wsheet.append(item)
area = AreaChart()           #创建面积图
area3D = AreaChart3D()       #创建三维面积图

area.title = "Area Chart"         #设置名称
```

```
area3D.title = "Area3D Chart"    #设置名称
area.style = area3D.style = 15    #设置样式
area.x_axis.title = area3D.x_axis.title='日期'  #设置x轴名称
area.y_axis.title = area3D.y_axis.title='出勤率' #设置y轴名称
area.legend = area3D.legend = legend.Legend(legendPos='tr') #设置图例位置
xLabel = Reference(wsheet,min_col=1,min_row=2,max_row=6)   #设置x轴坐标数据
yData = Reference(wsheet,min_col=2,max_col=3,min_row=1,max_row=6)   #设置y轴数据
area.add_data(yData,titles_from_data=True)  #添加y轴数据,数据名来自数据的第1个值
area3D.add_data(yData,titles_from_data=True) #添加y轴数据,数据名来自数据的第1个值

area.set_categories(xLabel)     #添加x轴数据
area3D.set_categories(xLabel)    #设置x轴数据

area.width=area3D.width = 13    #设置高度
area.height=area3D.height = 8   #设置宽度

wsheet.add_chart(area,"A10")  #二维面积图添加进工作表格中,左上角在A10单元格处
wsheet.add_chart(area3D,"J10")   #三维面积图添加进工作表格中,左上角在J10处
wbook.save("d:/area.xlsx")
```

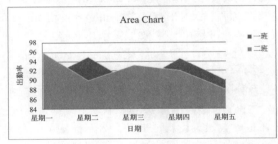
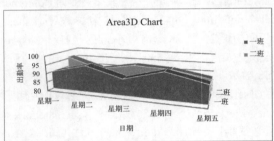

图9-4　二维和三维面积图程序运行结果

（2）条形图

二维条形图和三维条形图的类分别是BarChart和BarChart3D。条形图分为水平条形图和竖直条形图两种，用条形图的属性type来定义。type='bar'定义为水平条形图，type='col'定义成竖直条形图。如果是多列数据，可以设置图形是否可以重叠在一起，只需将属性overlap设置成100即可，如果不是100，会有部分重叠。条形图数据序列的属性shape可以设置为'coneToMax'、'box'、'cone'、'pyramid'、'cylinder'或'pyramidToMax'，用不同的几何形状来显示数据。

下面的程序根据输入数据绘制3个水平条形图和3个竖直条形图，分别包含重合条形图、不重合条形图和三维条形图。

```
from openpyxl import Workbook  #Demo9_20.py
from openpyxl.chart import Reference,BarChart,BarChart3D
wbook = Workbook()
wsheet = wbook.active
score = [['日期','一班','二班'],["星期一", 90.2, 96],["星期二", 95, 89.8],
        ["星期三", 89, 93.2],["星期四", 94.6, 92],["星期五", 89.8, 88]]
for item in score:
```

```python
        wsheet.append(item)
bar1 = BarChart()        #创建条形图对象
bar2 = BarChart()        #创建条形图对象
bar3D = BarChart3D()    #创建条形图对象
col1 = BarChart()        #创建条形图对象
col2 = BarChart()        #创建条形图对象
col3D = BarChart3D()    #创建条形图对象
bar1.type = bar2.type = bar3D.type = 'bar'
col1.type = col2.type = col3D.type = 'col'
bar2.overlap = col2.overlap = 100

bar1.title = bar2.title = bar3D.title = "水平 Bar Chart"     #设置名称
col1.title = col2.title = col3D.title = "竖直 Bar Chart"     #设置名称

bar1.style=bar2.style=bar3D.style=col1.style=col2.style=col3D.style= 15    #设置样式
bar1.x_axis.title=bar2.x_axis.title=col1.x_axis.title=col2.x_axis.title='日期'  #x轴名称
bar3D.x_axis.title=col3D.x_axis.title='日期'
bar1.y_axis.title=bar2.y_axis.title=col1.y_axis.title=col2.y_axis.title='出勤率'  #y轴名称
bar3D.y_axis.title=col3D.y_axis.title='出勤率'

xLabel = Reference(wsheet,min_col=1,min_row=2,max_row=6)    #设置x轴坐标数据
yData = Reference(wsheet,min_col=2,max_col=3,min_row=1,max_row=6)    #设置y轴坐标数据

bar1.add_data(yData,titles_from_data=True)    #添加y轴数据，数据名称来自数据的第1个值
bar2.add_data(yData,titles_from_data=True)    #添加y轴数据，数据名称来自数据的第1个值
bar3D.add_data(yData,titles_from_data=True)   #添加y轴数据，数据名称来自数据的第1个值
col1.add_data(yData,titles_from_data=True)    #添加y轴数据，数据名称来自数据的第1个值
col2.add_data(yData,titles_from_data=True)    #添加y轴数据，数据名称来自数据的第1个值
col3D.add_data(yData,titles_from_data=True)   #添加y轴数据，数据名称来自数据的第1个值

col3D.series[0].shape = 'pyramid'     #设置形状
col3D.series[1].shape = 'cylinder'    #设置形状

bar1.set_categories(xLabel)     #添加x轴数据
bar2.set_categories(xLabel)     #添加x轴数据
bar3D.set_categories(xLabel)    #添加x轴数据
col1.set_categories(xLabel)     #添加x轴数据
col2.set_categories(xLabel)     #添加x轴数据
col3D.set_categories(xLabel)    #添加x轴数据

bar1.width=bar2.width=bar3D.width=col1.width=col2.width=col3D.width=13    #设置高度
bar1.height=bar2.height=bar3D.height=col1.height=col2.height=col3D.height=8  #设置宽度

wsheet.add_chart(bar1,"A10")    #图表添加进工作表格中
```

```
wsheet.add_chart(bar2,"H10")      #图表添加进工作表格中
wsheet.add_chart(bar3D,"P10")     #图表添加进工作表格中
wsheet.add_chart(col1,"A30")      #图表添加进工作表格中
wsheet.add_chart(col2,"H30")      #图表添加进工作表格中
wsheet.add_chart(col3D,"P30")     #图表添加进工作表格中
wbook.save(filename="d:/bar.xlsx")
```

运行上面的程序，得到bar.xlsx文件。用Excel打开bar.xlsx文件，得到的部分图形如图9-5和图9-6所示。

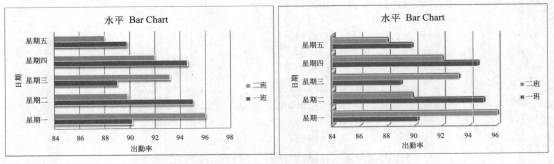

图9-5　运行程序得到的水平条形图和水平3D条形图

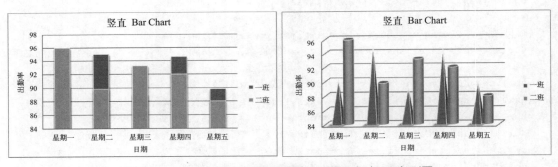

图9-6　运行程序得到的竖直重叠条形图和竖直3D条形图

（3）折线图

二维折线图和三维折线图的类分别是LineChart和LineChart3D，可以在一个图上绘制多条曲线，但多条曲线的x轴坐标必须相同。折线图分为standard、stacked和percentStacked三种，可以通过折线图的属性grouping来设置。grouping可以取'standard'、'stacked'和'percentStacked'，其中stacked是指将第1条曲线的y值和第2条曲线的原始y值进行代数求和计算，得到第2条曲线的新y值，而第3条曲线的值是将第1条、第2条和第3条曲线的原始y值进行代数求和运算得到第3条曲线新的y值，依次类推，第n条曲线的新y值就是前n条曲线的原始y值的代数运算；percentStacked是指先计算出所有曲线的绝对值总和，然后用stacked方法进行代数累加计算，再用代数累加计算的值除以绝对值总和的值，最后换算成百分比的形式。

通过折线图的series属性获取已经定义的序列值，对序列值的marker对象可以通过symbol属性进行符号设置，可选择的符号有'plus'、'square'、'dot'、'circle'、'diamond'、'auto'、'star'、'x'、'triangle'或'dash'；通过marker对象的graphicalProperties属性可以设置marker的颜色；另外通过序列值的graphicalProperties属性获取线对象，对线对象进行填充颜色和线型设置，可以选择

的线型有'sysDashDot'、'dash'、'sysDash'、'dot'、'sysDashDotDot'、'lgDashDot'、'lgDash'、'solid'、'lgDashDotDot'、'sysDot'或'dashDot'。

下面的程序将实验测得的数据输出到 Excel 文件中，并绘制不同的曲线图。

```python
from openpyxl import Workbook   #Demo9_21.py
from openpyxl.chart import  Reference, LineChart ,LineChart3D
wbook = Workbook()
wsheet = wbook.active
accelerations = [ ("频率", "sensor1", "sensor2","sensor3"),
    (10, 1.2, 1.6,2.3),  (15, 2.1, 3.3,3.4), (20, 2.0, 1.8,2.1),
    (25, 4.4, 4.2,3.4),  (30, 3.5, 3.8,3.6), (35, 3.8, 3.7,4.5),
    (40, 3.2, 1.5,3.6),  (45, 2.5, 5.0,2.2), (50, 4.5, 3.1,2.1) ]
for data in accelerations:
    wsheet.append(data)
line = LineChart()
line_stacked = LineChart()
line_percent = LineChart()
line3D = LineChart3D()

line.title=line_stacked.title=line_percent.title=line3D.title = "加速度频谱"
line.x_axis.title=line_stacked.x_axis.title = "频率（Hz）"
line_percent.x_axis.title=line3D.x_axis.title= "频率（Hz）"
line.y_axis.title =line_stacked.y_axis.title= "加速度（m/s2）"
line_percent.y_axis.title =line3D.y_axis.title= "加速度（m/s2）"

line.grouping="standard"     #设置类型
line_stacked.grouping="stacked"    #设置类型
line_percent.grouping= "percentStacked"   #设置类型

xLabel = Reference(wsheet,min_col=1,min_row=2,max_row=10)
yData = Reference(wsheet,min_col=2,max_col=4,min_row=1,max_row=10)

line.add_data(yData,titles_from_data=True)
line_stacked.add_data(yData,titles_from_data=True)
line_percent.add_data(yData,titles_from_data=True)
line3D.add_data(yData,titles_from_data=True)

line.set_categories(xLabel)
line_stacked.set_categories(xLabel)
line_percent.set_categories(xLabel)
line3D.set_categories(xLabel)

marker={0:'triangle',1:'square',2:'circle'}
color={0:'FF0000',1:'00FF00',2:'0000FF'}
dash = {0:'dash',1:'solid',2:'dashDot'}
width = {0:10,1:20000,2:30000}
for i in range(3):
```

```
            line.series[i].marker.symbol = marker[i]      #设置符号样式
            line.series[i].marker.graphicalProperties.solidFill = color[i]   #设置符号填充
颜色
            line.series[i].marker.graphicalProperties.line.solidFill = color[i]   #设置符号
线颜色

            line.series[i].graphicalProperties.line.solidFill = color[i]   #设置线颜色
            line.series[i].graphicalProperties.line.dashStyle = dash[i]    #设置线型
            line.series[i].graphicalProperties.line.width= width[i]    #设置粗细
wsheet.add_chart(line,"A12")
wsheet.add_chart(line_stacked,"J12")
wsheet.add_chart(line_percent,"A30")
wsheet.add_chart(line3D,"J30")
wbook.save("d:/line.xlsx")
```

运行上面的程序，得到如图9-7和图9-8所示的数据曲线。

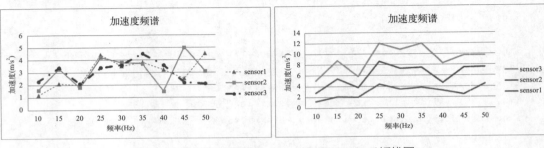

图9-7　运行程序得到的standard和stacked折线图

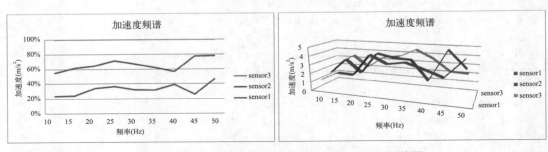

图9-8　运行程序得到的percentStacked和3D折线图

（4）饼图和圆环图

饼图和圆环图类似，二维饼图和三维饼图的类分别是PieChart和PieChart3D，圆环图的类是DoughnutChart。饼图和圆环图只能绘制一列数据，将一个圆或圆环根据数据的相对大小分解成几个扇形。下面的程序将季度销售额绘制成二维饼图、三维饼图和圆环图。

```
from openpyxl import  Workbook  #Demo9_22.py
from openpyxl.chart import  Reference,PieChart,PieChart3D,DoughnutChart
data = [["季度","销售额(万元)"],
        ["第1季度",20.2],["第2季度",30.6],
        ["第3季度",60.2],["第4季度",104.2] ]
```

```
wbook = Workbook()
wsheet = wbook.active
for item in data:
    wsheet.append(item)
pie = PieChart()
pie3D = PieChart3D()
doughnut = DoughnutChart()
pie.title = pie3D.title = doughnut.title = "季度销售额"

label = Reference(wsheet,min_col=1,min_row=2,max_row=5)
data = Reference(wsheet,min_col=2,min_row=1,max_row=5)

pie.add_data(data,titles_from_data=True)
pie3D.add_data(data,titles_from_data=True)
doughnut.add_data(data,titles_from_data=True)
pie.set_categories(label)
pie3D.set_categories(label)
doughnut.set_categories(label)

pie.width = pie3D.width = doughnut.width = 10
pie.height = pie3D.height = doughnut.height = 8
wsheet.add_chart(pie,"A10")
wsheet.add_chart(pie3D,"H10")
wsheet.add_chart(doughnut,"A20")
wbook.save("d:/pie_doughnut.xlsx")
```

运行上面的程序，得到如图 9-9 所示的饼图和圆环图。

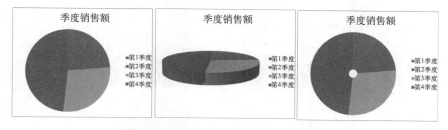

图 9-9　运行程序生成的饼图和圆环图

（5）曲面图

二维曲面图和三维曲面图的类分别是 SurfaceChart 和 SurfaceChart3D。曲面图描述的是一个函数和两个变量，当这两个变量在一定范围内变化时，函数值和这两个变量就形成了一个数据表格，在三维空间中就会形成一个曲面。二维曲面图和三维曲面图都有渲染模式（contour）和线架模式（wireframe），通过曲面图的属性 wireframe 进行设置。

下面的程序分别设置了二维曲面图和三维曲面图的渲染模式和线架模式。

```
from openpyxl import Workbook   #Demo9_23.py
from openpyxl.chart import Reference,SurfaceChart, SurfaceChart3D
wbook = Workbook()
```

```python
wsheet = wbook.active
DOE = [ ["V1_V2", 20, 40, 60, 80, 100,],    #数据第1列和第1行是变量的取值
        [10, 25, 20, 15, 26, 24], [20, 15, 15, 10, 15, 25], [30, 19, 18, 12, 16, 28],
        [40, 23, 25, 15, 25, 35], [50, 25, 15, 12, 12, 18], [60, 30, 10, 11, 19, 22],
        [70, 35, 15, 15, 21, 25], [80, 40, 35, 25, 27, 27], [90, 48, 38, 28, 35, 35],
        [100, 55, 42, 35, 42,45]  ]
for row in DOE:
    wsheet.append(row)
surface1 = SurfaceChart()
surface2 = SurfaceChart()
surface3D1 = SurfaceChart3D()
surface3D2 = SurfaceChart3D()
surface2.wireframe = True    #设置成线架状态
surface3D2.wireframe = True   #设置成线架状态
surface1.title = "2D Contour"
surface2.title = "2D wireframe"
surface3D1.title = "3D Contour"
surface3D2.title = "3D wireframe"

variable = Reference(wsheet, min_col=1, min_row=2, max_row=11)
DOE_data = Reference(wsheet, min_col=2, max_col=6, min_row=1, max_row=11)

surface1.add_data(DOE_data, titles_from_data=True)
surface2.add_data(DOE_data, titles_from_data=True)
surface3D1.add_data(DOE_data, titles_from_data=True)
surface3D2.add_data(DOE_data, titles_from_data=True)
surface1.set_categories(variable)
surface2.set_categories(variable)
surface3D1.set_categories(variable)
surface3D2.set_categories(variable)
wsheet.add_chart(surface1, "A20")
wsheet.add_chart(surface2, "J20")
wsheet.add_chart(surface3D1, "A40")
wsheet.add_chart(surface3D2, "J40")
wbook.save("d:\\surface.xlsx")
```

运行上面的程序，得到如图9-10和图9-11所示的二维和三维曲面图。

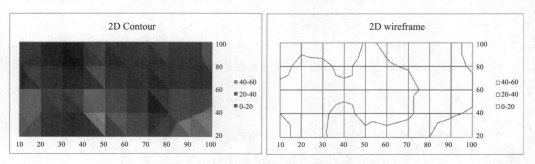

图9-10　运行程序生成二维渲染和线架曲面图

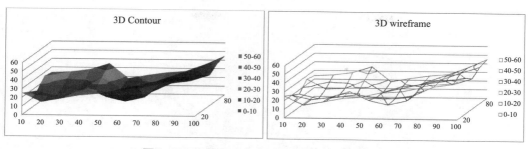

图9-11 运行程序生成三维渲染和线架曲面图

（6）雷达图

雷达图的类是RadarChart。雷达图是将横坐标由直线变成圆，在圆上分刻度，点到原点的距离表示数据的大小。雷达图分为标准图（standard）和填充图（fill）两种，默认是标准图，可以通过雷达图的type属性进行修改。下面的程序分别生成了标准图和填充图。

```python
from openpyxl import Workbook   #Demo9_24.py
from openpyxl.chart import RadarChart,Reference
wbook = Workbook()
wsheet = wbook.active
data = [['years', "Job", "Rock", "Robot", "White"],
        [2013, 905, 150, 251], [2014, 0, 653, 201, 410], [2015, 0, 330, 552, 353],
        [2016, 0, 0, 740, 120], [2017, 0, 0, 830, 90], [2018, 150, 0, 710, 51],
        [2019, 500, 0, 302, 230], [2020, 810, 0, 220, 640], [2021, 330, 0, 54, 555],
        [2022, 55, 0, 15, 315 ] ]
for row in data:
    wsheet.append(row)
radar1 = RadarChart()
radar2 = RadarChart()
radar2.type = "filled"   #设置线架模式
radar1.title = "标准图"
radar2.title = "填充图"
rLabel = Reference(wsheet, min_col=1, min_row=2, max_row=13)
rData = Reference(wsheet, min_col=2, max_col=5, min_row=1, max_row=13)
radar1.add_data(rData, titles_from_data=True)
radar2.add_data(rData, titles_from_data=True)
radar1.set_categories(rLabel)
radar2.set_categories(rLabel)
radar1.y_axis.delete = True
radar2.y_axis.delete = True

wsheet.add_chart(radar1, "A20")
wsheet.add_chart(radar2, "J20")
wbook.save("d:/radar.xlsx")
```

运行上面的程序，得到如图9-12所示的标准图和填充图。

（7）散点图

散点图的类是ScatterChart。与前面的图形定义方式不同的是，散点图需要一系列x与y对

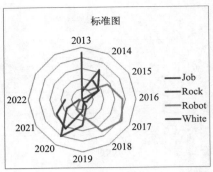 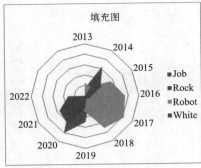

图9-12　程序生成的雷达图

应的数据，各数据的 x 值可以相同，需要通过 Series 类来定义。Series 类的格式是 Series(values, xvalues=None, zvalues=None, title=None, title_from_data=False)，其中 values 是 y 值，xvalues 是 x 值，title 是数据的名称。如果设置 title_from_data=True，则选择 y 数据的第一个值作为数据的名称。通过 ScatterChart 类的 append() 方法可以把 x 与 y 对应的系列值加入 ScatterChart 图中。ScatterChart 类的属性 scatterStyle 可以设置成 'line'、'smoothMarker'、'lineMarker'、'smooth' 或 'marker'。另外，可以对每个曲线上的符号和颜色进行设置，符号可以取 'plus'、'square'、'dot'、'circle'、'diamond'、'auto'、'star'、'x'、'triangle' 或 'dash'。

下面的程序将实验测得加速度频谱数据绘制成散点图。

```python
from openpyxl import Workbook    #Demo9_25.py
from openpyxl.chart import Series, Reference, ScatterChart
wbook = Workbook()
wsheet = wbook.active
accelerations = [ ("频率1", "sensor1", "频率2","sensor2","频率3","sensor3"),
          (10, 1.2,  12, 1.6,  14, 2.3),  (15, 2.1,  17, 3.3,  19, 3.4),
          (20, 2.0,  22, 1.8,  24, 2.1),  (25, 4.4,  27, 4.2,  29, 3.4),
          (30, 3.5,  32, 3.8,  34, 3.6),  (35, 3.8,  37, 3.7,  39, 4.5),
          (40, 3.2,  42, 1.5,  44, 3.6),  (45, 2.5,  47, 5.0,  49, 2.2),
          (50, 4.5,  52, 3.1,  54, 2.1) ]
for data in accelerations:
    wsheet.append(data)
scatter = ScatterChart()
scatter.title = "加速度频谱"
scatter.style = 3
scatter.x_axis.title = "频率（Hz）"
scatter.y_axis.title = "加速度（m/s2）"
scatter.scatterStyle = "marker"

symbol = {0:"triangle",1:"square",2:"circle"}
color={0:'FF0000',1:'00FF00',2:'0000FF'}
for i in range(0,3):
    xLabel = Reference(wsheet, min_col=i*2+1, min_row=2, max_row=10)
    yData = Reference(wsheet,min_col=i*2+2,min_row=1,max_row=10)
    ser = Series(yData,xvalues=xLabel,title_from_data=True)
    ser.marker.symbol = symbol[i]   #设置符号
```

```
            ser.marker.graphicalProperties.solidFill = color[i]    #设置填充颜色
            ser.marker.graphicalProperties.line.solidFill = color[i]    #设置边框颜色
            ser.graphicalProperties.line.noFill = True    #隐藏线条
            scatter.append(ser)
wsheet.add_chart(scatter,"A12")
wbook.save("d:/scatter.xlsx")
```

运行上面的程序，将会得到如图9-13所示的散点图。

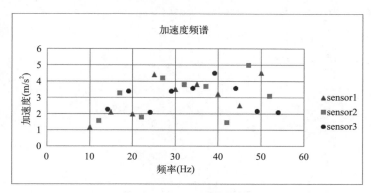

图9-13 运行程序生成的散点图

（8）气泡图

气泡图的类是BubbleChart。气泡图中除了表示气泡位置的数据，还需要表示气泡尺寸的数据，因此需要两组数据。气泡图与散点图一样，需要用Series定义数据。

```
from openpyxl import Workbook    #Demo9_26.py
from openpyxl.chart import Reference,Series,BubbleChart
wbook = Workbook()
wsheet = wbook.active
score1 = [['日期', '一班工作量', '成绩'],
          [1, 90.2, 96], [3, 95, 89.8],
          [5, 89, 93.2], [7, 94.6, 92],
          [9, 89.8, 88]]
score2 = [['日期', '二班工作量', '成绩'],
          [2, 93.3, 94], [4, 91, 82.4],
          [6, 85, 96.2], [8, 84.6, 97.4],
          [10, 91.8, 86]]
for item in score1:
    wsheet.append(item)
for item in score2:
    wsheet.append(item)
bubble = BubbleChart()
bubble.x_axis.title = "日期"
bubble.y_axis.title = "工作量"

xLabel = Reference(wsheet,min_col=1,min_row=2,max_row=6)    #设置x轴坐标数据
```

```
yData = Reference(wsheet,min_col=2,min_row=2,max_row=6)    #设置y轴坐标数据
zData = Reference(wsheet,min_col=3,min_row=2,max_row=6)    #设置球的尺寸数据
ser = Series(yData,xvalues=xLabel,zvalues=zData,title="一班业绩")
bubble.append(ser)

xLabel = Reference(wsheet,min_col=1,min_row=8,max_row=12)   #设置x轴坐标数据
yData = Reference(wsheet,min_col=2,min_row=8,max_row=12)    #设置y轴坐标数据
zData = Reference(wsheet,min_col=3,min_row=8,max_row=12)    #设置球的尺寸数据
ser = Series(yData,xvalues=xLabel,zvalues=zData,title="二班业绩")
bubble.append(ser)

bubble.width= 13    #设置高度
bubble.height= 8    #设置宽度

wsheet.add_chart(bubble,"A15")      #将图标添加进工作表格中
wbook.save(filename="d:/bubble.xlsx")
```

运行上面的程序，会得到如图9-14所示的气泡图。

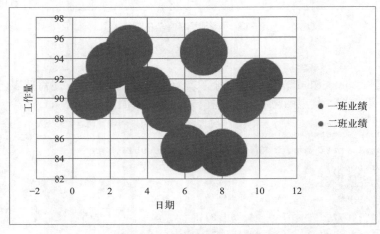

图9-14 运行程序生成的气泡图

（9）对坐标轴的操作

对坐标轴可以设置显示范围，设置对数坐标轴，设置坐标轴的位置、坐标轴的方向、坐标轴的次刻度等，通过copy模块可以从一个已有的图表复制一个全新的图表，可在新图表上进行修改，例如下面的程序。

```
from openpyxl import Workbook    #Demo9_27.py
from openpyxl.chart import  Reference, Series , ScatterChart, axis
from copy import deepcopy
wbook = Workbook()
wsheet = wbook.active
octave = [ ("中心频率", "Pressure dB"),
           (6.3, 63.5), (12.5, 73.8), (31.5, 53.2), (63, 82.5),
```

```
                    (125, 64.5), (250, 84.3), (500,94.5) , (1000, 74.5) ,
                    (2000,67.5), (4000, 87.5) , (8000, 92.1) , (16000, 74.2) ]
for data in octave:
    wsheet.append(data)
scatter1 = ScatterChart()
scatter1.title = "倍频程声压dB"
scatter1.x_axis.title = "频率(Hz)"
scatter1.y_axis.title = "声压（dB）"
scatter1.width = 12
scatter1.height = 8
scatter1.legend = None

xvalue = Reference(wsheet,min_col=1,min_row=2,max_row=13)
yvalue = Reference(wsheet,min_col=2,min_row=2,max_row=13)
ser = Series(yvalue,xvalues=xvalue,title="Pressure(dB)")
scatter1.append(ser)

scatter1.x_axis.minorTickMark = 'cross'    #设置次坐标显示位置，可
选'in'、'out'、'cross'
scatter1.x_axis.majorTickMark = 'out'    #设置主坐标显示位置,可选'in'、'out'、'cross'
scatter1.y_axis.minorTickMark = 'in'     #设置次坐标显示位置,可选'in'、'out'、'cross'
wsheet.add_chart(scatter1,'A15')

scatter2 = deepcopy(scatter1)    #复制scatter1
scatter2.x_axis.scaling.logBase = 10   #x轴以对数显示
scatter2.x_axis.minorGridlines = axis.ChartLines()   #显示次坐标
wsheet.add_chart(scatter2,"J15")

scatter3 = deepcopy(scatter2)     #复制scatter2
scatter3.x_axis.scaling.min = 5    #设置x轴最小值
scatter3.x_axis.scaling.max = 16000    #设置x轴最大值
scatter3.y_axis.scaling.min = 50    #设置y轴最小值
scatter3.y_axis.scaling.max = 100    #设置y轴最大值
wsheet.add_chart(scatter3,'A35')

scatter4 = deepcopy(scatter3)
scatter4.x_axis.scaling.orientation = "maxMin" #设置坐标轴数值从大到小
scatter4.x_axis.crosses='max'  #设置坐标轴的位置,可以选择'autoZero'、'max'、'min'
scatter4.x_axis.tickLblPos= 'low' #设置坐标标识的位置,可以选择'nextTo'、'low'、'high'
wsheet.add_chart(scatter4,'J35')
wbook.save("d:/axis.xlsx")
```

运行上面的程序，可以得到如图9-15和图9-16所示的图表。

（10）在一个图表上显示多个图

可以将一个图表与另外一个图表合并成一个新图表，用不同的样式进行对比，比用同一种样式更直观。下面的程序将一个折线图和一个条形图合并成一个图形，在合并时，需使用"+="操作。

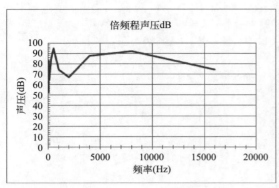
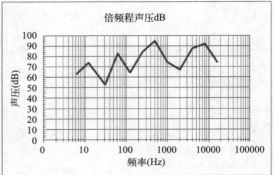

图9-15　运行程序生成对数坐标轴

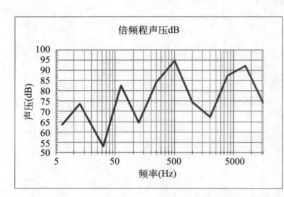
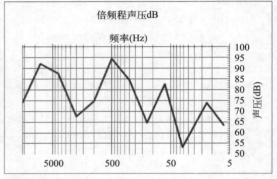

图9-16　运行程序修改坐标轴刻度和方向

```python
from openpyxl import Workbook    #Demo9_28.py
from openpyxl.chart import LineChart,BarChart,Reference
from copy import deepcopy
wbook = Workbook()
wsheet = wbook.active
data = [ ['日期','一班','二班'],
         ['星期一',79,91], ['星期二',62,69], ['星期三',78,87],
         ['星期四',68,95], ['星期五',95,75] ]
for i in data:
    wsheet.append(i)
line = LineChart()
bar = BarChart()
line.title = '一班成绩'
bar.title = '二班成绩'
line.x_axis.title=bar.x_axis.title = '日期'
line.y_axis.title=bar.y_axis.title = "成绩"
line.width = bar.width = 12
line.height = bar.height = 6

xlable = Reference(wsheet,min_col = 1,min_row=2,max_row=6)
ydata1 = Reference(wsheet,min_col=2,min_row=1,max_row=6)
```

```
ydata2 = Reference(wsheet,min_col=3,min_row=1,max_row=6)

line.add_data(ydata1,titles_from_data=True)
line.set_categories(xlable)
bar.add_data(ydata2,titles_from_data=True)
bar.set_categories(xlable)

wsheet.add_chart(line,'A10')
wsheet.add_chart(bar,'J10')

combine = deepcopy(line)    #复制一个图表
combine += bar #将复制的图表与其他图表合并，只能用"+="
combine.title = '成绩比较'
wsheet.add_chart(combine,'A25')
wbook.save("d:/combine.xlsx")
```

运行上面的程序，得到如图9-17所示的3个图表，右边图是左边两图的叠加。

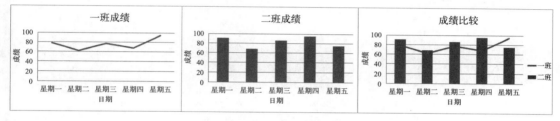

图9-17　合并图表程序运行结果

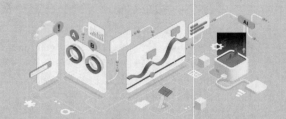

第10章

读写 Word 文档

Python 读写 Word 的库有 python-docx、python-docx-1、docx、win32com、docxtpl、textract、python-docx-docm、docx2pthon 等，本章讲解 python-docx 读写 Word 文档的使用方法，需要用"import docx"导入 python-docx 库。

10.1 文档 Document

Python-docx 主要通过标题、段落、节、图像和表格对 Word 文档进行管理。如图 10-1 所示的一篇 Word 文档由标题（Heading）、段落（Paragraph）和文本构成，段落又由一个或多个文本

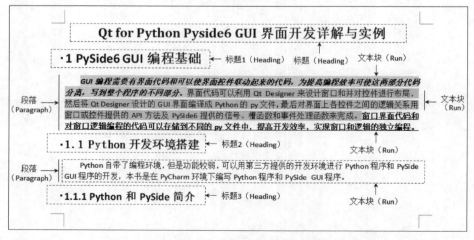

图 10-1 文档 Document 的构成

块（Run）构成。标题分为不同级别的标题，标题和段落中的文字由不同的文本块构成，每个文本块中通常有相同的格式（字体、粗细、斜体、粗体、下画线、颜色、尺寸等），可给每个文本块定义不同的格式。

10.1.1 新建和打开文档

要打开或新建Word文档，需要用Python-docx的Document类，其格式如下所示：

```
Document(docx=None)
```

其中，参数docx是Word文档的文件名或文件对象，只能取扩展名是docx的文件，不能取doc的文件。参数docx取None时将新建Document文档，要保存文档可用Document的save(path_or_stream)方法。下面的代码用于新建文档和打开文档。

```python
from docx import Document      #Demo10_1.py
doc1 = Document()               #新建空白文档
doc2 = Document("d:/公司简介.docx")   #打开"公司简介.docx"
fp = open("d:/个人简历.docx", mode='rb')
doc3 = Document(fp)             #打开"个人简历.docx"

doc2.save(("d:/公司简介_1.docx"))   #将打开的文档另存为"公司简介_1.docx"
```

10.1.2 Document的方法和属性

新建和打开Word文档后，用Document提供的方法和属性可以在Word文档中添加或更改文档的内容。通过Document提供的方法可以添加标题、段落、断点、图片、节和表格等内容，通过Document提供的属性可以获取文档中已经存在的这些内容，可进一步更改这些内容。Document的方法和属性如表10-1所示。

表10-1 Document的方法和属性

Document的方法和属性	返回值的类型或属性值的类型	说明
add_heading(text='',level=1)	Paragraph	添加指定级别的标题，返回值是段落对象，其中text是标题文本，level指定级别，取值是0～9
add_paragraph(text='',style=None)	Paragraph	在文档末尾添加段落，其中text是段落中的文本，style是段落的样式名称
add_page_break()	Paragraph	在文档末尾增加新段落，该段落仅包含分页符，即添加新的一页
add_picture(image_path_or_stream, width=None,height=None)	InlineShape	在文档末尾插入嵌入式图像，其中image_path_or_stream是文件名或含有图像的数据流；width和height设置图像的宽度和高度，单位是dpi（每英寸点数）
add_section(start_type=2)	Section	在文档对象末尾插入节，可以为每个节分别设置页脚、页眉、页边距、布局等，start_type设置起始页的类型，取值是WD_SECTION的枚举值，默认为WD_SECTION.NEW_PAGE，详见后续内容
add_table(rows,cols,style=None)	Table	在文档末尾添加表格，其中rows和cols指定表格的行数量和列数量，style可取表格样式对象或表格样式名称，详见后续内容

续表

Document 的方法和属性	返回值的类型或属性值的类型	说明
save(path_or_stream)	None	保存文档到文件中或数据流中
core_properties	CoreProperties	获取文档的属性，用 CoreProperties 提供的方法可以获取或设置文档属性
inline_shapes	InlineShapes	获取嵌入的形状，如文字中插入的图像，进一步用索引、迭代获取每个 InlineShape 对象，用 len() 方法获取个数
paragraphs	List[Paragraph]	获取段落列表
sections	Sections	获取文档的 Sections 对象，进一步用索引、迭代获取每个 Section 对象，用 len() 方法获取个数
settings	Settings	获取文档基本的设置，可以通过 Settings 的 odd_and_even_pages_header_footer 属性获取或设置奇数页和偶数页的页脚或页眉不同
styles	Styles	获取样式
tables	List[Table]	获取文档中表格对象列表

① 添加标题。用 add_heading(text='',level=1) 方法在文档中添加标题，返回值是段落 Paragraph，可以用 Paragraph 提供的方法和属性添加和获取标题中的文本，也可修改标题中的文本；参数 text 设置标题中的文本；level 指定级别，取值是 0～9，如果取 0，将成为整个文档的标题。

② 添加段落。用 add_paragraph(text='',style=None) 方法添加段落，返回值是段落 Paragraph，text 是段落中的文本，style 是段落的样式名称，样式名称可以用属性 styles 获取，样式分为段落样式、字符样式、表格样式和列表样式。对文档中已经存在的段落可以用属性 paragraphs 获得段落列表 List[Paragraph]，用 Paragraph 的 runs 属性和 text 属性获得段落中的文本块和文本。下面的代码新建了一个文档，并在文档中添加标题和段落、为段落应用不同的样式，将文档保存到文件中后打开新建的文档并输出文档中的文本。

```python
from docx import Document    #Demo10_2.py
doc = Document()     #新建文档
styles = [style for style in doc.styles]   #获取样式列表
for style in styles:
    print(style.name)       #输出样式名称
title=doc.add_heading(text="Qt for Python PySide6 GUI界面开发详解与实例", level=0)
#标题
title1 = doc.add_heading(text='1 PySide6 GUI编程基础',level=1)    #标题1

parag1 = doc.add_paragraph(text='''GUI编程需要有界面代码和可以使界面控件联\
动起来的代码，为提高编程效率可使这两部分代码分离，写到整个程序的不同部分。\
界面代码可以利用Qt Designer来设计窗口和并对控件进行布局，然后将Qt Designer\
设计的GUI界面编译成Python的py文件，最后对界面上各控件之间的逻辑关系用\
窗口或控件提供的API方法及PySide6提供的信号、槽函数和事件处理函数来完成。\
窗口界面代码和对窗口逻辑编程的代码可以存储到不同的py文件中，提高开发效率，\
实现窗口和逻辑的独立编程。''',  style=styles[0].name)         #段落

title2 = doc.add_heading(text="1.1 Python开发环境搭建", level=2)   #标题2
```

```
parag2 = doc.add_paragraph(text='''Python自带了编程环境，但是功能较弱，可以\
用第三方提供的开发环境进行Python程序和PySide GUI程序的开发，本书是在\
PyCharm环境下编写Python程序和PySide GUI程序。''', style='Normal')      #段落

title3 = doc.add_heading(text="1.1.1 Python和PySide简介",level=3)    #标题3
try:
    doc.save("d:/PySide6.docx")   #保存文档
except:
    print("*"*50 + "\n  写入文件失败！\n" + "*"*50)

doc = Document("d:/PySide6.docx")        #打开文档
for parag in doc.paragraphs:
    print(parag.text)                    #输出段落中的文字
```

③ 插入图像。用add_picture(image_path_or_stream,width=None,height=None)方法可以在文档末尾插入嵌入式图像，其中image_path_or_stream是文件名或含有图像的数据流；width和height设置图像的宽度和高度，若不设置width和height，则用原图像的宽度和高度，如果只设置width或height则图像保持原图像的宽度和高度比例，返回值是InlineShape对象，可以用InlineShape对象的width和height或者原图像的宽度和高度，单位是dpi。若要在文本中插入图像，则需要用文本块的add_picture()方法。下面的代码可在文档中新添加一页，并插入两幅图像。

```
from docx import Document      #Demo10_3.py
from docx.shared import Mm
doc = Document("d:/PySide6.docx")        #打开文档
doc.add_page_break()     #新添加一页
doc.add_picture('d:/Python科学计算.jpg', width=Mm(100))   #添加图像
doc.add_picture('d:/pyqt.jpg', width=Mm(100))     #添加图像
for inline in doc.inline_shapes:
    print(inline.width.cm, inline.height.cm)      #输出图像的宽度和高度
doc.save("d:/PySide6_pic.docx")
```

④ 文档属性设置。通过Document的core_properties属性，可以获取或修改文档的属性，这些属性包括author、category、comments、content_status、created、identifier、keywords、language、last_modified_by、last_printed、modified、revision、subject、title、version。下面的程序新建了一个Document并修改文档的属性，用鼠标右键单击生成的文档并选择"属性"，在弹出的对话框中的第3页详细信息中可以看到这些属性的设置。

```
from docx import Document     #Demo10_4.py
from datetime import datetime
doc = Document()
doc.core_properties.title = '通知'
doc.core_properties.author = 'Noise DoWell'
doc.core_properties.last_modified_by = 'Noise DoWell'
doc.core_properties.version = 1.2
doc.core_properties.subject = '春节放假通知'
doc.core_properties.identifier = '总办'
```

```
doc.core_properties.created = datetime(2025,1,22)
doc.core_properties.last_printed = datetime(2025,1,25)
doc.settings.odd_and_even_pages_header_footer = True
doc.save("d:/通知.docx")
```

10.2 段落Paragraph

段落Paragraph用于放置文本和图像，可以在段落中添加文本块，并对段落进行格式化。

10.2.1 Paragraph的方法和属性

段落Paragraph的方法和属性如表10-2所示，用add_run(text=None,style=None)方法添加文本块；text是要添加的文本内容，可以包含转义字符"\n""\t"和"\r"；style是文本的样式名称，主要通过字体Font来设置，有关Font的内容见后续章节。用Paragraph的runs属性可以获取段落中的文本块列表；用text属性获取段落中的所有文本；用clear()方法可以清除文本块中的内容，清空后可重新添加文本用于更新文本块中的内容。

表10-2　Paragraph的方法和属性

Paragraph 的方法和属性	返回值的类型或属性值的类型	说明
add_run(text=None,style=None)	Run	在段落中添加文本块，并返回添加的文本块，其中text是要添加的文本块，style是文本的样式名称
insert_paragraph_before(text=None,style=None)	Paragraph	在段落之前插入段落，返回插入的段落，其中text是插入的段落包含的文本块，style是段落的样式
clear()	Paragraph	清空段落中的内容并同时返回清空后的段落
paragraph_format	ParagraphFormat	获取段落的格式
runs	List[Run]	获取段落中的文本块列表
text	str	获取段落中的文本
style	_ParagraphStyle	获取或设置段落的样式
alignment	int	获取段落的对齐方式，返回值是WD_PARAGRAPH_ALIGNMENT的枚举值，可取值如表10-4所示

10.2.2 段落格式ParagraphFromat

段落格式可以设置行间距、首行缩进距离、段前及段后距离等。用Paragraph的paragraph_format属性可以获得段落格式ParagraphFormat，通过ParagraphFormat提供的属性设置段落格式。ParagraphFormat的属性如表10-3所示，主要属性介绍如下。

表10-3　段落ParagraphFormat的属性

ParagraphFromat 的属性	返回值的类型	说明
alignment	int	获取或设置对齐方式，取值是WD_PARAGRAPH_ALIGNMENT枚举值
tab_stops	TabStops	获取Tab键制表位

续表

ParagraphFromat 的属性	返回值的类型	说明
first_line_indent	Length	获取或设置第一行的缩进值,可取负值,获取缩进值时需要使用 Length 的属性 cm、emu、inches、mm、pt 或 twips 指定具体的单位
line_spacing	float、Length、None	获取或设置行间距,取 float 时表示行高的倍数,由 line_spacing_rule 的取值解释 line_spacing 值的意义
line_spacing_rule	int	获取或设置 line_spacing 的解释方式,取值是 WD_LINE_SPACING 的枚举值
left_indent	Length、None	获取或设置段落左侧与左侧页边距的间隙
right_indent	Length、None	获取或设置段落右侧与右侧页边距的间隙
space_before	Length、None	获取或设置本段落与前一段落之间的间隙
space_after	Length、None	获取或设置本段落与后一段落之间的间隙
page_break_before	bool、None	获取或设置段落是否出现在下一页的顶部
keep_together	bool、None	获取或设置文档段落是否连接在一起
keep_with_next	bool、None	获取或设置文档段落是否保留到一页

① 段落的对齐方式。ParagraphFromat 的 aligment 属性设置段落的对齐方式,取值是 WD_PARAGRAPH_ALIGNMENT 枚举值,可取值如表10-4所示。

表10-4 WD_PARAGRAPH_ALIGNMENT 的枚举值

WD_PARAGRAPH_ALIGNMENT 的枚举值	值	说明
WD_PARAGRAPH_ALIGNMENT.LEFT	0	左对齐
WD_PARAGRAPH_ALIGNMENT.CENTER	1	居中对齐
WD_PARAGRAPH_ALIGNMENT.RIGHT	2	右对齐
WD_PARAGRAPH_ALIGNMENT.JUSTIFY	3	两端对齐
WD_PARAGRAPH_ALIGNMENT.DISTRIBUTE	4	分散对齐
WD_PARAGRAPH_ALIGNMENT.JUSTIFY_MED	5	以中等的字符压缩比进行对齐
WD_PARAGRAPH_ALIGNMENT.JUSTIFY_HI	7	以较高的字符压缩比进行对齐
WD_PARAGRAPH_ALIGNMENT.JUSTIFY_LOW	8	以较低的字符压缩比进行对齐
WD_PARAGRAPH_ALIGNMENT.THAI_JUSTIFY	9	以泰语格式布局对齐

② 制表位的设置。用 tab_stops 属性可获取 Tab 键的制表位 TabStops,TabStops 提供添加制表位的方法 add_tab_stop(position, alignment=0, leader=0) 和清除所有制表位的方法 clear_all(),参数 position 的取值是 Length,设置与段落边距的距离值。python-docx 中输入或获取长度值时,需要指定长度的单位,python-docx 的长度单位类有 Cm、Emu(English metric units,英制公制单位)、Inches、Mm、Pt(points)、Twips(缇),例如分别在20mm和40mm处创建制表位时,需要分别用 add_tab_stop(Mm(20)) 和 add_tab_stop(Mm(40)) 方法创建,其中 Mm 类需要用 "from docx.shared import Mm" 导入,在获取长度值时,同样需要指定单位,例如获取段落中第一行的缩进值时,若以mm为单位输出缩进值,需要用语句 "paragraph_format.first_line_indent.mm",若以 inches 为单位输出缩进值,需要用语句 "paragraph_format.first_line_indent.inches";aligment 设置制表位中文字的对齐方式,取值是 WD_TAB_ALIGNMENT 的枚举值,其可取值如表10-5所示;leader 设置前导符,取值是 WD_TAB_LEADER 的枚举值,其可取值如表10-6所示。

表10-5 WD_TAB_ALIGNMENT的枚举值

WD_TAB_ALIGNMENT的枚举值	值	说明
WD_TAB_ALIGNMENT.LEFT	0	左对齐
WD_TAB_ALIGNMENT.CENTER	1	居中
WD_TAB_ALIGNMENT.RIGHT	2	右对齐
WD_TAB_ALIGNMENT.DECIMAL	3	十进制对齐
WD_TAB_ALIGNMENT.BAR	4	条形对齐
WD_TAB_ALIGNMENT.LIST	6	列表对齐
WD_TAB_ALIGNMENT.CLEAR	101	清除制表位

表10-6 WD_TAB_LEADER的枚举值

WD_TAB_LEADER的枚举值	值	说明
WD_TAB_LEADER.SPACES	0	空格
WD_TAB_LEADER.DOTS	1	点
WD_TAB_LEADER.DASHES	2	虚线
WD_TAB_LEADER.LINES	3	实线
WD_TAB_LEADER.HEAVY	4	粗线
WD_TAB_LEADER.MIDDLE_DOT	5	居中的点

③ 行间距的设置。行间距的设置由line_spacing属性设置，其取值可以是Length、float和None，取None时表示从上下文中继承行间距，取float时line_spacing所取值的意义由line_spacing_rule的取值决定，取值是WD_LINE_SPACING的枚举值，可取值如表10-7所示。

表10-7 WD_LINE_SPACING的枚举值

WD_LINE_SPACING的枚举值	值	说明
WD_LINE_SPACING.SINGLE	0	单倍行距
WD_LINE_SPACING.ONE_POINT_FIVE	1	1.5倍行距
WD_LINE_SPACING.DOUBLE	2	2倍行距
WD_LINE_SPACING.AT_LEAST	3	最小值
WD_LINE_SPACING.EXACTLY	4	固定值
WD_LINE_SPACING.MULTIPLE	5	多倍行距

④ 段前和段后距离的设置。段前和段后距离由属性space_before和space_after设置，其取值是Length或None，取None时表示从上下文中获取。

下面的代码创建了一个文档，并对段落进行格式化。

```
from docx import Document         #Demo10_5.py
from docx.enum.text import WD_PARAGRAPH_ALIGNMENT,WD_LINE_SPACING,\
                           WD_TAB_ALIGNMENT,WD_TAB_LEADER
from docx.shared import Mm
doc = Document()       #新建文档
parag = doc.add_heading('个人简历',level=0)   #添加标题
```

```
    parag.alignment = WD_PARAGRAPH_ALIGNMENT.CENTER    #段落对齐方式
    parag.paragraph_format.space_before = Mm(15)     #段前距离
    parag.paragraph_format.space_after = Mm(50)      #段后距离
    print(parag.paragraph_format.space_before.mm)    #输出段前距离
    print(parag.paragraph_format.space_after.mm)     #输出段后距离

    strings = ['姓名:\t性别:\t年龄:\t', '籍贯:\t婚姻状况:\t政治面貌:\t']   #文本
    for string in strings:
        parag = doc.add_paragraph()                  #新建段落
        parag.alignment = WD_PARAGRAPH_ALIGNMENT.LEFT        #段落的对齐方式
        parag.paragraph_format.line_spacing_rule = WD_LINE_SPACING.SINGLE #段落行间距
        parag.paragraph_format.line_spacing = 2

        parag.paragraph_format.tab_stops.add_tab_stop(Mm(50),       #段落的制表位
                    alignment=WD_TAB_ALIGNMENT.LEFT,leader=WD_TAB_LEADER.LINES)
        parag.paragraph_format.tab_stops.add_tab_stop(Mm(100),      #段落的制表位
                    alignment=WD_TAB_ALIGNMENT.LEFT,leader=WD_TAB_LEADER.LINES)
        parag.paragraph_format.tab_stops.add_tab_stop(Mm(150),      #段落的制表位
                    alignment=WD_TAB_ALIGNMENT.LEFT,leader=WD_TAB_LEADER.LINES)
        parag.add_run(string)             #添加文本块
    doc.save("d:/resume.docx")            #保存文档
```

10.2.3 字体Font

段落样式可以设置段落中的默认字体和段落格式，用Paragraph的style可以获取段落样式_ParagraphStyle，然后用_ParagraphStyle的paragraph_format属性设置段落格式，段落格式前面已经讲过；用_ParagraphStyle的font属性获取字体Font，通过Font的属性设置字体的参数，字体Font的属性如表10-8所示。通过Font的属性可以给段落中的文本设置字体的名称、尺寸、颜色、粗体、斜体和下画线等特征，其中字体的name属性设置字体的名称，对于中文字体的设置可参考下面代码的字体名称设置；字体的color属性可以设置颜色，取值是ColorFormat，需用RGBColor(r,g,b)来定义ColorFormat，其中r、g、b分别是红、绿、蓝三基色的值，取值均是0～255整数；字体的highlight_color属性设置高亮颜色，取值是WD_COLOR_INDEX的索引值，可取WD_COLOR_INDEX.AUTO（默认颜色，一般是黑色）、WD_COLOR_INDEX.BLACK、WD_COLOR_INDEX.BLUE、WD_COLOR_INDEX.BRIGHT_GREEN、WD_COLOR_INDEX.DARK_BLUE、WD_COLOR_INDEX.DARK_RED、WD_COLOR_INDEX.DARK_YELLOW、WD_COLOR_INDEX.GRAY_25、WD_COLOR_INDEX.GRAY_50、WD_COLOR_INDEX.GREEN、WD_COLOR_INDEX.PINK、WD_COLOR_INDEX.RED、WD_COLOR_INDEX.TEAL（蓝绿色）、WD_COLOR_INDEX.TURQUOISE（绿松石色）、WD_COLOR_INDEX.VIOLET、WD_COLOR_INDEX.WHITE、WD_COLOR_INDEX.YELLOW。

表10-8　字体Font的属性

Font的属性	返回值的类型	说明
name	str、None	获取或设置字体的名称，None表示从上下文中获取字体
color	ColorFormat、None	获取字体的颜色，用ColorFormat的rgb属性可以设置颜色，rgb的取值是RGBColor(r,g,b)，其中r、g、b分别是红、绿、蓝三基色的值，取值均是0～255

续表

Font的属性	返回值的类型	说明
all_caps	bool	获取或设置是否为全部大写字母
underline	bool、None	设置是否有下画线
bold	bool	获取或设置是否为粗体
italic	bool	获取或设置是否为斜体
strike	bool	获取或设置是否有删除线
double_strike	bool	获取或设置是否有双划线
emboss	bool	获取或设置是否有浮雕效果
hidden	bool	获取或设置是否将文字隐藏
highlight_color	WD_COLOR_INDEX、None	设置高亮颜色，取值是WD_COLOR_INDEX的枚举值
imprint	bool	获取或设置是否有下凹效果
no_proof	bool	获取或设置是否进行拼写或语法错误检查
outline	bool	获取或设置是否以轮廓显示字符
rtl	bool	获取或设置文字块是否有从右到左的顺序特征
shadow	bool	获取或设置是否有阴影效果
size	Length、None	获取或设置字体的高度
small_caps	bool	获取或设置小写字母比大写字母小2点
snap_to_grid	bool	获取或设置是否捕捉到网格线
spec_vanish	bool	获取或设置文字是否被一直隐藏
web_hidden	bool	获取或设置在网页浏览器中是否被隐藏
complex_script	bool	获取或设置是否将文本当作脚本
cs_bold	bool	获取或设置脚本是否为粗体
cs_italic	bool	获取或设置脚本是否为斜体
subscript	bool、None	设置是否为子脚本
superscript	bool、None	设置是否为超级脚本

下面的代码新建文档，并添加文本，通过段落属性和字体属性设置文本的格式。

```python
from docx import Document       #Demo10_6.py
from docx.enum.text import WD_PARAGRAPH_ALIGNMENT
from docx.shared import RGBColor,Pt
from docx.oxml.ns import qn
doc = Document()      #新建文档
parag = doc.add_paragraph( text='《Python基础与PyQt可视化编程详解》',style='Title')
#段落
parag.alignment = WD_PARAGRAPH_ALIGNMENT.CENTER
parag.style.font.size = Pt(20)
parag.style.font.bold = True
parag.style.font.color.rgb = RGBColor(0,0,255)     #设置颜色
```

```python
parag.style.font.outline = True

title1 = doc.add_heading(text='2 Python的数据结构',level=1)      #标题1
title1.style.font.color.rgb = RGBColor(0,0,0)   #设置颜色

parag = doc.add_paragraph(text='''数据结构(data structure)是一组按顺序(sequence)\
排列的数据,用于存储数据。数据结构的单个数据称为元素或单元,数据可以是整数、\
浮点数、布尔数据和字符串,也可是数据结构的具体形式(列表、元组、字典和集合)。\
数据结构在内存中的存储是相互关联的,通过元素的索引或关键字可以访问数据结构在\
存储空间中的值。数据结构存储数据的能力比整数、浮点数和字符串的存储能力强大。\
Python中的数据结构分为列表(list)、元组(tuple)、字典(dict)和集合(set)。''',
                         style='Normal')    #段落
parag.paragraph_format.first_line_indent = Pt(22)
parag.paragraph_format.line_spacing = Pt(25)
parag.style.font.size = Pt(12)
parag.style.font.underline = True
parag.style.font.no_proof = True
title2 = doc.add_heading(text="2.1 列表", level=2)     #标题2
title2.style.font.color.rgb = RGBColor(0,0,0)    #设置颜色
parag = doc.add_paragraph(text='''列表中的元素可以是各种类型的数据,\
列表属于可变数据结构,可以修改列表的元素,可以往列表中添加元素、\
删除元素、排序元素。''',       style='Normal')          #段落
parag.paragraph_format.first_line_indent = Pt(22)
parag.paragraph_format.line_spacing = Pt(25)
parag.style.font.size = Pt(12)
parag.style.font.underline = True
parag.style.font.no_proof = True
for parag in doc.paragraphs:
    for run in parag.runs:
        run.font.name = '宋体'       #设置字体名称
        run.element.rPr.rFonts.set(qn('w:eastAsia'), '宋体')
doc.save("d:/PyQt.docx")    #保存文档
```

10.3 文本块 Run

  一个段落通常由多段文字构成,每段文字可以设置不同的字体、颜色、粗细、斜体、下画线等格式。用段落 Paragraph 的 add_run(text=None,style=None) 方法可以在段落中添加文本块 Run,并返回添加的 Run 对象,用段落的 run 属性可获取段落中的文本块列表 List[Run],然后用 Run 的方法和属性给文本块进行格式化、修改或删除文本块中的内容。文本块 Run 的属性和方法如表 10-9 所示,可以用 add_text(text) 方法在文本块中添加文本;用 add_picture(image_path_or_stream, width=None, height=None) 方法添加图像;用 add_tab() 方法添加 Tab 键制表位;用 clear 属性清空文本块中的内容;用 font 属性获取字体 Font,然后用 Font 的属性设置文本块中文本的字体属性;用 text 属性获取或设置文本块中的文本。

表10-9 文本块Run的方法和属性

Run的方法和属性	返回值的类型	说明
add_text(text)	_Text	在文本块的末尾添加文本
add_break(break_type=6)	None	添加断点（分页符），参数break_type可取WD_BREAK的枚举值WD_BREAK.LINE、WD_BREAK.PAGE、WD_BREAK.COLUMN，默认值是WD_BREAK.LINE
add_picture(image_path_or_stream, width=None, height=None)	InlineShape	添加图像
add_tab()	None	添加Tab键制表位
clear()	Run	清空内容，但保留格式
font	Font	获取字体，通过字体的属性设置文本块的格式
bold	bool、None	获取或设置成是否是粗体，None表示从段落中获取是否需要设成粗体
italic	bool、None	获取或设置成是否是斜体，None表示从段落中获取是否需要设成斜体
underline	bool、None	获取或设置成是否具有下画线，None表示从段落中获取是否具有下画线
text	str	获取或设置文本块的文本
style	_CharacterStyle	获取或设置文本样式，主要用Font来设置

下面的代码新建了一个文档，添加文本块并对文本块进行设置。

```
from docx import Document          #Demo10_7.py
from docx.enum.text import WD_PARAGRAPH_ALIGNMENT,WD_COLOR_INDEX
from docx.shared import Pt
from docx.oxml.ns import qn
doc = Document()      #新建文档
doc.add_heading(text='新书介绍',level=0).alignment = \
 WD_PARAGRAPH_ALIGNMENT.CENTER   #标题
doc.add_heading(text="《Python编程基础与科学计算》",level=1)
parag = doc.add_paragraph()
parag.paragraph_format.first_line_indent = Pt(22)
parag.paragraph_format.line_spacing = Pt(25)

run = parag.add_run('《Python编程基础与科学计算》重点讲解Python在科\
学计算方面的应用，包括数组的操作；')
run.bold = True
run.font.size = Pt(10)
run = parag.add_run('绘制二维和三维数据图像；数值计算方法，如聚类算法、\
线性代数运算、稀疏矩阵、积分、微分、常微分方程组的求解、插值算法、\
优化算法、傅里叶变换、信号处理、图像处理、正交距离回归、空间算法等；')
run.italic = True
run = parag.add_run('符号运算，包括符号表达式简化、微分、积分、极限、\
泰勒展开、积分变换、代数方程、求解常微分和偏微分方程、求解非线性方\
程组??、密集和稀疏矩阵运算等；')
run.underline = True
```

```python
run = parag.add_run('用Python处理Excel数据；文本数据、\
二进制数据和原生数据的读写等内容。')
run.font.highlight_color = WD_COLOR_INDEX.YELLOW
doc.add_heading(text="《Python基础与PyQt可视化编程详解》",level=1)
parag = doc.add_paragraph()
parag.paragraph_format.first_line_indent = Pt(22)
parag.paragraph_format.line_spacing = Pt(25)
run = parag.add_run('《Python基础与PyQt可视化编程详解》详细介绍了各\
个控件的方法、信号和槽函数。')
run.bold = True
run = parag.add_run('涉及的内容包括信号与槽、Qt Designer界面设计、\
事件及处理函数、常用控件的方法与信号、布局控件、容器控件、窗口\
（QWidget、QMainWindow、QDialog）、菜单（工具条、按钮、状态栏）、\
多窗口、常用对话框、基于项的控件、Model/View机制及控件、QPainter\
绘图与Graphics/View绘图、数据读写与文件管理、播放和录制音频和视频。')
run.font.shadow = True
for parag in doc.paragraphs:
    for run in parag.runs:
        run.font.name = '宋体'           #设置字体名称
        run.element.rPr.rFonts.set(qn('w:eastAsia'), '宋体')
doc.save("d:/new_books.docx")    #保存文档
```

10.4 表格Table和单元格_Cell

Document的add_table(rows,cols,style=None)方法可以在文档中添加表格，并返回Table对象，其中rows和cols是表格的行的数量和列的数量，style是表格的样式，例如'Table Grid'。用下面的代码可获取系统中已经存在的表格样式。

```python
from docx import Document         #Demo10_8.py
doc = Document()
for style in doc.styles:
    try:
        table=doc.add_table(4,5,style=style.name)
        table.cell(0,0).paragraphs[0].add_run(style.name)    #在第1个单元格中添加文字
        print(style.name)
        doc.add_paragraph()
    except:
        continue
doc.save("d:/table.docx")
```

表格Table的方法和属性如表10-10所示，主要方法和属性介绍如下。

① 用add_column(width)方法在表格的右侧添加列，返回值是_Column，_Column的cells属性可以获得列中的单元格列表List[_Cell]，width获取或设置列宽，返回值的单位是Emu。

② 用add_row()方法在表格的底部添加一行，返回值是_Row，_Row的cells属性可以获得

单元格列表 List[_Cell]，_Row 的 height 属性可获取或设置行高。

③ 用 cell(row_idx, col_idx) 方法可以根据单元格索引获取指定的单元格；用 column_cells(column_idx) 方法可以根据列索引获取一列单元格；用 row_cells(row_idx) 可以根据行索引获取一行单元格。

④ 用 alignment 属性设置或获取表格的对齐方式，取值是 WD_TABLE_ALIGNMENT 的枚举值，可取 WD_TABLE_ALIGNMENT.LEFT、WD_TABLE_ALIGNMENT.CENTER 和 WD_TABLE_ALIGNMENT.RIGHT。

⑤ 用 table_direction 属性设置或获取表格的方向，取值是 WD_TABLE_DIRECTION 的枚举值，可取 WD_TABLE_DIRECTION.LTR（从左到右）和 WD_TABLE_DIRECTION.RTL（从右到左，第1列在右侧）。

表10-10 表格Table的方法和属性

Table 的方法和属性	返回值的类型或属性值的类型	说明
add_column(width)	_Column	在表格的右侧添加列
add_row()	_Row	在表格的底部添加行
cell(row_idx, col_idx)	_Cell	根据行索引和列索引，获取单元格
column_cells(column_idx)	List[_Cell]	根据列索引获取单元格列表
row_cells(row_idx)	List[_Cell]	根据行索引获取单元格列表
columns	_Columns	获取_Columns对象，可以用迭代或索引获取_Column，len()函数获取列的数量
rows	_Rows	获取_Rows对象
table	Table	获取子表格所在的父类表格
alignment	WD_TABLE_ALIGNMENT None	获取或设置表格的对齐方式
autofit	bool	获取或设置列宽根据内置自动调整
style	_TableStyle、None	获取或设置表格样式
table_direction	WD_TABLE_DIRECTION None	获取或设置单元格的方向，None表示没有做过设置

单元格_Cell 的方法和属性如表 10-11 所示，主要方法和属性介绍如下。

① 用 add_paragraph(text='',style=None) 方法可以在单元格中添加段落；用 paragraphs 属性可以获取单元格内的段落列表，单元格内即使不添加段落也有一个默认的段落，该段落可用 paragraphs[0] 获取。

② 单元格内还可以添加表格，用 add_table(rows,cols) 方法添加表格，用 tables 属性可以获取单元格内的表格列表。

③ 用 vertiacal_alignment 属性获取或设置单元格内文字在竖直方向的对齐方式，取值是 WD_ALIGN_VERTICAL 的枚举值，可取 WD_ALIGN_VERTICAL.TOP、WD_ALIGN_VERTICAL.CENTER、WD_ALIGN_VERTICAL.BOTTOM 和 WD_ALIGN_VERTICAL.BOTH。水平方向的对齐方式可以用段落的 alignment 属性设置。

表10-11 单元格_Cell的方法和属性

_Cell 的方法和属性	返回值的类型	说明
add_paragraph(text='', style=None)	Paragraph	在单元格内添加段落，有关段落的操作见前面内容
add_table(rows,cols)	Table	在单元格内添加表格

_Cell 的方法和属性	返回值的类型	说明
merge(other_cell)	_Cell	与其他单元格合并成一个单元格，返回合并后的单元格，如果合并的单元格不能构成一个矩形区域，将抛出 InvalidSpanError 异常
paragraphs	List[Paragraph]	获取单元格内部的段落列表，每个单元格内默认有一个段落
tables	List[Table]	获取单元格内部的表格列表
text	str	获取或设置单元格内的文本
vertical_alignment	WD_ALIGN_VERTICAL、None	获取或设置竖直方向的对齐方式
width	Length	获取或设置单元格的宽度

下面的代码将 DataFrame 中的数据写到 Word 文档表格中，然后再从 Word 文档表格中读取数据。

```
from docx import Document    #Demo10_9.py
from docx.enum.text import WD_PARAGRAPH_ALIGNMENT
from docx.enum.table import WD_TABLE_ALIGNMENT,WD_CELL_VERTICAL_ALIGNMENT
from docx.oxml.ns import qn
from pandas import DataFrame
score = DataFrame(data={'语文':[78,88,90,79,91],'数学':[97,89,78,94,79],
                  '物理':[87,87,86,88,78],'化学':[96,84,78,88,89]},
                  index=['张三','李四','王五','赵六','刘七'])
doc = Document()
doc.add_paragraph('表  学生成绩').alignment = WD_PARAGRAPH_ALIGNMENT.CENTER
table = doc.add_table(len(score.index)+1,len(score.columns)+1,'Medium Grid 1')
table.alignment = WD_TABLE_ALIGNMENT.CENTER    #表格在页面中间对齐
table.cell(0,0).paragraphs[0].add_run('姓名')     #表格左上角单元格的内容
table.cell(0,0).paragraphs[0].alignment = WD_PARAGRAPH_ALIGNMENT.CENTER #水平对齐
table.cell(0,0).vertiacal_alignment = WD_CELL_VERTICAL_ALIGNMENT.CENTER #竖直对齐
for i in range(len(score.index)):             #表格的第1列表头
    table.cell(i+1,0).paragraphs[0].add_run(score.index[i])
    table.cell(i+1,0).paragraphs[0].alignment = WD_PARAGRAPH_ALIGNMENT.CENTER
#水平对齐
    table.cell(i+1,0).vertiacal_alignment = WD_CELL_VERTICAL_ALIGNMENT.CENTER
#竖直对齐
    table.cell(i+1,0).paragraphs[0].runs[0].font.name = '宋体'   # 设置字体名称
    table.cell(i+1,0).paragraphs[0].runs[0].element.rPr.rFonts.
set(qn('w:eastAsia'),'宋体')
for i in range(len(score.columns)):           #表格的第1行表头
    table.cell(0,i+1).paragraphs[0].add_run(score.columns[i])
    table.cell(0,i+1).paragraphs[0].alignment = WD_PARAGRAPH_ALIGNMENT.CENTER
    table.cell(0,i+1).vertiacal_alignment = WD_CELL_VERTICAL_ALIGNMENT.CENTER
    table.cell(0,i+1).paragraphs[0].runs[0].font.name = '宋体'   # 设置字体名称
    table.cell(0,i+1).paragraphs[0].runs[0].element.rPr.rFonts.
set(qn('w:eastAsia'),'宋体')
for i in range(len(score.index)):     #表格中的内容
    for j in range(len(score.columns)):
        table.cell(i+1,j+1).paragraphs[0].add_run(str(score.iloc[i,j]))
```

```
            table.cell(i+1,j+1).paragraphs[0].alignment = WD_PARAGRAPH_ALIGNMENT.
CENTER
doc.save("d:/score.docx")
doc = Document("d:/score.docx")    #打开文档
table = doc.tables[0]        #获取文档中的表格
for row in table.rows:        #获取行
    for cell in row.cells:     #获取行中的单元格
        print(cell.paragraphs[0].text,end=' ')   #按行输出表格中的内容
    print()
```

10.5 节 Section

Word文档中有些页的纸张尺寸、页边距、布局方向及页眉页脚与其他的页不同，Python-docx 中把具有不同纸张尺寸、页边距、布局方向、页眉页脚的页定义成节 Section，通过节 Section 可以设置页面的布局方向（横向或纵向）、页边距、页眉和页脚等内容。用 Document 的 add_section(start_type=2) 方法可以在文档中添加节并返回节 Section，用 Document 的 sections 方法可以获取 Sections 对象，Sections 对象可以用索引、迭代获取每个 Section 对象，用 len() 方法获取 Section 的个数。用 Document 新建文档时，会默认有一个 Section 对象，可用 sections[0] 获取该默认的 Section。参数 start_type 确定起始页的类型，取值是 WD_SECTION 的枚举值，可取 WD_SECTION_START.CONTINUOUS（连续分节符）、WD_SECTION_START.NEW_COLUMN（新列分节符）、WD_SECTION_START.NEW_PAGE（新页分节符）、WD_SECTION_START.EVEN_PAGE（偶数页分节符）、WD_SECTION_START.ODD_PAGE（奇数页分节符），对应的值是 0～4，默认是 WD_SECTION.NEW_PAGE。下面是有关新建节的代码。

```
from docx import Document      #Demo10_10.py
from docx.enum.section import WD_SECTION_START
doc = Document()
default_section = doc.sections[0]
print(default_section.start_type)
doc.add_paragraph('这是新建页\n'*10)
doc.add_section(start_type=WD_SECTION_START.EVEN_PAGE)
doc.add_paragraph('这是偶数页\n'*10)
doc.add_section(start_type=WD_SECTION_START.ODD_PAGE)
doc.add_paragraph('这是奇数页\n'*10)
print(len(doc.sections))
doc.save('d:/section.docx')
```

节 Section 的属性如表 10-12 所示，主要属性介绍如下。

表 10-12 节 Section 的属性

Section 的属性	返回值的类型	说明
page_height	Length	获取或设置纸张高度
page_width	Length	获取或设置纸张宽度

续表

Section 的属性	返回值的类型	说明
orientation	WD_ORIENT	设置或获取布局方向，取值是 WD_ORIENT 的枚举值
bottom_margin	Length	获取或设置本节中所有页的底部页边距，默认单位是 emu（English Metric Units）
top_margin	Length	获取或设置本节中所有页的顶部页边距
left_margin	Length	获取或设置本节中所有页的左侧页边距
right_margin	Length	获取或设置本节中所有页的右侧页边距
gutter	Length	设置或获取装订线的尺寸，默认单位是 emu
different_first_page_header_footer	bool	获取或设置第1页是否有不同的页脚和页眉
footer	_Footer	获取默认的页脚，如果奇数页和偶数页不同，则默认为奇数页的页脚，否则是奇数和偶数页的页脚
header	_Header	获取默认的页眉，其他同上
even_page_footer	_Footer	获取偶数页页脚
even_page_header	_Header	获取偶数页页眉
first_page_footer	_Footer	获取第1页页脚
first_page_header	_Header	获取第1页页眉
footer_distance	Length、None	获取或设置页脚底部到页底部的距离，None 表示未曾设置
header_distance	Length、None	获取或设置页眉顶部到页顶部的距离
start_type	WD_SECTION_START	获取或设置本节初始页的分节类型

① 自定义纸张尺寸。纸张的高度和宽度由 page_height 和 page_width 属性定义，并可查询已经定义的纸张高度和宽度。常用纸张的尺寸如表10-13所示。

表10-13　常用纸张的尺寸

纸张类型	尺寸（宽×高）/mm×mm	纸张类型	尺寸（宽×高）/mm×mm
Letter	215.9×279.4	B2	500×707
Legal	215.9×355.6	B3	353×500
Executive	190.5×254	B4	250×353
A0	841×1189	B5	176×250
A1	594×841	B6	125×176
A2	420×594	B7	88×125
A3	297×420	B8	62×88
A4	210×297	B9	44×62
A5	148×210	B10	31×44
A6	105×148	C5E	163×229
A7	74×105	Co10E	105×241
A8	52×74	DLE	110×220
A9	37×52	Folio	210×330
B0	1000×1414	Ledger	431.8×279.4
B1	707×1000	Tabloid	279.4×431.8

② 布局方向。纸张的布局方向由 orientation 属性定义，取值是 WD_ORIENT 的枚举值，可取 WD_ORIENT.PORTRAIT（纵向）或 WD_ORIENT.LANDSCAPE（横向）。

③ 页边距。用bottom_margin、top_margin、left_margin、right_margin属性可以分别获取或设置底部、顶部、左侧和右侧页边距，页边距是容纳文本的区域与纸张边缘的距离。下面的代码定义两个Section，并分别定义不同的纸张尺寸、布局方向和页边距。

```python
from docx import Document          #Demo10_11.py
from docx.enum.section import WD_ORIENTATION
from docx.shared import Mm
doc = Document()
default_section = doc.sections[0]   #获取默认的Section
default_section.page_height = Mm(297) #A4纸高度
default_section.page_width = Mm(210)  #A4纸宽度
print(default_section.page_height.mm,default_section.page_width.mm)
default_section.oritention = WD_ORIENTATION.PORTRAIT #纵向
default_section.bottom_margin = Mm(30)     #底部页边距
default_section.top_margin = Mm(25)        #顶部页边距
default_section.left_margin = Mm(23)       #左侧页边距
default_section.right_margin = Mm(27)      #右侧页边距
doc.add_paragraph('这是A4纸纵向\n'*20)     #添加段落
new_section = doc.add_section()
new_section.page_height = Mm(353)   #B4纸高度
new_section.page_width = Mm(250)    #B4纸宽度
print(new_section.page_height.mm,new_section.page_width.mm)
new_section.oritention = WD_ORIENTATION.LANDSCAPE #横向
default_section.bottom_margin = Mm(20)     #底部页边距
default_section.top_margin = Mm(25)        #顶部页边距
default_section.left_margin = Mm(30)       #左侧页边距
default_section.right_margin = Mm(25)      #右侧页边距
doc.add_paragraph('这是B4纸横向\n'*20)     #添加段落
doc.save('d:/section.docx')
```

④ 页脚和页眉。页脚和页眉是文档下面和上部的一个单独区域，用于放置一些必要的文字说明。节的第1页的页脚和页眉可以与其他页的页脚和页眉不同，在属性different_first_page_header_footer取True时可以用first_page_footer和first_page_header属性获取第1页的页脚和页眉；其他页的页脚和页眉可以分为奇数页的页脚和页眉、偶数页的页脚和页眉两种，用Document的settings属性下的odd_and_even_pages_header_footer属性设置奇数页和偶数页的页脚或页眉不同，用Section的even_page_footer和even_page_header属性分别设置偶数页的页脚和页眉，而用footer和header设置奇数页的页脚和页眉。

⑤ 页脚和页眉位置。页脚到纸张底部的距离用footer_distance设置，页脚到纸张底部的距离用header_distance设置。

10.6　页脚_Footer和页眉_Header

用Section提供的方法可以获取页脚_Footer和页眉_Header，然后用页脚_Footer和页眉_Header提供的方法可以往页脚和页眉中添加段落和表格，在段落中添加文本块和图像。页脚_

Footer和页眉_Header的方法和属性相同，其方法和属性如表10-14所示，其中用is_linked_to_previous属性设置页脚或页眉是否来自前节的页脚和页眉，另外需注意的是页脚和页眉中已经有一个存在的默认段落。

表10-14 页脚_Footer和页眉_Header的方法和属性

_Footer 或 _Header 的方法和属性	返回值的类型	说明
add_paragraph(text='',style=None)	Paragraph	在页眉或页脚中添加段落
add_table(rows,cols,width)	Table	在页眉或页脚中添加表格
paragraphs	List[Paragraph]	获取页眉或页脚中的段落列表
tables	List[Table]	获取页眉或页脚中的表格列表
is_linked_to_previous	bool	获取或设置本节的页脚或页眉是否来自上节中的页脚或页眉

下面的代码在两个Section中添加不同的偶数页和奇数页页眉。

```
from docx import Document        #Demo10_12.py
from docx.enum.text import WD_PARAGRAPH_ALIGNMENT
from docx.shared import Pt
doc = Document()
doc.settings.odd_and_even_pages_header_footer = True   #奇偶页不同
default_section = doc.sections[0]   #获取默认的Section
default_section.different_first_page_header_footer = True #首页不同
first_page_header = default_section.first_page_header  #获取首页的页眉
first_page_header.paragraphs[0].add_run('封  面')   #首页页眉的段落文字
first_page_header.paragraphs[0].alignment=WD_PARAGRAPH_ALIGNMENT.CENTER #对齐方式
first_page_header.paragraphs[0].style.font.size = Pt(20)   #段落文字尺寸
even_page_header = default_section.even_page_header   #偶数页页眉
even_page_header.paragraphs[0].alignment = WD_PARAGRAPH_ALIGNMENT.LEFT #页对齐方式
even_page_header.paragraphs[0].add_run('北京诺思多维科技有限公司') #偶数页页眉的文字
odd_page_header = default_section.header   #奇数页页眉
odd_page_header.paragraphs[0].alignment = WD_PARAGRAPH_ALIGNMENT.RIGHT #对齐方式
odd_page_header.paragraphs[0].add_run('公司构成')    #奇数页页眉的段落文字
doc.add_paragraph('北京诺思多维科技有限公司\n'*200)     #添加段落

new_section = doc.add_section()    #新建Section
new_section.different_first_page_header_footer = False #首页相同
even_page_header = new_section.even_page_header   #偶数页页眉
even_page_header.header_distance = Pt(20)  #偶数页页眉距离纸张顶部的距离
even_page_header.is_linked_to_previous = False   #不续前节
even_page_header.paragraphs[0].alignment = WD_PARAGRAPH_ALIGNMENT.LEFT
even_page_header.paragraphs[0].add_run('北京诺思多维科技有限公司')#段落中添加文本块
odd_page_header = new_section.header   #奇数页页眉
even_page_header.header_distance = Pt(25)  #奇数页页眉距离纸张顶部的距离
odd_page_header.is_linked_to_previous = False    #不续前节
odd_page_header.paragraphs[0].alignment = WD_PARAGRAPH_ALIGNMENT.RIGHT
odd_page_header.paragraphs[0].add_run('公司业务')    #段落中添加文本块
doc.add_paragraph('Beijing Noise DoWell Tech. Co. Ltd.\n'*200)      #添加段落
doc.save('d:/section_cor.docx')
```

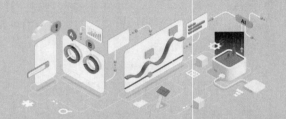

第 11 章

读写 PowerPoint 文档

> PowerPoint 是常用的用于信息演示的办公工具。Python 读写 PowerPoint 的库有 python-pptx、python-pptx-fork、python-pptx-valutico、python-pptx-interface、python-pptx-templating 等，本章讲解用 python-pptx 读写 PowerPoint 文档的方法，需要用 "import pptx" 导入 python-pptx 库。

11.1 母版 SlideMaster 和版式 SlideLayout

一个演示文档通常由多个幻灯片（Slide）构成，幻灯片通常由版式（SlideLayout）来创建，而版式由母版（SlideMaster）创建，版式会继承母版上的元素。在 PowerPoint 中单击"视图"下的"母版"按钮，会进入编辑母版界面，如图 11-1 所示。一个 PowerPoint 文档中通常至少含有一个母版，母版下面是版式，创建版式时会继承母版上的元素，可以对母版和版式上的内容进行编辑。母版和版式上有图片、文本框等内容，文本框中有段落（Paragraph），段落中有文本，文本由一个或多个文本块（Run）构成，每个文本块中通常有相同的格式（字体、粗细、斜体、粗体、下画线、颜色、尺寸等），母版或版式的文本框中的内容一般是占位符。

母版、版式和幻灯片之间的关系如图 11-2 所示，在母版上放置一个矩形，在版式上放置一个三角形，在幻灯片上放置一个圆形，则最终显示的内容是三者的和。母版是版式的底板，在母版上出现的画面元素（例如公司标识）也会出现在版式上；在新建版式时，版式会继承母版上的元素，但可以重新增加或修改版式上的元素，使得版式的内容与母版上的内容不同，这样就会形成不同的版式，最后由版式创建幻灯片，可以在幻灯片上重新修改或增加内容。母版上字体的设置会影响到所有版式，但是如果某个版式自定义了字体，母版上字体设置不会影响到当前的版式。如果某个版式自定义了某种主题字体，母版上字体如果也修改了某种主题字体的，母版上字体会影响到版式。

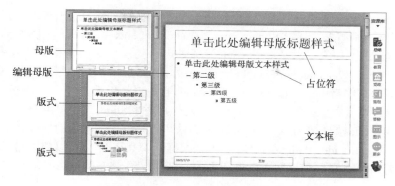

图11-1　PowerPoint中的母版和版式

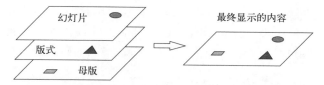

图11-2　母版、版式和幻灯片之间的关系

11.1.1　演示Presentation

要创建或打开一个幻灯片文档，需要用到演示类Presentation。用Presentation创建或打开PowerPoint文档的格式如下所示：

Presentation(pptx=None)

其中参数pptx是PowerPoint文档的文件名，pptx取None时表示新建文档。要保存PowerPoint文档到文件中，需要用Presentation提供的save()方法。

演示文档Presentation的属性如表11-1所示，主要属性介绍如下。

表11-1　演示文档Presentation的属性

Presentation的属性	属性值的类型	说明
slide_masters	SlideMasters	获取演示文档中的所有母版对象，可以用迭代、索引得到具体的母版SlideMaster，用len()函数获得SlideMaster的个数
slide_master	SlideMaster	获取演示文档中第1个母版SlideMaster，等同于slide_masters[0]
slide_layouts	SlideLayouts	获取演示文档中属于第1个母版SlideMaster的所有版式（布局），可以用迭代、索引得到具体的SlideLayout
slides	Slides	获取幻灯片迭代序列Slides对象，可以用迭代、索引得到具体的幻灯片Slide对象，可用len()函数获取Slide的个数
notes_master	NotesMaster	获取备注母版，NoesMaster提供placeholders属性和shapes属性，可获得MasterPlaceholders和MasterShapes
core_properties	CoreProperties	获取演示文档的关键信息
slide_height	Length	获取或设置幻灯片的高度，默认是英制公制单位
slide_width	Length	获取或设置幻灯片的宽度，默认是英制公制单位

① 用slide_masters属性可以获取文档中的所有母版对象SlideMasters，可通过迭代、索引方法获取具体的母版对象SlideMaster，例如slide_masters[0]、slide_masters[1]分别表示第1个和第

2个母版对象；slide_master属性获取第1个母版对象，是slide_masters[0]的简便方法。

② 母版下面通常有多个版式SlideLayout，用slide_layouts属性可以获取展示文档中属于第1个母版SlideMaster的所有版式SlideLayouts，可以用迭代、索引得到具体的版式SlideLayout，SlideLayouts提供get_by_name(name, default=None)方法通过版式名称获取版式，用index(slide_layout)方法获取版式的索引，用remove(slide_layout)方法移除版式。

③ 用slides属性可以获取演示文档中所有的幻灯片对象Slides，可以用迭代、索引得到具体的Slide对象。用Slides的add_slide(slide_layout)方法可以根据版式添加幻灯片并返回新添加的幻灯片；用Slides的get(slide_id, default=None)方法根据索引号slide_id可以获取幻灯片，如果该索引号对应的幻灯片不存在，则返回default指定的幻灯片；用Slide的index(slide)方法获取指定幻灯片的索引号。

④ 用slide_height和slide_width属性可以分别设置或获取幻灯片的高度和宽度，默认是英制公制单位（Emu），取值范围是914400～51206400（即1～56in），如未设置则返回None。在pptx的util模块下提供了尺寸的类Centipoints、Cm、Emu、Inches、Mm和Pt。下面的代码新建演示文档，输出文档中的第1个母版、母版下的所有版式、幻灯片，并设置幻灯片的高度和宽度。

```python
from pptx import Presentation    #Demo11_1.py
from pptx.util import Cm
pres = Presentation()    #新建演示文档
for master in pres.slide_masters:
    print('master name:',master.name)    #输出母版的名称
    for layout in master.slide_layouts:
        print('layout name:',layout.name)    #输出母版下的所有版式的名称
slide = pres.slides.add_slide(pres.slide_layouts[0])    #根据版式添加幻灯片
print(pres.slides.index(slide))    #输出幻灯片的索引号
for slide in pres.slides:    #输出所有的幻灯片
    print(slide)
pres.slide_height = Cm(20)    #设置幻灯片的高度
pres.slide_width = Cm(25)    #设置幻灯片的宽度
print(pres.slide_height.mm, pres.slide_width.mm)    #输出幻灯片的高度和宽度
pres.save('d:/pres.pptx')
```

⑤ 用core_properties属性可以获得关键信息CoreProperties对象，通过CoreProperties的属性author、category、comments、content_status、created、identifier、keywords、language、last_modified_by、last_printed、modified、revision、subject、title、version可以设置演示文档的作者、类别、备注、创建日期、修改日期、最后修改者、标题和版本等信息。下面的代码新建一个演示文档，并修改关键信息，在生成的演示文档上单击鼠标右键，选择"属性"，在弹出的对话框中选择"详细信息"页，可以看到这些信息。

```python
from pptx import Presentation    #Demo11_2.py
pres = Presentation()    #新建演示
properties = pres.core_properties
properties.author = 'NSDW'
properties.title = '年终销售总结'
properties.version = '1.0'
properties.last_modified_by = 'Manager Li'
pres.save('d:/presentation.pptx')
```

11.1.2 母版SlideMaster和版式SlideLayout的属性

幻灯片需要由版式SlideLayout创建，而版式上的一些公共部分通常需要放到母版SlideMaster上，因此在创建幻灯片之前通常需要编辑母版和版式。母版SlideMaster和版式SlideLayout的属性分别如表11-2和表11-3所示，其中用placeholders属性可获得所有的占位符对象；用shapes属性可获得母版或版式中所有的形状对象，形状对象是指占位符、文本框、图像、图形（如圆、箭头等）、表格、动画、影片及各种自选形状（例如矩形框、圆、箭头等），有关占位符和形状的内容见后续章节；用name可以获取或设置母版和版式的名称，可以用SlideLayouts的get_by_name(name, default=None)方法根据版式名称获取版式。

表11-2 母版SlideMaster的属性

SlideMaster 的属性	属性值的类型	说明
slide_layouts	SlideLayouts	获取母版下的所有版式对象，可通过迭代、索引获取版式
placeholders	MasterPlaceholders	获取母版中所有的占位符
shapes	MasterShapes	获取母版中所有的形状
name	str	获取或设置母版的名称
background	_Background	获取母版背景

表11-3 版式SlideLayout的属性

SlideLayout 的属性	属性值的类型	说明
slide_master	SlideMaster	获取版式所属的母版
used_by_slides	Tuple[Slide]	获取使用该版式的幻灯片
placeholders	LayoutPlaceholders	获取版式中所有的占位符
shapes	LayoutShapes	获取版式中所有的形状
name	str	获取或设置版式的名称
background	_Background	获取版式背景

下面的代码输出演示文档中所有的母版和母版下的版式及幻灯片。

```
from pptx import Presentation      #Demo11_3.py
pres = Presentation()       #新建演示文档
for master in pres.slide_masters:   #输出所有母版
    print('母版: ', master)
    for layout in master.slide_layouts:  #输出所有的版式
        print('版式: ', layout)
        pres.slides.add_slide(layout)   #根据版式添加幻灯片
for slide in pres.slides:     #输出所有的幻灯片
    print('幻灯片: ', slide)
pres.save('d:/layout.pptx')
```

11.1.3 母版和版式中的占位符Placeholder

在母版和版式中可以插入占位符，所谓的占位符就是在母版或版式中预留的位置，在用版式创建幻灯片后，需要在幻灯片中用真实的数据填充占位符的内容，例如预留图像占位符，需要在幻灯片中用真实的图像插入到占位符所在的位置。在PowerPoint的布局编辑界面中，单击"插入占位符"按钮，可以插入的占位符如图11-3所示。

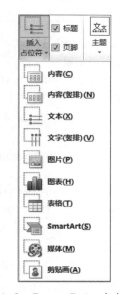

图11-3 PowerPoint中占位符

用母版或版式的 Placeholders 属性可以获得所有的占位符，然后通过 len() 函数可以获得占位符的数量，用 placeholders[index] 方式通过索引获取指定的占位符。母版和版式中的占位符的属性如表 11-4 所示，主要属性介绍如下。

表 11-4　占位符 Placeholder 的属性

Placeholder 的属性	属性值的类型	说明
placeholder_format	_PlaceholderFormat	获取占位符的格式，用 _PlaceholderFormat 的 idx 和 type 属性可获得占位符的索引和类型
ph_type	PP_PLACEHOLDER_TYPE	获取母版中占位符的类型，取值是 PP_PLACEHOLDER_TYPE 的枚举值
idx	int	获取母版中占位符的索引
has_text_frame	bool	获取占位符中是否有文本框
has_chart	bool	获取占位符中是否有图表
has_table	bool	获取占位符中是否有表格
text_frame	TextFrame	获取占位符中的文本框
fill	FillFormat	获取填充格式，可设置背景色和前景色，见后续内容
text	str	获取或设置占位符中的文本
shape_type	MSO_SHAPE_TYPE	获取占位符的形状类型，取值是 MSO_SHAPE_TYPE 的枚举值
top	Length	获取或设置占位符顶部距幻灯片顶部的距离
left	Length	获取或设置占位符左侧距幻灯片左侧的距离
height	Length	获取或设置占位符的高度
width	Length	获取或设置占位符的宽度
name	str	获取或设置占位符的名称
rotation	float	获取或设置占位符的旋转角（°）
shadow	ShadowFormat	获取阴影效果的格式

① 用 placeholder_format 属性获取占位符的格式 _PlaceholderFormat，用 _PlaceholderFormat 的 idx 和 type 属性可获得占位符的索引和类型，占位符的类型是 PP_PLACEHOLDER_TYPE 的枚举值，可取 BITMAP、BODY、CENTER_TITLE、CHART、DATE、FOOTER、HEADER、MEDIA_CLIP、OBJECT、ORG_CHART、PICTURE、SLIDE_NUMBER、SUBTITLE、TABLE、TITLE、VERTICAL_BODY、VERTICAL_OBJECT、VERTICAL_TITLE、MIXED。对于母版中的占位符，可直接用 ph_type 和 idx 属性获取类型和索引。

② 用 has_text_frame 属性、has_chart 属性和 has_table 属性可判断占位符中是否包含文本框、图表和表格。

③ 占位符中如果包含文本框，用 text_frame 可以获取文本框对象 TextFrame，可以在文本框中添加段落和文字，有关 TextFrame 的使用方法见后续内容。

④ 如占位符中包含文本框，用 text 属性可以获取或设置占位符中的文本，文本中可以包含 "\n" 和 "\t" 转义符。

⑤ 占位符在幻灯片中的位置可以用占位符左上角的位置和占位符的高度及宽度确定。占位符左上角的位置由 top 和 left 属性确定，top 和 left 分别指左上角距离幻灯片顶部和左侧的距离，幻灯片的高度和宽度由 height 和 width 属性确定。

下面的代码输出母版和版式中所有占位符的类型和占位符中的文本。

```
from pptx import Presentation      #Demo11_4.py
pres = Presentation()         #新建演示文档
for master in pres.slide_masters:     #获取母版
    for master_placeholder in master.placeholders:    #获取母版中的占位符
        print('母版占位符的类型：',master_placeholder.ph_type)   #输出占位符的类型
        if master_placeholder.has_text_frame:
            print('母版占位符是：',master_placeholder.text)     #输出占位符的文本
    for layout in master.slide_layouts:    #获取母版下的版式
        for layout_placeholder in layout.placeholders:    #获取版式中的占位符
            print('版式占位符的类型：', layout_placeholder.placeholder_format.type) #类型
            if layout_placeholder.has_text_frame:
                print('版式占位符是：', layout_placeholder.text)    #输出占位符的文本
```

11.1.4 母版和版式中的形状 Shape

母版和版式中除了背景以外，其他的所有可见的物体，包括占位符都是形状 Shape，例如图像、表格、动画、图形、文本框等都是形状。形状的属性如表 11-5 所示，大部分属性与占位符的属性相同。

表 11-5 形状 Shape 的属性

Shape 的属性	属性值的类型	说明
shape_type	MSO_SHAPE_TYPE	获取形状的类型，取值是 MSO_SHAPE_TYPE 的枚举值，例如 MSO_SHAPE_TYPE.PLACEHOLDER 表示占位符，MSO_SHAPE_TYPE.AUTO_SHAPE 表示自选图形
auto_shape_type	MSO_AUTO_SHAPE_TYPE	获取自选图形的类型，取值是 MSO_AUTO_SHAPE_TYPE 的枚举值
shape_id	int	获取形状的 ID 号
has_text_frame	bool	获取形状中是否有文本框
text_frame	TextFrame	获取图形中的文本框
text	str	获取形状中的文本
fill	FillFormat	获取形状的填充格式
line	LineFormat	获取边框线的格式，可设置线型、粗细和颜色
has_chart	bool	获取形状中是否有图表
has_table	bool	获取形状中是否有表格
is_placeholder	bool	获取形状是否是占位符
placeholder_format	_PlaceholderFormat	获取占位符的格式
top	Length	获取或设置形状顶部距幻灯片顶部的距离
left	Length	获取或设置形状左侧距幻灯片左侧的距离
height	Length	获取或设置形状的高度
width	Length	获取或设置形状的宽度
rotation	float	获取或设置形状的旋转角度（°）
name	str	获取或设置形状的名称

① 用shape_type属性获取形状的类型，取值是MSO_SHAPE_TYPE的枚举值，可取AUTO_SHAPE、CALLOUT、CANVAS、CHART、COMMENT、DIAGRAM、EMBEDDED_OLE_OBJECT、FORM_CONTROL、FREEFORM、GROUP、IGX_GRAPHIC、INK、INK_COMMENT、LINE、LINKED_OLE_OBJECT、LINKED_PICTURE、MEDIA、OLE_CONTROL_OBJECT、PICTURE、PLACEHOLDER、SCRIPT_ANCHOR、TABLE、TEXT_BOX、TEXT_EFFECT、WEB_VIDEO、MIXED。MSO_SHAPE_TYPE位于pptx.enum.shapes模块下。

② 用auto_shape_type属性获取自选图形的形状，PowerPoint中可选图形如图11-4所示，取值是MSO_AUTO_SHAPE_TYPE的枚举值，可取ACTION_BUTTON_BACK_OR_PREVIOUS、ACTION_BUTTON_BEGINNING、ACTION_BUTTON_CUSTOM、ACTION_BUTTON_DOCUMENT、ACTION_BUTTON_END、ACTION_BUTTON_FORWARD_OR_NEXT、ACTION_BUTTON_HELP、ACTION_BUTTON_HOME、ACTION_BUTTON_INFORMATION、ACTION_BUTTON_MOVIE、ACTION_BUTTON_RETURN、ACTION_BUTTON_SOUND、ARC、BALLOON、BENT_ARROW、BENT_UP_ARROW、BEVEL、BLOCK_ARC、CAN、CHART_PLUS、CHART_STAR、CHART_X、CHEVRON、CHORD、CIRCULAR_ARROW、CLOUD、CLOUD_CALLOUT、CORNER、CORNER_TABS、CROSS、CUBE、CURVED_DOWN_ARROW、CURVED_DOWN_RIBBON、CURVED_LEFT_ARROW、CURVED_RIGHT_ARROW、CURVED_UP_ARROW、CURVED_UP_RIBBON、DECAGON、DIAGONAL_STRIPE、DIAMOND、DODECAGON、DONUT、DOUBLE_BRACE、DOUBLE_BRACKET、DOUBLE_WAVE、DOWN_ARROW、DOWN_ARROW_CALLOUT、DOWN_RIBBON、EXPLOSION1、EXPLOSION2、FLOWCHART_ALTERNATE_PROCESS、FLOWCHART_CARD、FLOWCHART_COLLATE、FLOWCHART_CONNECTOR、FLOWCHART_DATA、FLOWCHART_DECISION、FLOWCHART_DELAY、FLOWCHART_DIRECT_ACCESS_STORAGE、FLOWCHART_DISPLAY、FLOWCHART_DOCUMENT、FLOWCHART_EXTRACT、FLOWCHART_INTERNAL_STORAGE、FLOWCHART_MAGNETIC_DISK、FLOWCHART_MANUAL_INPUT、FLOWCHART_MANUAL_OPERATION、FLOWCHART_MERGE、FLOWCHART_MULTIDOCUMENT、FLOWCHART_OFFLINE_STORAGE、FLOWCHART_OFFPAGE_CONNECTOR、FLOWCHART_OR、FLOWCHART_PREDEFINED_PROCESS、OWCHART_PREPARATION、FLOWCHART_PROCESS、FLOWCHART_PUNCHED_TAPE、FLOWCHART_SEQUENTIAL_ACCESS_STORAGE、FLOWCHART_SORT、FLOWCHART_STORED_DATA、FLOWCHART_SUMMING_JUNCTION、FLOWCHART_TERMINATOR、FOLDED_CORNER、FRAME、FUNNEL、GEAR_6、GEAR_9、HALF_FRAME、HEART、HEPTAGON、HEXAGON、HORIZONTAL_SCROLL、ISOSCELES_TRIANGLE、LEFT_ARROW、LEFT_ARROW_CALLOUT、LEFT_BRACE、LEFT_BRACKET、LEFT_CIRCULAR_ARROW、LEFT_RIGHT_ARROW、LEFT_RIGHT_ARROW_CALLOUT、LEFT_RIGHT_CIRCULAR_ARROW、LEFT_RIGHT_RIBBON、LEFT_RIGHT_UP_ARROW、LEFT_UP_ARROW、LIGHTNING_BOLT、LINE_CALLOUT_1、LINE_CALLOUT_1_ACCENT_BAR、LINE_CALLOUT_1_BORDER_AND_ACCENT_BAR、LINE_CALLOUT_1_NO_BORDER、LINE_CALLOUT_2、LINE_CALLOUT_2_ACCENT_BAR、LINE_CALLOUT_2_BORDER_AND_ACCENT_BAR、LINE_CALLOUT_2_NO_BORDER、LINE_CALLOUT_3、LINE_CALLOUT_3_ACCENT_BAR、LINE_CALLOUT_3_BORDER_AND_ACCENT_BAR、LINE_CALLOUT_3_NO_BORDER、LINE_CALLOUT_4、LINE_CALLOUT_4_ACCENT_BAR、LINE_CALLOUT_4_BORDER_AND_ACCENT_BAR、LINE_CALLOUT_4_NO_BORDER、LINE_INVERSE、MATH_DIVIDE、MATH_EQUAL、MATH_MINUS、MATH_MULTIPLY、

MATH_NOT_EQUAL、MATH_PLUS、MOON、NO_SYMBOL、NON_ISOSCELES_TRAPEZOID、NOTCHED_RIGHT_ARROW、OCTAGON、OVAL、OVAL_CALLOUT、PARALLELOGRAM、PENTAGON、PIE、PIE_WEDGE、PLAQUE、PLAQUE_TABS、QUAD_ARROW、QUAD_ARROW_CALLOUT、RECTANGLE、RECTANGULAR_CALLOUT、REGULAR_PENTAGON、RIGHT_ARROW、RIGHT_ARROW_CALLOUT、RIGHT_BRACE、RIGHT_BRACKET、RIGHT_TRIANGLE、ROUND_1_RECTANGLE、ROUND_2_DIAG_RECTANGLE、ROUND_2_SAME_RECTANGLE、ROUNDED_RECTANGLE、ROUNDED_RECTANGULAR_CALLOUT、SMILEY_FACE、SNIP_1_RECTANGLE、SNIP_2_DIAG_RECTANGLE、SNIP_2_SAME_RECTANGLE、SNIP_ROUND_RECTANGLE、SQUARE_TABS、STAR_10_POINT、STAR_12_POINT、STAR_16_POINT、STAR_24_POINT、STAR_32_POINT、STAR_4_POINT、STAR_5_POINT、STAR_6_POINT、STAR_7_POINT、STAR_8_POINT、STRIPED_RIGHT_ARROW、SUN、SWOOSH_ARROW、TEAR、TRAPEZOID、U_TURN_ARROW、UP_ARROW、UP_ARROW_CALLOUT、UP_DOWN_ARROW、UP_DOWN_ARROW_CALLOUT、UP_RIBBON、VERTICAL_SCROLL、WAVE，如果不是自选图形将抛出ValueError异常。有关幻灯片中自选图形的添加见后续内容。

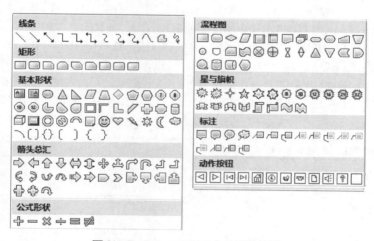

图11-4　PowerPoint中的可选形状

③ 用line属性获取边框线的格式LineFormat，LineFormat的属性如表11-6所示，其中用color属性获取边框线的颜色格式ColorFormat，用ColorFormat的rgb属性设置颜色；用LineFormat的dash_style设置线条的类型，取值是MSO_LINE_DASH_STYLE的枚举值，可取DASH、DASH_DOT、DASH_DOT_DOT、LONG_DASH、LONG_DASH_DOT、ROUND_DOT、SOLID、SQUARE_DOT、DASH_STYLE_MIXED。

表11-6　LineFormat的属性

LineFormat的属性	属性值的类型	说明
color	ColorFormat	获取或设置颜色格式
dash_style	MSO_LINE_DASH_STYLE	获取或设置线条的类型，取值是MSO_LINE_DASH_STYLE的枚举值
fill	FillFormat	获取或设置填充格式
width	Length	获取或设置线宽

11.1.5 母版和版式的背景和文本框的颜色填充

用 SilderMaster 或 SliderLayout 的 background 属性可获取母版或版式的背景对象 _Background，_Background 的 fill 属性可获取背景填充格式对象 FillFormat，从而对母版和版式的背景进行设置，也可以用占位符和形状的 fill 属性获取 FillFormat，从而对占位符和形状的填充进行设置。FillFormat 的方法和属性如表 11-7 所示，用 background() 方法、gradient() 方法、solid() 方法和 patterned() 方法可以分别设置背景无填充色、渐变色填充、实心填充和纹理填充；back_color 属性和 fore_color 属性可以分别获取填充的背景色和前景色对象 ColorFormat，用 ColorFormat 的 rgb 属性设置颜色，brightness 设置明亮程度，取值是 −1.0 ～ 1.0；在纹理填充模式下，可以用 pattern 属性设置纹理的类型，取值是 MSO_PATTERN_TYPE 的枚举值，例如 CROSS、DARK_DOWNWARD_DIAGONAL、DARK_HORIZONTAL、DARK_UPWARD_DIAGONAL、DARK_VERTICAL、DASHED_DOWNWARD_DIAGONAL、DASHED_HORIZONTAL、DASHED_UPWARD_DIAGONAL、DASHED_VERTICAL、DIAGONAL_BRICK、DIAGONAL_CROSS、DIVOT、DOTTED_DIAMOND、DOTTED_GRID、DOWNWARD_DIAGONAL、HORIZONTAL、HORIZONTAL_BRICK、LARGE_CHECKER_BOARD、LARGE_CONFETTI、LARGE_GRID、LIGHT_DOWNWARD_DIAGONAL、LIGHT_HORIZONTAL、LIGHT_UPWARD_DIAGONAL、LIGHT_VERTICAL、NARROW_HORIZONTAL、NARROW_VERTICAL、OUTLINED_DIAMOND、PLAID、SHINGLE、SMALL_CHECKER_BOARD、SMALL_CONFETTI、SMALL_GRID、SOLID_DIAMOND、SPHERE、TRELLIS、UPWARD_DIAGONAL、VERTICAL、WAVE、WEAVE、WIDE_DOWNWARD_DIAGONAL、WIDE_UPWARD_DIAGONAL、ZIG_ZAG、MIXED。

表 11-7 FillFormat 的方法和属性

FillFormat 的方法和属性	返回值或取值的类型	说明
background()	None	无填充，即透明
solid()	None	实心填充，激活前景色的设置
gradient()	None	渐变色填充
gradient_stops	GradientStops	获取渐变色的驻点
gradient_angle	float	获取或设置渐变色的角度（°），0 表示从颜色左到右渐变，90 表示颜色从底到顶渐变
patterned()	None	纹理填充，激活纹理背景色和前景色的设置
pattern	MSO_PATTERN_TYPE	获取或设置纹理的类型
back_color	ColorFormat	获取填充背景色格式
fore_color	ColorFormat	获取填充前景色格式
type	MSO_FILL_TYPE	获取填充类型，值是 MSO_FILL_TYPE 的枚举值，可取 BACKGROUND、GRADIENT、GROUP、PATTERNED、PICTURE、SOLID、TEXTURED

下面的代码分别用实心填充、渐变填充和纹理填充设置 3 个版式的背景色填充方式，并把版式中文本框的背景调整成黄色，用 3 个版式分别创建幻灯片。

```
from pptx import Presentation        #Demo11_5.py
from pptx.dml.color import RGBColor
from pptx.enum.dml import MSO_PATTERN_TYPE
```

```
pres = Presentation()           #新建演示文档
pres.slide_layouts[0].background.fill.solid()   #实心填充
pres.slide_layouts[0].background.fill.fore_color.rgb = RGBColor(10,200,10) #设置填充色
pres.slides.add_slide(pres.slide_layouts[0])    #用版式创建幻灯片

pres.slide_layouts[1].background.fill.gradient()   #渐变填充
pres.slide_layouts[1].background.fill.gradient_angle = 45
stops = pres.slide_layouts[1].background.fill.gradient_stops
stops[0].position = 0    #设置驻点位置，取值是0～1
stops[0].color.rgb = RGBColor(0,0,250)  #设置驻点的颜色
stops[1].position = 0.8   #设置驻点位置
stops[1].color.rgb = RGBColor(0,250,0)   #设置驻点的颜色
pres.slides.add_slide(pres.slide_layouts[1])    #用版式创建幻灯片

pres.slide_layouts[2].background.fill.patterned()   #纹理填充
pres.slide_layouts[2].background.fill.pattern = MSO_PATTERN_TYPE.WAVE   #波浪形纹理
pres.slide_layouts[2].background.fill.back_color.rgb = RGBColor(10,200,10) #纹理的背景色
pres.slide_layouts[2].background.fill.fore_color.rgb = RGBColor(200,10,10) #纹理的前景色
pres.slide_layouts[2].background.fill.back_color.brightness = 0.2
pres.slides.add_slide(pres.slide_layouts[2])    #用版式创建幻灯片
for master in pres.slide_masters:   #获取母版
    for layout in master.slide_layouts:   #获取母版下的版式
        for layout_placeholder in layout.placeholders:   #获取版式中的占位符
            if layout_placeholder.has_text_frame:
                layout_placeholder.fill.solid()
                layout_placeholder.fill.fore_color.rgb = RGBColor(255,255,0) #用黄色填充
pres.save('d:/background.pptx')
```

11.2 幻灯片Slide及其形状Shape

11.2.1 幻灯片Slide

幻灯片Slide上的内容是要给客户进行展示的，Slide需要通过版式SlideLayout来创建，须提前对版式进行编辑，创建完版式后可以用Presentation的Presentation.Slides.add_slide(SlideLayout)方法根据版式添加幻灯片并返回幻灯片。幻灯片的属性如表11-8所示，幻灯片上的元素主要是形状SlideShape和占位符SlidePlaceholder，可以用Slide的属性shapes和placeholders分别获得幻灯片上所有的形状和占位符，幻灯片上的形状和占位符与版式上的形状和占位符的属性基本相同。幻灯片可能含有备注页，用has_notes_slide属性可判断幻灯片是否有备注页，用notes_slide属性获取备注页NotesSlide，用NotesSlide的属性notes_placeholder和notes_text_frame可获取备注页的占位符和文本框，用备注页的占位符或文本框的text属性可获取或设置备注信息。

表11-8　幻灯片Slide的属性

Slide的属性	属性值的类型	说明
slide_layout	SlideLayout	获取幻灯片使用的版式
shapes	SlideShapes	获取幻灯片中的所有形状,含占位符
placeholders	SlidePlaceholders	获取幻灯片中的所有占位符
background	_Background	获取幻灯片的背景
follow_master_background	bool	获取是否使用母版的背景
has_notes_slide	bool	获取幻灯片是否有备注页
notes_slide	NotesSlide	获取幻灯片的备注页
slide_id	int	获取幻灯片的ID号,该幻灯片的ID号不随因插入新幻灯片或删除幻灯片而产生的幻灯片位置的改变而改变
name	str	获取或设置幻灯片的名称

下面的代码新建演示文档,根据每个版式创建一页幻灯片,然后在幻灯片的每个占位符和备注页中添加信息,最后将每个占位符和备注页中的信息输出到Word文档中。幻灯片上的占位符可以通过迭代和索引获取,也可通过判断形状的类型获得。

```python
from pptx import Presentation    #Demo11_6.py
from pptx.enum.shapes import MSO_SHAPE_TYPE
from docx import Document
pres = Presentation()     #新建演示文档
for k,layout in enumerate(pres.slide_layouts):
    slide = pres.slides.add_slide(layout)   #用版式创建幻灯片
    for j,placeholder in enumerate(slide.placeholders):
        if placeholder.has_text_frame:
            placeholder.text = '这是本页中第{}个占位符'.format(j+1) #占位符中添加文本
    slide.notes_slide.notes_placeholder.text = '这是第{}个幻灯片'.format(k+1)#备注页的文本
pres.save('d:/slide.pptx')   #保存演示文档

pres = Presentation('d:/slide.pptx')   #打开演示文档,输出幻灯片和备注页中的信息
doc = Document()   #新建Word文档
for i,slide in enumerate(pres.slides):
    j = 0
    for shape in slide.shapes:
        if shape.shape_type == MSO_SHAPE_TYPE.PLACEHOLDER:    #判断形状是占位符
            j = j + 1
            slide_string = '第{}页第{}个占位符的信息:{}'.format(i+1 , j , shape.text)
            doc.add_paragraph(slide_string)   #在Word文档中添加段落和信息
            print(slide_string)
    if slide.has_notes_slide:
        notes_string='第{}页备注信息:{}'.format(i+1,slide.notes_slide.notes_placeholder.text)
        doc.add_paragraph(notes_string)     #在Word文档中添加段落和信息
        print(notes_string)
doc.save('d:/slide.docx')
```

11.2.2 幻灯片中的文本操作

（1）文本框 TextFrame

文本框 TextFrame 用于放置文本，它通常包含在形状 Shape、占位符 PlaceHolder 和表格的单元格 _Cell 中，但并非所有的形状和占位符都有文本框，通过 Shape 或 PlaceHolder 的 has_text_frame 属性可以获取形状或占位符中是否有文本框 TextFrame，如果有文本框，可以用 Shape 或 PlaceHolder 的 text_frame 属性获取文本框 TextFrame。文本框 TextFrame 的方法和属性如表 11-9 所示，主要属性是用 add_paragraph() 方法添加段落 _Paragraph，用 paragraphs 属性获取段落元组 Tuple[_Paragraph]。新建的文本框中默认有一个段落，这个段落可以通过 paragraphs[0] 获取。

表 11-9 TextFrame 的方法和属性

TextFrame 的方法和属性	返回值的类型或属性值的类型	说明
text	str	获取和设置文本框中的内容
add_paragraph()	_Paragraph	添加段落
paragraphs	Tuple[_Paragraph]	获取文本框中的段落
clear()	None	清空内容但会保留一个默认的段落
fit_text(font_family='Calibri', max_size=18, bold=False, italic=False, font_file=None)	None	以适合方式调整文本，同时可以设置字体名称、最大尺寸、是否为粗体或斜体
auto_size	MSO_AUTO_SIZE	调整文本框的尺寸以适合文本的要求，或调整文本的大小以适合文本框的尺寸。取值是 MSO_AUTO_SIZE 的枚举值，可取 SHAPE_TO_FIT_TEXT、TEXT_TO_FIT_SHAPE、MIXED 和 NONE，MSO_AUTO_SIZE 位于 pptx.enum.text 模块下
word_wrap	bool、None	获取或设置文本在文本框中是否可以换行，取 None 时文本超出文本框的部分将会被移除
vertical_anchor	MSO_VERTICAL_ANCHOR	获取或设置文本在文本框中竖直方向的对齐方式，取值是 MSO_VERTICAL_ANCHOR 的枚举值，可取 TOP、MIDDLE、BOTTOM 和 MIXED，MSO_VERTICAL_ANCHOR 位于 pptx.enum.text 模块下
margin_bottom	Length	获取或设置文本距离文本框底部的距离
margin_left	Length	设置文本距离文本框左侧的距离
margin_right	Length	获取或设置文本距离文本框右侧的距离
margin_top	Length	获取或设置文本距离文本框顶部的距离

（2）段落 _Paragraph

用文本框的 add_paragraph() 方法和 paragraphs 属性可以添加和获取文本框中的段落 _Paragraph，段落 _Paragraph 的方法和属性如表 11-10 所示，主要方法和属性介绍如下。

表 11-10 段落 _Paragraph 的方法和属性

_Paragraph 的方法和属性	返回值的类型或属性值的类型	说明
add_run()	_Run	在段落中添加文本块，并返回添加的文本块
level	int	获取或设置段落的级别，取值范围是 0～8
runs	Tuple[_Run]	获取段落中的所有文本块元组
add_line_break()	None	添加断行
text	str	获取或设置段落中的文本

续表

_Paragraph 的方法和属性	返回值的类型或属性值的类型	说明
clear()	_Paragraph	清除段落中的所有内容，但保留段落中已经设置的格式
font	Font	获取段落的字体，通过 Font 设置字体的属性，如字体的名称、颜色、尺寸等
alignment	PP_PARAGRAPH_ALIGNMENT、None	获取或设置段落的水平对齐方式，取值是 PP_PARAGRAPH_ALIGNMENT 的枚举值
line_spacing	float、Length、None	获取或设置段落内行间隙，取 float 时表示与行高度的乘积系数，取 Length 时[例如 Pt(2)] 表示固定的间隙，取 None 时表示从前文中继承
space_after	Length、None	获取或设置本行与后一行的间隙
space_before	Length、None	获取或设置本行与前一行的间隙

① 段落中的文本块。段落由一个或多个文本块构成，用 add_run() 方法可以添加文本块并返回添加的文本块，然后用文本块提供的 text 属性可以在文本块中添加文本；用 runs 属性可以获取段落中的文本块元组。

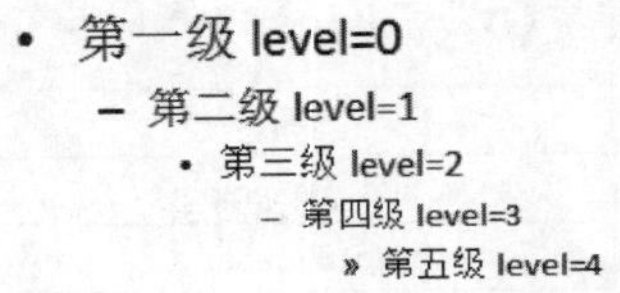

- 第一级 level=0
  – 第二级 level=1
    • 第三级 level=2
      – 第四级 level=3
        » 第五级 level=4

图11-5　段落的级别

② 段落的级别。用段落的 level 属性可以获取或设置段落的级别，level 的取值是 0～8 之间的整数，段落的级别如图 11-5 所示。

③ 段落的字体。用 font 属性可获取段落的字体 Font，用 Font 提供的属性可以设置字体名称、尺寸、颜色等，有关 Font 的使用见后续内容。

④ 段落的对齐方式。用段落的 alignment 属性可以获取或设置段落的水平对齐方式，取值是 PP_PARAGRAPH_ALIGNMENT 的枚举值，可取 CENTER、DISTRIBUTE、JUSTIFY、JUSTIFY_LOW、LEFT、RIGHT、THAI_DISTRIBUTE、MIXED。

⑤ 段内行间距、段前距和段后距。用段落的 line_spacing、space_after、space_before 属性可以分别获取或设置段内行间距、段前距和段后距，取值是 Length 时表示固定的间距值，取 None 时表示从上下文中获取数据。

下面的代码在幻灯片的占位符中添加段落，并设置级别和对齐方式。

```python
from pptx import Presentation      #Demo11_7.py
from pptx.util import Cm
from pptx.enum.text import PP_PARAGRAPH_ALIGNMENT,MSO_TEXT_UNDERLINE_TYPE
from pptx.dml.color import RGBColor
pres = Presentation()        #新建演示文档
layout = pres.slide_layouts.get_by_name('Title and Content',
                    default=pres.slide_layouts[1])   #根据版式的名称获取版式
slide = pres.slides.add_slide(layout)    #根据版式添加幻灯片
ph = slide.placeholders[0]       #获取第1个占位符
ph.fill.solid()
ph.fill.fore_color.rgb = RGBColor(255,255,0)    #背景用黄色填充
if ph.has_text_frame:   #判断是否有文本框
    text_frame = ph.text_frame      #获取文本框
    parag = text_frame.paragraphs[0]   #获取第一个默认的段落
    parag.alignment = PP_PARAGRAPH_ALIGNMENT.CENTER   # 中心对齐
    parag.level = 0      #设置段落的级别
    parag.text = '北京诺思多维科技有限公司简介'   #设置段落中的文本
```

```python
        font = parag.font
        font.name = '黑体'
        font.bold = True
        font.color.rgb = RGBColor(0,0,255)
ph = slide.placeholders[1]     #获取第2个占位符
if ph.has_text_frame:     # 判断是否有文本框
    text_frame = ph.text_frame    # 获取文本框
    parag = text_frame.paragraphs[0]    #获取段落
    parag.alignment = PP_PARAGRAPH_ALIGNMENT.LEFT    #左对齐
    parag.level = 1
    run = parag.add_run()    #添加文本块
    run.text = '本公司可以完成多种CAE计算和软件开发。'      #设置文本内容
    font = run.font          #获取字体
    font.name = '宋体'       #设置字体名称
    font.size = Cm(1)        #设置字体尺寸
    font.underline = True    #设置下画线
    font.underline = MSO_TEXT_UNDERLINE_TYPE.HEAVY_LINE   #设置下画线的类型
    run = parag.add_run()
    run.text = 'CAE计算包括结构刚度强度、非线性分析、振动和噪声、流体动力学、\
结构疲劳耐久、多体动力学、热分析、电磁计算、多学科优化等。'
    font = run.font
    font.name = '楷体'
    font.size = Cm(0.8)
    run = parag.add_run()
    run.text = '软件开发包括CAE二次开发、数据库开发、界面开发和办公自动化开发等。'
    font = run.font
    font.name = '华文中宋'
    font.italic = True
pres.save('d:/run_font.pptx')
```

（3）文本块_Run和字体Font

用段落的add_run()方法可以在段落中添加多个文本块_Run，每个文本块可以设置不同的字体，通过字体可以设置文本块的字体名称、颜色、尺寸、斜体和下画线等属性。文本块_Run的属性如表11-11所示。

表11-11　文本块_Run的属性

_Run的属性	属性值的类型	说明
text	str	获取或设置文本块的内容
font	Font	获取文本块的字体，通过Font设置字体的属性，如字体的名称、颜色、尺寸等
hyperlink	_Hyperlink	获取超链接，用_Hyperlink的address属性可获取或设置超链接地址

通过字体Font可以为段落和段落中的文本块设置字体，用段落或文本块的font属性获取字体Font，用Font的属性设置文字的格式。字体Font的属性如表11-12所示，字体属性的值取None时表示从上下文中获取属性值，即继承上文中的属性，通过属性underline获取或设置是否有下画线及下画线的类型，取MSO_TEXT_UNDERLINE_TYPE的枚举值时，可DASH_

HEAVY_LINE、DASH_LINE、DASH_LONG_HEAVY_LINE、DASH_LONG_LINE、DOT_DASH_HEAVY_LINE、DOT_DASH_LINE、DOT_DOT_DASH_HEAVY_LINE、DOT_DOT_DASH_LINE、DOTTED_HEAVY_LINE、DOTTED_LINE、DOUBLE_LINE、HEAVY_LINE、SINGLE_LINE、WAVY_DOUBLE_LINE、WAVY_HEAVY_LINE、WAVY_LINE、WORDS、MIXED。

表11-12 字体Font的属性

Font的属性	属性值的类型	说明
name	str、None	获取或设置字体名称
bold	bool、None	获取或设置粗体字
color	ColorFormat	获取字体的颜色格式，通过ColorFormat的rgb属性可设置字体的颜色
fill	FillFormat	获取字体的填充格式
italic	bool、None	获取或设置斜体字
size	Length、None	获取或设置尺寸
underline	bool、None、MSO_TEXT_UNDERLINE_TYPE	获取或设置是否有下画线以及下画线的类型，枚举值MSO_TEXT_UNDERLINE_TYPE位于pptx.enum.text模块下

下面的代码在占位符中添加段落，并在段落中添加文本块，通过段落和文本框的字体属性设置文本的字体。

```python
from pptx import Presentation      #Demo11_8.py
from pptx.util import Cm
from pptx.enum.text import PP_PARAGRAPH_ALIGNMENT,MSO_TEXT_UNDERLINE_TYPE
from pptx.dml.color import RGBColor
pres = Presentation()       #新建演示文档
layout = pres.slide_layouts.get_by_name('Title and Content',
                    default=pres.slide_layouts[1])  #根据版式的名称获取版式
slide = pres.slides.add_slide(layout)  #根据版式添加幻灯片
ph = slide.placeholders[0]      #获取第1个占位符
if ph.has_text_frame:   #判断是否有文本框
    text_frame = ph.text_frame       #获取文本框
    parag = text_frame.paragraphs[0]   #获取第一个默认的段落
    parag.alignment = PP_PARAGRAPH_ALIGNMENT.CENTER   # 中心对齐
    parag.level = 0         #设置段落的级别
    parag.text = '北京诺思多维科技有限公司简介'   #设置段落中的文本
    font = parag.font
    font.name = '黑体'
    font.bold = True
    font.color.rgb = RGBColor(0,0,255)
ph = slide.placeholders[1]       #获取第2个占位符
if ph.has_text_frame:   # 判断是否有文本框
    text_frame = ph.text_frame   # 获取文本框
    parag = text_frame.paragraphs[0]   #获取段落
    parag.alignment = PP_PARAGRAPH_ALIGNMENT.LEFT   #左对齐
    parag.level = 1
```

```
    run = parag.add_run()         #添加文本块
    run.text = '本公司可以完成多种CAE计算和软件开发。'      #设置文本内容
    font = run.font               #获取字体
    font.name = '宋体'             #设置字体名称
    font.size = Cm(1)             #设置字体尺寸
    font.underline = True         #设置下画线
    font.underline = MSO_TEXT_UNDERLINE_TYPE.HEAVY_LINE   #设置下画线的类型
    run = parag.add_run()
    run.text = 'CAE计算包括结构刚度强度、非线性分析、振动和噪声、流体动力学、\
结构疲劳耐久、多体动力学、热分析、电磁计算、多学科优化等。'
    font = run.font
    font.name = '楷体'
    font.size = Cm(0.8)
    run = parag.add_run()
    run.text = '软件开发包括CAE二次开发、数据库开发、界面开发和办公自动化开发等。'
    font = run.font
    font.name = '华文中宋'
    font.italic = True
pres.save('d:/run_font.pptx')
```

11.2.3　幻灯片中添加形状Shape

幻灯片Slide的shapes属性可以获取幻灯片上的所有形状SlideShapes，可以用迭代或索引方式获取每个形状。另外利用SlideShapes提供的方法和属性，可以在幻灯片中添加形状，形状包括图片、自选图形、文本框、影片、表格、图表等。SlideShapes提供的方法和属性如表11-13所示，主要方法见下面的内容。

表11-13　SlideShapes的方法和属性

SlideShapes的方法和属性	返回值的类型或属性值的类型	说明
add_textbox(left, top, width, height)	Shape	添加文本盒子，返回类型是MSO_SHAPE_TYPE.TEXT_BOX的形状
add_picture(image_file, left, top, width=None, height=None)	Picture	添加图片，返回类型是MSO_SHAPE_TYPE.PICTURE的形状
add_table(rows, cols, left, top, width, height)	GraphicFrame	添加表格
add_chart(chart_type, x, y, cx, cy, chart_data)	GraphicFrame	添加图表
add_movie(movie_file, left, top, width, height, poster_frame_image=None, mime_type='video/unknown')	Movie	添加影片
add_shape(autoshape_type_id, left, top, width, height)	Shape	添加自选图形
add_connector(connector_type, begin_x, begin_y, end_x, end_y)	Connector	在点（begin_x，begin_y）和点（end_x，end_y）之间添加连接线

SlideShapes 的方法和属性	返回值的类型或属性值的类型	说明
add_ole_object(object_file, prog_id, left, top, width=None, height=None, icon_file=None)	GraphicFrame	在幻灯片中插入外部程序的界面
build_freeform(start_x=0, start_y=0, scale=1.0)	FreeformBuilder	创建自由格式的形状
add_group_shape(shapes=[])	GroupShape	将多个形状合并成组
placeholders	SlidePlaceholders	获取幻灯片中的占位符，可用迭代获取具体的占位符
title	Placeholder	获取类型是 Title 的占位符
index(shape)	int	获取指定形状的索引号
clone_layout_placeholders(slide_layout)	None	复制版式中的占位符
clone_placeholder(placeholder)	None	复制占位符

（1）添加文本盒子

文本盒子中包含文本框，可以用文本框的方法和属性在文本盒子中添加段落和文本块。用 SlideShapes 提供的 add_textbox(left, top, width, height) 方法可以在幻灯片中添加文本盒子并返回对应的形状，其中 left 和 top 分别是文本盒子左上角距离幻灯片左侧和顶部的距离，width 和 height 分别是文本盒子的宽度和高度。下面的代码在空白幻灯片中添加两个文本盒子，在文本盒子的文本框中添加段落和文本块。

```python
from pptx import Presentation     #Demo11_9.py
from pptx.util import Cm
from pptx.enum.text import PP_PARAGRAPH_ALIGNMENT,MSO_TEXT_UNDERLINE_TYPE,MSO_AUTO_SIZE
from pptx.dml.color import RGBColor
pres = Presentation()       #新建演示文档
pres.slide_width = Cm(20)    #设置幻灯片的宽度
pres.slide_height = Cm(15)   #设置幻灯片的高度
layout = pres.slide_layouts.get_by_name('Blank',
                    default=pres.slide_layouts[1])   #根据版式的名称获取版式
slide = pres.slides.add_slide(layout)  #根据版式添加幻灯片

textBox = slide.shapes.add_textbox(left=Cm(2),top=Cm(2),
                    width=Cm(16),height=Cm(6))      #创建第1个文本盒子
textFrame = textBox.text_frame      #获取文本盒子中的文本框
parag = textFrame.paragraphs[0]    #获取第一个默认的段落
parag.alignment = PP_PARAGRAPH_ALIGNMENT.CENTER   # 中心对齐
parag.level = 0         #设置段落的级别
parag.text = '北京诺思多维科技有限公司简介'     #设置段落中的文本
font = parag.font       #获取字体
font.name = '黑体'
font.bold = True
font.color.rgb = RGBColor(0,0,255)
textBox = slide.shapes.add_textbox(left=Cm(1),top=Cm(4),
```

```python
                            width=Cm(18),height=Cm(10))      #创建第2个文本盒子
textFrame = textBox.text_frame
textFrame.auto_size = MSO_AUTO_SIZE.TEXT_TO_FIT_SHAPE
textFrame.word_wrap = True
parag = textFrame.paragraphs[0]    #获取段落
parag.alignment = PP_PARAGRAPH_ALIGNMENT.LEFT   #左对齐
parag.level = 1
run = parag.add_run()   #添加文本块
run.text = '本公司可以完成多种CAE计算和软件开发。'     #设置文本内容
font = run.font            #获取字体
font.name = '宋体'         #设置字体名称
font.size = Cm(0.5)        #设置字体尺寸
font.underline = True      #设置下画线
font.underline = MSO_TEXT_UNDERLINE_TYPE.HEAVY_LINE   #设置下画线的类型

run = parag.add_run()
run.text = 'CAE计算包括结构刚度强度、非线性分析、振动和噪声、流体动力学、\
结构疲劳耐久、多体动力学、热分析、电磁计算、多学科优化等。'
font = run.font
font.name = '楷体'

run = parag.add_run()
run.text = '软件开发包括CAE二次开发、数据库开发、界面开发和办公自动化开发等。'
font = run.font
font.name = '华文中宋'
font.italic = True
pres.save('d:/textbox.pptx')
```

(2) 添加图片

在幻灯片中添加图片可以用SlideShapes的add_picture(image_file, left, top, width=None, height=None)方法，其中image_file是图片的路径或图片对象；left和top分别是图片左上角距离幻灯片左侧和顶部的距离；width和height分别设置图片在幻灯片中的宽度和高度，如果没有指定width和height，则用图片的原尺寸，如果只指定了width或height，则图片的长宽比例不变。下面的代码在幻灯片中添加图片。

```python
from pptx import Presentation        #Demo11_10.py
from pptx.util import Cm
pres = Presentation()        #新建演示文档
pres.slide_width = Cm(20)    #设置幻灯片的宽度
pres.slide_height = Cm(15)   #设置幻灯片的高度
layout = pres.slide_layouts.get_by_name('Blank',
                        default = pres.slide_layouts[1])   #根据版式的名称获取版式
slide = pres.slides.add_slide(layout)    #根据版式添加幻灯片

picture = slide.shapes.add_picture('d:/pic.jpg', left = Cm(2), top = Cm(2),
                            width = Cm(15),height = Cm(10))   #添加图片
pres.save('d:/picture.pptx')
```

（3）添加表格

在幻灯片中添加表格可以用SlideShapes的add_table(rows, cols, left, top, width, height)方法，其中rows和cols分别是表格的行数量和列数量；left和top分别是表格左上角距离幻灯片左侧和顶部的距离；width和height分别设置表格在幻灯片中的宽度和高度。add_table()方法的返回值是GraphicFrame对象，利用GraphicFrame的table属性获取Table对象，Table对象提供获取单元格的方法，表格Table的方法和属性如表11-14所示。要获取或设置表格中的内容，需要定位到表格中的单元格，用Table的cell(row_idx, col_idx)方法可以获取指定行和列处的某个单元格；用iter_cells()方法可以获取所有单元格的迭代序列，单元格的迭代序列按照从左到右以及从上到下的顺序进行排列；也可以用rows属性和columns属性获取行对象_RowCollection和列对象_ColumnCollection，行对象_RowCollection的cells属性可获得行中的所有单元格，可以迭代输出每行中的单元格。

表11-14 表格Table的方法和属性

Table的方法和属性	返回值或取值的类型	说明
cell(row_idx, col_idx)	_Cell	获取单元格，例如cell(0,0)表示左上角的单元格
iter_cells()	Sequence[_Cell]	按照从左到右、从上到下的顺序获取单元格的迭代序列
rows	_RowCollection	获取行对象，可迭代输出每行对象，用行对象的cells属性可获得行中的所有单元格，用height属性可获取或设置行的高度
columns	_ColumnCollection	获取列对象，可迭代输出每列对象，用列对象的width属性可获取或设置列的宽度
first_row	bool	获取或设置第一行有不同的格式
first_col	bool	获取或设置第一列有不同的格式
last_row	bool	获取或设置最后一行有不同的格式
last_col	bool	获取或设置最后一列有不同的格式
horz_banding	bool	获取或设置行有交替色
vert_banding	bool	获取或设置列有交替色

表格由单元格构成，单元格_Cell的方法和属性如表11-15所示，其中用merge(other_cell)方法可以将单元格和其他单元格形成的对角线区域合并成一个单元格，如果合并区域中已经有合并的单元格，将抛出ValueError异常，合并后的区域原左上角的单元格称为merge_origin；针对merge_origin单元格，可以用split()方法将合并后的单元格进行分解，可以用is_merge_origin属性判断单元格是否是merge_orgin单元格。

表11-15 单元格_Cell的方法和属性

_Cell的方法和属性	返回值或取值的类型	说明
merge(other_cell)	None	合并单元格，合并后的区域原左上角的单元格称为merge_origin
split()	None	对merge_origin单元格，将合并后的单元格进行分解
is_merge_origin	bool	判断是否是merge_origin单元格
is_spanned	bool	判断是否是跨度单元格
span_height	int	对merge_origin单元格，获取合并区域的高度数量

_Cell 的方法和属性	返回值或取值的类型	说明
span_width	int	对 merge_origin 单元格，获取合并区域的宽度数量
text_frame	TextFrame	获取文本框
text	str	获取单元格中的文本内容
fill	FillFormat	获取填充格式
margin_bottom	Length	获取或设置底部页边距
margin_right	Length	获取或设置右边页边距
margin_top	Length	获取或设置顶部页边距
margin_left	Length	获取或设置左边页边距
vertical_anchor	MSO_VERTICAL_ANCHOR	获取或设置文本在文本框中竖直方向的对齐方式，取值是 MSO_VERTICAL_ANCHOR 的枚举值

下面的代码将 DataFrame 中的行标签、列标签和数据写入幻灯片的表格中，然后打开文档并输出幻灯片中所有表格中的数据。

```python
from pptx import Presentation    #Demo11_11.py
from pptx.util import Cm
from pandas import DataFrame
from pptx.enum.text import PP_PARAGRAPH_ALIGNMENT,MSO_VERTICAL_ANCHOR
pd = DataFrame(data={'class1':[87,56,78,66,89],'class2':[83,76,68,66,89],
    'class3':[77,56,79,86,79],'class4':[67,66,85,85,81]},index=['Mon','Tus','Wen',
'Thu','Fri'])  #数据
pres = Presentation()        #新建演示文档
pres.slide_width = Cm(20)    #设置幻灯片的宽度
pres.slide_height = Cm(15)   #设置幻灯片的高度
layout = pres.slide_layouts.get_by_name('Blank',
                        default=pres.slide_layouts[1])   #根据版式的名称获取版式
slide = pres.slides.add_slide(layout)    #根据版式添加幻灯片
rows = len(pd)+1
cols = len(pd.columns)+1
shape = slide.shapes.add_table(rows=rows,cols=cols,left=Cm(2),top=Cm(2),
                        width=Cm(15),height=Cm(10))   #添加表格
table = shape.table     #获取表格
table.first_row = True     #第1行不同
table.first_col = True     #第1列不同
for i in range(len(pd.index)):     #表格中添加行表头
    table.cell(i + 1, 0).vertical_anchor = MSO_VERTICAL_ANCHOR.MIDDLE #竖直方向中间对齐
    textframe = table.cell(i + 1, 0).text_frame   #获取单元格的文本框
    para = textframe.paragraphs[0]     #获取段落
    para.alignment = PP_PARAGRAPH_ALIGNMENT.CENTER   #水平方向中间对齐
    para.text = str(pd.index[i])   #设置文本
for i in range(len(pd.columns)):
    table.cell(0, i+1).vertical_anchor = MSO_VERTICAL_ANCHOR.MIDDLE
    textframe = table.cell(0, i+1).text_frame
```

```python
        para = textframe.paragraphs[0]
        para.alignment = PP_PARAGRAPH_ALIGNMENT.CENTER
        para.text = str(pd.columns[i])

        for j in range(len(pd[pd.columns[i]])):
            table.cell(j + 1, i + 1).vertical_anchor = MSO_VERTICAL_ANCHOR.MIDDLE
            textframe = table.cell(j + 1, i + 1).text_frame
            para = textframe.paragraphs[0]
            para.alignment = PP_PARAGRAPH_ALIGNMENT.CENTER
            para.text = str(pd.iat[j,i])
pres.save('d:/table.pptx')   #保存文档
pres = Presentation('d:/table.pptx')  #打开文档,输出幻灯片中所有表格的内容
for slide in pres.slides:     #获取所有幻灯片
    for shape in slide.shapes:    #获取幻灯片中的形状
        if shape.has_table:       #判断形状中是否有表格
            for row in shape.table.rows:    #按行迭代
                for cell in row.cells:      #迭代行中的单元格
                    print(cell.text,end=' ')
                print()
            print()
```

（4）添加图表

在幻灯片中添加图表可以用SlideShapes的add_chart(chart_type, x, y, cx, cy, chart_data)方法，其中chart_type设置图表的类型，取值是XL_CHART_TYPE的枚举值，可取AREA、AREA_STACKED、AREA_STACKED_100、BAR_CLUSTERED、BAR_OF_PIE、BAR_STACKED、BAR_STACKED_100、BUBBLE、BUBBLE_THREE_D_EFFECT、COLUMN_CLUSTERED、COLUMN_STACKED、COLUMN_STACKED_100、CONE_BAR_CLUSTERED、CONE_BAR_STACKED、CONE_BAR_STACKED_100、CONE_COL、CONE_COL_CLUSTERED、CONE_COL_STACKED、CONE_COL_STACKED_100、CYLINDER_BAR_CLUSTERED、CYLINDER_BAR_STACKED、CYLINDER_BAR_STACKED_100、CYLINDER_COL、CYLINDER_COL_CLUSTERED、CYLINDER_COL_STACKED、CYLINDER_COL_STACKED_100、DOUGHNUT、DOUGHNUT_EXPLODED、LINE、LINE_MARKERS、LINE_MARKERS_STACKED、LINE_MARKERS_STACKED_100、LINE_STACKED、LINE_STACKED_100、PIE、PIE_EXPLODED、PIE_OF_PIE、PYRAMID_BAR_CLUSTERED、PYRAMID_BAR_STACKED、PYRAMID_BAR_STACKED_100、PYRAMID_COL、PYRAMID_COL_CLUSTERED、PYRAMID_COL_STACKED、PYRAMID_COL_STACKED_100、RADAR、RADAR_FILLED、RADAR_MARKERS、STOCK_HLC、STOCK_OHLC、STOCK_VHLC、STOCK_VOHLC、SURFACE、SURFACE_TOP_VIEW、SURFACE_TOP_VIEW_WIREFRAME、SURFACE_WIREFRAME、THREE_D_AREA、THREE_D_AREA_STACKED、THREE_D_AREA_STACKED_100、THREE_D_BAR_CLUSTERED、THREE_D_BAR_STACKED、THREE_D_BAR_STACKED_100、THREE_D_COLUMN、THREE_D_COLUMN_CLUSTERED、THREE_D_COLUMN_STACKED、THREE_D_COLUMN_STACKED_100、THREE_D_LINE、THREE_D_PIE、THREE_D_PIE_EXPLODED、XY_SCATTER、XY_SCATTER_LINES、XY_SCATTER_LINES_NO_MARKERS、XY_SCATTER_SMOOTH、XY_SCATTER_SMOOTH_NO_

MARKERS; x和y设置图表左上角所在的位置; cx和cy设置图表宽度和高度; chart_data设置图表的数据来源, 取值是CategoryChartData对象或ChartData对象, CategoryChartData对象的add_category(label)方法可添加分类, CategoryChartData对象的categories属性可获取或设置分类, 添加的分类数据是x轴上的数据, 所添加的分类的数据类型可以是数值、字符串、日期等, 但类型要相同, CategoryChartData对象的add_series(name, values=(), number_format=None)方法可添加y轴数据, 其中name是数据的名称, values是可迭代序列, 例如列表和元组, number_format是数据显示的格式, 例如'#,##0'。add_chart()方法的返回值是GraphicFrame, 利用GraphicFrame的chart属性可以获取添加的图表Chart。

图表Chart的方法和属性如表11-16所示。通过Chart可以获得图表的坐标轴对象CategoryAxis和ValueAxis、标题对象ChartTitle和图例对象Legend, 其中坐标轴对象CategoryAxis和图例对象Legend的属性分别如表11-17和表11-18所示。

表11-16 图表Chart的方法和属性

Chart的方法和属性	返回值或取值的类型	说明
replace_data(chart_data)	None	替换图表中的数据
category_axis	CategoryAxis	获取分类坐标轴, 对于XY或Bubble图表, 返回x轴, 如果图表中没有分类坐标轴(如Pie图表), 则抛出ValueError异常
value_axis	ValueAxis	获取数据轴, 如果没有则会抛出ValueError异常, ValueAxis的属性crosses_at获取或设置竖直轴经过的位置, 取值是float; major_unit属性和minor_unit属性分别获取或设置主刻度线和次刻度线之间的间隔值
has_title	bool	获取或设置是否有标题
chart_title	ChartTitle	获取图表的标题, 如果图表中没有标题, 则会添加标题, 用ChartTitle的text_frame属性可获取文本框, 用ChartTitle的format属性可获得ChartFormat, ChartFormat提供fill和line属性, 可分别获取填充格式FillFormat和线框格式LineFormat
chart_type	XL_CHART_TYPE	获取图表的类型, 如果图表中有多个不同类型的数据, 返回第一个数据的类型
has_legend	bool	获取或设置是否有图例
legend	Legend	获取图表中的图例
chart_style	int	获取或设置图表的风格, 取值是1~48的整数, 对应PowerPoint中的风格
font	Font	获取或设置图表中文字的字体
plots	_Plots	获取图表中的绘图曲线, 可用迭代、索引获取每个绘图曲线, 针对不同的曲线类型, 绘图曲线的参数设置也不同, 用绘图曲线的has_data_labels参数可获取或设置是否有数据标签, 用data_labels属性获取数据标签DataLabels, DataLabels提供font、position、show_percentage和show_value属性, 其中position的取值是XL_DATA_LABEL_POSITION的枚举值, 可取ABOVE、BELOW、BEST_FIT、CENTER、INSIDE_BASE、INSIDE_END、LEFT、MIXED、OUTSIDE_END、RIGHT
series	SeriesCollection	获取数据序列集, 可用迭代、索引输出数据序列

表 11-17　坐标轴对象 CategoryAxis 的属性

CategoryAxis 的属性	取值的类型	说明
category_type	XL_CATEGORY_TYPE	获取分类类型，取值是 XL_CATEGORY_TYPE 的枚举值，可取 AUTOMATIC_SCALE、CATEGORY_SCALE、TIME_SCALE
axis_title	AxisTitle	获取轴的名称，用 AxisTitle 的 text_frame 属性获取文本框 TextFrame，用 AxisTitle 的 format 属性获取 ChartFormat，ChartFormat 提供 fill 和 line 属性，分别获取 FillFormat 和 LineFormat
format	ChartFormat	获取图表格式 ChartFormat，ChartFormat 提供 fill 和 line 属性，分别获取 FillFormat 和 LineFormat
has_major_gridlines	bool	获取或设置是否有主刻度线
has_minor_gridlines	bool	获取或设置是否有次刻度线
has_title	bool	获取或设置是否有标题
major_gridlines	MajorGridlines	获取主刻度线，用 MajorGridlines 的 format 属性可获得 ChartFormat 对象，可对主刻度线进行设置
major_tick_mark	XL_TICK_MARK	获取或设置主刻度标识的位置，取值是 XL_TICK_MARK 的枚举值，可取 CROSS、INSIDE、NONE 和 OUTSIDE
maximum_scale	float	设置坐标轴的最大值
minimum_scale	float	设置坐标轴的最小值
minor_tick_mark	XL_TICK_MARK	获取或设置次刻度标识的位置
reverse_order	bool	获取或设置是否进行反方向绘制图表
tick_label_position	XL_TICK_LABEL_POSITION	获取或设置标签位置，取值是 XL_TICK_LABEL_POSITION 的枚举值，可取 HIGH、LOW、NEXT_TO_AXIS、NONE
tick_labels	TickLabels	获取刻度的格式 TickLabels，用 TickLabels 的 font 属性可获取字体 Font，number_format 属性可获取或设置数值显示的格式，例如 "$#,##0.00"，用 offset 属性可获取或设置偏置距离（百分比），取值 0～1000
visible	bool	获取或设置坐标轴是否可见

表 11-18　图例对象 Legend 的属性

Legend 的属性	取值的类型	说明
font	Font	获取图例的文字字体
position	XL_LEGEND_POSITION	设置图例的位置，取值是 XL_LEGEND_POSITION 的枚举值，可取 BOTTOM、CORNER、CUSTOM、LEFT、RIGHT、TOP
horz_offset	float	获取或设置相对于图例默认位置的偏置间距，取值是 −1.0～1.0
include_in_layout	bool	获取或设置图例是否在绘图区域内

下面的代码在空白幻灯片中添加折线图、柱状图、面积图和爆炸甜点图。

```
from pptx import Presentation        #Demo11_12.py
from pptx.util import Cm
from pptx.dml.color import RGBColor
from pptx.enum.chart import XL_CHART_TYPE,XL_DATA_LABEL_POSITION
from pptx.chart.data import CategoryChartData
pres = Presentation()               #新建演示文档
```

```python
pres.slide_width = Cm(20)    #设置幻灯片的宽度
pres.slide_height = Cm(15)   #设置幻灯片的高度
layout = pres.slide_layouts.get_by_name('Blank',
            default=pres.slide_layouts[1])  #根据版式的名称获取版式
slide = pres.slides.add_slide(layout)    #根据版式添加幻灯片

data1 = [87,56,78,65,89]  #数据1
data2 = [83,76,68,56,72]  #数据2
chart_data = CategoryChartData()    #图表数据对象
chart_data.add_series(name='class1', values=data1)   #添加数据系列
chart_data.add_series(name='class2', values=data2)   #添加数据系列
chart_data.categories = [1,2,3,4,5]       #横坐标数据

shape = slide.shapes.add_chart(chart_type=XL_CHART_TYPE.LINE,
    x=Cm(1),y=Cm(1),cx=Cm(9),cy=Cm(7),chart_data=chart_data)  #折线图
chart = shape.chart
chart.chart_style = 34
chart.value_axis.maximum_scale = 100
chart.value_axis.minimum_scale = 50

chart_data.categories = ['Mon','Tus','Wen','Thu','Fri']    #更改横坐标数据
shape = slide.shapes.add_chart(chart_type=XL_CHART_TYPE.COLUMN_CLUSTERED,
        x=Cm(10),y=Cm(1),cx=Cm(9),cy=Cm(7),chart_data=chart_data)   #柱状图
for plot in shape.chart.plots:
    plot.has_data_labels = True
    plot.data_labels.font.size = Cm(0.4)
    plot.data_labels.font.color.rgb = RGBColor(0,0,255)
    plot.data_labels.position = XL_DATA_LABEL_POSITION.OUTSIDE_END
shape = slide.shapes.add_chart(chart_type=XL_CHART_TYPE.AREA_STACKED,
            x=Cm(1),y=Cm(8),cx=Cm(9),cy=Cm(7),chart_data=chart_data)  #面积图
data1 = [87,56,78,65,89]
chart_data = CategoryChartData()
chart_data.add_series(name='class1', values=data1)
chart_data.categories = ['Mon','Tus','Wen','Thu','Fri']
slide.shapes.add_chart(chart_type=XL_CHART_TYPE.PIE_EXPLODED,
        x=Cm(10),y=Cm(8),cx=Cm(9),cy=Cm(7),chart_data=chart_data)   #爆炸甜点图
pres.save('d:/chart.pptx')
```

（5）添加影片

影片是可以直接播放的影视作品，在幻灯片中添加影片需要用add_movie(movie_file, left, top, width, height,poster_frame_image=None, mime_type='video/unknown')方法，其中movie_file是影片的文件名；left和top分别是影片形状距幻灯片左侧和顶部的距离，width和height分别是影片形状的宽度和高度，没有默认值；poster_frame_image是海报图，是在没播放影片时显示的图像，默认是" media loudspeaker"，其形状是 ◐ ；mine_type设置MIME的类型，例如' video/mp4'，MIME（multipurpose internet mail extensions）是多用途互联网邮件扩展类型，可使用默认值。PowerPoint直接播放的影片类型有限，要播放更多类型的影片，例如mp4格式的影音文

件，需要在本机上安装解码器，这里推荐一个解码器K-Lite Codec Pack，它提供绝大多数影音格式的解码，安装它之后用add_movie()方法添加的影音文件都可以正常播放。在搜索引擎中搜索"K-Lite"就可以下载K-Lite Codec Pack解码器，或者到官网下载。K-Lite Codec Pack是完全免费的，下载后使用默认设置安装即可。下面的代码在空白页中添加一个影片，并可以播放该影片。

```python
from pptx import Presentation      #Demo11_13.py
from pptx.util import Cm
pres = Presentation()        #新建演示文档
pres.slide_width = Cm(20)    #设置幻灯片的宽度
pres.slide_height = Cm(15)   #设置幻灯片的高度
layout = pres.slide_layouts.get_by_name('Blank',
           default=pres.slide_layouts[1])   #根据版式的名称获取版式
slide = pres.slides.add_slide(layout)    #根据版式添加幻灯片
slide.shapes.add_movie(movie_file='d:/NOISE.wmv',poster_frame_image='d:/poster.png',
    left=Cm(4),top=Cm(4),width=Cm(9),height=Cm(7))   #添加影片
pres.save('d:/movie.pptx')
```

（6）添加自选图形

PowerPoint中提供了大量的自选图形可供选择，通过add_shape(autoshape_type_id, left, top, width, height)方法可以添加自选图形，其中autoshape_type取值是MSO_AUTO_SHAPE_TYPE的枚举值，可取值如前所述。下面的代码在空白幻灯片中添加4个自选图形。

```python
from pptx import Presentation      #Demo11_14.py
from pptx.util import Cm
from pptx.enum.shapes import MSO_AUTO_SHAPE_TYPE
pres = Presentation()        #新建演示文档
pres.slide_width = Cm(20)    #设置幻灯片的宽度
pres.slide_height = Cm(15)   #设置幻灯片的高度
layout = pres.slide_layouts.get_by_name('Blank',default=pres.slide_layouts[1])
slide = pres.slides.add_slide(layout)    #根据版式添加幻灯片

shape = slide.shapes.add_shape(autoshape_type_id=MSO_AUTO_SHAPE_TYPE.CLOUD_CALLOUT,
               left=Cm(0.5),top=Cm(0.5),width=Cm(8),height=Cm(7))   #添加图形
if shape.has_text_frame:
    shape.text_frame.text = 'CLOUD_CALLOUT'
shape = slide.shapes.add_shape(autoshape_type_id=MSO_AUTO_SHAPE_TYPE.DIAMOND,
               left=Cm(10),top=Cm(0.5),width=Cm(8),height=Cm(7))   #添加图形
if shape.has_text_frame:
    shape.text_frame.text = 'DIAMOND'
shape = slide.shapes.add_shape(autoshape_type_id=MSO_AUTO_SHAPE_TYPE.STAR_12_POINT,
               left=Cm(0.5),top=Cm(8),width=Cm(9),height=Cm(7))   #添加图形
```

```
    if shape.has_text_frame:
        shape.text_frame.text = 'STAR_12_POINT'
    shape = slide.shapes.add_shape(autoshape_type_id=MSO_AUTO_SHAPE_TYPE.WAVE,
                    left=Cm(10),top=Cm(8),width=Cm(8),height=Cm(7))    #添加图形
    if shape.has_text_frame:
        shape.text_frame.text = 'WAVE'
    pres.save('d:/auto_shape.pptx')
```

（7）添加连接线

在流程图中经常需要添加连接线，连接线可以是直线，也可以是曲线，连接线的两端设置箭头。用add_connector(connector_type, begin_x,begin_y,end_x, end_y)方法在起点（begin_x，begin_y）和终点（end_x，end_y）之间添加连接线，其中connector_type设置连接线的类型，取值是MSO_CONNECTOR_TYPE的枚举值，可取CURVE、ELBOW、STRAIGHT。add_connector()方法的返回值是Connector对象，Connector的常用属性方法和属性如表11-19所示。用begin_connect(shape, cxn_pt_idx)方法和end_connect(shape, cxn_pt_idx)方法可以设置连接线连接的两个形状，其中shape通常是矩形形状，如文本盒子、图片等，cxn_pt_idx是矩形形状的上连接点索引号，通常顶部中间位置的连接点索引号为0，按照逆时针方向递增。

表11-19　Connector的方法和属性

Connector的方法和属性	返回值的类型或属性值的类型	说明
begin_connect(shape, cxn_pt_idx)	None	设置连接要连接的起始形状
end_connect(shape, cxn_pt_idx)	None	设置连接要连接的终止形状
get_or_add_ln(self)	LineFormat	获取连接线的格式
begin_x	Length	获取连接线的起点X坐标值
begin_y	Length	获取连接线的起点Y坐标值
end_x	Length	获取连接线的终点X坐标值
end_y	Length	获取连接线的终点Y坐标值

下面的代码创建两个矩形自选形状，然后用连接线连接这两个自选形状，并设置连接线的颜色、宽度和两端的箭头形状。

```
from pptx import Presentation          #Demo11_15.py
from pptx.util import Cm,Pt
from pptx.oxml import parse_xml
from pptx.enum.shapes import MSO_CONNECTOR_TYPE,MSO_AUTO_SHAPE_TYPE
from pptx.dml.color import RGBColor
from pptx.enum.text import PP_PARAGRAPH_ALIGNMENT
pres = Presentation()          #新建演示文档
pres.slide_width = Cm(20)      #设置幻灯片的宽度
pres.slide_height = Cm(15)     #设置幻灯片的高度
layout = pres.slide_layouts.get_by_name('Blank',default=pres.slide_layouts[1])
slide = pres.slides.add_slide(layout)    #根据版式添加幻灯片
shape1 = slide.shapes.add_shape(autoshape_type_id=MSO_AUTO_SHAPE_TYPE.RECTANGLE,
                    left=Cm(8),top=Cm(5),  width=Cm(4),height=Cm(1))  #第1个
形状
```

```python
shape1.text_frame.text = '起始形状'        #设置文本内容
shape1.text_frame.paragraphs[0].alignment = PP_PARAGRAPH_ALIGNMENT.CENTER

shape2 = slide.shapes.add_shape(autoshape_type_id=MSO_AUTO_SHAPE_TYPE.RECTANGLE,
                    left=Cm(8),top=Cm(10), width=Cm(4),height=Cm(1)) #第2个形
状
shape2.text_frame.text = '终止形状'        #设置文本内容
shape2.text_frame.paragraphs[0].alignment = PP_PARAGRAPH_ALIGNMENT.CENTER


connector1 = slide.shapes.add_connector(MSO_CONNECTOR_TYPE.STRAIGHT, Cm(1), Cm(1), Cm(4), Cm(5))
connector1.begin_connect(shape=shape1,cxn_pt_idx=2)
connector1.end_connect(shape=shape2,cxn_pt_idx=0)
line_elem = connector1.get_or_add_ln()
line_elem.append(parse_xml(
'''<a:headEnd type="arrow" xmlns:a="http://schemas.openxmlformats.org/drawingml/2006/main"/> '''))

connector1.line.fill.solid()
connector1.line.fill.fore_color.rgb = RGBColor(255, 0, 0)
connector1.line.width = Pt(3)

connector2 = slide.shapes.add_connector(MSO_CONNECTOR_TYPE.ELBOW, Cm(1), Cm(1), Cm(4), Cm(5))
connector2.begin_connect(shape=shape1,cxn_pt_idx=3)
connector2.end_connect(shape=shape2,cxn_pt_idx=2)
line_elem = connector2.get_or_add_ln()
line_elem.append(parse_xml(
'''<a:headEnd type="arrow" xmlns:a="http://schemas.openxmlformats.org/drawingml/2006/main"/> '''))
line_elem.append(parse_xml(
'''<a:tailEnd type="arrow" xmlns:a="http://schemas.openxmlformats.org/drawingml/2006/main"/>'''))

connector2.line.fill.solid()
connector2.line.fill.fore_color.rgb = RGBColor(0, 0, 255)
connector2.line.width = Pt(3)
pres.save('d:/connector.pptx')
```

（8）自绘图形

除了以上形状外，还可添加自己绘制的图形。用build_freeform(start_x=0, start_y=0, scale=1.0)方法添加自由格式的形状，其中start_x和start_y是绘图钢笔的起始点，scale设置自定义局部坐标系统与幻灯片坐标系统（EMU）之间比值，可取单个数，也可取元组，例如scale=(1.0, 2.0)表示X和Y方向的比值。build_freeform()方法的返回值是FreeformBuilder对象，FreeformBuilder提供了连续绘图的方法，FreeformBuilder的常用方法和属性如表11-20所示。FreeformBuilder

提供的绘图方法是在自己的局部坐标系下绘图，绘图完成后再将所绘图形移动到幻灯片坐标系下的指定位置。FreeformBuilder绘图首先需要确定绘图的起始点，可以在构造方法build_freeform(start_x=0, start_y=0, scale=1.0)中用start_x和start_y确定起始点，也可用FreeformBuilder的move_to(x,y)方法确定起始点，然后用add_line_segments(vertices, close=True)方法添加其他绘图点，其中vertices参数用于添加其他绘图点，取值是由坐标点(x, y)构成的列表、元组等可迭代序列，绘图完成后用convert_to_shape(origin_x=0, origin_y=0)方法将所绘图形移动到幻灯片坐标系统的指定位置，convert_to_shape()方法可以对同一个自绘图形多次调用，得到多个相同形状的图形。

表11-20　FreeformBuilder的常用方法和属性

FreeformBuilder的方法和属性	返回值的类型或属性值的类型	说明
move_to(x, y)	FreeformBuilder	将绘图钢笔移动到(x,y)位置作为绘图起始点，以便继续绘图，并返回该图
add_line_segments(vertices, close=True)	FreeformBuilder	在起始点和各顶点之间绘制直线，顶点vertices是由坐标点(x, y)构成的列表、元组等可迭代序列
convert_to_shape(origin_x=0, origin_y=0)	Shape	将所绘图形移动到指定的位置，可多次调用该方法
shape_offset_x	Length	获取相对于局部坐标系原点的X偏移量
shape_offset_y	Length	获取相对于局部坐标系原点的Y偏移量

下面的代码用自由绘图方法在幻灯片中添加2个五角星和2个花形。

```
from pptx import Presentation          #Demo11_16.py
from pptx.util import Cm
import math
pres = Presentation()                  #新建演示文档
pres.slide_width = Cm(20)              #设置幻灯片的宽度
pres.slide_height = Cm(20)             #设置幻灯片的高度
layout = pres.slide_layouts.get_by_name('Blank',default=pres.slide_layouts[1])
slide = pres.slides.add_slide(layout)  #根据版式添加幻灯片

vertices = list()
for i in range(5):
    x = 4 * math.sin(math.pi + 4 * math.pi / 5 * i)
    y = 4 * math.cos(math.pi + 4 * math.pi / 5 * i)
    vertices.append([Cm(x),Cm(y)])     #添加顶点

freeform = slide.shapes.build_freeform(scale=1.0)     #自由格式绘图
freeform.move_to(x=vertices[0][0],y=vertices[0][1])   #绘图钢笔移动到起始点
freeform.add_line_segments(vertices[1:])              #添加其他点并绘图

freeform.convert_to_shape(origin_x=Cm(5),origin_y=Cm(5))    #将绘图移动到指定位置
freeform.convert_to_shape(origin_x=Cm(15),origin_y=Cm(5))   #将绘图移动到指定位置

vertices.clear()
for i in range(2001):
```

```
        theta = (100 + (10 * math.pi * i / 180) ** 2) ** 0.5
    r = 2 * math.cos(4 * theta)
    x = 2 * r * math.cos(theta)
    y = 2 * r * math.sin(theta)
    vertices.append([Cm(x), Cm(y)])
freeform = slide.shapes.build_freeform(start_x=vertices[0][0],
                    start_y=vertices[0][0],scale=1.0)    #自由格式绘图,确定起始点
freeform.add_line_segments(vertices[1:],close=False)
shape1 = freeform.convert_to_shape(origin_x=Cm(5),origin_y=Cm(15))
shape2 = freeform.convert_to_shape(origin_x=Cm(15),origin_y=Cm(15))
slide.shapes.add_group_shape([shape1,shape2])   #将形状合并成组
pres.save('d:/freeform.pptx')
```

(9) 占位符中添加形状

在PowerPoint的版式中可以预先放置不同类型的占位符,在用版式创建幻灯片后,可以在占位符中直接插入形状,例如图片、图表和表格。版式中的占位符的类型例如PicturePlaceholder、ChartPlaceholder、TablePlaceholder,分别提供insert_picture(image_file)方法、insert_chart(chart_type, chart_data)方法和insert_table(rows, cols)方法,用于插入图片、图表和表格。

下面的代码打开一个已有的PowerPoint文档,该文档中有3个版式,每个版式中分别设置了PicturePlaceholder、ChartPlaceholder、TablePlaceholder类型的占位符,用这3个版式分别创建3张幻灯片,在占位符中分别插入图片、图表和表格,并在图表中绘制数据图像、在表格中插入数据。

```
from pptx import Presentation      #Demo11_17.py
from pandas import DataFrame
from pptx.enum.chart import XL_CHART_TYPE
from pptx.chart.data import CategoryChartData
from pptx.enum.text import PP_PARAGRAPH_ALIGNMENT,MSO_VERTICAL_ANCHOR

pres = Presentation('d:/placeholder.pptx')      #打开演示文档
slide_0 = pres.slides.add_slide(pres.slide_layouts[0])   #根据第1个版式创建第1张幻灯片
for placeholder in slide_0.placeholders:
    placeholder.insert_picture('d:/pic.jpg')    #在占位符中插入图片
    break
chart_data = CategoryChartData()    #图表数据对象
chart_data.categories = ['Mon','Tus','Wen','Thu','Fri']    #横坐标数据
data1 = [87,56,78,65,89]  #数据1
data2 = [83,76,68,56,72]  #数据2
chart_data.add_series(name='class1', values=data1)   #添加数据系列
chart_data.add_series(name='class2', values=data2)   #添加数据系列

slide_1 = pres.slides.add_slide(pres.slide_layouts[1])   #根据第2个版式创建第2张幻灯片
for placeholder in slide_1.placeholders:
    placeholder.insert_chart(chart_type=XL_CHART_TYPE.COLUMN_CLUSTERED,
```

```python
                                  chart_data=chart_data)     #在占位符中插入图表
        break
pd = DataFrame(data={'class1':[87,56,78,66,89],'class2':[83,76,68,66,89],'cla
ss3':[77,56,79,86,79],
            'class4':[67,66,85,85,81]},index=['Mon','Tus','Wen','Thu','Fri'])   #放置
于表格中的数据
slide_2 = pres.slides.add_slide(pres.slide_layouts[2])      #根据第3个版式创建第3张幻
灯片
for placeholder in slide_2.placeholders:
    table = placeholder.insert_table(rows=len(pd)+1,cols=len(pd.columns)+1).table
    for i in range(len(pd.index)):     #表格中添加行表头
        table.cell(i + 1, 0).vertical_anchor = MSO_VERTICAL_ANCHOR.MIDDLE  #竖直方
向中间对齐
        textframe = table.cell(i + 1, 0).text_frame   #获取文本框
        para = textframe.paragraphs[0]    #获取段落
        para.alignment = PP_PARAGRAPH_ALIGNMENT.CENTER   #水平方向中间对齐
        para.text = str(pd.index[i])    #设置文本
    for i in range(len(pd.columns)):
        table.cell(0, i+1).vertical_anchor = MSO_VERTICAL_ANCHOR.MIDDLE
        textframe = table.cell(0, i+1).text_frame
        para = textframe.paragraphs[0]
        para.alignment = PP_PARAGRAPH_ALIGNMENT.CENTER
        para.text = str(pd.columns[i])

        for j in range(len(pd[pd.columns[i]])):
            table.cell(j + 1, i + 1).vertical_anchor = MSO_VERTICAL_ANCHOR.MIDDLE
            textframe = table.cell(j + 1, i + 1).text_frame
            para = textframe.paragraphs[0]
            para.alignment = PP_PARAGRAPH_ALIGNMENT.CENTER
            para.text = str(pd.iat[j,i])
    break
pres.save('d:/shape_placeholder.pptx')
```

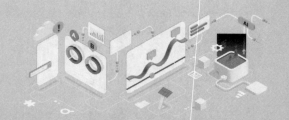

第 12 章

读写 PDF 文档

PDF（portable document format）文档是一种便携式文档格式，它可以跨平台、保持格式一致性、安全性高、易于打印和分享。PDF 文件可以包含文本、图片、表格、图形等多种类型的内容，具有高度的可读性和易用性，广泛应用于文档存档、电子书、在线表格、电子商务等领域。本章介绍用 pypdf 读写 PDF 文档内容的方法，使用前用"pip install pypdf"安装 pypdf。pypdf 可以读取 PDF 文档中的文字、加密 PDF 文档、拆分和合并 PDF 文档、变换 PDF 文档和保存 PDF 文档。

12.1 PDF 文档和页面 PageObject

pypdf 提供 PdfReader 类和 PdfWriter 类，分别用于读取 PDF 文档和保存 PDF 文档。PdfReader 类可以打开 PDF 文档，获取 PDF 文档的基本信息和 PDF 文档中的每页内容 PageObject，PageObject 可提取 PDF 文档中的文本信息。

12.1.1 读取 PDF 文档 PdfReader

PdfReader 类可以打开一个已经存在的 PDF 文档，获取 PDF 文档的内容。PdfReader 打开 PDF 文档的格式如下所示：

```
PdfReader(stream, strict = False, password = None)
```

其中，stream 是 PDF 文档的路径和文件名或文件读写设备；strict 取 True 时，在读取过程中如果遇到问题会发出警告；如果 pdf 文档已经加密，password 可设置 pdf 文档的加密密码。下面的代码用两种不同的方式打开 PDF 文档。

```python
from pypdf import PdfReader    #Demo12_1.py

reader_1 = PdfReader("d:/前言1.pdf")    #第一种打开方式
meta_1 = reader_1.metadata    #以字典形式获取PDF文档的元信息
for key,value in meta_1.items():
    print(key,value)    #输出PDF文档的基本信息

fp = open('d:/前言2.pdf',mode='rb')    #用open()打开
reader_2 = PdfReader(fp)    #第二种打开方式
meta_2 = reader_2.metadata
for key,value in meta_2.items():
    print(key,value)    #输出PDF文档的基本信息
```

用 PdfReader 打开的 PDF 文档，通过 PdfReader 的属性可以获取 PDF 文档的属性，PdfReader 的属性如表 12-1 所示。PdfReader 的 pages 属性可获取 PDF 文档中页面 PageObject 列表，可以迭代、切片方式获取具体的页面，用 PageObject 提供的方法可提取页面中的文字；PdfReader 的 get_page_number(PageObject) 方法可获得页面 PageObject 对应的页码。

表 12-1   PdfReader 的属性

PdfReader 的属性	返回值的类型	说明
is_encrypted	bool	获取 PDF 文档是否加密
metadata	dict	以字典形式获取 PDF 文档的基本信息，例如作者、创建日期等
pages	list	获取 PDF 文档的页面列表，其元素是 PageObject 对象，用 len(reader.pages) 可获得页数，用迭代、切片方式获取具体的页面
get_page_number (PageObject)	int	获取页面的编号
outline	list	获取 PDF 文档的书签
page_labels	list	获取每页的标识
page_layout	str	获取页面布局，返回值可能是 '/NoLayout'、'/SinglePage'、'/OneColumn'、'/TwoColumnLeft'（两列，奇数列在左边）、'/TwoColumnRight'、'/TwoPageLeft'、'/TwoPageRight'
pdf_header	str	获取 PDF 文档的前8个字节的内容，例如 '%PDF-1.6'，可确定是否是 PDF 文档及版本号

12.1.2　页面 PageObject

PDF 文档中的每页内容是 PageObject 对象，PageObject 对象的常用方法如表 12-2 所示。主要方法是用 extract_text() 方法提取页面中的文本；merge_page(page2,expand =False) 方法将当前页与其他页 2 合并成一页，需要注意的是，合并后内容会重合；用 add_transformation(ctm,expand =False) 等方法可以将页面进行坐标变换，可以对页面进行缩放、平移、旋转和错切，变换后可与其他页合并成一页。

表12-2 页面PageObject的常用方法

PageObject的方法	返回值的类型	说明
extract_text()	str	提取页面中的文本
merge_page(page2, expand =False)	None	将当前页和page2合并成一页，合并后内容会重叠，expand取True时将调整当前页的尺寸以适合page2的尺寸
add_transformation(ctm, expand =False)	None	对页面进行坐标变换，可实现旋转、平移、缩放和错切变换，ctm的取值是Transformation或元组Tuple[float,float,float,float,float,float]，expand取True时将页面的尺寸调整成适合变换后的页面尺寸
rotate(angle)	PageObject	将页面顺时针旋转指定的角度，angle取值是90的整数倍
scale(sx,sy)	None	将页面分别沿x轴和y轴缩放，sx和sy是缩放系数
scale_by(factor)	None	将页面同时沿x轴和y轴缩放，factor是缩放系数
scale_to(width,height)	None	将页面缩放到指定的宽度和长度，宽度和长度的单位是1/72in

下面的代码打开"振动试验报告.pdf"文档，提取PDF文档中的内容，根据表格的表头中的信息，截取表格中数据所在的区域，将数据转换成DataFrame并记录转换不成功的行。

```python
from pypdf import PdfReader    #Demo12_2.py
from pandas import DataFrame,MultiIndex

reader = PdfReader("d:/振动试验报告.pdf")
string = ""          #记录PDF文档每页的内容
for page in reader.pages:
    print(page.extract_text())   #输出每页的内容
    string = string + page.extract_text() + '\n'

string = string.strip()
contents = string.splitlines()   #用'\n'分割文本成列表
n = 0  # n记录表头所在的行
for content in contents:
    if 'Real' in content and 'Imaginary' in content:
        break
    n = n + 1
contents = contents[n+1:]   # 根据表格的表头位置获取数据所在的区域

index = list()     # DataFrame的行索引
data = list()      # DataFrame的数据
error_line = list()    #记录解析出错的行
for content in contents:
    try:
        content = content.strip().split()
        frequency = float(content[0])
        pan_x_real = float(content[1])
        pan_x_imaginary = float(content[2])
        pan_y_real = float(content[3])
        pan_y_imaginary = float(content[4])
```

```
                pan_z_real = float(content[5])
                pan_z_imaginary = float(content[6])
            except:
                error_line.append(content)
                continue
            else:
                index.append(frequency)
                temp = list()
                temp.append(pan_x_real)
                temp.append(pan_x_imaginary)
                temp.append(pan_y_real)
                temp.append(pan_y_imaginary)
                temp.append(pan_z_real)
                temp.append(pan_z_imaginary)
                data.append(temp)
muti_index = MultiIndex.from_product([['PAN:+X','PAN:+Y','PAN:+Z'],
['Real','Imaginary']])    #DataFrame的多级列标签
df = DataFrame(data,index=index,columns=muti_index)
print(df)
print('读取失败的行：', error_line, sep='\n')   #输出表格中解析出错的行
```

12.1.3 坐标变换

对于二维空间中的一个坐标（x，y），可以扩展成（x，y，k），其中k是一个不为0的缩放比例系数，在$k=1$时，坐标可以表示成（x，y，1），通过一个坐标变换矩阵可以得到新的坐标（x'，y'，1），用变换矩阵可以表示成

$$(x', y', 1) = (x, y, 1) \begin{bmatrix} a & b & 0 \\ c & d & 0 \\ e & f & 1 \end{bmatrix}$$

对于沿着x和y方向的平移tx和ty，可以表示成

$$(x', y', 1) = (x, y, 1) \begin{bmatrix} 1 & 0 & 0 \\ 0 & 1 & 0 \\ tx & ty & 1 \end{bmatrix}$$

对于沿着x和y方向的缩放$scale\_x$和$scale\_y$，可以表示成

$$(x', y', 1) = (x, y, 1) \begin{bmatrix} scale\_x & 0 & 0 \\ 0 & scale\_y & 0 \\ 0 & 0 & 1 \end{bmatrix}$$

对于绕z轴旋转θ角可以表示成

$$(x', y', 1) = (x, y, 1) \begin{bmatrix} \cos(\theta) & \sin(\theta) & 0 \\ -\sin(\theta) & \cos(\theta) & 0 \\ 0 & 0 & 1 \end{bmatrix}$$

对于错切可以表示成

$$(x', y', 1) = (x, y, 1) \begin{bmatrix} 1 & shear\_y & 0 \\ shear\_x & 1 & 0 \\ 0 & 0 & 1 \end{bmatrix}$$

如果要进行多次不同的变换，可以将以上变换矩阵依次相乘，得到总的变换矩阵。

页面 PageObject 可以用 add_transformation(ctm, expand =False) 方法对其自身进行坐标变换，从而将网页进行变换，例如旋转，参数 ctm 的取值是 Transformation 或元组 (a,b,c,d,e,f)，Transformation 类定义变换矩阵，其格式如下所示：

```
Transformation(ctm: Tuple[float, float, float, float, float, float] = (1, 0, 0, 1, 0, 0))
```

其中，ctm 需要输入元组 (a,b,c,d,e,f)，默认是 (1, 0, 0, 1, 0, 0)。下面的代码对 PDF 文档中的页面进行错切、旋转和缩放变换，并将变换后的页面保存到文件中。

```python
from pypdf import PdfReader,PdfWriter,Transformation    #Demo12_3.py
from math import sin,cos,pi

reader = PdfReader("d:/前言1.pdf")    #打开第1个PDF文档
writer = PdfWriter()

page = reader.pages[0]
page.add_transformation(Transformation((1,0.2,-0.4,1,0,0)))  #向左错切
writer.add_page(page)
page = reader.pages[1]
page.add_transformation(Transformation((1,0.2,0.3,1,0,0)))  #向右错切
writer.add_page(page)

reader = PdfReader("d:/前言2.pdf")    #打开第2个PDF文档
page = reader.pages[0]
page.add_transformation(((cos(pi/3),sin(pi/3),-sin(pi/3),cos(pi/3),500,0))) #旋转60°并平移
writer.add_page(page)
page = reader.pages[1]
page.add_transformation(Transformation((0.5,0,0,1,0,0)))  #x向缩小0.5
writer.add_page(page)
writer.write('d:/Tansformation.pdf')
```

12.1.4 添加水印

在 PDF 文档中添加水印，在不影响原始文件的可读性和完整性的情况下，将某些信息嵌入文件中能达到文件真伪鉴别、版权保护、监视被保护数据的传播以及非法复制控制等功能。要在 PDF 文档中添加水印，可以先制作一个 PDF 文档，通过坐标变换将其转换成想要的效果，然后将水印页与目标 PDF 文档的页面通过 PageObject 的 merge_page(page) 方法合并，达到添加水印

的目的，例如下面的代码。

```python
from pypdf import PdfReader,PdfWriter    #Demo12_4.py
from math import sin,cos,pi
from copy import copy

reader = PdfReader('d:/内部资料.pdf')
water_mark = reader.pages[0]    #水印页，需要经过旋转、缩放和平移变换
water_mark.add_transformation(ctm=(cos(pi/4),sin(pi/4),-sin(pi/4),cos(pi/4),0,0))   #旋转45°
water_mark.add_transformation(ctm=(3,0,0,3,0,0))   #放大3倍
water_mark.add_transformation(ctm=(1,0,0,1,100,-1000))   #平移变换

reader = PdfReader('d:/振动试验报告.pdf')
page_number = len(reader.pages)
n = 0
writer = PdfWriter()
for page in reader.pages:
    water_mark_temp = copy(water_mark)
    water_mark_temp.merge_page(page)    #与水印页合并
    writer.add_page(water_mark_temp)
    n = n + 1
    print(F'已完成对第{n}页添水印，共{page_number}页，请稍后...')
writer.write("d:/加上水印.pdf")
print('******* 水印添加完成！*******')
```

12.2　写PDF文档PdfWriter

PdfWriter类可以将多个PageObject页面合并到一起并将页面保存到文件中。PdfWriter的格式如下所示：

```
PdfWriter(fileobj = '', clone_from = None)
```

其中，fileobj是要写入的PDF文档的路径和文件名或文件读写设备，只有用with…as…语句创建PdfWriter对象时，在执行完with…as…的语句块后会自动将PdfWriter中的页面保存到fileobj指定的文件或读写设备中，通常不需要设置fileobj参数，而用PdfWriter的write()方法；clone_from取值是PDF文档的路径和文件名、文件读写设备或PdfReader，在创建PdfWriter对象时会首先读取clone_from指定的PDF文档中的页面作为初始页面。下面的代码可以将两个PDF文档合并到一个PDF文档中，将合并后的文档保存到文件中。

```python
from pypdf import PdfReader,PdfWriter    #Demo12_5.py
#用with创建PdfWriter对象，指定要保存的文件和初始PDF文档
with PdfWriter(fileobj='d:/combine.pdf',clone_from='d:/前言1.pdf') as writer:
    reader = PdfReader("d:/前言2.pdf")   #打开PDF文档
```

```
for page in reader.pages:
    writer.add_page(page)    #添加页面
```

PdfWriter的主要方法如表所示，主要方法如表12-3所述。

表12-3　PdfWriter的主要方法

PdfWriter的方法	返回值的类型	说明
add_page(page)	PageObject	添加页面并返回添加的页面page
insert_page(page, index = 0)	PageObject	在index指定位置插入页面page
append_pages_from_reader(reader)	None	从PdfReader中添加页面
write(stream)	(bool, IO)	将页面写入文件中，stream取值是文件名或文件写入设备
insert_blank_page(width= None, height = None, index = 0)	PageObject	插入空白页，如果不指定宽度width和高度height，则使用最后一张页面的尺寸，如果PdfWriter中没有页面，则会抛出异常
add_blank_page(width= None, height = None)	PageObject	添加空白页
pages	List	获取页面列表
get_page(page_number = None)	PageObject	根据PageObject的索引获取PageObejct
encrypt(user_password = None, owner_password= None, use_128bit = True)	None	给PDF文档加密，user_password和owner_password的取值都是字符串，通常两者相同，user_password的权限可以打开并阅读PDF文档，而owner_password的权限可以修改PDF文档，use_128bit取True时用128位存储密码，否则用40位存储密码
generate_file_identifiers()	None	给要写入的PDF文件创建识别符号
remove_text(ignore_byte_string_object=None)	None	移除PDF文档中的文本，ignore_byte_string_object取值是bool，设置是否忽略字节类型的文本
set_page_layout(layout)	None	设置页面布局, layout可取 '/NoLayout', '/SinglePage', '/OneColumn', '/TwoColumnLeft', '/TwoColumnRight', '/TwoPageLeft', '/TwoPageRight'
page_layout	str	获取页面的布局
set_page_label(page_index_from, page_index_to, style = None, prefix = None, start=0)	None	设置页面的标签，page_index_from和page_index_to取值是整数，指定设置标签的页面范围；prefix取值是字符串，设置标签的前缀；style设置风格，可取 '/D'（带小数点的阿拉伯数字）、'/R'（大写的罗马数字）、'/r'（小写的罗马数字、'/A'（前26页是大写的AZ，后26页是大写的AAZZ）、'/a'；start设置起始页的数值标签，取值是整数
add_js(javascript)	None	添加js脚本，打开PDF文档时会运行js脚本
add_metadata(infos)	None	添加元信息，infos取值是字典dict[str, Any]

12.2.1　合并PDF文档

用PdfWriter的add_page(page)方法可以在PdfWriter的末尾添加一个页面，例如来自PdfReader的页面；用insert_page(page, index = 0)方法可以在Index指定的位置插入页面；用append_pages_from_reader(reader)方法可以将PdfReader的整篇PDF文档添加到PdfWriter中。

下面的代码用append_pages_from_reader(reader)方法将变量path指定的路径中的所有PDF文档合并到一个文件中。

```python
import os       #Demo12_6.py
from pypdf import PdfReader,PdfWriter

writer = PdfWriter()
path = 'd:/'    #指定的路径
for file in os.listdir(path):
    if file.endswith('.pdf'):
        try:
            reader = PdfReader(path + '/' + file)
            writer.append_pages_from_reader(reader=reader)   #添加PdfReader中的页面
        except:
            print('合并不成功的文件: ',file)
            continue
if len(writer.pages):
    writer.write("d:/join.pdf")
```

12.2.2 拆分PDF文档

下面的代码用add_page(page)方法将一篇长PDF文档，按照每5页保存到一个文件中，实现PDF文档的拆分。

```python
from pypdf import PdfReader,PdfWriter        #Demo12_7.py

reader = PdfReader('d:/振动试验报告.pdf')
num = 5      # 每个PDF文档的页数
n = len(reader.pages) // num    #求整数
m = len(reader.pages) % num     #求余数
for i in range(n):
    writer = PdfWriter()
    for page in reader.pages[num * i:num * i + num]:
        writer.add_page(page)
    writer.write(F"d:/振动试验报告_{i}.pdf")
if m:
    writer = PdfWriter()
    for page in reader.pages[-m:]:
        writer.add_page(page)
    writer.write(F"d:/振动试验报告_{n}.pdf")
```

12.2.3 加密PDF文档

用encrypt(user_password = None, owner_password= None, use_128bit = True)方法给PDF文档加密，在打开PDF文档时需要输入密码，例如下面的代码。

```
from pypdf import PdfReader,PdfWriter    #Demo12_8.py

reader = PdfReader('d:/前言1.pdf')
writer = PdfWriter()
writer.append_pages_from_reader(reader)

writer.encrypt(user_password='123456')   #加密文档
writer.write('d:/encrypt.pdf')

reader = PdfReader('d:/encrypt.pdf',password='123456')   #打开加密的文档需要输入密码
for page in reader.pages:
    print(page.extract_text())
```